工业和信息化部"十四五"规划教材建设
重点研究基地精品出版工程

高效毁伤系统丛书

MECHANISMS AND CONTROL TECHNOLOGY OF EXPLOSIVE DISPERSAL

爆炸分散机理与控制

薛 琨 白春华 张 奇●编著

北京理工大学出版社
BEIJING INSTITUTE OF TECHNOLOGY PRESS

图书在版编目(CIP)数据

爆炸分散机理与控制 / 薛琨，白春华，张奇编著
. -- 北京：北京理工大学出版社，2022. 12
ISBN 978-7-5763-1684-1

Ⅰ. ①爆… Ⅱ. ①薛… ②白… ③张… Ⅲ. ①弹药-爆炸-分散控制 Ⅳ. ①TI41

中国版本图书馆 CIP 数据核字(2022)第 236285 号

责任编辑：刘　派　　**文案编辑**：李丁一
责任校对：周瑞红　　**责任印制**：李志强

出版发行 / 北京理工大学出版社有限责任公司
社　　址 / 北京市丰台区四合庄路 6 号
邮　　编 / 100070
电　　话 / (010) 68944439 (学术售后服务热线)
网　　址 / http://www.bitpress.com.cn

版 印 次 / 2022 年 12 月第 1 版第 1 次印刷
印　　刷 / 三河市华骏印务包装有限公司
开　　本 / 710 mm × 1000 mm　1/16
印　　张 / 24.25
彩　　插 / 6
字　　数 / 463 千字
定　　价 / 108.00 元

《高效毁伤系统丛书》

编委会

丛书序

国防与国家的安全、民族的尊严和社会的发展息息相关。拥有前沿国防科技和尖端武器装备优势，是实现强军梦、强国梦、中国梦的基石。近年来，我国的国防科技和武器装备取得了跨越式发展，一批具有完全自主知识产权的原创性前沿国防科技成果，对我国乃至世界先进武器装备的研发产生了前所未有的战略性影响。

高效毁伤系统是以提高武器弹药对目标毁伤效能为宗旨的多学科综合性技术体系，是实施高效火力打击的关键技术。我国在含能材料、先进战斗部、智能探测、毁伤效应数值模拟与计算、毁伤效能评估技术等高效毁伤领域均取得了突破性进展。但目前国内该领域的理论体系相对薄弱，不利于高效毁伤技术的持续发展。因此，构建完整的理论体系逐渐成为开展国防学科建设、人才培养和武器装备研制与使用的共识。

《高效毁伤系统丛书》是一项服务于国防和军队现代化建设的大型科技出版工程，也是国内首套系统论述高效毁伤技术的学术丛书。本项目瞄准高效毁伤技术领域国家战略需求和学科发展方向，围绕武器系统智能化、高能火炸药、常规战斗部高效毁伤等领域的基础性、共性关键科学与技术问题进行学术成果转化。

丛书共分三辑，其中，第二辑共 26 分册，涉及武器系统设计与应用、高能火炸药与火工烟火、智能感知与控制、毁伤技术与弹药工程、爆炸冲击与安全防护等兵器学科方向。武器系统设计与应用方向主要涉及武器系统设计理论与方法，武器系统总体设计与技术集成，武器系统分析、仿真、试验与评估等；高能火炸药与火工烟火方向主要涉及高能化合物设计方法与合成化学、高能固体推进剂技术、火炸药安全性等；智能感知与控制方向主要涉及环境、目标信息感知与目标识别，武器的精确定位、导引与控制，瞬态信息处理与信息对抗，新原理、新体制探测与控制技术；毁伤技术与弹药工程方向主要涉及毁伤理论与方法，弹道理论与技术，弹药及战斗部技术，灵巧与智能弹药技术，新型毁伤理论与技术，毁伤效应及评估，毁伤威力仿真与试验；爆炸冲击与安全防护方向主要涉及爆轰理论，炸药能量输出结构，武器系统安全性评估与测试技术，安全事故数值模拟与仿真技术等。

本项目是高效毁伤领域的重要知识载体，代表了我国国防科技自主创新能力的发展水平，对促进我国乃至全世界的国防科技工业应用、提升科技创新能力、“两个强国”建设具有重要意义；愿丛书出版能为我国高效毁伤技术的发展提供有力的理论支撑和技术支持，进一步推动高效毁伤技术领域科技协同创新，为促进高效毁伤技术的探索、推动尖端技术的驱动创新、推进高效毁伤技术的发展起到引领和指导作用。

《高效毁伤系统丛书》
编委会

前　言

由离散相和间隙流相构成的多相介质在中心爆炸流场驱动下的爆炸分散控制问题，广泛存在于各种民用工程实践中，并有着广泛的应用背景：如在火灾扑救中，使用爆炸抛撒惰性颗粒（固体灭火剂、液体灭火剂等）在爆炸作用下分散形成云雾，达到迅速抑爆或灭火的目的；在粮食加工、纺织以及石油化工、矿井等行业中，运用爆炸分散控制技术，可以防止颗粒形成颗粒云团，避免发生燃爆事故等。另外，爆炸分散控制技术在军事领域的应用推动了一些关键装备的研制，特别是在支撑国防尖端武器云爆弹研制的云爆技术中，随着云爆武器向着高超平台装载和巨型装药方向的发展，爆炸分散精准控制技术成为其中不可或缺的重要组成部分。

对于给定的云爆战斗部，准确预测多相燃料云雾区稳定的特征时间、云雾区特征构型和燃料浓度的空间分布等信息，对制订二次点火方案、预测云雾爆轰毁伤效应极为关键。另外，建立云雾区状态场与关键结构参数之间的依赖关系，进而根据毁伤指标中对云雾区范围及浓度的要求，优化调整战斗部结构，能够实现云爆毁伤效应的最优化。

燃料爆炸抛撒形成云雾的过程是一个复杂的物理化学问题，包括装药的爆轰过程、壳体材料的破坏过程、爆炸产物携带燃料的飞散过程、燃料的剥离与汽化等具体问题，目前学术界尚缺乏完整描述整个爆炸抛撒过程的研究论述。基于此，本书紧密结合重大工程需求，建立了从云爆燃料装药结构到多相燃料云雾状态场的预测方法。首先，介绍了爆炸分散过程涉及的基本物理模型；其次，全面阐述了爆炸分散过程的数值模拟方法；最后，针对云爆燃料分散过程特点，以及过程工业中多相流检测等具体场景，应用适用的数值模拟技术，实现云爆分散过程全时空域的数值模拟。

本书以物理机制为基础，详细论述了爆炸分散控制技术的理论和实践问题，同时兼顾了工程的计算规模、效率和精度、不同装药结构的适应性，以及工程方法的可拓展性，对爆炸分散控制技术的发展和应用具有重要指导意义。

本书得到了国家出版基金的资助，并获批为北京理工大学“双一流”研究生精品教材。

在本书的编写过程中，得到了许多人的帮助，作者怀着感激之心，谨向所有关心、支持、帮助过的同事、朋友和提出宝贵意见的专家致以深切的谢意。书中难免存在不妥之处，敬请广大读者批评指正。

作　者

2022 年 11 月

目　录

第 1 章

概　论

1.1 引　言

由离散相和间隙流相构成的多相介质在中心爆炸流场驱动下的分散问题广泛存在于各个尺度的自然界和工程实践中，如天体物理尺度的超新星残骸湍流结构演化，地球物理尺度的火山喷发，工程实践尺度的土中爆炸和云爆燃料分散，实验室尺度的激光驱动惯性约束聚变等。爆炸分散技术在工程和军事领域的应用促进了某些重大工程问题的解决，推动了某些关键装备的研制。特别是在支撑国防尖端武器云爆弹研制的云爆技术中，爆炸分散精准控制技术是其中不可或缺的重要组成部分。云爆战斗部的毁伤作用过程如图 1.1 所示：首先通过中心炸药爆炸将固液混合云雾燃料迅速分散在大范围空间内［图 1.1（a)］，形成燃料均匀分散且相对稳定的多相云雾区［图 1.1（b)］；然后通过二次点火形成云雾爆轰［图 1.1（c)］，造成大范围的毁伤，毁伤范围远超相同装药量的常规武器。随着云爆技术向着高超平台装载和巨型装药方向的发展，对于多相燃爆爆炸分散过程的精准控制变得极为重要。一方面，对于给定的云爆战斗部能够准确预测多相燃料云雾区稳定的特征时间、云雾区特征构型和燃料浓度的空间分布，这些信息对于制定二次点火方案、预测云雾爆轰毁伤效应极为关键；另一方面，能够建立云雾区状态场与关键结构参数之间的依赖关系，进而根据毁伤指标对于云雾区范围及浓度的要求，优化调整战斗部结构，实现云爆毁伤效应的最优化。

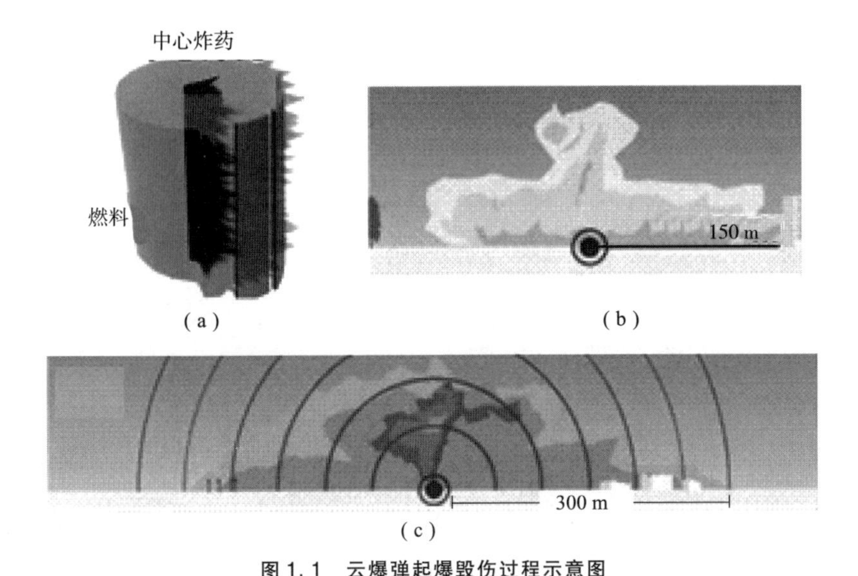

(a)　(b)

(c)

图 1.1　云爆弹起爆毁伤过程示意图

(a) 云爆燃料在中心炸药爆炸载荷作用下的分散；(b) 分散后的云爆燃料形成大范围的多相云雾场；(c) 二次点火后多相云雾场发生云雾爆轰

多相燃料的爆炸分散过程是一个典型的多尺度、多层次结构、多物理过程的瞬态系统，此外还具有独特的跨流态特征。跨流态指的是多相燃料从初始的凝聚态到稠密颗粒（燃料微团）流，再到稀疏燃料流（稀疏颗粒流），最终演化为稀疏气溶胶云雾（含尘气体）。伴随着多相燃料流态的转变，流场与燃料之间的耦合关系也会发生本质的变化，从双向耦合转变为单向耦合和解耦。这些多重科学挑战使得对多相燃料爆炸分散全过程建立合理的数学物理描述极为困难，而瞬态多相流场诊断手段的匮乏，可压缩多相流计算方法中关键物理模块的欠缺，连续流动稳定性理论处理跨流态问题时的合理性问题极大制约了这一问题的研究深度。

本书将紧密结合重大工程需求，建立从云爆燃料装药结构到多相燃料云雾状态场的预测方法，既以物理机制为基础，减少唯象模型的相对重要性，同时兼顾工程问题的计算规模、效率和精度，不同装药结构的适应性，以及方法的可拓展性。因此，本书将从关键物理过程的模型构建出发，重点发展多相燃料爆炸分散全过程的计算框架和整体策略，在工程问题尺度上实现物理机制驱动的爆炸分散全过程的数值计算，建立多相云雾膨胀的宏观规律和介观结构演化模型，揭示两者背后的驱动机制，为爆炸分散精准控制技术，以及云爆装药战斗部的可控优化设计技术奠定基础。同时，多相介质爆炸分散问题是爆炸力学、流体力学、颗粒力学等多学科交叉融合的问题，对这一问题的研究突破将极大推动极端条件下多相、多尺度、多层次结构系统的研究。

1.2 爆炸分散的研究现状

燃料受爆炸作用抛撒形成云团的过程中，壳体的破裂机理、燃料颗粒或液滴射流的形成、射流的数量和粒子的大小是云团浓度分布的重要影响因素。中心管式抛撒结构是燃料分散最为经典的抛撒方式之一，多年来国内外的研究者们在燃料分散形成云团的数值模拟方面有较为深入的研究，大致可以分为燃料抛撒近场模型，燃料抛撒远场模型以及燃料抛撒过程研究。Zabelka 根据爆炸作用力和空气阻力的相对变化，将燃料抛撒过程分为“近场”和“远场”两个阶段。美国桑迪亚国家实验室的 Gardner 和 Glass 对静止条件下液体燃料抛撒过程进行了全面的数值计算研究。根据抛撒燃料在分散装药爆炸作用下的破裂分解过程、在气动阻力作用下的破碎剥离过程，以及后期云雾膨胀过程的不同特征，将爆炸抛撒云雾形成过程根据空气动力和作用在燃料上的惯性，分为三个阶段：在第一阶段，惯性力为主导力；在第二阶段，空气动力阻力相当于惯性力；在第三阶段，气动阻力大于惯性力，起主导作用。第一和第二阶段称为“近场”，第三阶段称为“远场”。这是首次对爆炸抛撒过程进行的全面研究，然而爆炸抛撒初期的物理机制和初始条件有待补充和完善。

动态燃料爆炸抛撒形成云雾理论近年来引起了广泛的关注，其中浓度分布是目前研究的难点和热点。Walker 在 1919 年发表的论文中提出喷雾粒子因空气阻力而减速，这是关于颗粒或液滴射流最早的论文之一。Coles 描述了空化层在超声速情况下从自由表面迅速扩散的机理，从而预测了一个明显的剥落层。Kedrinskii 进行了关于液体在自由表面受冲击驱动的减压作用的结构研究，试验结果表明，爆炸驱动下的液体破裂是通过空泡形成的，由于气泡的聚结形成大的液滴，进而形成射流，然后分裂成液滴。这些炸药产生的火球颗粒大小差别很大，难以分辨。

EBX 减缓炸药爆炸影响技术是对爆炸抛撒形成云雾技术的一种非常有价值的应用。其是用一层液体或粉末，或两者的混合物围绕在炸药周围发生作用。由于阻力被认为是一种潜在的机制，将能量从爆炸波传递到散布的粒子或液滴中，因此液滴的大小或射流的形成对该机制的效率起着重要的作用，探索爆炸抛撒材料产生的颗粒或碎片浓度分布规律对该技术至关重要。

Milne 基于 Grady 的动态碎裂理论对粉体的早期阶段进行了分析。根据 Grady 的研究，在破碎过程中产生的表面或界面区域受表面或界面能量和局部惯性能量或动能的平衡控制。对于装药周围的物质，如液体、粉末或两者的混合物，中心装药爆炸引起剥落层；随后，由于释放波形成聚集层，根据脆性断裂机制，聚集层在外半径释放波过程中发生破裂。通过对宏观流动和材料特性的研究，来确定爆炸扩散过程中颗粒或碎片的尺寸分布。Ripleyley 对散装液体和颗粒固体圆柱爆炸扩散的试验中，发现初始粒子射流数与初始粒子膨胀速度有关。

根据 Frost 的研究，液体比相同体积的固体颗粒产生更多的射流。此外，在处于饱和液体中的固体颗粒层的爆炸分散试验发现，与单独使用圆柱形装置的固体或液体颗粒爆炸抛撒相比，饱和液体的颗粒层产生了几乎多一个数量级的射流。然而，使用目前的多相模型还不能预测射流形成的影响。

Zhang 提出了双射流结构的物理机理。初级射流结构产生于装药与分散材料之间的内部边界。不稳定细射流形成于分散材料与空气的外边界。主射流的数量是由爆炸载荷界面处的内管碎片数量控制的。有效载荷与炸药的质量比和壳体碎片型式也会对其产生影响。在 Allen 进行的一项试验中，研究了燃料抛撒对爆炸效应的减缓效应，发现了一种机制，即能量通过阻力从冲击波转移到散布的粒子或液滴中。因此，颗粒的大小和射流的形成对这一机制的效率起作用，并且利用闪光照相和高速摄影技术研究了两相流中颗粒动量效应，发现颗粒动量在近场冲量中起主导作用。

合适的燃料云团浓度是云爆燃料爆轰的前提条件，但是受到抛撒作用机理复杂、测量设备不够准确等因素影响，针对燃料爆炸抛撒云团浓度分布的预测模型与试验研究还很匮乏。由 Gurney 开发的分析模型是一个开创性的工具，用于预测由爆炸驱动材料的飞散速度。考虑到在有关大范围的抛撒材料与装药的质量比的试验验证相对较少，Loiseaul 采用激光衰减法测量爆炸粒子扩散过程中的粒子数密度，以确定惰性粒子在爆炸扩散过程中的粒子数密度的时间历程，试验结果与预测结果有很好的相关性。但是，测量仪表的使用时间范围必须在炸药产生的烟灰到达测试点之前，否则测量结果会受到一定的影响。

Goroshin 等提出了炸药抛撒过程中基于激光衰减的颗粒密度随时间变化的测量方法，发现爆轰后 3 ms 内颗粒密度与时间具有良好的定性和定量相关性，可以得到颗粒在空间的具体分布位置。Yule 等通过把激光散射技术和层析技术（CT）相结合并首次使用在航空发动机的研究中，从而测量得到喷雾中粒子的浓度及粒径分布。Ma 和 Hanson 利用光全散射法测量气溶胶粒径分布，发现由于颗粒的消光作用，透射光强相对于入射光强的衰减程度与颗粒的粒径和数量有关。张明信等通过激光全息照相技术对固体推进剂燃烧中的凝固相进行粒径分布测量，得到颗粒的真实形状以及各个颗粒的空间位置。

郭明儒根据 CMM－1 浓度检测微系统建立了阵列式浓度测试系统，对爆炸抛撒云团浓度进行动态检测，得到云团浓度分布随时间和空间的变化规律。方伟等利用光电探测方法，将光强衰减程度作为云雾的相对浓度来反映浓度的变化趋势。杜海文等假设云雾浓度沿高度方向是均匀的前提下，计算一定区域内的平均云雾浓度，提取云雾图像灰度值与云雾浓度进行对比，得到其变化规律。然而爆炸抛撒云团的平均浓度并不能很好地反映实际云雾浓度随时间和空间的变化规律。

利用测量工具获取云雾浓度是一项费时费力且不确定度较大的工作，数值模拟可以避免这一缺陷，因此建立燃料爆炸抛撒浓度模型是非常有价值的。目前，针对燃料爆炸抛撒过程的研究已经得到科研单位和学者们比较广泛的关注，并得到了一些研究成果，对于燃料爆炸抛撒形成云团燃料浓度分布的研究还是处于初始阶段。现有的燃料分散云团浓度模型并没有考虑到初始阶段壳体破断、燃料破裂，这意味着不能完整准确地描述粒子的扩散过程。此外，没有考虑到在飞行过程中由于剥离和蒸发效应造成的颗粒尺寸的减小，这限制了燃料浓度分布模型的准确描述。本书建立了一种新的燃料分散浓度模型。在中心装药驱动下，当燃料膨胀到断裂点时，以燃料速度和半径作为粒子分散模型的初始条件。引入蒸发和剥离效应，计算了由于温差引起的蒸发和颗粒运动过快引起的剥离效应的影响。

对于多相混合物分散浓度分布的研究也是处于起步阶段，特别是气－固－液三相混合物云雾爆炸特性的研究是一个薄弱的领域。

蒋丽等通过对铝粉、硝基甲烷、乙醚、空气等的不同混合物的燃烧转爆轰过程进行试验对比，得到三相混合物的燃烧转爆轰的宏观规律，以及三相混合物燃爆性能随质量浓度变化的规律。裴明敏、刘吉平对多相混合物的内部相容性、安定性、老化速度以及爆炸特性的规律进行分析研究，得出结论：三相混合物作为云雾爆炸抛撒的原料，爆炸威力有了很大的提升。但是，相应的一些问题需要解决，如保持燃料有效和安全的储存环境，由于有些燃料的活性会随着时间发生变化，特别是对于一些较为活泼的液体、固体颗粒，甚至还有自燃的危险。

张奇等通过研究固－液混合燃料中颗粒尺度与混合物细观结构的相关性，分析固－液燃料达到饱和状态的临界条件，揭示燃料组分比例、混合燃料物理特性和化学特性对燃料空气炸药爆轰效果的影响规律。刘庆明等采用高速运动分析系统对三相混合物的分散、爆轰过程进行光学测量，用压电传感器等对爆炸压力场进行测量，进而对多相混合物的分散规律和多相爆轰特征进行研究。蒲加顺等进行多元混合燃料分散爆轰试验，发现燃料在爆轰与分散的同时，由于环境中的氧参与反应，爆炸场有一个由衰减到增强的成长过程。白春华等根据多相混合物热力学和湍流燃烧理论，在点火点不同位置布置压力传感器记录超压场，并用高速摄像系统记录火焰传播，得出混合物云团威力场参数的变化情况，为燃料空气炸弹威力场的研究提供了有力的支持。

在目前的研究中，虽然目前广泛使用的商业软件计算流体动力学（CFD），hydrocodes 模拟细节部分较为准确、程序复杂，但是并不可以模拟整个燃料抛撒过程，缺乏壳体破碎、燃料初始破裂过程，这意味着不能完整准确地描述颗粒的运动过程；由于燃料爆炸抛撒过程物理机理复杂，试验研究成本高，难度大，动态浓度检测技术和设备尚待突破，因此动态条件下燃料爆炸抛撒形成的云团形貌和浓度研究亟须深入研究。因此，本书建立一种燃料爆炸抛撒动态形貌及浓度分布预测模型，实现燃料爆炸抛撒形成云团全过程模拟以及对动态云团浓度分布的定量描述。

1.3 本书内容安排

1.3.1 爆炸分散的物理模型

第 2 章首先介绍了爆炸分散过程涉及的基本物理模型，2.1 节介绍了爆炸分散过程的基本阶段，即根据作用在燃料上的爆炸载荷和气动阻力量级的对比，燃料空气炸弹（Fuel - Air Explosive，FAE）燃料的分散过程可分为喷射阶段、过渡阶段和膨胀阶段。文献中经常把喷射和过渡阶段称为 FAE 燃料爆炸分散的近场过程，而膨胀阶段称为远场过程。

2.2 节介绍了近场过程的初始条件存在的物理数学模型，即燃料柱壳在爆炸载荷作用下分解成大量液滴的过程。基于轴对称的燃料柱壳几何，忽略壳体作用，目前有三种预测燃料壳在中心爆炸载荷作用下的破碎时刻以及破碎后液滴尺寸的解析模型：①最小表面能模型；②Grady 等提出的基于能量准则的连续体破碎模型；③液膜膨胀的线性扰动失稳模型。最小表面能模型在给定破碎液滴半径（破碎时刻）的条件下可以预测燃料壳破碎的时刻（破碎液滴半径）。Grady 破碎模型也是基于能量的原理，可以同时给出破碎时刻和平均破碎液滴尺寸。但是，Grady 破碎模型中假设的液体剥离机制并没有在试验中观察到。针对径向膨胀液膜的线性扰动失稳模型可以预测破碎时刻的下限，并同时预测破碎液滴尺寸的上下限，和试验结果吻合较好，因此是目前最为接受的模型。

2.2 节考察的是 FAE 理想装药结构下燃料柱壳在中心爆炸载荷驱动作用下的破碎模型，此时燃料柱壳可以简化为轴对称的二维环构型，忽略了中心分散药的爆轰过程，仅考虑爆轰产物气体提供的径向压力，且假设爆轰产物气体经历等熵膨胀。而在实际 FAE 装药结构中中心分散药的高度往往小于燃料柱壳，中心分散药和燃料柱壳内界面之间存在空隙。2.3 节通过采用 LS - DYNA 中的流固耦合算法来研究 FAE 装药结构对燃料柱壳爆炸加速分散过程的影响，重点考察装药不耦合系数的影响，中心分散药的爆轰过程和壳体的破碎未作简化。

完成了 2.2 节和 2.3 节中探讨的液相燃料在中心分散药爆炸产生的驱动力作用下的加速膨胀和破碎过程，即爆炸分散的近场阶段后，破碎液滴在气动阻力及压差影响下开始减速运动，并逐渐剥离及汽化，产生气体成分，因此形成气液混合云团，即爆炸分散的远场过程。2.4 节主要介绍远场阶段由液体燃料壳破碎形成的大液滴在高速运动过程中的剥离破碎成小液滴和蒸发过程的物理模型。蒸发会显著缩小液滴尺寸，而大液滴的破碎也会加速蒸发过程，同时促进液滴与流场之间的速度均衡。

1.3.2 爆炸分散过程的数值模拟方法

第 3 章全面阐述了爆炸分散过程的数值模拟方法。爆炸分散过程广泛存在于工程领域及武器物理研究中，由于涉及燃料液滴与激波流场之间多尺度的复杂耦合作用及液相组分的相变，3.1 节首先明确了现有多相流模拟方法在可压缩、跨流态流动问题中所受的制约，聚焦于建立合理的数学物理模型、保证方法稳定性等难点，强调了建立适用于可压缩跨流态区的多相流模拟研究手段的重要学术创新意义及工程应用价值。3.2 节对国内外气相 - 颗粒相数值方法的研究现状进行了综述，根据不同模拟方法针对的流态及所属框架进行分类，阐述了各类方法的建模思路，并简单介绍了在可压缩和不可压缩范畴的适用性。3.3 节从控制方程出发，对欧拉 - 欧拉（E - E）框架下的可压缩多相流模型（BN 类模型、Marble 模型和 Saurel 模型）进行了详细分析。这三类模型都是将离散的颗粒相作拟流体假设，通过连续介质的状态方程作为固相的应力模型，两相间仅以拖曳力进行耦合。BN 类模型易于拓展到多于两相的多相体系中，这些相之间可以是不相容的也可以是互容的，但颗粒相在极稀情况下仍存在有限声速，与物理不符。Marble 模型解决了上述问题，但不适用于较稠密的多相体系。Saurel 模型通过建立了新的相体积分数输运方程并引入了更刚性的压力松弛模型，解决极稀颗粒相仍存在有限值声速的问题，同时能覆盖颗粒相从极稀到极稠的流态范围。3.4 节重点介绍了建立在欧拉－拉格朗日框架下颗粒非解析的可压缩多相流计算模型 CMP－PIC，分别考虑了无黏和有黏的情况。该模型综合了颗粒轨道、MP－PIC、DEM 以及双流体模型优势，在控制方程层面以及波系特征方面具备渐近特性，保证跨流态乃至全流态模拟合理性。

由于非解析方法中采用的标准拖曳力模型是通过非扰动的不可压缩流场中等粒径球颗粒受到的拖曳力来标定的，虽然足够反映介观至宏观的流动行为且计算量较小，所得到的扰动流场与颗粒间的拖曳力在微观尺度上是存在问题的。因此，3.5 节详细介绍了同为欧拉－拉格朗日框架下的颗粒解析的可压缩多相流计算模型。该方法在颗粒尺度上进行解析，考虑了离散颗粒之间接触产生的空间非均匀且各向异性的颗粒相应力，准确捕捉可压缩流场中颗粒周围局部的流动和拖曳力分布，适用于非宏观的激波作用颗粒群的场景。本节也通过平面激波及与中心爆炸分散更为相关的发散柱面激波作用于固定颗粒层的实例，展示了采用解析方法揭示激波作用不同颗粒群后流场的演化特征的过程，详细介绍了颗粒雷诺数、堆积密度、粒径等结构参数对激波诱导颗粒多相流场的演化规律的影响。

3.6 节与 3.7 节分别采用 3.3 节与 3.4 节中介绍的非解析方法研究了中心爆炸载荷驱动颗粒环的分散过程。3.6 节重点比较了三类模型得到的颗粒相界面流动不稳定性的差别，确定了微分拖曳力在驱动射流成长过程中的主导作用，它是导致爆炸膨胀颗粒环出现条纹结构，内外界面发展出指状射流的驱动力。3.7 节采用 CMP－PIC 方法，比较了不同模型设置下颗粒云分散后期的形貌结构差异。研究表明，流相涡的生成和输运是中心分散颗粒环壳射流结构形成的原因，初始颗粒体积分数在空间均匀分布时，拖曳力与流相体积平均密度梯度的叉乘，以及拖曳力产生的矩是流相涡量生成的重要驱动力。而形成环向非均匀的特征结构后，常规的斜压涡成为涡量生成的主要驱动因素。

1.3.3 中心分散过程近场的波系结构

第 4 章主要介绍了不同结构参数对波系结构的影响及不同爆源的近场波系结构。4.2 节首先介绍了爆炸分散体系中最为关键的参数，当量比 M/C 为爆源质量与待分散的燃料质量比值；然后阐述了四种主要高压气体的爆炸能量计算方法，建立了不同爆源的爆炸分散体系当量比之间的转换关系。4.3 节通过一维激波管内高压气体驱动固定密堆积颗粒环的波系结构，比较了高压气体与颗粒层界面之间有无间隙时的波系结构，并通过中心高压气团作用固定密堆积颗粒环的工况探究高压气体与颗粒层界面之间有无间隙及间隙的大小、二维发散构型与一维激波管工况的差别、颗粒层的初始堆积密度、可动颗粒层对于波系结构的影响。由静止高压气团来近似炸药起爆后的爆轰产物气体，用来驱动周围介质来模拟炸药爆轰对于周围介质的驱动，这种近似忽略了炸药起爆过程中的爆轰波和波后黎曼膨胀波的运动过程，且炸药完全爆轰后实际爆轰产物气体的压力、密度、速度从中心到外界面强烈变化，因此均匀静止高温高压气团是否能合理替代爆轰产物气体也存在很大疑问。4.3 节采用了 FEM - DEM 耦合的方法再现球形炸药的理想起爆过程，以及爆轰产物气体流场的演化和无约束颗粒环膨胀的耦合过程，详细讨论准确刻画炸药的起爆过程对于描述爆轰产物气体以及颗粒环中的波系结构的重要性，并与静止高压气团驱动可动颗粒环的工况进行比较，阐述静止高压气团近似炸药起爆存在的问题。4.4 节中分别讨论以高压气团为爆源的二维中心爆炸分散体系的强耦合，以及以炸药为爆源的爆炸体系中颗粒环在强爆源作用下迅速膨胀的弱耦合情况下颗粒环壳在起爆后初始加速膨胀阶段的动力学响应过程，并分别揭示宏观颗粒射流的关键机制和颗粒时程曲线的模式变化规律。

1.3.4 中心分散过程的模式分类

第 5 章采用 CMP - PIC 方法探讨了近场过程的中心爆炸分散行为与众多中心装药特征结构参数的依赖关系，并对不同爆炸分散过程进行了表征和分类。5.2 节通过准二维中心爆炸分散试验系统对 CMP - PIC 方法模拟的近场爆炸分散过程的可靠性进行了验证。利用高速摄影技术及相关图像识别，试验能够捕捉粉柱体在分散过程中的射流特征结构，确定云雾区的内外界面位置及膨胀速度。模拟遵循与试验相同的构型设置，基于能量等价原则将爆源从炸药等效为爆轰产物气体，同时对当量比进行了相应转换，得到了与试验观测一致的云雾区膨胀规律并再现试验了云雾区外缘的射流特征结构。5.3 节对爆炸分散体系数值模型的几何参数、高压气团的热力学参数以及颗粒环的结构和材料参数设置进行了详细的描述，工况的当量比跨越 4 个数量级，远超过文献报道的范围。5.4 节清晰展示了随着当量比变化，不同结构参数体系宏观分散行为的差异。如果小当量比时持续膨胀分散，当量比增加后颗粒环的内界面在膨胀晚期出现向内收缩的趋势；当量比继续增大后，颗粒环开始出现多次膨胀 - 收缩，导致相当比例的颗粒被卷吸到中心。同时随当量比演化，颗粒环分散过程中也呈现出更明显、丰富的介观结构。为定量表征不同的爆炸分散行为，5.5 节对其分散模式进行了合理的分类。研究从实际工程应用出发，确定了分散效率、空间均匀性和分散完成度三个评价爆炸分散效果的指标，分别涉及物质分散的特征时间、分散物质在空间的分布以及是否所有物质均分散到外部流场中三个方面。研究结合大量模拟分析结果，分别构造了合适的无量纲参数表征上述评价指标，同时确立了对于爆炸分散过程效率、均匀度和完全性的判别标准，将迥异的分散行为划分成理想分散、部分分散、延迟分散、无效分散四种模式，给出了对应的临界当量比。研究发现，不同模式在无量纲相空间内的区域不变，为爆源和结构参数迥异的爆炸分散行为提供了普适的模式评价框架。5.6节确定了颗粒环分散与中心流场宏观尺度的耦合演化是上述不同爆炸分散模式的驱动机制。由于耦合的强烈程度极大依赖于中心流场演化速度相对颗粒环膨胀分散速度的快慢，研究引入了三个无量纲参数将二者间的耦合情况按照给出的临界当量比分为解耦、弱耦合、中度耦合和强耦合四种类型，并最终确立了爆炸分散体系的宏观分散模式与流场/颗粒环运动耦合间的相互对应关系。因为确定爆炸分散模式需要的特征时间难以通过试验获得，5.7节基于连续介质假设，建立了颗粒环在中心气腔高压驱动下的冲击压实过程及此后颗粒环膨胀-内缩循环的理论模型，以判断流场-颗粒环耦合模式是否属于解耦或者弱耦合，进而依照耦合模式与分散模式间的强相关性判断颗粒环是否发生理想分散。在分析完体系的宏观分散行为及驱动机制后，5.8节焦聚于颗粒环分散过程中的介观特征结构，着重讨论了内界面失稳、外界面射流、分层以及内外界面多重物质喷射这些结构的起源和演化驱动机制，并给出其形成的临界条件。

1.3.5 云爆分散过程全时空域的数值模拟

第6章基于第2章和第3章介绍的云爆燃料分散过程特点和适用的数值模拟技术，提出一套可以将近场过程与远场过程纳入一个统一数值框架下的计算策略，详细介绍其核心计算模块的基本数学物理模型、算法、功能，以及各模块之间的信息交换和传递，并通过一个完整的云爆战斗部中心起爆分散过程阐述云爆燃料爆炸分散的数值模拟模型、参数设置和结果分析。

6.2节介绍了爆炸分散过程的全场计算策略，包括近场和远场两个过程。要准确描述近场过程必须合理考虑爆炸流场与燃料柱壳的双向耦合，以及燃料柱壳从连续到分散的过程。而后者又会强烈影响前者，因为连续燃料柱壳未破碎分解时，爆轰产物气体被约束在燃料柱壳内界面封闭的区域内；一旦燃料柱壳破碎，爆轰产物气体从大块的燃料碎片中喷射出去，对燃料碎片持续加速的同时通过剪切作用将燃料碎片破碎成毫米尺寸的燃料微团/液滴。因此，中心爆炸分散的近场模拟既要准确捕捉迅速演化的可压缩流场与连续，及离散体系的相互耦合，同时还要准确描述连续体破碎成离散体系的过程。而远场过程中数目在亿万量级，尺寸在O（$10^0\sim10^3$）μm量级的燃料微团/液滴在O（$10^2\sim$

10^3）m 量级的空间范围内飞散。燃料微团/液滴与流场之间的相互作用、燃料微团/液滴的气动破碎和液相组分的蒸发均发生在颗粒尺寸，即 O（10^0 ~ 10^3）μm 的尺度范围内，我们关心的远场过程在 O（10^2 ~ 10^3）m 量级的空间尺度，而且不同物理过程具有迥异的特征时间尺度。对于包含多尺度物理过程，体系（燃料云雾）跨尺度演化的爆炸分散远场阶段，数值分析方法需要建立在最为核心的物理过程，即燃料微团/液滴在近似静止流场中的跨马赫数减速飞散上，将燃料微团/液滴与流场之间的相互作用、燃料微团/液滴的气动破碎和液相组分的蒸发进行合理的模块化，嵌入到大量燃料微团/液滴在跨尺度空间中的飞散数值模拟中。

因此，在近场和远场过程统一的计算框架内，第 6 章完整介绍了云爆分散过程全时空域数值模拟的各个阶段的模拟方法，包括：爆炸分散近场过程的数值模型；爆炸分散近场阶段的结束；爆炸分散远场阶段的计算策略。

基于已构建好的计算模型，6.3 节介绍了一个云爆战斗部爆炸分散形成云雾场的计算实例，展示了针对一个具体的云爆战斗部，从建模、近场过程的数值模拟、近场远场的转化、远场过程的数值模拟以及云雾状态场构建的全过程。

1.3.6 云爆分散过程试验研究

第 7 章重点关注云爆燃料分散过程的试验研究现状，对于云爆试验中的云爆装置、试验原理和方法进行了介绍，结合文献中报道的试验研究结果，对于影响云爆燃料分散的部分装置参数进行了讨论。

7.2 节具体介绍了云爆装置的主要参数，包括研究中较为关注的比药量、燃料质量、加强杆、刻槽等。7.2.2 节中首先介绍了云爆试验场的布置，一般的云爆试验场由云爆装置、传感器、标杆和高速摄像机构成。云爆装置起爆后，为了得到更充分的数据，目前的试验一般设置多台高速摄像机记录云雾区多个方向的成长过程。标杆的作用是方便处理高速摄影图像数据时确定比例尺，因此需要提前设置好。传感器一般用来测量云爆压力场的时空演化规律。另外，由于云爆试验的危险性，特别需要关注试验过程中的安全防护。7.2.3 节特别对于高速摄影拍摄云爆过程得到的图像的处理方法，在试验中由于云雾并不会出现较为规则的圆柱体或带空心的圆柱体，因此需要对云雾形貌进行判读，此过程中可以将每一时刻燃料云团图像的最大宽度作为云雾直径，或设定合适的规则进行云雾直径及高度的判定，此过程常借助商业图像处理软件处理。

基于 7.2 节介绍的云爆试验原理和方法以及试验通常关心的参数，7.3 节整理了文献中记录的试验结果，讨论云爆装置参数对云爆燃料爆炸分散过程的影响。7.3.1 节介绍了比药量的影响，试验装置的比药量的数值多位于 1% ~3%，在一定范围内中心药量越大越有利于燃料获得更大的初始分散速度，从而获得更大的云团体积。比药量进一步增大，燃料抛散最终云雾半径与云爆中心药量无关。对于不同的装置，存在不同的最佳比药量，可以使得云雾分散达到最佳的状态。7.3.2 节给出了云爆装置长径比的影响，随着装置长径比的增加，不同阶段结束时刻的云雾直径与装置直径的比值相应地增长。7.3.2 节给出了云爆装置壳体材质的影响，试验中，由于同种量级的钢质云爆装置的约束一般大于铝质云爆装置，因此钢质云爆装置所形成云雾半径大于铝质云爆装置，钢质破片的飞行距离和杀伤效应也优于铝质的。7.3.4 节关注壳体刻槽对云爆分散的影响，刻槽数目多的装置形成最终云雾的直径较小。主要原因是，刻槽多加速了云雾中液态燃料的雾化，雾化程度高的燃料分布均匀，有利于二次引信的可靠起爆。7.3.5 节研究起爆方式，即静态起爆和动态起爆过程的区别，研究起爆方式有利于帮助确定最有利于起爆的装药方式，更接近工程实际应用。研究发现动态起爆的结果较静态结果多消耗了一部分动能，最终形成动态云雾半径小于静态结果。7.3.6 节在比药量一定（0.86%）的条件下，分析了轴向加强杆装置结构对云雾区形成的影响。研究发现加强杆主要限制了云雾的轴向扩散，使得更多的燃料分布在更小的云雾高度内，从而提高了云雾的平均质量浓度。7.3.7 节介绍了异形壳体（扇形）形成的云雾特征：相比于圆形壳体，扇形壳体结构形成的云雾形状是不规则的，云雾主要以横向运动为主，最终形成类似于五角星形状，同时云雾边缘有许多条状突出。7.3.8 节根据不同试验中提取出云雾半径和燃料质量之间的关系，发现比药量在 0.7% ~2% 时，云雾形貌基本符合云雾半径与燃料质量的三次方根成正比的关系，此结论与郭学永研究得到的结论相符合。

7.3 节主要讨论装置参数对于云爆分散的影响，7.4 节关注燃料参数对于云爆分散的影响，试验中设置不同的固液比、采用不同的燃料成分等方式改变燃料参数。试验结果发现密度较大的燃料受到气动阻力的影响较小，导致破碎成燃料颗粒的速度较慢，射流持续时间更长，所以具有更大的抛撒云雾直径。因此若要获得较好的爆炸抛撒及雾化效果，应该选取低黏度、低表面张力、具有一定挥发性的液体燃料，另外还应有适宜的抛撒速度和二次点火延迟时间。

第2章

爆炸分散过程的物理模型

2.1 爆炸分散过程的基本阶段

FAE的作用原理是将液相或固相燃料通过中心炸药爆炸驱动分散到空气中，与空气混合形成由高能固体粉末（金属粉或炸药颗粒）、液体燃料液体、燃料蒸汽和空气构成的多相云雾，再在云雾区内进行二次点火引发大范围的体积爆轰，爆炸冲击波会对大范围内的冲击易损目标，如人员、建筑物和车辆等软目标造成严重破坏。图2.1所示为典型的圆柱状燃料空气炸药装置，中心柱状分散药柱被燃料柱壳包围。当中心分散药引爆后，壳体瞬时破碎，燃料在爆炸载荷驱动下喷射到外部空间内，并破碎成小液滴。

采用高饱和蒸汽压液相燃料组分的FAE一旦发生燃料泄漏，会在约束空间，如舰船内部产生大范围的易爆蒸汽云，从而带来严重的风险。然而，采用低饱和蒸汽压液相组分的液态或者固态燃料，在经过胶化或浆化处理后，其安全性显著提高，已成为目前FAE的主力装药燃料。采用低饱和蒸汽压液相组分的FAE形成的多相云雾区能否发成功二次起爆就成为保障FAE的可靠性、提升其毁伤效能的关键技术问题。

提高FAE的起爆可靠性需要充分理解多相云雾区的爆轰机制，多相云雾的爆轰特性取决于多相燃料组分和空气的化学反应，后者受到局部燃料浓度、相态、液滴尺寸等因素的强烈影响。确定最终云雾区的范围、形貌、各种燃料组分在云雾区内的分布对于预测云雾爆轰参数至关重要。因此，对燃料爆炸分

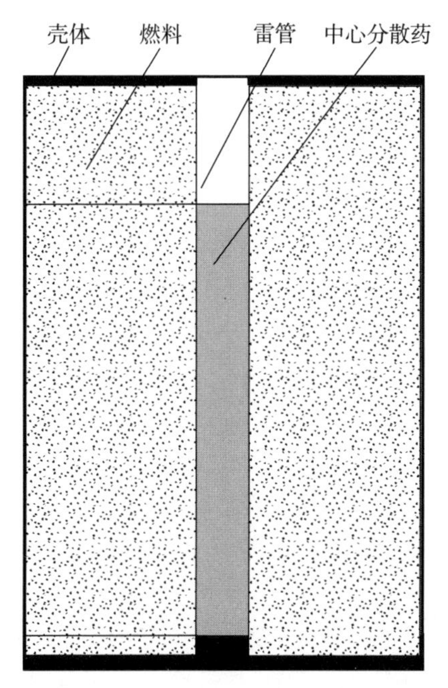

图 2.1　圆柱形 FAE 的结构示意图

散、形成多相云雾区的过程进行深入研究、揭示其驱动机制，进而预测云雾区的最终形态，是建立多相云雾爆轰模型的必要基础。

根据作用在燃料上的爆炸载荷和气动阻力量级的对比，FAE 燃料的分散过程可分为喷射阶段、过渡阶段和膨胀阶段。在喷射阶段，中心分散药起爆后产生的爆炸载荷是主导驱动力；过渡阶段中爆炸载荷与气动阻力量级相当；膨胀阶段则由气动阻力为主导。在喷射和过渡阶段云雾区内的燃料浓度都相当高，强激波在燃料云雾区内往复传播；而云雾区内的燃料浓度在膨胀阶段相对较低，云雾区内的激波也迅速衰减到可以忽略。有些文献中经常把喷射和过渡阶段称为 FAE 燃料爆炸分散的近场过程，而膨胀阶段称为远场过程。

近场阶段从 FAE 的中心分散药起爆开始到云雾区内分散燃料浓度下降到无法维持云雾区内的激波为止，主要包括以下几个过程：FAE 装置金属外壳的破裂；燃料壳作为一个完整壳体的膨胀；燃料壳分解成燃料液滴。近场阶段涉及的空间尺度取决于 FAE 的装置尺寸。根据近场阶段终止时云雾区内的燃料浓度下限，可以通过初始燃料质量，或者由柱状 FAE 的装置外径推测近场阶段终止时的云雾区半径，如图 2.2 所示。近场计算模型的目标是提供远场计算模型需要的初始条件，包括云雾区的流场压力、速度、温度分布，各燃料组分的浓度空间分布和燃料液滴的粒径分布。

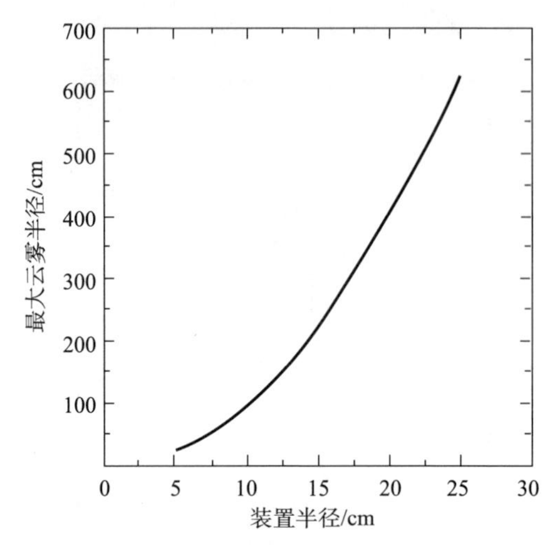

图 2.2　近场云雾区半径与 FAE 装置外径的关系

FAE 燃料分散形成多相气溶胶云雾区过程的试验诊断数据非常有限，绝大多数文献中报道的试验结果都只能提供云雾区半径、高度或者体积的平均增长率，更多地集中于对于不同燃料配方和 FAE 装置结构对云雾大致形貌演化影响的参数研究。这些试验中刻画的云雾区演化大多属于远场阶段，目前仅有少量研究关注了燃料爆炸分散近场的演化规律。云雾场形成的试验研究的详细介绍见第 7 章。但外场试验中燃料爆炸分散形成的大范围云雾区内的燃料浓度场和液滴粒径分布的诊断技术仍不成熟。

2.2　燃料柱壳爆炸破碎模型

燃料柱壳在（约微米量级）爆炸载荷作用下分解成大量液滴的过程为预测燃料爆炸分散的近场过程提供了关键的初始条件，也是唯一存在物理数学模型的过程。本节将基于轴对称的燃料柱壳几何，忽略壳体作用，介绍三种预测燃料壳在中心爆炸载荷作用下的破碎时刻以及破碎后液滴尺寸的解析模型：①最小表面能模型；②Grady 等提出的基于能量准则的连续体破碎模型；③液膜膨胀的线性扰动失稳模型。最小表面能模型在给定破碎液滴半径（破碎时刻）的条件下可以预测燃料壳破碎的时刻（破碎液滴半径）。Grady 破碎模型也是基于能量的原理，可以同时给出破碎时刻和平均破碎液滴尺寸。但是，

Grady 破碎模型中假设的液体剥离机制并没有在试验中观察到。针对径向膨胀液膜的线性扰动失稳模型可以预测破碎时刻的下限，并同时预测破碎液滴尺寸的上下限，和试验结果吻合较好，因此是目前最容易接受的模型。

2.2.1　最小表面能破碎模型

假设一个不可压缩的液体柱壳，高度为 $2z_0$，内外半径分别为 R_i（t）和 R_o（t），表面张力为 σ。假设液体壳仅发生等温的径向膨胀，表面自由能随时间的变化为

$$E_s = 2\pi z_0 \sigma [R_i(t) + R_o(t)] \tag{2.1}$$

假设液体壳破碎成等粒径（直径为 d）的球形液滴。初始体积为 V 的液体壳破碎形成的液滴数目 N 和总表面积 A_d 分别为

$$N = \frac{6V}{\pi d^3}, A_d = N\pi d^2 = \frac{6V}{d} \tag{2.2}$$

液滴群的总表面能为

$$E_d = \sigma A_d = 6\frac{\sigma V}{d} \tag{2.3}$$

液壳的总体积为

$$V = 2z_0 \pi [R_o^2(0) - R_i^2(0)] \tag{2.4}$$

在达到破碎时刻 t_b 之前，液壳的表面自由能低于此时破碎形成的液滴群的总表面自由能，$E_s < E_d$。在 $t = t_b$ 时，$E_s = E_d$。此后，$E_s > E_d$，因此液体壳分散形成液滴群的总表面自由能更小。假设液体壳破碎发生的时刻出现在 $E_s = E_d$，则

$$\frac{E_s}{E_d} = \frac{\rho d^* [r_o(\tau) + r_i(\tau)]}{1 - (R_i/R_o)^2} = 1 \tag{2.5}$$

式中：r_i（τ）$= R_i$（t）$/z_0$，r_o（τ）$= R_o$（t）$/z_0$，$\tau = t_b/T_0$，$R_i = R_i$（0），$R_o = R_o$（0），$d^* = d/z_0$，$\beta =$（z_0/R_o）$^2/3$，T_0为特征时间。

从式（2.5）可以得到液滴直径，即

$$d^* = \frac{1}{\beta} \frac{1 - (R_i/R_o)^2}{r_0(\tau) + r_i(\tau)} \tag{2.6}$$

将 r_i（τ）和 r_o（τ）代入式（2.6），可得到 d^*。

加速流体不可压缩且只发生径向膨胀，质量守恒要求为

$$2\pi z_0 [R_o^2(t) - R_i^2(t)] = 2\pi z_0 [R_o^2(0) - R_i^2(0)] \tag{2.7}$$

因此

$$R_o(t) U_o(t) = R_i(t) U_i(t) \tag{2.8}$$

式中，U_i和U_o分别为液体壳内界面和外界面的速度。

根据FAE外场试验中得到的云雾区半径增长速度，可以假设液体壳外界面半径$R_o(t)$随时间变化满足

$$R_o(t) = R_\infty\{1 - \exp[-\alpha(t + t_0)]\} \tag{2.9}$$

式中：R_∞为完全膨胀的稳定云雾区半径；α为时间常数。

当$t=0$时，式（2.9）变为

$$R_o(0) = R_\infty[1 - \exp(-\alpha t_0)] \tag{2.10}$$

从式（2.9）中我们可以通过αR_∞和t_0构造时间尺度T_0，$T_0 = z_0/(\alpha R_\infty)$，则

$$r_o(\tau) = r_\infty\{1 - \exp[-\alpha^*(\tau + \tau_0)]\} \tag{2.11}$$

式中：$r_\infty = R_\infty / z_0$。

如果已知破碎时刻t，式（2.6）和式（2.11）给出了液体壳破碎时刻的初始液滴粒径。同样，如果已知初始液滴粒径，则可以得到破碎时刻。图2.3给出了无量纲的破碎时间τ随无量纲的液滴粒径d^*的变化。

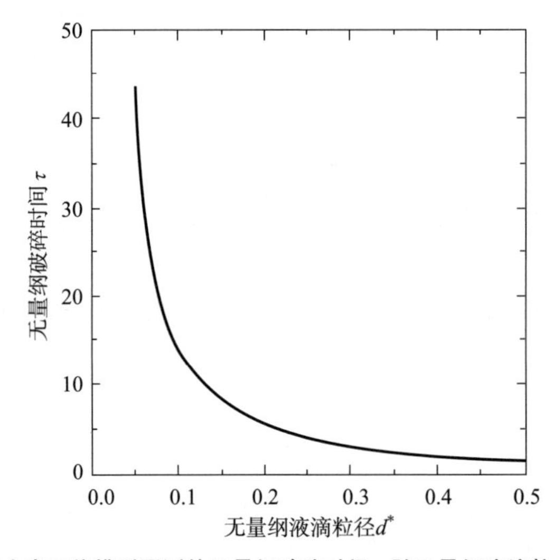

图2.3　最小表面能模型预测的无量纲破碎时间τ随无量纲液滴粒径d^*的变化

采用最小表面能模型预测Samirant等试验中FAE装置起爆后燃料壳破碎的时刻和破碎液滴的平均直径，发现预测的破碎时间比试验观测值小1/3，而液滴粒径小1/2。由于最小表面能模型必须已知液体壳破碎时刻或者破碎液滴粒径，而这两者在FAE燃料爆炸分散过程中都是未知量，因此难以用于实际工程应用中。

2.2.2 Grady 破碎模型

Grady 破碎模型最早用来预测固体爆炸破碎的碎片尺寸，如爆炸载荷作用下铀柱壳的破碎、铅和铀板的冲击破碎，以及不同金属的脆性和延性剥离破坏。以下介绍将基于能量准则的 Grady 剥离破碎模型应用于液体环壳来预测破碎时刻和破碎液滴尺寸。

对于表面张力主导的剥离，有

$$P_b = \sqrt{2\rho c_0^2 \mu \dot{\varepsilon}}, t_b = \frac{1}{c_0}\left(\frac{6\sigma}{\rho \dot{\varepsilon}^2}\right)^{1/3}, D_b = \left(\frac{48\sigma}{\rho \dot{\varepsilon}^2}\right)^{1/3} \tag{2.12}$$

对于黏性耗散主导的剥离，有

$$P_b = \sqrt{2\rho c_0^2 \mu \dot{\varepsilon}}, t_b = \frac{1}{c_0}\left(\frac{2\mu}{\rho \dot{\varepsilon}}\right)^{1/3}, D_b = \left(\frac{8\mu}{\rho \dot{\varepsilon}}\right)^{1/3} \tag{2.13}$$

式中：P_b 为液体的剥离强度；t_b 和 D_b 分别为液体壳破碎时刻和破碎液滴的尺寸；σ 为液体的表面张力；ρ 为液体的密度；c_0为液体的声速；μ 为液体的动力黏度；$\dot{\varepsilon}$ 为应变率。

采用式（2.9）中给出的膨胀液体柱壳外界面半径的演化规律，可以得到应变率为

$$\dot{\varepsilon} = \sqrt{2}/\alpha\{\exp[-\alpha(t+t_0)-1]\} \tag{2.14}$$

采用 Grady 破碎模型式（2.12）和式（2.13）对于 Samirant 试验中环氧乙烷柱壳的爆炸破碎时间和破碎液滴尺寸进行预测，发现无论是采用表面张力主导的剥离模型式（2.12）还是黏性耗散主导的剥离模型式（2.13），得到的 t_b 和 D_b 比试验观测值小数个数量级。这说明剥离并非液体环壳在中心爆炸载荷作用下的破碎机制。

2.2.3 界面小扰动失稳模型

图 2.4（a）所示为燃料柱壳在中心爆炸载荷的径向驱动作用下分散的示意图。假设中心分散药的爆轰时间可忽略（约 1μs，远小于液体界面失稳的特征时间 1ms），爆轰产物气体的总能量为

$$E = \frac{M}{M_W} c_V T_0 \tag{2.15}$$

式中：M 为产物气体的总质量；M_W 为气体的摩尔质量；c_V为单位摩尔数的定容比热容；T_0为爆轰产物气体温度。

爆轰产物气体的压力远大于燃料壳体外部的压力，使得燃料壳开始加速膨胀。假设产物气体发生等熵膨胀，其压力的演化方程为

$$P_0^+ = P_{00}^+ \left(\frac{\rho_g}{\rho_{g0}} \right)^\gamma \tag{2.16}$$

式中：γ 为产物气体的比热比；P_{00}^+ 和 ρ_{g0} 分别代表爆轰产物气体的初始压力和密度。

在存在径向扰动时，中心线的半径为

$$R(\varphi) = R_0 + \delta R_0(\varphi)$$

对于无扰动的径向柱面膨胀，假设柱壳中心线的半径为 R_0（t），如图 2.4（b）所示。产物气体质量守恒满足

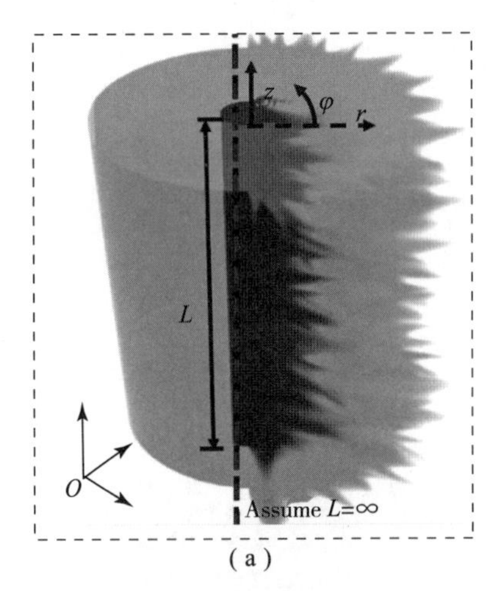

（a）

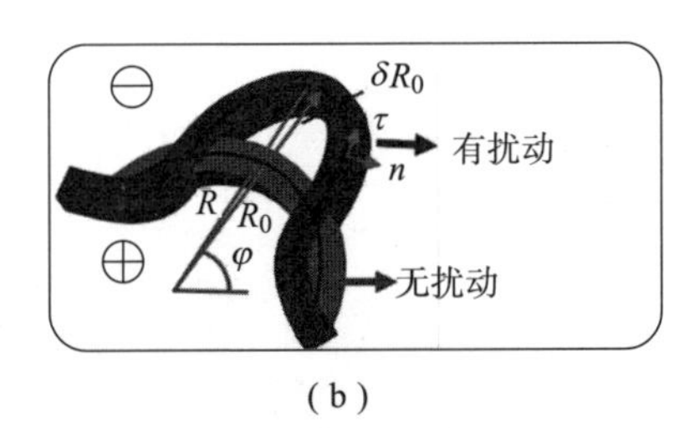

（b）

图 2.4　燃料柱壳在中心爆炸驱动力作用下和有无扰动膨胀的示意图

（a）燃料柱壳在中心爆炸载荷的径向驱动作用下分散的示意图；

（b）准二维燃料柱壳的小扰动膨胀和无扰动膨胀的中心线示意图

$$\frac{\rho_g}{\rho_{g0}} = \left(\frac{R_{00}}{R_0} \right)^2 \tag{2.17}$$

式中，R_{00} 为 $t=0$ 时 R_0（t）的初始值。

假设初始无扰动的燃料柱壳的厚度为 H_0，单位轴向长度的燃料柱壳质量为

$$m = \rho 2\pi R_{00} H_0 \times 1 \tag{2.18}$$

式中：ρ 为液体密度。

因此膨胀的特征速度为

$$v_0 = \sqrt{2\frac{E}{m}} = \sqrt{\frac{E_1}{\rho\pi R_{00} H_0}} \tag{2.19}$$

式中：E_1 为单位轴向长度的中心分散药释放的爆热（J/m）。

将 R_{00} 作为特征长度，由式（2.16）和式（2.17）可得

$$P_0^+ = \frac{P_{00}^+}{r^{2\gamma}} \tag{2.20}$$

式中，$r = r(t) = R_0(t)/R_{00}(t)$ 为无扰动燃料柱壳中心线的无量纲半径。

旋转轴对称的液体柱壳在柱坐标系下可以近似为准二维的液体环，其无扰动的径向膨胀运动可以采用与轴向坐标和环向坐标无关的径向方向方程来描述。无扰动的基础流动运动方程为

$$\frac{dR_0}{dt} = V_0 \tag{2.21}$$

式中，V_0 为中心线的无扰动膨胀速度。

连续性方程为

$$h_0 = \frac{H_0 R_{00}}{R_0} \tag{2.22}$$

式中，h_0 为膨胀燃料柱壳的瞬时厚度。

动量守恒方程为

$$\frac{dV_0}{dt} = \frac{\Delta P}{\rho h_0} - \frac{\tau_0}{\rho R_0} - \frac{2\alpha}{\rho h_0 R_0} \tag{2.23}$$

式中，ΔP 为燃料柱壳内外界面的压力差，$\Delta P = P_0^+ - P_0^-$，P_0^- 为外界面之外的环境压力或真空，可近似为 $P_0^- \sim 0$；$\tau_0 = \tau_{11}^0 - \tau_{33}^0$、$\tau_{11}^0$ 和 τ_{33}^0 分别为无扰动流动的环向和径向黏性剪切应力；α 为表面张力系数。显然，压力差是燃料柱壳加速膨胀的驱动力，而黏性力和表面张力则是阻力。

引入燃料柱壳中心线的无量纲小扰动 δ（t，φ）（图2.4（b），$\delta \ll 1$），在扰动的中心线瞬时半径为

$$R(t,\varphi) = R_0(t)[1 + \delta(t,\varphi)] \tag{2.24}$$

引入燃料柱壳厚度的无量纲小扰动 χ（t，φ）（$\chi \ll 1$），则

$$h(t,\varphi) = h_0(t)[1 + \chi(t,\varphi)] \tag{2.25}$$

燃料柱壳无扰动基本流仅存在径向流动，但小扰动流动具有环向流动速度 ω（t，φ），$\omega \ll 1$。将小扰动流动的运动方程线性化，与基本流动相分离，可得到小扰动演化的线性方程组。线性扰动的连续性方程为

$$\frac{\partial \chi}{\partial t} = \frac{\partial \delta}{\partial t} + \frac{\partial \omega}{R_0 \partial \varphi} = 0 \tag{2.26}$$

沿燃料柱壳中心线切向的线性扰动的动量守恒方程为

$$\frac{\partial \omega}{\partial t} + \omega \frac{V_0}{R_0} + A_0 \frac{\partial \delta}{\partial \varphi} = \frac{1}{\rho R_0} \frac{\partial \tau'}{\partial \varphi} + \frac{\tau_0}{\rho R_0} \frac{\partial \chi}{\partial \varphi} + \frac{\alpha h_0}{2\rho R_0^3}\left[2 \frac{\partial \chi}{\partial \varphi} + \frac{\partial^3 \chi}{\partial \varphi^3} - 2\left(\frac{\partial \delta}{\partial \varphi} + \frac{\partial^3 \delta}{\partial \varphi^3}\right)\right] \tag{2.27}$$

沿燃料柱壳中心线法向的线性扰动的动量守恒方程为

$$\frac{\partial^2\delta}{\partial t^2}+\frac{2V_0}{R_0}\frac{\partial\delta}{\partial t}+\frac{2A_0}{R_0}\delta+\frac{A_0}{R_0}\chi=\frac{\Delta P_0}{\rho h_0 R_0}\delta+\left(\frac{\tau_0}{\rho R_0^2}+\frac{2\alpha}{\rho h_0 R_0^2}\right)\frac{\partial^2\delta}{\partial\varphi^2}-\frac{\tau_0}{\rho R_0^2}\chi-\frac{\tau'}{\rho R_0^2} \tag{2.28}$$

式（2.27）和式（2.28）忽略了内外界面处的压力扰动，并且均考虑了表面张力效应（包含 α 的项），这在牛顿流体中是不可或缺的，因为表面张力是牛顿流体中抑制短波长扰动最主要的机制。式（2.26）~式（2.28）是 δ、ξ、ω 的线性方程，但是其中的系数需要通过无扰动基本流动式（2.21）~式（2.23）来确定。

牛顿－斯托克斯（Newton－Stokes）流变模型假设偏应力张量 $\boldsymbol{\tau}_s$ 线性依赖于应变率张量 $D=(\nabla\boldsymbol{v}+\nabla\boldsymbol{v}^{\mathrm{T}})$，其中 $\nabla\boldsymbol{v}$ 是速度梯度张量，对于不可压缩流体，有

$$\tau=2\mu D \tag{2.29}$$

式中，μ 为流体的动力学黏度。

对于径向膨胀的燃料柱壳，应变率张量为

$$\boldsymbol{D}=\boldsymbol{\tau\tau}\left(\frac{V_0}{R_0}+\frac{\partial\delta}{\partial t}+\frac{\partial\omega}{R_0\,\partial\varphi}\right)-\boldsymbol{nn}\left(\frac{V_0}{R_0}-\frac{\partial\chi}{\partial t}\right) \tag{2.30}$$

式中：$\boldsymbol{\tau}$ 代表燃料柱壳中心线切向方向的单位矢量（方向 1），而 $\boldsymbol{n}$ 代表中心线法线方向的单位矢量（方向 3），因此并矢量积 $\boldsymbol{\tau\tau}$ 代表方向 1－1，而 $\boldsymbol{nn}$ 代表方向 3－3。

无扰动基本流和扰动流的应力张量的分量分别为

$$\tau_{11}^0=2\mu\frac{V_0}{R_0},\tau_{33}^0=-2\mu\frac{V_0}{R_0} \tag{2.31}$$

$$\tau'_{11}=2\mu\left(\frac{\partial\delta}{\partial t}+\frac{\partial\omega}{R_0\,\partial\varphi}\right),\tau'_{33}=2\mu\frac{\partial\chi}{\partial t} \tag{2.32}$$

因此，无扰动基本流和扰动流的剪切应力（偏应力张量的 I 阶不变量）为

$$\tau_0=4\mu\frac{V_0}{R_0},\tau'=2\mu\left(\frac{\partial\delta}{\partial t}+\frac{\partial\omega}{R_0\,\partial\varphi}-\frac{\partial\chi}{\partial t}\right) \tag{2.33}$$

将无扰动基本流式（2.21）~式（2.23）和扰动流式（2.26）~式（2.28）代入流变模型式（2.33），同时考虑内部爆轰产物气体的压力演化式（2.20），可得到以下的无量纲方程组：

$$\frac{\mathrm{d}r}{\mathrm{d}\tau}=u \tag{2.34}$$

$$\frac{\mathrm{d}u}{\mathrm{d}\tau}=\frac{\gamma-1}{r^{2\gamma-1}}-\frac{2P_2 r}{Q}-\frac{4}{Re}\frac{u}{r^2}-\frac{2}{rWe} \tag{2.35}$$

$$\frac{\partial\chi}{\partial\tau}+\frac{\partial\delta}{\partial\tau}+\frac{\partial\omega_1}{r\,\partial\varphi}=0 \tag{2.36}$$

$$\begin{aligned}\frac{\partial\omega_1}{\partial\tau}+\omega_1\frac{u}{r}+a\frac{\partial\delta}{\partial\varphi}=&\frac{2}{Re}\frac{1}{r}\left(\frac{\partial^2\delta}{\partial\tau\,\partial\varphi}+\frac{1}{r}\frac{\partial^2\omega_1}{\partial\varphi^2}-\frac{\partial^2\chi}{\partial\tau\,\partial\varphi}\right)+\\&\frac{4}{Re}\frac{u}{r^2}\frac{\partial\chi}{\partial\varphi}+\frac{1}{We}\frac{Q^2}{8r^4}\left[2\frac{\partial\chi}{\partial\varphi}+\frac{\partial^3\chi}{\partial\varphi^3}-2\left(\frac{\partial\delta}{\partial\varphi}+\frac{\partial^3\delta}{\partial\varphi}\right)\right]\end{aligned} \tag{2.37}$$

$$\begin{aligned}\frac{\partial^2\delta}{\partial\tau^2}+\frac{2u}{r}\frac{\partial\delta}{\partial\tau}+\frac{2a}{r}\delta+\frac{a}{r}\chi=&\left[\frac{\gamma-1}{r^{2\gamma}}-\frac{2P_2}{Q}\right]\delta+\left(\frac{4}{Re}\frac{u}{r^3}+\frac{2}{We}\frac{1}{r^2}\right)\frac{\partial^2\delta}{\partial\varphi^2}-\\&\frac{4}{Re}\frac{u}{r^3}\chi-\frac{2}{Re}\frac{1}{r^2}\left(\frac{\partial\delta}{\partial\tau}+\frac{1}{r}\frac{\partial\omega_1}{\partial\varphi}-\frac{\partial\chi}{\partial\tau}\right)\end{aligned} \tag{2.38}$$

式（2.34）~式（2.38）中的 r、u、τ、a 和 ω 分别为无量纲的无扰动半径、速度、时间、加速度和环向速度扰动，可表示如下：

$$r=\frac{R_0}{R_{00}},u=\frac{V_0}{\nu_0},\tau=\frac{t\nu_0}{R_{00}},a=\frac{\mathrm{d}u}{\mathrm{d}\tau}=\frac{A_0R_{00}}{\nu_0^2},\omega_1=\frac{\omega}{\nu_0} \tag{2.39}$$

雷诺数（Re）、韦伯数（We）和无量纲参数 Q、P_2 分别表示如下：

$$Re=\frac{\rho\nu_0R_{00}}{\mu},We=\frac{\rho H_0\nu_0^2}{\alpha},Q=\frac{2H_0}{R_{00}},P_2=\frac{P_0^-}{\rho\nu_0^2} \tag{2.40}$$

式中，Q 表征了燃料柱壳的几何结构，如图 2.5 所示。

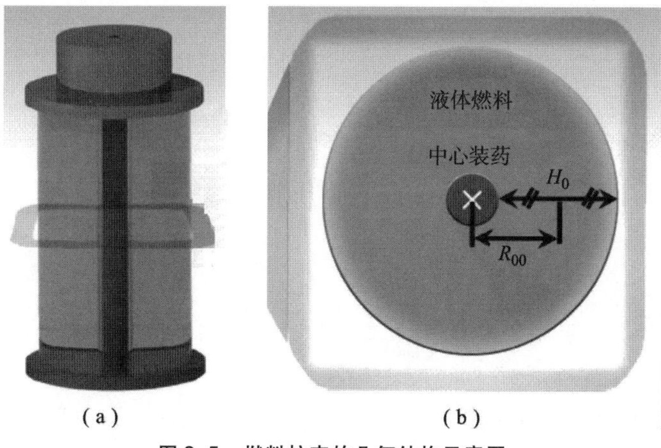

图 2.5　燃料柱壳的几何结构示意图

Q 随中心分散药柱的半径增加而减小。当中心分散药柱的半径接近燃料柱壳外径时，H_0 和 Q 同时趋于 0。相反，如果中心分散药柱的半径 R 趋于 0，$H_0=2R_{00}$，$Q=4$。因此，Q 的变化范围为 $0<Q<4$。

要对无量纲小扰动δ、χ、ω的演化方程式（2.36）~式（2.38）进行稳定性分析，需要求解基本流方程式（2.34）~式（2.35）得到和时间相关的参数$r(\tau)$、$u(\tau)$、$a(\tau)$。如果将$r(\tau)$、$u(\tau)$、$a(\tau)$“冻结”在初始时刻的状态，则

$$r \cong 1, u \cong 0, a = a_0 = (\gamma - 1) - \frac{2P_2}{Q} - \frac{2}{We} \tag{2.41}$$

显然，只有$a>0$燃料柱壳才能开始膨胀加速。恒参数的扰动稳定性问题允许指数演化的扰动增长规律为

$$\chi = \chi_0 \exp(\nu\tau + \mathrm{i}s\varphi), \omega = \omega_0 \exp(\nu\tau + \mathrm{i}s\varphi), \delta = \delta_0 \exp(\nu\tau + \mathrm{i}s\varphi) \tag{2.42}$$

式中：χ_0、ω_0和δ_0为初始扰动的幅值；i为虚部单位；s为环向波数；ν为未知的扰动增长率。

将式（2.31）~式（2.42）代入式（2.36）~式（2.38）发现，只有ν满足以下的特征方程，式（2.36）~式（2.38）才存在非平凡解，即

$$\begin{aligned} &\nu^4 + \nu^3 \frac{4}{Re}(1 + s^2) + \nu^2\left[-\frac{Q^2 s^2(2 - s^2)}{8We} - \frac{2(1 - s^2)}{We}\right] + \\ &\nu\left[-\frac{Q^2 s^2(2 - s^2)}{2WeRe} - \frac{8s^2(1 - s^2)}{WeRe} + \frac{8s^2 a_0}{Re} - \frac{Q^2 s^2(-4 + 3s^2)}{2WeRe}\right] + \\ &\left[-a_0^2 s^2 + \frac{Q^2 s^2 a_0(-4 + 3s^3)}{8We} + \frac{Q^2 s^2(2 - s^2)(1 - s^2)}{4We^2}\right] = 0 \end{aligned} \tag{2.43}$$

式（2.43）是ν的4阶代数方程。在讨论一般情况之前，先考虑几个特殊情况。下面考虑无表面张力的无黏流体的极端情况，此时$Re = We = \infty$，式（2.43）化简为

$$\nu^4 - a_0^2 s^2 = 0 \tag{2.44}$$

正值解为

$$\nu = \sqrt{a_0 s} \tag{2.45}$$

式（2.45）意味着式（2.42）给出的扰动随时间指数增长，系统是不稳定的。实际上，式（2.45）对应于燃料柱壳在内、外气压差作用下界面加速的瑞利-泰勒（Rayleigh-Taylor）不稳定的一个特殊非平凡解。由于$s \to \infty$时$\nu \to \infty$，表明在无表面张力或者流体非弹性的情况下，短波扰动的增长是无限制的。对于无表面张力的黏性牛顿流体，$We = \infty$，式（2.43）化简为

$$\nu^4 + \nu^3 \frac{4}{Re}(1 + s^2) + \nu \frac{8s^2 a_0}{Re} - a_0^2 s^2 = 0 \tag{2.46}$$

式（2.46）等号左边只有第四项的系数为负，根据Descarte符号规则，式

（2.46）只存在一个正的实数根，对应于瑞利－泰勒不稳定解。因此，在不存在表面张力的情况下，即使存在黏性耗散短波扰动仍无法有效被抑制。对于无黏但存在表面张力的液体，$Re=\infty$，式（2.43）化简为

$$\nu^4 - \nu^2\left[\frac{Q^2 s^2(2-s^2)}{8We} + \frac{2(1-s^2)}{We}\right] + \left[-a_0^2 s^2 + \frac{Q^2 s^2 a_0(-4+3s^2)}{8We} + \frac{Q^2 s^2(2-s^2)(1-s^2)}{4We^2}\right] = 0 \tag{2.47}$$

式（2.47）等号左边第一项的系数为负，第二项的系数为正，第三项中的后两项均为正，只有第一项为负。根据 Descarte 符号规则，只有第三项为负，式（2.47）中系数符号才会改变一次，存在唯一的正值实根，对应于瑞利－泰勒不稳定解。对于有限值的 We，此时的 s 需要满足

$$s < s_1 = \sqrt{\frac{2a_0 We}{Q}} \tag{2.48}$$

式（2.48）表明大于 s_1 的短波扰动都被表面张力抑制掉了。

现在再回到 ν 的特征方程式（2.43），当 $s\geqslant 2$ 时，式（2.43）等号左边的前三项系数始终为正，第四项的系数为

$$\begin{aligned} & -\frac{Q^2 s^2(2-s^2)}{2We\cdot Re} - \frac{8s^2(1-s^2)}{We\cdot Re} + \frac{8s^2 a_0}{Re} - \frac{Q^2 s^2(-4+3s^2)}{2We\cdot Re} \\ &= \frac{8s^2 a_0}{Re} - (1-s^2)\frac{(16s^2-2Q^2 s^2)}{2Re\cdot We} \end{aligned} \tag{2.49}$$

如果燃料柱壳的 $Q<1$，当 $s\geqslant 2$ 时，式（2.49）始终为正。而式（2.43）等号左边的第五项只有在满足 $2\leqslant s\leqslant s_1$ 时才为负。在这一范围内，式（2.43）具有唯一的正的实根，对应于瑞利－泰勒不稳定解。而 $s\geqslant s_1$ 的短波扰动都被表面张力抑制掉了。其中，区分长波和短波扰动的临界波数 s_1 对应于环向的无量纲临界波长 $k_1=\sqrt{\rho A_0/\alpha}$。

ν 的特征方程式（2.43）可以通过某些数值方法，如 Jenkins－Traub 方法进行数值求解。对于 $Re=We=1\,000$，$\gamma=1.4$，$P_1=0$（外界真空），$Q=0.1$ 的燃料柱壳，对于 $s=2$ 的扰动，式（2.43）存在唯一的正的实根 $\nu=0.881\,544\,71$，对应于该燃料柱壳在爆炸加载的初始时刻波数 $s=2$ 的小扰动的无量纲增长率。图 2.6 所示为完整的扰动增长图谱，在 $s\approx 31$ 时，无量纲的扰动增长率达到最大值 $\nu\approx 2.53$。

对于迅速膨胀的燃料柱壳，无量纲小扰动 δ、χ、ω 的演化方程式（2.36）~式（2.38）中的系数 $r(\tau)$，$u(\tau)$，$a(\tau)$ 并不能用“冻结状态”（初始时刻）的值来代替。因此，扰动的增长并非满足指数规律式（2.42），而是应当采用

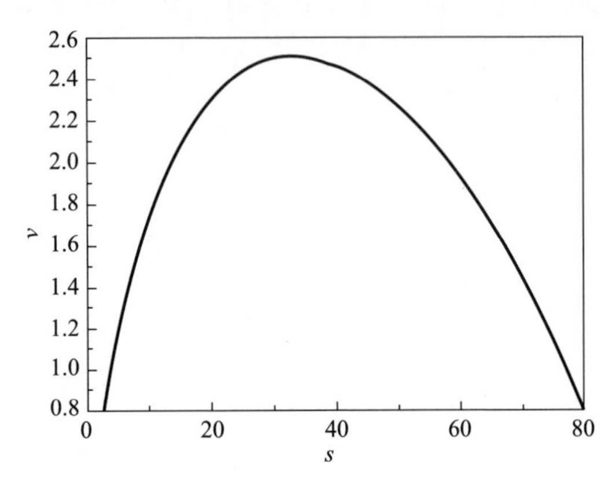

图 2.6 “冻结状态”下不稳定的小扰动无量纲成长速度随扰动模态（波数）的变化
（此时 $Re=We=1\ 000$，$\gamma=1.4$，$P_1=0$（外界真空），$Q=0.1$）

以下形式，即

$$\chi = X(\tau)\exp(\mathrm{i}s\varphi),\omega_1 = -\mathrm{i}W_1(\tau)\exp(\mathrm{i}s\varphi),\delta = D(\tau)\exp(\mathrm{i}s\varphi) \tag{2.50}$$

式中：扰动幅值 X、W_1、D 是时间 τ 的函数。

将式（2.50）代入式（2.36）~式（2.38），可以得到描述 X（τ）、W_1（τ）和 D（τ）演化的常微分方程，结合无扰动基本流方程式（2.34）~式（2.35），可得到以下 6 个常微分方程组：

$$\frac{\mathrm{d}r}{\mathrm{d}\tau} = u \tag{2.51}$$

$$\frac{\mathrm{d}u}{\mathrm{d}\tau} = \frac{\gamma-1}{r^{2\gamma-1}} - \frac{2P_2 r}{Q} - \frac{4}{Re}\frac{u}{r^2} - \frac{2}{rWe} \tag{2.52}$$

$$\frac{\mathrm{d}X}{\mathrm{d}\tau} = -F - \frac{s}{r}W_1 \tag{2.53}$$

$$\frac{\mathrm{d}W_1}{\mathrm{d}\tau} = -W_1\frac{u}{r} + saD - \frac{2}{Re}\frac{1}{r}\left(sF + \frac{W_1 s^2}{r} - s\frac{\mathrm{d}X}{\mathrm{d}\tau}\right) - \frac{4}{Re}\frac{u}{r^2}sX - \frac{Q^2}{8We}\frac{1}{r^4}[(2s^2-s^3)X - 2(s-s^3)D] \tag{2.54}$$

$$\frac{\mathrm{d}D}{\mathrm{d}\tau} = F \tag{2.55}$$

$$\frac{\mathrm{d}F}{\mathrm{d}\tau} = -\frac{2u}{r}F - 2\frac{a}{r}D - \frac{a}{r}X + \left[\frac{(\gamma-1)}{r^{2\gamma}} - \frac{2P_2}{Q}\right]D - \left(\frac{4}{Re}\frac{u}{r^3} + \frac{2}{We}\frac{1}{r^2}\right)s^2 D - \frac{4}{Re}\frac{u}{r^3}X - \frac{2}{Re}\frac{1}{r^2}\left(F + \frac{s}{r}W_1 - \frac{\mathrm{d}X}{\mathrm{d}\tau}\right) \tag{2.56}$$

对式（2.51）~式（2.56）进行数值求解，可以同时得到无扰动基本流及基于此的扰动成长。引入函数 $F=\mathrm{d}D/\mathrm{d}\tau$ 可以将包含 $\mathrm{d}^2D/\mathrm{d}\tau^2$ 的二阶微分分解为 $\mathrm{d}D/\mathrm{d}\tau$ 和 $\mathrm{d}F/\mathrm{d}\tau$ 的一阶微分。由于式（2.51）~式（2.56）的求解要经历“冻结状态”（初始时刻），因此仅考虑 ν 的特征方程给出的非稳定扰动波长范围。因此，式（2.51）~式（2.56）在 $t=0$ 时的初始条件如下：

$$r=1, u=0 \tag{2.57}$$

$$X=X_0=-D_{0s}\frac{\left[\nu^2+\dfrac{Q^2s^2(1-s)(3s+2)}{8We}+s^2a_0\right]}{\left[\nu^2+\dfrac{4s^2\nu}{Re}-\dfrac{Q^2s^2(2-s^2)}{8We}\right]} \tag{2.58}$$

$$W_1=W_{10}=D_{0s}\frac{s\nu\left[a_0-\dfrac{4\nu}{Re}+\dfrac{Q^2(4-3s^2)}{8We}\right]}{\left[\nu^2+\dfrac{4s^2\nu}{Re}-\dfrac{Q^2s^2(2-s^2)}{8We}\right]} \tag{2.59}$$

$$D=D_{0s}, F=\nu D_{0s} \tag{2.60}$$

式（2.58）和式（2.59）中 ν 的初始条件由 ν 的特征方程式（2.43）中对应于非稳定的扰动 s 的正值实根。在初始条件式（2.57）~式（2.60）下常微分方程组（2.51）~式（2.56）可以采用如库塔－默森（Kutta－Merson）算法等进行数值求解。

考虑和“冻结状态”分析中相同的燃料柱壳，$Re=We=1\ 000$，$\gamma=1.4$，$P_1=0$（外界真空），$Q=0.1$，考虑扰动模态 s 为 2、12、21、31、41、50、60、70 和 80。在扰动成长过程中燃料柱壳中心线的形貌演化为

$$R(\tau,\varphi)=r(\tau)\left[1+\sum_{s=2}^{N}D_{0s}\cos(s\varphi)\right] \tag{2.61}$$

式中，等号右边的第二项为 9 个初始扰动幅值为 D_{0s} 的不同模数扰动线性叠加带来的影响。

数值求解得到的 9 个不同模数扰动的无量纲径向幅值随时间的变化如图 2.7 所示。值得注意的是，成长最快的主导扰动模态并不一定是“冻结状态”下确定的最快成长模态，这是由于主导扰动模态不仅取决于初始时刻的成长速度，还与初始时刻该模态的厚度扰动幅值式（2.59）以及扰动速度幅值式（2.60）密切相关。

图 2.8 所示为存在扰动时不同时刻燃料柱壳中心线的形貌演化，大量向外凸起的指状结构对应于不同模态不同幅值的瑞利－泰勒不稳定性。尽管内部高压气体的压力迅速衰减，瑞利－泰勒不稳定性持续增长。在 $\tau=31$ 时，瑞利－泰勒不稳定性已经将燃料柱壳分解，此时液体碎片的尺寸量级为

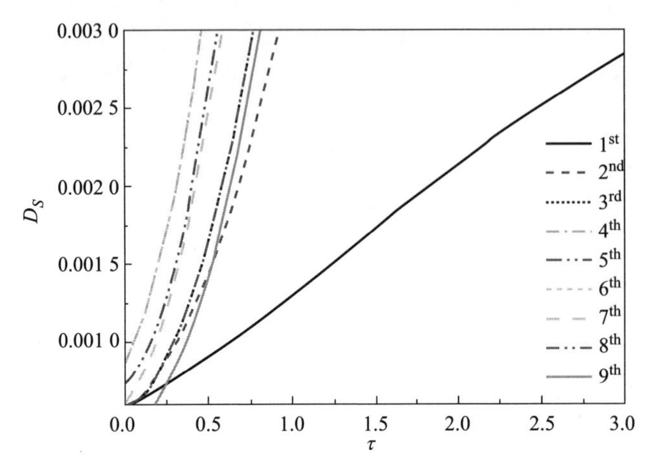

图 2.7　9 种不同模态（s 为 2、12、21、31、41、50、60、70 和 80）的扰动无量纲径向幅值随时间的变化（此时 $Re = We = 1\ 000$，$\gamma = 1.4$，$P_1 = 0$（外界真空），$Q = 0.1$）（见彩插）

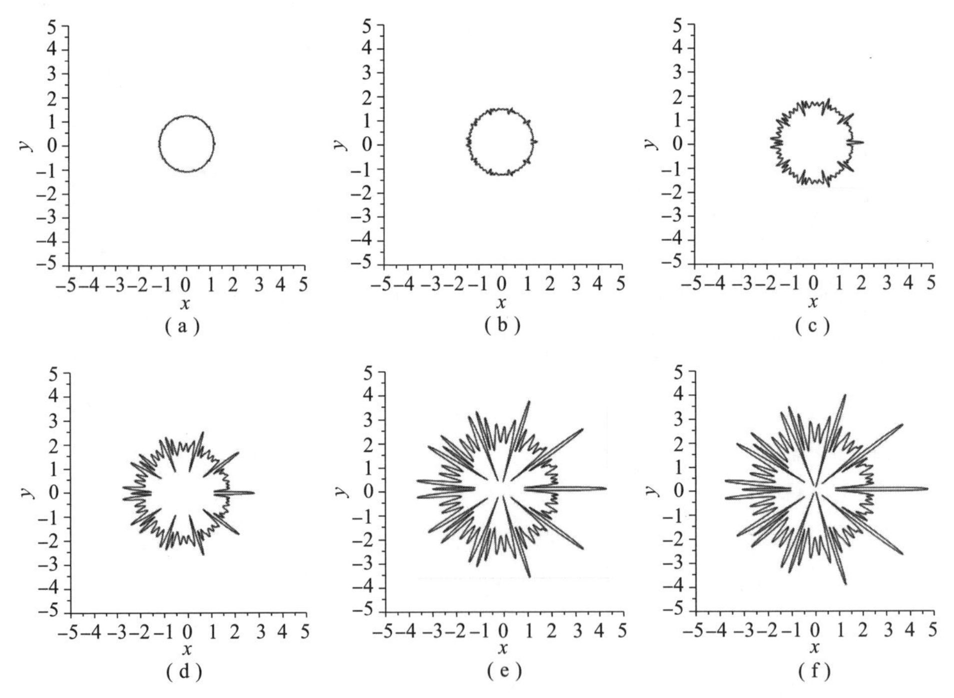

图 2.8　初始叠加 9 种不同扰动模态的燃料柱壳中心线在不同无量纲时刻的形貌变化
（不同凸起程度的指状毛刺由不同模态的扰动演化而来）
（a）$\tau = 10$；（b）$\tau = 15$；（c）$\tau = 20$；（d）$\tau = 25$；（e）$\tau = 30$；（f）$\tau = 31$

$$\lambda = \frac{2\pi}{\sqrt{\rho A_0/\alpha}} \tag{2.62}$$

式中：A_0为式（2.23）中给出的无扰动基本流动的初始加速度。

在爆炸的初始时刻，表面张力和黏性力均可忽略，$A_0 \approx \Delta P_0/\rho h_0$，由于此时内部压力远高于外部压力，$\Delta P_0 \approx P_{00}^+$，则

$$A_0\big|_{t=0} \approx \frac{P_{00}^+}{\rho H_0} \tag{2.63}$$

加速内部气体满足理想气体状态方程，有

$$P_{00}^+ \pi R_{00}^2 \times 1 = \frac{M}{MW}R_g T_0 = \frac{M}{MW}(c_p - c_V)T_0 = \frac{M}{MW}c_V T_0(\gamma - 1) = E(\gamma - 1) \tag{2.64}$$

$$P_{00}^+ = \frac{E_1(\gamma - 1)}{\pi R_{00}^2} \tag{2.65}$$

式中：R_g 为绝对气体常数；c_p 为定压比热容。

将式（2.65）代入式（2.63），可得

$$A_0\big|_{t=0} \approx \frac{E_1(\gamma - 1)}{\pi R_{00}^2 \rho H_0} \tag{2.66}$$

将式（2.66）代入式（2.62），可得

$$\lambda = 2\pi^{1.5} R_{00}\sqrt{\frac{\alpha H_0}{E_1(\gamma - 1)}} \tag{2.67}$$

式（2.67）表明燃料柱壳破碎的液滴尺寸 λ 随炸药爆炸热 E 的 $-1/2$ 幂方变化，即 $\lambda \sim E^{-1/2}$，而且只有在存在一定表面张力的情况下才是一个有限值。

图 2.9 比较了式（2.67）预测的燃料（用水来代替，$\rho = 1\ 000\ \text{kg/m}^3$，$\alpha = 0.072\ 8\ \text{N/m}$，$\mu = 0.001\ \text{kg/m}$）液滴的尺寸和多模态扰动成长后液滴粒径分布随单位长度的炸药爆热（此时 $Q = 3.28$）以及 Q（此时炸药为硝基胍，爆热为 100 kJ）的变化。值得注意的是，理论预测的液滴直径比数值解的结果小一个数量级，但是理论预测的液滴直径与 E_1 和 Q 的依赖关系与数值解完全一致。图 2.9（b）中燃料柱壳随 Q 的增大而变厚，燃料液滴尺寸也随之增大，理论预测式（2.67）和数值解均给出了相同的变化趋势。

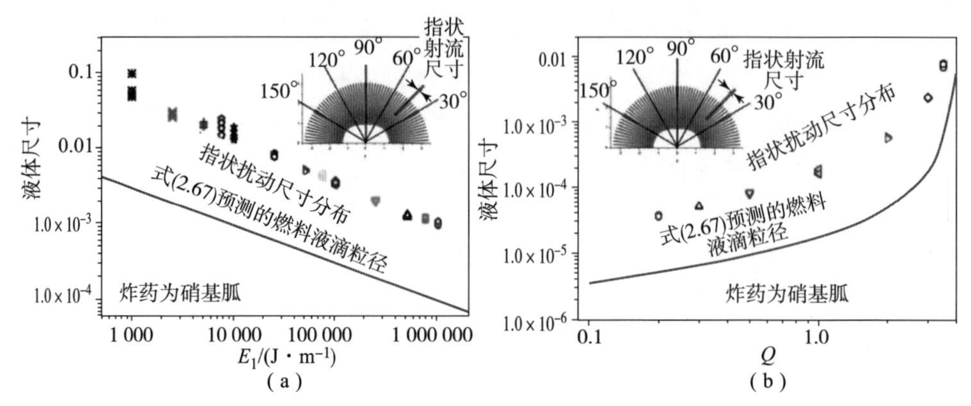

图 2.9　燃料柱壳爆炸破碎时形成的液滴尺寸随单位高度的炸药爆热 E_1（a）和柱壳几何结构参数 Q（b）的变化（散点为初始叠加 9 种不同扰动模态的燃料柱壳在爆炸破碎时刻（$\tau=31$）的指状扰动的尺寸，曲线为式（2.67）预测的液滴直径）

2.2.4　加速液体柱壳表面的瑞利－泰勒失稳

2.2.3 节中介绍的液体柱壳破碎的界面小扰动分析的扰动成长机制为瑞利－泰勒失稳。本节将介绍由燃烧产物气体膨胀驱动的加速膨胀液体球壳的试验，并基于试验观测建立加速膨胀液体球壳的瑞利－泰勒失稳模型。

图 2.10 所示为充满可燃气的悬浮气泡点燃后膨胀破碎的试验系统示意图。液泡发生装置主要包括一个液泡悬垂下落滴管，通过控制流量可以产生不同直径和厚度的液泡，试验中的液泡直径 $R_0=1.8\sim2.8$ mm，液体壳厚度 $h=20\sim40$ μm，中间充满常压氢氧可燃气。通过调整可燃气的当量比 ϕ 可以获得不同燃烧速度的火焰面和不同密度的燃烧产物气体。对于等当量比的氢氧混合气，未燃氢氧混合气和燃烧产物气体的密度分别为 $\rho_u\approx\rho_\infty/3$，$\rho_b\approx8\rho_u$，其中 ρ_∞ 为液泡外部常温常压气体密度。液泡的液体球壳由 20% 的甘油和 80% 的水的混合液构成，黏度为纯水的 2 倍。如果充满氢氧可燃气的液泡从悬垂滴管的管口脱离后，从上方下落到观测区域内，当光电二极管捕捉到液泡中心达到观测区域中心时，同步装置气动 Nd：YaG 脉冲激光器发射能量 195 mJ，持续时间 8 ns 的脉冲激光，激光产生的等离子体束在液泡中心聚集，点燃中心的氢氧可燃气体，球形燃烧面从中心沿径向向外扩展，火焰面后方的常压高温（～3 000 K）低密度产物气体迅速膨胀。当火焰面到达球壳时，膨胀产物气体驱动液体球壳向外突然加速膨胀，发生惯性失稳，球壳厚度变得非均匀，这种径向的扰动成长最终将球壳撕裂，形成的孔洞边缘在表面张力的作用下收缩，孔洞迅速发展，将球壳分解成球状网格，孔洞之间的液体丝带最终在表面张力

作用下失稳进一步分解为液滴。液泡球壳的膨胀破碎过程如图 2.11 所示。以下分别介绍火焰传播过程、液泡膨胀失稳、孔洞形成、液体网络破碎成液滴的过程。

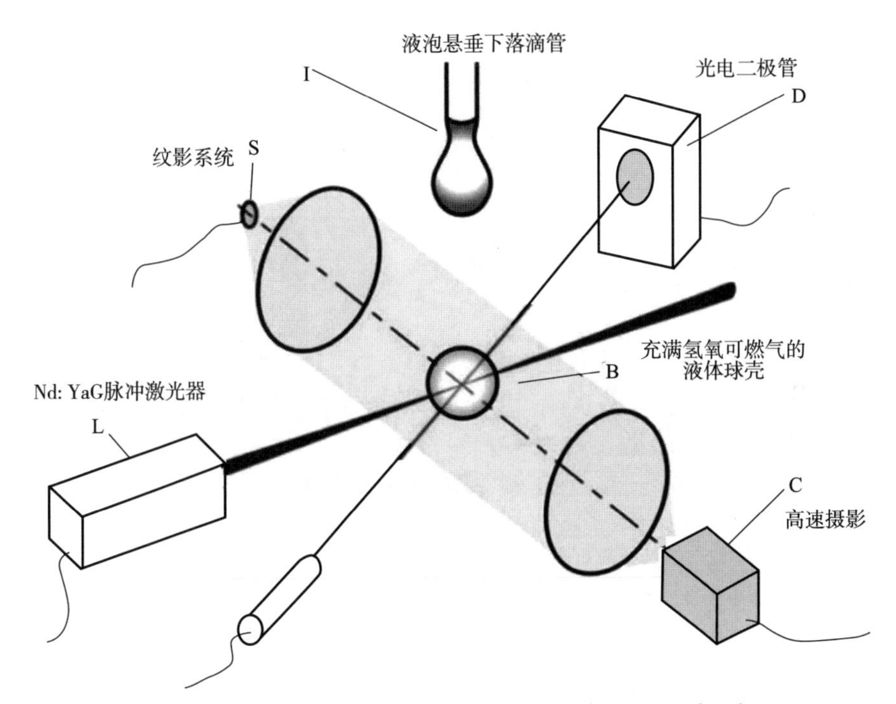

图 2.10　充满氢氧可燃气的液壳气泡点燃膨胀破碎试验系统示意图

2.2.4.1　火焰传播过程

在球形液壳内部从中心径向传播的球面火焰面后方是静止产物气体（$u_b=0$），由火焰面的径向坐标为 r_f，由火焰面前后质量守恒可以给出的 r_f 演化方程，即

$$\dot{r}_f=\frac{\rho_u}{\rho_b}u_f \tag{2.68}$$

式中：u_f 为强烈依赖于当量比 ϕ 的火焰速度。

图 2.12 所示为试验获得的球形火焰面膨胀速度 $\dot{r}_f$ 随当量比 ϕ 的变化。当量比 ϕ 为 1.7 和 5 时，$\dot{r}_f$ 分别为 70 m/s 和 8 m/s。火焰面在等当量比氢氧预混气中的传播速度比在当量比 $\phi=5$ 的氢氧预混气中快 10 倍。

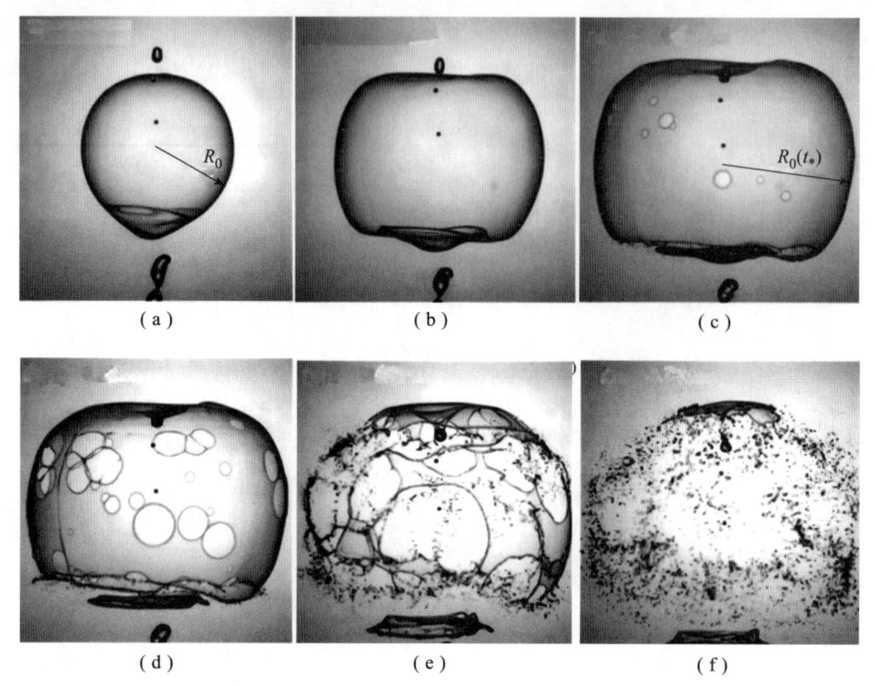

图 2.11 充满当量比 $\phi=5$ 的氢氧可燃气半径为 $R_0=2.5$ cm 的液泡在脉冲激波聚集到液泡中心的瞬间和其后膨胀破碎过程的高速摄影图像

(a) $t=0$ ms; (b) $t=0.003$ ms; (c) $t=0.004\ 5$ ms; (d) $t=0.006$ ms; (e) $t=0.009$ ms; (f) $t=0.012$ ms

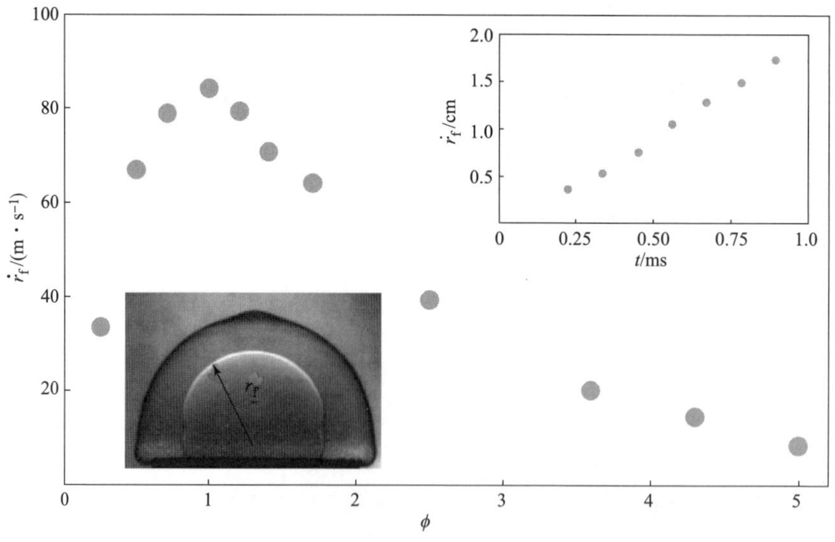

图 2.12 试验获得的球形火焰面膨胀速度 $\dot{r}_f$ 随当量比 ϕ 的变化（插图为火焰面在充满当量比 $\phi=3.6$ 的氢氧预混气厚度为 $h=4\ \mu m$ 的液泡中传播的高速摄影图片）

2.2.4.2　流场演化

图 2.13 所示为球形火焰面在半径为 R 的液泡中传播的结构示意图。式（2.68）给出的火焰面半径随时间等比例增长，但膨胀液体球壳的半径随时间的立方增长，即

$$R - R_0 \propto t^3 \qquad (2.69)$$

式中：$R-R_0$和 t^3比例系数与液壳厚度 h 无关，而与氢氧预混气的当量比 ϕ 强相关。

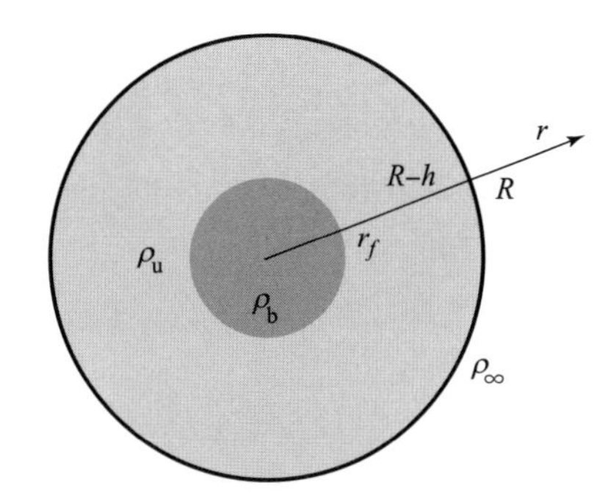

图 2.13　球形火焰面在半径为 R 的液泡中传播的结构示意图（液泡壁厚为 h，火焰面半径 r_f）

图 2.14（a）给出了不同当量比 ϕ 的氢氧预混气和不同厚度液体球壳 h 的试验中火焰面半径 r_f 和球壳外径 R/R_0-1 随时间的变化，显示了火焰面半径随时间等比例增长，而膨胀液体球壳的半径随时间的立方增长。当量比 ϕ 为 3.6 和 4.5 时，火焰速度的比为 1.5，但相应的液体球壳膨胀速度的比超过了 3。火焰速度更快的液体球壳发生失稳的时间 t^* 更早，且发生失稳时的液体球壳半径与初始液体球壳半径的比值更小。

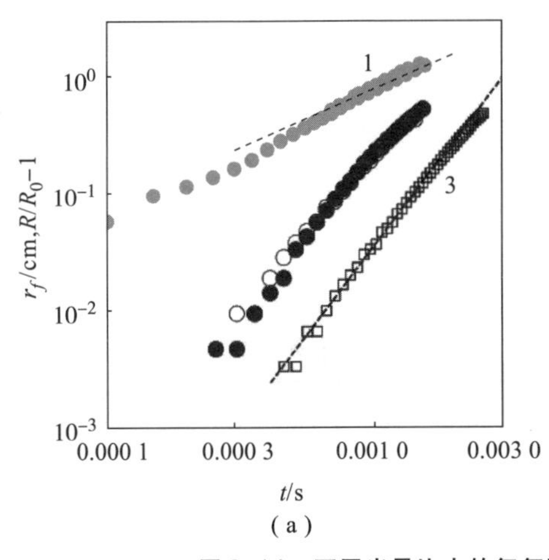

（a）

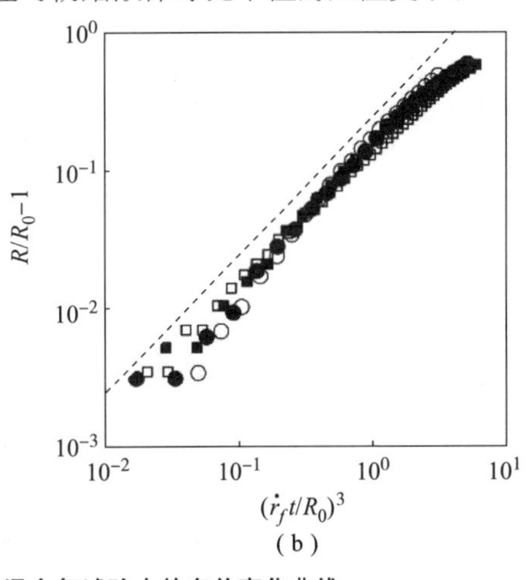

（b）

图 2.14　不同当量比中的氢氧预混合气试验中的有关变化曲线

（a）不同当量比 ϕ 的氢氧预混气和不同厚度液体球壳 h 的试验中火焰面半径 r_f 和球壳外径 R/R_0-1 随时间的变化（灰色圆点代表 $\phi=3.6$ 时的火焰面半径 r_f；黑色圆圈、黑色圆点和黑色方形符号分别代表 $\phi=3.6$、$R_0=19.6$ mm，$\phi=3.6$、$R_0=24.2$ mm，$\phi=4.3$、$R_0=25.8$ mm 时的 R/R_0-1）；（b）不同当量比 ϕ 的氢氧预混气试验中 R/R_0-1 随（$\dot{r}_f t/R_0$）^{3} 的变化（黑色圆圈：$\phi=4.3$；黑色圆点：$\phi=3.6$；空心方形：$\phi=1.7$；实心方形：$\phi=0.7$；黑色虚线：式（2.91）预测的 R/R_0-1）

如图2.12所示，各组试验中的火焰速度都不超过100 m/s，因此流场处于低马赫数（Ma）极限，流场可视为不可压缩，即

$$\nabla \cdot \boldsymbol{u} \approx 0 \tag{2.70}$$

考虑到流场构型的中心旋转对称特性，流场速度仅具有径向速度，因此 $\boldsymbol{u} = u_r \boldsymbol{e}_r$，且仅是径向坐标 r 和时间 t 的函数，如果 $R(t)$ 代表液体球壳的外径，式（2.70）要求

$$u = \left(\frac{R}{r}\right)^2 \dot{R} \tag{2.71}$$

火焰面的流场速度为

$$u(r_f) = \dot{r}_f - u_f \tag{2.72}$$

因此式（2.71）还可以写为

$$u = \left(\frac{r_f}{r}\right)^2 (\dot{r}_f - u_f) \tag{2.73}$$

式（2.73）和式（2.71）的相容条件给出了液体球壳的外径和火焰面半径之间的关系：

$$R^3 - R_0^3 = \left(1 - \frac{\rho_b}{\rho_u}\right) r_f^3 \tag{2.74}$$

实际上，由于式（2.74）忽略了液体球壳的惯性，因此有可能高估了液体球壳半径的增长。

火焰面在静止流场中运动导致的滞止压力 p_f 与火焰面运动速度 $\dot{r}_f$ 的关系为

$$p_f \sim \rho_u \dot{r}_f^2 \tag{2.75}$$

流入火焰面的质量通量为

$$\dot{m} = \rho_u(\dot{r}_f - u_f - \dot{r}_f) = -\rho_u u_f \tag{2.76}$$

火焰面前后的动量守恒为

$$p_b + \dot{m}(u_b - \dot{r}_f) = p_f + \dot{m}(\dot{r}_f - u_f - \dot{r}_f) \tag{2.77}$$

火焰面内侧产物气体的速度 $u_b = 0$，经过火焰面的压力差为

$$\frac{p_f - p_b}{\rho_u \dot{r}_f^2} = \frac{\rho_b}{\rho_u}\left(1 - \frac{\rho_b}{\rho_u}\right) \tag{2.78}$$

由于 $\rho_b/\rho_u \approx 1/8$，火焰面两侧的压力差的量级小于 $\rho_u \dot{r}_f^2 \sim p_f$。

由于表面张力和液体壳内部黏性导致的压力量级较小，可以忽略，径向膨胀流场仅对液体壳惯性敏感。径向膨胀的欧拉方程为

$$\partial_t u + u\,\partial_r u = -\frac{1}{\rho}\partial_r p \tag{2.79}$$

将式（2.71）代入式（2.79），可以得到 Rayleigh - Plesset 方程，即

$$\frac{2R\dot{R}^2 + R^2\ddot{R}}{r^2} - \frac{2R^4\dot{R}^2}{r^5} = -\frac{1}{\rho}\partial_r p \tag{2.80}$$

将式（2.8）从 $r=R$ 积分到无穷远，远场环境压力为 p_∞，可以得到

$$p(R) = \rho_\infty\left(\frac{3}{2}\dot{R}^2 + R\ddot{R}\right) \tag{2.81}$$

将式（2.8）在液体壳厚度上积分，从 $r=R-h$ 积分到 $r=R$，可以得到 $h/R \ll 1$ 的经过液体壳厚度的压降为

$$p(R-h) - p(R) \approx \rho h\ddot{R} \tag{2.82}$$

式（2.82）给出了液体壳内外侧压降与液体壳加速度时间的关系。越薄的液体壳加速越快。将式（2.8）在未燃预混气内部积分，从火焰面 $r=r_f$ 积分到液体壳内侧 $r=R-h$，可得

$$p(R-h) - p(r_f) = -\rho_u\left\{(2R\dot{R}^2 + R^2\ddot{R})\left(\frac{1}{r_f} - \frac{1}{R-h}\right) + \frac{1}{2}R^4\dot{R}^2\left(\frac{1}{(R-h)^4} - \frac{1}{r_f^4}\right)\right\} \tag{2.83}$$

在初始时刻，$r_f \ll R$，$\dot{R}(0)=0$，有

$$p(r_f) - p(R-h) \approx \rho_u\frac{R^2\ddot{R}}{r_f} \tag{2.84}$$

将式（2.81）、式（2.82）和式（2.84）相加，可得到火焰面上的压力随液体壳膨胀的演化方程，即

$$p(r_f) = \rho_u\ddot{R}\left(\frac{R^2}{r_f} + \frac{\rho}{\rho_u}h + \frac{\rho_\infty}{\rho_u}R\right) \tag{2.85}$$

考虑到试验中液体壳厚度远小于其半径，$h/R = O(10^{-3})$，$\rho/\rho_u = O(10^3)$，$\rho_\infty/\rho_u = O(10^1)$，代表液体球壳惯性和外部气体惯性的式（2.85）等号右边最后两项量级一致。初始时刻 $r_f \ll R$，使得（2.85）等号右边第一项的量级远超过最后两项。初始时刻 $\dot{R}(0)=0$，$R(0)=R_0$，式（2.85）变为

$$p(r_f) = \frac{\rho_u R_0\ddot{R}_0}{r_f} \tag{2.86}$$

考虑与火焰面半径同量级范围的流场，将式（2.73）代入式（2.79），可以得到以下形式的 Rayleigh - Plesset 方程：

$$2(\dot{r}_f - u_f)\frac{r_f\dot{r}_f}{r^2} - 2(\dot{r}_f - u_f)^2\frac{r_f^4}{r^5} = -\frac{1}{\rho_u}\partial_r p \tag{2.87}$$

将式（2.87）从火焰面位置 r_f 积分到远场 r，可得

$$p(r_f) = \rho_u(\dot{r}_f - u_f)\left(\frac{3}{2}\dot{r}_f + \frac{1}{2}u_f\right) \tag{2.88}$$

由于火焰面运动速度远大于流场速度，$\dot{r}_f \gg u_f$，式（2.88）变为

$$p_f = p(r_f) \approx \frac{3}{2}\rho_u \dot{r}_f^2 \tag{2.89}$$

式（2.89）与式（2.75）给出的滞止压力 p_f 与火焰面运动速度 $\dot{r}_f$ 的关系一致。

2.2.4.3 液体球壳膨胀失稳过程

式（2.86）和式（2.89）给出了液体球壳膨胀的动力学演化方程，式（2.86）和式（2.89）等号右边相同，即

$$\rho_u \frac{R_0^2 \ddot{R}}{r_f} = \frac{3}{2}\rho_u \dot{r}_f^2 \tag{2.90}$$

由于火焰面半径随时间线性增长，$r_f = \dot{r}_f t$，且 $\dot{R}(0) = 0$，式（2.90）变为

$$\frac{R}{R_0} = 1 + \frac{1}{4}\left(\frac{r_f}{R_0}\right)^3 \tag{2.91}$$

式（2.91）在 $r_f < R$ 时成立，式（2.91）和式（2.74）具有类似的构成。式（2.91）给出的液体球壳半径随 t^3 增长的比例系数小于式（2.74）给出的比例系数，能更为精确地刻画液体球壳增长轨迹，如图2.15（b）所示。式（2.74）中给出的比例系数依赖于火焰内外侧燃烧产物气体与未燃预混气体的密度比，说明火焰附近的物质的惯性造成了经过火焰面的绝大部分压降。因此式（2.91）中液体球壳半径随 t^3 增长的比例系数既不依赖于液体球壳的属性，也不依赖于外部气体的密度。

夹在内外两种轻质气体（氢氧预混气体 ρ_u 和空气 ρ_∞）之间加速膨胀液体球壳受到瑞利－泰勒失稳的影响。对于厚度为 h，加速度为 $\ddot{R}$ 的球壳，截断失稳波数为

$$k_c = \sqrt{\frac{\rho \ddot{R}}{\sigma}} \tag{2.92}$$

如果 $hk_c \gg 1$，成长最快的波数为 $k_c/\sqrt{3}$，成长速率为 $(\rho\ddot{R}^3/\sigma)^{1/4}$ 与 h 无关。但是当 $hk_c \ll 1$ 时，液体球壳的内外界面耦合，会影响扰动的成长。此时的主导扰动波数为

$$k \approx \frac{1}{2}k_c^2 h \tag{2.93}$$

成长速率为

$$\omega = \sqrt{\frac{\rho \ddot{R}^2 h}{2\sigma}} \tag{2.94}$$

当 h 趋向于零（$h\to 0$）时，ω 也趋向于零（$\omega\to 0$）。内、外界面的扰动使得液壳厚度沿环向发生波动，当扰动幅值与液壳厚度量级相当时，扰动贯穿液壳厚度，此时液壳破碎，液壳破碎时刻用 t^* 表示，对应于试验中液壳出现孔洞的时刻，如图 2.12（c）所示。

由式（2.90）可知液体球壳的加速度是时间的函数，$\ddot{R}\sim\dot{r}_f^2 t/R_0^2$。同时，球壳厚度 h 也是时间的函数，因此式（2.94）中给出的扰动成长率是时间的函数。在液壳破碎前会经历较长时间的扰动缓慢增长，液壳破碎时刻 t^* 可表示为

$$\int_0^{t^*}\omega(t)\,\mathrm{d}t = O(1) \tag{2.95}$$

采用式（2.94）给出的扰动成长速率和液体球壳的加速度，$\ddot{R}\sim\dot{r}_f^2 t/R_0^2$，可以定义与本节所研究的问题相关的韦伯数，即

$$We = \frac{\rho\dot{r}_f^2 h}{\sigma} \tag{2.96}$$

将式（2.96）代入液壳破碎临界条件可以得到液壳破碎时刻 t^* 与 We 的关系：

$$\frac{\dot{r}_f t^*}{R_0}\sim We^{-1/4} \tag{2.97}$$

将式（2.97）代入式（2.91）可以得到液壳破碎时的液壳半径 $R(t^*)$ 与 We 的关系：

$$\frac{R(t^*)}{R_0}-1\sim We^{-3/4} \tag{2.98}$$

本节试验中 We 的量级为 100，因此液壳破碎时间 t^* 与火焰面运动一个液壳初始半径 R_0 的时间相当，破碎时的液壳半径与初始半径量级相当。图 2.16 给出了不同当量比的预混气驱动的液体球壳失稳破碎时的无量纲时间 $\dot{r}_f t^*/R_0$ 和无量纲半径 $\dot{R}(t^*)/R_0$ 随 We 的变化，不同当量比的氢氧预混气火焰速度 $\dot{r}_f$ 不同，因此 We 不同。图 2.15 中黑色圆点代表试验观测值，与式（2.97）和式（2.98）预测的无量纲时间 $\dot{r}_f t^*/R_0$ 和无量纲半径 $\dot{R}(t^*)/R_0$ 随 We 的变化规律一致。图 2.15 的插图中，$\dot{R}(t^*)/R_0\sim O(1)$。假设液体球壳厚度扰动的初始幅值为 ε，液体球壳失稳破碎的临界准则式（2.99）可写为

$$\varepsilon\exp\left(\int_0^{t^*}\omega(t)\,\mathrm{d}t\right) = h \tag{2.99}$$

从图 2.14 和图 2.15 中试验观测得到的液体球壳半径随时间的变化 $R(t)$ 和失稳破碎时刻 t^*，可得

$$\ln\frac{h}{\varepsilon} = 8.1 \tag{2.100}$$

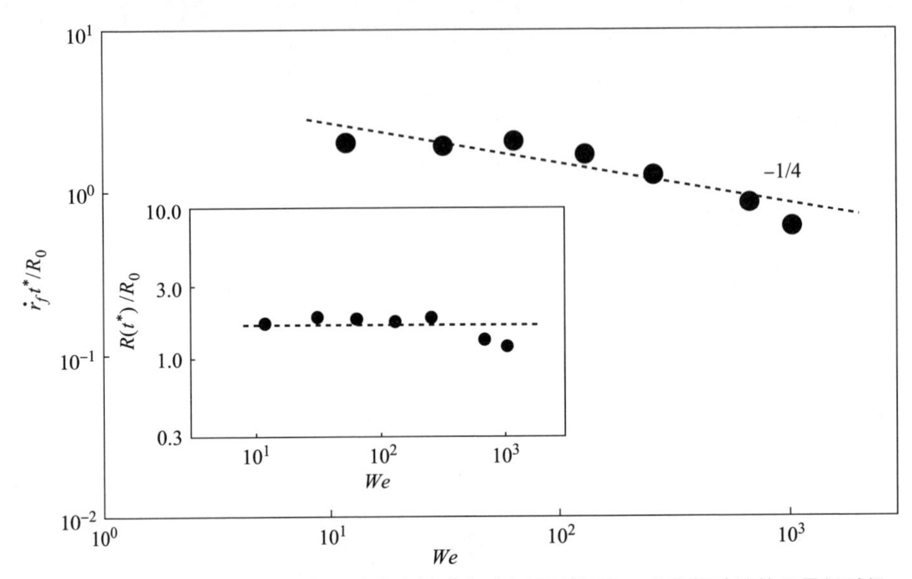

图 2.15　不同当量比的预混气驱动的液体球壳对应不同的 *We*，其失稳破碎的无量纲时间 $\dot{r}_f t^*/R_0$ 随 *We* 的变化（黑色圆点：试验结果；虚线：$\dot{r}_f t^*/R_0 = We^{-1/4}$ 的预测曲线。插图：无量纲的破碎半径 $\dot{R}(t^*)/R_0$ 随 *We* 的变化）

对于初始厚度 $h = 30\ \mu\text{m}$ 的液体球壳，初始的液壳厚度扰动幅值 ε 的量级为 O（10^{-8}）m，这一量级与热扰动一致，而非外界扰动或初始液泡表面的非光滑。

2.2.4.4　膨胀液体球壳的失稳波长

从液壳破碎时刻 t^* 的高速摄像图片中可以分辨出液体球壳表面出现的孔洞个数 k，可以用来估计失稳扰动波数，进而得到扰动波长 $\lambda = 2\pi/k$。当液泡内的氢氧预混气的当量比 $\phi > 3$ 时，火焰速度 $\dot{r}_f \geqslant 30$ m/s，此时液泡的膨胀强烈，t^* 时液体球壳表面的孔洞几乎同时出现、成长，液壳表面由光滑连续的球面转变为由液体条带连接的网络结构，如图 2.16 所示。随着氢氧预混气的当量比 ϕ 增大，火焰速度 $\dot{r}_f$ 变小，液泡表面的孔洞尺寸明显增大，从细密的孔隙结构转变为条带结构。当氢氧预混气的当量比 $\phi < 3$ 时，液泡的膨胀较为缓和，t^* 时液体球壳表面的孔洞逐渐增加，如图 2.17 所示，这很可能是由于液壳厚度多模波动分布的非均匀导致的。在后期随着相邻孔洞之间的融合，孔洞数目持续下降。图 2.17 显示了当量比 $\phi = 5$ 的氢氧预混气点火后膨胀液泡破碎过程中表面孔洞形成和演化的过程。由于图 2.17 显示了液泡的整个正面投影，覆盖

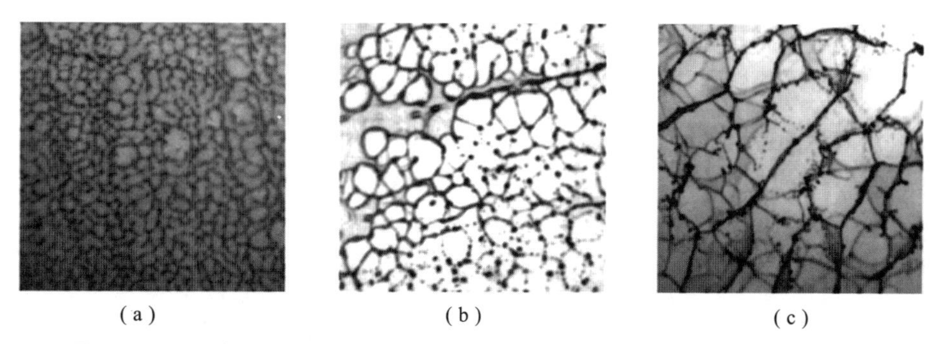

(a)　(b)　(c)

图 2.16　不同当量比的氢氧预混气点火后膨胀液泡破碎瞬时表面孔洞的形貌和分布

(a) $\phi=1.7$, $\lambda=1$ mm; (b) $\phi=2.5$, $\lambda=3$ mm; (c) $\phi=3$, $\lambda=6$ mm

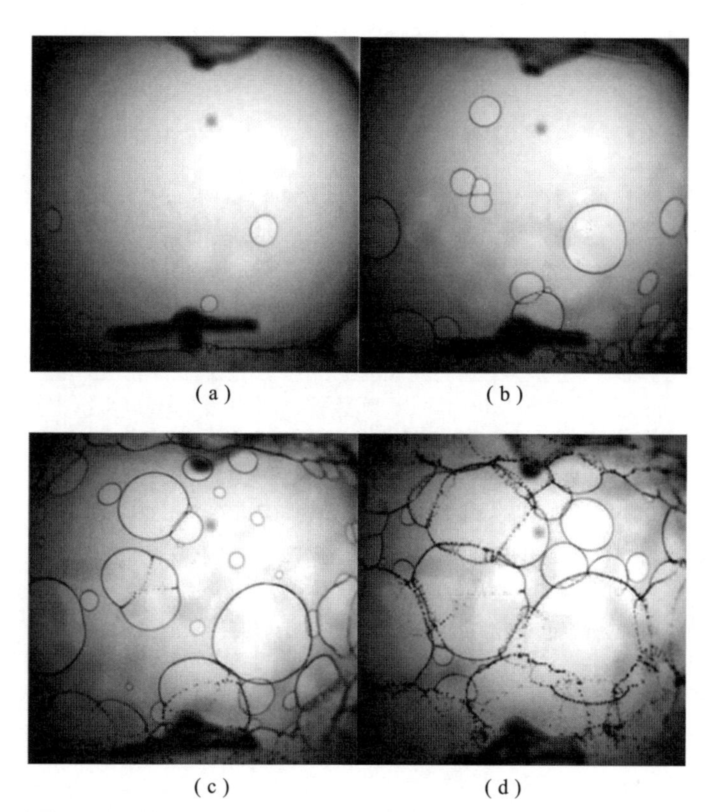

(a)　(b)

(c)　(d)

图 2.17　当量比 $\phi=5$ 的氢氧预混气点火后膨胀液泡破碎过程中表面孔洞形成和演化的过程

(a) $t=4$ ms, $n=4$; (b) $t=5$ ms, $n=17$; (c) $t=6$ ms, $n=32$; (d) $t=7$ ms, $n=13$

了 1/2 的液泡表面积，图 2.17 中显示的孔洞数目的 2 倍大致为整个液泡表面的孔洞数目。在 t 为 4 ms、5 ms、6 ms、7 ms [图 2.17 (a) ~ (d)]，1/2 的液

泡表面孔洞数目 n 分别为 4、17、32 和 13。显然，在 $t=6$ ms 时孔洞数目达到最大值。图 2.18 的插图给出了高速摄影图片中确定的不同当量比氢氧预混气点火后膨胀液泡在破碎过程中（半个）液泡表面孔洞数目随时间的变化。当量比 ϕ 为 3.6、4.5 和 5 时，液泡破碎过程中最大孔洞数目 $n_{\max}$ 为 48、30 和 20。随着当量比 ϕ 的增加，火焰面运动速度减小，液泡的膨胀愈加趋缓，不仅液体球壳失稳破碎时刻 t^* 推迟，液泡在破碎过程中表面形成的孔洞最大数目也减小。

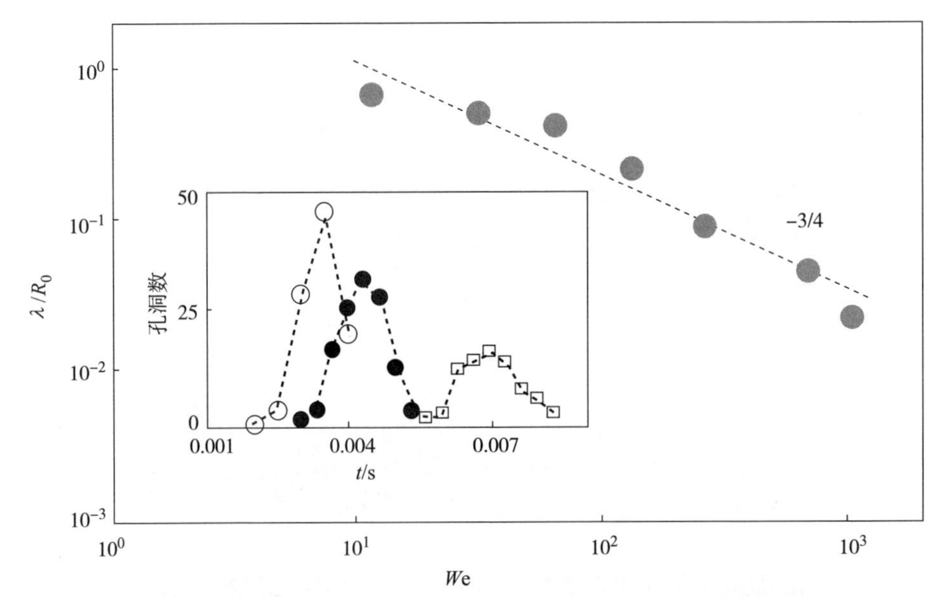

图 2.18　无量纲的扰动波长 λ/R_0 随 We 的变化（灰色圆点：试验观测值；虚线：式 (2.103) 给出的 λ/R_0 和 We 的理论依赖关系。插图：高速摄影图中确定的不同当量比氢氧预混气点火后膨胀液泡在破碎过程中（半个）液泡表面孔洞数随时间的变化。空心圈：$\phi=3.6$；实心圈：$\phi=4.3$；空心方形：$\phi=5$。随着当量比 ϕ 的增加，火焰面运动速度减小，液泡的膨胀愈加趋缓，液泡在破碎过程中表面形成的孔洞最大数目减小）

对于球面，失稳扰动波长与球面失稳时刻的面积 A 和孔洞数目 $n_{\max}$ 的关系为

$$\lambda = \sqrt{\frac{A}{n_{\max}}} \tag{2.101}$$

式 (2.92) 给出了厚度为 h，加速度为 $\ddot{R}$ 的球壳在瑞利 – 泰勒失稳影响下的截断失稳波数 k 的表达式，考虑到加速度 $\ddot{R}$ 与液泡内火焰面运动速度 $\dot{r}_f$ 的关系（$\ddot{R} \sim \dot{r}_f^2 t/R_0^2$），可得到 k 随时间的变化，即

$$k(t) \approx \frac{1}{R_0}\frac{\rho\dot{r}_f^2 h}{\sigma}\frac{\dot{r}_f}{R_0} \tag{2.102}$$

将式（2.102）代入失稳破碎时刻 t^* 的表达式（2.97），可得

$$\frac{\lambda}{R_0} \approx \frac{2\pi}{We^{3/4}} \tag{2.103}$$

图2.18比较了试验观测给出的无量纲扰动波长 λ/R_0 随 We 的变化以及式（2.103）的预测曲线，两者呈现出非常高的吻合度。

2.2.4.5　液体球壳失稳破碎后形成的液滴

一旦液泡表面孔洞成核，孔洞就会以下式（Taylor - Culick 关系式）给出的速度迅速扩展，即

$$v_{\mathrm{TC}} = \sqrt{\frac{2\sigma}{\rho h}} \tag{2.104}$$

式中：σ 为表面张力，$\sigma = 50$ N/m；ρ 为密度，$\rho = 1.06 \times 10^3$ kg/m^3。

相邻孔洞的扩张直到彼此的边缘相互融合，形成丝网状。丝状孔洞边缘在毛细失稳影响下分解成大量小液滴，完成液泡破碎的最后一个阶段。图2.19

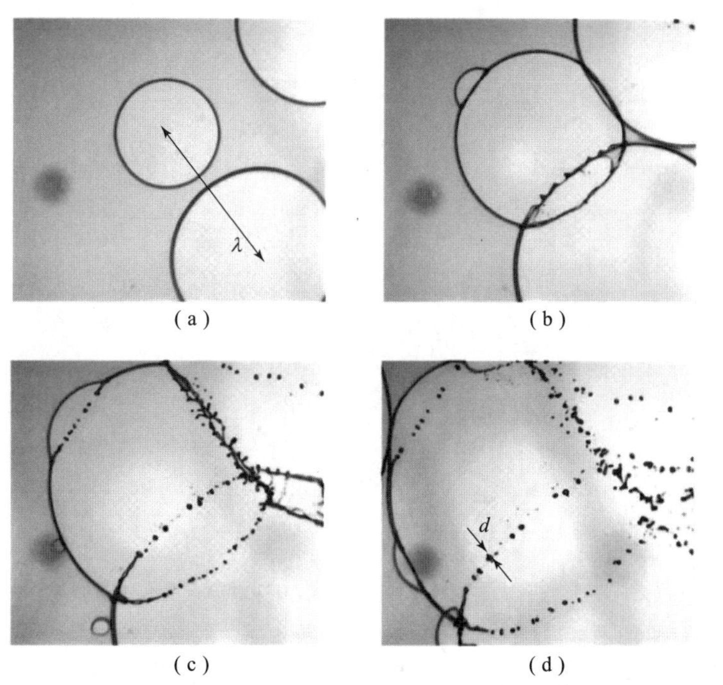

图2.19　当量比 $\phi = 5$ 的氢氧预混气点火后膨胀液泡破碎过程中表面两个相邻孔洞（$\lambda = 15$ mm）的扩张、边缘相互碰撞交叠、边缘融合和分解的整个过程

显示了当量比 $\phi=5$ 的氢氧预混气点火后膨胀液泡破碎过程中表面两个相邻孔洞（$\lambda=15$ mm）的扩张、边缘相互碰撞交叠、边缘融合和分解的整个过程。液泡完全分解后的平均液滴粒径 $\langle d\rangle=450\ \mu\text{m}$。液滴尺度的分布满足

$$\Gamma_{\nu}(x=d/\langle d\rangle)=\frac{\nu^{\nu}}{\Gamma(\nu)}x^{\nu-1}\mathrm{e}^{-\nu x} \tag{2.105}$$

式中：$\langle d\rangle$ 为平均液滴粒径；ν 为表征丝状液体表面粗糙度的变量，对于平直光滑的丝状孔洞边缘，$\nu\to\infty$，孔洞边缘分解后的液滴群只有一个粒径。但是，对于如图 2.16（c）所示的波纹状孔洞网络结构，ν 为一个有限值，一般取 $\nu=4$。

图 2.20 所示为不同当量比的氢氧预混气点火后液泡破碎形成的液滴粒径分布，两种不同的当量比（$\phi=4.3$ 和 $\phi=1.7$）预混气点火后产生的液滴粒径分布均也可采用式（2.105）来很好地拟合，说明两种情况下液滴的形成机制相同。拟合参数 ν 分别取 4 和 8，ν 的值越小说明分解形成液滴的液膜网络丝带的表面粗糙度越大，形成的液滴粒径分布曲线越宽，这与之前的试验观察一致。

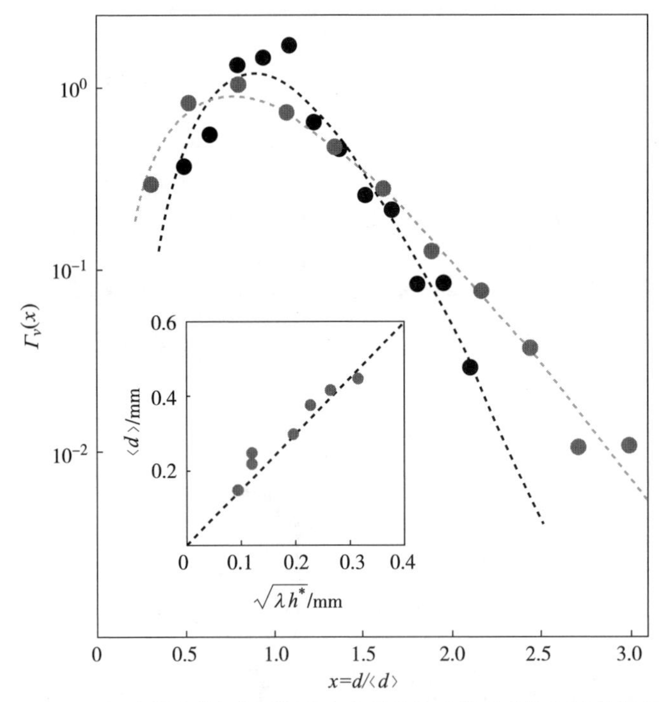

图 2.20　不同当量比的氢氧预混气点火后液泡破碎形成的液滴粒径分布（灰色圆点：$\phi=4.3$，此时火焰面运动速度 $\dot{r}_f=15$ m/s，液滴的平均粒径 $\langle d\rangle=420$ mm；黑色圆点：$\phi=1.7$，此时火焰面运动速度 $\dot{r}_f=65$ m/s，液滴的平均粒径 $\langle d\rangle=220$ mm。灰色和黑色虚线分别为采用式（2.105）拟合试验结果的理论曲线，对于 $\phi=4.3$ 的试验，$\nu=4$，对于 $\phi=1.7$ 的试验，$\nu=8$）

根据质量守恒，液壳球壳发生破碎时的临界厚度为

$$h^* = \left(\frac{R_0}{R(t^*)}\right)^2 h \tag{2.106}$$

两个孔洞中心相距 λ 的相邻孔洞扩张接触后，孔洞边缘融合成直径为 d_l 的圆柱状液体丝带，根据质量守恒，有

$$d_l = \sqrt{\frac{2\lambda h^*}{\pi}} \tag{2.107}$$

从理论上讲，液滴的平均粒径 $\langle d\rangle$ 是网络状液壳脉络直径 d_l、脉络粗糙度变量 ν 和脉络长径比 λ/d_l 的函数。对于无限长平直光滑的柱状液体条带，毛细失稳导致的成长最快的扰动波长为 $\lambda_\infty \approx 4.5d_l$。液滴的平均粒径 $\langle d\rangle$ 可通过下式得到，即

$$\frac{\pi}{6}\langle d\rangle^3 = \frac{\pi}{4}d_l^2\lambda_\infty \tag{2.108}$$

将式（2.107）代入式（2.108），可得到液滴的平均粒径 $\langle d\rangle$ 与液壳破碎时的厚度 h^* 和扰动波长 λ（孔洞直径）的关系，即

$$\langle d\rangle = 1.5\sqrt{\lambda h^*} \tag{2.109}$$

2.2.5　液体柱壳爆炸破碎特征的试验观测与理论预测的比较

本节介绍中心柱状炸药起爆驱动液体柱壳膨胀破碎的试验研究，并与基于小扰动失稳（瑞利－泰勒失稳）模型的燃料柱壳破碎特性的理论预测（2.2.3节）进行比较。

图2.21（a）所示为试验装置示意图，装置内燃料液柱的高度 $L=400$ mm，直径 $d=134$ mm。封装在厚度为 3 m 薄玻璃壳中的燃料采用黏性牛顿流体，纯甘油代替，密度 $\rho=1\,261$ kg/m^3，表面张力 0.064 N/m，动力黏度 1.412 Pa · s。薄玻璃壳在起爆瞬时发生破碎，不会影响甘油柱壳的膨胀失稳行为。图2.21（c）所示为直径为 9.6 mm 的中心分散药结构示意图，中心分散药由3根上、下贯穿的导爆索构成，导爆索的密度 1 710 kg/m^3，爆热 4 968 943 J/kg。各个试验的工况条件如表2.1所示。试验 A1 ~ A3 中导爆索质量相同，均为 1.4 g，但拍摄时刻不同。试验 B 中的导爆索质量为 3.4 g。根据2.2.3节中的破碎液壳液滴尺寸与分散炸药能量（质量）的理论分析可知，试验 B 会产生粒径更小的液滴。

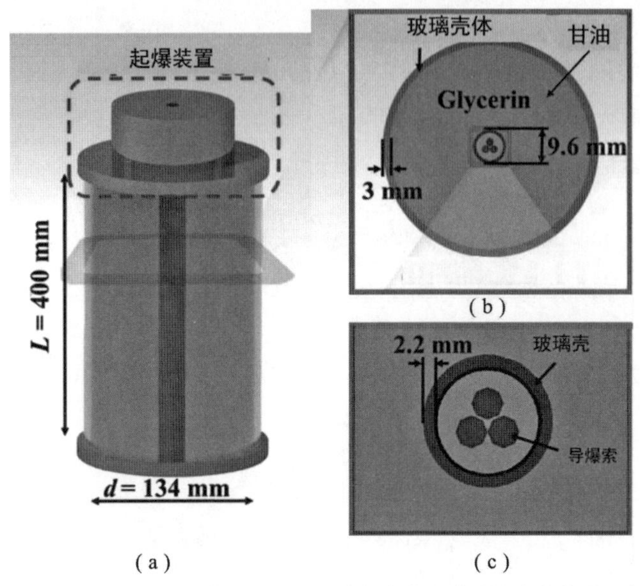

图 2.21 中心柱状分散药起爆驱动液体柱壳膨胀破碎的试验装置示意图

(a) 装药结构；(b) 装药截面；(c) 中心分散药结构

表 2.1 中心柱状分散药起爆驱动液体柱壳膨胀破碎的试验工况条件

工况编号	导爆索质量/g	Q	Re	We	E_1 /(J·m^{-1})	E/J	拍摄时刻/ms
A1	1.4	3.9	1.34×10^3	2.56×10^6	17 391	6 956	1.1
A2							1.4
A3							1.7
B	3.4	3.85	2.1×10^3	6.18×10^6	42 236	16 894	1.4

图 2.22 所示为试验 B 在中心导爆索起爆后甘油柱壳分散的高速摄影图像，可以清晰地观察到液体在分散成液滴之前形成的网络结构。大量的液体射流形成最初的液体碎片，射流进一步分解成液滴，这些液滴受到气动曳力的影响，同时与外界流场进行热量传递。气动曳力会造成液滴的二次破碎，而液滴与流场的热交换促进了液滴蒸发。这两个过程都会使得液滴逐渐缩小。

图 2.23 比较了试验中拍摄的甘油柱壳分散过程中高速摄影图像和 2.2.3 节中的液体柱壳界面失稳理论模型数值解得到的界面构型。导爆索起爆时刻定为 0 时刻。试验 A1 ~ A3 和 B 的拍摄时间分别为 1.1 ms、1.4 ms、1.7 ms 和 1.4 ms，根据式（2.39）对应的无量纲时间分别为 1.45、1.84、2.23 和 2.85。长度尺度通过甘油柱壳厚度 $R_{cr} = R_{00} + H_0/2$ 进行无量纲化。图 2.23 中

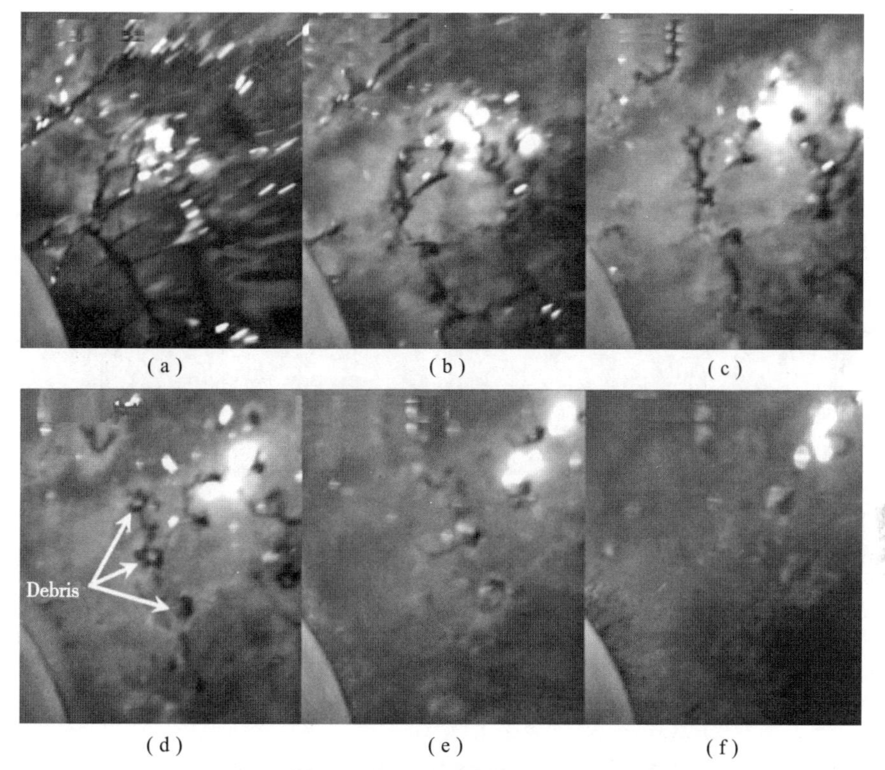

图 2.22　试验 B 在中心导爆索起爆后甘油柱壳分散的高速摄影图像

(a) $t=2.2$ ms; (b) $t=2.6$ ms; (c) $t=3.0$ ms;

(d) $t=3.4$ ms; (e) $t=4.2$ ms; (f) $t=5.2$ ms

的（b）和（d）分别是工况 A2 和 B 在相同时刻，$t=1.4$ ms 时的高速摄影图像。工况 A2 和 B 的导爆索质量不同，其他几何结构参数一致。因此，图 2.23（b）和（d）可以很好地显示分散炸药质量对于液体柱壳分散失稳行为的影响。在导爆索起爆的瞬时，外部玻璃壳碎裂成细小的玻璃碎片，向外部飞散，后方的甘油柱壳在内部高压爆轰产物气体的驱动下膨胀，发生瑞利－泰勒失稳。试验 A1～A3 的高速摄影图中可以清晰地看到扰动幅值的增长，与数值预测的扰动成长趋势一致。理论模型中并未考虑外部玻璃壳，因此玻璃壳的破碎并没有影响内部甘油柱壳的界面失稳。当导爆索的质量从 1.4g 增加到 3.4g 时，炸药能量增强，对液体的分散作用更强。液柱表面的加速度更大，产生的瑞利－泰勒扰动波长更短，扰动成长更快且更为剧烈，此时玻璃壳碎片更小、液体射流更细，液滴也更小。因此，当炸药质量增大后液柱外界面轮廓更为圆滑，如图 2.24（b）和（d）所示。扰动充分成长后形成的流体射流的尺寸确定如图 2.24（a）和（b）所示。由于图像的像素分辨率所限，只能从图像中确定较大的液体射流宽度，无法分辨更细小射流的轮廓，因此通过试验高速摄影图像确定的液体射流宽度方法会高估射流尺寸。表 2. 2 比较了通过图 2. 23 中确定的扰动幅值（液体射流长度）和理论模型的预测值，两者具有非常好的吻合度，其中试验确定的扰动幅值通过燃料柱壳的半径无量纲化。

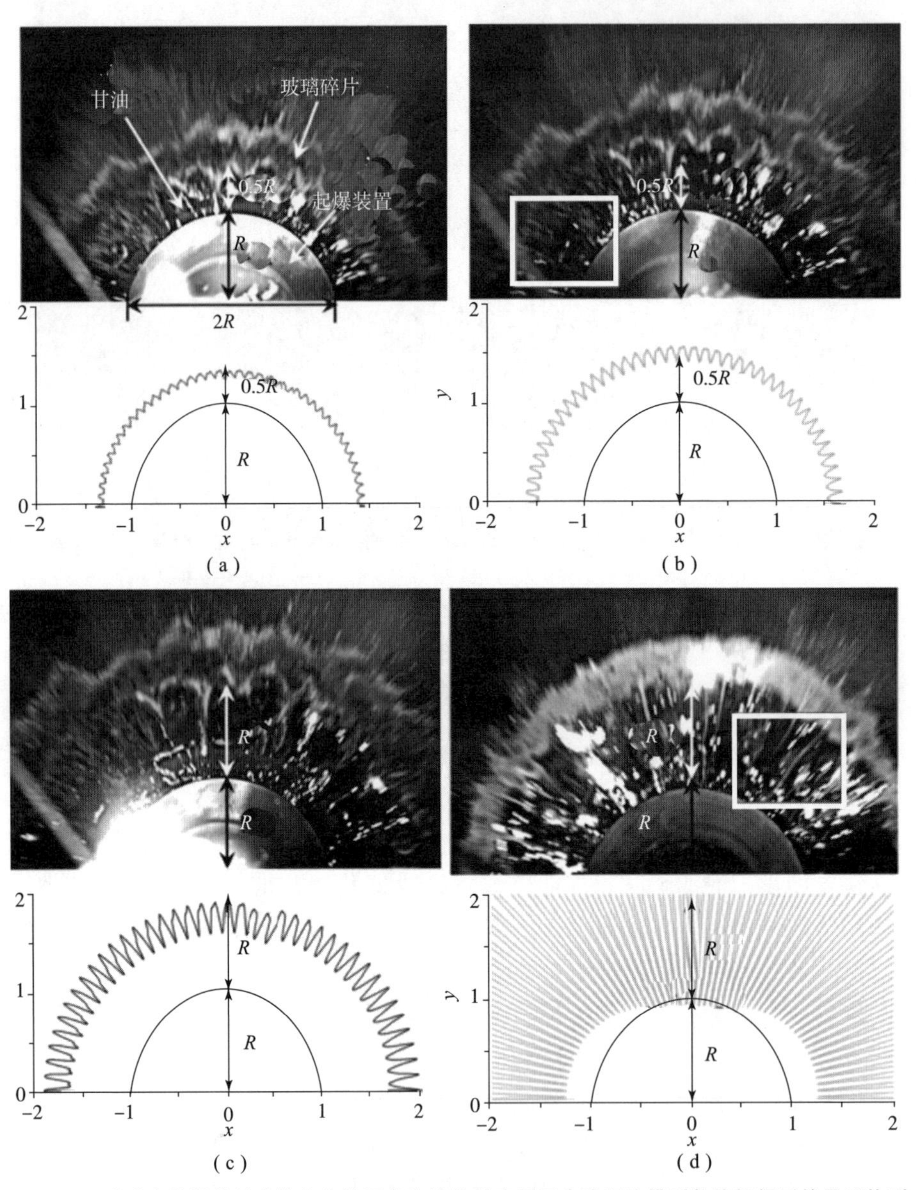

图 2. 23　试验中拍摄的甘油柱壳分散图像和液体柱壳界面失稳理论模型数值解得到的界面构型

(a) 试验 A1，1. 1 ms，1. 4 g；(b) 试验 A2，1. 4 ms，1. 4 g；

(c) 试验 A3，1. 7 ms，1. 4 g；(d) 试验 B，1. 4 ms，3. 4 g

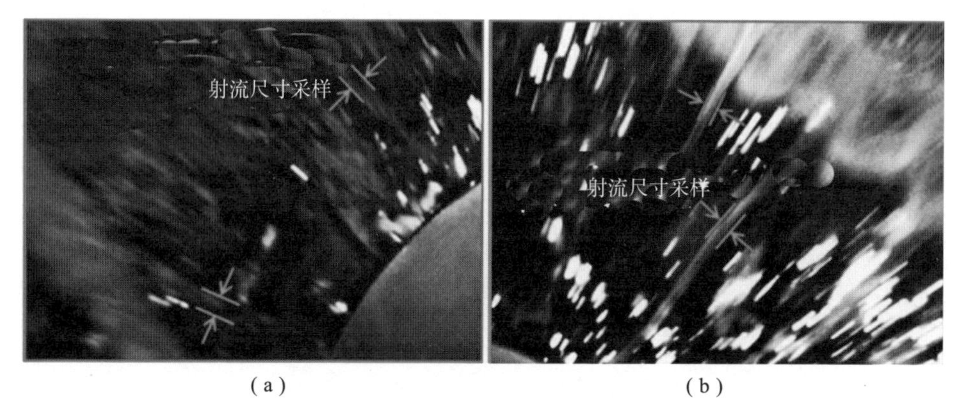

（a）　　（b）

图 2.24　图 2.23（b）和（d）中的局部放大图

表 2.2　中心驱动甘油柱壳外界面无量纲扰动幅值 R/R_{cr}

参数	试验 A1（1.1 ms）	试验 A2（1.4 ms）	试验 A3（1.7 ms）	试验 B（1.4 ms）
理论预测	1.381	1.602	1.873	2.854
试验观测值	1.482（±0.077）	1.744（±0.101）	2.042（±0.16）	2.355（±0.198）

图 2.25 比较了质量分别为 1.4 g 和 3.4 g 的中心分散药起爆后甘油柱壳外表面无量纲扰动幅值（$R/R_{cr}(t)$）随时间增长的曲线。与图 2.23 中的观察一致，3.4 g 的中心分散药爆炸驱动的甘油柱壳外表面无量纲扰动增长得更快。在试验后期甘油柱壳外表面的液体射流尺寸愈发难以分辨，因此试验数据的误

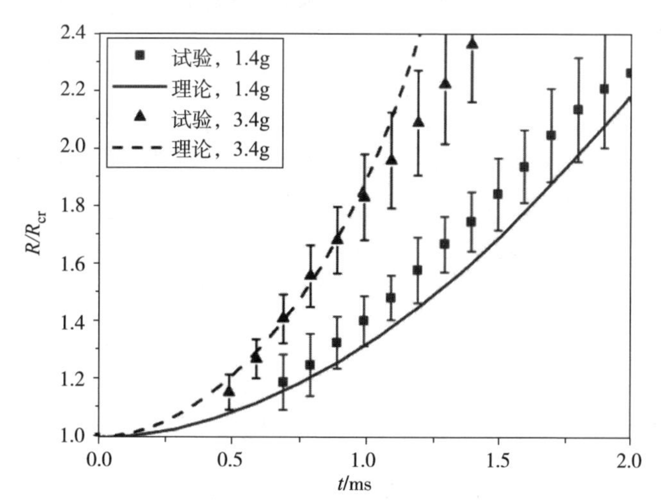

图 2.25　质量分别为 1.4 g 和 3.4 g 的中心分散药起爆后甘油柱壳外表面无量纲扰动幅值 R/R_{cr} 随时间增长的曲线

差随时间增大，且与理论预测曲线的偏离增大。图 2.26 给出了理论预测的最快增长的扰动的无量纲增长率 $\boldsymbol{v}$ 随时间 t 的变化，并和试验观测值进行了比较，整体的吻合程度很好。无量纲增长率 $v = \ln[(R/R_{cr})|_{t_2}/(R/R_{cr})|_{t_1}]/(t_2 - t_1)$。

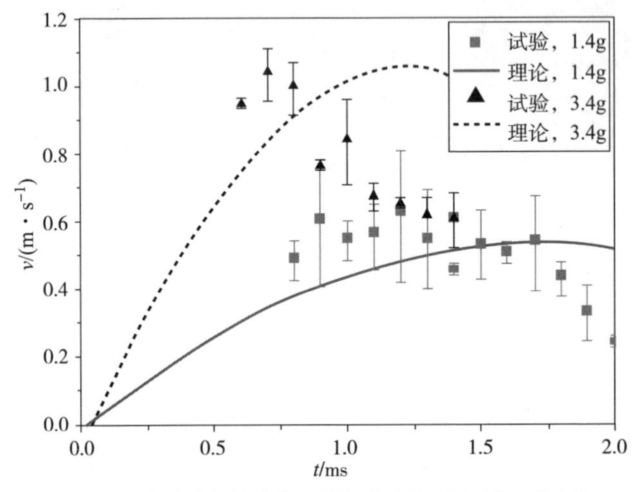

图 2.26　最快成长扰动的无量纲增长率 v 随时间 t 的变化

2.3　FAE 装药结构对燃料柱壳爆炸加速的影响

在 2.2 节中考察的是 FAE 装药结构下燃料柱壳在中心爆炸载荷驱动作用下的破碎模型，此时燃料柱壳可以简化为轴对称的二维环构型，忽略了中心分散药的爆轰过程，仅考虑爆轰产物气体提供的径向压力，而且假设爆轰产物气体经历等熵膨胀。而在实际 FAE 装药结构中，中心分散药并非与周围燃料柱壳完全耦合，即中心分散药的高度往往小于燃料柱壳，中心分散药和燃料柱壳内界面之间存在空隙。我们用装药不耦合系数 $De = R_{exp}/R_{in,fuel}$ 来表征中心分散药和燃料柱壳之间的匹配关系，其中 R_{exp} 为中心分散药柱的半径，$R_{in,fuel}$ 为燃料柱壳的内径。图 2.27（a）所示为装药耦合（$De = 1$）的 FAE 装药装置结构示意图。本节将通过采用 LS－DYNA 中的流固耦合算法来研究 FAE 装药结构对燃料柱壳爆炸加速分散过程的影响，重点考察装药不耦合系数的影响。在本节的研究中中心分散药的爆轰过程和壳体的破碎未作简化。

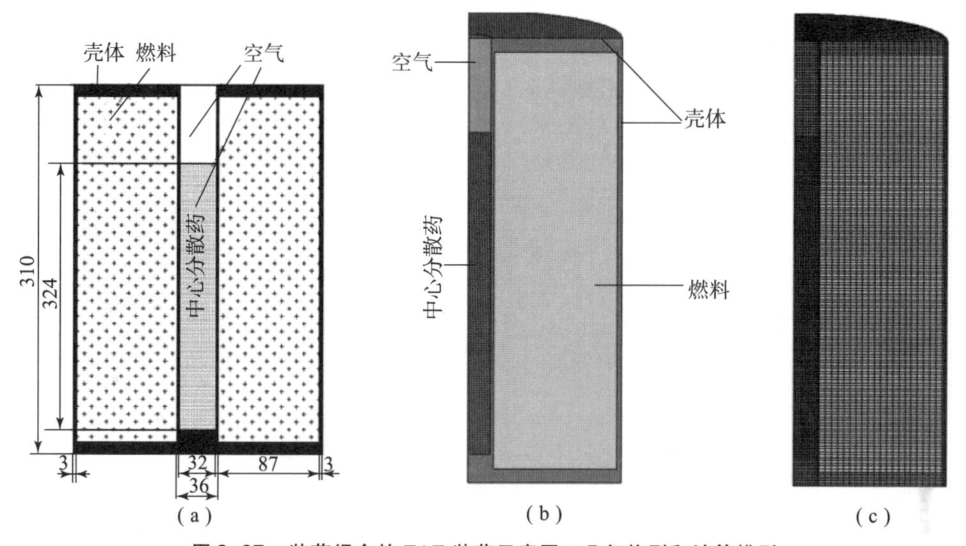

图2.27 装药耦合的FAE装药示意图、几何构型和计算模型

(a) 装药耦合 ($De=1$) 的FAE装药装置结构示意图;
(b) 对应于 (a) 的计算模型几何构型; (c) 对应于 (b) 的计算模型划分的网格

2.3.1 计算模型及参数设置

由于FAE装置具有柱对称性，计算模型采取装置的1/4进行计算，对应于图2.27 (a) 的计算模型几何构型如图2.27 (b) 所示。计算采用LS-DYNA中的流固耦合算法。单元采用单点积分的 (ALE) 多物质单元，即一个单元内可以包含多种物质。炸药、燃料和空气区采用欧拉算法，中心管及壳体采用拉格朗日算法，流体与固体之间采用耦合算法。

中心分散药采用TNT炸药，其点火模型为HIGH_EXPLOSIVE_BURN模型，爆轰产物气体用EOS_JWL状态方程进行描述:

$$p = A_1\left[1 - \frac{\omega}{R_1 V}\right]e^{-R_1 V} + B_1\left[1 - \frac{\omega}{R_2 V}\right]e^{-R_2 V} + \frac{E}{V} \tag{2.110}$$

式中: A_1、B_1、R_1、R_2、ω 为与炸药性质有关的常数; E 为单位体积炸药的内能; V 为相对比体积，初始值为1。对于TNT炸药取 $A_1=374$ GPa, $B_1=7.33$ GPa, $R_1=4.15$, $R_2=0.90$, $\omega=0.3$, $E=7.0\times10^9\ \text{J/m}^{-3}$。TNT的密度为1 630 kg/m^3，爆速为6 930 m/s^1。

空气采用NULL材料模型以及LINEAR_POLYNOMIAL状态方程，即

$$p = c_0 + c_1\mu + c_2\mu^2 + c_3\mu^3 + (c_4 + c_5\mu + c_6\mu^2)E \tag{2.111}$$

对于常温常压的空气（$\rho_0 = 1.29\ \text{kg/m}^3$），$c_0 = -0.1\text{MPa}$；$c_1 = c_2 = c_3 = c_6 = 0$，$c_4 = c_5 = 0.4$，单位体积内能 $E = 2.5 \times 10^{-6}\ \text{J/m}^3$，$\mu = 1/V - 1$，其中 V 是相对比体积，初始值为 1。燃料采用 MAT_NULL 材料模型和 GRUNESIEN 状态方程描述，即

$$p = \frac{\rho_0 C^2 \mu\left[1 + \left(1 - \frac{\gamma_0}{2}\right)\mu - \frac{\alpha}{2}\mu^2\right]}{\left[1 - (S_1 - 1)\mu - S_2 \frac{\mu^2}{\mu + 1} - S_3 \frac{\mu^3}{(\mu + 1)^2}\right]} + (\gamma_0 + \alpha\mu)E \tag{2.112}$$

对于某配方 FAE 燃料，燃料初始密度 $\rho_0 = 1\ 130\ \text{kg/m}^3$，单位体积内能 $E = 263\ \text{J/m}^3$，声速 $c = 1\ 650\ \text{m/s}$，等熵膨胀斜率系数 $S_1 = 1.92$、$S_2 = -0.96$、$S_3 = 0.226\ 8$，GRUNESIEN 系数 $\gamma_0 = 0.35$，体积修正系数 $\alpha = 1.393\ 7$，$\mu = \rho/\rho_0 - 1$，ρ 为瞬时燃料密度。壳体材料为硬质 PVC，采用 MAT_PLASTIC_KINEMATIC 材料模型，$\rho_0 = 1\ 300\ \text{kg/m}^3$，剪切模量 $[\sigma] = 32\ \text{MPa}$，泊松比 $\nu = 0.38$。为了与外场试验保持一致（试验过程见第 7 章），在 FAE 装药结构下方 1.5 m 处设置不完全反射的地面，采用各向同性的 PLASTIC_KINEMATIC 理想弹塑性模型描述土壤，$\rho_0 = 1\ 800\ \text{kg/m}^3$，弹性模量 $Y = 50\ \text{MPa}$，剪切模量 $[\sigma] = 16\ \text{MPa}$，屈服应力 3 MPa，泊松比 $\nu = 0.4$。

2.3.2 网格划分和网格依赖性检验

ANSYS/LS－DYNA 前处理程序提供了自由网格（free mesh）和映射网格（mapped mesh），可根据需要选择不同的网格划分形式。自由网格没有单元形状的限制，并且网格没有固定的模式，因此易于生成而不需要将复杂形状的体或面分为规则的体或面，但是，会导致单元数量变多，不常用于复杂形状的体或面的网格划分。映射网格通常会包含较少的单元数量，对单元形状有一定的限制（面的单元形状限制为四边形，体的形状限制为六面体），而且通常要求有规则的形式，单元要明显成行，因此难于实现，尤其是对形状复杂的体。一般都适用于规则的体和面，如矩形和方块。根据模型几何构型的特点，本节模拟中采用映射网络。图 2.27（b）中的几何构型的参数为：壳体外径 216 mm，壳体内径 210 mm，中心管外径 36 mm，中心管内径 32 mm，上、下端板厚 10 mm，中心管壳体厚度为 2 mm，外部壳体厚度为 3 mm。计算域为水平方向 200 cm，高度与 FAE 装置高度一致。采用 0.1 cm 网格单元对中心分散装药、燃料、壳体进行网格划分后的示意图如图 2.27（c）所示，中心分散装药的网格单元数为 8 400，燃料的网格单元数为 29 000，壳体单元数为 8 950，空气的

网格单元数为150 925，网格单元总数为197 275。

计算模型的网格质量是影响计算结果的一个重要的因素。在网格划分方面，主要考虑以下因素：①网格的尺寸Δl。尺寸太小，会造成网格数量过多，进而造成计算所需时间延长，对于计算机的硬件要求增高，配置不够容易死机；尺寸过大，则网格数量过少，计算精度降低，误差增大。②网格的疏密度。对于变化大且主要观察的部分应该划分得比较密实，对于不重要的部分可以适当划分得疏一点，但在两者之间还要进行一定的渐变划分，使网格的疏密不发生急剧变化。③网格的形状。网格的形状要尽量避免尖角、过长等不规则形状，如三维中的形状尽量是正六面体。

本节中的计算模型比较规则，绝大部分的网格单元都是正六面体，划分网格时，各部分采用映射划分。为找到最佳的网格划分尺寸，我们采用Δl为0.2 cm、0.1 cm和0.05 cm三种不同网格尺寸对计算模型进行网格划分，将模拟结果与试验结果对比，从而找到最合适的网格尺寸。选取轴向距离$Z=15.5$cm，径向最外层的燃料单元进行观测。不同网格尺寸下，其径向抛散速度V_{out}随时间的变化曲线如图2.28所示。三种网格尺寸下$V_{out,fuel}$均在相同的时刻达到最大值，最大速度分别为$V_{out,\max}$（$\Delta l=0.2$）=396 m/s、$V_{out,\max}$（$\Delta l=0.1$）=412.5 m/s、$V_{out,\max}$（$\Delta l=0.05$）=411.7 m/s，试验测定的燃料壳外界面中心处的最大值速度为$V_{out,\max}=408.5$ m/s。因此，三种网格尺寸下$V_{out,\max}$的模拟值与试验测定值的误差分别为3.1%、0.98%和0.8%。虽然$\Delta l=0.05$ cm时误差最小，但计算1 ms所需的CPU时间从$\Delta l=0.1$ cm时的24 h增加至64.3 h。综合考虑计算精度和计算时长，我们选择$\Delta l=0.1$ cm作为网格单元尺寸。

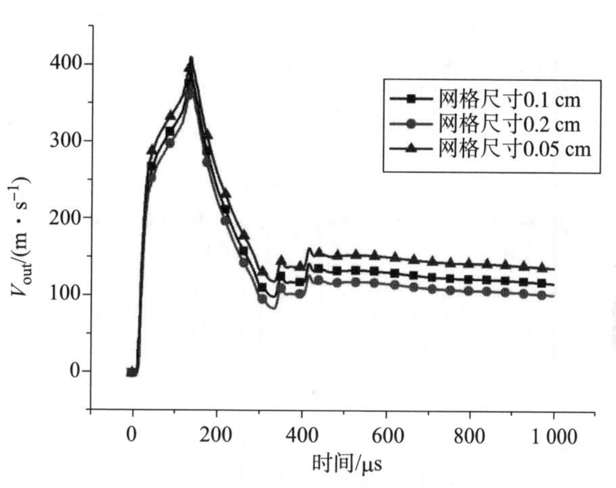

图2.28　三种单元网格尺寸下轴向距离$Z=15.5$ cm的最外层燃料单元径向抛散速度V_{out}随时间的变化

2.3.3　装药不耦合系数对燃料柱壳爆炸加速的影响

为了考察装药不耦合度对燃料爆炸加速过程的影响，我们对图2.30（a）~（e）中5种不同装药不耦合度的FAE装药结构（1号~5号）进行数值模拟，几何尺寸已在图 2.29 中标注，中心分散药质量分别为 293.6 g、131.3 g、73.4 g、47 g 和 32.2 g。为了比较柱形不耦合装药与 T 形不耦合装药在燃料抛散方面的优劣，6 号模型采用 T 形装药，药量与 5 号时相等。在不改变装药整体高度（224 mm）的情况下，中间装药部分直径 $\phi=10$ mm，高度为 206 mm，两端对称部分直径 $\phi=16$ mm，高度为 9mm。

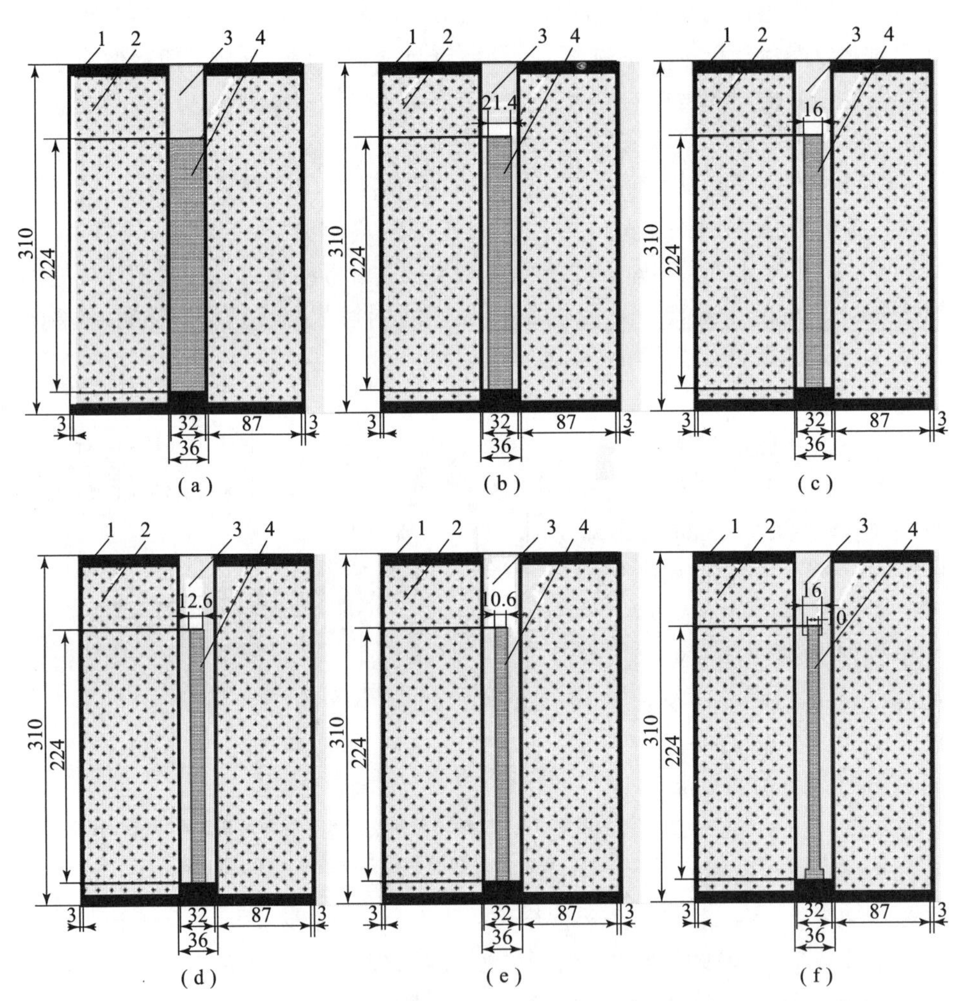

图 2.29　不同装药不耦合度的 FAE 装药结构几何（（a）~（e）装药不耦合度逐渐增加；（f）与（e）的装药不耦合度相同，但中心分散圆柱为 T 形。图中 1 ~4 分别代表壳体、燃料、空气和中心分散药）

（a）1 号（$De=1$）；（b）2 号（$De=1.5$）；（c）3 号（$De=2$）；（d）4 号（$De=2.5$）；（e）5 号（$De=3$）；（f）6 号（$De=3\mathrm{T}$）

图 2.30 给出了加速阶段后期不同装药不耦合度的 FAE 装药结构（1 号、3 号、5 号、6 号）中燃料径向速度云图。当采用耦合装药时［1 号（$De=1$），图 2.30（a）］，燃料径向抛散速度的高速区主要集中在 FAE 装置下部，而采用不耦合中心装药的其他三个 FAE 装置燃料径向抛散速度的高速区则上下分布均匀，从燃料抛散的均匀性出发，采用不耦合装药的 FAE 装置更有利于燃料的抛散。

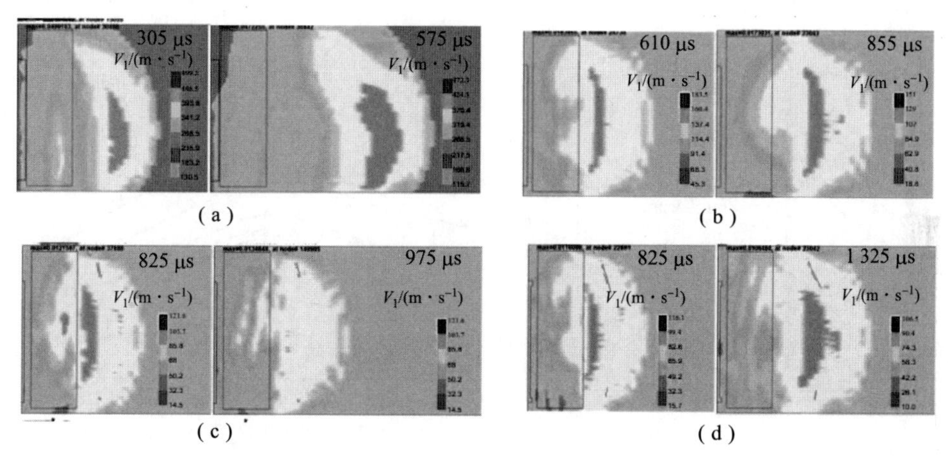

图 2.30　燃料爆炸加速阶段后期不同装药不耦合度的 FAE 装药结构中燃料径向速度云图

（a）1 号（$De=1$）；（b）3 号（$De=2$）；（c）5 号（$De=3$）；（c）6 号（$De=3T$）

为更加直观地显示装药不耦合度对燃料抛散速度在轴向上分布的影响，沿 FAE 燃料柱壳最外层轴向（竖直方向，Z 轴）竖直高度 Z 为 5.5 cm、10.5 cm、15.5 cm、20.5 cm、25.5 cm 上选取 5 个观测点，如图 2.31（a）所示。不同装药不耦合度的 FAE 燃料柱壳在这 5 个观测点上的最大速度如图 2.31（b）所示。由于装药量随 De 增加而减少，FAE 燃料柱壳外径各高度处的最大抛散速度均随 De 的增大而减小。当采用耦合装药（1 号）时，最外层燃料抛散速度的最大值出现在轴向 10.5 cm 处，靠近 FAE 装置下部。两端燃料的最大抛散速度要远远小于靠近中部位置燃料的最大抛散速度，二者的差值接近 200 m/s。而当采用不耦合装药（2 号 ~ 6 号）时，最外层燃料抛散速度的最大值出现在轴向 15.5 cm 处，处于 FAE 装置的中部。两端燃料的最大抛散速度与靠近中部位置燃料的最大抛散速度相差较小，约 100 m/s，可见燃料整体的速度比较均匀。显然，从燃料分散的角度考虑，在满足设计要求的前提下，应尽量采用不耦合装药，以便于燃料抛散速度的最大值出现在 FAE 装置的中部，形成半径尽可能大的扁平状云雾，减少燃料在竖直方向上的分布，提高燃料利用率。比较不耦合装药 $De=3$ 时的柱形装药（5 号）和 T 形装药（6 号）的燃料抛散速度沿轴向的分布可以发现，采用 6 号结构中部燃料的抛散速度与端部的差值为 71 m/s，而 5 号结构这两个速度之间的差值为 119 m/s。T 形中心分散装药的抛散速度差值小于同药量下柱形装药的抛散速度差值，从燃料抛散的角度分析，T 形装药相对于柱形装药具备明显的优势。

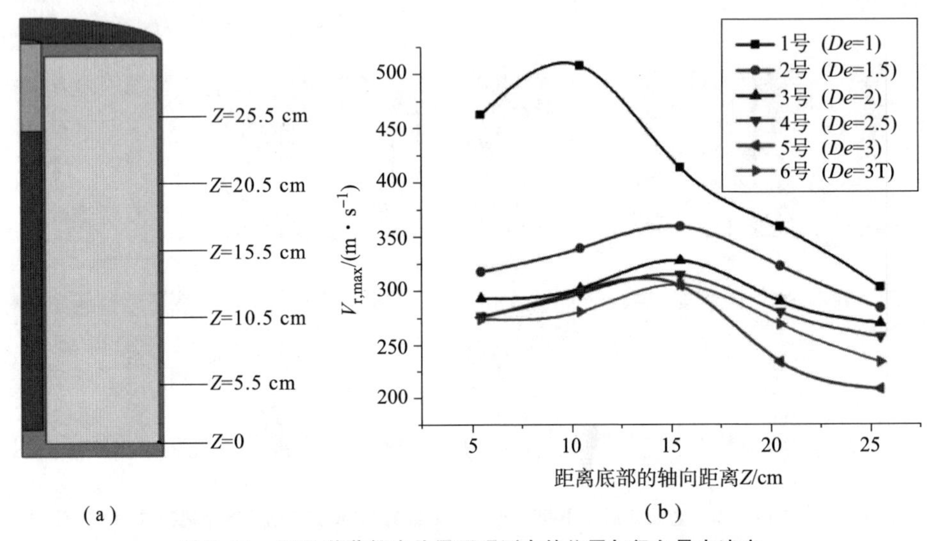

图 2.31 FAE 装药柱壳外界面观测点的位置与径向最大速度

（a）FAE 燃料柱壳外界面 5 个观测点的位置；（b）不同装药不耦合度的 FAE 燃料柱壳外界面上 5 个观测点上的径向最大速度

下面我们进一步考察不同装药不耦合度的 FAE 结构中燃料抛散速度沿径向的分布。图 2.32（a）显示了 FAE 结构中心截面上沿径向的四个观测点，x 为 R_{exp}、$1/3R_{out}$、$2/3R_{out}$ 和 R_{out}，其中 R_{exp} 和 R_{out} 分别为中心分散药半径和燃料柱壳外径。不同装药不耦合度的 FAE 燃料柱壳在这四个观测点上的最大速度如图 2.32（b）所示。当采用耦合装药（1 号）时，燃料的径向抛散速度随径向距离的增加呈下降趋势；而采用不耦合装药时，燃料的最大径向抛散速度沿径向呈现先减小后增大的趋势。这说明采用耦合装药时燃料在加速的初期并没有发生破碎，而采用不耦合装药时，燃料在加速阶段已经发生破碎。

2.3.4 爆炸分散过程中形成的燃料空腔

理解爆炸空腔的形态演化对于预测多相云雾的形态演化和最终形貌是极为关键的。图 2.33 所示为 1 号、3 号、5 号和 6 号模型的膨胀空腔在燃料爆炸加速中晚期的速度云图。耦合中心分散装药和不耦合中心分散装药爆炸空腔在膨

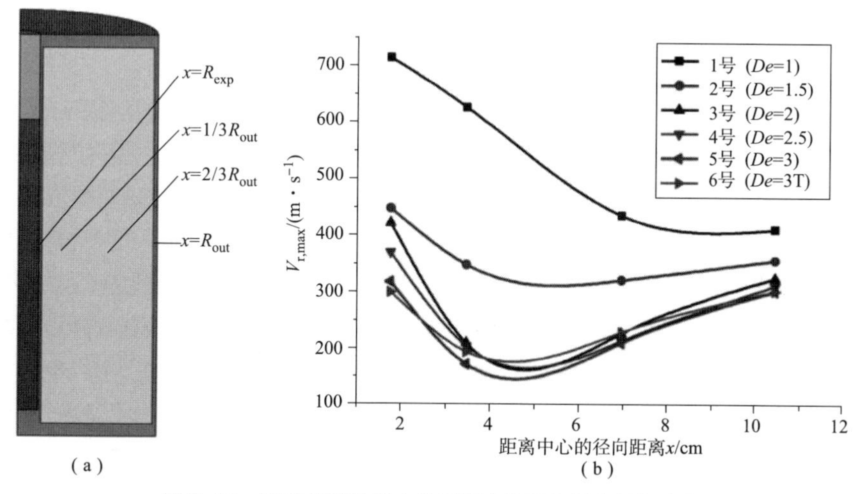

图 2.32 FAE 燃料柱壳上的观测点位置和最大径向速度

(a) FAE 燃料柱壳中心面上四个观测点的位置；

(b) 不同装药不耦合度的 FAE 燃料柱壳外界面上四个观测点上的最大径向速度

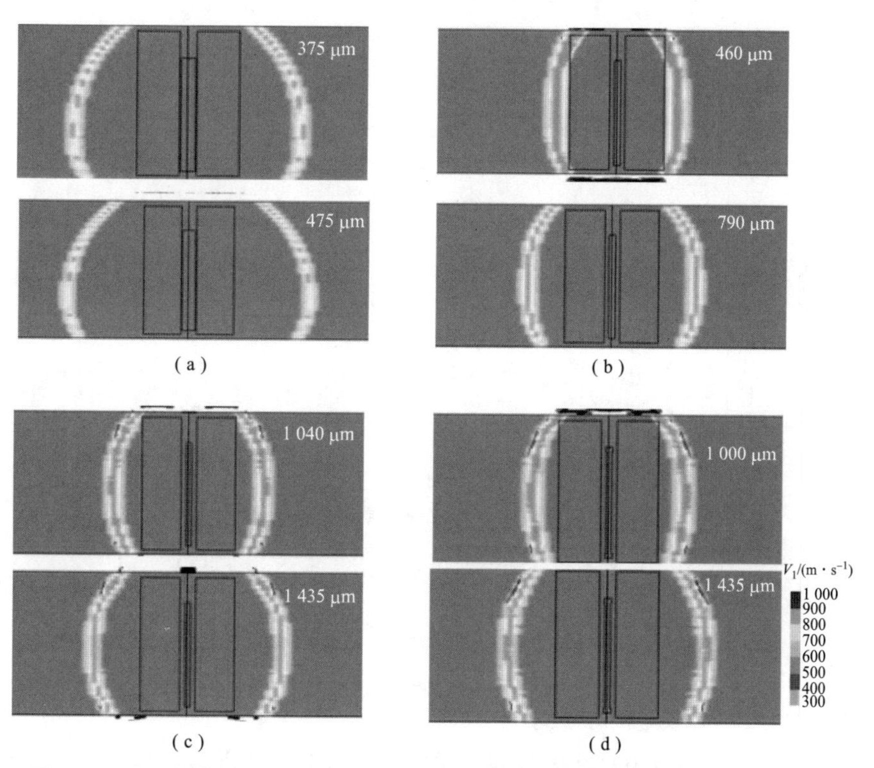

图 2.33 不同装药不耦合度的 FAE 燃料柱壳在爆炸加速后期的形貌演化（可以清晰辨识出燃料柱壳内界面构成的凸面柱状爆炸空腔）

(a) 1 号 ($De=2$)；(b) 3 号 ($De=2$)；(c) 5 号 ($De=3$)；(d) 6 号 ($De=3T$)

胀初期的形貌较为相似，不耦合装药的空腔在后期逐渐开始呈现对称椭球的形状，而耦合装药的空腔的最膨处明显更偏向底部。

空腔的最终半径对应于燃料柱壳内界面速度衰减为零的时刻。由于燃料柱壳内界面不同轴向位置处的速度衰减到零的时刻不同，椭球柱空腔的半径沿轴向稳定的时刻也不同。图 2. 34 所示为不同装药不耦合度的 FAE 爆炸空腔沿轴向的变化。采用耦合装药的 FAE 爆炸空腔半径在装置下部和中部大小基本一致，均为 0. 5 m 左右，只是在接近装置顶端时空腔半径才略微变小；采用不耦合装药的 3 号模型（$De=2$）最大空腔半径为 0. 27 m，端部空腔半径为 0. 18 m，半径缩小 1/3，5 号模型（$De=3$）的最大空腔半径约为 0. 18 m，端部空腔半径约为 0. 125 m，也缩小了 1/3 左右。由此可见，采用不耦合装药的 FAE 装置的爆炸空腔呈现出中间大、两端小的分布，且空腔半径较小。由于空腔内的高温高压很容易对二次起爆的药包造成影响，因此在设计二次起爆药包的安装位置时，要尽量避免其和爆炸空腔的接触。显然采用不耦合装药的 FAE 装置在这方面具有极大的优势，不但可以在装置的上端，还可以在装置下端设计二次起爆药包。

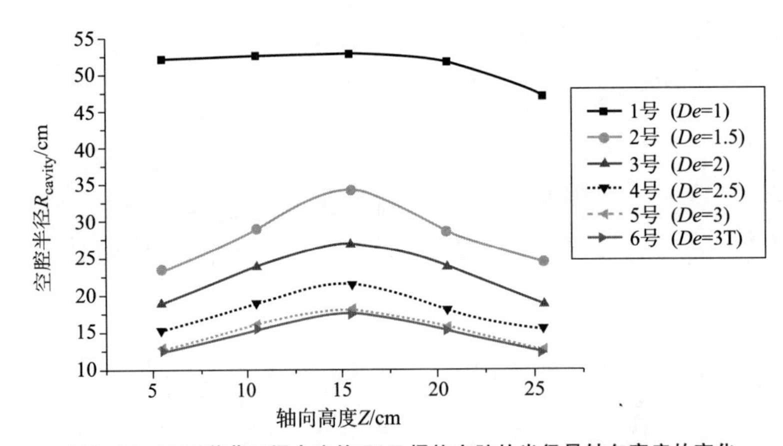

图 2. 34　不同装药不耦合度的 FAE 爆炸空腔的半径最轴向高度的变化

高温爆轰产物气体更可能会引燃燃料，严重影响 FAE 二次引爆的可靠性，甚至会导致二次引爆失败。因此，理解爆轰产物的温度耗散规律，基于此对 FAE 装药结构进行设计来保证燃料的稳定分散。例如，中心分散药为 TNT，爆轰产物的 HOM 状态方程分别为

$$\ln(p) = -3.6579 - 2.475871(\ln V) + 0.2187351(\ln V)^2 + 0.06225968(\ln V)^3 + 0.01829405(\ln V)^4 \tag{2.113}$$

$$\ln(T) = 7.5722 - 0.4432783(\ln V) + 0.09328338(\ln V)^2 +$$

$$0.002\,578\,583(\ln V)^3 - 0.003\,187\,935(\ln V)^4 \tag{2.114}$$

$$\ln(E) = -1.515\,413 + 0.536\,258\,3(\ln p) + 0.097\,387\,66(\ln p)^2 + 0.009\,284\,769(\ln p)^3 + 0.000\,349\,579\,1(\ln p)^4 \tag{2.115}$$

式中：p 为压力；V 为比体积；$V=1/\rho$；E 为单位体积内能（J/m^3）；T 为温度（K）。

不同 FAE 装药结构下中心分散药柱中心的密度 ρ_{exp} 变化如图 2.35（a）所示。首先，16 ms 之前 ρ_{exp} 维持在 TNT 固体密度，此时从底部中心向上传播的爆轰波还未达到药柱中心；然后，ρ_{exp} 经历冲击绝热压缩跳跃到峰值，转变为爆轰产物气体的中心区域经历等熵膨胀，ρ_{exp} 迅速下降；最后，ρ_{exp} 的二次起跳对应于爆炸波在燃料柱壳内界面的反射激波到达药柱中心的时刻。根据状态方程可以计算出不同中心装药情况下爆轰产物内部的温度 T_{exp} 变化，如图 2.35（b）所示。从药柱中心起爆的 13 μs 到温度缓慢衰减的 28 μs，采用耦合装药的 1 号模型（$De=1$）空腔内部的温度下降了 1 400 K，而采用不耦合装药的 3 号模型（$De=2$）和 5 号模型（$De=3$）空腔内的温度在相同的时间内则分别下降了 1 750 K 和 1 900 K。显然，采用不耦合装药 FAE 的装置爆炸空腔内的温度下降得更快；同时采用耦合装药时，爆炸空腔内部的温度下降到 1 000 K 左右时，会出现一个“平台期”，即空腔内部的温度会在空腔破裂之前在较高温度停留较长的时间，这样就会对燃料进行长时间的加热，很容易引爆燃料。

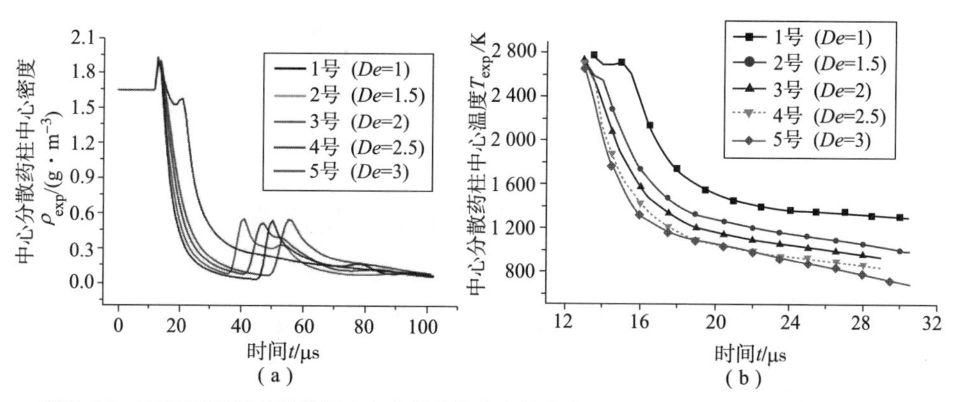

图 2.35　不同 FAE 装药结构下中心分散药柱中心的密度 ρ_{exp} 和 T_{exp} 随时间的变化（见彩插）

燃料的点火温度在 500 K 左右，因此考察爆炸空腔内产物气体温度高于 500 K 持续的时间格外重要。图 2.36（a）所示为不同中心装药情况下爆轰产物内部的温度 T_{exp} 在整个燃料柱壳加速过程中随时间的变化。采用耦合装药的 1 号模型由峰值温度降至 500 K 所经历的时间最长，而采用不耦合装药的 2～5

号模型所经历的时间较短。T_{exp}高于 500 K 持续的时间 t（$T=500$ K）随装药不耦合度 De 的变化如图 2.36（b）所示，可以通过指数函数式（2.74）进行拟合，即

$$t(T_{exp}=500\ \mathrm{K})=-25.5\exp\left(-\frac{De}{2.43}\right)+268.3 \tag{2.116}$$

式中，时间 t 的单位为 μs。

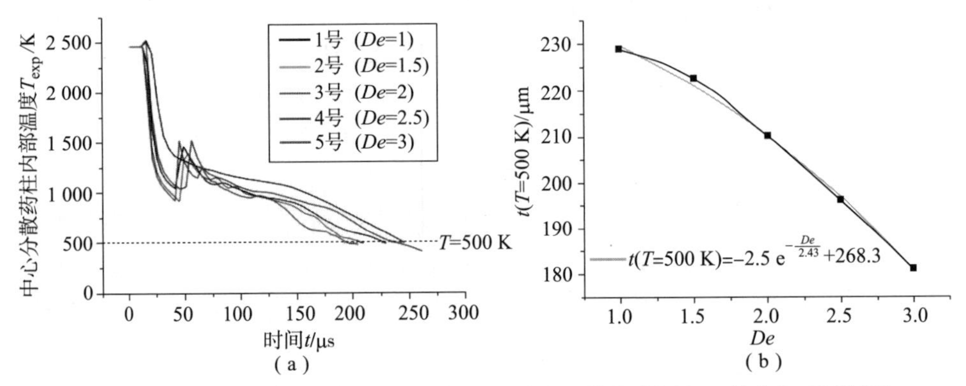

图 2.36　不同中心装药爆轰内部温度随时间的变化和持续时间随 De 的变化（见彩插）

（a）不同中心装药情况下爆轰产物内部的温度 T_{exp}在整个燃料柱壳加速过程中随时间的变化；

（b）爆炸空腔中心气体温度高于 500 K 持续的时间随装药不耦合度 De 的变化

采用不耦合的中心分散装药方式能够有效减小空腔内温度对抛散燃料的影响，有利于预防“窜火”现象。

2.4　爆炸分散远场物理过程

2.2～2.3 节探讨了液相燃料在中心分散药爆炸产生的驱动力作用下的加速膨胀和破碎过程，即爆炸分散的近场阶段。此后破碎液滴在气动阻力及压差影响下开始减速运动，并逐渐剥离及汽化，产生气体成分，因此形成气液混合云团。如果燃料为固液混合物则情况更为复杂。假定固液相体积分数达到理想最佳配比时，自然堆放的固体颗粒间隙刚好被液相组分充填，液体均匀包裹在颗粒外面。当固液燃料壳在中心爆炸载荷驱动作用下加速膨胀破碎后，大量大尺寸的固液微团在流场中高速运动。在大尺寸的固液微团不断剥离出小微团的同时，微团表面低沸点液相组分在剪切流动和温差作用下发生汽化，微团逐渐

缩小，剩余的固体颗粒内核与附着在表面的少量液体继续在流场中做减速运动，受到曳力、浮力等作用，最终速度衰减为 0。固液混合微团在远场运动过程的形貌演化如图 2.37 所示。

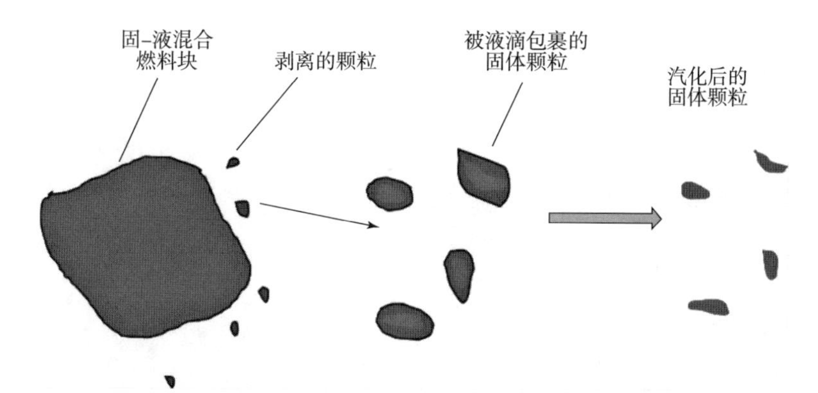

图 2.37　固液混合微团在远场运动过程的形貌演化示意图

本节主要介绍近场阶段由液体燃料壳破碎形成的大液滴在高速运动过程中剥离破碎成小液滴和蒸发过程的物理模型。蒸发会显著缩小液滴尺寸，而大液滴的破碎也会加速蒸发过程，同时促进液滴与流场之间的速度均衡。

2.4.1　高速运动的液滴破碎

运动液滴的稳定性与液滴的 $We = \rho_p v_{pg}^2 d/\sigma_p$ 密切相关，其中 ρ_p 为液滴密度，v_{pg} 为流场与液滴的相对速度，d 为液滴粒径，σ_p 为液滴表面张力。液滴韦伯数增大时，如流场与液滴的相对速度变大时，液滴变得更为不稳定。Pilch 和 Erdman（1987）认为液滴黏度增加时液滴的稳定性会得到改善，并采用无量纲的 Ohnesorge 数（Oh）来表征黏度相对于表面张力的大小，即

$$Oh = \frac{\mu_p}{\sqrt{\rho_p d\sigma_p}} \tag{2.117}$$

根据液滴的 We 和 Oh 可以将液滴破碎分成不同的模式。如图 2.38 所示，高速运动的液滴的破碎模式也分为震荡破碎、袋状破碎、多模态破碎、剪切破碎和爆炸式破碎，分别对应压力脉动导致的表面张力失稳、单模瑞利 - 泰勒失稳（RTI）、多模瑞利 - 泰勒失稳、剪切剥离、多种界面失稳与剪切剥离的耦合。图 2.39 显示了袋状破碎、多模态破碎、剪切破碎和爆炸式破碎对应的主导控制机制，即多种界面不稳定性和剪切剥离单独或耦合机制。不同的 We 和 Oh 下，液滴在不同时间尺度的失稳机制影响下失去表面张力与黏性间的平衡，呈现出形态各异的破碎过程，最终破碎后小液滴的粒径分布也会存在显著差

异。2.2.4.5 节中讨论的氢氧燃烧产物气体膨胀驱动的薄液膜破碎，孔洞边缘液体丝带分解最终形成小液滴的过程即为表面张力主导的压力脉动失稳破碎。

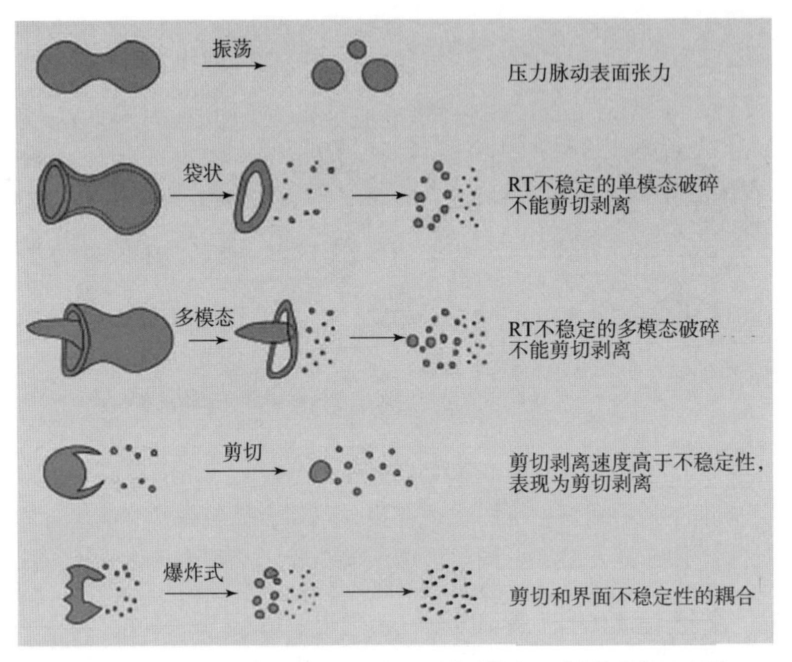

图 2.38　在流场中高速运动液滴在不同破碎模式下形貌演化的示意图

破碎模态的 *We* - *Oh* 图谱大多基于试验数据的经验性关系绘制。如图 2.40 所示，不同研究者对不同液体成分（纯水、不同浓度的甘油 - 水溶液、庚烷、水银等）的液滴在 *We* - *Oh* 参数空间内绘制的破碎模式转变分界线高度吻合，说明不同组分粒径的液滴破碎模式背后的失稳机制只受到 *We* 和 *Oh* 的影响，且依赖规律一致。值得注意的是，当 *Oh* 大于 O（10^{-1}）cm 数量级后，各个破碎模式转变分界线对应的 *We* 都随着 *Oh* 的增加而上升，进一步说明了黏性对于液滴形貌稳定的促进作用。除了常温常压下呈现为液态的液滴外，近年来研究者在低熔点熔融金属液滴的破碎稳定性方面也开展了大量的工作，金属液滴的密度大，表面张力和黏度都比液体大数个量级，因此各个破碎模式转变分界线也迥异于液体液滴。图 2.41 所示为金属锡液滴能否发生破碎的 *We* - *Oh* 分界线。当 $Oh < O$（10^{-1}）*cm* 时，金属锡液滴发生破碎的临界韦伯数 $We = 10 \pm 1$，而在 $Oh > O$（10^{-1}）*cm* 时，临界 *We* 随 *Oh* 迅速上升。

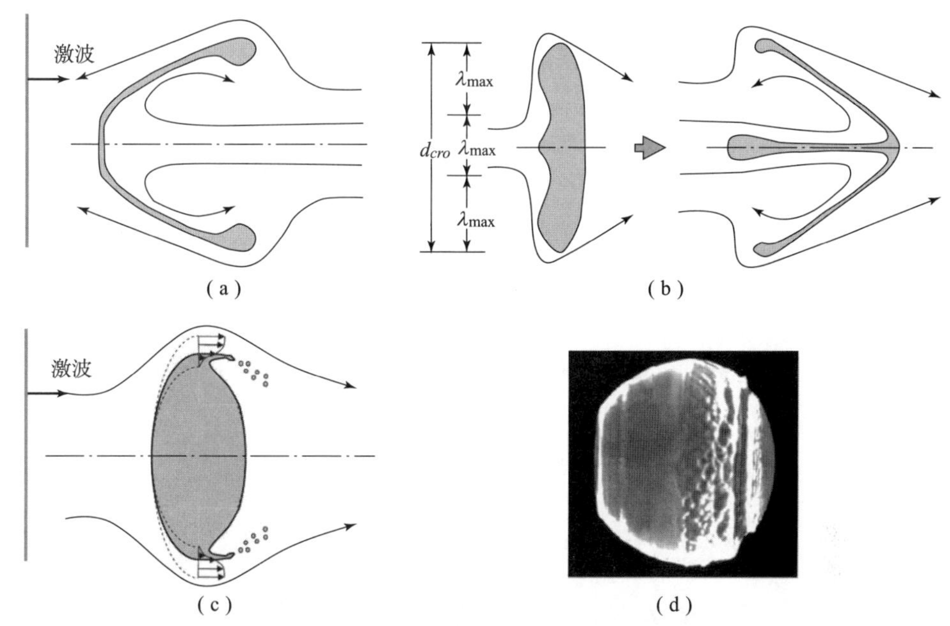

图 2.39　液滴不同破碎模式的控制机制示意图

(a) 袋状破碎；(b) 多模态破碎；(c) 剪切破碎；(d) 爆炸破碎

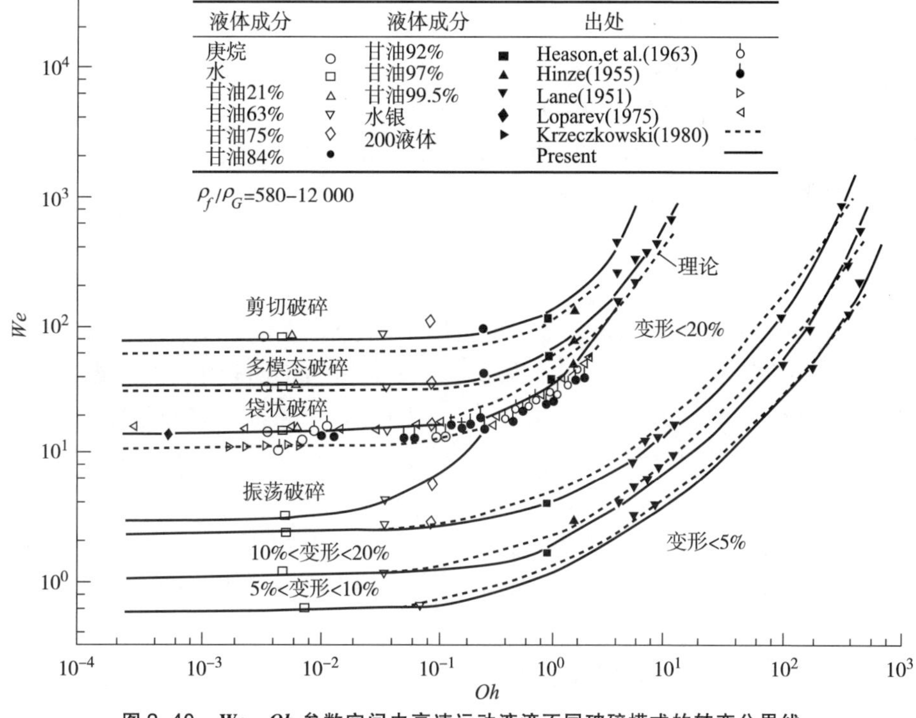

图 2.40　*We*－*Oh* 参数空间内高速运动液滴不同破碎模式的转变分界线

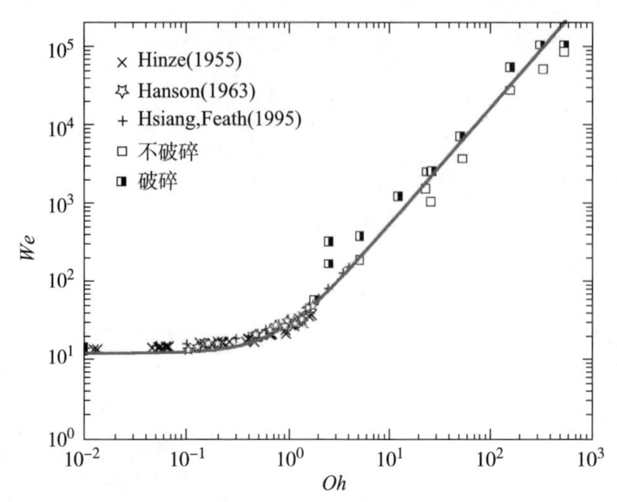

图 2.41　金属锡液滴能否发生破碎的 *We* - *Oh* 分界线

爆炸分散过程中，液体或者固液混合燃料壳最初破碎形成的液滴（固液混合微团）尺寸在 $d_p \sim O\ (10^{-3})$ m，飞散速度在 $O\ (10^2)$ m/s，密度、表面张力和黏度的量级为 $\rho_p \sim O\ (10^3)$ kg/m³、$\sigma_p \sim O\ (10^1 \sim 10^2)$ N/m²、$\mu_p \sim O\ (10^1 \sim 10^2)$ Pa · s，*We* 和 *Oh* 的量级分别为 $We \sim O\ (10^2)$，$Oh \sim O\ (10^0 \sim 10^1)$。根据图 2.40，液滴或固液混合微团有可能发生多种模式的破碎。如果液滴尺寸降低一个数量级，$d_p \sim O\ (10^{-4})$ m，*We* 和 *Oh* 的量级分别为 $We \sim O\ (10^1)$、$Oh \sim O\ (10^0 \sim 10^1)$，根据图 2.40，液滴或固液混合微团很可能不再发生破碎。如果液滴尺寸降低两个数量级，$d_p \sim O\ (10^{-5})$ m，*We* 和 *Oh* 的量级分别为 $We \sim O\ (10^0)$，$Oh \sim O\ (10^1 \sim 10^2)$，根据图 2.40，液滴或固液混合微团几乎很难发生破碎。因此，当破碎后的液滴或固液混合微团的尺寸缩小到 $O\ (10^{-5} \sim 10^{-4})$ m 的量级后，液滴的持续破碎过程基本结束。通过以上的分析可知，液滴的持续破碎会在几百微秒到 1 ms 的时间尺度内完成，液滴初始飞散速度为 $O\ (10^2)$ m/s，因此持续破碎在 $O\ (10^{-1})$ m 的飞行距离内完成。考虑到爆炸分散的近场阶段在 $O\ (10^0)$ ms 量级，远场阶段在 $O\ (10^2)$ ms 量级，因此液滴的再次破碎发生在远场阶段最初时刻。考虑到远场阶段的时间尺度，可以忽略液滴再次破碎所需要的时间。

图 2.42 所示为粒径为 $d_p = 0.75$ mm 的金属锡液滴在氮气气氛中受到 $Ma = 1.15$ 的激波作用后破碎过程形貌演化的纹影图。此时，$We = 13$，$Oh = 0.01$，$Re = 5\ 100$，金属锡液滴发生袋状破碎。图 2.43 显示了直接数值模拟得到的激波作用后流场的演化过程。初始球形液滴在表面压力扰动和尾涡的影响下变成

圆盘状，此后圆盘边缘在瑞利－泰勒不稳定性的影响下向下游流场卷曲，整个液滴逐渐形成袋状结构。整个袋状结构的边缘环脱离主体破碎成较大的液滴。其余部分或者保持稳定，或者发生其他模式的破碎。

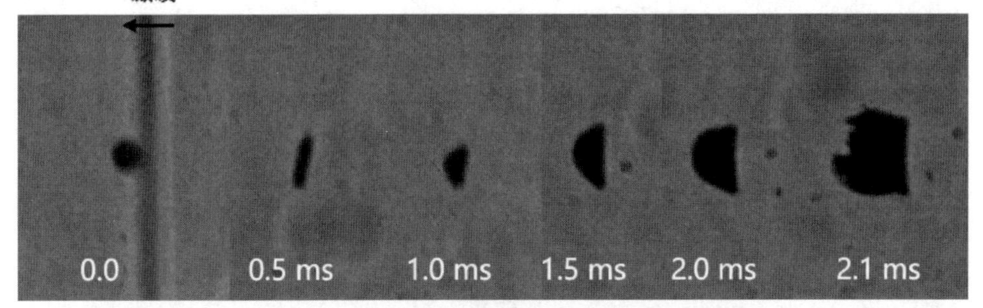

图 2.42 粒径为 $d_p=0.75$ mm 的金属锡液滴在氮气气氛中受到 $Ma=1.15$ 的激波作用后破碎过程形貌演化的纹影图

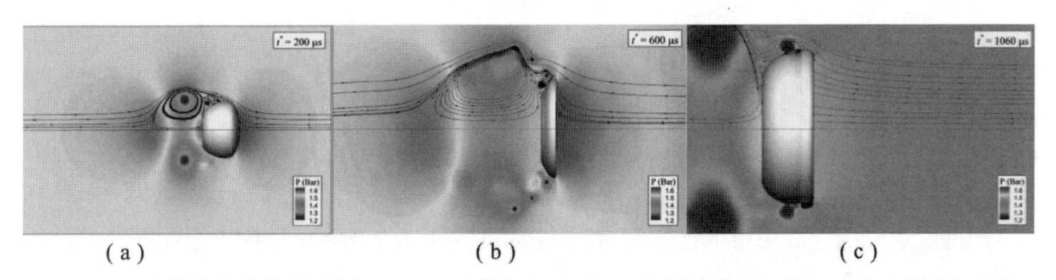

图 2.43 直接数值模拟得到的 $Ma=1.26$ 激波作用球形金属锡液滴后流场压力分布的演化过程

图 2.44（a）和（b）所示分别为粒径为 $d_p=1.0$mm 的硅油 10 和硅油 100 液滴受到 $Ma=1.08$ 和 $Ma=1.21$ 的激波作用后破碎过程形貌演化的纹影图。图 2.44（a）中硅油 10 液滴的 $We=92$、$Oh=0.06$、$Re=3\ 400$；图 2.44（b）中硅油 100 液滴的 $We=699$、$Oh=0.61$、$Re=10\ 400$。根据图 2.40，硅油 10 和硅油 100 液滴的破碎均介于多模态破碎和剪切破碎之间。硅油 10 液滴的激波作用表面演化成袋状结构，袋边缘沿径向平展，袋中心保持完好，而下游表面则发生多模态的瑞利－泰勒失稳先于上游表面破碎。硅油 100 液滴下游表面的多模态的瑞利－泰勒失稳波长更短，破碎后形成细小碎片云。

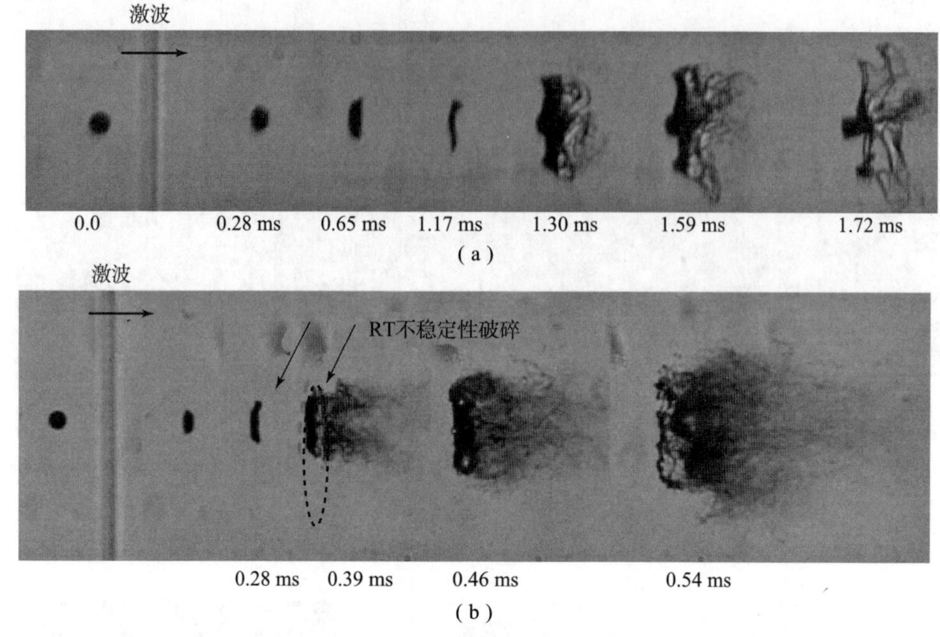

图 2.44　粒径为 $d_p = 1.0$ mm 的硅油 10 和硅油 100 液滴受到 $Ma = 1.08$ 和 $Ma = 1.21$ 的激波作用后破碎过程形貌演化的纹影图

（a）硅油 10，$Ma = 1.08$；（b）硅油 100，$Ma = 1.21$

图 2.45 和图 2.46 所示分别为粒径为 $d_p = 1.0$ mm 的硅油 50 和粒径为 $d_p = 0.66$ mm 的金属锡液滴受到 $Ma = 1.21$ 和 $Ma = 1.4$ 的激波作用后破碎过程形貌演化的纹影图。图 2.45 中硅油 50 液滴的 $We = 670$、$Oh = 0.31$、$Re = 10\ 100$；图 2.46 中金属锡液滴的 $We = 97$、$Oh = 0.01$、$Re = 14\ 900$。由图 2.40 可知，硅油 50 液滴经历了剪切破碎，硅油 50 液滴成为圆盘状后边缘迅速碎化，而上游表面还保持完好，未受到瑞利 - 泰勒界面扰动的影响。实际上，从图 2.44 可知，液滴上游界面的瑞利 - 泰勒失稳在 0.4 ms [$Ma = 1.21$，图 2.44（b）] 甚至 1 ms [$Ma = 1.08$，图 2.44（b）] 才会变得显著进而发生表面破碎，但在图 2.45 中发生剪切破碎的硅油 50 液滴早在 0.26 ms 以前出现了非常强烈的边缘碎片化，在 0.3 ms 时下游表面后方形成大量碎片的云雾。图 2.45 中金属锡液滴则表现出多模界面失稳和剪切剥离混合的破碎模式，早在 0.26 ms 金属锡液滴圆盘边缘已经迅速碎化，但此后上游表面经历了强烈的瑞利 - 泰勒失稳，在 0.3 ~ 0.59 ms 都可以观察到上游表面由于失稳而形成的“草帽”形态。

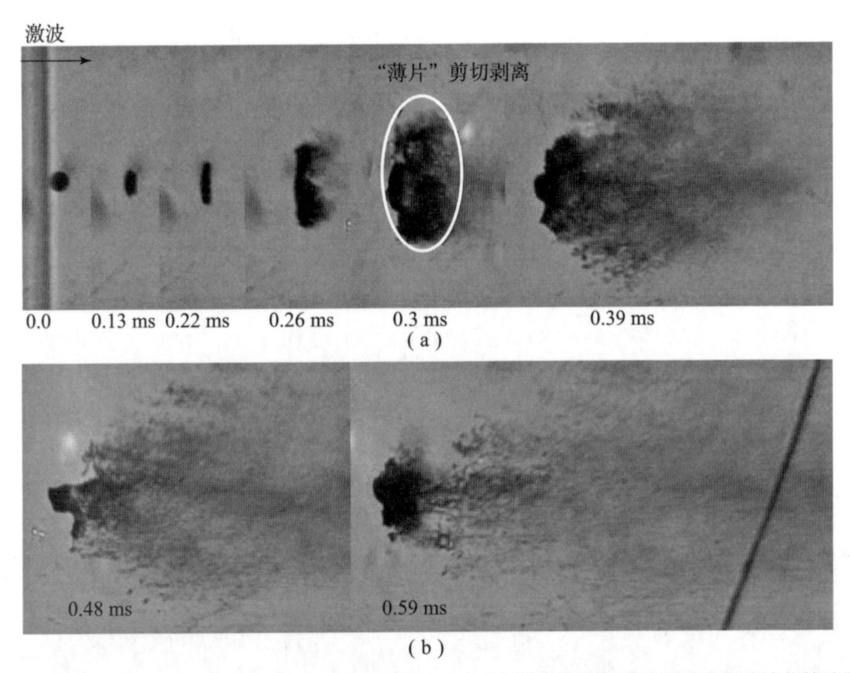

图 2.45　粒径为 $d_p = 1.0$ mm 的硅油 50 受到 $Ma = 1.21$ 的激波作用后破碎过程形貌演化的纹影图

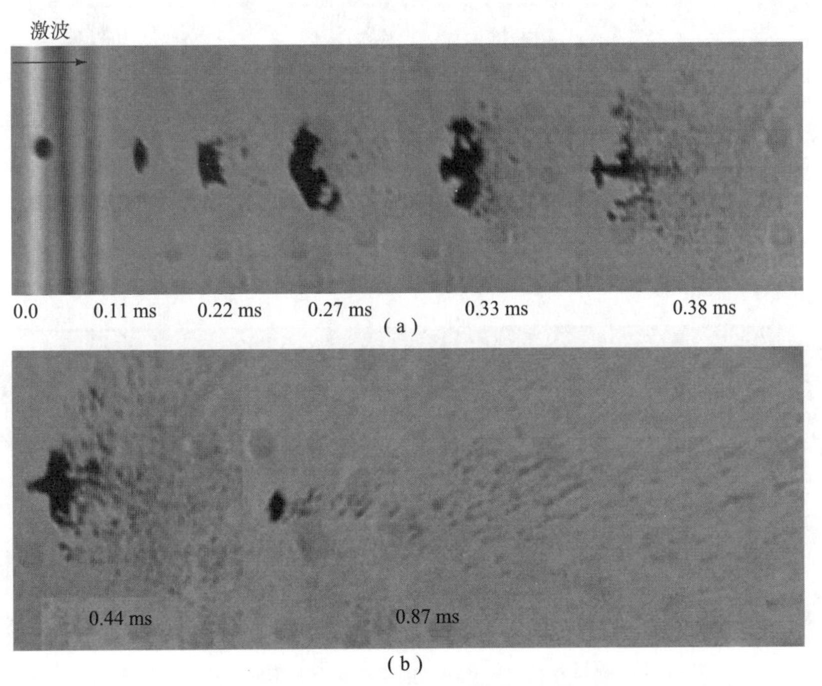

图 2.46　粒径为 $d_p = 0.66$ mm 的金属锡液滴受到 $Ma = 1.4$ 的激波作用后破碎过程形貌演化的纹影图

图2.47和图2.48分别为粒径为 $d_p = 1.0$ mm 的硅油50和粒径为 $d_p = 0.9$ mm 的金属锡液滴受到 $Ma = 2.21$ 和 $Ma = 2.20$ 的激波作用后破碎过程形貌演化的纹影图。图2.47中硅油50液滴的 $We = 32\ 000$、$Oh = 0.31$、$Re = 1.0 \times 10^5$；图2.48中金属锡液滴的 $We = 1\ 500$、$Oh = 0.01$、$Re = 9.1 \times 10^4$。根据图2.40和图2.41，硅油50液滴和金属锡液滴均经历了爆炸式破碎。硅油50液滴在40～60 μs，金属锡液滴100～120 μs内几乎将所有的质量分解成碎片云雾，在后表面下游留下碎片尾迹，无法识别完整的液滴表面。图2.49显示了直接数值模拟得到的激波作用后流场压力分布的演化过程，不仅存在强烈的表面剪切剥离，还存在多种界面失稳模式混合，如瑞利－泰勒失稳和开尔文－亥姆霍兹（Kelvin－Helmholtz）不稳定性。因此，爆炸式破碎是强剪切和快速的RT不稳定性混合KH不稳定性增长的强耦合。

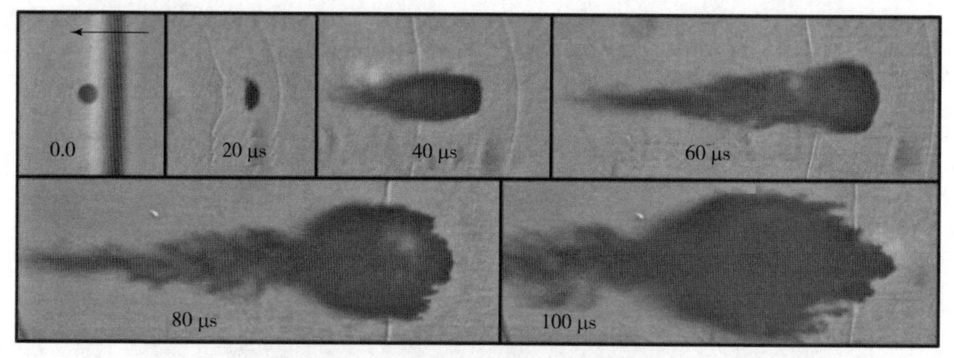

图2.47 粒径为 $d_p = 1.0$ mm 的硅油50液滴受到 $Ma = 2.21$ 的激波作用后破碎过程形貌演化的纹影图

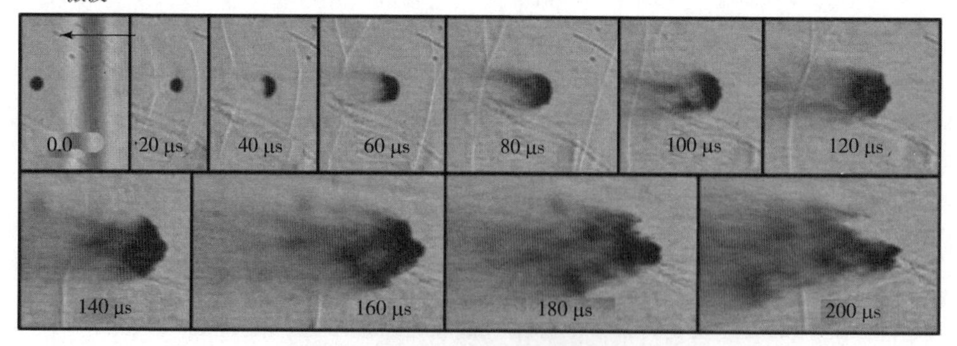

图2.48 粒径为 $d_p = 0.9$ mm 的金属锡液滴受到 $Ma = 2.20$ 的激波作用后破碎过程形貌演化的纹影图

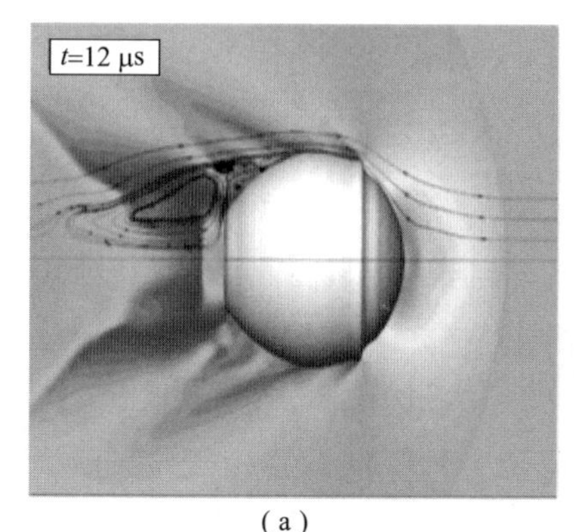

(a)

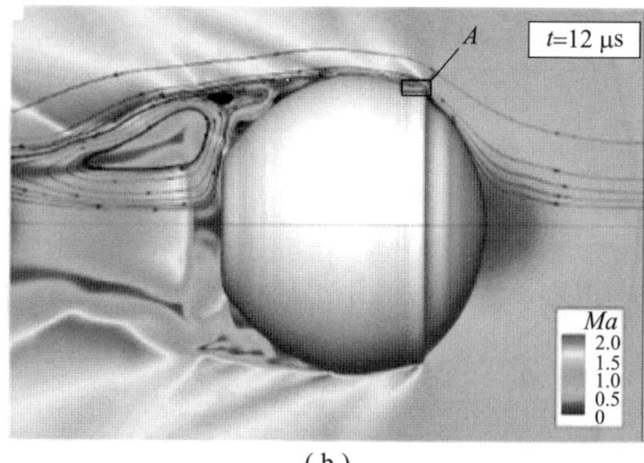

(b)

图 2.49　直接数值模拟得到的粒径为 $d_p = 1.0$ mm 的硅油 50 液滴受到 $Ma = 2.21$ 的激波作用后流场压力分布的演化过程

2.4.2　高速运动的液滴蒸发

液滴蒸发伴随着强烈的相变潜热，对气相和液滴温度都有明显影响，会导致液滴周围气体温度的下降，进而降低气体密度，改变液滴周围流场的流动行为。在非均匀分布的液滴流场中，各个液滴的蒸发率由于周围环境的不同而具有明显差异。液滴群边界处的液滴蒸发速度更快，特别是在液滴尾流涡最强烈的区域，此时液滴与流场界面处的滑移速度最大，液相蒸发也最为强烈。在燃料云雾区，燃料液滴的蒸发率和燃料蒸汽的浓度分布对于云雾区的起爆和爆轰传播都具有关键性的影响。1953 年，Godsave 提出的球液滴在静止流场中的蒸发模型提供了最为经典和简单的液滴蒸发模型，此时蒸汽从液滴表面通过 Stefan 流扩散到自由流场中。假设外部流场在液滴蒸发过程中条件不变，液滴直径的平方随时间线性减小。以上液滴蒸发模型也称为 d 平方模型。当液滴与流场之间存在对流时，蒸汽从液滴表面到外界流场的扩散率可以采用舍伍德（Shewood）数 Sh 来进行修正。Sh 相对流质量输运通量与浓度驱动的质量扩散通量相关联。Ranz 和 Marshall 将 d 平方模型拓展到对流流场中，发展了 Ranz－Marshall 模型。此后 Abramzo 和 Sirignano（1989）还进一步考虑了瞬态加热及液滴表面非均匀的气相条件。Aggarwal 和 Mongia（2002）还研究了可高压可反应液滴表面气相扩散对于蒸发的影响。Sazhin 等（2006）综述比较了各种常见碳氢燃料的液滴蒸发模型。下式为考虑对流扩散的 Eidelman 蒸发模型：

$$\frac{\mathrm{d}r_p}{\mathrm{d}t} = -\frac{2k_g Nu(T_g - T_p)}{\pi r_p \rho_p e_p} \tag{2.118}$$

式中：r_p、ρ_p、e_p 分别为燃料液滴的半径、密度和蒸发焓；k_g为气体的热导率，$k_g=0.025\ W/(m \cdot K)$；Nu 为努塞尔（Nusselt）数，则

$$\frac{h_p L}{\lambda_p} \tag{2.119}$$

式中：h_p 为液滴表面的传热系数；L 为特征长度；λ_p 为静止流体的热导率。

Nu 一般是 Re 和普朗特（Prantl）数（Pr）的函数。对于常见的液体燃料液滴，速度 $v_p \sim O(10^2)$ m/s，初始破碎的液滴粒径 $d_p \sim O(10^{-3})$ m，$Re_p = r_g v_p d_p/m_g \sim O(10^4)$，$Pr=0.7$，$Nu=2$。对于再次破碎的液滴，$d_p - O(10^{-5} \sim 10^{-4})$ m，$Re_p \sim O(10^2 \sim 10^3)$，$Pr=0.7$，$Nu=2$。$T_g$和 T_p 分别为气体和液滴的温度。对于常见的低沸点液体燃料环氧丙烷（PO），$\rho_p=830$ kg/m^3，$e_p=$ 477 000 J/kg。假设气体和液滴的温度差为100K，对于粒径 $d_p \sim O(10^{-3})$ m 的液滴而言，式（2.118）给出的蒸发率为 $O(10^{-5})$ m/s，液滴完全蒸发掉的特征时间为 $O(10^{-2})$ s；对于粒径 $d_p \sim O(10^{-4})$ m 的液滴而言，式（2.118）给出的蒸发率为 $O(10^{-4})$ m/s，液滴完全蒸发掉的特征时间为 $O(10^0)$ s；对于粒径 $d_p \sim O(10^{-5})$ m 的液滴而言，式（2.118）给出的蒸发率为 $O(10^{-3})$ m/s，液滴完全蒸发掉的特征时间为 $O(10^{-2})$ s，即几十到几百毫秒。大量的外场试验研究（见第6章）发现，燃料云雾区在 100 ~ 200 ms 的时间范围内边缘变得愈加模糊和混乱，呈现出气相云团的形貌特征，很可能对应于粒径 $d_p \sim O(10^{-5})$ m 的液滴的蒸发过程。

显然，液滴的粒径对蒸发的特征时间有着决定性的影响。蒸发开始时的气体和液滴的温度差也会对蒸发率有影响。下面对爆炸近场阶段液滴可能的温升进行简单的估算。液滴与周围流场之间的对流热通量 q_{conv}可表示为

$$q_{conv} = 6\frac{k_g Nu}{d_p^2}(T_g - T_p) \tag{2.120}$$

式中：q_{conv}为单位时间内流入单位体积液滴的热流通量（W/m^3）。

考虑一种极端情况，液滴在整个爆炸分散近场过程中都被爆轰产物气体外围，此时 $T_g \sim (T_g - T_p)$ 为 $O(10^3)$ K，对于粒径 d_p 为 $O(10^{-3})$ m 的液滴，q_{conv}的量级为 $O(10^9)$ W/m^3。在特征时间 $O(10^{-3})$ s 的爆炸分散近场过程中粒径 d_p 为 $O(10^{-3})$ m，质量 m_p 为 $O(10^{-6})$ kg 的液滴获得的最大对流热量为 $O(10^{-3})$ J，单位质量的液滴获得的热量为 $O(10^3)$ J/kg。对于典型的液体燃料如环氧丙烷，比定压热容 $c_p=2\ 106$ J/(kg·K)，温升仅为 $O(10^0)$ K 的量级。

第3章

爆炸分散过程的数值模拟方法

3.1 爆炸分散过程的数值模拟要求

第2章详述了FAE燃料柱壳在中心爆炸载荷驱动下加速破碎的数学物理模型。在最初的爆炸载荷加速阶段，燃料柱壳可以视为不可压缩连续介质，采用黏弹塑性本构模型来描述其力学响应。对载荷条件和装药结构进行合理简化，可以建立燃料柱壳在中心爆炸载荷作用下的加速膨胀模型，通过线性小扰动分析可数值求解发生瑞利-泰勒失稳时不同模态扰动的成长率，进而预测膨胀燃料柱壳的破碎时刻及破碎液滴的特征尺寸。一旦燃料壳发生破碎，燃料液滴在气动阻力作用下发生进一步的破碎、蒸发，同时在湍流作用下与流场发生进一步的混合。这些过程涉及燃料液滴与激波流场之间发生的在多个尺度上的复杂耦合作用，以及低饱和蒸汽压液相组分的相变，难以建立合理的数学物理模型进行描述。因此本节将介绍适用于模拟散布燃料液滴（颗粒）的激波流场演化的多种可压缩多相流数值方法，并介绍不同数值方法对燃料爆炸分散问题的研究成果。

需要注意的是，在燃料爆炸分散问题的数值模拟中，液滴或固相颗粒均被称为数值颗粒（或数值颗粒包），因此本节中用颗粒（或颗粒相）指代燃料液滴及多相燃料中的固相粉末，将液滴/粉尘-气体多相体系称为气固多相流。颗粒相的体积分数 α_p 是表征气固多相体系流态的重要参数，依照该参数将气固多相流分为三种流态：稀疏气-固多相流（$0<\alpha_p<0.01$）、过渡气固多相

流（$0.01 < \alpha_p < \alpha_{p,packed}$，$\alpha_{p,packed}$为堆积极限）以及稠密颗粒流（$\alpha_p$ 在 $\alpha_{p,packed}$附近波动）。然而，在实际流动中，流态并非一成不变，常伴随从稠密至稀疏以及稀疏至稠密的变化，固相体积分数横跨稀疏至堆积极限，我们将这样的流动称为跨流态流动。FAE 燃料爆炸分散过程就是一个典型的跨流态多相流动问题，从燃料壳破碎到形成稳定的云雾区将经历颗粒相局部浓度从极稠到极稀的流态转变，如图 3.1 所示。此外，冲击压缩工程中也往往涉及多相跨流态流动问题。在武器物理研究中，金属材质受冲击波作用而形成喷射颗粒进入气体流场，随着内爆压缩颗粒相会经历稀疏、跨流态及稠密多种流态，整个过程将直接影响武器性能；在惯性约束核聚变研究中，氘氚气体以及稀疏高密度颗粒混合物被大幅压缩[9]，流态由稀疏快速转变至稠密，整个过程的精准建模与模拟对于氘氚聚变点火具有重要意义。因此，建立可压缩跨流态的数值模拟手段对于深入认识理解这类跨流态过程的物理机理具有重要意义。

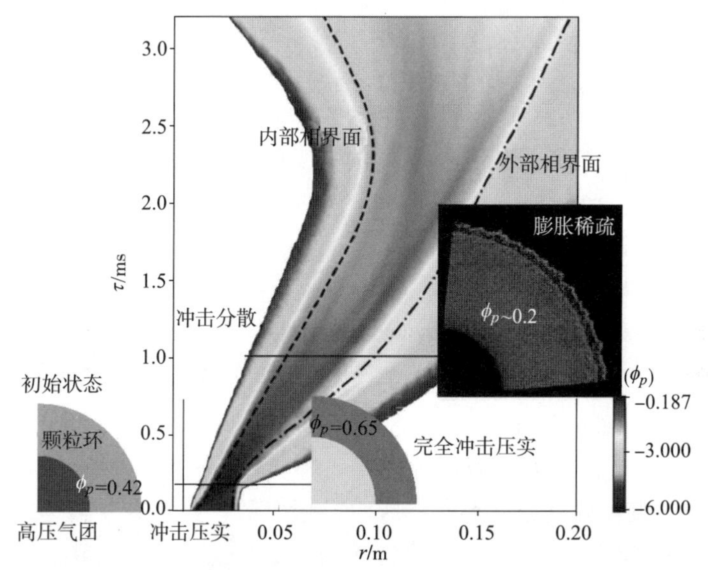

图 3.1　FAE 燃料爆炸分散过程中由大量颗粒构成的燃料柱壳会经历冲击压缩、稠密颗粒流、稀疏颗粒流的跨流态转变

不同流态对应于不同的数值模拟方法，对于从稀疏至稠密这类只包含单一流态的流动，目前已有较为成熟的模拟方法或模型（包括可压缩以及不可压缩流动）可用于实际问题模拟；对于跨流态模拟方法较少，虽然目前在不可压领域的研究已有少量工作，但是可压缩跨流态区多相流模拟研究仍基本上处于空白状态。

对于跨流态流动，流态随时间演化而变化，这给数值框架的确定带来了一定的困难。另一方面，流动的可压缩性对应着高流速，使得问题的难度进一步提升。速度的量级提升使得相间耦合作用相对于不可压缩流动更为强烈，耦合项的算法稳定性尤为重要；颗粒间的碰撞更为剧烈，对碰撞力的建模以及算法提出更高要求。建立可压缩跨流态气固多相流动模型及相应算法具有重要学术创新意义及工程应用价值。

3.2 可压缩气固多相流数值方法的研究现状

国内外学者针对气相－颗粒相流动建立了各类模型及模拟方法。总体来讲，不同流态对应于不同模拟方法，针对颗粒稀疏以及稠密流态，目前已有较为成熟的模拟方法，而在跨流态区相对薄弱。特别地，可压缩跨流态方面的高精度模拟方法基本上仍属空白。下面的讨论中主要以流态来划分各类方法，主要阐述各方法的建模思路，同时简单介绍方法在可压缩以及不可压缩范畴的适用性。

对于颗粒相稀疏的气固多相流，通常应用颗粒轨道模型模拟。作为最早期的欧拉－拉格朗日框架（或称为欧拉－拉氏（E－L）类模型），颗粒轨道模型中气相方程在欧拉框架下离散，颗粒由牛顿第二定律在拉格朗日坐标下追踪。在建模过程中，假设气相充满了整个空间，而颗粒则视为带有有限质量和动量的点源，由于颗粒相是稀疏的，颗粒相的体积以及颗粒之间的碰撞作用可忽略。作用于颗粒上的受力类型主要包括来自气相的拖曳力以及颗粒相本身的体力。在某些研究中采用单向耦合策略，即只考虑流体对颗粒的作用，而忽略了颗粒相对气相的反作用力。颗粒轨道模型对于稀疏流动的成功模拟在于建模很好地反映了颗粒稀疏分散特性：颗粒是稀少的，碰撞以及耦合效应较为微弱。颗粒轨道模型目前已广泛应用到低速不可压以及高速可压缩流动的模拟中。

对于稠密颗粒流，通常采用欧拉－欧拉（E－E）框架，模型建立中，由于颗粒相是稠密的，引入了拟流体假设，颗粒相以及气相均在欧拉参考系下离散。该类模型首先由 Baer 和 Nunziato 基于热力学第二定律提出，用于研究含可燃性颗粒的爆燃及爆轰机理，因而也称为 B－N 类模型。由于颗粒相占比较大，B－N 类模型建立中必须考虑颗粒相的体积以及两相之间的动量耦合，气相体积分数显含于各守恒方程中，即双向耦合策略。颗粒相控制方程与气相基本一致，所不同在于二者状态方程以及压力构成不同。B－N 类模型很好地体现颗粒稠密时接近流体的特性，实质上是对颗粒作网格单元内的统计平均，将颗粒尺度流动物理升尺度至流体网格尺度。对于 B－N 类模型控制方程，国内外学者发展了若干种离散求解方法。目前，B－N 类模型可用于模拟可压缩以及不可压缩的气相－颗粒相流动，模拟尺度可达到工业应用级别。B－N 类模型计算方法见 3. 3. 1 节。

针对颗粒稀疏以及稠密流态特性，以上方法均很好地体现了相应颗粒相流态的主要特性，以此为依据来构建相应模型，发展模型控制方程相应算法，在相应流态的模拟中取得了良好的效果。然而，已有的模型在模拟可压缩跨流态流动中面临诸多挑战，经典 B－N 类模型及 E－L 类模型仅适用于对单一稠密或稀疏流态的模拟，在跨流态区应用受到限制。

B－N 类模型应用于跨流态模拟时面临困难的主要原因在于拟流体假设，稀疏情况下颗粒间作用较弱，将其近似为连续流体缺乏物理依据，数学上则表现为控制方程特征值退化问题，给算法设计带来很大困难。B－N 类模型控制方程特征值不依赖于颗粒体积分数[30,31]，这也意味着，从方程角度，即使所模拟流动中颗粒相从稠密转变至稀疏极限，颗粒相的方程特征值并未改变，这一点是与我们的物理认知所不相符的。当颗粒稠密时，其呈现为连续特性，可以假设为拟流体，相应控制方程具有特征值；然而，当颗粒稀疏时，其呈现离散特性，颗粒相的相内扰动特性应当消失，颗粒相控制方程所有特征值应退化，即 B－N 类模型在模拟流态转变时面临着特征值病态问题。换言之，B－N 类模型建立模型方程时的拟流体假设在过渡流态至颗粒稀疏时能否成立，状态方程如何给定，目前尚未有统一定论，这是 B－N 类模型模拟跨流态流动的困难所在。针对这一问题，一些学者基于原 B－N 类模型开展了若干颇具启发性的研究，着眼于改善原模型特征值退化问题，然而相应的模拟结果很大程度上依赖于建模过程，因而也导致了控制方程、颗粒相状态方程的差异性以及可调参数的引入。

欧拉－拉格朗日框架则提供了另外一种可选的方案，颗粒相采用拉普拉斯追踪，颗粒相中扰动的传播通过颗粒（或颗粒包）间碰撞来体现，由于该框架下对每个粒子对的碰撞过程都予以单独捕捉，原则上来讲其可以统一描述所有流态中颗粒相扰动波的传播以及退化特性。已有研究中 E－L 类模型可分为以下几类：上面所提及的颗粒轨道模型，解析颗粒表面流动的直接数值模拟方法（PR－DNS），计算流体力学－离散元方法（CFD－DEM），多相 Particle－In－Cell 方法（MP－PIC）等。颗粒轨道模型是最为简单的 E－L 类方法，仅适用于稀疏流态，忽略了颗粒间的碰撞以及颗粒相的体积，因而难以用于模拟流态转变类的流动。

PR－DNS能够精细地解析颗粒尺度流动，原则上适用于各个流态流动模拟。PR－DNS可细分为任意欧拉－拉格朗日方法、浸润边界法、格子玻耳兹曼－离散单元法等，目前已有若干适用于可压缩以及不可压流动的应用。篇幅及调研聚焦所限，这里不再赘述。然而，该方法的不足为计算量随颗粒数增加而显著增加，通常仅可模拟数千颗粒的小尺度系统。CFD－DEM则相当于在PR－DNS模型基础上引入了统计平均的思想，提升了解析尺度，不再关注颗粒表面流场细节，相间相互作用采用曳力模型代替，颗粒间碰撞可由离散元方法（DEM）解析，现有研究仍限于不可压领域。该方法的不足与PR－DNS类似，目前的常规并行计算能力可模拟约含百万颗粒的流动，这与实验室规模的模拟需求仍有一定差距，工程规模的模拟代价更加难以承受。

近数十年来，一类颗粒包（或称为粗颗粒）的思想出现并引起了学界的广泛关注，并引入到不可压气固多相流的计算当中，较为经典的代表为CFD－Coarse grained DEM（Coarse DEM，可称为粗颗粒DEM或颗粒包DEM）、MP－PIC。对于粗颗粒DEM，相关研究正在起步阶段。目前，研究着眼于将若干颗粒视为颗粒包整体，基于稠密流态时颗粒与颗粒包之间的相似性，应用量纲分析方法给出相应的物理参数规律。此外，CFD－Coarse DEM目前主要用于低速不可压流动中。MP－PIC方法，其将属性相近的颗粒进行粗颗粒化，引入颗粒碰撞应力模型，将颗粒应力与颗粒体积分数关联，实际计算中会将颗粒应力投影至欧拉坐标系，通过碰撞应力在欧拉网格内的梯度体现颗粒间碰撞，可同时有效地降低计算耗时且提供较为充分的颗粒动力学行为信息。目前，MP－PIC可模拟实验室尺度乃至工程尺度的流动，目前已经被广泛应用到低速流化床工程规模的模拟中。已有研究中，MP－PIC方法较为成功地用于模拟不可压的气相－颗粒相流动，可模拟稀疏至稠密颗粒流的各个流态。而该方法的不足为：应力模型中包含有若干经验参数，需要充足的试验数据去标定，这对于高速可压缩流动的试验测量提出了很高的要求，公开文献中目前尚未有关于MP－PIC方法在可压缩气相－颗粒相流动中的研究。通过引入颗粒包思想以及碰撞力模型的建立，MP－PIC实际上是对CFD－DEM方法解析尺度的再次提升：从所解析的流动结构尺度方面，CFD－DEM可给出颗粒尺度以上的流动细节；MP－PIC则只关注颗粒包尺度以上的流动结构；颗粒碰撞力方面，MP－PIC不再关注颗粒或颗粒包尺度的碰撞，通过投影至欧拉网格上的碰撞应力，给出流体网格尺度上的碰撞信息。

通过对可压缩的气相－颗粒相流动各流态的模拟方法调研分析，我们发现，目前已有的方法主要适用于颗粒稀疏至稠密的气固多相流。已有模拟方法基于颗粒稀疏或分散的特性，采用与之相匹配的模拟框架，构建模型并进一步发展相应算法，部分方法（如双流体模型、MP - PIC）已完成从科研探索至工程实用的整个阶段的历程，目前已取得了长足的进展。然而，目前公开文献中尚未发现针对可压缩跨流态流动的有效模拟方法。由于跨流态特性与可压缩性的综合影响，模型建立、算法等面临困难，目前亟须从可压缩跨流态流动模型建立、控制方程各项高精度、稳健离散算法及颗粒间碰撞力高效物理解析等方面开展深入研究，发展高效实用的高精度可压缩跨流态多相流模拟方法。

3.3 欧拉 - 欧拉框架下的可压缩多相流计算模型

3.3.1 B - N 类模型

由 Baer 和 Nunziato 提出的可压缩两相流守恒方程为

$$
\begin{cases}
\dfrac{\partial \alpha_1}{\partial t} + u_1 \dfrac{\partial \alpha_1}{\partial x} = \mu(p_1 - p_2) \\
\dfrac{\partial(\alpha_1\rho_1)}{\partial t} + \dfrac{\partial(\alpha_1\rho_1 u_1)}{\partial x} = 0 \\
\dfrac{\partial(\alpha_1\rho_1 u_1)}{\partial t} + \dfrac{\partial[\alpha_1(\rho_1 u_1^2 + p_1)]}{\partial x} = p_1 \dfrac{\partial \alpha_1}{\partial x} + \lambda(u_2 - u_1) \\
\dfrac{\partial(\alpha_1\rho_1 E_1)}{\partial t} + \dfrac{\partial[\alpha_1(\rho_1 E_1 + p_1)u_1]}{\partial x} = p_1 u_1 \dfrac{\partial \alpha_1}{\partial x} - \mu p_1'(p_1 - p_2) + \lambda u_1'(u_2 - u_1) \\
\dfrac{\partial(\alpha_2\rho_2)}{\partial t} + \dfrac{\partial(\alpha_2\rho_2 u_2)}{\partial x} = 0 \\
\dfrac{\partial(\alpha_2\rho_2 u_2)}{\partial t} + \dfrac{\partial[\alpha_2(\rho_2 u_2^2 + p_2)]}{\partial x} = p_1 \dfrac{\partial \alpha_2}{\partial x} - \lambda(u_2 - u_1) \\
\dfrac{\partial(\alpha_2\rho_2 E_2)}{\partial t} + \dfrac{\partial[\alpha_2(\rho_2 E_2 + p_2)u_2]}{\partial x} = p_1 u_1 \dfrac{\partial \alpha_2}{\partial x} + \mu p_1'(p_1 - p_2) - \lambda u_1'(u_2 - u_1)
\end{cases}
\tag{3.1}
$$

式中：下角标 1，2 分别代表颗粒相和流相；α_k、ρ_k、p_k、$E_k = e_k + u_k^2/2$ 分别代表 k 相的体积分数、密度、压力和总能量；u_k 为 k 相的质心速度；e_k 为 k 相的内能，两相混合物的内能为 $e = \sum_{k=1}^{2} Y_k e_k$，$Y_k = (\alpha_k \rho_k)/\rho$ 为 k 相的质量分数。

混合物密度为$\rho = \sum_{k=1}^{2} \alpha_k \rho_k$，两相流模型两相的压力、速度和温度均不平衡。相界面上的平均速度u_I和p_I设置为$u_I = u_2$，$p_I = p_1$。同样，也可以选择$u_I = u_1$和$p_I = p_2$。Saurel给出了更一般的具有对称性的界面处变量假设，即

$$\begin{cases} u_I = u_I' + \operatorname{sgn}\left(\dfrac{\partial \alpha_1}{\partial x}\right)\dfrac{p_2 - p_1}{Z_1 + Z_2}, u_I' = \dfrac{Z_1 u_1 + Z_2 u_2}{Z_1 + Z_2} \\ p_I = p_I' + \operatorname{sgn}\left(\dfrac{\partial \alpha_1}{\partial x}\right)\dfrac{(u_2 - u_1) Z_1 Z_2}{Z_1 + Z_2}, p_I' = \dfrac{Z_1 p_2 + Z_2 p_1}{Z_1 + Z_2} \end{cases}, \tag{3.2}$$

式中：$Z_k = \rho_k c_k$为k相的声阻抗；c_k为k相中的声速。

式（3.1）中的第一个方程是非保守的，代表了第1相以界面速度u_I发生的输运。松弛项μ（$p_1 - p_2$）代表了对流阶段由于两相压力差导致的体积分数的变化，μ控制两相压力均衡速率。可假设$\mu = A_I/$（$Z_1 + Z_2$），其中A_I为混合物单位体积的相界面面积。对于由半径为R_1的液滴构成的云雾，$A_I = 3\alpha_1/R_1$。$\mu = A_I/$（$Z_1 + Z_2$）意味着两相压力均衡速率只取决于两相的声阻抗和相界面面积。

式（3.1）中的第二个和第五个方程分别是相1和相2的质量守恒方程，而第三个和第六个方程分别是相1和相2的动量守恒方程，这些方程都是非保守的。动量方程等号右边的速度松弛项为$\pm\lambda$（$u_2 - u_1$），其中λ为混合物单位体积的相界面面积与拖曳力系数的乘积，控制两相速度达到均衡的速率。非保守项$p_I \partial\alpha_1/\partial x$代表作用在颗粒相界面上的界面压力，在高体积分数梯度区域具有很高的幅值，而在颗粒相均匀分布区域则趋于0。式（3.1）中的第四个和第七个方程分别是相1和相2的能量守恒方程，由于方程等号右边$p_I u_I \partial\alpha_1/\partial x$和松弛相的存在，能量守恒方程也是非保守的。

式（3.1）当其特征波速u_I、u_k和$u_k \pm c_k$均为实根时为双曲型，则需要补充各相的状态方程才能封闭。此外，各相的熵方程为

$$\frac{\partial(\alpha_k \rho_k s_k)}{\partial t} + \frac{\partial(\alpha_k \rho_k s_k u_k)}{\partial x} = \frac{1}{T_k(Z_k + Z_l)} \cdot$$

$$\begin{Bmatrix} Z_k (Z_k + Z_l)^{-1}\left[(p_l - p_k) + \operatorname{sgn}\left(\dfrac{\partial \alpha_k}{\partial x}\right)(u_l - u_k) Z_l\right]^2 \left|\dfrac{\partial \alpha_k}{\partial x}\right| \\ + \mu Z_l (p_l - p_k)^2 + \lambda Z_k (u_l - u_k)(u_l - u_k) \end{Bmatrix} \geqslant 0 \tag{3.3}$$

式中：s_k和T_k分别代表k相的比熵和温度；下标l代表相k的共轭相，如$k = 1$时，$l = 2$。

由于式（3.3）等号右边始终大于0，因此各相均满足热力学第二定律，混合物的熵$s = \sum_{k=1}^{2} \alpha_k \beta_k s_k$同样满足热力学第二定律。综上分析，是双曲型满足

热力学定律的对称性方程组，对称性使其易于拓展到多于两相的多相体系中，这些相之间可以是不相容的也可以是互容的。但是，特征波速与相的体积分数无关，这就意味着极稀颗粒相中的波速仍保持一个有限值，对应于相同密度的连续纯相的声速。显然，极稀颗粒相中颗粒几乎不发生碰撞，无法传递扰动，声速趋于 0，以上假设与物理不符。Saurel 等在评价 BN 类多相流模型时，认为当颗粒相的体积分数 $\alpha_1 < 0.5$ 时，颗粒相就无法像连续相一样有效传播小扰动。

3.3.2　极稀颗粒相流态的 Marble 模型

当颗粒相的体积分数接近稀相极限（$\alpha_1 < 0.01$）时，流相控制方程中的体积分数效应和非保守项都可以忽略。此时，由流相（连续相，下角标 2）包含源项的欧拉方程和颗粒相（离散相，下角标 1）的无压力气体动力学方程构成的 Marble 模型比 B-N 类模型更符合实际过程，即

$$
\begin{cases}
\dfrac{\partial(\bar{\rho}_1)}{\partial t} + \dfrac{\partial(\bar{\rho}_1 u_1)}{\partial x} = 0 \\
\dfrac{\partial(\bar{\rho}_1 u_1)}{\partial t} + \dfrac{\partial(\bar{\rho}_1 u_1^2)}{\partial x} = \lambda(u_2 - u_1) \\
\dfrac{\partial(\bar{\rho}_1 E_1)}{\partial t} + \dfrac{\partial(\bar{\rho}_1 E_1 u_1)}{\partial x} = \lambda u_I'(u_2 - u_1) \\
\dfrac{\partial(\rho_2)}{\partial t} + \dfrac{\partial(\rho_2 u_2)}{\partial x} = 0 \\
\dfrac{\partial(\rho_2 u_2)}{\partial t} + \dfrac{\partial(\rho_2 u_2^2 + p_2)}{\partial x} = -\lambda(u_2 - u_1) \\
\dfrac{\partial(\rho_2 E_2)}{\partial t} + \dfrac{\partial[(\rho_2 E_2 + p_2)u_2]}{\partial x} = -\lambda u_I'(u_2 - u_1)
\end{cases}
\tag{3.4}
$$

式中：$\bar{\rho}_1$ 为颗粒相的表观密度，$\bar{\rho}_1 = \alpha_1 \rho_1$；$\rho_1$ 为颗粒的材料密度。

式（3.4）通过代表黏性拖曳力效应的 $\lambda(u_2 - u_1)$ 来实现两相之间的耦合，式中对应的波速分别为 u_1、u_2、$u_2 + c_2$ 和 $u_2 - c_2$，在颗粒相中无扰动传播。流相方程具有双曲型性质，但颗粒相方程则呈现为双曲线性退化。Marble 模型解决了 B-N 类模型中颗粒相在极稀极限时仍存在有限声速的问题，但其只能适用于极稀颗粒相的多相体系中。

颗粒混合物的熵为

$$
\frac{\partial(\bar{\rho}_1 s_1 + \rho_2 s_2)}{\partial t} + \frac{\partial(\bar{\rho}_1 s_1 u_2 + \rho_2 s_2 u_2)}{\partial x} = \lambda \frac{(u_1 - u_2)^2}{T_2} \geqslant 0 \tag{3.5}
$$

式（3.5）表明模型满足热力学第二定律。

3.3.3 跨流态的 Saurel 模型

为了解决极稀颗粒相仍存在有限值声速的问题，同时能覆盖颗粒相从极稀到极稠的流态范围，Saurel 等建立了新的相体积分数输运方程，并引入了更刚性的压力松弛模型，发展了可拓展到极稀相的多相流数值模型：

$$\begin{cases}\dfrac{\partial\alpha_1}{\partial t}+\dfrac{\partial(\alpha_1u_1)}{\partial x}=\mu(p_1-p_2),\mu\to\infty\\ \dfrac{\partial(\alpha_1\rho_1)}{\partial t}+\dfrac{\partial(\alpha_1\rho_1u_1)}{\partial x}=0\\ \dfrac{\partial(\alpha_1\rho_1u_1)}{\partial t}+\dfrac{\partial[\alpha_1(\rho_1u_1^2+p_1)]}{\partial x}=p_1\dfrac{\partial\alpha_1}{\partial x}+\lambda(u_2-u_1)\\ \dfrac{\partial(\alpha_1\rho_1E_1)}{\partial t}+\dfrac{\partial[\alpha_1(\rho_1E_1+p_1)u_1]}{\partial x}=p_1\dfrac{\partial(\alpha_1u_1)}{\partial x}-\mu p_1(p_1-p_2)+\lambda u_I'(u_2-u_1)\\ \dfrac{\partial(\alpha_2\rho_2)}{\partial t}+\dfrac{\partial(\alpha_2\rho_2u_2)}{\partial x}=0\\ \dfrac{\partial(\alpha_2\rho_2u_2)}{\partial t}+\dfrac{\partial[\alpha_2(\rho_2u_2^2+p_2)]}{\partial x}=p_1\dfrac{\partial\alpha_2}{\partial x}-\lambda(u_2-u_1)\\ \dfrac{\partial(\alpha_2\rho_2E_2)}{\partial t}+\dfrac{\partial[\alpha_2(\rho_2E_2+p_2)u_2]}{\partial x}=-p_1\dfrac{\partial(\alpha_2u_1)}{\partial x}+\mu p_1(p_1-p_2)-\lambda u_I'(u_2-u_1)\end{cases}\tag{3.6}$$

式中：相界面压力 $p_I=p_1$；相界面速度 $u_I=u_1$。

相体积分数的输运方程（第一个方程）中衡量压力均衡速率的参数 $\mu\to\infty$，意味着该模型考虑瞬时的两相压力平衡。这种刚性压力松弛近似可以保证模型满足热力学第二定律，即

$$\frac{\partial(\alpha_1\rho_1s_1+\alpha_2\rho_2s_2)}{\partial t}+\frac{\partial(\alpha_1\rho_1s_1u_1+\alpha_2\rho_2s_2u_2)}{\partial x}=\lambda\frac{(u_1-u_2)^2}{T_2}+\Theta(\varepsilon)\geqslant0,\mu=\frac{1}{\varepsilon}\to+\infty\tag{3.7}$$

式中：$\Theta(\varepsilon)$ 是和压力松弛相关的项，当 $\varepsilon=1/\mu\to0^+$ 时可忽略。

当表征两相速度均衡速率的参数 $\lambda\to\infty$，模型等价于两相之间始终保持力学平衡的 Kapila 等提出的两相流模型。和 Marble 模型相同，退化为双曲型系统，对应的波速分别为 u_1、u_2、u_2+c_2 和 u_2-c_2。在整个颗粒相体积分数从极稀到极稠的变化范围内，只有流相可以传播弱扰动。

和 B－N 类模型相比，跨流态模型的颗粒相密度变化来源于压力松弛而非速度散度。在 B－N 类模型中，颗粒相在膨胀和压缩过程中密度都会发生变

化，而在跨流态模型中仅体现为颗粒相体积分数的变化，颗粒材料密度保持不变。与 Marble 模型不同，跨流态模型的流相方程考虑了体积分数效应，同时保留了动量和能量方程中的非保守项，即 $p_1 \partial\alpha_1/\partial x$ 和 $p_1 \partial(\alpha_1 u_1)/\partial x$。Bdzil 等将这些项称为 nozzling terms，用于类比变截面欧拉流动中和截面面积变化相关的项。Saurel 等将 $p_1 \partial\alpha_1/\partial x$ 称为微分拖曳力（differential drag force），用于与黏性拖曳力（viscous drag force）$\lambda(u_2-u_1)$ 进行区别。

我们用 $n_p\boldsymbol{F}_{g\to p}$ 代表作用在单位体积流场中颗粒相的黏性拖曳力，n_p 为单位体积流场中颗粒数目。考虑球形颗粒，斯托克斯拖曳力公式为

$$\boldsymbol{F}_{g\to p} = 6\pi\mu_2 R_1(\boldsymbol{u}_2 - \boldsymbol{u}_1) \tag{3.8}$$

式中：R_1 为颗粒半径；μ_2 为流相的运动黏度。

颗粒雷诺数为

$$Re_p = \frac{2R_1\rho_2 |\boldsymbol{u}_2 - \boldsymbol{u}_1|}{\mu_2} \tag{3.9}$$

对应于斯托克斯拖曳力仅在低雷诺数流动中成立，此时拖曳力系数 $C_d = 24/Re_p$。采用 C_d 表征的斯托克斯拖曳力公式为

$$\boldsymbol{F}_{g\to p} = \frac{C_d R_1^2 \pi\rho_2}{2}|\boldsymbol{u}_2 - \boldsymbol{u}_1|(\boldsymbol{u}_2 - \boldsymbol{u}_1) \tag{3.10}$$

在高雷诺数下，黏性拖曳力需要考虑湍流影响，此时可采用 Naumann 和 Schiller 发展的高雷诺数拖曳力系数模型，即

$$C_d = \begin{cases} \dfrac{24}{Re_p}(1+0.15Re_p^{0.687}), & Re_p < 800 \\ 0.438, & \text{其他} \end{cases} \tag{3.11}$$

对于球形颗粒，单位体积流场中颗粒数目 $n_p = \alpha_1/(4/3\pi R_1^3)$，单位体积流场中颗粒相的黏性拖曳力为

$$n_p\boldsymbol{F}_{g\to p} = \frac{3}{8R_1}\alpha_1 C_d\rho_2 |\boldsymbol{u}_2 - \boldsymbol{u}_1|(\boldsymbol{u}_2 - \boldsymbol{u}_1) \tag{3.12}$$

由于 $\lambda(u_2-u_1)$ 同样代表单位体积流场中颗粒相受到的黏性拖曳力，则

$$n_p\boldsymbol{F}_{g\to p} = \lambda(\boldsymbol{u}_2 - \boldsymbol{u}_1),\lambda = \frac{3}{8R_1}\alpha_1 C_d\rho_2 |\boldsymbol{u}_2 - \boldsymbol{u}_1| \tag{3.13}$$

而黏性拖曳力做功的功率 $\lambda u_I'(u_2-u_1)$ 包含相界面速度 u_I'，选择 $(Z_1u_1+Z_2u_2)/(Z_1+Z_2)$，$u_1$ 和 u_2 中的任意一个均满足熵增原理。

3.4 欧拉－拉格朗日框架下的颗粒非解析可压缩多相流计算模型

我们从流体微元角度建立气相控制方程，分析表明，当颗粒相体积分数从稀疏转变至稠密，气相方程分别相容于经典双流体模型以及颗粒轨道模型。颗粒相采用拉普拉斯追踪，满足流态转变时颗粒相连续及离散特性自然过渡，解决双流体模型颗粒稀疏时固相波系无法退化的难题。此外，可压缩多相单元粒子法 CMP－PIC 继承了不可压 MP－PIC 的颗粒包思想，结合高散元 DEM 方法更为物理地解析粒子间碰撞力。CMP－PIC 充分综合了颗粒轨道、MP－PIC、DEM 以及双流体模型优势，在控制方程层面以及波系特征方面具备渐近特性，保证跨流态乃至全流态模拟的合理性。因此，本节重点介绍建立在欧拉－拉格朗日框架下的无黏和有黏的 CMP－PIC 可压缩多相流计算模型。

3.4.1 无黏 CMP－PIC 的控制方程

气相方程采用基于欧拉方程的三维五方程模型，控制方程如下：

$$
\begin{aligned}
&\frac{\partial \boldsymbol{U}}{\partial t}+\frac{\partial \boldsymbol{F}}{\partial x}+\frac{\partial \boldsymbol{G}}{\partial y}+\frac{\partial \boldsymbol{H}}{\partial z}=\boldsymbol{D}_p\\
&\frac{\partial \beta_1}{\partial t}+u_{fx}\frac{\partial \beta_1}{\partial x}+u_{fy}\frac{\partial \beta_1}{\partial y}+u_{fz}\frac{\partial \beta_1}{\partial z}=0
\end{aligned}
\tag{3.14}
$$

$$
\boldsymbol{U}=\begin{pmatrix}\alpha_f\rho_f\\ \alpha_f\beta_1\rho_{f1}\\ \alpha_f\rho_f u_{fx}\\ \alpha_f\rho_f u_{fy}\\ \alpha_f\rho_f u_{fz}\\ \alpha_f\rho_f E_f\end{pmatrix},\boldsymbol{F}=\begin{pmatrix}\alpha_f\rho_f u_{fx}\\ \alpha_f\beta_1\rho_{f1}u_{fx}\\ \alpha_f\rho_f u_{fx}u_{fx}+\alpha_f P_f\\ \alpha_f\rho_f u_{fy}u_{fx}\\ \alpha_f\rho_f u_{fz}u_{fx}\\ \alpha_f\rho_f E_f u_{fx}+\alpha_f P_f u_{fx}\end{pmatrix}
$$

$$
\boldsymbol{G} = \begin{pmatrix} \alpha_f \rho_f u_{fy} \\ \alpha_f \beta_1 \rho_{f1} u_{fy} \\ \alpha_f \rho_f u_{fx} u_{fy} \\ \alpha_f \rho_f u_{fy} u_{fy} + \alpha_f P_f \\ \alpha_f \rho_f u_{fz} u_{fy} \\ \alpha_f \rho_f E_f u_{fy} + \alpha_f P_f u_{fy} \end{pmatrix}, \boldsymbol{H} = \begin{pmatrix} \alpha_f \rho_f u_{fz} \\ \alpha_f \beta_1 \rho_{f1} u_{fz} \\ \alpha_f \rho_f u_{fx} u_{fz} \\ \alpha_f \rho_f u_{fy} u_{fz} \\ \alpha_f \rho_f u_{fz} u_{fz} + \alpha_f P_f \\ \alpha_f \rho_f E_f u_{fz} + \alpha_f P_f u_{fz} \end{pmatrix}
$$

$$
\boldsymbol{D}_p = \begin{pmatrix} 0 \\ 0 \\ -P_f \dfrac{\partial \alpha_p}{\partial x} + \dfrac{1}{V_{cell}} \sum_i \{ \boldsymbol{\kappa}_{p,i} (\boldsymbol{\nu}_{px,i} - \bar{u}_{fx}) \} \\ -P_f \dfrac{\partial \alpha_p}{\partial y} + \dfrac{1}{V_{cell}} \sum_i \{ \boldsymbol{\kappa}_{p,i} (\boldsymbol{\nu}_{py,i} - \bar{u}_{fy}) \} \\ -P_f \dfrac{\partial \alpha_p}{\partial z} + \dfrac{1}{V_{cell}} \sum_i \{ \boldsymbol{\kappa}_{p,i} (\boldsymbol{\nu}_{pz,i} - \bar{u}_{fz}) \} \\ -P_f \left(\dfrac{\partial \alpha_p}{\partial x} \bar{\boldsymbol{\nu}}_{px} + \dfrac{\partial \alpha_p}{\partial y} \bar{\boldsymbol{\nu}}_{py} + \dfrac{\partial \alpha_p}{\partial z} \bar{\boldsymbol{\nu}}_{pz} \right) \\ + \dfrac{1}{V_{cell}} \sum_i \{ \boldsymbol{\kappa}_{p,i} [(\boldsymbol{\nu}_{px,i} - \bar{u}_{fx}) \boldsymbol{\nu}_{px,i} + (\boldsymbol{\nu}_{py,i} - \bar{u}_{fy}) \boldsymbol{\nu}_{py,i} + (\boldsymbol{\nu}_{pz,i} - \bar{u}_{fz}) \boldsymbol{\nu}_{pz,i}] \} \end{pmatrix} \tag{3.15}
$$

式中：下标 f 代表流体项；α_f 代表气相的体积分数；气相包含两种气体组分，分别用 1、2 表示；β_1 以及 β_2 为两种气体组分体积占总气相体积的比例，在同一个网格单元内 $\beta_1 + \beta_2 = 1$；u_{fx}、u_{fy}、u_{fz}分别为 x、y、z 三个方向速度；E_f 为单位体积内的气相总能；$\bar{u}_{fx}$、$\bar{u}_{fy}$、$\bar{u}_{fz}$ 为流体单元在拉氏点处三个方向的平均速度分量；$\bar{\boldsymbol{\nu}}_{px}$、$\bar{\boldsymbol{\nu}}_{py}$、$\bar{\boldsymbol{\nu}}_{pz}$ 为颗粒在流体网格内的平均速度；$P_{\mathrm{f}} \nabla \alpha_{\mathrm{f}}$ 为经典双流体模型中的 Nozzling 项；$\sum_i \boldsymbol{\kappa}_{p,i} (\boldsymbol{\nu}_{px,i} - \bar{u}_{fx})$ 为气相和颗粒相的在 x 方向的动量耦合项。

颗粒相基于拉氏追踪，某一颗粒 i 的位置以及速度的控制方程为

$$
\frac{\mathrm{d}x_{p,i}}{\mathrm{d}t} = \boldsymbol{\nu}_{p,i} \tag{3.16}
$$

$$
\rho_p \frac{\mathrm{d}\boldsymbol{\nu}_{p,i}}{\mathrm{d}t} = \frac{\boldsymbol{\kappa}_{p,i}}{V_{p,i}} (\bar{u}_f - \boldsymbol{\nu}_{p,i}) - \nabla p_f - \rho_p A_{p,i} \tag{3.17}
$$

式中：下标 p 代表颗粒相；角标 i 表示颗粒包的编号；ρ_p 为颗粒的密度；$\boldsymbol{\kappa}_{p,i}$为第 i 个颗粒包的阻力项系数，与所采用的曳力模型相关；$x_{p,i}$、$\boldsymbol{\nu}_{p,i}$、$V_{p,i}$分别代

表第 i 个颗粒包的位置、速度和体积；$\bar{u}_{p,i}$ 为气相在颗粒包拉氏点处的平均速度；p_f 为气相的压力；$A_{p,i}$ 为第 i 个颗粒包的所受的碰撞力项。

在同一个网格单元内，气相以及颗粒相的体积分数之和应为 1，即 $\alpha_f + \alpha_p = 1$。采用考虑颗粒 Re_p 和颗粒相体积分数 α_p 的 Di Felice 拖曳力模型，即

$$\kappa_p = \frac{3}{8sg} C_d \frac{|\boldsymbol{u}_f - \boldsymbol{u}_{p,i}|}{r_p} \tag{3.18}$$

$$C_d = \frac{24}{Re_p} \begin{cases} 8.33 \dfrac{\alpha_p}{\alpha_f} + 0.0972 Re_p, & \alpha_f < 0.8 \\ f_{base} \cdot \alpha_f^{-\zeta}, & \alpha_f \geqslant 0.8 \end{cases} \tag{3.19}$$

$$f_{base} = \begin{cases} 1 + 0.167 Re_p^{0.687}, & Re_p < 1\,000 \\ 0.0183 Re_p, & Re_p \geqslant 1\,000 \end{cases} \tag{3.20}$$

$$\zeta = 3.7 - 0.65 \exp\left[-\frac{1}{2}(1.5 - \lg Re_p)^2 \right] \tag{3.21}$$

式中：sg 为颗粒的比重；r_p 为球形颗粒的半径。

对于稠密颗粒相的多相流，$a_p < 0.8$，Di Felice 拖曳力模型退化为 Ergun 模型；而在稀疏颗粒相的多相流中，C_d 等于斯托克斯拖曳力系数乘以与 Re_p 相关的 ζ。

对于颗粒稀疏的情形，CMP - PIC 气相方程中的体积分数趋近于 1，动量方程上的 Nozzling 项以及能量方程上的 Nozzling 项做功基本为 0，CMP - PIC 气相方程可自动退化为颗粒轨道模型气相方程；CMP - PIC 颗粒相受力中，由于颗粒稀疏，颗粒之间的碰撞概率很小，碰撞力基本为 0，颗粒相方程可自动退化为颗粒轨道模型。颗粒稠密时，CMP - PIC 气相方程与双流体模型保持一致；对于颗粒相，对双流体模型动量方程各项含义进行分析发现，其与 CMP - PIC 气相方程右端源项物理含义一致，所表示的物理含义为单元流体的动量变化是由阻力、压力梯度力、碰撞力所决定，如图 3.2 所示。

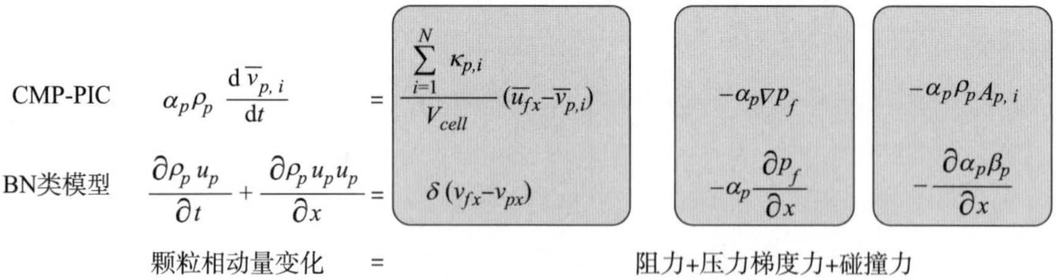

CMP-PIC　$\alpha_p \rho_p \dfrac{\mathrm{d}\bar{v}_{p,i}}{\mathrm{d}t} = \dfrac{\sum_{i=1}^{N} \kappa_{p,i}}{V_{cell}} (\bar{u}_{fx} - \bar{v}_{p,i}) \quad -\alpha_p \nabla p_f \quad -\alpha_p \rho_p A_{p,i}$

BN类模型　$\dfrac{\partial \rho_p u_p}{\partial t} + \dfrac{\partial \rho_p u_p u_p}{\partial x} = \delta (v_{fx} - v_{px}) \quad -\alpha_p \dfrac{\partial p_f}{\partial x} \quad -\dfrac{\partial \alpha_p \beta_p}{\partial x}$

颗粒相动量变化　=　阻力+压力梯度力+碰撞力

图 3.2　CMP - PIC 与 B - N 类模型动量方程等价性

3.4.2 无黏 CMP－PIC 模型算法

本节针对3.4.1节中建立的 CMP－PIC 控制方程介绍气相方程通量和 Nozzling 项的统一黎曼解，以及双向耦合项的高精度稳健算法。

3.4.2.1 流体相控制方程的求解

气相方程在一维下的控制方程为

$$\frac{\partial \boldsymbol{U}'}{\partial t} + \frac{\partial \boldsymbol{F}'}{\partial x} = \boldsymbol{D}'$$

$$\boldsymbol{U}' = \begin{pmatrix} \alpha_f \rho_f \\ \alpha_f \rho_f u_{fx} \\ \alpha_f \rho_f E_f \end{pmatrix}, \boldsymbol{F}' = \begin{pmatrix} \alpha_f \rho_f u_{fx} \\ \alpha_f \rho_f u_{fx} u_{fx} + \alpha_f P_f \\ \alpha_f \rho_f E_f u_{fx} + \alpha_f P_f u_{fx} \end{pmatrix}, \boldsymbol{D}' = \begin{pmatrix} 0 \\ P_f \dfrac{\partial \alpha_f}{\partial x} \\ P_f \dfrac{\partial \alpha_f}{\partial x} \bar{v}_{px} \end{pmatrix} \tag{3.22}$$

式中：$\boldsymbol{F}'$和$\boldsymbol{D}'$分别为通量和非守恒相。

对于半点上的通量，我们参照 Toro 的思路，能够较容易给出相应的离散形式，对于 HLL 黎曼求解器，相应解为

$$\hat{F}^{HLL}_{i+\frac{1}{2}} = \frac{S_R F_L - S_L F_R + S_L S_R (U_R - U_L)}{S_R - S_L} \tag{3.23}$$

$$\hat{F}^{HLL}_{i+\frac{1}{2}} = \frac{1 + \mathrm{sign}(S_*)}{2}[F_L + S_L(U_{*L} - U_L)] + \frac{1 - \mathrm{sign}(S_*)}{2}[F_R + S_R(U_{*R} - U_R)] \tag{3.24}$$

与纯气相的解相比，尽管半点通量形式保持一致，但是在构造通量的左右状态量 F_L、F_R时，必须考虑气相体积分数的影响。

目前，关于非守恒项（如式（3.22）中的 Nozzling 项 $\boldsymbol{D}'$）的离散尚未有统一的原则，前期数值经验表明，非守恒项所含体积分数空间梯度极易引起数值振荡。经分析，数值振荡根源在于非守恒项的存在极大影响了方程双曲守恒性。因此对方程守恒项以及非守恒项构造统一黎曼解是抑制数值振荡的有效方法。

Abgral 提出物质间断应满足压力、速度保持原则，则

$$u^{n+1}_{fi} = u^n_{fi} = u_f, p^{n+1}_{fi} = p^n_{fi} = p_f \tag{3.25}$$

$n+1$ 时间层的速度为

$$u^{n+1}_{fi} = \frac{(\alpha_f \rho u)^{n+1}_i}{(\alpha_f \rho)^{n+1}_i} = \frac{(\alpha_f \rho u)^n_i - \dfrac{\Delta t}{\Delta x}[\hat{\boldsymbol{F}}^{\rho u}_{i+\frac{1}{2}} - \hat{\boldsymbol{F}}^{\rho u}_{i-\frac{1}{2}} - p_f(\alpha_{f,i+\frac{1}{2}} - \alpha_{f,i-\frac{1}{2}})]}{(\alpha_f \rho)^n_i - \dfrac{\Delta t}{\Delta x}(\hat{\boldsymbol{F}}^{\rho}_{i+\frac{1}{2}} - \hat{\boldsymbol{F}}^{\rho}_{i-\frac{1}{2}})}, \tag{3.26}$$

式中，半点上的通量可由 HLL/HLLC 黎曼求解器给出。

依照不同的求解器，结合压力速度保持原则，可以得到相应的非守恒项离散格式：

$$\alpha_{f,i+\frac{1}{2}} = \frac{S_R\alpha_{fL} - S_L\alpha_{fR}}{S_R - S_L}, \text{HLL 求解器} \tag{3.27}$$

$$\alpha_{f,i+\frac{1}{2}} = \left[\frac{1+\mathrm{sign}(S_*)}{2}\alpha_{fL} + \frac{1-\mathrm{sign}(S_*)}{2}\alpha_{fR}\right]_{i+\frac{1}{2}}, \text{HLLC 求解器} \tag{3.28}$$

进一步，我们发现 Nozzling 项的离散形式与通量的黎曼解紧密关联。图 3.3 对比了两项相应黎曼解半点通量解，可以发现具有统一的形式。采用统一黎曼解计算可保持物质间断的压力与速度不变的特性，如图 3.4 所示，而采用中心差分离散 Nozzling 项则计算发散。

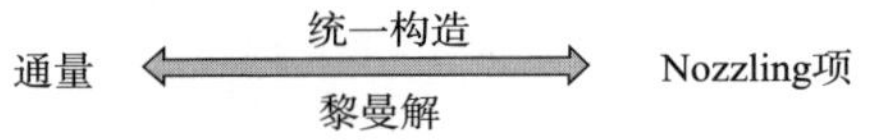

通量 ⟷ Nozzling项（统一构造 / 黎曼解）

HLL $\quad \hat{\boldsymbol{F}}^{\mathrm{HLL}}_{i+\frac{1}{2}} = \dfrac{S_R\boldsymbol{F}_L - S_L\boldsymbol{F}_R + S_LS_R(\boldsymbol{U}_R - \boldsymbol{U}_L)}{S_R - S_L} \qquad \alpha_{f,i+\frac{1}{2}} = \dfrac{S_R\alpha_{fL} - S_L\alpha_{fR}}{S_R - S_L}$

HLLC $\quad \hat{\boldsymbol{F}}^{\mathrm{HLLC}}_{i+\frac{1}{2}} = \dfrac{1+\mathrm{sign}(S_*)}{2}[\boldsymbol{F}_L + S_L(\boldsymbol{U}_{*L} - \boldsymbol{U}_L)] + \dfrac{1-\mathrm{sign}(S_*)}{2}[\boldsymbol{F}_R + S_R(\boldsymbol{U}_{*R} - \boldsymbol{U}_R)] \qquad \alpha_{f,i+\frac{1}{2}} = \left[\dfrac{1+\mathrm{sign}(S_*)}{2}\alpha_{fL} + \dfrac{1-\mathrm{sign}(S_*)}{2}\alpha_{fR}\right]_{i+\frac{1}{2}}$

图 3.3　HLL/HLLC 求解器下通量和非守恒项离散格式的对比

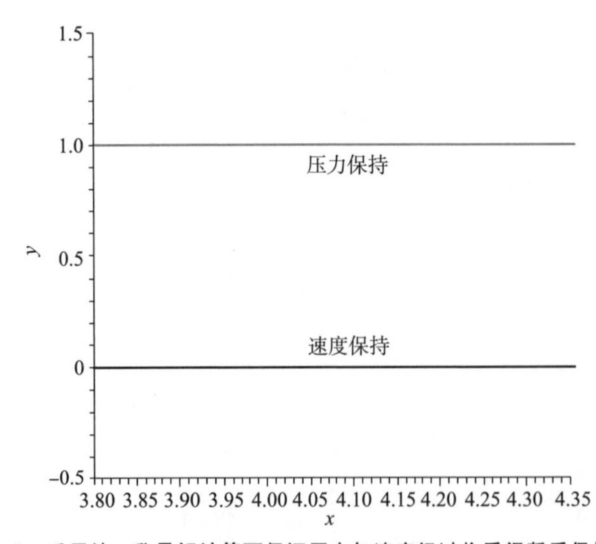

图 3.4　采用统一黎曼解计算可保证压力与速度经过物质间断后保持不变

3.4.2.2　流固耦合项高精度稳健算法

可压缩情形下颗粒相速度及碰撞力提升约2个量级，颗粒相扰动波传播以粒子间碰撞来体现，精确、物理地解析颗粒间碰撞力以及碰撞过程是全流态模拟的关键。MP－PIC方法采用碰撞应力模型，其包含较多经验参数，应用于高速流动中极易发生颗粒非物理聚团，计算稳定性差。CMP－PIC方法兼顾了MP－PIC及DEM方法的优点，采用粗颗粒DEM，精细、物理地解析颗粒包间碰撞过程；同时，继承MP－PIC方法颗粒打包思想，兼顾了模拟的精准度以及计算效率。

插值算子（或称为权重函数）是曳力耦合项计算的关键，其是欧拉与拉氏框架的交互桥梁。原MP－PIC采用线性插值算子，其不光滑导致颗粒相体积分数以及耦合源项在欧拉网格波动，受此限制对流项仅可用低阶TVD格式离散。CMP－PIC采用高阶光滑插值算子，目前测试算例表明其可保证流体对流项采用五阶WENO等高精度格式的计算稳健性。所采用的高阶插值算子为

$$W(r,h)=\frac{10}{7\pi}\begin{cases}1-\frac{3}{2}\left(\frac{r}{h}\right)^2+\frac{3}{4}\left(\frac{r}{h}\right)^3, & 0\leqslant\frac{r}{h}<1\\ \frac{1}{4}\left(2-\frac{r}{h}\right)^3, & 1\leqslant\frac{r}{h}<2\\ 0, & \frac{r}{h}\geqslant 2\end{cases}\tag{3.29}$$

曳力耦合项的计算流程如图3.5所示，整个过程涉及欧拉框架的流体信息向拉氏点处的插值以及拉氏点处的曳力耦合向流体网格Cell的再次分配。

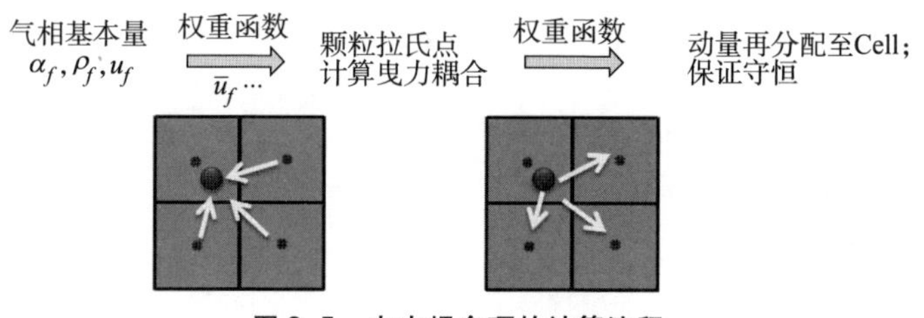

图3.5　曳力耦合项的计算流程

3.4.3　有黏CMP－PIC模型

多相流问题中流场在颗粒尺度上存在强烈的空间非均匀性，对于颗粒非解析的计算模型，有必要对有黏流体的N－S方程在代表性体积元内进行体积平均，用以考察体积元内的离散相（颗粒相）效应。在本节中，用 $\overline{\cdot}$ 、$\langle\cdot\rangle$ 、$\tilde{\cdot}$

分别代表体积平均、相平均和 Favre 平均得到的变量。体积平均和相平均变量之间的关系为 $\alpha\langle\cdot\rangle=\bar{\cdot}$，其中 α 为体积元中气相体积分数。Favre 平均变量的微分用 $\cdot''$表示。对于一维流场，相平均的质量、动量和能量守恒方程如下：

$$\partial_t(\alpha\langle\rho\rangle)+\partial_x(\alpha\langle\rho\rangle\tilde{u}_0)=0 \tag{3.30}$$

$$\partial_t(\alpha\langle\rho\rangle\tilde{u}_0)+\partial_x(\alpha\langle\rho\rangle\tilde{u}_0\tilde{u}_0+\alpha\langle p\rangle)=\partial_x(\alpha\langle\sigma\rangle_{00})-\partial_r(\alpha\langle\rho\rangle\tilde{R}_{00})+\frac{1}{V}\int_S pn_0\mathrm{d}S-\frac{1}{V}\int_S\sigma_{0k}n_k\mathrm{d}S \tag{3.31}$$

$$\partial_t(\alpha\langle\rho\rangle\tilde{E})+\partial_x(\alpha\langle\rho\rangle\tilde{E}\tilde{u}_0+\alpha\langle p\rangle\tilde{u}_0)=\partial_x(\alpha\langle\sigma\rangle_{00}\tilde{u}_0)-\partial_x(\alpha\langle\lambda\,\partial_xT\rangle)-\partial_x(\alpha\langle\rho e''u''_0\rangle)-\partial_x(\alpha\langle\rho_0\rangle\tilde{R}_{00}\tilde{u}_0)+D^u+D^p+D^\mu+D^{ap}+D^{a\mu} \tag{3.32}$$

式中：$\tilde{R}_{00}=\widetilde{u''_0u''_0}$ 为类似于经典湍流雷诺应力的湍流应力；V 为体积元体积；S 代表流场与颗粒相之间的边界；$\tilde{E}$ 为单位质量的平均动能，$\tilde{E}=0.5\tilde{u}_k\tilde{u}_k$；$D^u$、$D^p$和 D^m分别为湍流、压力和黏性扩散，可表示如下：

$$D^u=-1/2\,\partial_x(\alpha\langle\rho u''_iu''_iu''_0\rangle) \tag{3.33}$$

$$D^p=-\partial_x(\alpha\langle p'u'_0\rangle) \tag{3.34}$$

$$D^\mu=\partial_x(\alpha\langle u'_j\sigma'_{j0}\rangle) \tag{3.35}$$

D^{ap}代表速度密度相关性导致的压力扩散效应，可表示为

$$D^{ap}=\partial_x(\alpha a_0\langle p\rangle) \tag{3.36}$$

$D^{a\mu}$代表黏性扩散效应，可表示为

$$D^{a\mu}=-\partial_x(\alpha a_0\langle\sigma\rangle_{00}) \tag{3.37}$$

湍流动能 $k=0.5\widetilde{u''_ku''_k}$ 的输运方程为

$$\partial_t(\alpha\langle\rho\rangle k)+\partial_x(\alpha\langle\rho\rangle\tilde{u}_0k)=D^u+D^p+D^{ap}+D^{a\mu}+P+M^p+M^\mu+\Pi-\varepsilon+A+B \tag{3.38}$$

式中：P 为速度梯度导致的湍动能生成项，可表示为

$$P=-\alpha\langle\rho\rangle\tilde{R}_{00}\partial_x\tilde{u}_0 \tag{3.39}$$

ε 为黏性耗散项，可表示为

$$\varepsilon=\alpha\langle\sigma'_{jk}\partial_ku'_j\rangle \tag{3.40}$$

M^p为由于速度密度相关性的散度导致的压力驱动的湍动能生成项，可表示为

$$M^{p} = -\alpha\langle p\rangle \partial_{x}a_{0} \tag{3.41}$$

M^{μ} 为黏性生成项，可表示为

$$M^{\mu} = \alpha\langle \alpha\rangle_{00} \partial_{x}a_{0} \tag{3.42}$$

给出了压力 - 膨胀关系为

$$\Pi = \alpha\langle p' \partial_{k}u'_{k}\rangle \tag{3.43}$$

A 和 B 分别为施加在颗粒上的压力和黏性力导致的湍动能生成项，可表示为

$$A = -\frac{\widetilde{u}_{0}}{V}\int_{S}pn_{k}\mathrm{d}S, B = \frac{\widetilde{u}_{0}}{V}\int_{S}\sigma_{jk}n_{k}\mathrm{d}S \tag{3.44}$$

式中：n_{k} 为颗粒表面单位法向。

本章所要研究的中心爆炸驱动颗粒环分散问题具有旋转轴对称构型，变量不随轴向 z 和环向 θ 坐标变化，因此动量方程中仅需要考虑体积平均的变量沿径向 r 的动量守恒。在柱坐标下，气相的体积平均质量守恒方程为

$$\partial_{t}(\alpha\langle\rho\rangle) + \partial_{r}(\alpha\langle\rho\rangle \widetilde{u}_{r}) = -\frac{\alpha\langle\rho\rangle \widetilde{u}_{r}}{r} \tag{3.45}$$

沿径向 r 的体积平均动量方程为

$$\partial_{t}(\alpha\langle\rho\rangle \widetilde{u}_{r}) + \partial_{r}(\alpha\langle\rho\rangle \widetilde{u}_{r}\widetilde{u}_{r} + \alpha\langle p\rangle) = -\frac{\alpha\langle\rho\rangle}{r}\widetilde{u}_{r}\widetilde{u}_{r} + \partial_{r}(\alpha\langle\sigma_{rr}\rangle) + \frac{\alpha\langle\sigma_{rr}\rangle}{r} - \partial_{r}(\alpha\langle\rho\rangle \widetilde{R}_{rr}) - \frac{\alpha\langle\rho\rangle}{r}\widetilde{R}_{rr} + \frac{1}{V}\int_{S}pn_{r}\mathrm{d}S - \frac{1}{V}\int_{S}\sigma_{rk}n_{k}\mathrm{d}S \tag{3.46}$$

式（3.46）等号右边的最后两个积分项分别代表作用在颗粒表面的流场压力和黏性力；$\widetilde{R}_{rr} = \widetilde{u''_{r}u''_{r}}$ 代表速度波动导致的平均应力径向分量。密度平均（Favre 平均）得到的张量为

$$\widetilde{R}_{ij} = \frac{\langle\rho u''_{i}u''_{j}\rangle}{\langle\rho\rangle} \tag{3.47}$$

其中，$\widetilde{R}_{ij}$ 中既包含经典的湍流应力，也包含上面介绍的赝湍流应力。$\widetilde{R}_{ij}$ 可以类比于雷诺平均湍流模型（RANS）中的雷诺应力，因此本节中将 $\widetilde{R}_{ij}$ 称为雷诺应力。颗粒多相流中赝湍流指的是颗粒尺度的流动波动，与真正的湍流具有完全不同的时间和长度尺度。在激波诱导的颗粒多相流背景中，赝湍流主要有三种来源：①激波在颗粒表面反射会导致反射激波影响区域与周围流场之间出现明显的流动差别，产生强赝湍流动能（pseudo - turbulent kinetic energy，PTKE）；②颗粒表面处的流线偏折导致局部流动加速或减速，进而产生流向和展向的流动波动；③颗粒表面下游的边界层流动分离。尽管赝湍流的根源与湍流截然不同，但是赝湍流很可能诱发经典的湍流波动，如颗粒尾流中的强速度剪切导致

的湍流。有研究指出，在有黏和无黏颗粒多相流场中赝湍流动能均与经典湍流动能同量级，但是在无黏流场中，赝湍流动能略高于经典湍流动能。Regele 等在 2014 年的研究中特别强调了在体积平均模拟中合理表征赝湍流动能对于获得正确压力场的重要性。

在体积平均的动量方程中，赝湍流和经典湍流都表现为包含雷诺应力的项。雷诺应力在颗粒群边缘流动演化中格外重要，会明显影响反射波的强度，进而影响入射波波后流场。入射波波后流场的改变会改变颗粒的拖曳力、经过颗粒群的压降以及透射波的衰减。因此，雷诺应力也强烈影响这些现象。

气相满足理想气体状态方程，即

$$\rho e = p/(\gamma - 1) \tag{3.48}$$

气相的涡量 $\boldsymbol{\omega}$ 演化方程为

$$\begin{aligned}\partial_t\omega = & -\boldsymbol{u}\cdot\nabla\omega - \omega\,\nabla\cdot\boldsymbol{u} + \omega\cdot\nabla\boldsymbol{u} - \\ & \frac{1}{(\alpha\rho)^2}\nabla p \times \nabla(\alpha\rho) - \frac{1}{(\alpha\rho)^2}\boldsymbol{F} \times \nabla(\alpha\rho) - \\ & \frac{1}{\alpha\rho}\nabla\times \boldsymbol{F} + \nu\,\nabla^2\omega + \psi\end{aligned} \tag{3.49}$$

式中：$\boldsymbol{F}$ 为等号右边的合力；$\boldsymbol{\Psi}$ 包含所有亚格子项。

颗粒相由离散颗粒（颗粒包）构成，颗粒（颗粒包）的运动满足牛顿第二定量，即

$$m_p d_t\boldsymbol{v} = \frac{1}{8}\rho C_d \pi D_p^2\,|\boldsymbol{u} - \boldsymbol{v}|(\boldsymbol{u} - \boldsymbol{v}) - (\nabla\tau_p)\,m_p/(\alpha_p\rho_p) \tag{3.50}$$

式中：m_p、D_p 和 $\boldsymbol{u}$ 分别为颗粒质量、粒径和速度张量；C_d 为拖曳力系数；τ_p 为颗粒间应力；α_p 为颗粒相体积分数，$\alpha_p = 1 - \alpha$。

拖曳力模型可采用 Di Felice 拖曳力模型，颗粒应力模型为

$$\tau_p = P_s\alpha_p^\beta/(\alpha_c - \alpha_p) \tag{3.51}$$

式中，P_s 为决定颗粒应力量级的常量；α_c为颗粒密堆积体积分数。

在 3.7 节的数值模拟中 $P_s = 100$ Pa，$\beta = 0.3$，$\alpha_c = 0.73$。

3.5 欧拉 – 拉格朗日框架下的颗粒解析可压缩多相流计算模型

3.5.1 颗粒解析可压缩多相流计算的特点

3.4 节中介绍的欧拉 – 欧拉框架下的可压缩多相流模型（B – N 类模型，

Marble 模型，Saurel 模型）将本身离散的颗粒相简化成无黏连续流体，采用连续介质的状态方程（如刚性气体状态方程）作为固相应力模型。两相之间仅靠拖曳力进行耦合，而拖曳力模型仍是从等粒径球颗粒均匀分散的不可压缩流场中获得。3.4 节中的欧拉－拉格朗日框架下颗粒非解析的可压缩多相流模型 CMP－PIC 仍然采用类似的标准拖曳力模型来提供流相和颗粒相之间的动量和能量耦合。把颗粒拖曳力施加在周围的连续流相会改变周围流动状态，CMP－PIC 将扰动流场的变量代入标准拖曳力模型来计算扰动流场与颗粒之间的拖曳力。然而，标准拖曳力模型是通过非扰动流场中的颗粒拖曳力来标定的，因此采用标准拖曳力模型计算扰动流场与颗粒之间的拖曳力是存在问题的。2018 年，Moore 和 Balachandar 采用了一种尾流线性叠加的方法来近似不可压缩流动中颗粒群内部的连续流相的波动。但是，目前还未见可压缩流动中颗粒群内部流场波动的近似模型。

实际上，激波流场与颗粒相之间的拖曳力取决于局部流动状态，与颗粒相分布结构密切相关。不同的颗粒空间分布会产生不同结构的反射波、剪切层和尾流，这些流场特征结构之间会相互影响。图 3.6 和图 3.7 显示了直接数值模拟得到的平面激波经过颗粒群后流场波系演化的数值纹影图。当平面激波撞击第一层颗粒上时，在颗粒上游表面发生正规反射，由于颗粒表面曲率使得流场中某些区域加速，某些区域减速。颗粒表面形成边界层，并且在某个位置处发生流动分离，如图 3.6 所示。随着激波通过颗粒直径，在颗粒表面两侧发生马赫反射，如图 3.6（b）所示。每个颗粒的反射激波周围的反射激波，上游颗粒及颗粒尾流相互作用，导致颗粒群内复杂的流动图像。每个颗粒受到的拖曳力强烈依赖于局部堆积颗粒分布，因此颗粒群内不同位置处颗粒受到的拖曳力存在明显区别。相邻颗粒表面反射的激波发生汇聚形成弯折的反射波波面，向上游传播，在脱离颗粒扰动区域后逐渐变得平整，如图 3.7 所示。颗粒还会导致激波衍射，形成如图 3.7（c）所示的弯曲激波波面。每个颗粒上游表面后方会形成一个激波汇聚的高压区，如图 3.7（d）所示。

当颗粒雷诺数足够低时，颗粒表面边界层内的黏性力对于颗粒极为重要，在激波流场中也非常重要。在激波与颗粒作用过程中，激波汇聚会在颗粒前方上游区域形成一个短时的高压区，进而产生负拖曳力系数（指向上游流场），这一现象在颗粒雷诺数高达 10^3 的激波多相流场中仍可以观察到。而黏性力可以提供正向（指向下游流场）的拖曳力，因此总拖曳力系数仍然为正。Sun 等发现，随着颗粒粒径的减小，颗粒雷诺数从 4 900 下降到 49，黏性力的重要性显著提高。对于低颗粒雷诺数流动，流动后期的黏性力是压力差幅值的 2 倍。在颗粒群中，颗粒表面边界层的发展和流动分离强烈受到周围颗粒颗粒以及颗

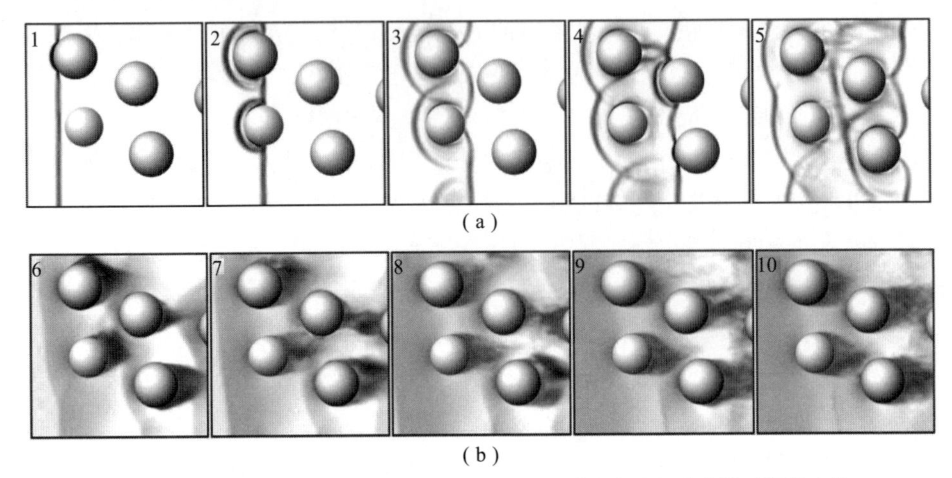

图 3.6 激波经过颗粒群时相邻颗粒附近的压力梯度和流场速度随时间的变化

(a) 压力梯度；(b) 流场梯度

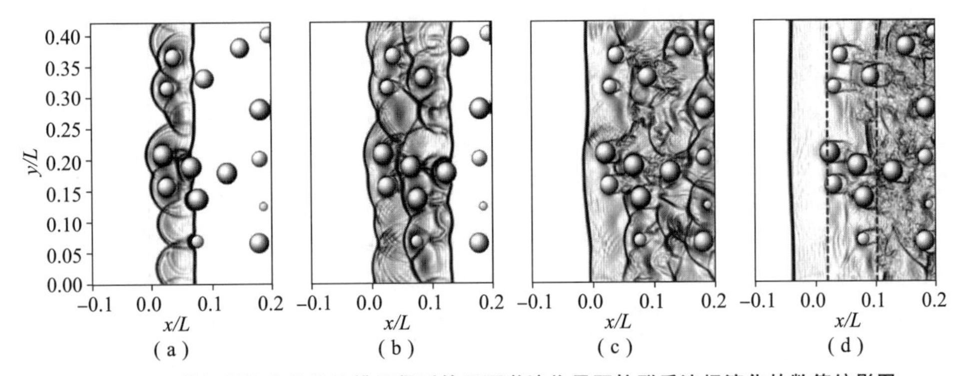

图 3.7 颗粒解析的直接数值模拟得到的平面激波作用颗粒群后流场演化的数值纹影图

粒尾流的影响，这些影响是无法用颗粒雷诺数或者马赫数来解释的。

颗粒雷诺数是表征颗粒多相流动的关键参数，其中流速通常采用无扰动或入射波波后流场的流速。由图 3.6 可知，激波通过颗粒群后会产生一系列复杂的反射和衍射波系，其流动状态显著异于入射波的波后流动，颗粒群里波系的强度强烈依赖于颗粒群的属性。因此，采用无颗粒扰动的入射波波后流场来计算颗粒雷诺数存在明显偏差。此外，颗粒群上游颗粒导致的流动波动在下游颗粒上带来赝湍流效应。因此，可压缩流场中的拖曳力强烈依赖于局部颗粒群的空间分布。只有能够在颗粒尺度进行解析的数值方法才能够准确捕捉到激波流场中颗粒周围的流动和受力分布。此外，由离散颗粒之间碰撞接触产生的颗粒相应力具有空间非均匀性和各向异性，且随流态强烈变化，很难用连续介质的本构关系和状态方程来描述。

欧拉-拉格朗日框架下颗粒解析的直接数值模拟可以再现颗粒解析尺度的流动细节，图3.6所示为颗粒非解析的简化模型，如欧拉-欧拉框架下的可压缩多相流模型（B-N类模型，Marble模型，Saurel模型）和欧拉-拉格朗日框架下颗粒非解析的可压缩多相流模型（CMP-PIC）提供非解析变量（拖曳力等）的封闭条件。对于简化模型中非解析变量进行封闭需要对变量的波动采用某种形式的平均，在可压缩颗粒多相流中我们常采用体积平均的方法。颗粒相气动控制方程中往往包含通过体积平均得到的湍流模型，体现颗粒周围的湍流波动（以下称为赝湍流波动）和层流效应对于颗粒气动阻力的影响。湍流模型的存在与否，以及模型形式都有可能对激波流场中颗粒相的分散行为产生显著影响。

尽管由于计算量过于巨大，欧拉-拉格朗日框架下颗粒解析的直接数值模拟很难用来再现可压缩颗粒流场的宏观流动行为。但是，仍然可以揭示激波作用不同颗粒群后流场的演化特征，特别是研究颗粒雷诺数、堆积密度、粒径等结构参数对于流场演化特征的影响规律。3.5.3节将详细介绍这部分直接数值模拟揭示的激波诱导颗粒多相流场的演化规律。

3.5.2　颗粒解析可压缩多相流计算模型

流相采用黏性流体的N-S方程，即

$$\partial_t \rho + \partial_k(\rho u_k) = 0 \tag{3.52}$$

$$\partial_t(\rho u_i) + \partial_k(\rho u_i u_k) = -\partial_i p + \partial_j \sigma_{ij} \tag{3.53}$$

$$\partial_t(\rho E) + \partial_k(\rho E u_k + p u_k) = \partial_j(\sigma_{ij} u_i) - \partial_k(\lambda \partial_k T) \tag{3.54}$$

式中：ρ、u、p分别为流相的密度、速度和压力；σ_{ij}为黏性应力张量，对于牛顿流体，$\sigma_{ij} = \mu(\partial_j u_i + \partial_i u_i - 2\partial_k u_k \delta_{ij}/3)$；$E$为单位体积的总能量，$E = \rho e + 0.5\rho u_k u_k$，$e$为单位体积的流体内能；$\lambda$、$T$、$\mu$分别为流相的热导率、温度和动力黏度。

如果流相为量热完全气体，可采用理想气体状态方程，比热比$\gamma = 1.4$。此外，采用随温度幂律变化的黏性模型，幂指数为0.76，普朗特数保持不变，$Pr = 0.7$。与3.5.1节中介绍的欧拉-拉格朗日框架下颗粒非解析模型CMP-PIC的采用无黏欧拉流相控制方程不同，考虑了流相的黏性和热传导。

3.5.3　平面激波通过颗粒群的流场演化规律

本节介绍采用颗粒解析的直接数值模拟方法研究平面激波经过固定稠密颗粒群过程中的流场演化问题，颗粒群由均匀分布的等粒径球颗粒构成。图3.8所示为计算区域和颗粒群区域的几何构型示意图，激波传播方向为x轴方向，

y 和 z 轴方向采用周期性边界条件。流向厚度为 L 的颗粒层上下游的计算域长度分别为 $2L/3$ 和 $L/3$，上游边界采用正激波波后流动条件，下游边界采用零压力梯度边界条件。颗粒在颗粒群区域内均匀分布，相邻颗粒中心之间的间距大于 $1.5D_p$（D_p 为颗粒粒径）。图 3.9 所示为颗粒周围的网格结构，颗粒区域的结构网格和流场结构网格之间的过渡区域采用 Voronoi 网格，最内层 Voronoi 网格的尺寸与颗粒表面的结构网格尺寸一致，随着距离颗粒表面的距离增大 Voronoi 网格逐渐粗化。

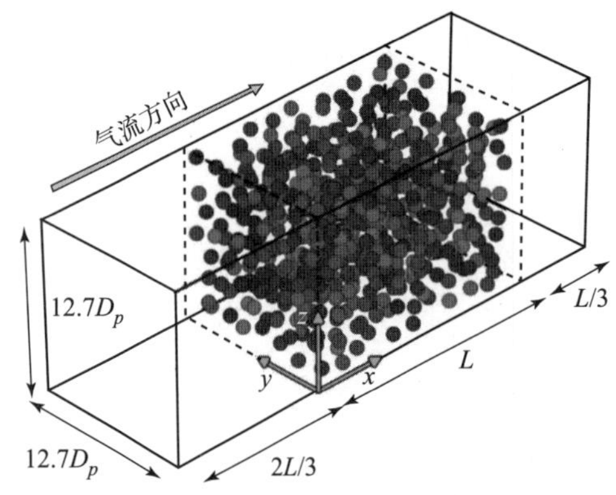

图 3.8　计算区域和颗粒群区域的几何构型示意图

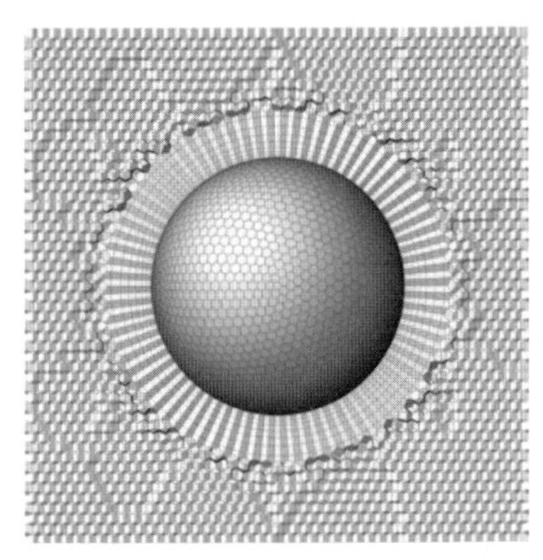

图 3.9　颗粒及颗粒周围区域网格结构

为了考察激波强度、颗粒相的体积分数和粒径对于激波透射过程和波后流场演化的影响，一系列算例的（表 3.1）入射波马赫数从 2.2 增大为 3.0，考察三种颗粒相的体积分数 α_p 为 0.05、0.075 和 0.1，粒径从 50 mm 增大到 100 mm。模拟体系中颗粒层厚度不足以使得透射波衰减到 0。模拟结果可通过两个特征时间无量纲化，即

表 3.1　算例工况的初始条件（Ma 为入射波马赫数，α_p 为颗粒相的体积分数，$Re_{p,IS}$ 为采用入射波波后流速计算的颗粒雷诺数，D_p 为颗粒粒径）

工况编号	Ma	L_s/L	α_p	$Re_{p,IS}$	$n/(\mathrm{mm}^{-3})$	$D_p/\mu\mathrm{m}$
Ⅰ	2.2	0.196	0.1	6 160	191.0	100
Ⅱ	2.4	0.196	0.1	7 091	191.0	100
Ⅲ	2.6	0.196	0.1	7 927	191.0	100
Ⅳ	2.8	0.196	0.1	8 666	191.0	100
Ⅴ	3.0	0.196	0.1	9 309	191.0	100
Ⅵ	2.6	0.157	0.1	6 292	382.0	79.4
Ⅶ	2.6	0.125	0.1	4 994	763.9	63.0

续表

工况编号	Ma	L_s/L	α_p	$Re_{p,\mathrm{IS}}$	$n/(\mathrm{mm}^{-3})$	$D_p/\mu\mathrm{m}$
Ⅷ	2.6	0.163	0.075	4 537	763.9	57.2
Ⅸ	2.6	0.226	0.05	3 964	763.9	50
Ⅹ	2.2	0.099	0.1	3 080	1 528	50
Ⅺ	2.6	0.099	0.1	3 964	1 528	50
Ⅻ	3.0	0.099	0.1	4 654	1 528	50

$$\tau_{\mathrm{L}} = L\left(Ma\sqrt{\gamma\frac{p^0}{\rho^0}}\right)^{-1}, \tau_{\mathrm{p}} = D_{\mathrm{p}}\left(Ma\sqrt{\gamma\frac{p^0}{\rho^0}}\right)^{-1} \tag{3.55}$$

式中：τ_L和 τ_p 分别为入射波马赫数通过颗粒层厚度 L 和颗粒粒径 D_p 所需要的特征时间；p^0和ρ^0分别为波前流场的压力和密度，$p^0 = 1.013\ 25\times10^5$ Pa，$\rho^0 = 1.204\ 8\ \mathrm{kg/m^3}$。

图3.10 所示为 $Ma = 2.6$ 的入射激波诱导的颗粒层（$\alpha_p = 0.1$，$D_p = 63\ \mu\mathrm{m}$，$L = 2$ mm）上、下游及颗粒层内部的波系结构。灰色区域为颗粒层，颗粒层内部的透射波、上游反射波和下游透射波均用实线表示，颗粒层中的点线表示在 $x/L = 0.25$、0.5、0.75、0.98 和 1 处的声波轨迹，也就是当地反射压缩波的轨迹。x/L 为 0.25、0.5、0.75 的反射压缩波向上游传播，表明此处的流场速度仍是亚声速，这些反射压缩波从颗粒层上游界面穿出与反射激波汇聚，使得反射激波逐渐增强。但是，在 $x/L = 0.98$ 处的反射压缩波轨迹几乎竖直，说明此处的流场达到了声速，此后反射压缩波向下游运动，如在 $x/L = 1$ 处的反射压缩波。起点在 $x/L = 0$ 和 1 的虚线表示上、下游的接触界面轨迹。反射压缩波在经过接触界面后突然加速，是由于接触界面后流场的温度更高，声速更快。

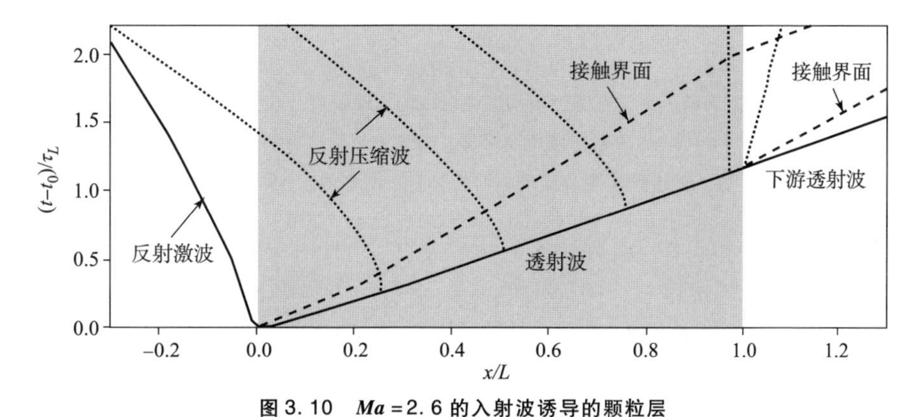

图 3.10 $Ma = 2.6$ 的入射波诱导的颗粒层
（$\alpha_p = 0.1$，$D_p = 63$ mm，$L = 2$ mm）上、下游及颗粒层内部的波系结构

图 3.11 所示为 $Ma=2.6$ 的入射波在不同的颗粒层中透射波的运动轨迹，纵坐标为入射波到达 x 的时间（x/u_s，u_s 为入射波传播速度）与透射波到达时间（t_s-t_0，t_0为入射波作用颗粒层前界面的时刻）的差值。显然，透射波衰减程度与颗粒相体积分数正相关，与粒径负相关。在所有的颗粒层中，透射波在颗粒相体积分数最大，粒径最小的颗粒层（$\alpha_p=0.1$，$D_p=50\ \mu m$）中运动速度最慢，衰减最快。在 $\alpha_p=0.1$、$D_p=100\ \mu m$ 和 $\alpha_p=0.05$、$D_p=50\ \mu m$ 的颗粒层中衰减速率相当。实际上，透射波随传播距离的衰减与颗粒层的累积透射率密切相关。距离颗粒层前界面 x 处的累积透射率 Π 定义如下：从前界面到 x 截面的所有颗粒在 yOz 平面上的投影面积为 S_p，颗粒层截面面积为 S，$\Pi=(S-S_p)/S$。图 3.12 所示为不同颗粒层的累积透射率随 x/L 的变化。$\alpha_p=0.1$、$D_p=50\ \mu m$ 的颗粒层累积透射率下降最快，而 $\alpha_p=0.1$、$D_p=100\mu m$ 和 $\alpha_p=0.05$，$D_p=50\mu m$ 的颗粒层累积透射率随 x/L 衰减曲线相近。对比图 3.11 和图 3.12 可见，透射波在累积透射率下降最快的颗粒层中衰减最快，在累积透射率下降曲线相近的颗粒层中衰减速率相当。

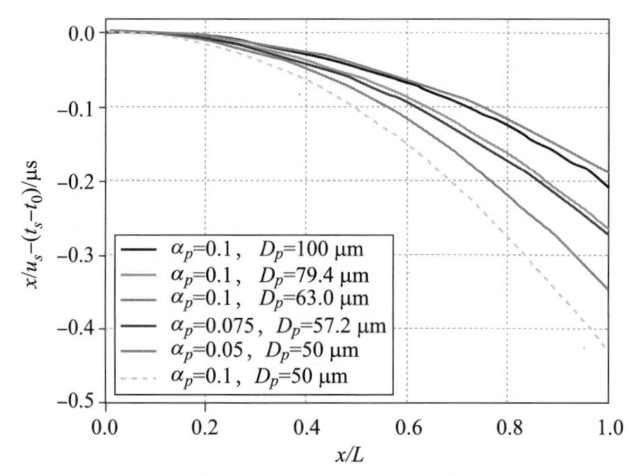

图 3.11 $Ma=2.6$ 的入射波在通过不同颗粒层时的运动轨迹（纵坐标为入射波到达 x 的时间（x/u_s，u_s 为入射波传播速度）与透射波到达时间（t_s-t_0，t_0 为入射波作用颗粒层前界面的时刻）的差值）（见彩插）

我们将累积透射率衰减到 0.5 时的距离 L_s 称为透射长度，显然 L_s 可以用来估计透射波的衰减速率。透射波的衰减速率最快的颗粒层（$\alpha_p=0.1$，$D_p=50\ \mu m$）对应的透射长度 L_s 最短，透射波的衰减速率相近的颗粒层（$\alpha_p=0.1$，$D_p=100\ \mu m$ 和 $\alpha_p=0.05$，$D_p=50\ \mu m$）对应的透射长度 L_s 也非常接近。对 $0.05<\alpha_p<0.1$，$50\ \mu m<D_p<100\ \mu m$ 的颗粒层进行超过 1 万次抽样，可以得到 L_s 在 $[\alpha_p, D_p]$ 参数空间内的分布，如图 3.13 所示。对于 L_s 等值线进行拟

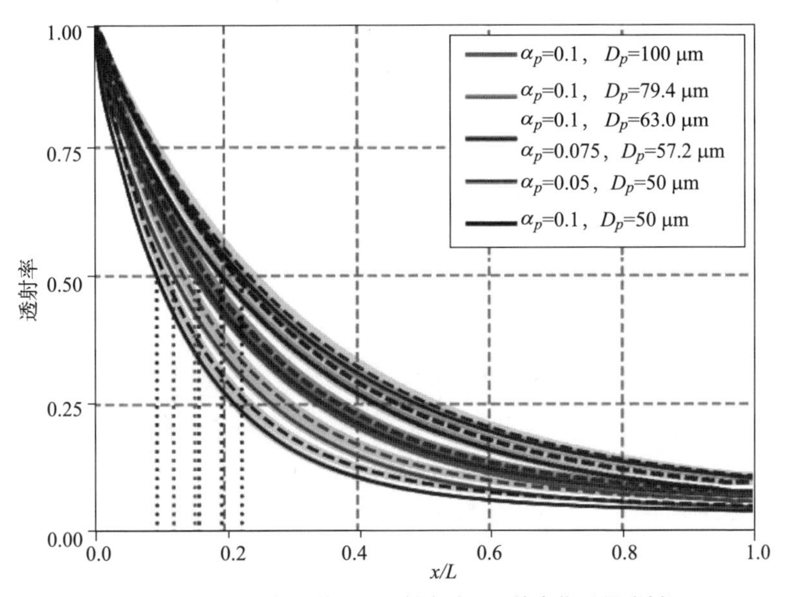

图 3.12　不同颗粒层的累积透射率随 x/L 的变化（见彩插）

合可得

$$L_s = (A + B/\alpha_p) D_p \tag{3.56}$$

当 $\alpha_p=0$ 时，$L_s \to \infty$；$\alpha_p = |B/A|$ 时，$L_s=0$。A 和 B 可以通过对图 3.12 中的等值线拟合得到。值得注意的是，上式仅在 $0.05 < \alpha_p < 0.1$，$50\ \mu m < D_p < 100\ \mu m$ 参数空间内成立，在此范围以外的有效性还需要进一步验证。

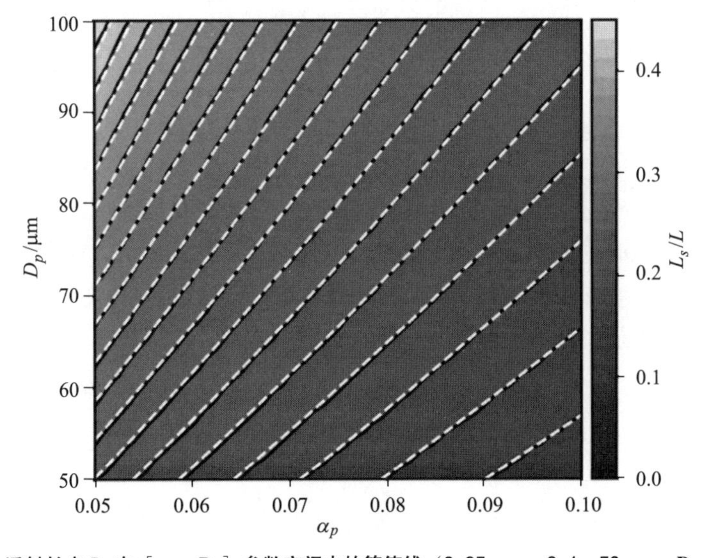

图 3.13　透射长度 L_s 在 $[\alpha_p, D_p]$ 参数空间内的等值线（$0.05 < \alpha_p < 0.1$，$50\ \mu m < D_p < 100\ \mu m$）

图3.14所示为$Ma=2.6$的入射波作用不同的颗粒层前界面后不同时刻沿流向的速度分布。速度在前界面经历短暂的快速上升然后进入一个缓慢上升平台。当透射波穿过颗粒层下游界面，在下游界面附近（$0.9 < x/L < 1.05$）的气体经历一个强烈膨胀，膨胀效应随着时间增强，后期下游界面附近流速是颗粒层内部流速的2倍。与透射波在不同颗粒层中衰减速率的规律一致，在透射强度衰减最快的颗粒层（$\alpha_p=0.1$，$D_p=50\ \mu m$）中，流速沿流向的分布曲线整体在其他颗粒层流速曲线的下方，只有在后期下游界面附近处流速曲线才大致重合。相同时刻的压力和密度随流向的分布（图3.15）也显示出与流速相符的特征。值得注意是，透射衰减速度更快的颗粒层中的压力和密度分布在颗粒层的前半段位于透射衰减速度更快的颗粒层下方，但在后半段所有颗粒层的压力分布曲线几乎重合，透射衰减速度更快的颗粒层中密度分布曲线反而超过透射衰减速度更慢的颗粒层。

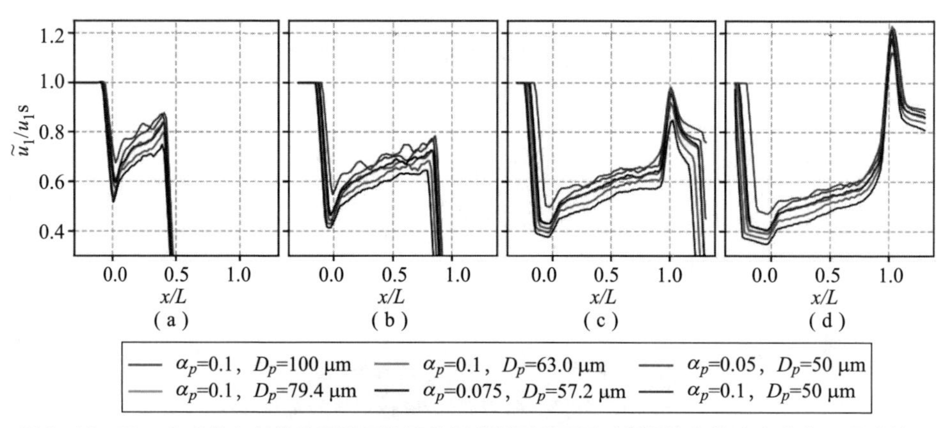

图3.14 $Ma=2.6$的入射波作用不同的颗粒层前界面后不同时刻沿流向的速度分布（见彩插）

(a) $(t-t_0)/\tau_L=0.5$；(b) $(t-t_0)/\tau_L=1$；(c) $(t-t_0)/\tau_L=1.5$；(d) $(t-t_0)/\tau_L=2$

图3.16比较了有黏和无黏直接数值模拟得到的$Ma=3$入射波作用在$\alpha_p=0.1$、$D_p=100\ \mu m$的颗粒层上无量纲流场速度随径向的分布。尽管两种数值模拟的结果在透射波和反射激波传播速度上非常一致，但有黏数值结果的反射激波明显更强，这是由于有黏流场中颗粒反馈了更强的拖曳力，雷诺应力效应也更强。

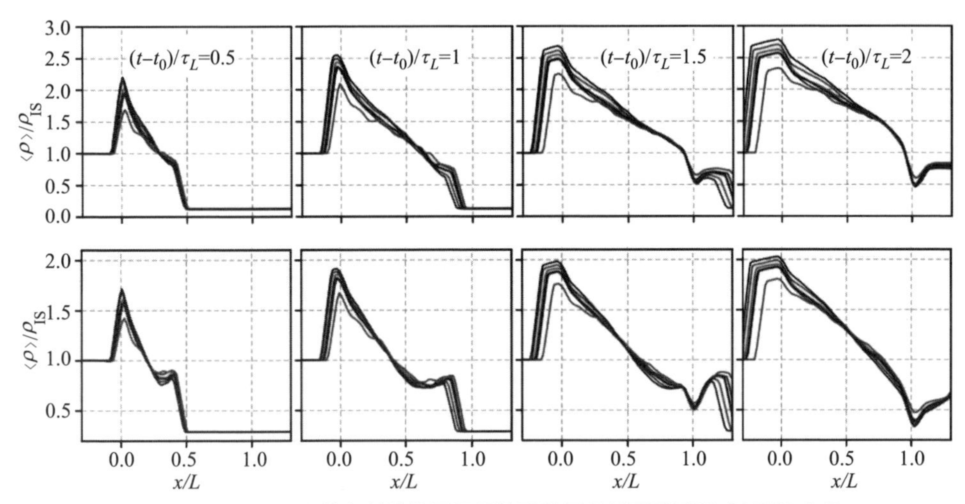

图 3.15　$Ma=2.6$ 的入射波作用不同的颗粒层前界面后不同时刻沿流向的压力和密度沿流向的分布（见彩插）

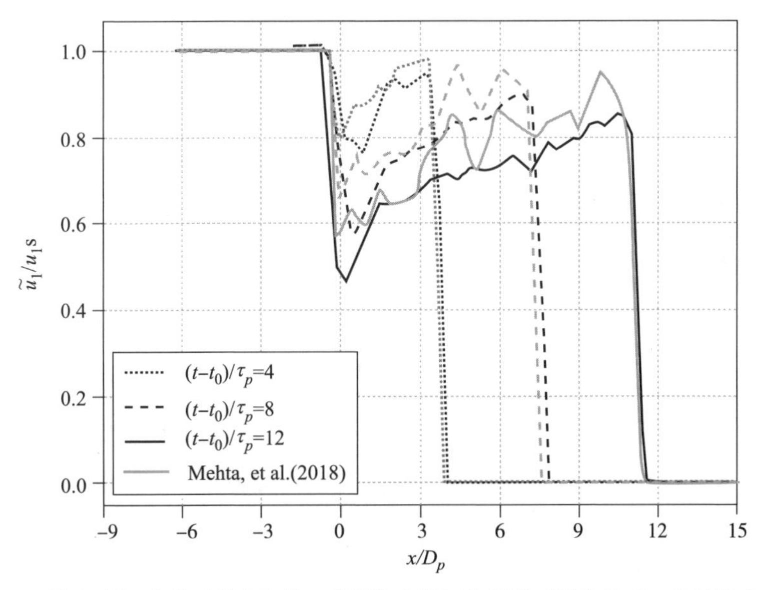

图 3.16　有黏（黑色实线、虚线和点线）和无黏（浅色实线、虚线和点线）直接数值模拟得到的 $Ma=3$ 的入射激波作用 $\alpha_p=0.1$、$D_p=100\ \mu m$ 的颗粒层后不同时刻（$(t-t_0)/\tau_p$ 为 4、8、12）的无量纲流场速度随径向的分布

3.5.4 柱面激波通过颗粒群的流场演化规律

3.5.3 节介绍了平面激波作用在固定颗粒层后的流场演化规律，本节将介绍和中心爆炸分散更为相关的发散柱面激波作用固定颗粒层后的波系结构和流场演化规律。图 3.17 所示为 π/16 计算区域和颗粒群区域的几何构型示意图，在堆积密度 $\alpha = 0.1$，粒径 $D_p = \sqrt[3]{4} \times 10^{-1}$ m，厚度 $L = 1.2\sqrt[3]{4}$ mm $\approx 30.2D_p$ 的颗粒环内部存在一个半径为 R_0 高压气团（$p^0 = 3.6619$ MPa，$\rho^0 = 12.508$ kg/m^3）。采用 $p^0 = 3.6619$ MPa，$\rho^0 = 12.508$ kg/m^3 高压气体产生的平面激波（$Ma = 2.6$）波后流动状态来（u_{IS}）计算颗粒雷诺数，$Re_p = \rho_{IS} u_{IS} D_p / \mu_{IS} \approx 5\ 000$。高压气团的外界面与颗粒环内界面的间距为 $0.156L$。通过改变高压气团的半径 R_0 为 L、$2L$ 和∞，可以考虑不同曲率半径的柱面波与颗粒层的作用以及膨胀效应对激波诱导流场演化的影响，其中 $R_0 = \infty$ 退化为平面激波管中驱动段无穷长的高压气体形成的平面激波作用颗粒层的情况。球形计算域延伸到颗粒环下游界面外 $0.5L$ 的位置。与平面激波工况（图 3.8）模拟的边界条件不同，发散柱面激波在计算域的内界面，即半径为 $R_0 - 0.9L$ 的球面上，以及环向切面上均采用对称边界条件，计算域下游边界采用零压力梯度边界条件。除高压气团之外的区域气相均设置为常温常压大气，颗粒区域内随机均匀分布的颗粒生成和网格划分与 3.5.3 中相同。

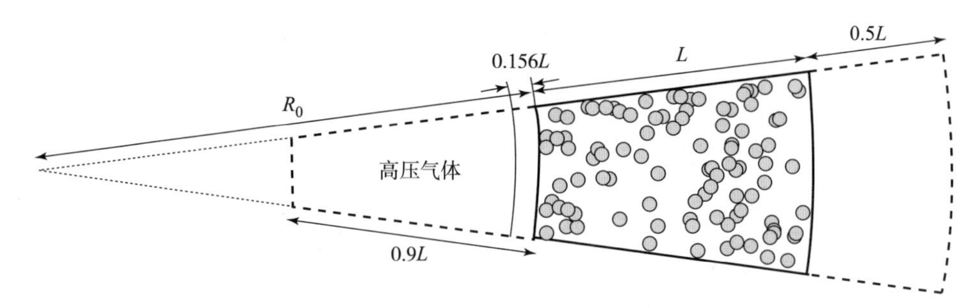

图 3.17　发散柱面激波作用固定颗粒层 π/16 计算区域的几何构型示意图

图 3.18 所示为中心高压气团释放后产生的发散柱面激波与波系结构。高压气团释放后，产生一道径向发散传播的 $Ma = 2.6$ 的柱面入射波（1）和紧随其后的膨胀波波束。膨胀波波束的波头（2）向中心汇聚传播，而波尾（3）仍向下游传播。入射波（1）作用在颗粒环内界面后产生一道向颗粒环内部传播的透射波（1）′，同时反射一道向中心传播的反射激波（4）。透射波（1）′在颗粒环中迅速衰减，表现为传播速度逐渐减慢。透射波（1）′在颗粒环外界面穿出向下游流场发射一道透射波（1）″。膨胀波波束的波尾（3）和从中心

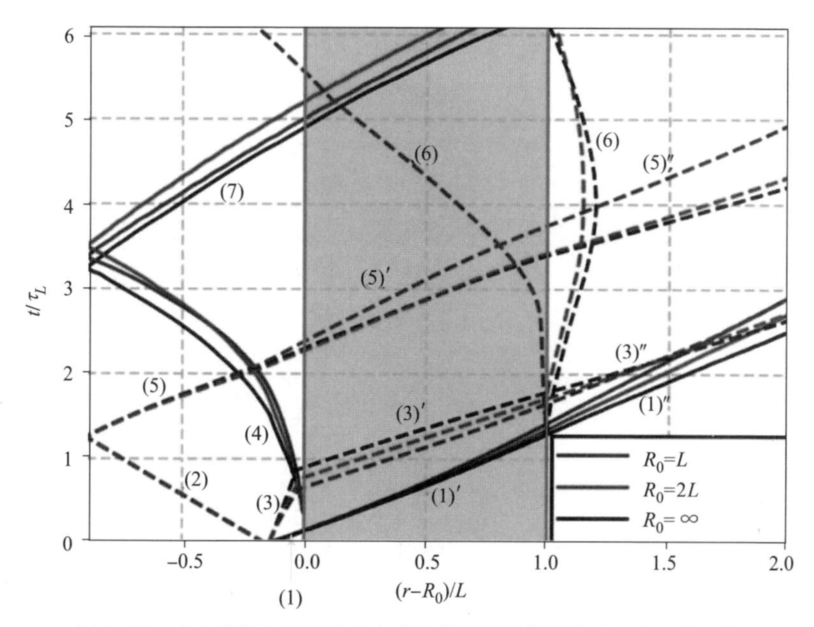

图 3.18　中心高压气团释放后产生的发散柱面激波作用固定颗粒环的波系结构变化（见彩插）

（1）—入射波；（1）′—颗粒层内的透射波；（1）″—下游的透射波；（2）—上游汇聚膨胀波波头；（3）—上游汇聚膨胀波波尾；（3）′—进入颗粒层的膨胀波波尾；（3）″—进入下游流场的稀疏波波尾；（4）—从颗粒前界面反射的激波；（5）—反射稀疏波波头；（5）′—进入颗粒层的反射稀疏波波头；（5）″—进入下游流场的稀疏波波头；（6）—颗粒层后界面的声速线；（7）—从中心反射的激波

反射的波头（5）先后进入颗粒层，成为向下游传播的膨胀波波头（3）′和波尾（5）′。反射激波（4）在中心汇聚后发散成为向下游传播的发散激波（7），并在更晚的时候进入颗粒环。起源于颗粒环后界面的声速线（6）为下游界面的声速线。R_0为 L、$2L$ 和∞三种工况的声速线（6）在早期均竖直或者向下游偏折，说明颗粒环下游界面附近为声速或超声速流动。$R_0 = L$ 工况的声速线（6）在后期向上游偏折，而 R_0为 $2L$ 和∞两种工况的声速线（6）在向下游明显偏折一定距离后才重新向上游偏转，说明这两种工况下颗粒环下游界面附近在较长时间内保持超声速流动。

图 3.19 所示为 $R_0 = L$ 工况在 $t = \tau_L$时径向流场速度和流场密度梯度的云图，从图可以清晰显示复杂的流动状态。除了颗粒环内部近似光滑的发散激波和颗粒环内部由大量颗粒表面折射波构成的弯折透射波，还可以分辨出上游颗粒表面的边界层以及后方的尾迹。

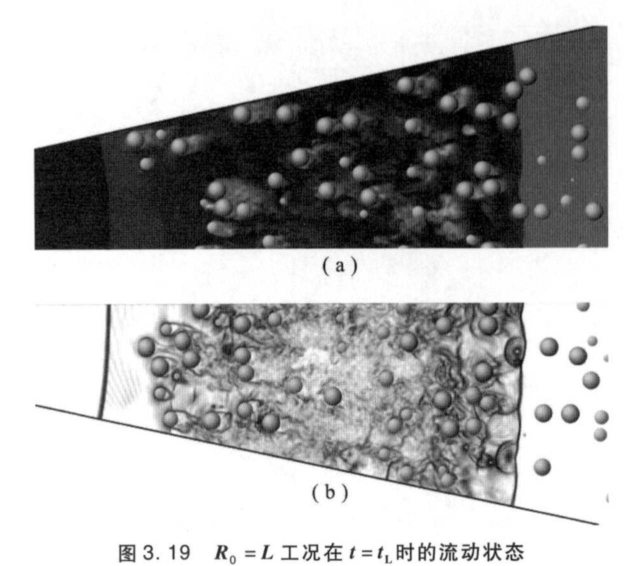

图 3.19 $R_0=L$ 工况在 $t=t_L$ 时的流动状态

（a）流场速度的灰度图；（b）数值纹影，即流场密度梯度云图

图 3.18 显示的复杂波系结构演化直接影响了流场的速度、马赫数、密度、压力、温度等流动和热力学变量分布的演化。图 3.20 ~ 图 3.23 分别为 R_0 为 L、$2L$ 和∞三种工况不同时刻（t/τ_L 为 0.75、1.5、3.0、4.5）下的环向平均流速、马赫数、密度和压力随无量纲径向的变化曲线。以下详述环向平均流速、马赫数、密度、压力随流向的变化是如何受到复杂波系的影响的。$t/t_L=0.75$ 时刻透射波（1）′进入颗粒层，透射波波面处的流速（马赫数、密度和压力）发生跳跃。流速在前界面附近有明显上升，此后基本保持不变直到透射波波面。而马赫数从颗粒环前界面到透射波波面单调上升，但是在 $(r-R_0)/L=0.25$ 处出现偏折，且在流速保持稳定的阶段仍持续上升。考虑到 $M=u_f/\sqrt{\gamma RT}$，从马赫数和流速沿流向的分布曲线，可以推出温度从颗粒环内界面到 $(r-R_0)/L=0.25$ 处上升，在 $(r-R_0)/L=0.25$ 处达到最大值，此后直到透射波波面温度持续下降，导致这一范围内马赫数的持续上升。流场密度和压力从颗粒环前界面到透射波波面大致单调下降，但密度在 $(r-R_0)/L=0.25$ 处直到透射波波面出现小幅跳升。考虑到温度曲线在 $(r-R_0)/L=0.25$ 到透射波波面的范围内持续下降，而 $\rho=P/RT$，在 $(r-R_0)/L=0.25$ 到透射波波面的范围内如果温度的下降速度远超压力的下降速度，则很有可能看到密度的上升。在颗粒环内部，膨胀波波头和波尾之间的区域内流场流速和马赫数单调上升，而密度和压力单调下降。在 $t/t_L=1.5$ 时，颗粒环中的透射波已经穿出外界面，进入下游流场，导致下游流场的流速（马赫数、密度和压力）在透

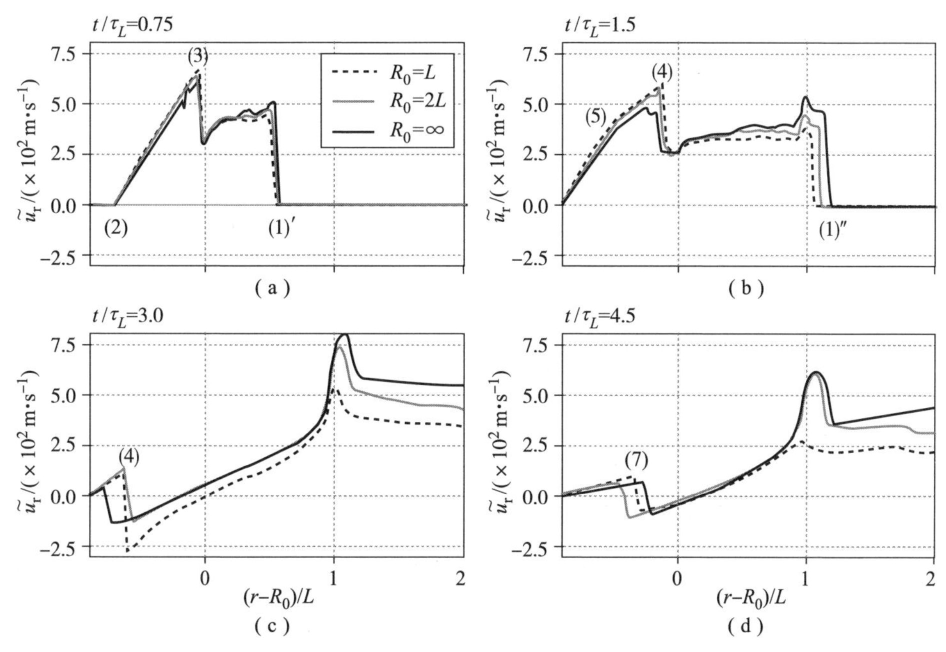

图 3.20 R_0为 L、$2L$ 和∞三种工况不同时刻（t/τ_L为 0.75、1.5、3.0 和 4.5）下的环向平均流速随无量纲径向的变化

(1)′—颗粒层内的透射激波；(2)—上游汇聚膨胀波波头；(4)—从颗粒前界面反射的激波；(1)″—下游的透射激波；(3)—上游汇聚膨胀波波尾；(7)—从中心反射的激波

射波（1）″波面处发生跳跃。在颗粒环内部流场保持基本一致的流速直到外界面附近（$(r-R_0)/L=0.85$）出现明显的加速。而马赫数则从 $(r-R_0)/L=0.7$ 开始就出现非常明显的上升，很可能是由于此处的温度仍然处于下降阶段。R_0为 $2L$ 和∞两种工况的马赫数在颗粒环外界面处都超过了1，说明此处为超声速流场。密度和压力在整个颗粒环厚度内保持单调下降，仅在颗粒环外界面附近有明显下凹。值得注意的是，密度在 $(r-R_0)/L=0.7$ 到颗粒环外界面的区域内出现短暂的平台，与该区域内温度持续下降密切相关。$t/\tau_L=1.5$ 时刻已经可以观察到从中心反射的膨胀波波头（5）向内界面靠近，密度和压力在经过波头（5）作用后上升，说明从中心反射的膨胀波为压缩波。$t/\tau_L=3$ 时刻下游流场中的透射波已经远离颗粒环外界面。在整个颗粒环厚度内，流速和马赫数沿流向的分布曲线呈现出非常一致的形貌，从内界面开始单调缓慢上升直到外界面附近（$(r-R_0)/L=0.85$）出现明显的加速，外界面的流速和马赫数较之 $t/\tau_L=1.5$ 时刻明显增大，R_0为 $2L$ 和∞两种工况的马赫数在颗粒环外界面处接近 1.5，$R_0=L$ 工况的颗粒环外界面马赫数也超过了1，说明三种

工况下颗粒环外界面处的流动均为超声速。此时颗粒环内部的密度和压力沿流向呈现出一个鼓包的形貌，在颗粒环外界面附近由于流场的加速膨胀而陡然下降。值得注意的是，压力的最大值出现在（$r-R_0$）$/L=0.7$ 处，而密度的最大值则更靠近前界面，这种差别很有可能是由于颗粒环内部温度分布的非均匀性导致的。从 $t/\tau_L=3$ 到 $t/\tau_L=4.5$，流速和马赫数沿流向的分布曲线在颗粒环厚度内几乎保持不变，R_0为 $2L$ 和∞两种工况的颗粒环外界面处马赫数稳定在 1.5 附近，但 $R_0=L$ 工况的颗粒环外界面马赫数下降到 0.65，颗粒环外界面的流动恢复亚声速。颗粒环内部的密度和压力沿流向的变化进一步趋缓，呈现为一个稳定的平台靠近颗粒环外界面。不同曲率半径的工况下流场的演化规律是一致的，但是 $R_0=L$ 工况中颗粒环外界面的膨胀加速过程显然没有 R_0为 $2L$ 和∞两种工况明显，说明流动的发散膨胀效应部分抵消了流场在颗粒环外界面的膨胀加速效应。

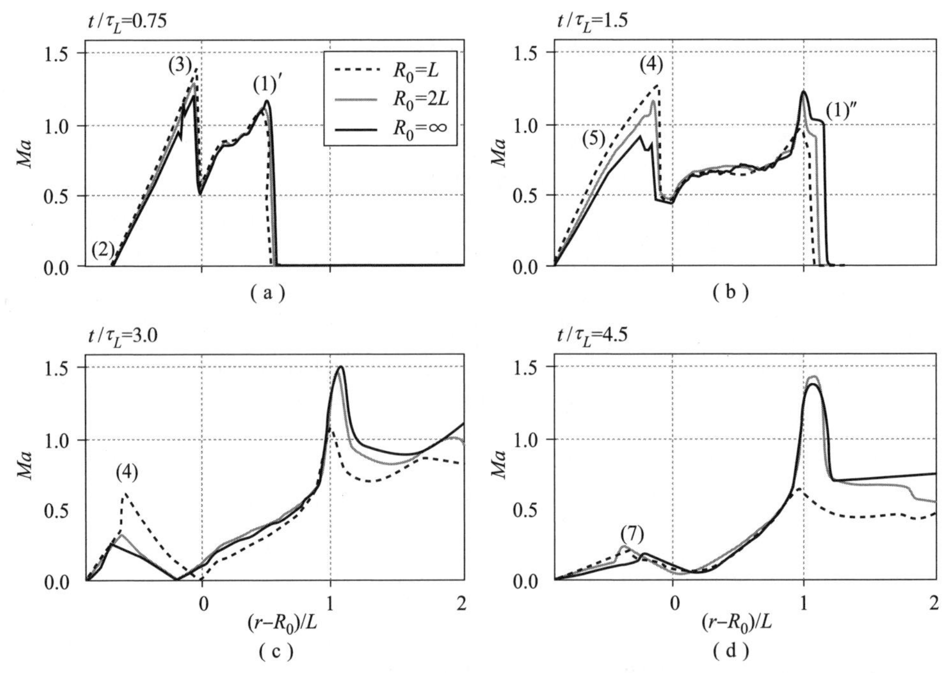

图 3.21　R_0为 L、$2L$ 和∞三种工况不同时刻（t/τ_L为 0.75、1.5、3.0、4.5）下的环向平均马赫数随无量纲径向的变化

(1)′—颗粒层内的透射激波；(2) —上游汇聚膨胀波波头；(4) —从颗粒前界面反射的激波；(1)″—下游的透射激波；(3) —上游汇聚膨胀波波尾；(7) —从中心反射的激波

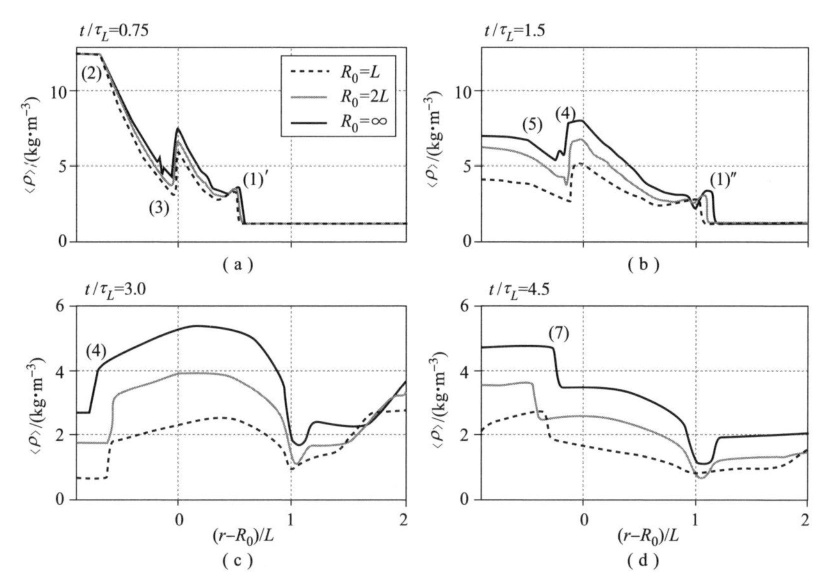

图3.22 R_0为L、$2L$和∞三种工况不同时刻（t/τ_L为0.75、1.5、3.0、4.5）下的环向平均密度随无量纲径向的变化

(1)′—颗粒层内的透射激波；(2)—上游汇聚膨胀波波头；(4)—从颗粒前界面反射的激波；
(1)″—下游的透射激波；(3)—上游汇聚膨胀波波尾；(7)—从中心反射的激波

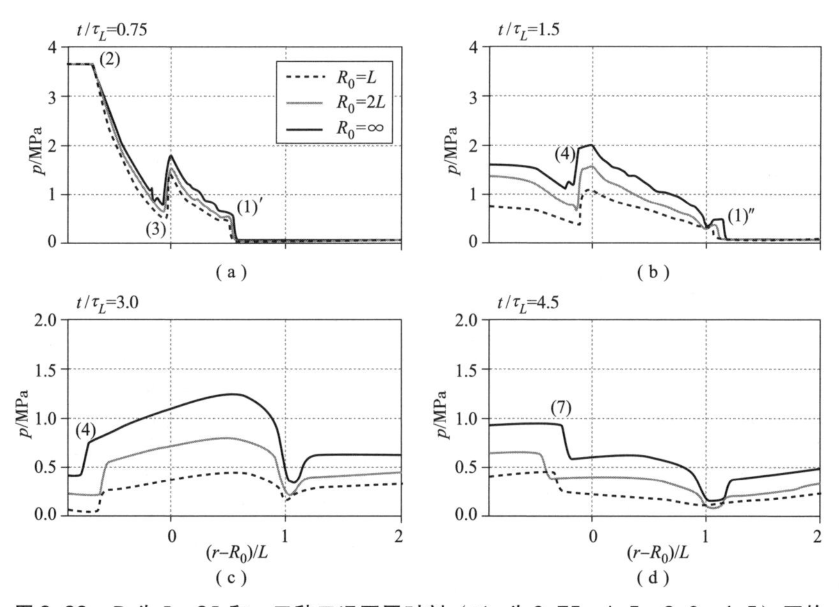

图3.23 R_0为L、$2L$和∞三种工况不同时刻（t/τ_L为0.75、1.5、3.0、4.5）下的环向平均压力随无量纲径向的变化

(1)′—颗粒层内的透射激波；(2)—上游汇聚膨胀波波头；(4)—从颗粒前界面反射的激波；
(1)″—下游的透射激波；(3)—上游汇聚膨胀波波尾；(7)—从中心反射的激波

图3.24所示为R_0为L、$2L$和∞三种工况不同时刻（t/τ_L为0.75、1.5、3.0、4.5）下颗粒环内部环向颗粒平均受力随无量纲径向的变化曲线。在$t/\tau_L=0.75$时，透射波波后几个颗粒粒径厚度内施加在颗粒上的力出现峰值，此后呈现为波动平台。$t/\tau_L=1.5$时透射波已经离开颗粒环外界面，颗粒环内部颗粒受力大致相同除了颗粒环外界面，此时由于颗粒环外界面附近的加速流动，颗粒受力明显强于内部颗粒。在t/τ_L为3和4.5两个更晚的时刻，除了颗粒环外界面附近，颗粒环内部颗粒受力非常小，且与流速和马赫数沿流向的分布曲线类似，呈现出沿流向缓慢向上的趋势。由于颗粒层内部压力沿流向的演化在后期非常缓慢，因此压差力对于颗粒受力的贡献很小。但是在颗粒环外界面附近压力迅速衰减，压力梯度很大，这一区域颗粒受力受到压差力的显著影响，颗粒受力的峰值对应于压力梯度的最大处。$R_0=L$的工况中颗粒受力较之其他两个工况更低。

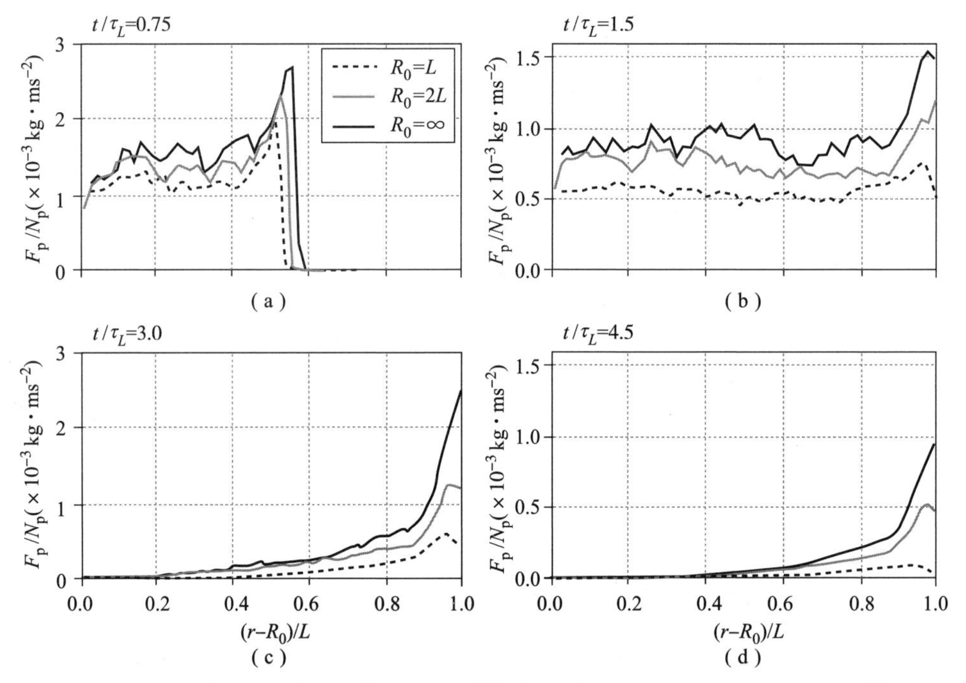

图3.24　R_0为L、$2L$和∞三种工况不同时刻（t/τ_L为0.75、1.5、3.0、4.5）下的颗粒环内部环向颗粒平均受力随无量纲径向的变化曲线

图3.25所示为R_0为L、$2L$和∞三种工况不同时刻（t/τ_L为0.75、1.5、3.0、4.5）下颗粒环内部环向平均拖曳力系数随无量纲径向的变化。拖曳力系数由下式计算：

$$C_D = \frac{\int_{S_i}(-p\delta_{rk} + \sigma_{rk})n_k dS_i}{0.5\langle\rho\rangle \tilde{u}_r^2 A_p} \tag{3.57}$$

式中：A_p 为颗粒沿流向的投影面积；S_i为颗粒的表面积。

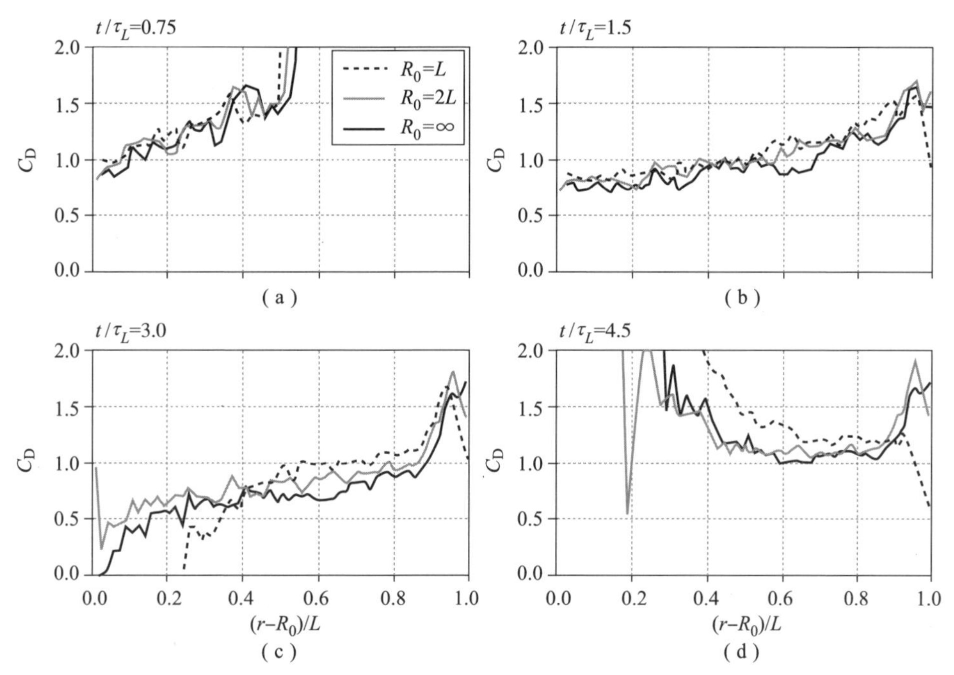

图3.25　R_0为L、$2L$和∞三种工况不同时刻（t/τ_L为0.75、1.5、3.0、4.5）下的颗粒环内部环向平均拖曳力系数随无量纲径向的变化

拖曳力系数 C_D 的增加不仅由于流场动能增加，而是流场马赫数增加的结果。颗粒群中的颗粒由于周围颗粒的阻塞效应，使得颗粒群中的颗粒拖曳力系数与单颗粒相比大很多。

3.6　欧拉－欧拉框架下对于爆炸载荷驱动颗粒多相体系失稳结构的研究

本节采用3.5.1节中介绍欧拉－欧拉框架下三种多相流方法研究中心爆炸载荷驱动颗粒环的分散过程，特别关注颗粒相的界面流动不稳定性。借鉴Rodriguez等径向Hele－Shaw cell内颗粒环爆炸分散试验（见第4章）的几何结构，二维计算模型包含中心高压圆形区域和包围高压区的颗粒环，颗粒环外界面为常温常压的环境气体。完整几何构型的1/16部分如图3.26所示。中心高压区（$p_2 = 10^7$ Pa）的半径为0.5 m，直接接触厚度为4 cm的颗粒环。这里颗粒环是由大量液滴构成的环形区域（$\alpha_1 = 0.4$），因此$\rho_1 = 1\ 020\ \text{kg/m}^3$。不同计算域的初始参数如表3.2所示。

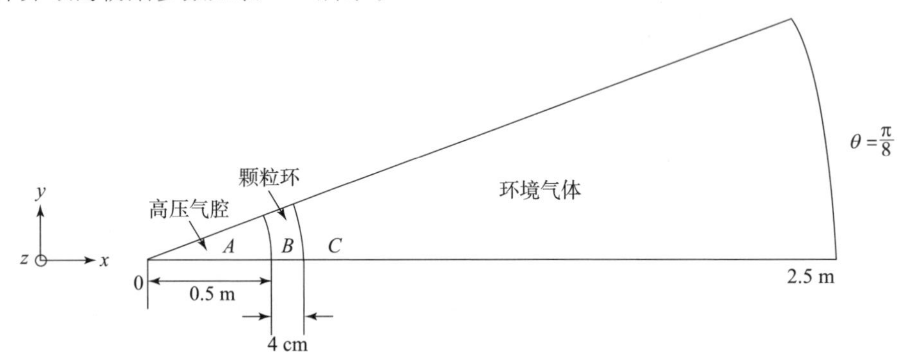

图3.26　1/16的计算模型的几何构型示意图

表3.2　不同计算域内的初始参数

计算域	A	B	C
α_1	0.000 1	0.4	0.000 1
$\rho_1/(\text{kg}\cdot\text{m}^{-3})$	1 020	1 020	1 020
$\rho_2/(\text{kg}\cdot\text{m}^{-3})$	12	1.2	1.2
$u_1 = u_2/(\text{m}\cdot\text{s}^{-1})$	0	0	0
$p_1 = p_2/\text{Pa}$	10^7	10^5	10^5

两相均采用刚性气体（stiffened-gas，SG）的状态方程（EOS）为

$$p_k = (\gamma_k - 1)\rho_k e_k - \gamma_k p_{\infty,k} \tag{3.58}$$

假设颗粒相中的液滴不可压缩，采用水的EOS来描述，$\gamma_1 = 4.4$，$p_{\infty,1} = 6\times10^8$ Pa；对于空气相，$\gamma_2 = 1.4$。颗粒粒径$D_1 = 1$ mm，气体黏性$\mu_2 = 18\times10^{-6}$ Pa·s。颗粒环中的颗粒相堆积密度是均匀的，无预先引入任何扰动。

图3.27（a）~（c）分别是B-N类模型、Marble模型和跨流态Saurel模型模拟高压气团驱动颗粒环膨胀得到的颗粒环构型演化过程。B-N类模型和Saurel模型均采用刚性压力松弛假设。显然，B-N类模型模拟得到的颗粒环在膨胀过程中呈现出胞格结构，但内外界面没有明显的指状失稳结构；而Marble模型模拟得到的颗粒环在膨胀过程中堆积密度均匀下降，无论在内部还是在内、外界面均没有明显的非均匀结构；Saurel模型模拟得到的颗粒环在膨胀

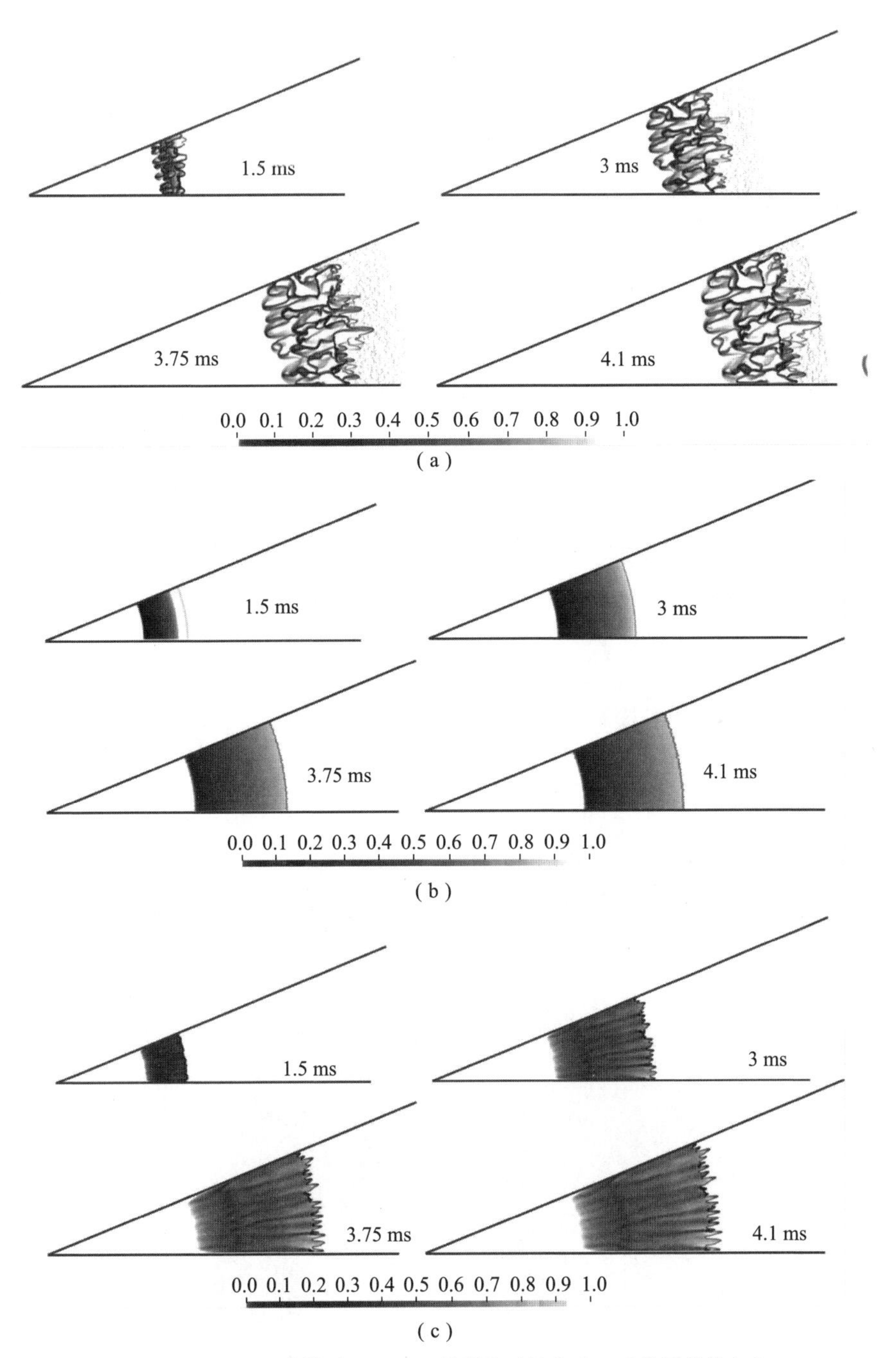

图 3.27　B－N 类模型、Marble 模型和跨流态 Saurel 模型模拟中心高压气团驱动颗粒环膨胀得到的颗粒环构型演化过程

过程中出现了条纹结构，内、外界面有明显的指状射流，与 Rodriguez 等在径向 Hele – Shaw cell 内颗粒环爆炸分散试验观测到的颗粒环内外界面射流结构相近（见第 5 章）。值得注意的是，B – N 类模型包含黏性拖曳力项和非守恒项，而 Marble 模型仅包含黏性拖曳力项。Marble 模型模拟得到的颗粒环始终都没有出现明显的流动失稳结构，因此黏性拖曳力项并非是导致试验中观察到的颗粒环内外界面射流结构的诱因。

图 3.28 所示为 Saurel 模型模拟中心高压气团驱动颗粒环膨胀早期阶段的颗粒环构型。早在 0.6 ms 就可以观察到有一定厚度的清晰压实波面，压实波面内部的颗粒相体积分数 $\alpha_1 \approx 0.6$，接近等粒径球形颗粒随机密堆积的体积分数。压实波面前方存在一个脱离基体的最外环，后方的堆积密度明显低于压实层内部，并随时间逐渐下降。值得注意的是，压实波后方颗粒层内出现了明显的条纹结构，存在大量颗粒相体积分数更高的放射线条带，这种条带从颗粒环内界面一直延伸到压实波后缘，不仅导致内界面失稳，压实波面后缘也呈现出波浪结构。条纹结构随着压实波面一起向外界面扩展，在 1 ms 达到外界面，造成了外界面的细微锯齿轮廓。外界面的小扰动在后期随颗粒环的膨胀迅速增长，在 3.75 ms 后成长为参差不齐的多模指状结构，如图 3.29 所示。这种颗粒环外界面的短波长多模扰动失稳结构与 Rodriguez 等试验观测到的颗粒环外

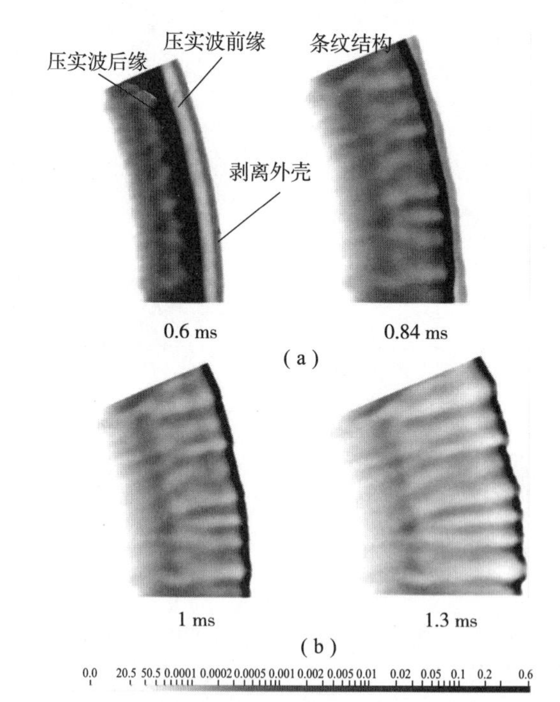

图 3.28 Saurel 模型模拟中心高压气团驱动颗粒环膨胀早期阶段的颗粒环构型变化

界面射流结构相近（见5章）。比较3～4.8 ms的颗粒环外界面构型演化（图3.29）可以发现，某些模态的扰动成长更快，后期很可能会成为主导射流，而成长较慢的模态扰动则可能被抑制或被主导模态的射流吞并。

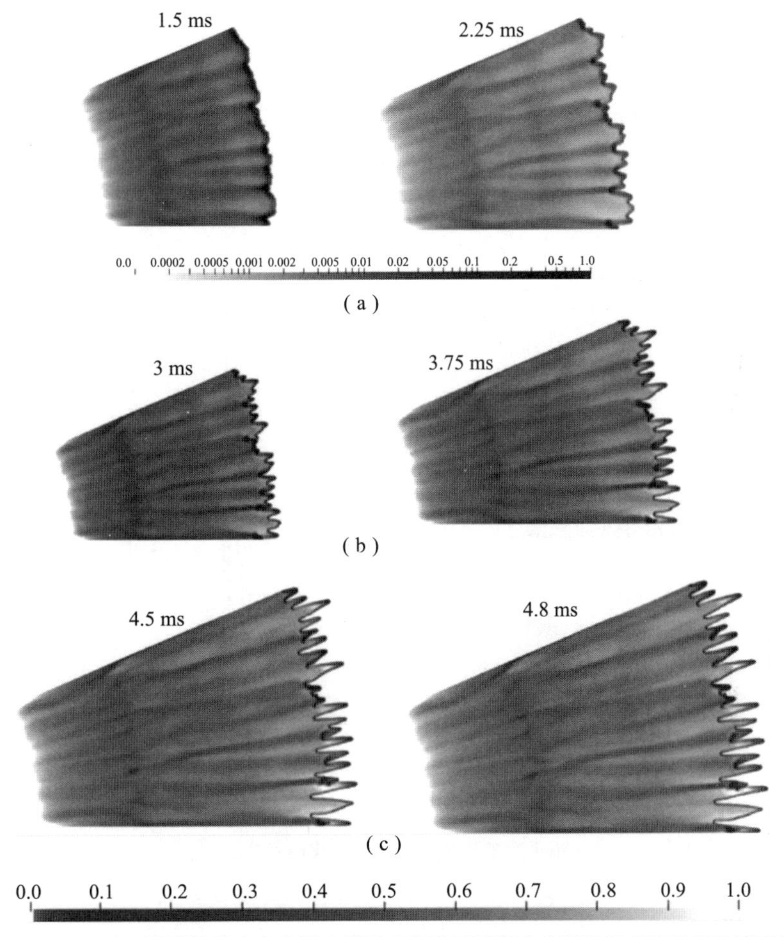

图3.29　Saurel模型模拟中心高压气团驱动颗粒环膨胀中晚期阶段的颗粒环构型变化

由以上对Saurel模型数值模拟得到的爆炸分散颗粒环结构演化的分析可知，内外界面失稳并最终形成指状射流来源于压实波后方颗粒层的条纹结构。沿径向方向颗粒相在经过压实波面时经历体积分数的剧烈变化，很大的颗粒相体积分数梯度$\partial\alpha_1/\partial x$使得压实波面处具有很高的微分拖曳力$p_1\partial\alpha_1/\partial x$。不考虑颗粒相体积分数效应，无微分拖曳力的Marble模型模拟得到的爆炸膨胀颗粒环始终保持均匀膨胀，无明显内部结构。而包含微分拖曳力的B－N类模型模拟得到的爆炸膨胀颗粒环出现了胞格结构，但是由于无法模拟出明显的压实

波面，因此也无法再现 Saurel 模型模拟得到的压实波面后方颗粒层内部的条纹结构。Saurel 等认为微分拖曳力 $p_1\partial\alpha_1/\partial x$ 导致爆炸膨胀颗粒环出现条纹结构，内外界面发展出指状射流的驱动力。在外界面指状射流形成后，射流表面持续受到微分拖曳力作用从而进一步成长。图 3. 30 所示为对应于图 3. 29 中 4. 8ms 时沿 π/16 的径向从外界面指状射流根部（2. 3 m）到尖端（2. 5 m）的微分拖曳力与黏性拖曳力的比值——$p_1|\mathrm{grad}(\alpha_1)|/\lambda|\boldsymbol{u}_2-\boldsymbol{u}_1|$——沿径向坐标的变化。在射流区域这一比值可以超过 300，说明外界面射流附近的微分拖曳力比黏性拖曳力高 2 个数量级，进一步证明了微分拖曳力在驱动射流成长过程中的主导作用。

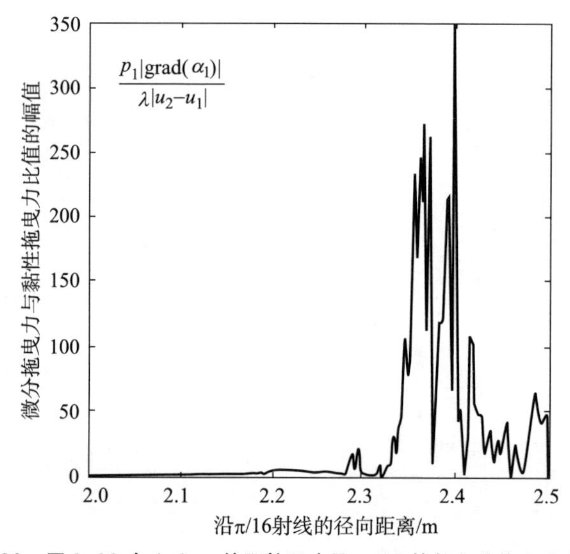

图 3. 30　图 3. 29 中 4. 8ms 的颗粒环中沿 π/16 的径向分拖曳力与黏性拖曳力的比值幅值随径向坐标的变化

3. 7　欧拉 – 拉格朗日框架下对于爆炸载荷驱动颗粒多相体系失稳结构的研究

本节采用 3. 5 节中介绍的欧拉 – 拉格朗日框架有黏 CMP – PIC 方法研究中心爆炸分散问题。与 3. 5 小节不同，本节中并不采用中心高压气团突然释放来驱动颗粒环，而是采用竖直激波管结合水平径向 Hele – Shaw cell 的结构驱动约束在 Hele - Shaw cell 中的颗粒环。计算模型几何构型如图 3.31 所示，竖直激波管的出口与 Hele - Shaw cell 下底板的开孔相连接，被上、下底板约束在 Hele - Shaw cell 内的颗粒环内界面与竖直激波管的出口边缘齐平。考虑到构型的选择轴对称性，实际模拟选取 1/2 的几何构型进行计算。Hele - Shaw cell 计算区域的尺寸为 $(L_r, \Delta\theta, L_z) = (0.65\ \text{m}, \pi/2, 0.004\ \text{m})$，竖直激波管的计算域尺寸为 $(L_r, \Delta\theta, L_z) = (0.016\ \text{m}, \pi/2, 1.155\ \text{m})$。颗粒相区域填充随机分布的计算颗粒包，每个颗粒包代表 3 864 个或 1 932 个物理颗粒，整个颗粒柱壳中包含 3.9×10^9 个物理颗粒，物理颗粒粒径 $d_p \approx (10 \pm 1)\ \mu\text{m}$，材料密度 1 530 kg/m^3。激波管内部在距离开口 0.03 m 处设置激波边界条件，其余区域的气相均为一个大气压的室温气体，Hele - Shaw cell 的环形外界面采用压力梯度为零的边界条件。计算工况的模型设置如表 3.3 所示，其中工况Ⅵ将颗粒环近似为由颗粒气体这种连续介质构成的环，在颗粒相计算区域内填充密度为 1 530 kg/m^3的室温、一个大气压的气体。工况Ⅴ考虑颗粒间的碰撞，即考虑颗粒间应力。

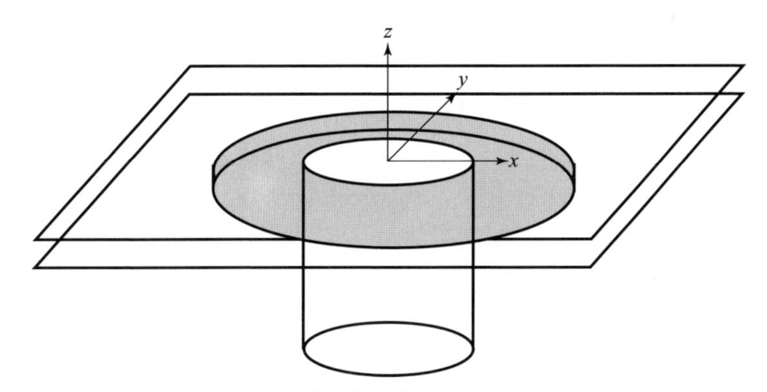

图 3.31　采用竖直激波管结合水平径向 Hele - Shaw cell 结构计算中心爆炸分散问题的模型构型示意图

表 3.3　计算工况的模型及参数设置（其中 *Ma* 为竖直激波管中的马赫数，N_p 为每个计算颗粒包包含的物理颗粒数目）

工况编号	类型	激波马赫数 *Ma*	两相耦合方式	N_p
Ⅰ	标准	1.26	仅包含施加在颗粒相上的拖曳力	3 864
Ⅱ	标准	1.26	颗粒相和流相通过 Clift 拖曳力相互耦合	3 864
Ⅲa	标准	1.26	颗粒相和流相通过 Clift 拖曳力相互耦合，考虑颗粒相的体积效应	3 864

续表

工况编号	类型	激波马赫数 Ma	两相耦合方式	N_p
Ⅲb	标准	1.32	颗粒相和流相通过 Clift 拖曳力相互耦合，考虑颗粒相的体积效应	3 864
Ⅲc	标准	1.39	颗粒相和流相通过 Clift 拖曳力相互耦合，考虑颗粒相的体积效应	3 864
Ⅲd	标准	1.26	颗粒相和流相通过 Clift 拖曳力相互耦合，考虑颗粒相的体积效应	1 932
Ⅳ	标准	1.26	颗粒相和流相通过 De Felic 拖曳力相互耦合，考虑颗粒相的体积效应	3 864
Ⅴ	标准	1.26	颗粒相和流相通过 Clift 拖曳力相互耦合，考虑颗粒相的体积效应和颗粒碰撞	3 864
Ⅵ	连续	1.26	—	—

竖直激波管中的平面激波在离开管口后进入到 Hele - Shaw cell 两板之间，在管口发生复杂的绕射，演化成曲面激波。向上运动的曲面激波在与上板发生非正规反射后，一部分激波向斜下方反射进入 Hele - Shaw cell 两板之间的空隙中，与绕射激波相互作用后形成沿径向向外传播的平直激波；另一部分激波向下反射重新进入竖直激波管。激波从竖直激波管管口刚进入 Hele - Shaw cell 两板间隙时的流场压力演化如图 3.32 所示。更长时间后 Hele - Shaw cell 内部压力演化如图 3.33 所示，此时 Hele - Shaw cell 中未填充颗粒环。在 Hele - Shaw cell 两板间隙径向传播的柱面激波后方有一段压力稳定的区域，此后压力迅速下降。进入竖直激波管的激波在激波管底部反射后向上传播，并会再次进入 Hele - Shaw cell 的两板间隙，形成二次激波。这一过程会往复多次，直到激波显著衰减。

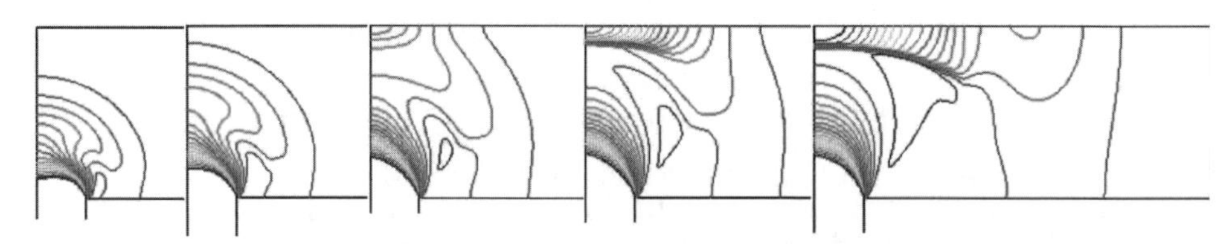

图 3.32　竖直激波管中平面激波离开管口后进入 Hele - Shaw cell 两板狭缝间的流场压力演化过程

图 3.34（a）所示为工况Ⅲa 中颗粒云内外界面的运动轨迹，90% 体积分数的颗粒位于颗粒云内外界面之内。在第一次激波作用后，颗粒环经历先压实后膨胀的过程，第二次激波作用使得颗粒云内界面有小幅加速，对外界面运动

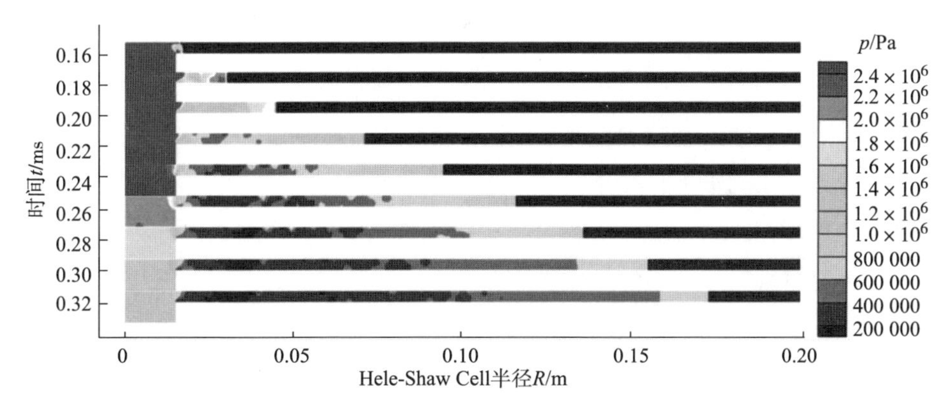

图 3.33　竖直激波管中平面激波 Hele Shaw cell 两板狭缝后，狭缝内流场压力分布的变化

几乎无影响，而第三次激波对颗粒云内外界面的运动影响都很微弱，说明第三次激波的强度已经非常弱了。不同工况中分散颗粒云质心径向坐标随时间的演化如图 3.34（b）所示，除了工况Ⅰ，相同入射波强度下不同工况中颗粒云质心在最初加速阶段的轨迹几乎重合。加速过程一直持续到 2.5 ms，加速过程中颗粒云中固相体积分数未发生明显下降；此后颗粒柱壳经历了显著膨胀，此时颗粒的运动速度快于流场，受到拖曳阻力的影响颗粒云内外界面开始减速；第二次激波作用导致的再次加速过程持续到 7.5 ms。在 9 ms 之后，工况Ⅱ的颗粒云质心运动落后于其他工况。考虑到工况Ⅱ忽略了颗粒相体积分数效应，相当于增加了颗粒云的渗透性，削弱了内部气体的正压冲量作用时间。

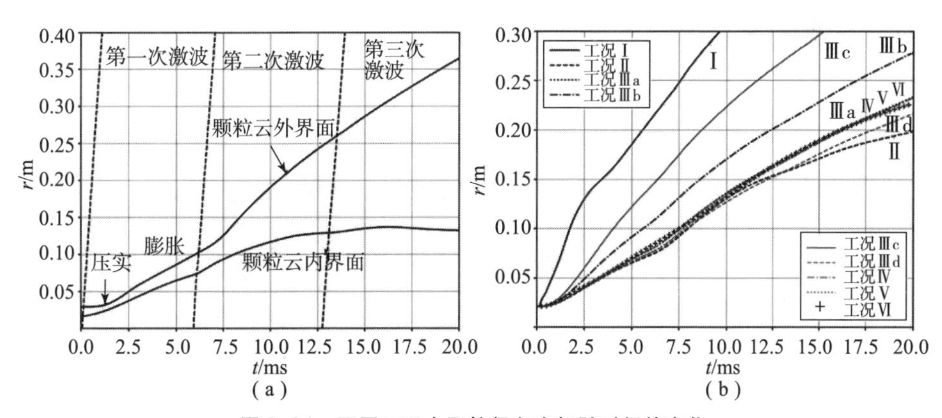

图 3.34　不同工况中颗粒径向坐标随时间的变化

（a）工况Ⅲa 中颗粒云内外界面径向坐标随时间的变化；

（b）不同工况中分散颗粒云质心径向坐标随时间的变化

图3.35所示为初始激波马赫数为1.26的6个工况（Ⅰ，Ⅱ，Ⅲa，Ⅳ－Ⅵ）中分散后期颗粒的散点图。工况Ⅰ的颗粒云仅出现一些细微的扰动，工况Ⅵ中的颗粒环几乎不出现分散，也没有明显的失稳结构，显然工况Ⅰ和Ⅳ中模拟得到的颗粒云构型与工况Ⅲa、Ⅳ和Ⅰ中观察到的颗粒云宏观射流结构存在显著差异。工况Ⅰ中颗粒相的存在不影响流场，因此颗粒云的扰动代表流场自身的不稳定性，扰动来源于初始扰动和数值扰动；工况Ⅵ中颗粒云近似为均匀的颗粒气体，不存在颗粒相和气相之间的相对速度，因此也无法再现颗粒宏观射流结构。工况Ⅲa、Ⅳ和Ⅰ中的颗粒射流结构在波长和幅值上都非常相似。

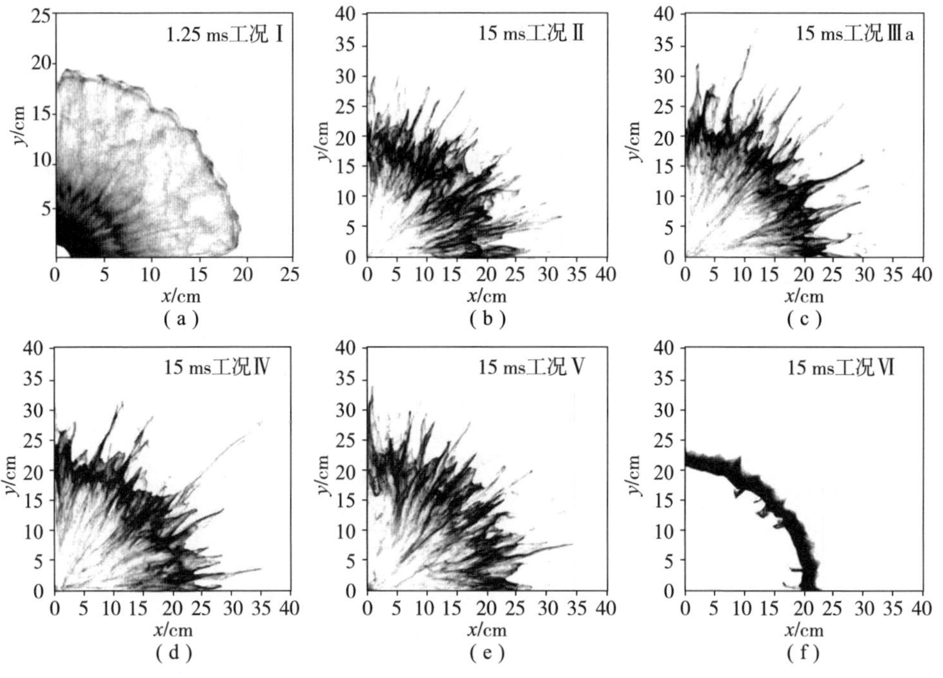

图3.35　初始激波马赫数为1.26的不同工况中颗粒云分散后期的颗粒散点图

包含两相耦合模型的工况中颗粒云早在加速阶段就出现了内界面细微的射流结构，如图3.36（a）所示，而不存在两相耦合的工况Ⅳ中颗粒云内外界面在加速阶段保持稳定，如图3.36（b）所示。颗粒分布的环形非均匀不仅存在于颗粒云内界面，而且在整个颗粒云内部都存在，使颗粒云内部呈现出细小的空隙结构。颗粒环向分布波动与流相径向速度的波动负相关，即颗粒稀疏区域的流相速度大于颗粒稠密区域，表明这些特征结构附近存在流体涡量。当初始颗粒体积分数空间均匀分布时，流相的涡量方程［式（3.49）］等号右边的 $1/(\alpha\rho)^2\boldsymbol{F}\times\nabla(\alpha\rho)$ 和 $1/(\alpha\rho)\ \nabla\times\boldsymbol{F}$，即拖曳力与流相体积平均密度梯度的叉乘，以及拖曳力产生的矩是流相涡量生成的重要驱动力。一旦形成了环向非均匀的特征结构，常规的斜压涡 $1/(\alpha\rho)^2\nabla p\times\nabla(\alpha\rho)$ 成为涡量生成的主要驱动因素。

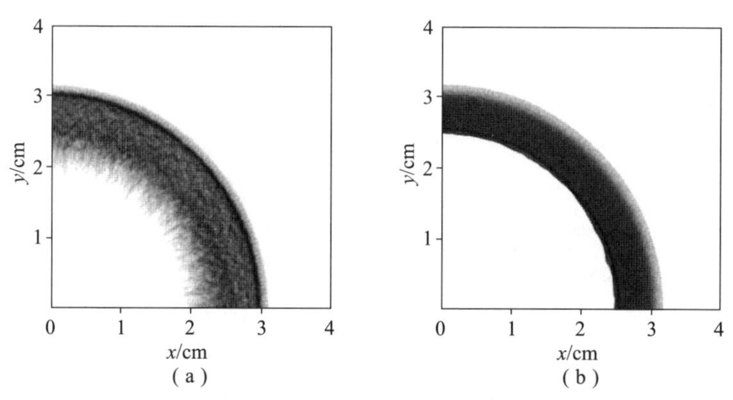

图 3.36　工况 Ⅲa 和 Ⅳ 中 1 ms 是颗粒云形貌的散点图

当颗粒云进入减速膨胀阶段，颗粒云外界面开始出现明显的射流结构，如图 3.37 所示。当外界面开始减速时，外界面开始受到瑞利－泰勒失稳的

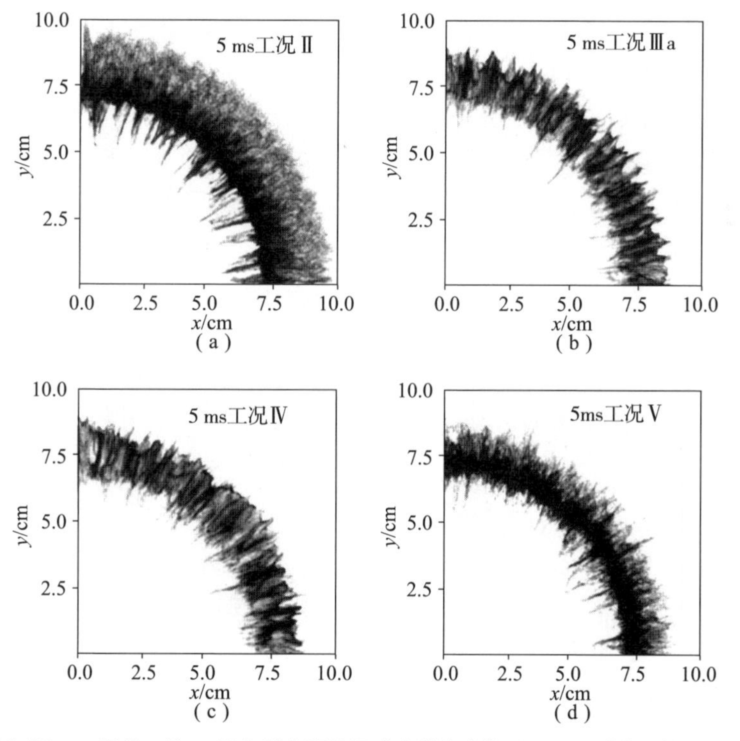

图 3.37　工况 Ⅱ、Ⅲa、Ⅳ 和 Ⅴ 在颗粒云减速膨胀阶段（5 ms）时的颗粒云形貌

影响（来源于涡量方程中的$1/(\alpha\rho)^2\boldsymbol{F}\times\nabla(\alpha\rho)$）。此时，颗粒云内部的压力开始低于颗粒云外部压力（大气压），压力梯度指向外部，使得颗粒云更容易受到瑞利－泰勒失稳的影响。外界面的失稳射流持续增长直到第二次激波作用时刻。考虑颗粒碰撞的工况Ⅴ中的外界面的失稳射流波长更短但幅值更大。

Koneru等同样从流相涡的生成和输运的角度对中心分散颗粒环壳射流结构形成的原因进行了分析。激波作用颗粒层时两相之间的速度差最大，拖曳力也达到最大。此时，涡量方程式等号右边的$1/(\alpha\rho)^2\boldsymbol{F}\times\nabla(\alpha\rho)$和$1/(\alpha\rho)\nabla\times\boldsymbol{F}$对涡量生成的贡献最为显著。实际上，只要颗粒处在加速或者减速阶段，流场与颗粒之间都会存在强拖曳力，以上两个涡量生成项的影响不可忽视。而流相平均密度梯度$\nabla(\alpha\rho)$在颗粒环内外界面处最强，因此拖曳力矢量与密度梯度$\nabla(\alpha\rho)$方向非一致导致的矢量矩最强，因此涡量会首先沉积在颗粒环的内外界面。数值模拟和试验中都观察到了内界面在压实阶段出现扰动，但外界面仍保持稳定。在后面的膨胀阶段当颗粒环内部出现颗粒相的堆积密度非均匀后，涡量再次在颗粒环内部沉积，导致颗粒环内部出现大量孔隙。此外，当接触界面进入颗粒环内后受颗粒扰动影响不再与压力等值线平行，使得常规的斜压涡$1/(\alpha\rho)^2\nabla p\times\nabla(\alpha\rho)$在接触界面上沉积。以上涡量形成机制引入了颗粒环向动量，进而诱发颗粒尺度的RM不稳定性。图3.38所示为分散颗粒环中射流结构充分成长以后的涡量场云图，该图显示了涡量的等值面和颗粒散点，颗粒根据颗粒速度染色。在颗粒环外界面，细长的颗粒射流穿过逆旋转的涡量对，如图3.38（a）和（b）所示。尽管内界面也出现了颗粒团簇，但是由于内界面附近的颗粒体积分数太低，无法辨识出特征结构。涡量的输运项$\boldsymbol{\omega}\nabla\cdot\boldsymbol{u}$在激波面处是最强的；涡量的级联传递主要由涡量的拉伸项$\boldsymbol{\omega}\cdot\nabla\boldsymbol{u}$控制，这两项决定了涡量的再次分布。

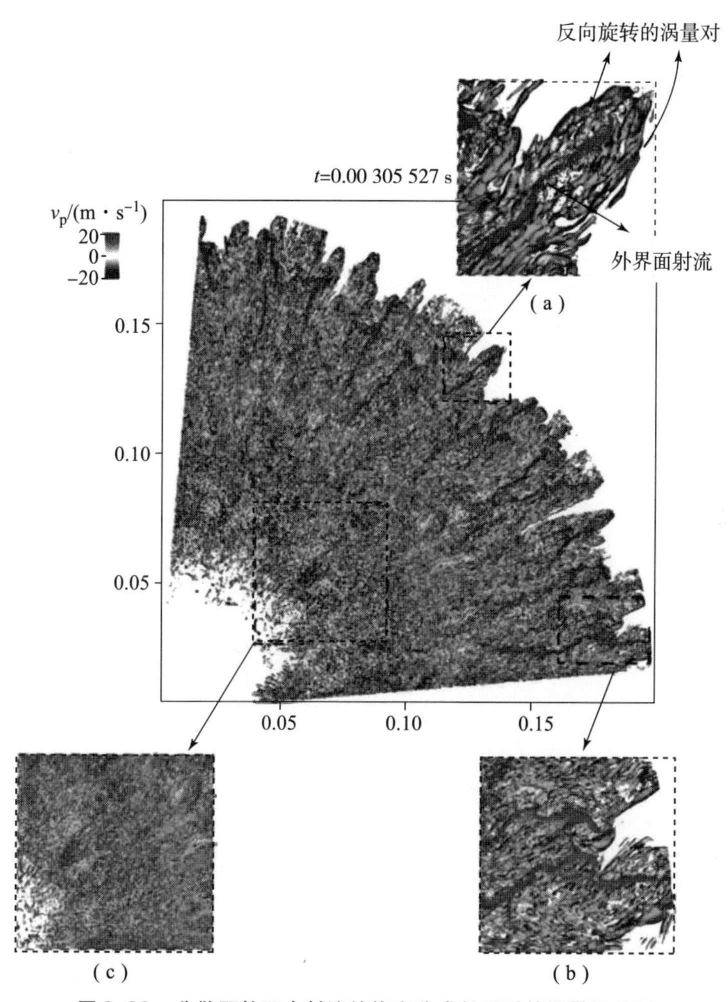

图 3.38　分散颗粒环中射流结构充分成长以后的涡量场云图

第4章

中心分散过程近场的波系结构

4.1 引　　言

目前，对于中心爆炸分散过程的理论研究集中于近场过程中心爆炸流场与燃料壳之间耦合的数学物理建模、燃料壳初始膨胀破碎的理论预测模型。数值模拟工作在可压缩流场与燃料之间的质量、动量、能量的耦合作用的数值模型、算法方面取得了巨大的进展（见第3章），可以较为准确刻画近场过程燃料柱壳在中心爆轰产物气体驱动作用下的加速膨胀和破碎过程，以及在近场过程结束时已充分发展的流动不稳定性，如3.6节中探讨的颗粒柱壳在柱面激波作用下的射流行为。但是，由于对高速运动的液体或固液混合燃料微团在远场过程中的破碎过程缺乏合理的建模，因此很难再现远场过程液体或固液混合燃料云雾的膨胀过程。受限于爆炸冲击流场瞬态诊断技术的时空分辨率，绝大部分试验研究仅能获得云雾区外缘在远场过程中的演化轨迹，进而计算远场过程起始时刻的燃料壳外缘的速度，修正预测爆炸驱动破片速度的 Gurney 公式（见2.3节），并用来标定和校验数值方法。近年来很多研究组发展了准二维的圆柱构型中心爆炸分散试验，由于采用了较弱的激波驱动，明显延迟了试验特征时间，使得我们有条件捕捉近场阶段短燃料柱壳的形貌演化，为研究近场阶段以及近场向远场转变过程中燃料柱壳界面的流动不稳定性和破碎行为提供了试验基础（见第5章）。

对于粉体燃料，中心爆源起爆后，爆炸波及后方的爆炸流场与粉体材料之间的相互作用难以用简化的载荷边界条件近似，因此第 2 章中基于中心爆炸载荷与连续燃料柱壳/球壳相互作用的界面失稳和壳体破碎模型并不适用。第 3 章中介绍了采用颗粒解析的可压缩多相流数值方法研究平面及发散激波与颗粒层相互作用的工作，可以看到入射波进入颗粒层后复杂的波系结构。由于颗粒解析的多相流模拟过高的计算成本，以及运动颗粒界面跟踪困难的问题，采用颗粒解析的多相流数值方法所研究的体系规模一般在 $O(10^1) \sim O(10^3)$ 颗粒数目的范围内，颗粒往往是固定的，且颗粒相体积分数远离密堆积极限。而对于宏观粉体环壳的中心爆炸分散问题，环壳内粉体处于密实堆积状态，且环壳的运动与中心流场的演化强耦合。因此，本章将采用颗粒非解析的欧拉－拉格朗日可压缩多相流方法（CMP－PIC）研究平面及发散激波与密堆积颗粒层的相互作用，考察激波的发散效应、爆源与颗粒层/环内界面的间隙、颗粒相体积分数、颗粒环的运动等因素对于爆炸载荷在颗粒层中传播规律的影响。对于激波管构型和中心发散构型，激波在密堆积颗粒层界面与封闭端（中心）之间往返振荡，导致强度衰减的多重激波反复作用颗粒层，这些效应在单一激波作用颗粒层的过程中并不存在，但对于粉体环壳的中心爆炸分散行为有着显著影响。

4.2　不同爆源的爆炸分散体系的爆炸能量等价原则

一个典型的圆柱构型中心爆炸分散体系由中心爆源和环绕爆源的燃料环壳构成，如图 4.1 所示，中心爆炸分散体系的特征几何参数包括中心爆源的半径 R_{exp}，燃料环壳的内外径 R_{in} 和 R_{out}。如果燃料环壳为液体，燃料密度 $\rho_{fuel}=\rho_{liquid}$；如果燃料环壳由固液混合燃料构成，固相和液相的密度分别为 ρ_p 和 ρ_{liquid}，固相的体积分数为 ϕ_0，则燃料密度 $\rho_{fuel}=\phi_0\cdot\rho_p+(1-\phi_0)\cdot\rho_{liquid}$，此时认为固液混合燃料为饱和和过饱和体系；如果燃料环壳由粉体材料构成，则燃料密度为 $\rho_{fuel}=\phi_0\cdot\rho_p$。单位高度的燃料环壳的质量为

$$M_{fuel}=\pi(R_{out}^2-R_{in}^2)\rho_{fuel}=\begin{cases}\pi(R_{out}^2-R_{in}^2)\rho_{liquid}, & \text{液体燃料}\\ \pi(R_{out}^2-R_{in}^2)\begin{bmatrix}\phi_0\rho_p\\ +(1-\phi_0)\rho_{liquid}\end{bmatrix}, & \text{固－液混合燃料}\\ \pi(R_{out}^2-R_{in}^2)\phi_0\rho_p, & \text{粉体燃料}\end{cases} \tag{4.1}$$

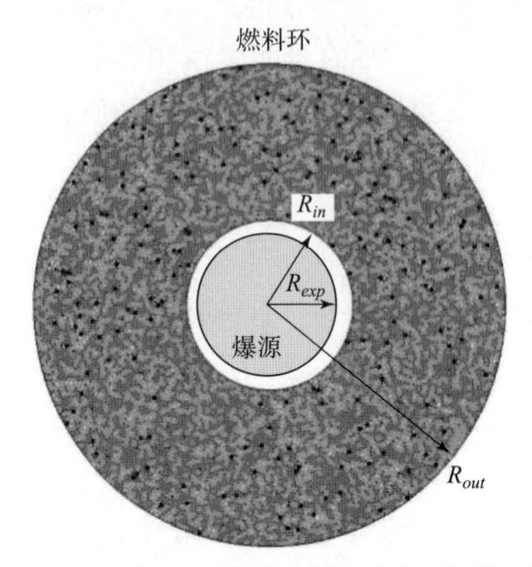

图 4.1　圆柱构型中心爆炸分散体系几何构型示意图
（中心爆源的半径 R_{exp}，燃料环壳的内外径 R_{in}和 R_{out}）

目前，常用的中心爆源包括中心炸药和高压气团。对于炸药爆源，不同的炸药种类和装填密度对应不同的爆轰参数，如爆压、爆热、爆温和爆速；而对于高压气团爆源，初始的热力学参数包括初始密度 ρ_0、压力 P_0和温度 T_0，对于理想气体，单位质量的内能为 $e_{gas,0} = P_0/\rho_0 \cdot (1-\gamma)$，焓为 $h_{gas,0} = e_{gas,0} + P_0/\rho_0$。当量比 M/C 是爆炸分散体系中最为关键的参数，对于炸药爆源，有

$$(M/C)_{exp} = \frac{M_{fuel}}{M_{exp}} = \frac{(R_{out}^2 - R_{in}^2)\rho_{fuel}}{R_{exp}^2\rho_{exp}} \tag{4.2}$$

显然，如果采用式（4.2）计算高压气团为爆源的中心爆炸分散体系，相同当量比不同爆源（高压气团和炸药）的爆炸分散体系并不等效。因此，本节将基于能量等效法则，即中心爆源能量相当，建立不同爆源的爆炸分散体系当量比之间的转换关系。

高压气体的爆炸能量主要有四种计算方法，即 Brode 公式、等熵膨胀模型、等温膨胀模型和热力学模型。于 1959 年，Brode 提出的 Brode 公式是最简单的能量估算方法，得到了等容条件下将容器中的气体压力从 1 atm 提高到容器破裂压力所需要的能量，即

$$E_{\mathrm{Brode}} = \frac{(P_2 - P_1)V}{\gamma - 1} \tag{4.3}$$

式中：P_1 为大气压；P_2 为容器破裂压力；V 为容器体积；γ 为比热比；E_{Brode}给出了容器破碎后释放到环境气氛中的能量。

假设等熵膨胀模型的气体从初始状态等熵的膨胀达到终态，释放的爆炸能

量为

$$E_{isoentropic} = \left(\frac{P_2 V}{\gamma - 1}\right)\left[1 - \left(\frac{P_1}{P_2}\right)^{(\gamma-1)/\gamma}\right] \tag{4.4}$$

等温膨胀模型假设气体从初始状态等温的膨胀达到终态，释放的爆炸能量为

$$E_{isothermal} = R_g T_1 \ln\left(\frac{P_2}{P_1}\right) = P_2 V \ln\left(\frac{P_2}{P_1}\right) \tag{4.5}$$

式中，R_g为理想气体常数。

热力学方法给出了高压气团从初始态到与周围环境均衡的过程中的最大机械能，是产生给定超压的机械能上限。1992 年，Crowl 通过热力学方法给出了约束在体积为 V 的容器中气体的最大爆炸能量，即

$$E_{thermo} = P_2 V\left[\ln\left(\frac{P_2}{P_1}\right) - \left(1 - \frac{P_2}{P_1}\right)\right] \tag{4.6}$$

对于等温膨胀，式（4.6）与式（4.5）仅相差一个和热力学第二定律能量损失相关的修正项。图 4.2 给出了四种不同模型得到的高压气团单位体积膨胀到 1 atm 的环境压力过程中释放的爆炸能量随初始气压的变化。假设初始惰性气体温度为 298 K，比热比 $g = 1.4$。等熵膨胀模型预测的爆炸能量最低，这是由于等熵膨胀会导致更低的气体温度。初始压力 13.8 bar（1 bar = 0.1 MPa）的理想气体膨胀到 1.01 bar 时温度降低到 141.5 K，即 −131.7℃。这一终态与热力学模型中要求膨胀后气体与环境气体均衡的终态是不同的。等温模型中

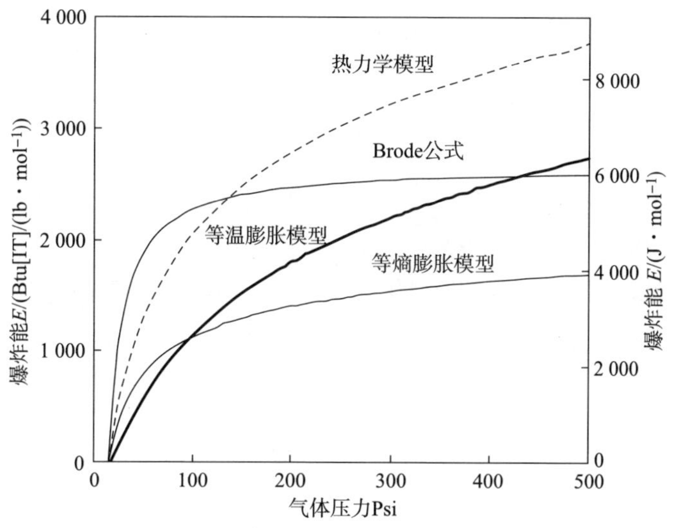

图 4.2　高压气团单位体积膨胀到 1 atm 的环境压力过程中释放的爆炸能量随初始气压的变化

将气体膨胀过程中所有的内能减小都用来做压缩功，因此得到了较大的爆炸能预测值。但是实际上根据热力学第二定律，在这一过程中总会损失一定能量。

一般认为 Brode 公式给出的爆炸能在爆源附近，即近场范围内是最为准确的。而等熵膨胀模型在更远的距离，即远场范围内给出的爆炸能预测更为合理。考虑到中心爆炸流场与燃料壳的耦合发生在近场阶段，我们采用式（4.3）计算单位体积的圆柱高压气体的爆热，即

$$E_{gas} = \frac{(P_0 - P_{amb})V_{gas}}{\gamma - 1} = \frac{(P_0 - P_{amb})\pi R_{gas}^2}{\gamma - 1} \tag{4.7}$$

分别以高温高压和常温高压气体为爆源的爆炸分散体系，爆源能量等价原则要求满足初始气体压力与体积的乘积不变，由式（4.7）可得

$$\begin{aligned}\pi(P_0 - P_{amb})R_{gas}^2 &= \pi(\rho_0 RT_0 - P_{amb})R_{gas}^2 = RT_0 M_{gas} - \pi P_{amb}R_{gas}^2 \\ &= RT_0 \frac{M_{ring}}{(M/C)_{gas}} - \pi P_{amb}R_{gas}^2 = \text{常数}\end{aligned} \tag{4.8}$$

$$\frac{T_L}{T_H}\frac{M_{ring,L}}{M_{ring,H}} = \frac{(M/C)_{gas,L}}{(M/C)_{gas,H}} \tag{4.9}$$

式中，下角标 L 和 H 分别指代初始高压低温和高压高温的理想气体作为爆源的爆炸分散体系中的结构变量。

由式（4.9）可知，对于给定燃料质量的以理想气体作为爆源的爆炸分散体系，爆源能量等价要求体系的当量比与初始爆源气体温度的比值不变。高压高温（~爆轰产物气体的爆温）气体作为爆源的爆炸分散体系的当量比应当10 倍于同样压力但是初始温度为室温的气体爆源体系，才能达到爆源能量相当。

对于分别以炸药和高压气体为爆源的爆炸分散体系，爆源能量等价准则要求为

$$E_{gas} = E_{exp} = M_{exp}q_{exp} \tag{4.10}$$

式中，q_{exp}为单位质量炸药的爆热。

如果将炸药质量 M_{exp}转换为 TNT 当量 M_{TNT}，则 q_{exp}采用 TNT 的爆热，q_{TNT} = 4 667 kJ/kg。将式（4.7）代入式（4.8），可得

$$m_{\mathrm{TNT}}q_{\mathrm{TNT}} = \frac{(P_0 - P_{amb})V_{gas}}{\gamma - 1} \approx \frac{P_0 V_{gas}}{\gamma - 1} \tag{4.11}$$

对于凝聚态炸药爆炸，爆压 P_0（~O（10^1）GPa）比大气压 P_{amb}（0.1 MPa）高数个数量级，因此可以忽略式（4.9）中与 P_{amb}相关的项。假设高压气体初始温度与爆轰产物气体温度一致，$T_0 = T_{den}$。高压气体的初始密度 ρ_0可以通过理想气体状态方程确定，进而可以得到基于高压气体质量的爆炸分散体系当量

比（M/C）$_{gas}$与炸药爆源的装药结构当量比（M/C）$_{exp}$之间的转换关系，即

$$(M/C)_{gas}=\frac{m_{ring}RT_0}{m_{\mathrm{TNT}}q_{\mathrm{TNT}}(\gamma-1)},(M/C)_{exp}\frac{RT_{den}}{q_{\mathrm{TNT}}(\gamma-1)} \tag{4.12}$$

对于某一当量比（M/C）$_{exp}$的炸药爆源爆炸分散体系，要想获得当量比相当的高压气体爆源爆炸分散体系，必须两种的当量比满足式（4.12）。同样，要评价比较两种不同爆源的爆炸分散体系的分散行为，必须通过式（4.12）将两种体系的当量比相互转变后再进行比较。由式（4.12）可知，（M/C）$_{gas}$线性依赖于（M/C）$_{exp}$，比例系数 $RT_0/q_{\mathrm{TNT}}(\gamma-1)>1$，意味着爆源能量相当原则下，与炸药爆源爆炸分散体系当量比等价的高压气体爆源爆炸分散体系当量比更小。此外，比例系数 $RT_0/q_{\mathrm{TNT}}(\gamma-1)$ 还是初始气体温度 T_0函数。显然，高压气体的初始温度选择室温（300 K）还是爆轰产物气体温度（3 000 K）会导致比例系数相差 10 倍。对于高温（3 000 K）爆源气体，$RT_0/q_{\mathrm{TNT}}(\gamma-1)\approx 0.5$；而对于室温（300 K）爆源气体，$RT_0/q_{\mathrm{TNT}}(\gamma-1)\approx 0.05$。目前，试验中采用炸药作为爆源的装药结构当量比（$M/C$）$_{exp}$在 O（$10^0\sim10^2$）的范围内，相当于当量比（M/C）$_{gas}$在 O（$10^{-2}\sim10^0$）范围内以高压室温气体作为爆源的爆炸分散体系。

4.3　不同爆源的近场波系图

本节主要讨论高压气体和炸药两种不同的爆源产生的爆炸载荷与密堆积颗粒层界面（$\phi_0>0.4$）作用后形成的波系结构。通过高压气体爆源我们详细阐述了高压气体与颗粒层界面之间是否存在间隙，以及可动颗粒层对于波系结构的运动。4.3.1 节首先通过激波管高压气体段作用固定密堆积颗粒层的工况讨论高压气体与颗粒层界面之间间隙对于波系结构的影响。4.3.2 节比较中心高压气团作用固定颗粒环产生的波系结构与一维激波管工况的差别，并讨论在中心发散构型中高压气团与颗粒环内界面之间的间隙对波系结构的影响，最后讨论可动颗粒环的膨胀对于中心气腔内部波系结构的影响。4.3.3 节介绍中心炸药起爆驱动可动颗粒环工况中的波系演化，此时考虑中心球形炸药在中心引爆后从中心向外扩展的爆轰波，并重点阐述中心炸药起爆在产物气体中形成的波系结构与静止的高温高压爆轰产物气团形成的波系结构的差异。

4.3.1　激波管中高压气体驱动固定颗粒环的波系结构

如图 4.3 所示，激波管内高压气体段的初始段长度 $R_{gas}=40\ mm$，$P_0=200$ bar，

$T_0=298$ K，高压气体段界面与固定密堆积颗粒层（$\phi_0=0.65$）前界面之间的间距为δ。图4.3（a）、（c）和（b）、（d）分别为$\delta=0$和$\delta=20$ mm时流场的压力和密度梯度的x—t图。尽管两种工况下颗粒层前界面的上游流场中都出现了周期性的压力振荡，但$\delta=0$的工况中上游流场中的压力振荡周期更短，压力场更快地趋向均匀，没有明显的压力间断面。从数值纹影图［图4.3（c）］中可以清晰看到从高压气体间断面出发，向上游传播的稀疏波波束在激波管左端和颗粒层前界面之间做往复运动，波束越来越宽、且强度迅速衰减，在1 ms后几乎无法辨识。与此相反，$\delta=20$ mm的工况中上游流场中存在明显的往复激波，往复周期接近$\delta=20$ mm的工况中压力振荡周期的2倍。由数值纹影图［图4.3（c）］可知，往复稀疏波束仅在0.4 ms之前存在，而往复激波直到1 ms仍然具有尖锐的间断面。与激波作用更为稀疏的颗粒层（$\phi_0=0.1$）不同，进入密堆积颗粒层（$\phi_0=0.65$）中的透射激波会迅速衰减，颗粒层内部通过渗流机制逐步建立扩散压力场。由于颗粒层上游界面处的压力受到上游流场中运动波系的强烈影响而无法保持稳定，因此颗粒层内部的压力场始终处于瞬态演化过程中，特别是$\delta=0$工况中的往复稀疏波束和$\delta=20$ mm工况中的往复激波作用颗粒层上游界面时，向颗粒层中透射明显的稀疏波和激波，颗粒层内部的扩散压力场受到显著扰动。

图4.3显示的复杂波系结构决定了流场中各点的压力和速度随时间的演化。图4.4（a）和（b）分别显示了$\delta=0$和$\delta=20$ mm两种工况中激波管封闭左端面（$x=0$），高压气体段中部（$x=R_{gas}/2=20$ mm）和颗粒层上游界面（$x=R_{gas}+\delta$）处的流场压力和速度随时间的变化。$\delta=0$的工况中，三个位置处的压力曲线P_f（t）均呈现出周期相近的三角波振荡结构，每个振荡周期的上升沿明显比下降沿平缓，振荡幅值迅速衰减。在$\delta=20$ mm的工况中，激波管封闭左端面（$x=0$）和颗粒层上游界面（$x=R_{gas}+\delta$）处的流场压力呈现出相同周期、相差1/2相位的前沿突跃三角波结构。压力起跳时刻与往复激波到达的时刻一致。随着激波的衰减，每次压力跳跃的幅值也在迅速下降。高压气体段中部（$x=R_{gas}/2=20$ mm）处的压力则在一个周期呈现出双峰结构，第一个峰对应于向上游运动（左行）激波的到达，而第二个峰则对应于向下游运动（右行）激波的到达。值得注意的是，每个周期内（$x=R_{gas}/2=20$ mm）处的第一个压力峰值明显低于第二个压力峰值，这是由于对应于第二个峰的右行激波是上一个左行激波从激波管左端面反射形成的，因此会好于上一个左行激波。无论是$\delta=0$工况中往复稀疏波波束的衰减，还是$\delta=20$ mm的工况中往复激波的衰减，都主要发生在稀疏波波束或激波与颗粒层上游界面接触的过程中。与波在固壁的反射不同，稀疏波波束或激波作用在多孔介质界面时，有相

当一部分稀疏波波束或激波会透射进入介质中，因此反射稀疏波波束或激波强度远远小于固壁反射的情况，甚至有可能小于入射稀疏波波束或激波。这也是图4.4中各个位置处的振荡压力曲线幅值迅速衰减的主要原因，同时也是图4.3（a）和（b）中压力场迅速趋向均匀的原因。此外，由于渗流作用导致的气体从上游流场的流失也是振荡压力幅值迅速衰减、压力场趋向均匀的原因之一，这一效应在低堆积密度、高渗透率的多孔介质上游流场中尤为明显。

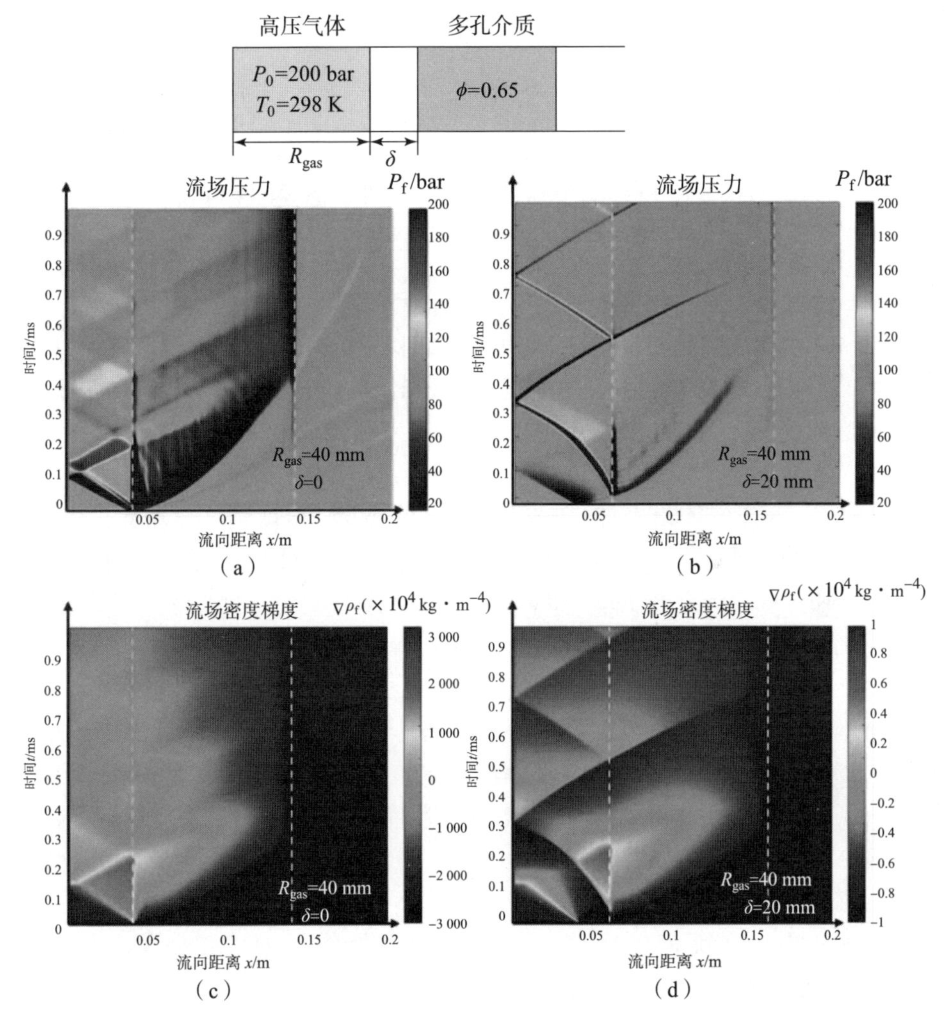

图4.3　激波管内高压气体段（R_{gas}=40 mm）突然释放后流场压力和流场密度梯度的 x—t 图

（a）（c）固定颗粒层的上游界面与高压气体段的右端面接触（$\delta=0$）；

（b）（d）固定颗粒层的上游界面与高压气体段的右端面具有一定间隔（$\delta=20$ mm）

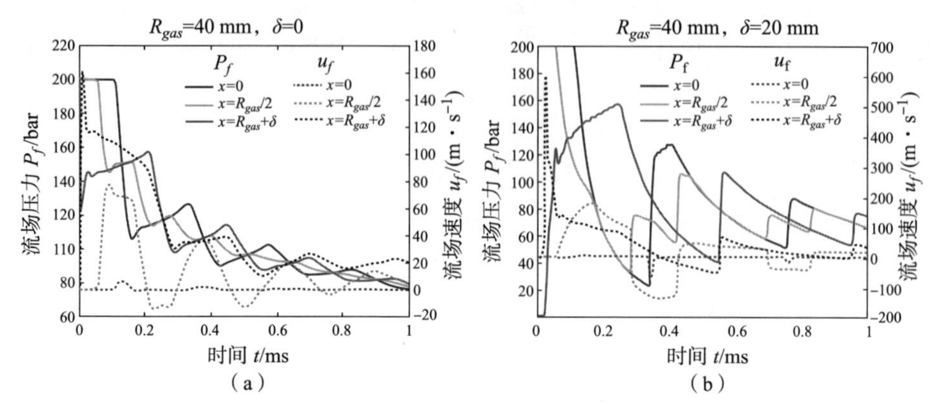

图 4.4　δ=0 和 δ=20 mm 的两种激波管工况中激波管封闭左端面（x=0），高压气体段中部（$x=R_{gas}/2=20$ mm）和颗粒层上游界面（$x=R_{gas}+\delta$）处的流场压力和速度随时间的变化（见彩插）

以下我们分别通过初始时刻的流场中速度和压力分布的演化来详细阐述 $\delta=0$ 和 $\delta=20$ mm 两种工况下不同的波系结构是如何形成并稳定下来的。图 4.5（a）~（c）为 $\delta=0$ 的激波管工况中初始时刻（$t<0.4$ ms）的上游流场速度、速度梯度和压力梯度的 x—t 图，虚线代表稀疏波波束的波头或波尾，实线代表压缩波波尾。图 4.6（a）~（c）分别为 $\delta=0$ 的工况中激波管封闭左端面（$x=0$）、高压气体段中部（$x=R_{gas}/2=20$ mm）和颗粒层上游界面（$x=R_{gas}+\delta$）处的流场压力和速度在初始时刻的变化。$t=0$ 时，一道左行稀疏波从 $x=R_{gas}=40$ mm 处向上游运动，RW_h 和 RW_t 分别代表波头和波尾。与此同时，颗粒层上游界面的压力在 0.01 ms 内从 200 bar 急剧下降到 122 bar，流速也迅速从零上升到 200 m/s。高速流动的气体在经过颗粒层上游界面时受到拖曳力的强烈作用，强烈的局部水头损失导致流速迅速下降，在界面附近形成较窄的减速流场，形成一道较弱的左行压缩波，导致界面压力在 0.025 ms 时恢复到 145 bar，流速下降到 170 m/s。压缩波的波头 RW_h 与波尾 RW_t 重合。此后，界面速度在局部水头损失的作用下缓慢下降，同时压力缓慢上升。左行稀疏波波束经过高压气体段中部（$x=R_{gas}/2=20$ mm）时导致该处压力的强烈下降，速度的迅速上升，而随后的压缩波波束使得该处的压力小幅恢复，稳定在 150 bar 附近。稀疏波波束到达激波管左端封闭，压力迅速下降，同时发生反射向下游运动。右行稀疏波的波头（RW_{rh}）和波尾（RW_{rt}）分别在 0.165 ms 和 0.225 ms 经过高压气体段中部（$x=R_{gas}/2=20$ mm），并在 0.215 ms 和 0.29 ms 到达颗粒层上游界面，再次反射形成向上游运动的第二次左行稀疏波，其波头（RW_{rrh}）和波尾（RW_{rrt}）分别在 0.27 ms 和 0.351 ms 再次经过高

压气体段中部（$x = R_{gas}/2 = 20$ mm）。虽然左行稀疏波束和右行稀疏波束均使得流场压力下降，但前者使得气体向下游运动速度加快，而后者使得向下游运动的气体减速。值得注意的是，当激波管左端封闭端压力下降到 150 bar 以下时，封闭端区域发生过膨胀，局部气体强烈减速，甚至流动方向逆转，向上游运动，在封闭端反射形成向下游运动的压缩波。图 4.5（c）中波尾 RW_{rt}后存在一个向下游传播的右行弱压缩波。

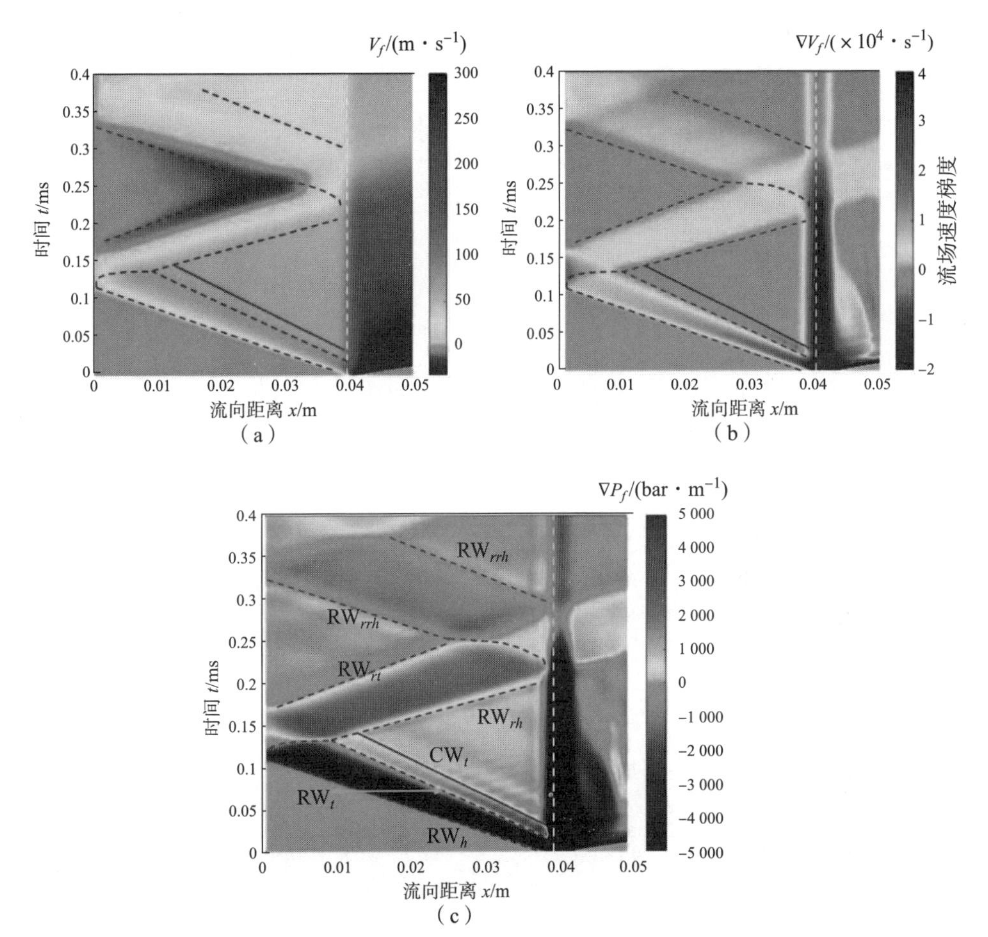

图 4.5　$\delta = 0$ 的激波管工况中初始时刻（$t < 0.4$ ms）的上游流场速度、速度梯度和压力梯度的 x—t 图（图中各条虚线和实线分别代表稀疏波和压缩波的轨迹）

（a）流场速度 $x-t$ 图；（b）流场速度梯度 $x-t$ 图；（c）流场压力梯度 $x-t$ 图

RW_h—稀疏波波头；RW_t—稀疏波波尾；CW_t—膨胀波波尾；RW_{rh}—从中心反射的稀疏波波头；RW_{rt}—从中心反射的稀疏波波尾；RW_{rrh}—从颗粒层界面反射的稀疏波波头；RW_{rrt}—从颗粒层界面反射的稀疏波波尾

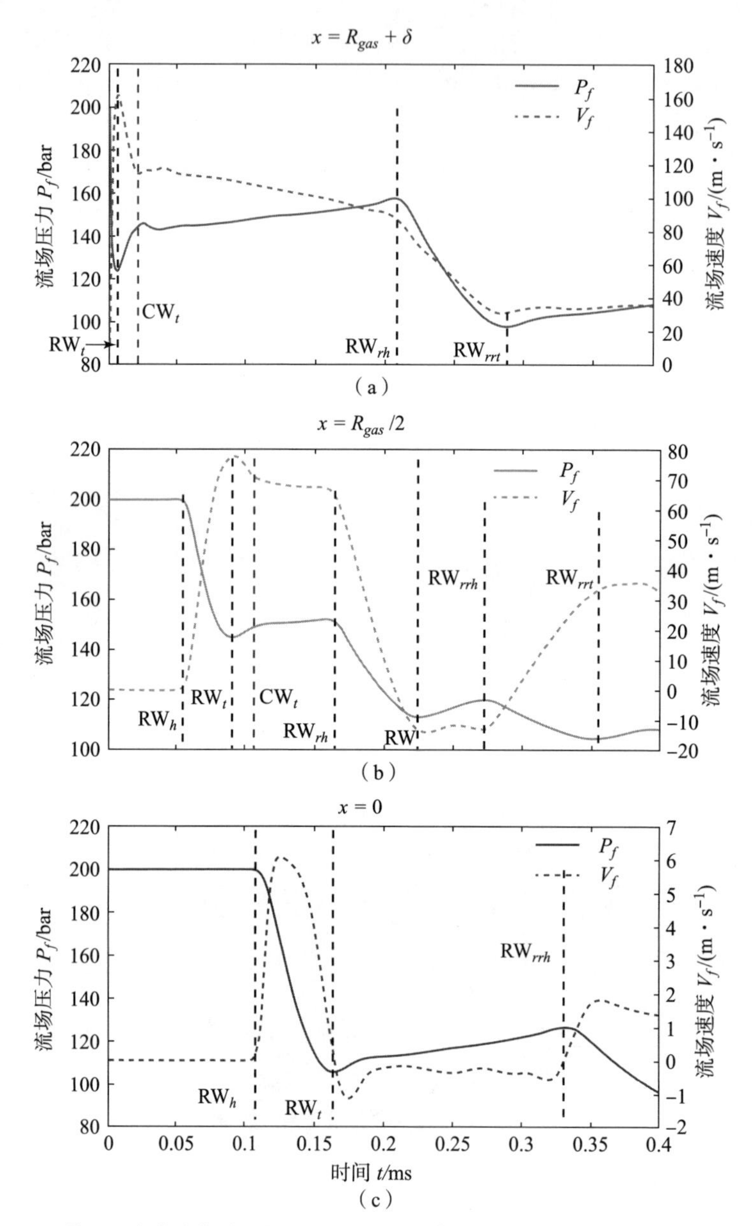

图 4.6　$\delta=0$ 的工况中激波管封闭左端面（$x=0$），高压气体段中部（$x=R_{gas}/2=20$ mm）和颗粒层上游界面（$x=R_{gas}+\delta$）处的流场压力和速度在初始阶段随时间的变化

图 4.7（a）和（b）所示为 $\delta=20$ mm 的激波管工况初始时刻（$t<0.5$ ms）的上游流场速度和压力梯度的 $x-t$ 图。图 4.8 为不同时刻的流场压力、密度和速度沿流向的变化。图 4.9 所示为激波管封闭左端面（$x=0$）、高压气体段中

部（$x=R_{gas}/2=20$ mm）和颗粒层上游界面（$x=R_{gas}+\delta$）处的流场压力和速度在初始阶段随时间的变化。$t=0$ 时，流场中出现一道向下游传播的入射波 IS 和波头 RW_h、波尾 RW_t 分别向上游和下游传播的稀疏波波束。入射波 *IS* 在 0.02 ms 时到达颗粒层上游界面。与激波的固壁反射不同，激波在多孔介质界面上的反射要经历一个短暂的过程。如图 4.9（a）所示，颗粒上游界面上激波反射过程从 0.02 ms 持续到 0.055 ms，产生一道具有一定厚度的向上游传播的左行反射激波，激波前沿和后沿分别为 RS_h 和 RS_t。界面处的速度在此后缓慢下降，压力缓慢上升。左行的稀疏波束波头 RW_h 在 0.052 ms 时经过高压气体段中部，并在 0.11ms 时到达激波管封闭的左端面，随即反射形成右行的稀疏波波头 RW_{rh}。右行的稀疏波波头 RW_{rh} 在 0.16 ms 时到达高压气体段中部，使之压力进一步下降，同时使得向下游运动的气体减速。此后，左行反射激波通过高压气体段中部，使得此处的压力有明显上升，同时左行激波会使得向下游运动的气体急剧减速，甚至流向逆转，开始向上游运动。由图 4.7（a）可知，当反射激波经过 $x=0.036$ m 后，激波波后的气体开始向上游传播。右行的稀疏波波头 RW_{rh} 在 0.25 ms 时达到颗粒层上游界面，使得界面处压力显著下降，同时反射一道向上游传播的左行稀疏波 RW_{rrh}。左行稀疏波使得向下游运动的气体加速，向上游运动的气体减速。当 RW_{rrh} 在 0.36 ms 到达高压气体段中部，使得该处的压力下降，同时该处原本向上游流动的气体减速。在反射激

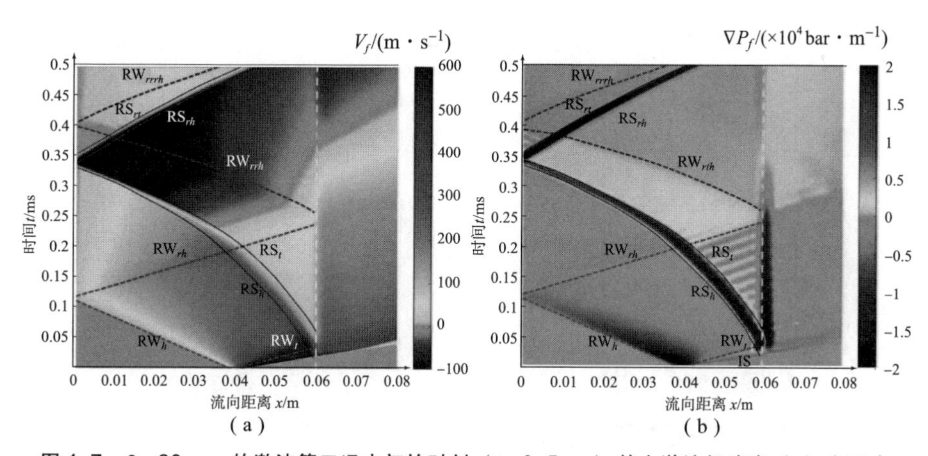

图 4.7 $\delta=20$ mm 的激波管工况中初始时刻（$t<0.5$ ms）的上游流场速度（a）和压力梯度（b）的 x—t 图。（图中的各个虚线和实线分别代表稀疏波和激波的轨迹）

IS—入射波；RW_h—稀疏波波头；RW_t—稀疏波波尾；RS_h—从颗粒层界面处反射的激波前沿；RS_t—从颗粒层界面处反射的激波后沿；RW_{rh}—从中心反射的稀疏波波头；RW_{rrh}—从颗粒层界面反射的稀疏波波头；RS_{rrh}—从中心反射的激波前沿；RS_{rrt}—从中心反射的激波后沿；R_{rrrt}—从中心第二次反射的稀疏波波头

波在0.33 ms到达激波管封闭的左端面，随即反射形成右行激波（前沿 RS_{rh}，后沿 RS_{rt}）向下游流场运动。左行的稀疏波 RW_{rrh} 在穿过右行激波后强度被显著削弱，其在激波管封闭左端面反射形成的右行稀疏波 RW_{rrrh} 很快与右行激波融合。0.5 ms后，颗粒层前界面上游流场中仅有迅速衰减的激波在激波管左端面和颗粒层前界面之间往复运动，如图4.9（b）和（d）所示。

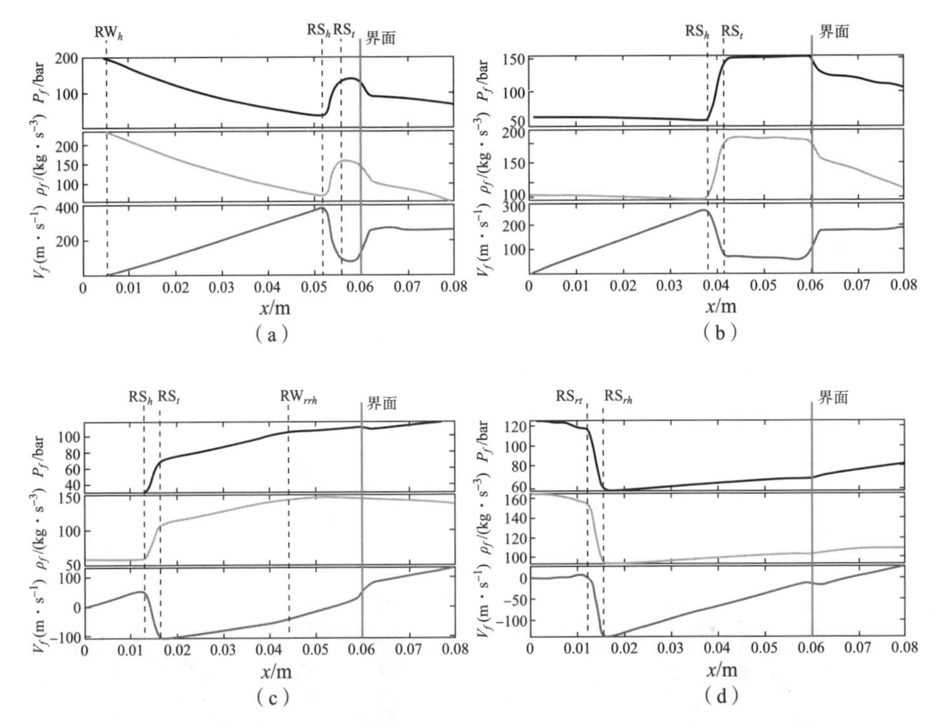

图4.8　$\delta=20$ mm的激波管工况中 $t=0.1$ ms、0.2 ms、0.3 ms和0.4 ms流场压力、密度和速度沿流向的变化（颗粒层上游界面位于 $x=0.06$ m处）

（a）$t=0.1$ ms；（b）$t=0.2$ ms；（c）$t=0.3$ ms；（d）$t=0.4$ ms

4.3.2　中心高压气团作用颗粒环的波系结构

表4.1所示为高压气团作用颗粒环工况的结构参数。其中，工况1～3通过仅改变高压气团的边界与颗粒环内界面的间隙距离来讨论间隙对波系结构的影响。工况1和工况4用来揭示颗粒环初始堆积密度，即渗透率的影响。工况5和6比较颗粒环内界面的半径不变时高压气团与颗粒环内界面有无间隙的区别。工况1～6的颗粒环中颗粒固定，而工况7中颗粒允许在流场中自由运动。因此，工况7探讨颗粒环的膨胀运动与内部流场演化的耦合。

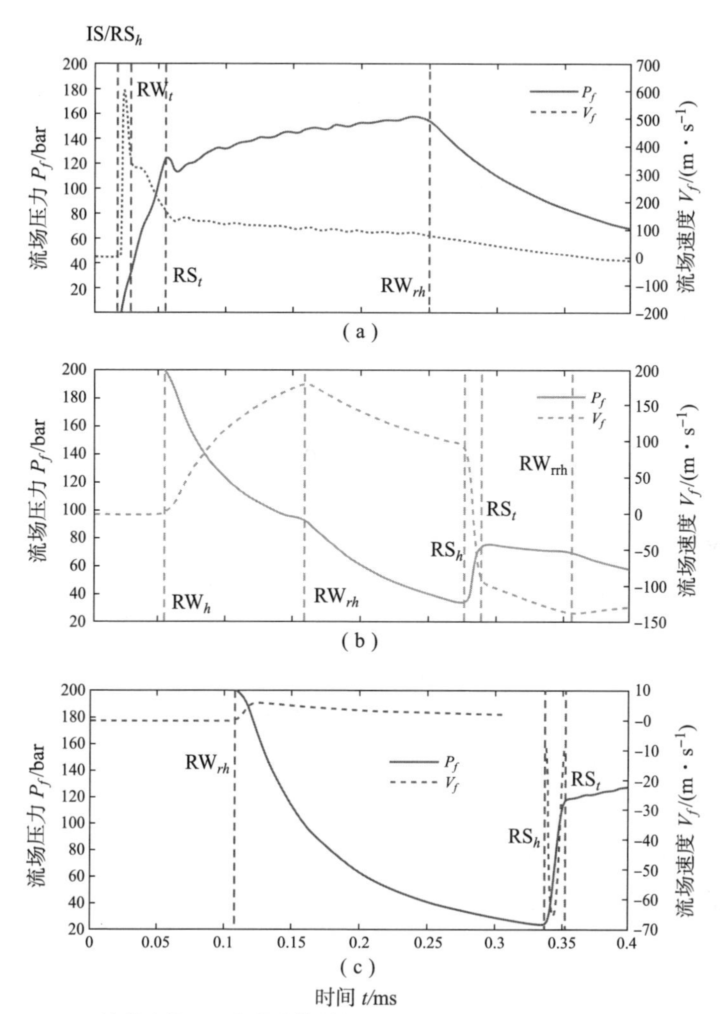

图4.9 $\delta=20$ mm的激波管工况中激波管封闭左端面（$x=0$）、高压气体段中部（$x=R_{gas}/2=20$ mm）、颗粒层上游界面（$x=R_{gas}+\delta$）处的流场压力和速度在初始阶段随时间的变化

(a) $x=R_{gas}+\delta$；(b) $x=R_{gas}/2$；(c) $x=0$

表4.1 中心高压气团作用颗粒环工况的结构参数列表（其中 P_0 和 R_{gas} 为高压气团的初始压力和半径，δ 为高压气团的边界与颗粒环内界面的间隙，h 为颗粒环厚度，ϕ_0 和 k 为颗粒环的初始堆积密度和渗透率。其中工况1-6的颗粒环中颗粒固定，而工况7中颗粒允许在流场中自由运动。高压气团初始温度保持室温，$T_0=298$ K）

工况编号	P_0/bar	R_{gas}/mm	$\delta=R_{in,0}-R_{gas}$/mm	$h=R_{out,0}-R_{in,0}$/mm	ϕ_0	k/($\times10^{-12}$m^2)
1	200	40	0	100	0.65	6.77
2	200	40	20	100	0.65	6.77

续表

工况编号	P_0/bar	R_{gas}/mm	$\delta=R_{in,0}-R_{gas}$/mm	$h=R_{out,0}-R_{in,0}$/mm	ϕ_0	$k/(\times10^{-12}\text{m}^2)$
3	200	40	80	100	0.65	6.77
4	200	40	0	100	0.5	33.3
5	200	40	0	50	0.6	11.85
6	200	20	20	50	0.6	11.85
7	60	40	0	50	0.5	33.3

图4.10所示为工况1的压力［图4.10（a）］、压力梯度［图4.10（b）］、速度［图4.10（c）］和速度梯度［图4.10（d）］的r—t图。比较激波管中高压气体段与颗粒层相接触的工况的压力［图4.3（a）］、压力梯度［图4.5（c）］、速度［图4.5（a）］和速度梯度［图4.5（b）］的x—t图，可以发现中心发散构型中压力振荡更为明显和持久。在激波管工况中，压力场在第一个往复振荡后迅速变得均匀，而在中心发散构型中可以看到清晰的压缩波在中心和颗粒环内界面的往复传播，甚至在四个循环后仍清晰可辨。图4.11给出了三个特征位置，分别为气团中心（$r=0$）［图4.11（a）］、气团1/2半径处（$r=R_{gas}/2$）［图4.11（b）］和颗粒环内界面（$r=R_{gas}+\delta$）处［图4.11（c）］的压力和流场速度随时间的变化。中心高压气团释放的瞬时，在气团与颗粒环的界面处同时产生向中心传播的稀疏波束RW_I和压缩波束CW_I。颗粒环内界面在稀疏波束和压缩波的共同影响下速度发生突跃并急速下落，同时压力迅速上跳到180 bar作用的峰值，略低于高压气团的初始压力，$P_0=200$ bar。此后，稀疏波束RW_I和压缩波CW_I远离颗粒环内界面，颗粒环内界面的流速缓慢回落，压力基本保持稳定。第一道向中心传播的稀疏波束RW_I和压缩波CW_I依次经过气团1/2半径处（$r=R_{gas}/2$），使得该处的压力在迅速下降（从200 bar下降到140 bar）后有所恢复（从140 bar上升到177 bar）。中心发散构型中向内汇聚的稀疏波和压缩波的强度会迅速增强。当汇聚稀疏波束RW_I和压缩波CW_I到达气团中心时，气团中心的压力猛烈下降，从200 bar下降到50 bar，远高于激波管工况中封闭段在稀疏波影响下的压力下降幅值，后者从200 bar下降到108 bar。随后气团中心压力在反射压缩波作用下迅速上升，从50 bar上升到300 bar，向外部发射一道比汇聚压缩波CW_I更强的发散压缩波CW_{II}，压缩波宽度在4 mm左右。发散稀疏波RW_{II}和发散压缩波CW_{II}依次经过气团1/2半径处和颗粒环内界面，使得这些位置处的压力在缓慢下降后迅速上升。值得注意的是，激波管工况中紧贴稀疏波波尾的压缩波非常微弱，在激波管封闭段穿过稀疏波束反射后，使得该处的压力仅上升6 bar，向下游运动的

压缩波微弱到几乎无法辨识，流场压力被往复的稀疏波束运动主导。与之相反，在中心发散构型中从颗粒环内界面向中心传播的汇聚压缩波强度增加，穿过稀疏波后在中心形成很强的反射压缩波，流场压力被往复的压缩波运动主导。由于发散压缩波在颗粒层内界面反射时由于非固壁效应被削弱，而汇聚压缩波在中心反射时强度增强，因此气团 1/2 半径处受到从中心反射的发散压缩波作用后的压力上升幅值会明显大于受到从颗粒层内界面反射的汇聚激波作用导致的压力上升幅值。由于高压气体从中心气团流入颗粒层的渗流效应，中心气团的整体压力下降，往复压缩波强度逐渐衰减，压缩波波束的宽度也随之增加。

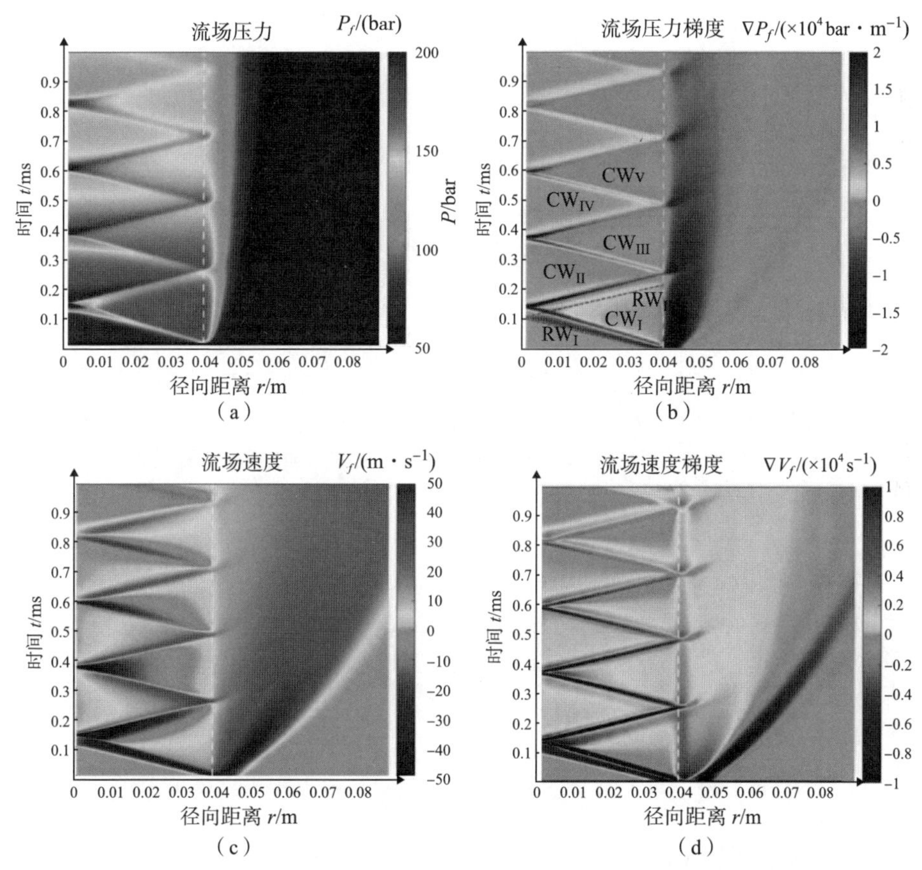

图 4.10　表 4.1 中工况 1 的压力、压力梯度、速度和速度梯度的 $r—t$ 图

（(b) 中的 RW_x 代表第 x 道稀疏波波束，而 CW_x 代表第 x 道压缩波波束）

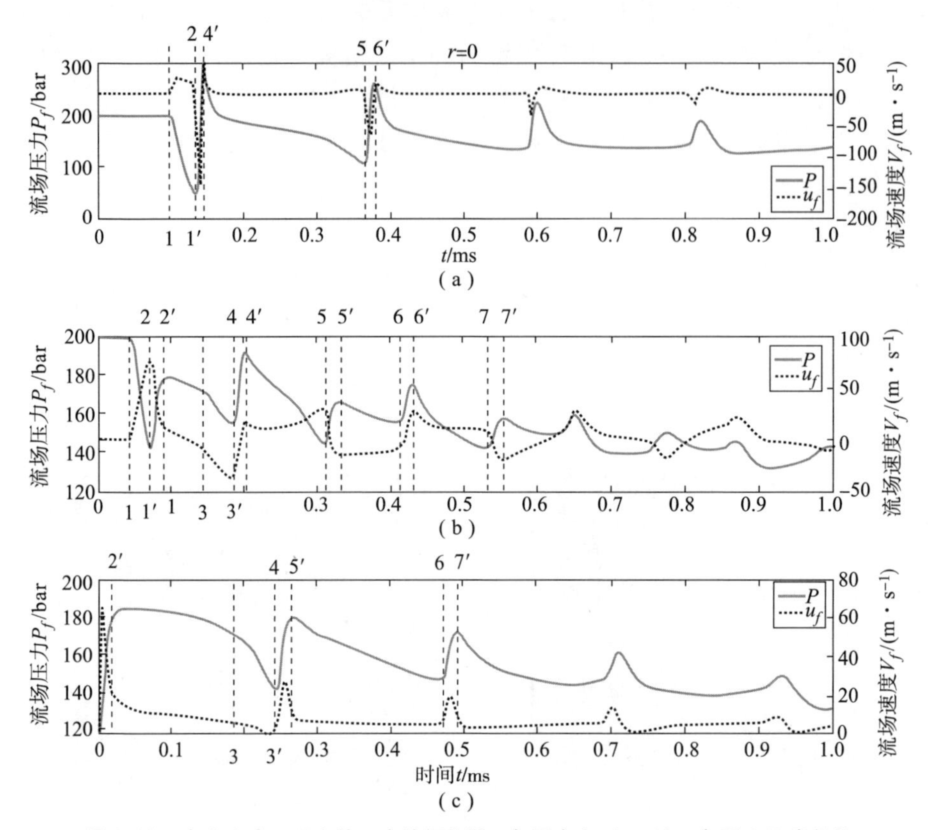

图 4.11　表 4.1 中工况 1 的三个特征位置，气团中心（$r=0$）、气团 1/2 半径处（$r=R_{gas}/2$）和颗粒环内界面（$r=R_{gas}+\delta$）处（c）的压力和流场速度随时间的变化

（a）$r=0$；（b）$r=R_{gas}/2$；（c）$r=R_{gas}+\delta$

1—$RW_{Ⅰ,h}$—第一道稀疏波波头；1′—$RW_{Ⅰ,t}$—第一道稀疏波波尾

2—$CW_{Ⅰ,h}$—第一道压缩波波头；2′—$CW_{Ⅰ,t}$—第一道压缩波波尾

3—$RW_{Ⅱ,h}$—第二道稀疏波波头；3′—$RW_{Ⅱ,t}$—第二道稀疏波波尾

4—$CW_{Ⅱ,h}$—第二道压缩波波头；4′—$CW_{Ⅱ,t}$—第二道压缩波波尾

5—$CW_{Ⅲ,h}$—第三道压缩波波头；5′—$CW_{Ⅲ,t}$—第三道压缩波波尾

6—$CW_{Ⅳ,h}$—第四道压缩波波头；6′—$CW_{Ⅳ,t}$—第四道压缩波波尾

7—$CW_{Ⅴ,h}$—第五道乐绽油波头；7′—$CW_{Ⅴ,t}$—第五道压缩波波尾

图 4.12 和图 4.13 为表 4.1 中工况 2 和工况 3 中，即气团的外边界与颗粒环内界面的间距 $\delta=20$ 和 80 m，流场的压力［图 4.12（a）和图 4.13（a）］，压力梯度［图 4.12（b）和图 4.13（b）］，流场速度［图 4.12（c）和图 4.13（c）］和速度梯度［图 4.12（d）和图 4.13（d）］的 r—t 图。与激波管

中高压气体段产生的平面激波作用颗粒层后的流场演化类似，气团内流场主要受到汇聚和发散激波交替运动的影响，只有在初始时刻，即第一道汇聚激波传播过程中可以观察到从气团外边界向中心传播的稀疏波束，波头和波尾分别为 $RW_{I,h}$ 和 $RW_{I,t}$，以及从中心反射的稀疏波波头 $RW_{II,h}$ 的运动轨迹。比较工况 2 和工况 3 可以发现，随着间距 δ 的增加，中心气团流场中汇聚 - 发散交替激波的往复周期明显增大。$\delta = 20$ mm 时，颗粒环内界面受到多道发射激波作用的时刻分别为 0.022 ms、0.404 ms 和 0.721 ms，前两个激波的往复周期分别为 $T_1 = 0.382$ ms 和 $T_2 = 0.317$ ms；$\delta = 80$ mm 时，颗粒环内界面受到第一道和第二道发射激波作用的时刻分别 0.097 ms 和 0.788 ms，第一个激波的往复周期分别为 $T_1 = 0.69$ ms，是 $\delta = 20$ mm 时第一个激波往复周期的 1.8 倍。考虑到工况 3 的颗粒环内界面半径 $R_{in} = 120$ mm 是工况 2 的颗粒环内界面半径 $R_{in} = 60$ mm 的 2 倍，工况 3 中往复激波的传播速度明显快于工况 2。随着间距 δ 的增大，可以将初始时刻从气团外边界向外部传播的入射激波 IS 和同样向外部传播的稀疏波波尾 $RW_{I,t}$ 轨迹区分开。如图 4.14（b）和（c）所示，入射波 IS 在 0.097 ms 到达颗粒环内界面，反射波 RS_I 在波后沿径向向外流动的超声速流场中向中心传播，由于流场速度在稀疏波波尾 $RW_{I,t}$ 前方达到最大，反射波 RS_I 的轨迹在接近稀疏波波尾 $RW_{I,t}$ 出现了明显的偏转，甚至再次向外运动作用在颗粒层内界面上。反射波 RS_I 进入稀疏波波束后，由于向外流动的流场在稀疏波波束内减速，汇聚反射波 RS_I 明显加速。反射波 RS_I 波后流场比波前流场明显减速，随着波前流场的速度减小，当反射波 RS_I 传播到某个距离处，波后的速度从向外流动转变为向内。稀疏波波头 $RW_{I,h}$ 在中心反射会向外部传播形成反射稀疏波波头 $RW_{II,h}$，进一步导致反射波 RS_I 波前流场速度下降。反射波 RS_I 在穿过反射稀疏波波头 $RW_{II,h}$ 后明显加速。$\delta = 80$ mm 时反射波 RS_I 与反射稀疏波波头 $RW_{II,h}$ 在 $r = 95$ mm 处相遇，即反射波 RS_I 在整个反射路径（$R_{in} = 120$ mm）的 79% 部分以更快的速度运动；而 $\delta = 20$ mm 时反射波 RS_I 与反射稀疏波波头 $RW_{II,h}$ 在 $r = 37$ mm 处相遇，即反射波 RS_I 在整个反射路径（$R_{in} = 60$ mm）的 63% 部分以更快的速度运动，这也是 $\delta = 80$ mm 的工况中反射波 RS_I 比 $\delta = 20$ mm 的工况平均传播速度更快的原因。此外，由于工况 2 和 3 中颗粒环较高的堆积密度，$\phi_0 = 0.65$，入射波 IS 和此后多道发散反射波 RW_X（$X = II$，IV，…）作用在颗粒环内界面时，颗粒环内并没有明显的透射波，而是连续的压缩波波束。

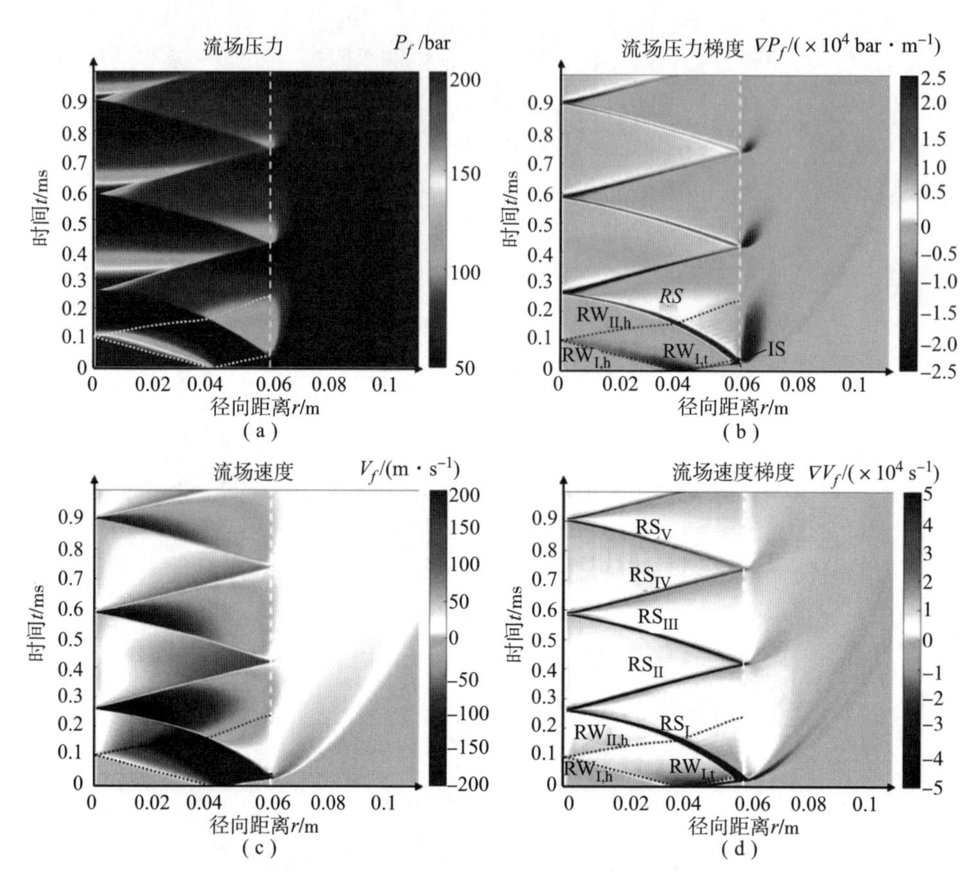

图 4.12　表 4.1 中的工况 2，即气团的外边界与颗粒环内界面的间距 $\delta=20$ mm 时，流场的压力、压力梯度、流场速度和速度梯度的 r—t 图

IS—入射波；$RW_{I,h}$—第一道稀疏波波头；$RW_{I,t}$—第一道稀疏波波尾；

RS_{I}—第一道反射波；$RW_{II,h}$—第二道稀疏波波头；RS_{II}—第二道反射波；

RS_{III}—第三道反射波；RS_{IV}—第四道反射波

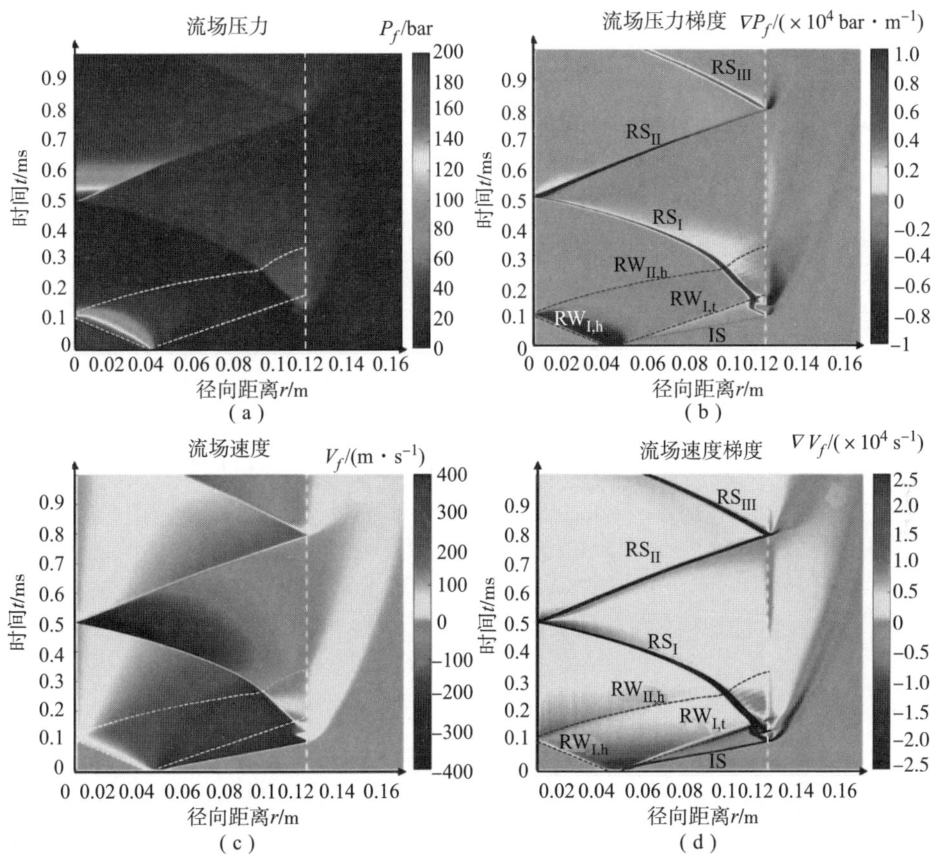

图4.13 表4.1中的工况3，即气团的外边界与颗粒环内界面的间距 δ = 80 mm时，流场的压力、压力梯度、流场速度和速度梯度的 r—t 图

IS—入射波；$RW_{Ⅰ,h}$—第一道稀疏波波头；$RW_{Ⅰ,t}$—第一道稀疏波波尾；

RS_r—第一道反射波；$RW_{Ⅱ,h}$—第二道稀疏波波头；$RS_Ⅱ$—第二道反射波；

$RS_Ⅲ$—第三道反射波

图4.14和图4.15分别为工况2和工况3中三个特征位置，分别为气团中心（r=0）[图4.14（a）和图4.15（a）]、气团1/2半径处（$r = R_{gas}/2$）[图4.14（b）和图4.15（b）] 和颗粒环内界面（$r = R_{gas} + \delta$）处 [图4.14（c）和图4.15（c）] 的压力和流场速度随时间的变化。尽管汇聚－发散交替激波的周期不同，工况2和工况3中三个特征位置的压力和流速在交替激波，以及第一道汇聚稀疏波波束和第二道发散稀疏波波束影响下的演化规律非常类似。但工况3中颗粒环内界面的曲率半径（R_{in} = 120 mm）是工况2中的2倍（R_{in} = 60 mm），因此发散入射波IS作用在工况3中颗粒环内界面时强度更弱。

颗粒环内界面处的压力在入射波 IS 作用下跳升到 20 bar，随后在 0. 13 ms 时受到偏转反射波 RS_{I} 的影响上升到 35 bar，远低于工况 2 中颗粒环内界面在发散入射波 IS 作用的应力上升幅值，后者的压力跳升到 50 bar。同样，从颗粒环内界面向中心反射的汇聚反射波 RS_{I} 在中心再次反射时，工况 3 中中心处压力仅突跃跳升到 450 bar，远低于工况 2 中的压力突跃幅值（650 bar）。

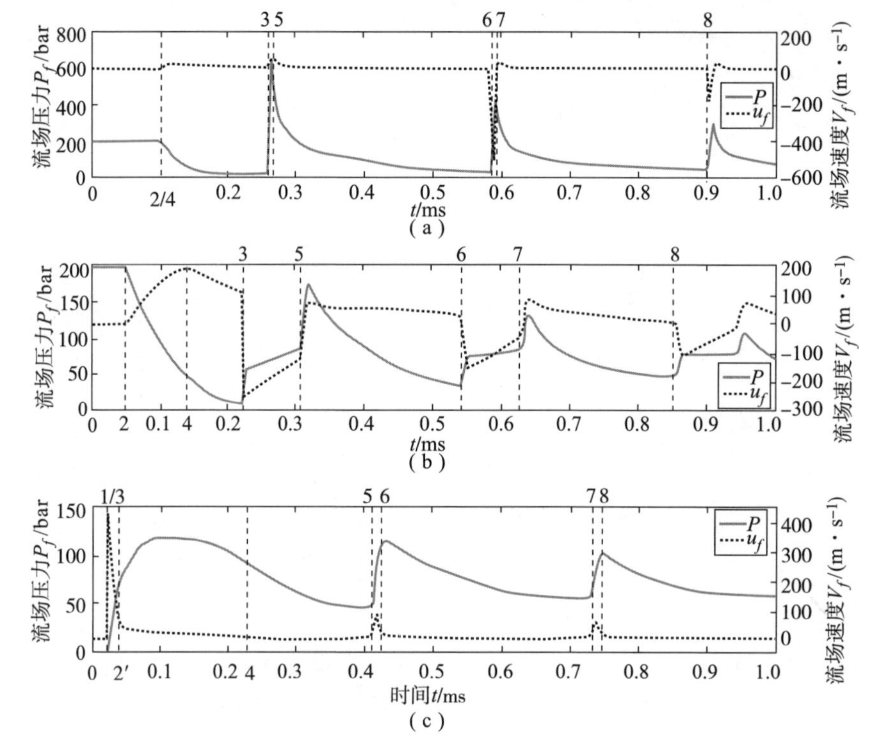

图 4. 14　表 4. 1 中的工况 2，即气团的外边界与颗粒环内界面的间距 δ = 20 mm 时，气团中心（r = 0）、气团 1/2 半径处（$r = R_{gas}/2$）和颗粒环内界面（$r = R_{gas} + \delta$）处的压力和流场速度随时间的变化

（a）$r = 0$；（b）$r = R_{gas} + \delta$；（c）$r = R_{gas} + \delta$

1—IS，入射波；2—$RW_{\mathrm{I},h}$，第一道稀疏波波头；2′—$RW_{\mathrm{I},t}$，第一道稀疏波波尾；

3—RS_{I}，第一道反射波；4—$RW_{\mathrm{II},h}$，第二道稀疏波波头；

5—RS_{II}，第二道反射波；6—RS_{III}，第三道反射波；7—RS_{IV}，第四道反射波；

8—RS_{V}，第五道反射波

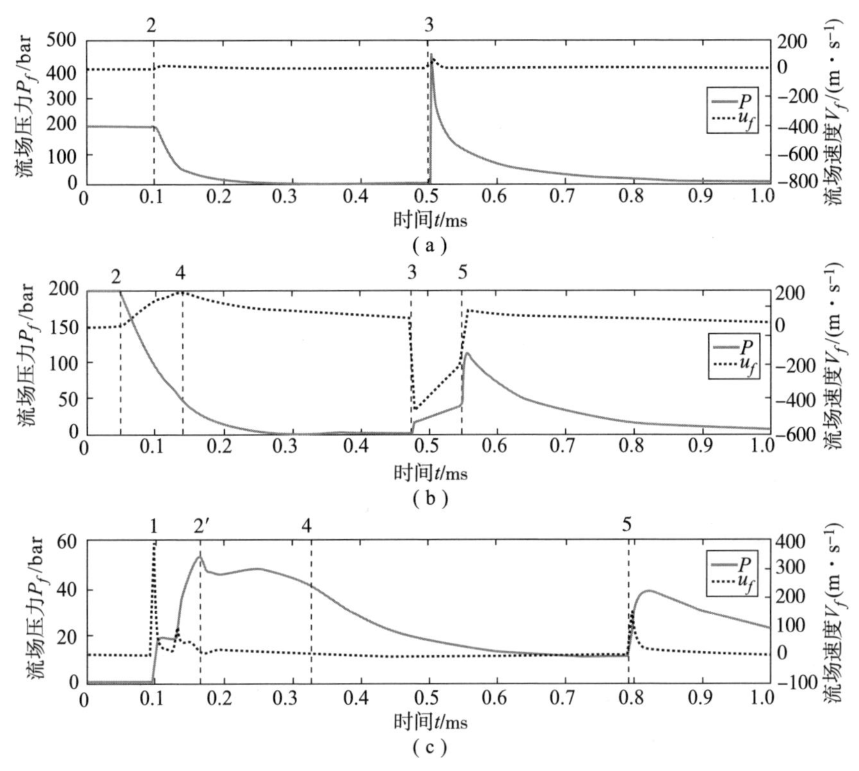

图 4.15　表 4.1 中的工况 3，即气团的外边界与颗粒环内界面的间距 $\delta = 80$ mm 时，气团中心（$r=0$）、气团 1/2 半径处（$r = R_{gas}/2$）和颗粒环内界面（$r = R_{gas} + \delta$）处的压力和流场速度随时间的变化

（a）$r=0$；（b）$r = R_{gas}/2$；（c）$r = R_{gas} + \delta$

1—IS，入射波；2—$RW_{Ⅰ,h}$，第一道稀疏波波头；2′—$RW_{Ⅰ,t}$—第一道稀疏波波尾；3—$RS_Ⅰ$，第一道反射波；4—$RW_{Ⅱ,h}$，第一道稀疏波波头；5—$RS_Ⅱ$—第一道反射波

图 4.16 所示为工况 3 中初始时刻，t 为 0.05 m、0.1 m、0.2 m 和 0.3 m 时流场的压力和速度沿径向的变化，清晰显示了中心发散构型中发散－汇聚交替激波和稀疏波的运动对于流场中物理量分布演化的影响。在 $t = 0.05$ ms，发散入射波 IS 到达 $r = 80$ mm 处，稀疏波波尾 $RW_{Ⅰ,t}$和波头 $RW_{Ⅰ,h}$分别到达 $r =$ 64 mm 和 $r = 18.8$ mm。流场压力从稀疏波波头到波尾迅速从 200 bar 下降到不到 10 bar，压力平台从稀疏波波尾 $RW_{Ⅰ,t}$维持到入射波 IS。在 $t = 0.1$ ms 时，入射波 IS 到达颗粒环内界面，与固壁反射不同，多孔介质界面上的激波反射过程会持续一段时间，因此 $t = 0.1$ ms 时从颗粒环内界面反射的汇聚波 $RS_Ⅰ$ 还未形成。在 $t = 0.2$ ms 时，波面清晰的汇聚波 $RS_Ⅰ$ 到达 $r = 104$ mm，波后压力

稳定在 50 bar，流场速度几乎为 0。此时从中心反射的稀疏波波头 $RW_{Ⅱ,h}$已经到达 $r = 52$ mm，$RW_{Ⅱ,h}$波后的流速进一步下降，压力仅为 10 bar 左右。$t =$ 0.3 ms 时，稀疏波波头 $RW_{Ⅱ,h}$已穿过汇聚激波 $RS_{Ⅰ}$，汇聚激波 $RS_{Ⅰ}$到稀疏波波头 $RW_{Ⅱ,h}$之间的流场速度方向逆转，从向外流动转变为向内流动。当稀疏波波头 $RW_{Ⅱ,h}$到达颗粒环内界面，内界面压力发生明显下降。

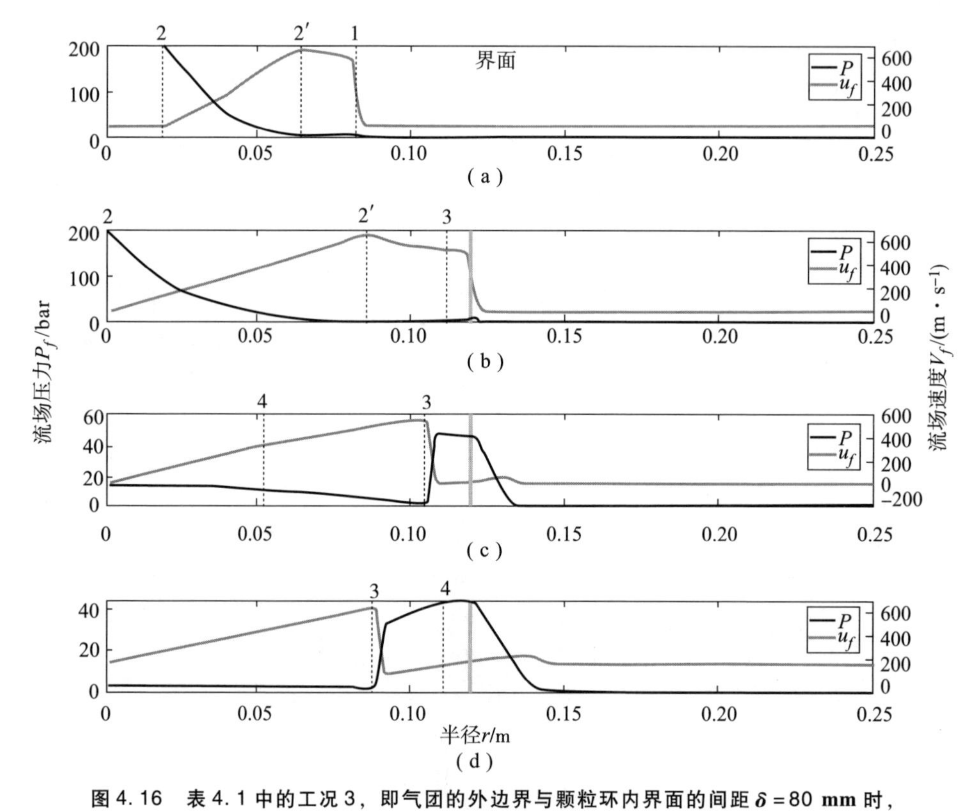

图 4.16　表 4.1 中的工况 3，即气团的外边界与颗粒环内界面的间距 δ = 80 mm 时，t 为 0.05 ms、0.1 ms、0.2 ms 和 0.3 ms 是流场的压力和速度沿径向的变化

(a) t = 0.05 ms；(b) t = 0.1 ms；(c) t = 0.2 ms；；(d) t = 0.03 ms

1—IS，入射波；2—$RW_{Ⅰ,h}$，第一道稀疏波波头；2′—$RW_{Ⅰ,t}$，第一道稀疏波波尾；

3—$RS_{Ⅰ}$，第一道反射波；4—$RW_{Ⅱ,h}$，第二道稀疏波波头

图 4.17 比较了表 4.1 中的工况 1 ~ 3，即气团的外边界与颗粒环内界面的间距 δ 为 0、20 mm 和 80 mm 时，颗粒环内界面的压力随时间的变化。除了压力振荡周期随间距 δ 的增加而迅速增大外，整体压力曲线和峰值压力随着间距 δ 和颗粒环内界面半径 R_{in}的增大而迅速下降。值得注意是，相同的压力振荡周期中，δ = 20 mm 的工况中的压力振荡幅值远超过 δ 为 0 和 80 mm 的工况。相

同初始压力和半径的高压气团具有相同的爆炸能，但颗粒环内界面的压力曲线随着气团的外边界与颗粒环内界面的间距增大而明显下移，显然高压气团膨胀过程中做的功有相当一部分传递到了间隙空气中，转换成了间隙空气的动能和压力势能，因此传递给颗粒环的能量明显减少。根据爆源能量等价原则，不同的爆源传递给颗粒介质的能量相当。和颗粒环内界面具有间隙的中心爆源与相同半径的无间隙爆源能量等价时，初始压力应当更大。

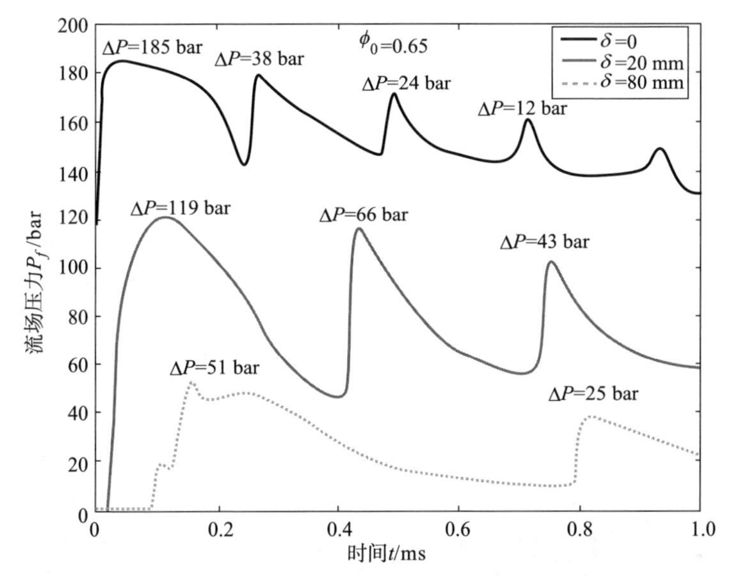

图 4.17　表 4.1 中的工况 1～3，即气团的外边界与颗粒环内界面的间距 δ 为 0、20 mm 和 80 mm 时，颗粒环内界面的压力随时间的变化

表 4.1 中的工况 4 和工况 1 的结构参数相同，但颗粒环的堆积密度 ϕ_0从 0.65 下降到 0.5。此时流场中的波系结构与工况 1 类似，但是由于颗粒环的堆积密度更低，每次激波作用在颗粒环内界面时的反射压力幅值都比工况 1 更低，如图 4.18 所示。此外，由于颗粒环的渗透率更高，渗流效应更为强烈，流场整体压力的下降更为迅速。

图 4.19 所示为表 4.1 中工况 5 和工况 6 的流场压力［图 4.19（a）和（b）］和压力梯度［图 4.19（c）和（d）］的 r—t 图。与工况 1 相同，工况 5 的流场由发散 - 汇聚的交替压缩波和稀疏波的往复运动决定；而工况 6 则与工况 2 和工况 3 相同，流场由发散 - 汇聚的交替激波的往复运动决定。工况 5 的高压气团半径是工况 6 中的 2 倍，但是两者的颗粒环内界面半径相同。由图 4.19 可知，工况 5 和工况 6 的流场压力振荡周期非常近似，说明颗粒环内界面半径是决定压力振荡的周期。图 4.20（a）和（b）分别为工况 5 和工况 6

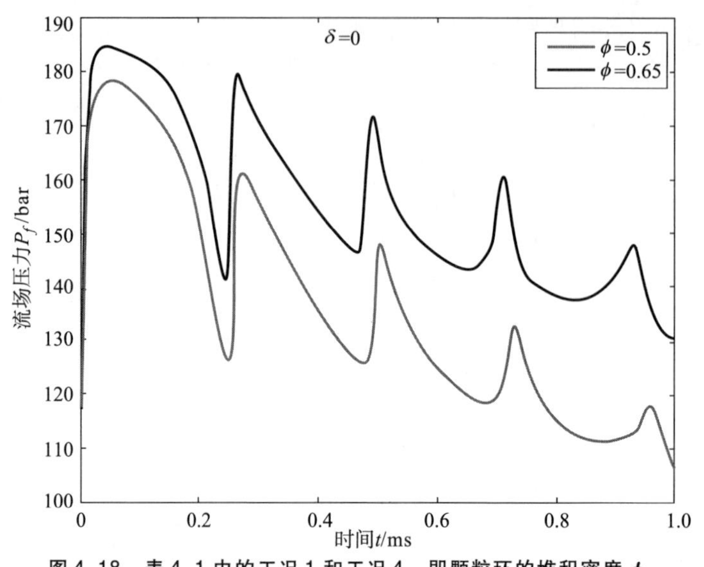

图 4.18 表 4.1 中的工况 1 和工况 4，即颗粒环的堆积密度 ϕ_0 为 0.65 和 0.5 时，颗粒环内界面的压力随时间的变化

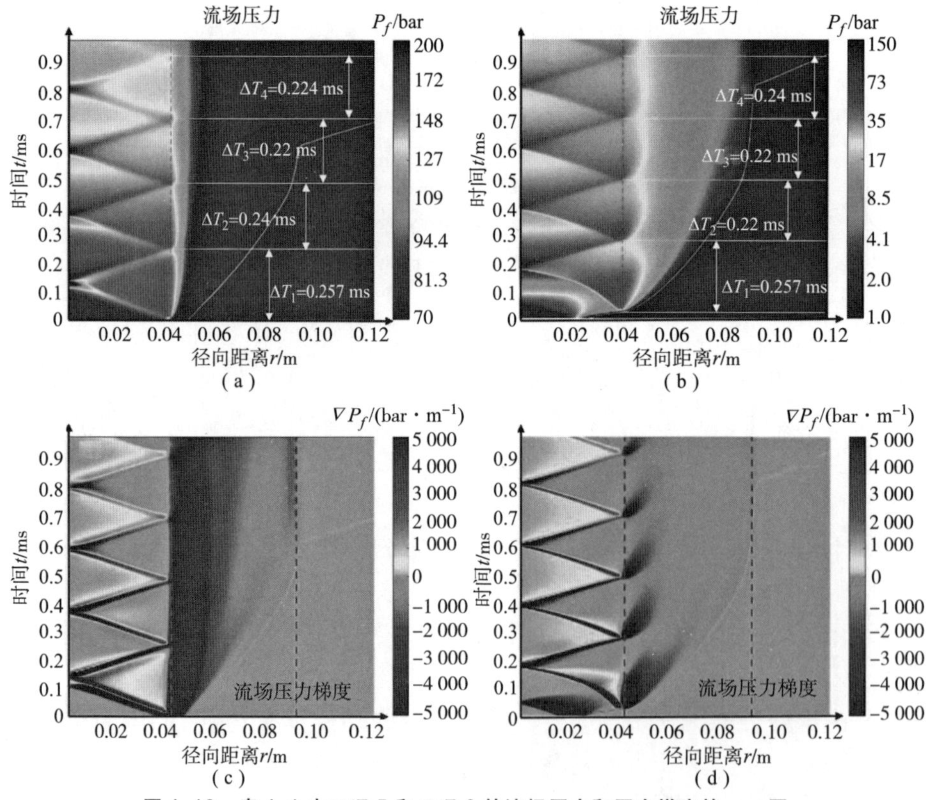

图 4.19 表 4.1 中工况 5 和工况 6 的流场压力和压力梯度的 ***r*—*t*** 图

中三个特征位置，分别为气团中心（$r=0$）、气团 1/2 半径处（$r=R_{gas}/2$）和颗粒环内界面（$r=R_{gas}+\delta$）处的压力随时间的变化。工况 6 中的压力衰减要快于工况 5。工况 5 中颗粒环内界面在前 5 次压力振荡过程的峰值压力分别为 180 bar、175 bar、160 bar、150 bar 和 130 bar，而工况 6 中颗粒环内界面在前 5 次压力振荡过程的峰值压力分别为 80 bar、65 bar、52 bar、50 bar 和 45 bar。工况 6 中颗粒环内界面受到的平均压力仅为工况 5 的 1/3，除了间隙的削弱效应外，工况 6 中高压气团的爆炸能仅为工况 5 中的 1/4 也是重要的原因之一。

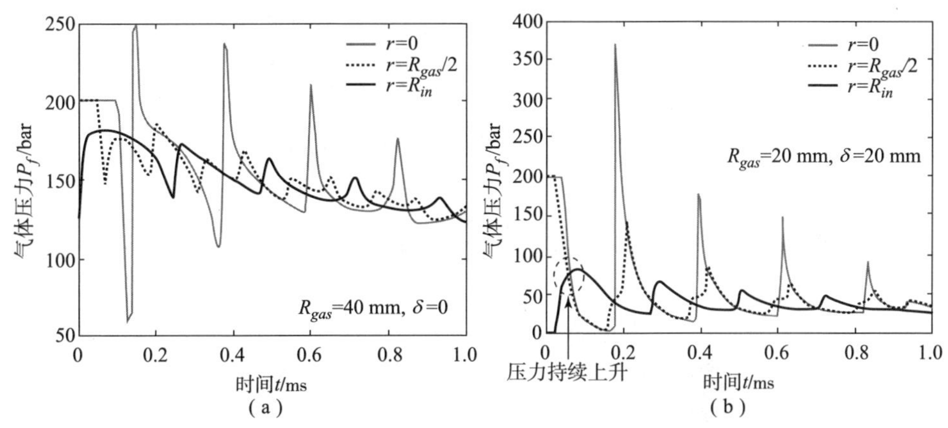

图 4.20　表 4.1 中工况 5 和工况 6 的三个特征位置，分别为气团中心（$r=0$），气团 1/2 半径处（$r=R_{gas}/2$）和颗粒环内界面（$r=R_{gas}+\delta$）处的压力随时间的变化

图 4.21 所示为表 4.1 中工况 7 的流场压力 r—t 图，此时颗粒环允许在流场中自由运动。尽管工况 7 中的波系结构与工况 1 和工况 5 近似，但是颗粒环内界面的迅速膨胀使得内部气团中的整体压力显著下降，导致工况 1 和工况 5 中明显的汇聚 - 发散交替运动的压缩波/稀疏波在工况 7 中迅速衰减，第一次从中心反射的发散压缩波/稀疏波的强度已明显削弱，此后的往复压缩波/稀疏波几乎很难分辨，压力场远快于工况 1 和 5 趋向均匀。图 4.22 显示了气团中心、气团初始 1/2 半径处［图 4.22（a）］和颗粒环内界面处［图 4.22（b）］的压力随时间的变化。气团中心、气团初始 1/2 半径处的压力为空间固定点处的压力，而颗粒环内界面处的压力则并非空间固定点处的压力，而是运动内界面所在瞬时空间位置上的压力。与压力场 $r-t$ 图中显示的波系结构演化趋势一致，气团初始 1/2 半径处的压力在汇聚稀疏波影响下显著下降［图 4.22（a）中的 A 到 B］，并在紧随稀疏波波尾的压缩波作用下小幅恢复［图 4.22（a）中的 B 到 C］，此后该处压力在从中心反射的发散稀疏波［图 4.22（a）中的 A''到 B''］和发散压缩波［图 4.22（a）中的 B''到 C''］影响下都会发生相应的

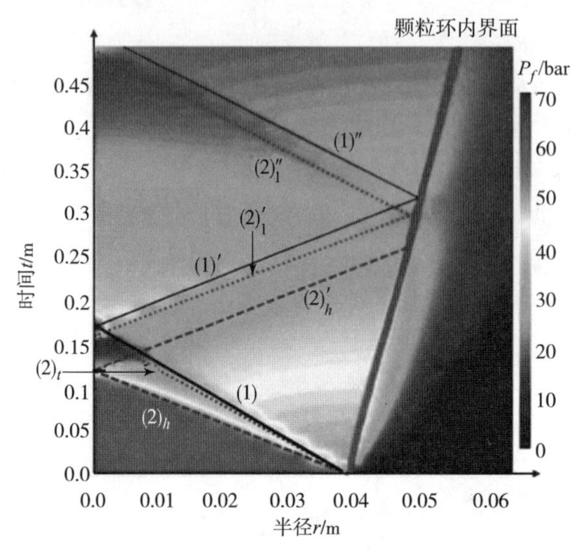

图 4.21　表 4.1 中工况 7 的流场压力 r—t 图

（1）—反射激波；（1）′—从中心反射的入射激波；（1）″—从内界面反射的激波；$(2)_h$—膨胀波束波头；

$(2)_t$—膨胀波束波尾；$(2)_h'$—从中心反射的膨胀波束波头；

$(2)_t'$—从中心反射的膨胀波束波尾；$(2)_t''$—从内界面反射的膨胀波束波尾

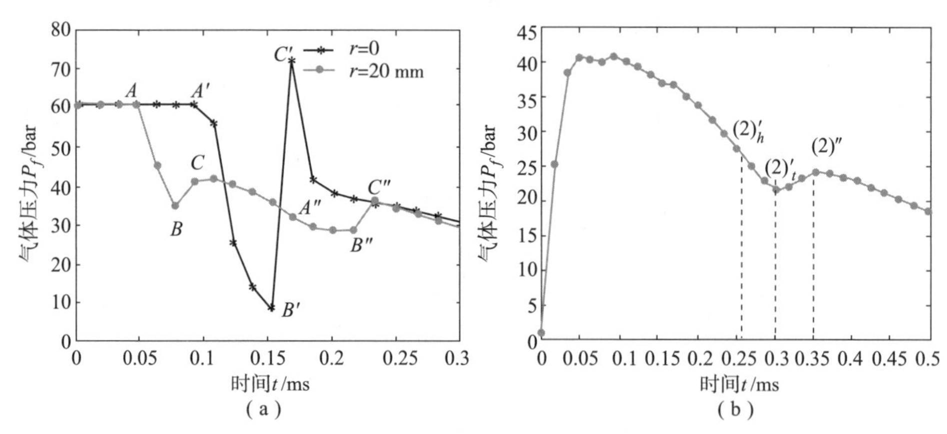

图 4.22　表 4.1 中工况 7 的气团中心、气团初始 1/2 半径处和颗粒环内界面处的压力随时间的变化

$A-A'$—$(2)_h$ 的轨迹；$A'-A''$—$(2)_h'$的轨迹；$B-B'$—$(2)_t$ 的轨迹；

$B'-B''$—$(2)_t'$的轨迹；$C-C'$—（1）的轨迹；$C'-C''$—（1）′的轨迹

变化，但是扰动幅值远远低于工况1和工况5。颗粒层内界面的压力随时间的变化受到界面运动的影响更为明显。如图4.22（b）所示，颗粒层内界面的压力下降开始时间远远早于反射稀疏波波头达到的时间，反射稀疏波到达颗粒层内界面后，并没有带来压力的加速下降。而反射压缩波到达颗粒层内界面后仅导致压力的微弱上升，从22 bar上升到24 bar。由以上讨论可知，颗粒层内界面的运动强烈影响高压气团中的波系运动，后者反过来影响内界面的压力历史和运动，因此两者是强耦合过程。4.4节将给出内部压力演化与颗粒层内界面的运动耦合的理论预测模型。

4.3.3　中心炸药爆轰作用颗粒环的波系结构

由于实际凝聚态炸药起爆过程数值模型、算法的复杂性，炸药爆轰驱动周围介质的数值模拟中往往采用4.3.2节中介绍的静止高压气团来近似炸药起爆后的爆轰产物气体，此时高压气团的初始压力和温度采用炸药的爆压和爆温，通过高压气团驱动周围介质来模拟炸药爆轰对于周围介质的驱动。这种近似忽略了炸药起爆过程中的爆轰波和波后黎曼膨胀波的运动过程，且炸药完全爆轰后实际爆轰产物气体的压力、密度、速度从中心到外界面强烈变化，因此均匀静止高温高压气团是否能合理替代爆轰产物气体也存在很大疑问。本节采用FEM－DEM耦合的方法再现球形炸药的理想起爆过程，以及爆轰产物气体流场的演化和无约束颗粒环膨胀的耦合过程，详细讨论准确刻画炸药的起爆过程对于描述爆轰产物气体以及颗粒环中的波系结构的重要性，并与4.3.2节中静止高压气团驱动可动颗粒环的工况进行比较，阐述静止高压气团来近似炸药起爆存在的问题。需要指出的是，采用FEM－DEM耦合方法描述中心爆轰产物气体与外面介质的耦合过程仅考虑了爆轰产物气体与接触颗粒之间的压差力，且压差力仅施加在与爆轰产物气体相接触的颗粒上，颗粒环中的颗粒仅通过颗粒之间的接触挤压进行载荷传递，忽略了颗粒与间隙流场之间的压差力和拖曳力。同时，爆轰产物气体也不允许通过渗流效应流出中心流场。对于凝聚态炸药起爆作用在密实堆积颗粒环壳的过程，颗粒环壳中的透射波可以忽略，且颗粒环内部间隙空气压力场建立的特征时间远大于内部爆轰产物气体演化的特征时间。因此，尽管采用FEM－DEM耦合方法描述中心炸药起爆后对于外部颗粒环壳的驱动包含众多假设，但在这些假设相较于爆轰产物气体与颗粒环壳的主要耦合机制而言仍是次要的。

4.3.3.1 炸药起爆过程的有限元（FEM）计算方法

本节中中心炸药的起爆过程、炸药单元的变形和爆轰产物气体的膨胀过程均采用有限元方法进行模拟。炸药（包括未反应炸药、爆轰产物气体和未反应与反应产物的混合物）有限元单元应力及节点变形力采用增量法进行的计算：

$$\begin{cases} \Delta\varepsilon_i = \boldsymbol{B}_i\Delta\boldsymbol{u}_e \\ \Delta\boldsymbol{\sigma}_i = \boldsymbol{D}\Delta\varepsilon_i \\ \boldsymbol{\sigma}_i^n = \boldsymbol{\sigma}_i^0 + \Delta\boldsymbol{\sigma}_i \\ \boldsymbol{F}_e = \sum_{i=1}^{N} \boldsymbol{B}_i^{\mathrm{T}}\boldsymbol{\sigma}_i^n w_i J_i \end{cases} \tag{4.13}$$

式中：$\boldsymbol{B}_i$、$\Delta\boldsymbol{\varepsilon}_i$、$\Delta\boldsymbol{\sigma}$、$w_i$、$J_i$分别为高斯点 i 的应变矩阵、增量应变矢量、增量应力矢量、积分系数及雅可比行列式；$\boldsymbol{\sigma}_i^n$ 及 $\boldsymbol{\sigma}_i^0$ 为高斯点 i 当前时刻及上一时刻的应力矢量；$\boldsymbol{D}$、$\Delta\boldsymbol{u}_e$、$\boldsymbol{F}_e$分别表示单元的弹性矩阵、节点增量位移矢量及节点变形力矢量；N 表示高斯点个数。

外载荷作用下有限元单元会发生较大的平动及转动，本节通过实时更新应变矩阵（矩阵 $\boldsymbol{B}$）实现单元大变形及大运动的模拟。

以三角形单元为例，应变矩阵 $\boldsymbol{B}$ 的公式为

$$\boldsymbol{B} = [[B_i][B_j][B_m]] = \frac{1}{2\Delta}\begin{bmatrix} b_i & 0 & b_j & 0 & b_m & 0 \\ 0 & c_i & 0 & c_j & 0 & c_m \\ c_i & b_i & c_j & b_j & c_m & b_m \end{bmatrix} \tag{4.14}$$

式中：i、j、m 为三角形单元的三个节点编号；Δ 为三角形的面积，可表示为

$$2\Delta = \det\begin{bmatrix} 1 & x_i & y_i \\ 1 & x_j & y_j \\ 1 & x_m & y_m \end{bmatrix} \tag{4.15}$$

式（4.14）中的 a_i、b_i、c_i、a_j、b_j、c_j、a_m、b_m 和 c_m 分别是行列式（4.15）的第一行、第二行、第三行各元素的代数余子式。

弹性矩阵 $\boldsymbol{D}$ 为

$$
\boldsymbol{D}=\frac{E(1-\nu)}{(1+\nu)(1-2\nu)}\begin{bmatrix}1 & \frac{\nu}{1-\nu} & \frac{\nu}{1-\nu} & 0 & 0 & 0\\ \frac{\nu}{1-\nu} & 1 & \frac{\nu}{1-\nu} & 0 & 0 & 0\\ \frac{\nu}{1-\nu} & \frac{\nu}{1-\nu} & 1 & 0 & 0 & 0\\ 0 & 0 & 0 & \frac{1-2\nu}{2(1-\nu)} & 0 & 0\\ 0 & 0 & 0 & 0 & \frac{1-2\nu}{2(1-\nu)} & 0\\ 0 & 0 & 0 & 0 & 0 & \frac{1-2\nu}{2(1-\nu)}\end{bmatrix} \tag{4.16}
$$

式中：E 为弹性模量；ν 为泊松比。

计算完节点变形力后，需要计算节点合力，即

$$
\boldsymbol{F}=\boldsymbol{F}^{E}+\boldsymbol{F}^{e}+\boldsymbol{F}^{c}+\boldsymbol{F}^{d} \tag{4.17}
$$

式中：$\boldsymbol{F}$ 为节点合力；$\boldsymbol{F}^{E}$为节点外力；$\boldsymbol{F}^{e}$为有限元单元变形贡献的节点力；$\boldsymbol{F}^{c}$为接触界面贡献的节点力；$\boldsymbol{F}^{d}$为节点阻尼力。

根据欧拉前插法计算节点运动，有

$$
\begin{cases}\boldsymbol{a}=\boldsymbol{F}/m,\boldsymbol{v}=\sum\limits_{t=0}^{T_{now}}\boldsymbol{a}\Delta t\\ \Delta\boldsymbol{u}=\boldsymbol{v}\Delta t,\boldsymbol{u}=\sum\limits_{t=0}^{T_{now}}\Delta\boldsymbol{u}\end{cases} \tag{4.18}
$$

式中：$\boldsymbol{a}$ 为节点加速度；$\boldsymbol{v}$ 为节点速度；$\Delta\boldsymbol{u}$ 为节点位移增量；$\boldsymbol{u}$ 为节点位移全量；m 为节点质量；Δt 为计算时步。

基于式（4.17）、式（4.18）的交替计算，即可实现显式求解过程。以三角形单元为例，节点质量 m 的计算公式为

$$
m=\sum_{j=1}^{n}\frac{M}{3} \tag{4.19}
$$

式中：M 表示一个三角形单元质量；n 表示与该节点相连的单元总数；3 表示三角形单元的三个节点数（若为四边形单元改为4）。

计算过程中，计算时步满足不等式 $\Delta t<L/C_p$，L 为单元的特征尺寸，C_p 为单元的纵波波速。

本节采用朗道点火爆炸模型描述炸药的理想爆轰及爆轰气体的绝热膨胀过程。该模型采用朗道—斯坦纽科维奇公式（γ 率方程）进行爆炸气体膨胀压力的计算，即

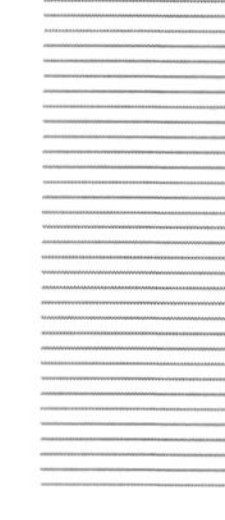

$$\begin{cases} PV^{\gamma_1} = P_0 V_0^{\gamma_1}, & P \geqslant P_k \\ PV^{\gamma_2} = P_k V_k^{\gamma_2}, & P < P_k \end{cases} \tag{4.20}$$

式中：γ_1 及 γ_2 分别表示第一段及第二段的绝热指数，对于一般的凝聚态炸药，$\gamma_1 = 3$，$\gamma_2 = 4/3$；P 和 V 分别为高压产物气体的瞬态压力和体积；P_0和 V_0分别为高压产物气体初始时刻的压力和药包的体积；P_k 和 V_k 分别为高压产物气体在两段绝热过程边界上的压力和体积，可表示如下：

$$P_k = P_0 \left\{ \frac{\gamma_2 - 1}{\gamma_1 - \gamma_2} \left[\frac{(\gamma_1 - 1) Q_w \rho_w}{P_0} - 1 \right] \right\}^{\frac{\gamma_1}{\gamma_1 - 1}} \tag{4.21}$$

$$P_0 = \frac{\rho_w D^2}{2(\gamma_1 + 1)} \tag{4.22}$$

式中：Q_w为单位质量的炸药爆热（J/kg）；ρ_w为装药密度（$\mathrm{kg/m^3}$）；D 为 CJ（Chapman－Jouguet）爆度（m/s）。

当某时刻爆炸产生的压力大于 CJ 面上的压力 P_{CJ}时，令其等于 CJ 面上的压力，即

$$P = P_{\mathrm{CJ}}, P > P_{\mathrm{CJ}} \tag{4.23}$$

在进行数值计算时，V_0为炸药单元的初始体积，V 为炸药单元的当前体积。因此，要求数值计算采用大变形，实时更新单元坐标，进而计算出单元的体积。

朗道模型需设置点火点位置、点火时间，并根据到时起爆判断某一炸药单元是否执行爆炸压力计算。设某一个炸药（含若干个单元）的点火时间为 t_0，点火点坐标为（x_0，y_0，z_0），该炸药中某一个单元体心到点火点的距离为 d，炸药的爆速为 D，则该单元的点火时间为 $t_1 = d/D + t_0$。当点火后时间 $t > t_1$ 时，该单元才根据下式进行爆炸压力的计算：

$$P_r = \xi f(P) \tag{4.24}$$

式中：P_r 为真实爆炸压力；f（P）为爆轰产物状态方程［可由式（4.20）获得］；ξ 为能量释放率，可定义为

$$\xi = \begin{cases} \min\left(\frac{2(t - t_1) D A_{\mathrm{e-max}}}{3 V_{\mathrm{e}}}, 1 \right), & t > t_1 \\ 0, & t \leqslant t_1 \end{cases} \tag{4.25}$$

式中：V_{e}为单元初始体积；$A_{\mathrm{e-max}}$为单元最大面积。

最外层炸药单元通过与颗粒离散元之间法向接触力类似的模型将应力传递给与炸药单元接触的颗粒上。图 4.23 所示为炸药最外层网格与接触颗粒之间的几何关系示意图，与颗粒接触的最外层炸药单元的网格尺寸一般不能小于与之相接触的颗粒尺寸，否则炸药单元的网格容易发生畸变，嵌入颗粒之间的间

隙中，导致计算发散。如果炸药单元的网格过大，如比颗粒尺寸大一个量级，则会导致与该炸药单元网格接触的大量颗粒都受到同一个方向，即炸药单元与颗粒的接触界面的法向的力，人为在颗粒体系中引入载荷传递的方向性。然而，实际物理过程中爆轰产物气体施加在颗粒上的压差力与当地压力梯度方向相反，因此每个颗粒受到的压力差方向都不同。因此，最外层炸药单元的网格尺寸应当与接触颗粒的粒径同量级。

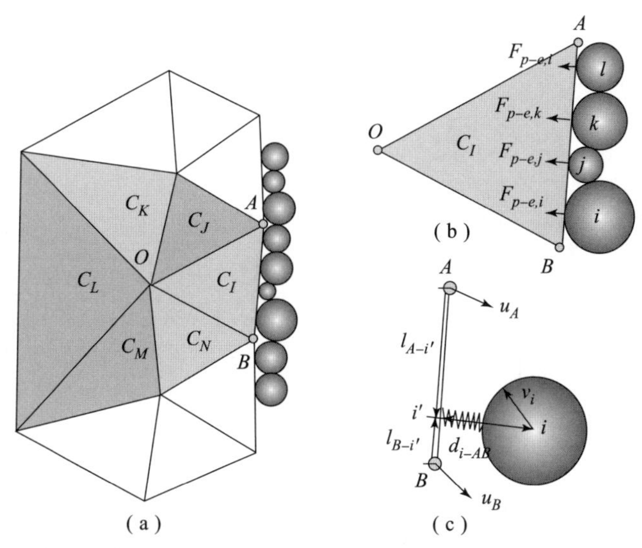

图 4.23　炸药最外层网格与接触颗粒之间的几何关系、炸药作用力矢量和模型示意图

(a) 炸药最外层网格与接触颗粒之间的几何关系示意图；(b) 与颗粒接触的炸药单元之间作用力矢量的示意图；(c) 某个与炸药单元接触的颗粒与炸药单元之间作用力模型的示意图

每次更新计算时间步，都需要对炸药单元和颗粒单元进行接触检索，一般包含粗接触检索和细接触检索两步，即先检索并记录指定炸药单元表面/边缘附近的颗粒，再进一步确定与指定炸药单元表面/边缘真实接触的颗粒，记录这些颗粒与接触炸药单元表面/边缘节点的位置关系，如图 4.23 (b) 所示。采用线弹性模型计算颗粒与接触炸药单元之间的压力 $\boldsymbol{F}_{\text{p-e}}(t)$，并采用增量法更新压力 $t+\Delta t$ 时间步的压力，即

$$\boldsymbol{F}_{\text{p-e}}(t+\Delta t)=\boldsymbol{F}_{\text{p-e}}(t)+K_n^{\text{p-e}}[(\boldsymbol{v}_i-\boldsymbol{u}_i')\Delta t]\cdot\boldsymbol{n} \tag{4.26}$$

式中：$K_n^{\text{p-e}}$ 为颗粒与接触炸药单元之间接触刚度；$\boldsymbol{v}_i$ 为颗粒 i 的速度矢量；$\boldsymbol{u}_i'$ 为接触炸药单元表面/边缘上颗粒 i 质心投影点上的速度矢量，为炸药单元表面/边缘上节点速度矢量的加权平均。

对于图 4.23 (c) 所示的颗粒与炸药单元表面/边缘的位置关系为

$$u_i' = \chi_A u_A + (1 - \chi_A) u_B = \frac{l_{A-i'}}{l_{AB}} u_A + \frac{l_{B-i'}}{l_{AB}} u_B \tag{4.27}$$

式中：l_{AB}为炸药单元边缘AB的边长，$l_{A-i'}$和$l_{B-i'}$分别为颗粒i质心在AB边上投影i'距离节点A和B的距离。计算出$\boldsymbol{F}_{\mathrm{p-e}}$（$t+\Delta t$）后再插值到炸药有限单元的节点上。

颗粒相的动力学演化过程采用拉格朗日框架下的离散元（DEM）方法进行计算。颗粒之间的法向接触模型采用 Hertz 非线性弹簧耦合阻尼的模型，采用增量计算的颗粒对i和j之间的法向力为

$$\begin{aligned} F_n^{ij}(t+\Delta t) &= F_n^{ij}(t) + K_n \Delta\delta_n^{ij} - F_{n,damp}^{ij} \\ &= F_n^{ij}(t) + K_n[(\boldsymbol{v}_i - \boldsymbol{v}_j)\Delta t] \cdot \boldsymbol{n}_{ij} - 2\beta\sqrt{K_n m_{eff}}(\boldsymbol{v}_i - \boldsymbol{v}_j) \cdot \boldsymbol{n}_{ij} \end{aligned} \tag{4.28}$$

切向力满足摩尔－库仑（Mohr－Coulomb）法则，即

$$F_t^{ij}(t+\Delta t) = \begin{cases} \text{if } F_t^{ij}(t+\Delta t) < \mu\,|F_n^{ij}(t+\Delta t)| \\ \quad F_t^{ij}(t) + K_t\Delta\delta_t^{ij} = F_t^{ij}(t) + K_t[(v_i - v_j)\Delta t] \cdot s_{ij} \\ \text{else} \\ \quad \mu\,|F_n^{ij}(t+\Delta t)| \end{cases} \tag{4.29}$$

式（4.28）和式（4.29）：$\Delta\delta_n^{ij}$和$\Delta\delta_t^{ij}$分别为$t+\Delta t$时刻颗粒对i和j之间的法向重叠量和切向重叠量从t时刻到$t+\Delta t$时刻的增量；K_n和K_t为两颗粒间的有效法向刚度和切向刚度；β为接触阻尼；μ为颗粒间的摩擦系数；K_n和K_t可以表示为有效弹性模量Y_{eff}和剪切模量G_{eff}的函数，即

$$\begin{cases} K_n = Y_{eff}, K_t = G_{eff}, & \text{二维} \\ K_n = \pi R_{eff} Y_{eff}, K_t = \pi R_{eff} G_{eff}, & \text{三维} \end{cases}$$
$$Y_{eff} = \frac{Y_i + Y_j}{2}, G_{eff} = \frac{G_i + G_j}{2}, \frac{1}{R_{eff}} = \frac{1}{R_i} + \frac{1}{R_j}, \frac{1}{m_{eff}} = \frac{1}{m_i} + \frac{1}{m_j} \tag{4.30}$$

式中：Y_i（Y_j）、G_i（G_j）、R_i（R_j）和m_i（m_j）分别是颗粒i（j）的弹性模量、剪切模量、半径和质量。

4.3.3.2 FEM－DEM 耦合方法的验证

为了验证以上 FEM－DEM 耦合方法模拟中心炸药起爆后驱动颗粒环壳的可靠性，我们如图 4.24 所示的二维颗粒环构型和三维颗粒球壳构型进行中心炸药起爆驱动颗粒环壳过程。图 4.24 中的颗粒粒径在 350～750 μm 正态分布，二维堆积密度$\phi_0 \approx 84\%$，三维堆积密度$\phi_0 \approx 84\%$。二维中心炸药圆柱和三维中心炸药球的半径$R_{in} = 12$ mm，通过改变颗粒环和颗粒球壳的外径R_{out}来

改变装药结构的当量比。我们对当量比在 $O(10^0) \sim O(10^2)$ 的中心爆炸分散体系进行的数值模拟，通过跟踪颗粒环壳外界面的运动轨迹得到了外界面的初始速度 V_{out}，如图4.25所示。每个当量比工况计算5个不同的颗粒随机堆积构型，保证颗粒粒径分布和堆积密度不变。图4.25中每个当量比 M/C 对应的 V_{out} 误差棒是5个相同厚度具有不同颗粒随机堆积结构的颗粒环壳中心爆炸分散的模拟结果。小当量比的结果误差棒明显更长，表明小当量比爆炸分散体系的分散过程离散度更大。这是因为小当量比往往对应更薄的颗粒环壳，颗粒数目规模较小，此时不同颗粒环壳之间颗粒堆积结构的差异更为明显，对分散过程，包括颗粒环壳外界面的分散速度影响更为明显。而大当量分散体系中颗粒环壳中的颗粒数目规模足够大，不同颗粒环壳的统计堆积结构趋同，因此不同分散体系会显示出非常一致的分散行为。

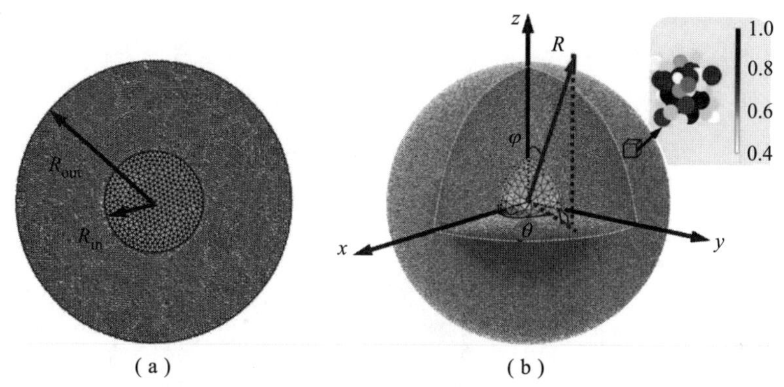

(a)　　　　　　　　(b)

图4.24　采用FEM-DEM耦合方法模拟中心炸药起爆后驱动二维颗粒环和三维颗粒球壳的几何构型（包括炸药有限元网格划分和颗粒离散元堆积结构）

图4.24比较了FEM-DEM耦合方法得到的中心炸药爆炸驱动二维颗粒环和三维颗粒球壳的外界面速度与Gurney公式预测值。这里的Gurney公式采用了Milne改进的可以考虑多孔介质孔隙率的Gurney公式，此时中心炸药爆炸驱动的多孔介质环壳的速度 V 是当量比 M/C、固相骨架材料密度 ρ_0 和固相体积分数 φ 的函数，即

$$V(M/C,\rho_0,\varphi) = V_{\text{Gurney}}\left(\frac{M/C}{\alpha(\rho_0)}\right)\cdot F(\varphi,M/C) \tag{4.31}$$

式中，V_{Gurney} 为无孔隙固体材料在中心爆炸驱动下的Gurney速度；$F(\varphi, M/C)$ 为修正系数。

对于球装药构型，有

$$V_{\text{Gurney}}(M/C) = \sqrt{2E}\,(M/C+0.6)^{-0.5} \tag{4.32}$$

$$\alpha(\rho_0) = 0.31\rho_0^{0.132} \tag{4.33}$$

$$F(\varphi, M/C) = 1 + [0.168\exp(1.09\varphi) - 0.5] \cdot \lg(M/C) \tag{4.34}$$

对于柱装药构型，有

$$V_{\text{Gurney}}(M/C) = \sqrt{2E}\,(M/C + 0.5)^{-0.5} \tag{4.35}$$

$$\alpha(\rho_0) = 0.2\rho_0^{0.18} \tag{4.36}$$

$$F(\varphi, M/C) = 1 + [0.162\exp(1.127\varphi) - 0.5] \cdot \lg(M/C) \tag{4.37}$$

二维颗粒环的计算工况等价于单位长度的三维柱装药构型，但此时的颗粒并非球形颗粒而是圆柱形颗粒。由图 4.25 可知，FEM - DEM 耦合方法得到的二维颗粒环和三维颗粒球壳在中心炸药爆炸驱动下的外界面初始速度分别与柱装药和球装药的多孔介质 Gurney 公式的预测曲线高度吻合，充分证明了 FEM - DEM 耦合方法在模拟炸药爆源的爆炸分散系统初始时刻分散过程的准确性。需要指出的是，图 4.25 中的插图中比较了不同颗粒接触阻尼系数 β 的三维球装药分散体系（$M/C = 87$）的颗粒球壳外界面速度，当 β 从 0 增加到 0.8 时，颗粒球壳外界面速度 V_{out} 从 220 m/s 下降到 185 m/s。这是由于接触阻尼增大后，更多的能量耗散在颗粒之间的非弹性碰撞上，传递给颗粒环的动能减小，导致颗粒环（外界面）速度减小。

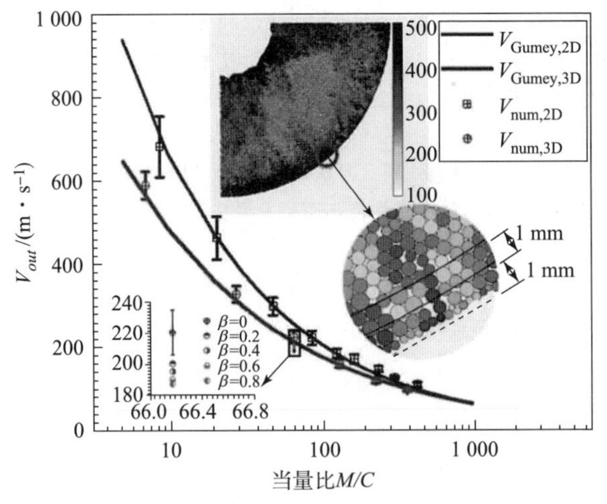

图 4.25　二维颗粒环和三维颗粒球壳的外界面速度的模拟值与多孔介质 Gurney 公式预测曲线的比较（上方插图中显示了压实波达到颗粒环内界面时二维颗粒环内部的速度分布，并放大显示了颗粒环外界面附近的颗粒速度，可以明显看到速度的非均匀性和力链结构。下方插图显示了 $M/C = 86$ 的三维球装药体系中不同接触阻尼下的外界面速度）（见彩插）

中心爆炸分散过程中颗粒环壳膨胀的初始时刻，即颗粒环壳膨胀破碎分散，对中心爆轰产物气体的约束突然失效的时刻，颗粒环壳的速度对后续的远场分散过程极为重要。对于中心炸药起爆驱动周围固体（液体）壳体的情况，Gurney 公式［式（4.32）和式（4.32）］广泛用来预测壳体碎片的速度，Gurney 公式仅是炸药的爆热和当量比 M/C 的函数。而大量的试验的数值模拟研究都表明，当包覆中心炸药的壳体是多孔介质（包括颗粒材料）时，Gurney 公式会显著高估多孔介质壳体速度，如图 4.26（a）所示。Milne 通过中心爆炸驱动包覆球壳过程中传递给球壳的能量在动能和内能之间分配的差异来解释多孔介质球壳速度远低于同样当量比体系中的连续材料球壳的原因。图 4.27 所示为 Milne 采用 EDEN 流体动力学软件模拟 1 kg 球形炸药 A4（爆速 7 026 m/s，密度 1 760 kg/m^3，半径 0.051 4 m）爆炸驱动钢球壳和多孔钢球壳（$\phi=50\%$）过程中不同形式的能量随时间的变化。两种爆炸驱动体系的当量比一致，$M/C=28$，多孔钢材料采用 Herrman P－α 材料模型描述。由图 4.27 可知，多孔钢球壳在爆炸驱动过程中的内能远大于连续钢壳，导致传递给多孔钢球壳的动能更小。连续钢壳中内能的上升主要通过塑性变形过程中的能量耗散完成，而多孔钢球壳中内能增加则发生在压实波波面内，通过孔隙的挤压坍塌导致压实波波面内材料温度上升。从图 4.27 可以看到，连续钢球壳中的内能在中心炸药起爆瞬间突然跃升，此后在一个稳定的平台上无规则高频小幅振荡。与之相反，多孔钢球壳中内能随压实波的传播而缓慢增加。Milne 认为相

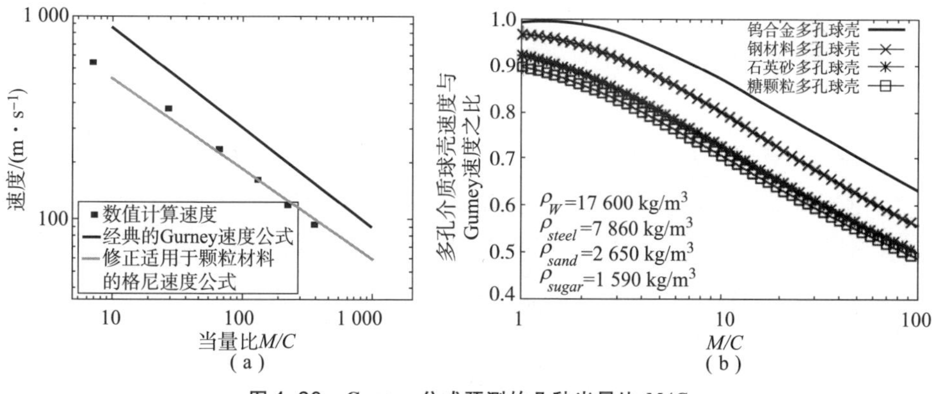

图 4.26　Gurney 公式预测的几种当量比 M/C

（a）Gurney 公式（黑色曲线）、多孔介质 Gurney 公式（灰色曲线）和 FEM－DEM 耦合方法（离散点）得到的三维颗粒球壳（$\phi=64\%$）在中心炸药（TNT 药球）爆炸驱动下的外界面速度随当量比 M/C 的变化；（b）固相体积分数相同（$\phi=50\%$）的不同材料多孔球壳在中心爆炸驱动下的速度与 Gurney 公式预测速度的当量比 M/C（此时的多孔介质球壳的爆炸驱动过程采用 EDEN 流体动力学程序模拟）

同 M/C 的体系中，多孔介质的爆炸压实过程中孔隙的坍塌闭合导致额外的 PdV 的内能耗散，因此多孔介质球壳在爆炸驱动过程中会消耗更多的内能。采用 FEM－DEM 耦合方法模拟颗粒环壳的爆炸驱动过程中，颗粒近似为刚性球，不考虑颗粒变形和温度变化，此时能量的耗散主要通过颗粒之间的非弹性碰撞和摩擦完成。而 FEM－DEM 耦合方法模拟得到的颗粒环速度与 Gurney 公式高度吻合，说明连续介质框架中孔隙坍塌闭合导致的宏观内能耗散可以通过微观尺度颗粒之间的强耗散碰撞来理解。

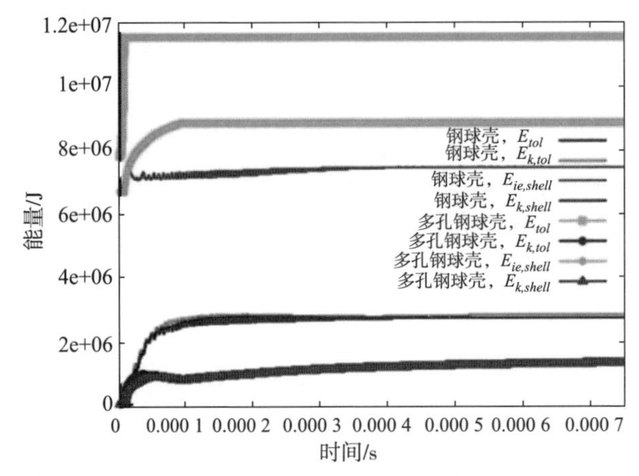

图 4.27 钢球壳和多孔钢球壳（$\phi=0.5$）在中心 1 kg 球形炸药 A4 的爆炸驱动过程的总能量、内能和动能随时间的变化（见彩插）

连续介质环壳的 Gurney 速度与材料本身无关，仅取决于当量比。但多孔介质环壳的爆轰驱动速度与材料本身的密度具有明显的相关性。图 4.26（b）给出了材料密度不同的多孔介质球壳（$\phi=50\%$）的无量纲爆轰驱动速度（$\tilde{V}=V_{shell}/V_{\mathrm{Gurney}}$）随当量比 M/G 的变化。$\tilde{V}$（M/C）曲线随材料密度的下降而明显下移，说明同样的当量比和固相体积分数的爆炸分散于多孔介质环壳体系中，环壳速度随材料密度的减小而下降。当量比和固相体积分数不变时，材料密度越小的多孔介质环壳的厚度越大，因此爆炸压实过程中孔隙压缩闭合导致的体积变化越大，内能耗散约大，因此多孔介质环壳获得的动能越小。从颗粒之间非弹性接触的角度考虑，材料密度越小的多孔介质环壳中颗粒数目越多，因此颗粒之间碰撞导致的总能量耗散越大。同样，多孔介质环壳的爆轰驱动速度与孔隙率 $1-\phi$ 强相关。孔隙率越大的多孔介质环壳的爆轰驱动速度越小。Milne 采用计算流体动力学软件 EDEN 在（M/C，ρ_0，ϕ）三维参数空间内进行的大量的中心爆炸驱动多孔介质球壳的数值模拟，通过对计算结果的拟合获得基于 Gurney 公式的修正形式，如式（4.31）~式（4.37）。值得注意的是，计算流体动力学软件 EDEN 将多孔介质近似为一种连续介质，采用 Herrman P-α 材料模型，因此不仅忽略了间隙空气与固相骨架之间的相互作用，对于颗粒材料这种典型的多孔介质，无法考虑颗粒的粒径分布和介观分布结构、以及颗粒之间接触对于动量、能量传递分配的影响。而 FEM-DEM 耦合的方法考虑到了颗粒环壳本身的离散性，更适用于考虑微观尺度颗粒之间复杂的相互作用，可以作为构建具有微观尺度物理机制的中心爆炸驱动颗粒材料速度模型的有效工具。

4.3.3.3 颗粒环壳约束中心炸药爆炸导致的流场波系结构

图4.28 所示为采用4.3.3.1 节介绍的 FEM-DEM 方法模拟被二维可动颗粒环约束的中心 TNT 药柱（$R_{gas}=48$ mm）起爆后流场中的波系结构，此时药柱与颗粒环之间无间隙，颗粒环的内外径分别为 $R_{in}=48$ mm，$R_{out}=150$ mm，堆积密度 $\phi_0=0.87$，体系当量比 $M/C=11.6$。在药柱中心起爆的瞬间，爆轰波（1）和波后的黎曼稀疏波束（波头和波尾分别为 $(2)_h$ 和 $(2)_t$）同时向外部传播。爆轰波在颗粒环内界面反射形成向内传播的激波（5），同时在颗粒环内产生一道从内界面向外界面传播的压实波（3）。同样，到达颗粒环内界面的稀疏波波束同时向内部反射并向颗粒层内部透射，分别形成汇聚的反射稀疏波（波头和波尾分别为 $(2)_h'$ 和 $(2)_t'$）和透射膨胀波（波头和波尾分别为 $(4)_h$ 和 $(4)_t$））。与4.3.2 节中工况7 类似，可动颗粒环内界面的迅速膨胀导致内部爆轰产物气体中的压力迅速下降，压力趋向均匀，反射稀疏波和反射激波在中心汇聚后的运动轨迹几乎难以辨识。压实波到达颗粒外界面后，会向内部反射一道稀疏波（6），经过稀疏波（6）的颗粒迅速卸载加速。当稀疏波到达颗粒环内界面后，内界面突然加速，向内部的爆轰产物气体释放一道稀疏波（7）。同时，卸载的颗粒环内界面在内部产物气体的压力驱动下加速运动，通过颗粒的挤压膨胀形成第二道压实波（8）。值得注意的是，此时颗粒环中的二次压实波（8）并非是爆轰产物气体中从中心反射的发散激波作用颗粒环内界面导致的，而是颗粒层中的稀疏波在颗粒层内界面反射造成的。由于 FEM-DEM 耦合方法中颗粒环内部不存在间隙空气，与图4.21 不同，图4.28 中显示的颗粒环内部的压力并非间隙空气中的压力，而是颗粒相内部压力。由于压实波对应颗粒相堆积密度的间断面，在压实波波面处颗粒的碰撞挤压最为强烈，颗粒相压力出现峰值。因此，仅显示流相压力的图4.21 中无法分辨出明显的压实波和反射后的稀疏波轨迹，而在图4.28 中则可以清晰观察到一次和二次压实波，以及从外界面向内反射运动的稀疏波。

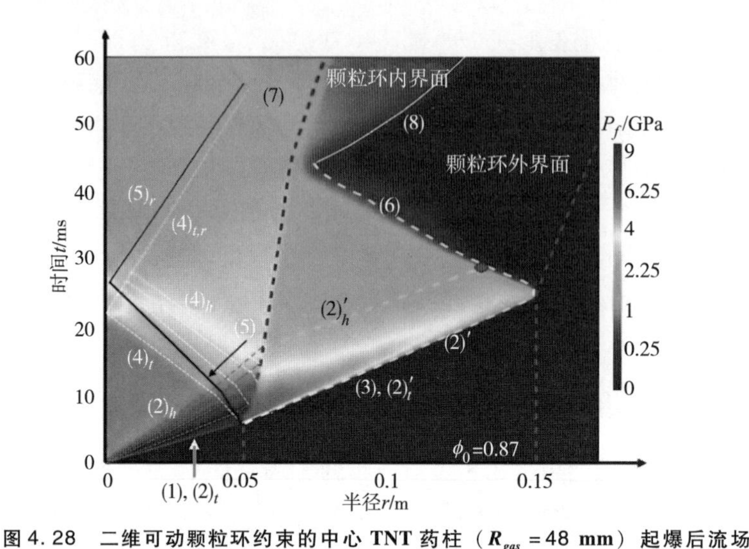

图 4.28　二维可动颗粒环约束的中心 TNT 药柱（R_{gas} = 48 mm）起爆后流场中的波系结构（颗粒环内界面以内的压力为内部爆轰产物气体的压力，颗粒环内外界面之间的压力为颗粒相内部的压力。颗粒相初始堆积密度 ϕ = 0.87）

（1）—爆轰波；（2）$_h$—黎曼膨胀波束波头；（2）$_t$ 黎曼膨胀波束波尾；（2）$'_h$—进入颗粒层的膨胀波波头；（3）—颗粒层中的压实波；（2）$'_t$—进入颗粒层的膨胀波波尾；（4）$_h$—从颗粒层内界面反射的稀疏波束波头；（4）$_t$—从颗粒层内界面反射的稀疏波束波尾；（4）$_{t,r}$—从中心反射的稀疏波波尾；（5）—颗粒层内界面反射激波；（5）$_r$—中心反射激波；（6）—颗粒层中的稀疏波；（7）—内界面再次加速导致的稀疏波束波头；（8）—颗粒层中的二次压实波

图 4.28 中显示了波系运动同样反应在不同位置处的压力随时间变化的曲线中。图 4.29 显示了不同的颗粒相体积分数（ϕ_0为 0.87、0.69 和 0.52）的工况中，三个典型位置，即炸药中心［图 4.29（a）］、炸药初始 1/2 半径处［图 4.29（b）］和颗粒环内界面处［图 4.29（c）］的压力随时间的变化。与图 4.22（b）不同，图 4.29（c）中的颗粒环内界面处的压力是最内层颗粒相的压力，而非此处流场的压力。炸药起爆后在炸药内部运动的爆轰波（1）和黎曼稀疏波波束（波头和波尾分别为（2）$_h$ 和（2）$_t$）导致炸药初始 1/2 半径处和颗粒环内界面处的压力在阶跃跳升后迅速衰减。此后由于流场中整体压力的迅速下降，从炸药中心和炸药初始 1/2 半径处的压力—时间曲线中仅能分辨出反射稀疏波波尾（4）$_t$到达的时刻，而很难分辨处反射激波（5）和反射稀疏波波头（4）$_{h,t}$到达的时刻。对比 4.3.2 节中工况 7 中颗粒环内界面处的压力，此时爆源为静止的均匀高压气团，可以发现，高压气团为爆源时颗粒环内界面处的压力在初始时刻跳升后缓慢下降，主要是由于颗粒环内界面膨胀导致的内部压力下降。而炸药作为爆源时，颗粒环内界面处的压力在爆轰波到达的

瞬时急剧上升，随即在黎曼稀疏波的影响下迅速下降，形成一个尖锐的超压峰。颗粒环内界面处的压力黎曼稀疏波波头经过后缓慢衰减，此后内部产物气体中微弱的波系运动几乎无法影响颗粒环内界面处的压力。直到从外界面向内部反射的稀疏波到达颗粒环内界面处的压力，导致此处的压力突然卸载，但此后在二次压实波的影响下又会有小幅恢复。从本质上说，高压气团作为爆源缺失了炸药起爆所特有的爆轰波与黎曼稀疏波，尽管颗粒环内界面压力的初始峰值都接近爆压，但其压力演化历史由于受到不同的波系结构演化的影响而出现显著差异。

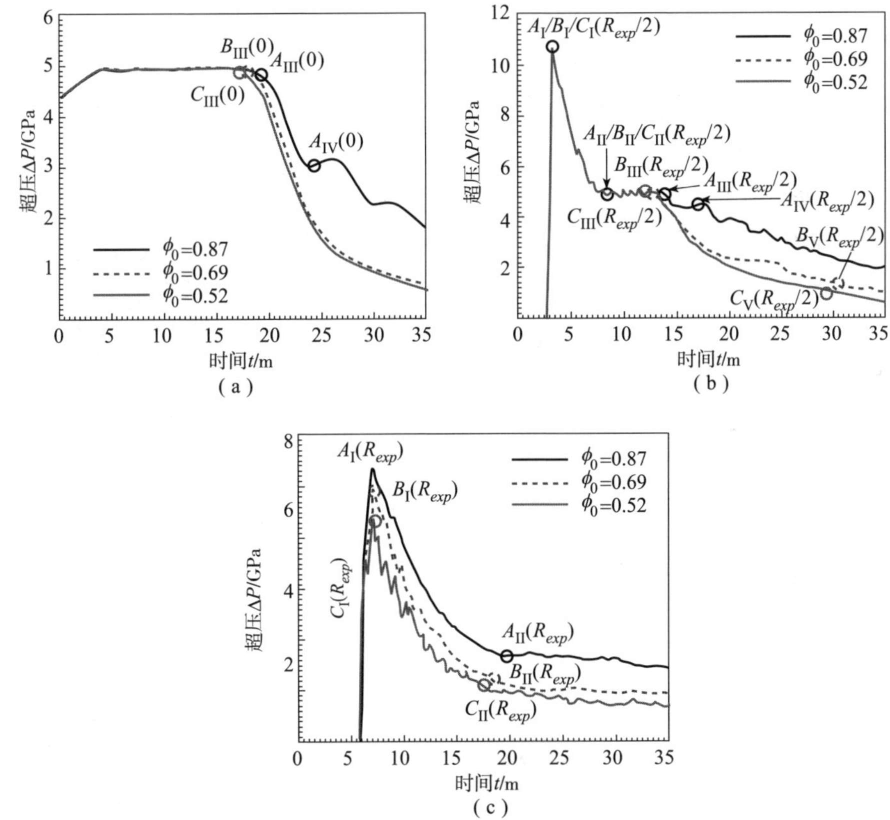

图4.29 不同颗粒堆积密度（ϕ_0为0.87、0.69和0.52）的可动颗粒环约束相同的炸药药柱工况中，炸药起爆后三个典型位置，即炸药中心、炸药初始1/2半径处和颗粒环内界面处的压力随时间的变化

(a) 炸药中心，$r=0$；(b) 炸药初始1/2半径处，$r=R_{sxp}/2$；(c) 颗粒环内界面处，$r=R_{exp}$

X—$A/B/C$；A—$\phi_0=0.87$，B—$\phi_0=0.69$，C—$\phi_0=0.52$；X_I（$R_{exp}/2$）—（1）和（2）$_t$ 到达炸药半径1/2处；X_I（R_{exp}）—（1）和（2）$_t$ 到达燃料环内界面；X_{II}（$R_{exp}/2$）—（2）$_h$ 到达炸药半径1/2处；X_{II}（R_{exp}）—（2）$_h$ 到达燃料环内界面；X_{III}（0）—（4）$_t$ 到达炸药中心；X_{III}（$R_{exp}/2$）—（4）$_t$ 到达炸药半径1/2处；X_{IV}（0）—（5）到达炸药中心；X_{IV}（$R_{exp}/2$）—（5）到达炸药半径1/2处；X_V（$R_{exp}/2$）—（4）$_{h,t}$ 到达炸药半径1/2处

由图4.29可知，颗粒环堆积密度ϕ_0对内界面处压力随时间的演化历史影响最大。随着堆积密度ϕ_0的增加，峰值压力有明显上升，黎曼稀疏波波头到达时刻推迟，且压力在稀疏波波束影响下的衰减速率减小。黎曼稀疏波波头到达后的压力缓慢下降的平台压力也更高。图4.30给出了颗粒环堆积密度ϕ_0为0.69和0.52两种工况下的压力r—t图，尽管波系结构类似，但$\phi_0=0.52$的颗粒环内界面膨胀速度明显快于$\phi_0=0.69$的工况，内部爆轰产物气体整体压力的下降也更为迅速，压力更快地趋向均匀。4.4节中会详细讨论炸药爆源的爆炸分散体系中颗粒环堆积密度ϕ_0对于颗粒相压力时空演化的影响。

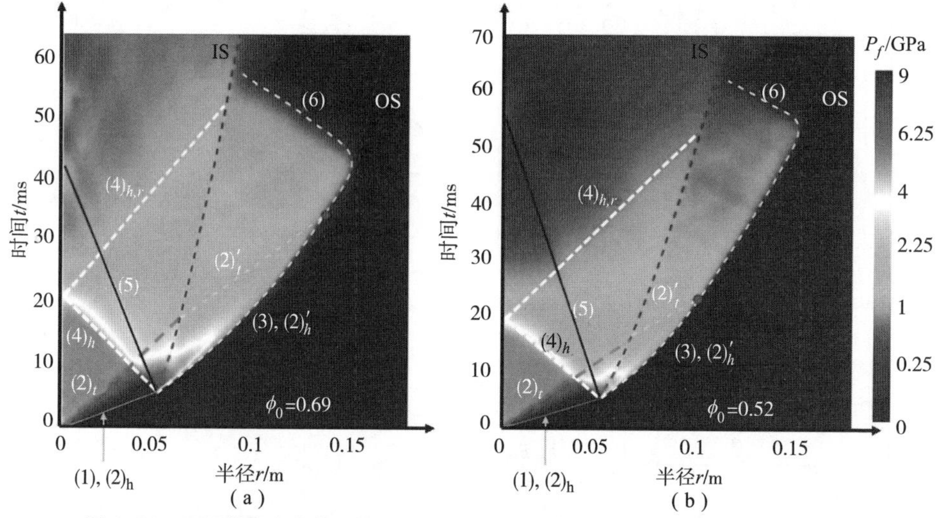

图4.30 不同堆积密度的二维可动颗粒环约束的中心TNT药柱（$R_{gas}=48$ mm）起爆后流场中的波系结构（颗粒环内界面以内的压力为内部爆轰产物气体的压力，颗粒环内外界面之间的压力为颗粒相内部的压力）

（a）$\phi_0=0.69$；（b）$\phi_0=0.52$

（1）—爆轰波；（2）$'_t$—进入颗粒层的膨胀波波尾；*IS*—燃料环内界面；（2）$_h$—黎曼膨胀波束波头；（4）$_h$—内界面加速导致的稀疏波束波头；*OS*—燃料环外界面；（2）$_t$—黎曼膨胀波束波尾；（4）$_{h,r}$—反射稀疏波波头；（2）$'_h$—进入颗粒层的膨胀波波头；（5）—颗粒层内界面反射激波；（3）—颗粒层中的压实波；（6）—颗粒层中的稀疏波

4.4 不同爆源的爆炸分散体系中颗粒环壳在近场过程的动力学响应

4.3节中详细讨论了高压气团及炸药作为爆源的中心爆炸分散体系在初始

时刻的流场波系运动，以及高压气团与约束颗粒环壳之间是否存在间隙对于波系结构的影响。对于固定颗粒环壳，发散－汇聚激波/压缩波/稀疏波在颗粒环壳内界面和中心时间的往复运动控制了初始阶段的流场演化；而当颗粒环壳可动时，颗粒环壳内界面的迅速膨胀导致内部压力的整体下降，显著削弱了中心气腔内部的波系运动。显然，颗粒环壳内界面膨胀越快，中心气腔内部压力更快趋向均匀，颗粒环壳仅受到第一道发散激波/压缩波/稀疏波的显著影响。如4.3.3节的中心炸药爆炸驱动分散体系，由于炸药的爆压在 O（10^1）GPa 量级，即使在当量比 M/C 达到了 O（10^3）的量级（注意，此时的当量比以炸药为爆源），颗粒环壳的膨胀仍足够快，炸药起爆后产生的爆轰波和稀疏波仅第一个往复运动的循环清晰可辨。但对于高压气团爆源，特别是初始压力 P_0 在 O（10^0）~ O（10^2）bar 的量级范围内时，对于当量比在 O（10^2）的量级（注意，此时的当量比以高压气团为爆源）以上的爆炸分散体系，发散－汇聚激波/压缩波/稀疏波的往复运动在初始时刻，即从颗粒环壳外界面向内反射的稀疏波到达颗粒环壳内界面之前，仍是流场演化的关键过程，决定了颗粒环壳的载荷历史，进而决定了颗粒环壳的动力学演化过程。我们将以上两种情况分别称为颗粒环壳与爆源的弱耦合和强耦合，本节将分别讨论两种耦合情况下颗粒环壳在起爆后初始加速膨胀阶段的动力学响应过程。

4.4.1 颗粒环壳与爆源强耦合时的动力学响应过程

本节通过以高压气团为爆源的二维中心爆炸分散体系为例，详细阐述颗粒环壳与爆源强耦合时在初始膨胀阶段的演化过程。此时高压气团（半径 R_{gas} = 35 mm）的外界面与颗粒环内界面之间存在小间隙，$\delta = 15$ mm。保持高压气团和颗粒环内界面半径不变，颗粒的密度和粒径分布不变，通过改变颗粒环的厚度 $h = R_{out,0} - R_{in,0}$ 和初始堆积密度 ϕ_0，可以获得不同当量比的中心爆炸分散体系。本节和第5章中我们采用同样的高压气团爆炸分散颗粒环的二维构型来研究以高压气团为爆源的中心分散体系的分散行为，采用四个关键结构参数，即 $M/C - P_0$（P 的单位为 bar）和 $\phi_0 - h$（h 的单位为 mm）来区分不同的中心爆炸分散体系。图4.31所示为两个分散体系 104－200－0.6－50［图4.31(a)］和494－200－0.6－140［图4.31(b)］的流场压力 P_f 的 r—t 图。图中，白色实线为颗粒环内外界面半径 R_{in} 和 R_{out} 的轨迹，R_{in} 和 R_{out} 之间的黄色实线和白色虚线分别表示压实波面（compaction front，CF）和从颗粒环外界面向内界面运动的稀疏波（rarefaction wave，RW）的轨迹。由于颗粒环的高堆积密度，$\phi_0 = 0.6$，颗粒环内的透射波几乎不可见，CF 与颗粒环内部间隙空气相压力的微弱间断重合，说明尽管压实波面是颗粒相的密度、压力和速度的间断面，但是压实波面前后拖曳力的不连续会导致渗流流场在压实波面处出现间断。类似的，稀疏波的运动导致波后颗粒相的堆积密度下降，速度增加，间隙空气相中的渗流流场在经过稀疏波后压力梯度减小。颗粒相中运动的稀疏波对于流场最大的影响出现在稀疏波到达颗粒环内界面的时刻，此时颗粒环内界面突然加速，导致内部气腔的压力突然下降，内部往复运动的波系也迅速退化。颗粒环内部的流场压力主要受到渗流机制的影响，呈现出扩散压力场特征。但每次发散激波作用颗粒环内界面时，都会导致该处压力的瞬时上升，这种压力脉动会向颗粒环内部传播，使得颗粒环内部的流场压力时空演化呈现出从内界面向外界面波浪状扩散传播的结构。

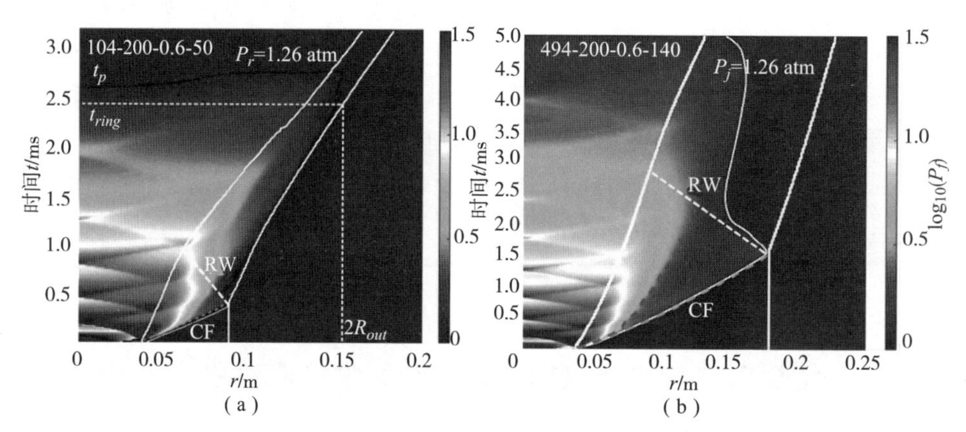

图 4.31　以高压气团为爆源的中心爆炸分散体系 104－200－0.6－50 和 494－200－0.6－140 的流场压力 P_f 的 r—t 图（白色实线为颗粒环内外界面半径 R_{in} 和 R_{out} 的轨迹，R_{in} 和 R_{out} 之间的黄色实线和白色虚线（见彩插）分别表示 CF 和从颗粒环外界面向内界面运动的 RW）

图 4.31 中显示了第一道作用在颗粒环内界面的入射激波激发的 CF 的运动轨迹。实际上，每道作用在颗粒环内界面的发散激波都会激发一道从内界面向外界面传播的 CF。图 4.32 所示为中心爆炸分散体系 104－200－0.6－50［图 4.32（a）］和 494－200－0.6－140［图 4.32（b）］的颗粒相体积应变率 $\dot{\varepsilon}_v$ 的 r—t 图。从内界面向外界面传播的蓝色条带表示强压缩的压实波面，此后由于稀疏波波束和内界面膨胀的影响，内界面压力下降，使得压实波波面后颗粒相卸载膨胀，在体积应变率 $\dot{\varepsilon}_v$ 的 r—t 图上表现为黄色或红色区域。图 4.32 清晰地显示了每次发散激波作用在颗粒环内界面上时都向内部发射一道强压实波。值得注意的是，第二道和此后的压实波在颗粒环中的传播速度明显快于第一道压实波。在 494－200－0.6－140 体系中［图 4.32（b）］，第二道和第三

道压实波最终追赶上第一道压实波，与之相汇聚，形成一道主压实波向外界面传播。图 4.33 通过颗粒环中颗粒速度场的演化显示了第一道和第二道、第三道压实波聚合的过程。在 $t=0.47$ ms [图 4.33 (a)]，第二道压实波已经出现，此时第一道压实波波后颗粒速度在稀疏卸载波束影响下已明显减速，速度明显落后于第二道压实波波后颗粒速度。在 $t=1.03$ ms [图 4.33 (b)] 时，第二道压实波已经与第一道压实波聚合，第四道压实波从内界面开始向外传播，颗粒环中出现三个可辨识的速度平台。在 $t=1.52$ ms [图 4.33 (c)] 时，第二道、第三道压实波均与第一道压实波聚合，第四道压实波并没有引起颗粒速度的明显不连续，而第五道压实波也从内界面开始启动，整个颗粒环的速度场沿径向呈现出平滑下降的规律。当主压实波达到颗粒环外界面时，反射稀疏波波后的颗粒相卸载膨胀，速度迅速上升，如图 4.33 (c) 所示。且速度沿径向增大，因此体积应变率 $\dot{\varepsilon}_v>0$ 。对于 494 - 200 - 0.6 - 140 的体系，尽管稀疏波在向内传播过程中与从内界面向外传播的第五道和第六道压实波相遇，由于第五道和第六道压实波太弱，在穿过稀疏波后，仅仅使得波后颗粒体积应变率 $\dot{\varepsilon}_v$ 下降，并不足以使得卸载的颗粒重新压实。与之相反，104 - 200 - 0.6 - 50 体系中的稀疏波在向内传播过程中与从内界面向外传播的第二道和第三道压实波相遇，由于第二道和第三道压实波足够强，在穿过稀疏波后仍然导致颗粒的强压缩，因此在稀疏波作用后颗粒环出现三个膨胀颗粒环带和两个压缩颗粒环带交替的结构，最外层的膨胀颗粒环带膨胀率最为强烈，速度最大，会最先脱离颗粒环主体飞散到外部流场中。494 - 200 - 0.6 - 140 体系中的颗粒环在稀疏波作用后整体的膨胀较为均匀，没有出现明显的压缩与膨胀交替的环带。

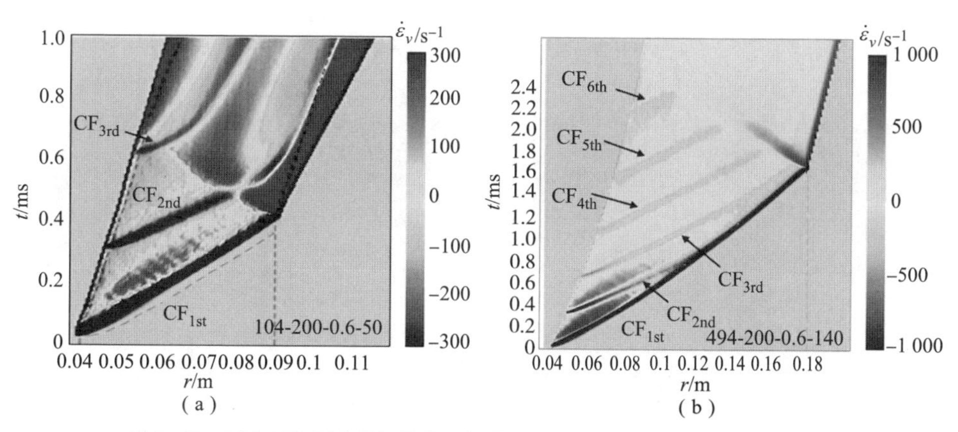

图 4.32　以高压气团为爆源的中心爆炸分散体系 104 - 200 - 0.6 - 50 和 494 - 200 - 0.6 - 140 的颗粒相体积应变率 $\dot{\varepsilon}_v$ 的 r—t 图（其中 CF_{1st}、CF_{2nd}、CF_{3rd}、…分别代表第一道、第二道、第三道、……压实波）

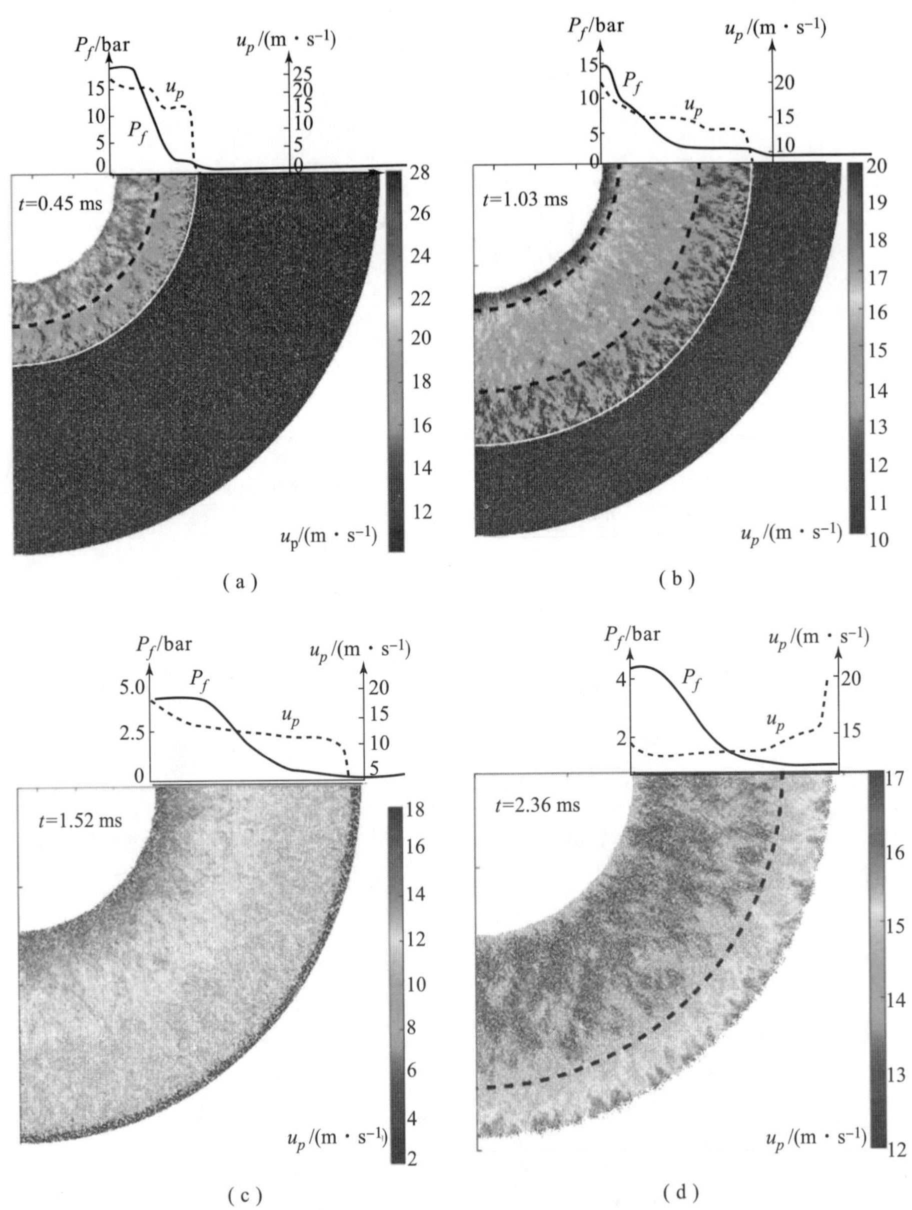

图 4.33　494－200－0.6－140 体系中不同时刻颗粒环的构型，颗粒通过瞬时速度染色（每张颗粒环图像上方的曲线图为颗粒环内流场压力 P_f（黑色实线）和粗化颗粒速度 u_p 沿径向的变化）

(a)～(c) 压实阶段；(d) 稀疏波传播阶段

稀疏波作用后颗粒环是否会出现膨胀、压缩交替的环带区域将会影响此后颗粒环的分散结构。图 4.34 所示为 104 - 200 - 0.6 - 50［图 4.34（a）］和 494 - 200 - 0.6 - 140［图 4.34（b）］的体系中颗粒环堆积密度 ϕ 的 r—t 图。压实波，特别是第一道压实波对应于明显的堆积密度 ϕ 间断，从波前的 ϕ_0 导致到压实密度 $\phi_{comp}=0.8$。在稀疏波传播结束后，颗粒环整体堆积密度下降。对于 104 - 200 - 0.6 - 50 体系中颗粒环，由于在稀疏波结束后出现了膨胀、压缩交替的环带结构、持续压缩环带区域的堆积密度中仍然保持在 0.6 ~ 0.7，而膨胀环带区域的堆积密度中迅速下降到 0.3 ~ 0.4 以下，因此连续的颗粒环在稀疏波作用结束后发生分层，形成了内外两个分离的稠密颗粒环。104 - 200 - 0.6 - 50 体系中颗粒环，尽管在稀疏波结束后颗粒相的膨胀速率由于第四至第六道压实波的影响并非沿径向完全均匀，但没有出现明显的膨胀、压缩交替的环带区域，因此颗粒环的堆积密度中沿径向在 0.5 ~ 0.6 波动，并均匀地发生膨胀分散，没有出现明显的分层现象。

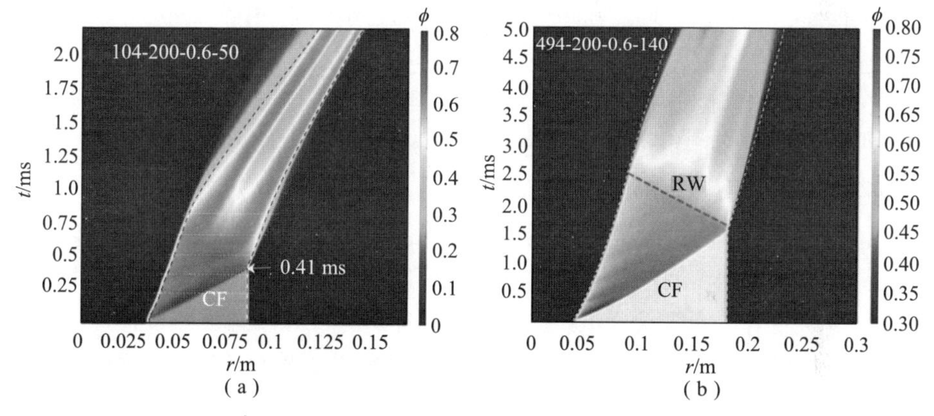

图 4.34　以高压气团为爆源的中心爆炸分散体系 104 - 200 - 0.6 - 50 和 494 - 200 - 0.6 - 140 的颗粒相堆积密度 ϕ 的 r—t 图

由以上分析可知，以高压气团为爆源的中心分散体系中的颗粒环在压实后是否发生分层取决于压实过程中多道压实波能否汇聚成一个主压实波。颗粒环压实后发生的分层临界条件为第二道压实波在第一道压实波到达颗粒环外界面时追上第一道压实波，即

$$t_{IS}+\Delta t_{CF,\mathrm{I}}=t_{RS,\mathrm{II}}+\Delta t_{CF,\mathrm{II}} \tag{4.38}$$

式中：t_{IS}和 $t_{RS,\mathrm{II}}$分别为入射波和从中心反射的第一道发散激波作用在颗粒环内界面的时刻；$\Delta t_{CF,\mathrm{I}}$和 $\Delta t_{CF,\mathrm{II}}$分别为第一道和第二道压实波从颗粒环内界面到外界面的传播时间。

t_{IS}、$t_{RS,\mathrm{II}}$、$\Delta t_{CF,\mathrm{I}}$和 $\Delta t_{CF,\mathrm{II}}$需要满足以下条件，即

$$\delta = \int_0^{t_{IS,\mathrm{I}}} V_{IS} \mathrm{d}t \tag{4.39}$$

$$R_{in}(t_{RS,\mathrm{II}}) = \int_{t_{RS,\mathrm{I}}}^{t_{RS,\mathrm{II}}} V_{RS,\mathrm{II}} \mathrm{d}t \tag{4.40}$$

$$R_{in}(t_{IS}) = \int_{t_{IS}}^{t_{RS,\mathrm{I}}} V_{RS,\mathrm{I}} \mathrm{d}t \tag{4.41}$$

$$h = \int_0^{\Delta t_{CF,\mathrm{I}}} V_{CF,\mathrm{I}} \mathrm{d}t \tag{4.42}$$

$$R_{out,0} - R_{in}(t_{RS,\mathrm{II}}) = \int_0^{\Delta t_{CF,\mathrm{II}}} V_{CF,\mathrm{II}} \mathrm{d}t \tag{4.43}$$

式中：$t_{RS,\mathrm{I}}$为从颗粒环内界面反射的汇聚激波到达中心的时刻；R_{in}（t_{IS}）、R_{in}（$t_{RS,\mathrm{II}}$）分别是在t_{IS}和$t_{RS,\mathrm{II}}$时刻颗粒环内界面的半径；V_{IS}、$V_{RS,\mathrm{I}}$、$V_{RS,\mathrm{II}}$、$V_{CF,\mathrm{I}}$和$V_{CF,\mathrm{II}}$分别为入射波、从颗粒环内界面向中心反射的汇聚激波、从中心反射的发散激波、第一道和第二道压实波的速度，其中V_{IS}、$V_{RS,\mathrm{I}}$、$V_{RS,\mathrm{II}}$与中心气腔的流场演化相关，而$V_{CF,\mathrm{I}}$、$V_{CF,\mathrm{II}}$则是由颗粒相的动力学响应决定。

还需要注意的是，V_{IS}、$V_{RS,\mathrm{I}}$、$V_{RS,\mathrm{II}}$、$V_{CF,\mathrm{I}}$、$V_{CF,\mathrm{II}}$均是传播距离（时间）的函数，而非常值，因此式（4.39）~式（4.43）均采用了积分形式。我们将在5.7节中介绍基于连续介质近似的第一次爆炸压实理论模型，给出$V_{CF,\mathrm{I}}$与中心爆炸分散体系结构参数的依赖关系。

本节的最后我们讨论压实过程中颗粒速度分布的非均匀性。从图4.33中可以明显看出，颗粒速度分布存在强烈的环向非均匀性，具有更高速度的颗粒团簇呈现出放射性的簇状分布。这种速度的非均匀性在稀疏波传播及此后的持续膨胀阶段得以进一步加强，随机无规则的弥散分布高速/低速小颗粒团簇不仅速度差增大，团簇尺寸也明显增大。比较图4.33（c）和（d）发现稀疏波后方颗粒环外界面钉状的高速颗粒团簇，这些颗粒环外界面的高速团簇与后续外界面的颗粒射流密切相关。图4.35（a）和（b）所示分别为1024-20-0.6-50体系中6.3 ms时颗粒环的径向速度$u_{p,r}$和环向速度$u_{p,\theta}$场。此时，除了游离于颗粒环主体之外的脱离颗粒外，颗粒环外界面附近的颗粒（从$r=120\sim127$ mm，约10层颗粒）在指向中心的压力梯度力作用下明显减速（见第5章），对应于图4.35（a）上速度呈现蓝绿色的环带区域。但是，这一区域的颗粒径向速度出现了非常规则的环向波动，如图4.35（c）所示，在1/4圆环上出现了7~8个近似等间距径向速度的峰值，波动周期为10°~12°。这一颗粒环外界面环带区域内的颗粒环向速度$u_{p,\theta}$表现出同样周期的环向波动，如图4.35（d）所示，$u_{p,\theta}$（θ）在0附近规则波动。值得注意的是，$u_{p,r}$（θ）的波动曲线与$u_{p,\theta}$（θ）正好相差1/4相位，及$u_{p,r}$（θ）处于峰值［图4.35

（c）的 θ_3］或谷底［图4.35（c）的 θ_1］的位置处颗粒环向 $u_{p,\theta}$速度为0。而 $u_{p,\theta}$（θ）处于谷底［图4.35（c）的 θ_2］或者峰值时，恰好对应此处的 $u_{p,r}$处于均值，即环向速度的最大绝对值出现在（径向）高速与低速团簇交接的区域。以图4.35中 θ_2 射线所对应的颗粒环外界面附近的颗粒团簇为例，此处 $u_{p,\theta}$处于峰值，即此处颗粒的逆时针流动最为强烈。结合 $u_{p,r}$（θ）的波动规律可以发现，θ_2 射线对应于高速与低速团簇交接的区域，颗粒从低速团簇向高速团簇流动。这种 $u_{p,r}$（θ）和 $u_{p,\theta}$（θ）的分布曲线同周期但相差1/4相位的特点表明源源不断的颗粒从低速团簇向高速团簇流动，这也是外界面高速团簇尺寸迅速增长，并最终成长为宏观颗粒射流的关键机制。第5章中还会详细讨论外界面颗粒射流形成的原因。

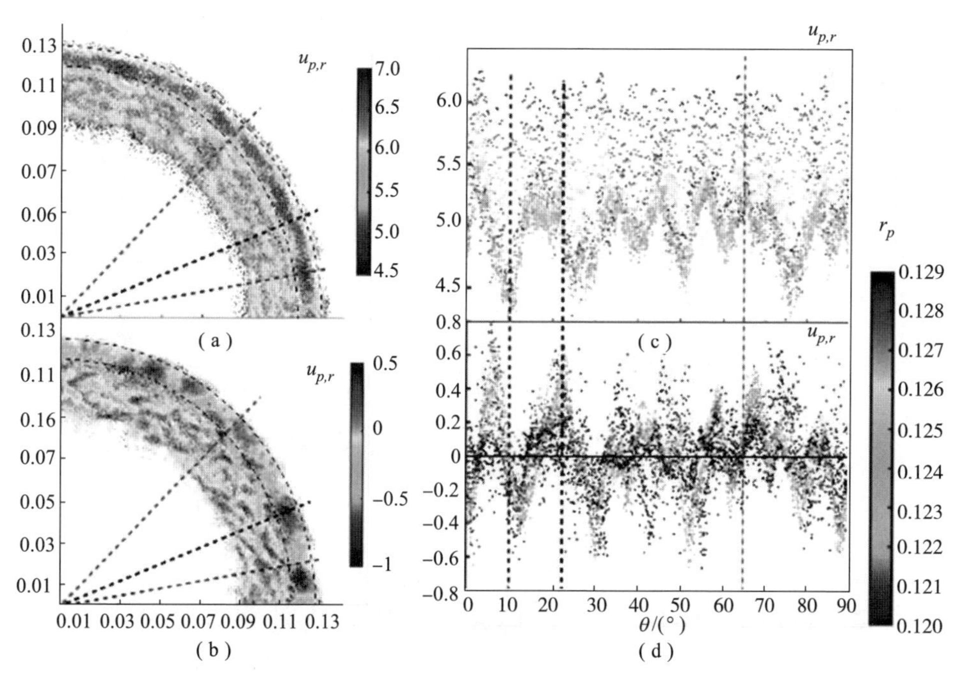

图4.35　1024－20－0.6－50体系中6.3 ms时颗粒环的径向速度 $u_{p,r}$和环向速度 $u_{p,\theta}$场（见彩插）

（a）径向速度 $u_{p,r}$；（b）环向速度 $u_{p,\theta}$；（c）和（d）颗粒环外界面附近的颗粒（$r\sim127$ mm，约10层颗粒）的径向速度 $u_{p,r}$（θ）和环向速度 $u_{p,\theta}$（θ）随环向角度 θ 的变化

压实过程中颗粒速度分布的非均匀性不仅是外界面射流的起源，还会导致颗粒环内部在过膨胀阶段形成条纹状空隙结构。图4.36（a）所示为1024－

20－0.6－50体系中的颗粒环在6.21 ms时的局部堆积密度分布，即颗粒采用局部Voronoi体积分数染色。此时颗粒环在指向中心的压力梯度力持续作用下发生过膨胀，这种过膨胀并非均匀膨胀，而是形成如图4.36（a）所示的条纹空隙结构，颗粒团簇形成的条纹可以维持较长的时间，通过条纹之间的空隙增长来实现颗粒环的过膨胀。对比图4.36（b）显示的相同时刻颗粒环中颗粒径向速度的分布，我们发现稠密颗粒团簇形成的条带结构对应低速区域，而包含稀疏颗粒的空隙对应高速区域。4.36（b）显示的速度分布条纹结构是起源于压实阶段的颗粒速度非均匀分布在指向中心的压力梯度力持续作用演化而来的结果，见第5章。

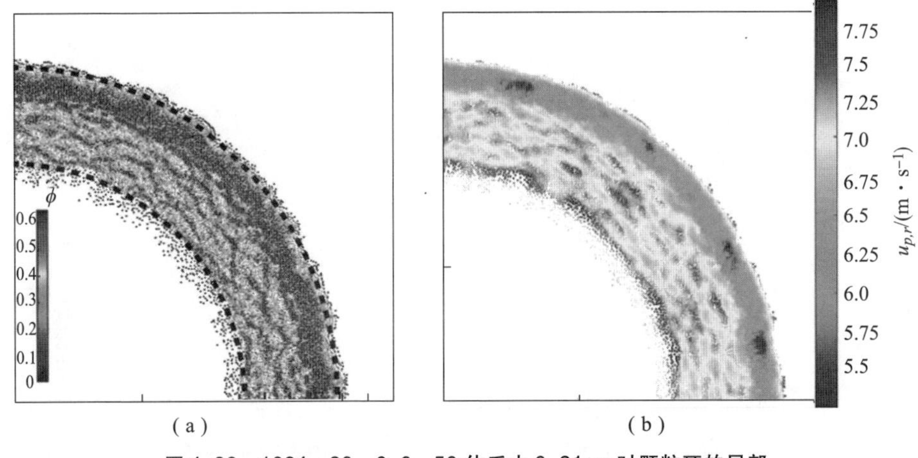

(a) (b)

图4.36 1024－20－0.6－50体系中6.21ms时颗粒环的局部堆积密度ϕ和径向速度$u_{p,r}$的分布

(a) 堆积密度ϕ；(b) 径向速度$u_{p,r}$

4.4.2 炸药爆源的中心分散体系中颗粒环壳的爆炸载荷

4.4.2.1 压力载荷时程曲线随径向距离的模式变化

以炸药为爆源的爆炸体系中颗粒环在强爆源作用下迅速膨胀，导致爆轰产物气体压力迅速下降，往复波系运动消失。对于这种爆源与颗粒环壳弱耦合的爆炸分散体系，颗粒环中的压力演化主要受到伴随着炸药起爆过程的爆轰波和紧随其后的黎曼膨胀波的影响。图4.37（a）为中心TNT药柱半径R_{exp} = 12 mm，当量比M/C = 66.2的爆炸分散体系中颗粒环内部压力P_p（r，t）的时空演化图。这里的压力为P_p（r）半径为r，厚度为$2d_p$的环形区域内颗粒相内

部压力。计算方法如下：首先通过颗粒离散单元之间接触力矢量 $\boldsymbol{f}$ 得到定义在颗粒上的应力张量，即

$$\sigma_{ij}^{A} = \frac{1}{V^{A}} \sum_{c=1}^{K} l_{i}^{c} f_{j}^{c} \tag{4.44}$$

式中：V^A 为颗粒 A 体积；K 表示与颗粒 A 接触的颗粒总数；c 表示颗粒 A 上的接触点；l_i^c 为由颗粒 A 中心指向接触点 c 的矢量；f_j^c 为颗粒 A 的接触点 c 处接触力。

颗粒压力 P_p^A 通过应力张量的一阶不变量得到，即

$$P_{p}^{A} = \frac{I_1}{3} = \frac{tr\sigma}{3} = \frac{\sigma_1 + \sigma_2 + \sigma_3}{3} \tag{4.45}$$

半径为 r、厚度为 $2d_p$ 的环形区域内的平均压力为

$$P_p(r) = \frac{\sum_i V_i P_p^i}{\sum_i V_i} \tag{4.46}$$

式中：V_i 为环形区域内第 i 个颗粒的体积。

值得注意的是，式（4.46）中的分母为环形区域内的颗粒相体积，而非整个环形区域体积，因此是 P_p（r）颗粒相压力而非相平均后的混合物压力。

从图 4.37（a）中可以明显看到，颗粒相压力 P_p（r，t）在 CF 到达后突然起跳，随后在稀疏波影响下迅速衰减。压实波面上的峰值压力 $P_{p,\max}$ 随半径的增大而减小。CF 到达颗粒环外界面后向内部反射稀疏波波束（波头和波尾分别为 RW_h 和 RW_t），后者在向中心传播的过程中将颗粒压力迅速卸载。图 4.37（b）显示了三个不同位置 $\tilde{r} = r/d_p$ 为 1、20、64 的颗粒相压力随时间变化的曲线 P_p（r，t）。$\tilde{r}$ 为 1 和 20 位置处的 P_p（r，t）清晰显示了压实波（3）、从颗粒环内界面进入颗粒环内部的稀疏波束（波头和波尾分别为 $(2)'_h$ 和 $(2)'_t$），以及从颗粒环外界面反射的稀疏波波头（6）的影响。此时，颗粒相压力演化曲线 P_p（r，t）由三个特征阶段构成［图 4.38（a）］：①在压实波和稀疏波束影响下阶跃起跳后急剧下降的阶段。此阶段开始于压实波到达时刻 $t_{(3)}$（r），压力跳升到峰值压力 $P_{p,\max}$（r），结束于稀疏波波头 $(2)'_h$ 到达时刻 $t_{(2)'_h}(r)$，此时压力下降到 $P_{p,\mathrm{II}}$。阶段 I 的持续时间为 Δt_{I}，$\Delta t_{\mathrm{I}} = \Delta t_{(2)'_h}(r) - \Delta t_{(3)}(r)$。②缓慢下降的平台阶段，此时压力大致保持在 $P_{p,\mathrm{II}}$。该阶段起始于稀疏波波头 $(2)'_h$ 到达时刻 $t_{(2)'_h}(r)$，结束于从外界面反射的稀疏波波头（6）到达时刻 $t_{(6)}$（r）。阶段 II 的持续时间为 Δt_{II}，$\Delta t_{\mathrm{II}} = t_{(6)}$（$r$）$- \Delta t_{(2)'_h}(r)$。③压力迅速衰减阶段，对应于从外界面反射的稀疏波导致的卸载过程，持续时间为

Δt_{III}。我们把包含三个载荷特征阶段的 P_p（r，t）称为模式 A 的载荷曲线，仅包含Ⅱ和Ⅲ两个特征载荷阶段的 P_p（r，t）称为模式 B，而仅包含Ⅰ和Ⅲ两个特征载荷阶段的 P_p（r，t）称为模式 C。图 4.38（d）~（f）中三个不同分散体系中颗粒环不同半径处的压力时程曲线 P_p（r，t）分别属于模式 A、B 和 C。

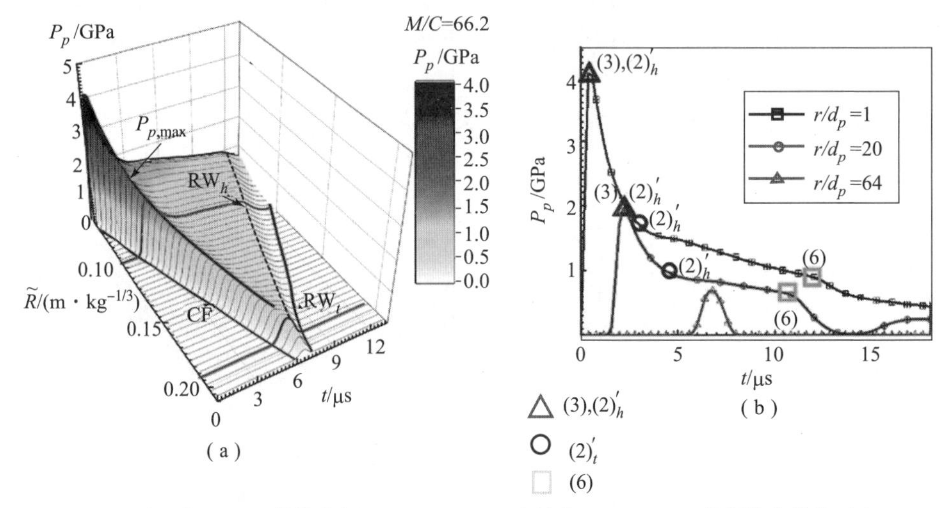

图 4.37　中心 TNT 药柱半径 R_{exp} = 12 mm，当量比 M/C = 66.2 的爆炸分散体系中颗粒环内部颗粒相压力 P_p（r，t）的时空演化图（三个不同半径处，颗粒环内界面（r/d_p = 1），颗粒环内部（r/d_p = 20），颗粒环外界面附近（r/d_p = 64）的颗粒相压力 P_p 随时间的变化）

（3）—颗粒层中的压实波；（2）$'_t$—进入颗粒层的膨胀波波尾；

（2）$'_h$—进入颗粒层的膨胀波波头；（6）—颗粒层中的反射稀疏波波头

由图 4.38 可知，进入颗粒环的稀疏波波头（2）$'_h$ 的运动速度远快于压实波（3），对于足够厚的颗粒环，稀疏波波头（2）$'_h$ 会在压实波（3）到达颗粒环外界面之前追上压实波（3），如图 4.39（a）所示。将（2）$'_h$ 追上（3）的位置距离中心的半径记为 R_{I}，在 $r > R_{\mathrm{I}}$的环带区域内颗粒相压力演化曲线 P_p（r，t）为模式 B，仅包含第Ⅱ和第Ⅲ阶段的特征载荷，如图 4.38（b）所示。在 $r = R_{\mathrm{I}}$处稀疏波波头（2）$'_h$ 和压实波（3）汇和，有

$$\begin{aligned} R_I - R_{in}(t^{in}_{(2)_h}) &= \int_{t^{in}_{(2)_h}}^{t^{in}_{(2)_h} + \Delta t^{R_I}_{(2)'_h}} V_{(2)'_h} \mathrm{d}t \\ R_I - R_{in,0} &= \int_{t^{in}_{(1)}}^{t^{in}_{(1)} + \Delta t^{R_I}_{(3)}} V_{(3)} \mathrm{d}t \end{aligned} \tag{4.47}$$

式中：$t^{in}_{(1)}$ 和 $t^{in}_{(2)_h}$ 分别为爆轰波（1）和黎曼膨胀波波头（2）$_h$ 到达颗粒环内界

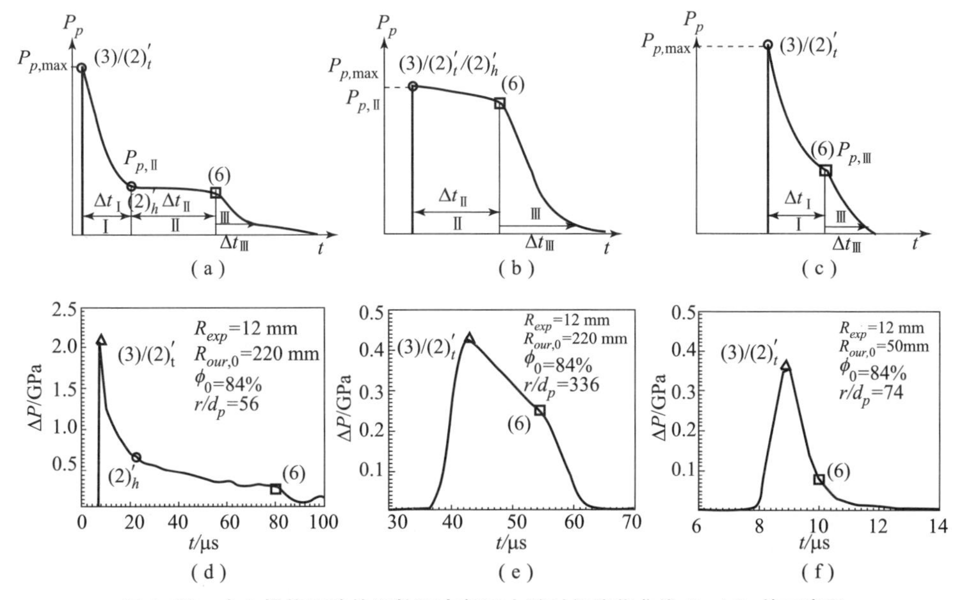

图4.38　中心爆炸导致的颗粒环内部压力随时间演化曲线 P_p（t）的示意图

（a）包含三个特征载荷阶段的 P_p（r，t）示意图，出现在颗粒层外径大于 $R_{cr,\mathrm{I}}$时的 $r<R_{\mathrm{I}}$的环带区域内，以及颗粒层外径小于 $R_{cr,\mathrm{I}}$时的 $r<R_{\mathrm{II}}$的环带区域内；（b）包含Ⅱ和Ⅲ两个特征载荷阶段的 P_p（r，t）示意图，出现在颗粒层外径大于 $R_{cr,\mathrm{I}}$时的 $r>R_{\mathrm{I}}$的环带区域内；（c）包含Ⅰ和Ⅲ两个特征载荷阶段的 $P_p(r,t)$ 示意图，出现在颗粒层外径小于 $R_{cr,\mathrm{I}}$时的 $r>R_{\mathrm{II}}$的环带区域内。压实波面达到后压力跳升到峰值压力，$P_{p,max}$。稀疏波波头（2）$'_h$ 达到后压力下降到 $P_{p,\mathrm{II}}$。（c）反射稀疏波（6）早于入射稀疏波波头（2）$'_h$ 达到，此时压力为 $P_{p,\mathrm{III}}$；（d）~（f）数值模拟得到的不同分散体系的颗粒环中不同半径处的颗粒相压力演化曲线 P_p（r，t），分别对应于（a）~（c）

面的时刻；$R_{in}(t^{in}_{(2)_h})$ 为黎曼膨胀波波头（2）$_h$ 到达颗粒环内界面时的内界面半径；$\Delta t^{R_I}_{(3)}$ 和 $\Delta t^{R_I}_{(2)'_h}$ 分别为压实波（3）和颗粒层中的入射膨胀波波头（2）$'_h$ 到达颗粒环中半径 R_{I}处所需要的时间，$\Delta t^{R_I}_{(3)} = \Delta t^{R_I}_{(2)'_h}$；$V_{(3)}$ 和 $V_{(2)'_h}$ 分别为压实波（3）和颗粒层中的入射膨胀波波头（2）$'_h$ 在颗粒相中的传播速度。稀疏波波头（2）$'_h$ 能够追上压实波（3）的临界条件为二者同时到达颗粒环壳的外界面，即 $R_{\mathrm{I}}=R_{out,0}$，此时的颗粒环外径称为临界外径，用 $R_{cr,\mathrm{I}}$ 表示，将其代入式（4.47）可得

$$R_{cr,I} - R_{in}(t^{in}_{(2)_h}) = \int_{t^{in}_{(2)_h}}^{t^{out}_{(3)}} V_{(2)'_h}\,\mathrm{d}t \tag{4.48}$$

$$R_{out,0} - R_{in,0} = \int_{t^{in}_{(1)}}^{t^{out}_{(3)}} V_{(3)}\,\mathrm{d}t \tag{4.49}$$

式中：$t_{(3)}^{out}$ 为压实波（3）达到颗粒环外界面的时刻。

只有在外径 $R_{out,0} > R_{cr,\mathrm{I}}$的颗粒环中才会在 $r > R_{\mathrm{I}}$的环带区域内观察到颗粒相压力曲线沿径向从模式 A 转变模式 B。

如果颗粒环的外径小于 $R_{cr,\mathrm{I}}$，从外界面向内界面反射的稀疏波（6）会在某个位置处与向外运动的稀疏波波头 $(2)'_h$ 相遇，稀疏波波头 $(2)'_h$ 消失，如图 4.39（b）所示。将两个运动方向相反的稀疏波相交的位置半径记为 R_{II}，在 $r > R_{\mathrm{II}}$的环带区域内颗粒相压力演化曲线 P_p（r，t）为模式 C，即仅包含第Ⅰ和第Ⅲ阶段的特征载荷。如图 4.38（c）所示，P_p（r，t）在压实波作用下达到峰值 $P_{p,\max}$后迅速衰减，但是在衰减到 $P_{p,\mathrm{II}}$之前就在到达的稀疏波（6）影响下迅速卸载。反射稀疏波（6）与入射稀疏波波头 $(2)'_h$ 相遇的位置 R_{II}可以由下式确定：

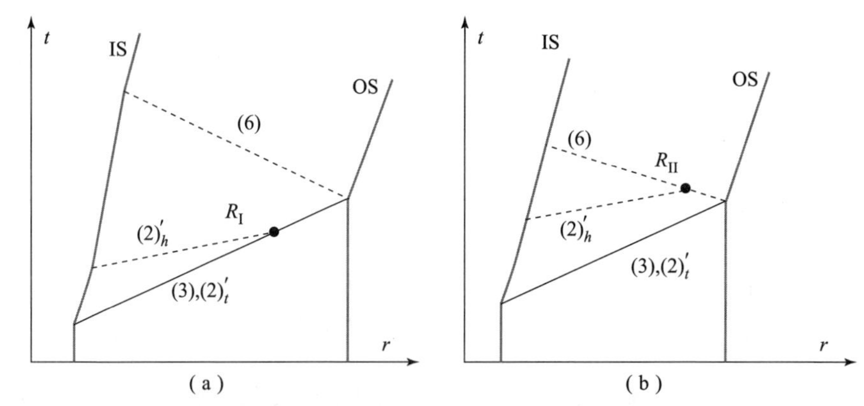

图 4.39　外径大于和小于临界外径 $R_{cr,\mathrm{I}}$ 的颗粒环中的波系结构示意图

（IS 和 OS 分别表示颗粒环的内界面和外界面）

$$R_{\mathrm{II}} - R_{in}(t_{(2)_h}^{in}) = \int_{t_{(2)_h}^{in}}^{t_{(2)h}^{in} + \Delta t_{(2)'_h}(R_{II})} V_{(2)'_h} \mathrm{d}t \tag{4.50}$$

$$R_{out,0} - R_{\mathrm{II}} = \int_{t_{(3)}^{out}}^{t_{(3)}^{out} + \Delta t_{(6)}(R_{\mathrm{II}})} V_{(6)} \mathrm{d}t \tag{4.51}$$

式中：$\Delta t_{(2)_h}(R_{II})$ 为稀疏波波头 $(2)'_h$ 从内界面传播到 R_{II}处需要的时间；$\Delta t_{(6)}(R_{\mathrm{II}})$ 为反射稀疏波（6）从外界面运动到 R_{II}处需要的时间。

由以上分析可知，对于外径大于 $R_{cr,\mathrm{I}}$的颗粒环，$r < R_{\mathrm{I}}$的内部环带中颗粒相的压力演化呈现模式 A 的特征，压力时程曲线由两个特征压力 $P_{p,\max}$（r）和 $P_{p,\mathrm{II}}$（r），以及载荷阶段Ⅰ、Ⅱ和Ⅲ持续时间 Δt_{I}，Δt_{II}和 Δt_{III}决定。$r \geq R_{\mathrm{I}}$的外部环带中颗粒相的压力演化呈现模式 B 的特征，压力时程曲线由特征压力 $P_{p,\mathrm{II}}$（r）（此时 $P_{p,\max}$（r）$= P_{p,\mathrm{II}}$（r））由载荷阶段Ⅱ和阶段Ⅲ的持续时间 Δt_{II}和 Δt_{III}决定。对于外径小于 $R_{cr,\mathrm{I}}$ 的颗粒环，$r < R_{\mathrm{II}}$ 的内部环带中颗粒相的压力

演化同样呈现模式A的特征，但$r \geqslant R_{\mathrm{II}}$的外部环带中颗粒相的压力演化呈现模式C的特征，压力时程曲线由特征压力$P_{p,\max}(r)$，稀疏波波束$(2)'_h-(2)'_t$影响下的压力衰减特征时间$\Delta t'_{\mathrm{I}} = \Delta t_{(6)}(r) - \Delta t_{(3)}(r)$，以及反射稀疏波束(6)影响下的压力衰减特征时间$\Delta t_{\mathrm{III}}$决定。表4.2总结了颗粒环中距离中心不同半径处颗粒相的载荷时程曲线特征。

表4.2　颗粒环中距离中心不同半径处颗粒相的载荷时程曲线特征

颗粒环外径	距离中心半径r	载荷时程曲线$P_p(r,t)$模式	特征压力	特征时间
$R_{out,0} \geqslant R_{cr,\mathrm{I}}$	$r < R_{\mathrm{I}}$	模式A	$P_{p,\max}(r)$和$P_{p,\mathrm{II}}(r)$	Δt_{I}、Δt_{II}和Δt_{III}
	$r \geqslant R_{\mathrm{I}}$	模式B	$P_{p,\mathrm{II}}(r)$	Δt_{II}和Δt_{III}
$R_{out,0} \geqslant R_{cr,\mathrm{I}}$	$r < R_{\mathrm{II}}$	模式A	$P_{p,\max}(r)$和$P_{p,\mathrm{II}}(r)$	Δt_{I}、Δt_{II}和Δt_{III}
	$r \geqslant R_{\mathrm{II}}$	模式C	$P_{p,\max}(r)$	$\Delta t'_{\mathrm{I}}$和Δt_{III}

载荷阶段Ⅰ的持续时间Δt_{I}可以通过以下公式确定：

$$\Delta t_{\mathrm{I}} = t_{(2)'_h}(r) - t_{(3)}(r) = t^{in}_{(2)_h} + \Delta t_{(2)'_h}(r) - [t^{in}_{(1)} + \Delta t_{(3)}(r)] \tag{4.52}$$

$$R_{in,0} = \int_0^{t^{in}_{(1)}} V_{(1)}\,\mathrm{d}t \tag{4.53}$$

$$R_{in}(t^{in}_{(2)_h}) = \int_0^{t^{in}_{(2)h}} V_{(2)_h}\,\mathrm{d}t \tag{4.54}$$

$$r - R_{in,0} = \int_{t^{in}_{(1)}}^{t^{in}_{(1)}+\Delta t_{(3)}(r)} V_{(3)}\,\mathrm{d}t \tag{4.55}$$

$$r - R_{in}(t^{in}_{(2)_h}) = \int_{t^{in}_{(2)_h}}^{t^{in}_{(2)h}+\Delta t_{(2)'_h}(r)} V_{(2)'_h}\,\mathrm{d}t \tag{4.56}$$

式中：$t^{in}_{(1)}$和$t^{in}_{(2)_h}$分别为爆轰波(1)和黎曼膨胀波波头$(2)_h$到达颗粒环内界面的时刻；$R_{in}(t^{in}_{(2)_h})$为黎曼膨胀波波头$(2)_h$到达颗粒环内界面时的内界面半径；$\Delta t_{(3)}(r)$和$\Delta t_{(2)'_h}(r)$分别为压实波(3)和颗粒层中的膨胀波波头$(2)'_h$到达颗粒环中半径r处所需要的时间；$V_{(1)}$为爆轰波在柱或球构型炸药中的传播速度；$V_{(2)_h}$为黎曼稀疏波波头在炸药产物中的传播速度。

传播速度$V_{(1)}$和$V_{(2)_h}$由炸药种类决定，对于TNT柱形炸药，$V_{(1)}=8\ 000$ m/s，$V_{(2)_h}=3\ 000$ m/s；$V_{(3)}$和$V_{(2)'_h}$分别是压实波(3)和颗粒层中的膨胀波波头$(2)'_h$在颗粒相中的传播速度。尽管$t^{in}_{(1)}$可以独立求解，$t^{in}_{(2)_h}$涉及$R_{in}(t^{in}_{(2)_h})$，必须和颗粒环内界面的膨胀耦合求解。

同样，载荷阶段Ⅱ的Δt_{II}可以通过以下方程确定：

$$\Delta t_{\mathrm{II}} = t_{(6)}(r) - t_{(2)'_h}(r) = t^{out}_{(3)} + \Delta t_{(6)}(r) - [t^{in}_{(2)_h} + \Delta t_{(2)'_h}(r)] \tag{4.57}$$

$$R_{out,0} - R_{in,0} = \int_{t_{(1)}^{in}}^{t_{(3)}^{out}} V_{(3)}\,\mathrm{d}t \tag{4.58}$$

$$R_{out,0} - r = \int_{t_{(3)}^{out}}^{t_{(3)}^{out}+\Delta t_{(6)}(r)} V_{(6)}\,\mathrm{d}t \tag{4.59}$$

式中：$t_{(3)}^{out}$ 为压实波（3）到达颗粒环外界面的时刻；$\Delta t_{(6)}(r)$ 为从颗粒环外界面反射的稀疏波（6）到达半径 r 处需要的时间；$t_{(3)}^{out}+\Delta t_{(6)}(r)$ 为稀疏波（6）到达半径 r 处的时刻；$V_{(6)}$ 为稀疏波（6）的传播速度。

值得注意的是，$V_{(1)}$、$V_{(2)_h}$、$V_{(3)}$、$V_{(2)_h'}$ 和 $V_{(6)}$ 均是传播距离（时间）的函数，因此式（4.48）~式（4.51），式（4.53）和式（4.54）采用了积分形式。

模式C的 P_p（r，t）曲线中峰值压力 $P_{p,\max}$（r）在稀疏波波束 $(2)_h'-(2)_t'$ 影响下的压力衰减时间 $\Delta t'_{\mathrm{I}}$ 由于反射稀疏波（6）的过早到达而小于 Δt_{I}，此时 $\Delta t'_{\mathrm{I}}$ 可以通过下式确定：

$$\Delta t'_{\mathrm{I}} = t_{(6)}(r) - t_{(3)}(r) = t_{(3)}^{out} + \Delta t_{(6)}(r) - \left[t_{(1)}^{in} + \Delta t_{(3)}(r)\right] \tag{4.60}$$

式中，$t_{(1)}^{in}$、$\Delta t_{(3)}(r)$，$t_{(3)}^{out}$ 和 $\Delta t_{(6)}(r)$ 分别满足式（4.53）、式（4.55）、式（4.58）和式（4.59）。

4.4.2.2 载荷时程曲线特征的变化规律：峰值压力

4.4.2.1 节介绍了柱装药构型中爆炸压实波在颗粒环中传播导致的颗粒相载荷时程曲线 P_p（r）的特征。表 4.3 总结了不同模式的 P_p（r）的特征压力（$P_{p,\max}$（r）和 $P_{p,\mathrm{II}}$（r））和特征时间（Δt_{I}，Δt_{II}，Δt_{III} 和 $\Delta t'_{\mathrm{I}}$），只要知道特征压力和特征时间，就可以将 P_p（r）确定下来。本节将介绍特征压力随爆炸压实波传播的演化规律，并揭示关键结构参数，如中心炸药半径、堆积密度等的影响。表 4.3 为本节讨论的炸药爆源的柱装药和球装药体系结构参数，两种装药构型的数值模型如图 4.24（a）和（b）所示。

表 4.3 （TNT）炸药爆源的柱装药和球装药体系结构参数（工况编号的命名规则为：$R_{exp}R_{out,0}-\phi-$C 或 S，C 代表柱装药结构，S 代表球装药结构）

工况编号	几何构型	中心炸药半径 R_{exp}/mm	颗粒环壳半径 $R_{out,0}$/mm	当量比 M/C	颗粒相初始堆积密度 ϕ
12 - 50 - 0.84 - C	柱装药	12	50	20.8	0.84
12 - 75 - 0.84 - C	柱装药	12	75	49	0.84
12 - 100 - 0.84 - C	柱装药	12	100	90	0.84
12 - 120 - 0.84 - C	柱装药	12	120	126	0.84
12 - 136 - 0.84 - C	柱装药	12	136	167	0.84

续表

工况编号	几何构型	中心炸药半径 R_{exp}/mm	颗粒环壳半径 $R_{out,0}$/mm	当量比 M/C	颗粒相初始堆积密度 ϕ
12 - 166 - 0.84 - C	柱装药	12	166	246	0.84
12 - 185 - 0.84 - C	柱装药	12	185	306	0.84
12 - 220 - 0.84 - C	柱装药	12	220	436	0.84
12 - 50 - 0.76 - C	柱装药	12	50	19.2	0.76
12 - 50 - 0.69 - C	柱装药	12	50	17.5	0.69
12 - 50 - 0.6 - C	柱装药	12	50	15	0.6
12 - 50 - 0.52 - C	柱装药	12	50	13	0.52
12 - 50 - 0.4 - C	柱装药	12	50	10	0.4
48 - 150 - 0.87 - C	柱装药	48	150	11.6	0.87
48 - 150 - 0.69 - C	柱装药	48	150	9.3	0.69
48 - 150 - 0.52 - C	柱装药	48	150	7	0.52
12 - 24 - 0.68 - S	球装药	12	24	7.1	0.68
12 - 36 - 0.68 - S	球装药	12	36	27	0.68
12 - 48 - 0.68 - S	球装药	12	48	66.2	0.68
12 - 60 - 0.68 - S	球装药	12	60	131	0.68
12 - 72 - 0.68 - S	球装药	12	72	227	0.68
12 - 84 - 0.68 - S	球装药	12	84	363	0.68

图4.40（a）和（b）所示分别为相同中心炸药半径（$R_{exp}=12$ mm），颗粒相密实堆积（$\phi_C=0.84$，$\phi_S=0.68$）的柱装药和球装药体系中压力时程曲线 $P_p(r)$ 的峰值压力 $P_{p,\max}$ 随传播距离 $\tilde{R}=r-R_{exp}$ 的衰减规律。柱装药和球装药的颗粒环壳中 $P_{p,\max}(\tilde{R})$ 曲线分别在56 mm［图4.40（a）］和25 mm［图4.40（b）］处出现拐点，即 $P_{p,\max}(\tilde{R})$ 的衰减速率在 $\tilde{R}>\tilde{R}_{cr}$ 后明显放缓。对比两种装药结构的波系演化图我们可以发现，拐点的位置 $\tilde{R}_{cr}$ 与黎曼膨胀波波头（2）$_h$ 追上爆炸压实波（3）的位置 R_1 相对应，$\tilde{R}_{cr}=R_1$。在 $r>R_1$ 的外层环壳内，由于受到黎曼膨胀波的影响，$P_{p,\max}(\tilde{R})$ 的衰减速率放缓。我们对 $P_{p,\max}(\tilde{R})$ 曲线采用幂函数拟合，即

$$P_{p,\max}(\tilde{R})=P_{p,\max}(r)=P_{\max,0}\left(\frac{R_{exp}}{r}\right)^{\alpha} \tag{4.61}$$

式中：$P_{\max,0}$ 为颗粒环/壳内界面的压力峰值。

对于 $R_{exp}=12$ mm，$\phi_C=0.84$ 的柱装药，$P_{\max,0}=6.4$ GPa，$\alpha=1.05$。对于 $R_{exp}=12$ mm，$\phi_S=0.69$ 的球装药，$P_{\max,0}=4$ GPa，$\alpha=1.36$。图4.41显示了柱

装药结构中颗粒相堆积密度 ϕ 对 $P_{p,\max}(\tilde{R})$ 的衰减规律的影响。我们同样采用式（4.61）对各个工况中颗粒环中峰值压力随传播距离的衰减规律 $P_{p,\max}(\tilde{R})$ 进行了拟合，拟合参数 $P_{\max,0}$ 和 α 如表 4.4 所示。

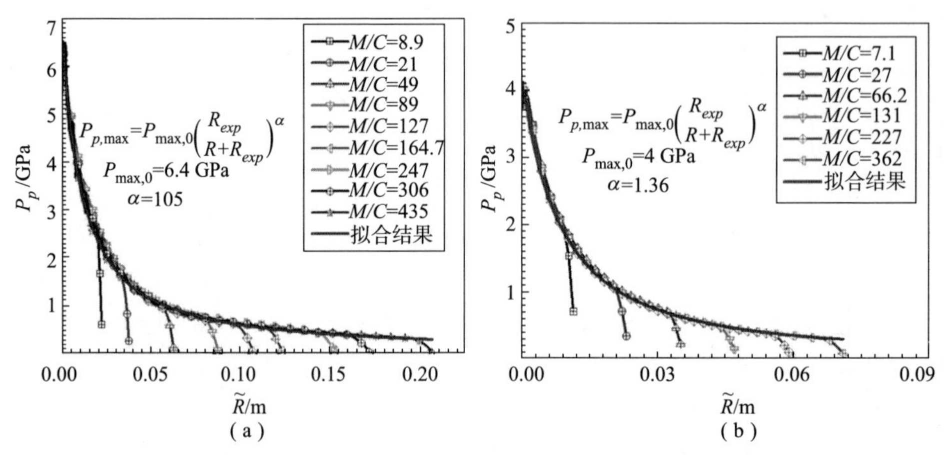

图 4.40　中心炸药半径（$R_{exp}=12$ mm）相同的柱装药和球装药体系中密实堆积颗粒环壳压力时程曲线 $P_p(r)$ 的峰值压力 $P_{p,\max}$ 随传播距离 $\tilde{R}=r-R_{exp}$ 的衰减规律（见彩插）

（a）柱装药；（b）球装药

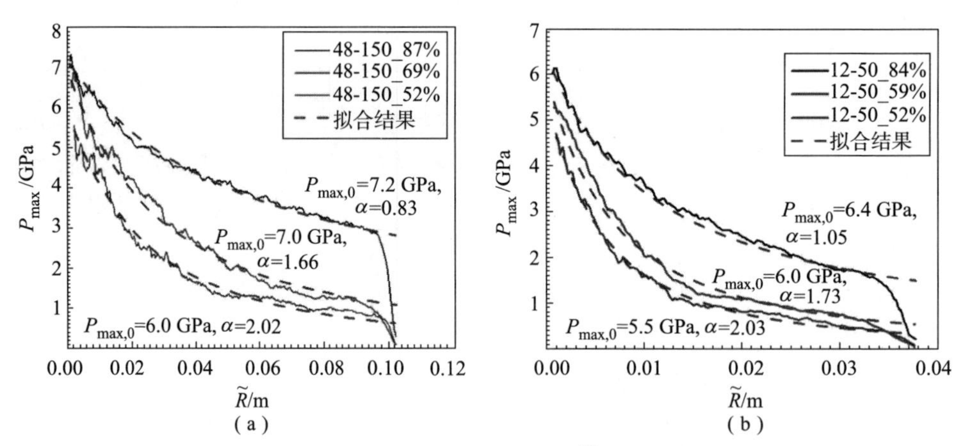

图 4.41　柱装药结构中颗粒相堆积密度 ϕ 对 $P_{p,\max}(\tilde{R})$ 的衰减规律的影响（见彩插）

（a）工况 48 - 150 - 0.87 - C，48 - 150 - 0.69 - C 和 48 - 150 - 0.52 - C；

（b）工况 12 - 50 - 0.84 - C，12 - 50 - 0.69 - C，12 - 50 - 0.52 - C

表 4.4　（TNT）炸药爆源的柱装药和球装药结构中爆炸载荷在颗粒环壳内部传播的特征变量

<table>
<tr><th>工况编号</th><th>$t^{in}_{(2)_k}$</th><th>$\Delta t_{(1)-(2)_k}$</th><th>$R_{in}(t^{in}_{(2)_k})$</th><th>$R_{I,cr}$</th><th>$P_{max,0}$</th><th>α</th><th>$\overline{V}_{CF}$/(m·s^{-1})</th><th>$\overline{V}_{IRW}$/(m·s^{-1})</th><th>$\overline{V}_{RRW}$/(m·s^{-1})</th></tr>
<tr><td>12 - 50 - 0.84 - C</td><td rowspan="8">4.8</td><td rowspan="8">3.2</td><td rowspan="8">14</td><td rowspan="8">68</td><td rowspan="8">6.4</td><td rowspan="8">1.05</td><td>5 463</td><td rowspan="8">6 000</td><td rowspan="8">5 170</td></tr>
<tr><td>12 - 75 - 0.84 - C</td><td>5 230</td></tr>
<tr><td>12 - 100 - 0.84 - C</td><td>5 162</td></tr>
<tr><td>12 - 120 - 0.84 - C</td><td>4 724</td></tr>
<tr><td>12 - 136 - 0.84 - C</td><td>4 676</td></tr>
<tr><td>12 - 166 - 0.84 - C</td><td>4 490</td></tr>
<tr><td>12 - 185 - 0.84 - C</td><td>4 328</td></tr>
<tr><td>12 - 220 - 0.84 - C</td><td>4 250</td></tr>
<tr><td>12 - 50 - 0.76 - C</td><td>4.8</td><td>3.3</td><td>15</td><td>40</td><td>6.2</td><td>1.43</td><td>4 341</td><td>5 810</td><td>5 110</td></tr>
<tr><td>12 - 50 - 0.69 - C</td><td>5</td><td>3.4</td><td>15</td><td>36</td><td>6</td><td>1.73</td><td>3 747</td><td>5 419</td><td>4 865</td></tr>
<tr><td>12 - 50 - 0.6 - C</td><td>5.8</td><td>4.2</td><td>16</td><td>32</td><td>5.7</td><td>1.85</td><td>3 208</td><td>4 500</td><td></td></tr>
<tr><td>12 - 50 - 0.52 - C</td><td>6.4</td><td>4.8</td><td>18</td><td>30</td><td>5.5</td><td>2.03</td><td>3 137</td><td>3 478</td><td></td></tr>
<tr><td>12 - 50 - 0.4 - C</td><td>7.2</td><td>5.6</td><td>20</td><td>29</td><td>5.3</td><td>2.20</td><td>3 088</td><td>3 020</td><td></td></tr>
<tr><td>48 - 150 - 0.87 - C</td><td>18.4</td><td>12.4</td><td>55</td><td></td><td>7.2</td><td>0.83</td><td>5 383</td><td>6 100</td><td>5 140</td></tr>
<tr><td>48 - 150 - 0.69 - C</td><td>20</td><td>14</td><td>62</td><td>134</td><td>7</td><td>1.66</td><td>3 695</td><td>5 318</td><td>4 784</td></tr>
<tr><td>48 - 150 - 0.52 - C</td><td>24</td><td>18</td><td>70</td><td>98</td><td>6</td><td>2.02</td><td>3 282</td><td>3 636</td><td>4 430</td></tr>
</table>

续表

<table>
<tr><th>工况编号</th><th>$t^{in}_{(2)_h}$</th><th>$\Delta t_{(1)-(2)_h}$</th><th>$R_{in}(t^{in}_{(2)_h})$</th><th>$R_{1,cr}$</th><th>$P_{max,0}$</th><th>α</th><th>$\overline{V}_{CF}$/ (m·s^{-1})</th><th>$\overline{V}_{IRW}$/ (m·s^{-1})</th><th>$\overline{V}_{RRW}$/ (m·s^{-1})</th></tr>
<tr><td>12-24-0.68-S</td><td rowspan="6">3.6</td><td rowspan="6">2</td><td rowspan="6">14</td><td rowspan="6">30</td><td rowspan="6">4</td><td rowspan="6">1.36</td><td>6 000</td><td rowspan="6">10 000</td><td rowspan="6">5 357</td></tr>
<tr><td>12-36-0.68-S</td><td>5 617</td></tr>
<tr><td>12-48-0.68-S</td><td>5 410</td></tr>
<tr><td>12-60-0.68-S</td><td>5 333</td></tr>
<tr><td>12-72-0.68-S</td><td>5 265</td></tr>
<tr><td>12-84-0.68-S</td><td>5 080</td></tr>
</table>

注：$t^{in}_{(2)_h}$数值模拟得到的黎曼稀疏波波头（2）$_h$到达颗粒环壳内界面的时间（μs）；$\Delta t_{(1)-(2)_h}$数值模拟得到的爆轰波（1）与黎曼稀疏波波头（2）$_h$到达颗粒环壳内界面的时间差（μs），其中爆轰波（1）到达颗粒环壳内界面的时间为$t_{(1)}$为1.6 μs（R_{exp} = 12 mm）和5.8 μs（R_{exp} = 48 mm）；$R_{in}(t^{in}_{(2)_h})$为数值模拟得到的$t^{in}_{(2)_h}$颗粒环的内径（mm）；$R_{1,cr}$为数值模拟得到的临界颗粒环壳外径；$P_{max,0}$和α分别是通过式（4.61）对数值模拟得到的$P_{p,max}$（r）拟合后的参数（GPa）；$\overline{V}_{CF}$、$\overline{V}_{IRW}$和$\overline{V}_{RRW}$分别为压实波（3）、入射稀疏波波头（2）$'_h$和反射稀疏波波头（6）$_h$传播的平均速度（m/s）。

由图4.41可知，相同颗粒相堆积密度时，中心药量更大（R_{exp} = 48 mm）的工况中$P_{p,max}$随$\tilde{R}$的衰减更慢；而中心药量不变时，$P_{p,max}$随$\tilde{R}$的衰减速率随颗粒相堆积密度的增大而减小。要理解中心爆炸载荷驱动下颗粒相中$P_{p,max}$随$\tilde{R}$的衰减速率，以及颗粒环壳的几何构型及颗粒相堆积密度的影响，有必要对颗粒体系中应力传递的独特结构，即非均匀的力链网络有深入的认识。与均质连续介质中爆炸波的传播不同，颗粒体系中爆炸波的传播表现为非均匀力链网络的拓展，如图4.42所示。前者具有清晰平滑的爆炸波前沿，在退化成应力波之前波面厚度趋近于零。而后者则具有参差不齐的爆炸波前沿，环向平均的压力在具有一定厚度的波面内从零上升到峰值压力$P_{p,max}$。因此，爆炸波在颗粒相中的传播与瞬态非均匀力链网络的结构密切相关，后者受到颗粒散体空间排列的强烈影响。比较图4.43的（a）、（c）和（b）、（d）可以发现，松散堆积颗粒环中形成的力链网络较之密实堆积的颗粒环更为稀疏，强度更弱。这很可能是由于松散堆积时颗粒配位数更低，爆炸压实波后压实颗粒相的密实程度仍是低于初始密实堆积的颗粒相。

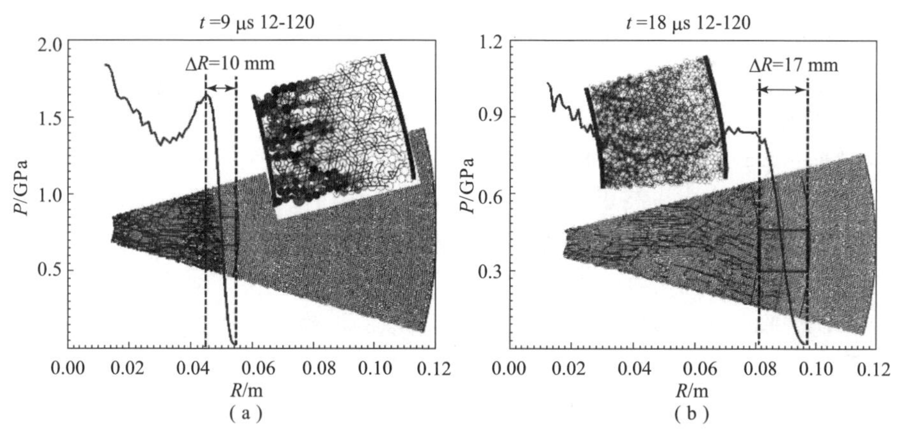

图 4.42　12 - 120 - 0.84 - C 工况中爆炸压实波传播到颗粒环不同半径时的环向平均压力 $P_p(r)$ 随径向坐标的变化以及此时的力链网络结构

（插图为压实波面厚度 ΔR 内力链网络的局部结构）

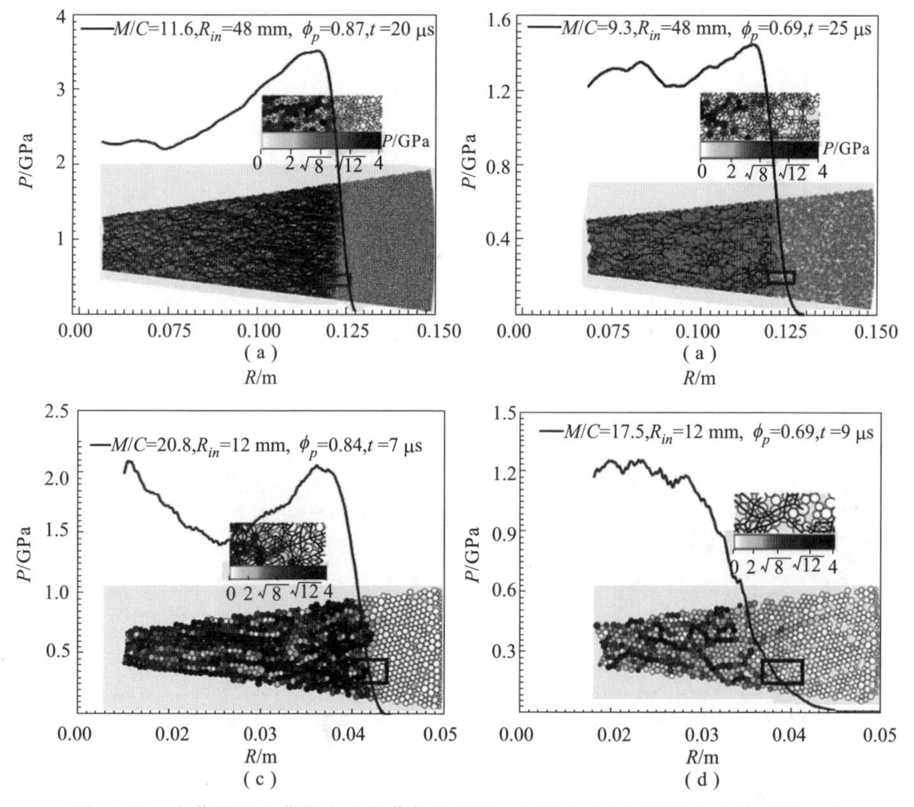

图 4.43　大药量和小药量中心炸药起爆后爆炸压实波在不同堆积密度的颗粒环中传播相同距离时的环向平均压力 $P_p(r)$ 随径向坐标的变化以及此时的力链网络结构

（a）48 - 150 - 0.87 - C；（b）48 - 150 - 0.69 - C；（c）12 - 50 - 0.84 - C；（d）12 - 50 - 0.69 - C

与持续加载时稳定扩展的力链网络不同，柱装药和球装药中中心爆炸产物气体的压力随着颗粒环壳内界面的膨胀而迅速衰减，维持力链网络的内界面压力的下降导致力链网络随之卸载，稠密强力链网络退化为稀疏弱力链网络。图4.42（b）显示了力链网络卸载松弛后的结构演化，压实波面明显增厚，压实波面后的 $P_{p,\max}$（r）也显著下降。因此 $P_{p,\max}$ 随爆炸压实波传播距离的衰减主要是由于力链网络的卸载，而非柱面/球面波由于发散构型导致的强度下降。颗粒相堆积密度和中心药半径对 $P_{p,\max}$（r）的影响也主要是由于对力链网络卸载速率的影响。图4.44给出了不同堆积密度的颗粒环内界面受到的气相压力 $P_{\exp}$［图4.44（a）和（b）］和膨胀速度 V_p［图4.44（c）和（d）］随时间的变化。中心药量较大（$R_{exp}=48$ mm）的工况中，P_{exp}（t）和 V_p（t）在最初的11.2 μs内迅速下降，而在中心药量较小（$R_{exp}=12$ mm）的工况中，P_{exp}（t）和 V_p（t）在最初的3.2 μs内迅速下降。以上最初阶段对应黎曼稀疏波波束的

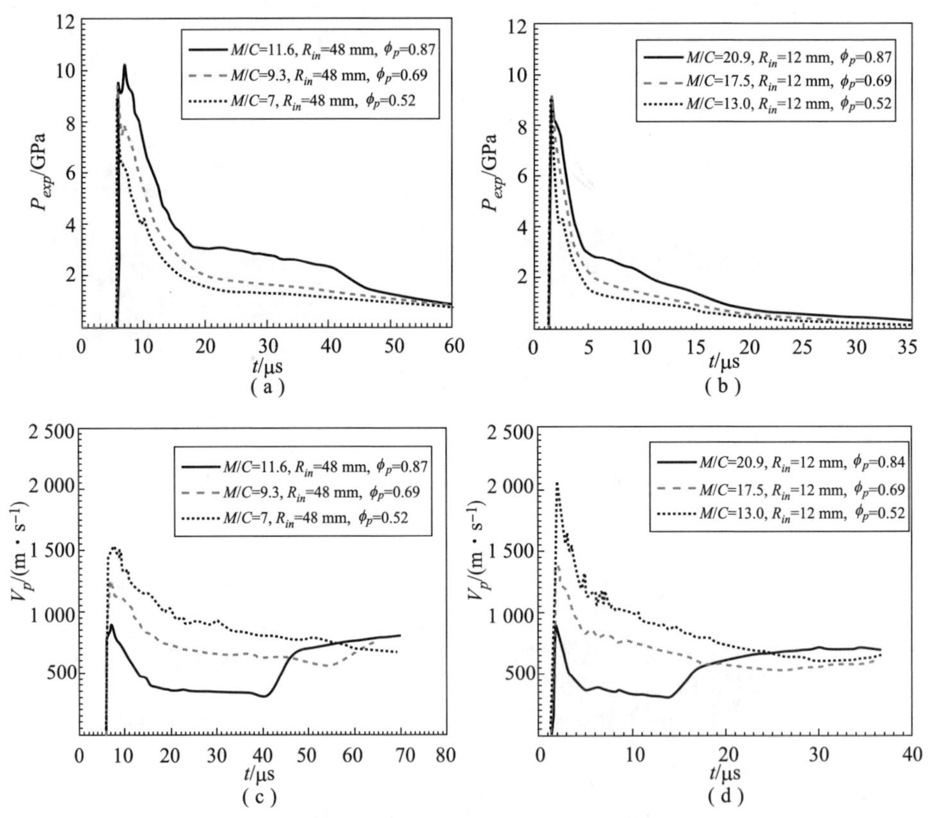

图4.44　不同堆积密度的颗粒环内界面受到的气相压力 P_{exp} 和膨胀速度 V_p 随时间的变化

（a）（c）：48－150－0.87－C，48－150－0.69－C，48－150－0.52－C；

（b）（d）：12－50－0.84－C，12－50－0.69－C，12－15－0.52－C

影响过程 $\Delta t_{(1)-(2)_k}$，$\Delta t_{(1)-(2)_k} = t_{(2)_k}^{in} - t_{(1)}^{in}$。在中心大药量工况中，堆积密度（$\phi = 0.87$）最大的颗粒环内界面速度 V_p 从 1 500 m/s 下降到 1 000 m/s，而堆积密度（$\phi = 0.52$）最小的颗粒环内界面速度 V_p 从 900 m/s 下降到 400 m/s。与此同时，48 - 150 - 0.52 - C 的颗粒环内界面压力 P_{exp} 从 7 GPa 下降到 1.5 GPa，而 48 - 150 - 0.87 - C 的颗粒环内界面压力 P_{exp} 则从 10 GPa 下降到 3 GPa，此后 48 - 150 - 0.87 - C 的颗粒环内界面压力 P_{exp} 也始终高于 48 - 150 - 0.52 - C 的颗粒环内界面压力。中心小药量工况中也存在同样的趋势。中心药量 R_{exp} 越小，初始颗粒堆积越松散（ϕ 越小），颗粒环内界面压力 P_{exp} 衰减更快、更强烈，意味着颗粒环中的力链网络卸载更快、更强烈，更快退化成稀疏的弱力链网络，如图 4.45 所示。

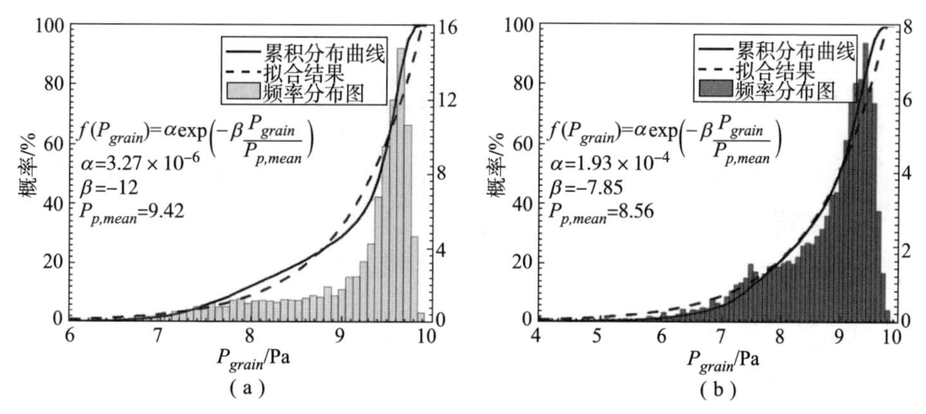

图 4.45 不同堆积密度两个颗粒环中相同半径处（$r=95$ mm）压实波波面厚度内的颗粒压力 P_{grain} 概率分布

（a）密实堆积（$\phi = 0.87$），$t = 15$ μs；（b）相对松散堆积（$\phi = 0.69$），$t = 20$ μs

我们取爆炸压实波（6）到达两个颗粒环中相同半径处（$r = 95$ mm）压实波波面厚度内的颗粒压力 P_{grain} 进行分析。图中，P_{grain} 是对颗粒压力取对数得到的，$P_{p,mean}$ 是所有颗粒压力均值的。图 4.45（a）和（b）分别为密实堆积（$\phi = 0.87$）和相对松散堆积（$\phi = 0.69$）颗粒环内压实波波面厚度内 P_{grain} 的概率分布，两种堆积密度的颗粒环压实波面内的 f（P_{grain}）均满足指数分布，即

$$f(P_{grain}) = \alpha\exp\left(-\beta\frac{P_{grain}}{P_p}\right) \tag{4.62}$$

式中：α 和 β 为拟合常数。

$\phi = 0.69$ 的颗粒环中，$\alpha = 3.27 \times 10^{-6}$，$\beta = -12$；$\phi = 0.87$ 的颗粒环中，$\alpha = 1.93 \times 10^{-4}$，$\beta = 8.56$。$\phi = 0.69$ 的颗粒环中 f（P_{grain}）明显比 $\phi = 0.87$ 的

颗粒环中的 f（P_{grain}）更偏左侧，即小压力颗粒比例更大，导致压实波面内的颗粒相平均压力 $P_{p,\max}$ 更小。力链网络卸载还会导致颗粒环壳中传播的爆炸压实波退化成压缩波，压实波面厚度 Δh_{CF} 明显增加。图 4.46（a）通过 48 - 150 - 0.87 - C 工况中颗粒相环向平均速度沿径向分布 u_p（r）的演化显示了爆炸压实波的退化过程。在黎曼稀疏波波束作用的时间内（$\Delta t_{(1)-(2)_h}$ = 11.2 μs），峰值速度 $u_{p,\max}$ 随传播半径迅速下降，与此同时压实波面厚度 Δh_{CF} 明显增加［图 4.46（b）］，此后 $u_{p,\max}$（r）的下降速度和 Δh_{CF}（r）的增长都开始趋缓，并趋于稳定。在黎曼稀疏波波头（2）$_h$ 到达颗粒环内界面的时刻，$t_{(2)_h}^{in}$ = 17 ms，此时爆炸压实波面位置（定义为 P_p（r）和 u_p（r）达到峰值的半径）为 R_{CF} = 0.105 m，传播距离为 $\Delta R_{CF} = R_{CF} - R_{exp}$ = 0.057 m = $114d_p$，压实波面厚度为 Δh_{CF} = 0.014 5 m = $29d_p$，占整个 P_p（r）曲线长度的 25%，P_p（r）退化为典型的压缩波载荷曲线。图 4.47（a）~（c）显示了颗粒堆积密度 ϕ 和中心药量半径 R_{exp} 对 P_p（r）从爆炸压实波向压缩波的退化过程的加速影响。图 4.47（c）中工况 12 - 120 - 0.84 - C 中颗粒环壳内部的 P_p（r）在 t > 30 ms 后完全退化为一个稳定的压缩波波形，波面厚度 Δh_{CF} = 18 mm = 36 d_p 随压实波传播半径的增加保持不变，说明构型的发散效应对载荷波形的退化影响是次要的。当颗粒环壳内界面压力保持稳定时，不断扩展的力链网络结构也保持相似性。

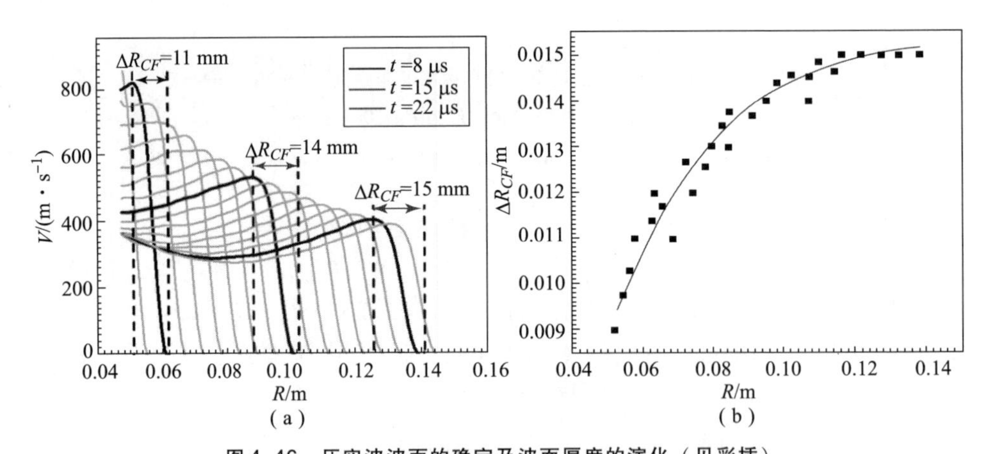

图 4.46　压实波波面的确定及波面厚度的演化（见彩插）

（a）48 - 150 - 0.87 - C 工况中颗粒相环向平均速度沿径向分布 u_p（r）的变化；

（b）从（a）中确定的压实波波面厚度 Δh_{CF} 随压实波传播半径的增长曲线

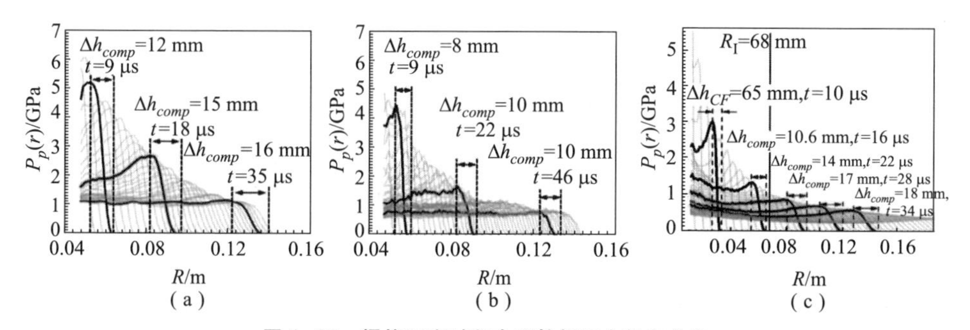

图 4.47　爆炸压实过程中颗粒相压力径向分布
P_p（r）在不同工况的颗粒环壳中变化过程（见彩插）

（a）48－150－0.69－C；（b）48－150－0.52－C；（c）12－220－0.84－C

4.4.2.3　载荷时程曲线特征的变化规律：冲量

特征应力和冲量是表征爆炸载荷时程曲线 P_p（t）的两个关键指标。4.4.2.2 节介绍了颗粒相中传播的 P_p（t）曲线的特征应力，$P_{p,\max}$（r）和 $P_{p,\mathrm{II}}$（r）（$r>R_{\mathrm{I}}$的环壳内 $P_{p,\mathrm{II}}$（r）$=P_{p,\max}$（r））随爆炸压实波传播的演化规律，本节将介绍对爆炸载荷冲量有关键影响的 P_p（t）曲线的特征时间 Δt_{I}，Δt_{II}，Δt_{III}和 $\Delta t'_{\mathrm{I}}$ 随爆炸压实波传播的演化规律。

决定爆炸载荷时程曲线 P_p（t）的特征时间 Δt_{I}、Δt_{II}、Δt_{III}和 $\Delta t'_I$取决于装药结构的几何参数，即中心炸药半径、R_{exp}、颗粒环壳的内外半径 $R_{in,0}$和 $R_{out,0}$，以及颗粒环壳中的爆炸压实波（3）、黎曼稀疏波波头（2）$'_h$和从外界面向内反射的稀疏波波头（6）的传播速度，如式（4.52）~式（4.60）所示。图 4.48 显示了中心药量（$R_{exp}=12$ mm）和颗粒相堆积密度（$\phi=0.84$）不变时，二维柱装药中爆炸压实波（（3），CF），入射稀疏波波头（（2）$'_h$，IRW_h）和反射稀疏波波头（（6），RRW_h）在不同外径的颗粒环中的运动轨迹 R_{CF}（t）、R_{IRW}（t）和 R_{RRW}（t）。此时所有压实波（3）的轨迹都落在同一条传播速度缓慢衰减的轨迹线上，入射稀疏波波头（2）$'_h$的运动轨迹重合，近似线性，各个颗粒环中反射稀疏波波头（6）的轨迹线也呈现为大致平行的直线。我们分别采用幂函数和线性函数来拟合 R_{CF}（t）、R_{IRW}（t）和 R_{RRW}（t），即

$$R_{CF}(t)=R_{exp}+C_1t^{c_1},t_{(1)}^{in}<t<t_{(3)}^{out}\tag{4.63}$$

$$R_{IRW}=\frac{t_{(2)'_h}^{R_I}-t}{t_{(2)'_h}^{R_I}-t_{(2)_h}^{in}}R_{in}(t_{(2)_h}^{in})+\frac{t-t_{(2)_h}^{in}}{t_{(2)'_h}^{R_I}-t_{(2)_h}^{in}}R_I,t_{(2)_h}^{in}<t<t_{(2)'_h}^{R_I}\tag{4.64}$$

$$R_{RRW}=\frac{t_{(6)}^{in}-t}{t_{(6)}^{in}-t_{(3)}^{out}}R_{out,0}+\frac{t-t_{(3)}^{out}}{t_{(6)}^{in}-t_{(3)}^{out}}R_{in,t_{(6)}^{in}},t_{(3)}^{out}<t<t_{(6)}^{in}\tag{4.65}$$

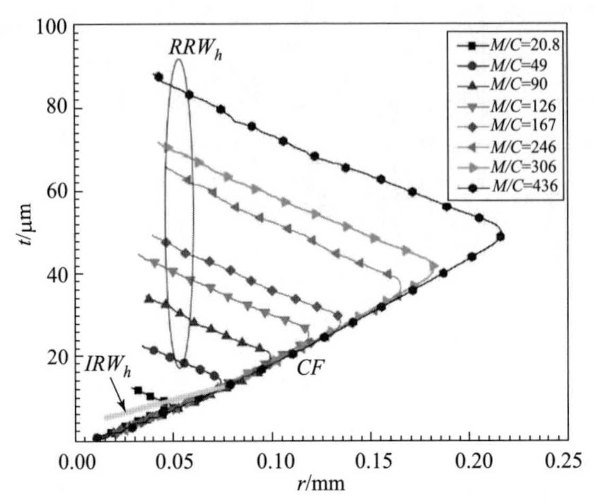

图 4.48 中心药量（R_{exp} = 12 mm）和颗粒相堆积密度（ϕ = 0.84）不变时，二维柱装药中爆炸 CF、入射稀疏波波头（IRW_h）和反射稀疏波波头 RRW_h 在不同外径的颗粒环中的运动轨迹

式（4.63）中的 C_1 是拟合参数。式（4.65）中的 $t_{(6)}^{in}$ 是反射稀疏波波头（6）到达颗粒环内界面的时刻，对式（4.63）~式（4.65）等号左右两边对时间求导可以得到爆炸压实波（3）、入射稀疏波波头 $(2)'_h$ 和反射稀疏波波头（6）在颗粒相中的传播速度 V_{CF}（t）、V_{IRW} 和 V_{RRW}，可分别表示如下：

$$V_{CF}(t) = C_1 c_1 t^{c_1 - 1}, t_{(1)}^{in} < t < t_{(3)}^{out} \tag{4.66}$$

$$V_{IRW} = \frac{R_I - R_{in}(t_{(2)_h}^{in})}{t_{(2)'_h}^{R_I} - t_{(2)_h}^{in}} \tag{4.67}$$

$$V_{RRW} = \frac{R_{out,0} - R_{in,t_{(6)}^{in}}}{t_{(6)}^{in} - t_{(3)}^{out}} \tag{4.68}$$

需要指出的是，式（4.67）和式（4.68）给出的 V_{IRW} 和 V_{RRW} 是绝对速度，而非相对于颗粒相的速度，$V_{IRW,p}$ 和 $V_{RRW,p}$ 可表示如下：

$$V_{IRW}(r) = V_{IRW,p}(r) + u_p(r) \tag{4.69}$$

$$V_{RRW}(r) = V_{RRW,p}(r) - u_p(r) \tag{4.70}$$

式中：u_p（r）为入射稀疏波波头 $(2)'_h$ 和反射稀疏波波头（6）所在半径处的颗粒相速度。

采用式（4.63）~式（4.65）对图 4.48 中的 R_C（t），R_{IRW}（t）和 R_{RRW}（t）曲线进行拟合，微分后可得到 V_{CF}（t），V_{IRW} 和 V_{RRW}，可分别表示如下：

$$V_{CF}(t) = 530.4 \times t^{-0.2}, t > 1.6\mu s \tag{4.71}$$

$$V_{IRW} = 6\ 000 \text{ m/s} \tag{4.72}$$

$$V_{RRW} = 4\ 800\ \text{m/s} \tag{4.73}$$

将拟合后的式（4.63）代入式（4.71）可得到爆炸压实波（3）的传播速度随传播半径的衰减规律，V_{CF}（r）可表示为

$$V_{CF}(r) = 2\ 691\left(\frac{1}{r - 0.012}\right)^{1/4}, r > 0.012\ \text{m} \tag{4.74}$$

式（4.71）和式（4.74）中：t 和 r 的单位分别为 μs 和 m；速度 V_{CF}单位为 m/s。

不同工况中的平均压实波传播速度 $\bar{V}_{CF}$ 可表示为

$$\bar{V}_{CF} = \frac{R_{out,0} - R_{in,0}}{t_{(3)}^{out} - t_{(1)}^{in}} = \frac{R_{out,0} - R_{exp}}{t_{(3)}^{out} - t_{(1)}^{in}} \tag{4.75}$$

由于 V_{CF}（r）随着压实波传播下降，其他结构参数不变时 $\bar{V}_{CF}$ 会随颗粒环半径的增大而减小。

图4.49（a）和（b）显示了不同中心炸药半径的工况中爆炸压实波 R_{CF}（t）在不同初始堆积密度的颗粒环中的传播轨迹，以及通过幂函数拟合 R_{CF}（t）后对时间求导得到的压实波速度 V_{CF}（r）随传播半径的衰减规律。V_{CF}（r）在颗粒环壳内界面受到黎曼稀疏波影响的初始阶段迅速下降，此后缓慢衰减。随着堆积密度 ϕ 的减小，爆炸压实波传播速度明显减缓，平均传播速度 $\bar{V}_{CF}$ 从 5 383 m/s（$\phi = 0.87$）下降到 3 695 m/s（$\phi = 0.69$）和 3 283 m/s（$\phi = 0.52$）。另外，中心药量更大的颗粒环中压实波传播速度更快。相同颗粒环厚度的情况下，48－150－0.87－C 中的 $\bar{V}_{CF} = 5\ 383$ m/s，12－120－0.87－C 中的 $\bar{V}_{CF} = 4\ 724$ m/s。压实波传播速度 $\bar{V}_{CF}$ 与颗粒相堆积密度 ϕ 及中心药量 R_{exp} 之间的依赖关系来源于力链网络结构随 ϕ 和 R_{exp} 的变化。如图4.42所示，颗粒相堆积密度越小，中心药量半径越小，颗粒环中力链网络的卸载更早更快，强力链密度显著降低，意味着颗粒之间的挤压接触力减小，颗粒速度下降。因此颗粒堆积越松散，中心药量越小，爆炸压实波在颗粒相中传播越慢，衰减越强烈。5.7.1节中我们将在连续介质框架下建立颗粒环壳的爆炸压实模型，给出压实波传播速度 V_{CF}与结构参数，包括中心药半径 R_{exp}和堆积密度 ϕ 的依赖关系。需要指出的是，48－150－0.87－C 中压实波（3）到达颗粒环外界面时入射稀疏波波头（2）$'_h$ 仍未追上压实波，而 48－150－0.69－C 和 48－150－0.52－C 中入射稀疏波波头（2）$'_h$ 在压实波（3）传播的早期就已经追上（3）。由于压实波被入射稀疏波波头追上后传播速度会明显放缓，因此除了颗粒相堆积密度 ϕ 的影响外，48－150－0.69－C 和 48－150－0.52－C 中的平均压实波传播速度 $\bar{V}_{CF}$ 明显低于 48－150－0.87－C 中的，$\bar{V}_{CF}$ 还包含入射稀疏波的影响。

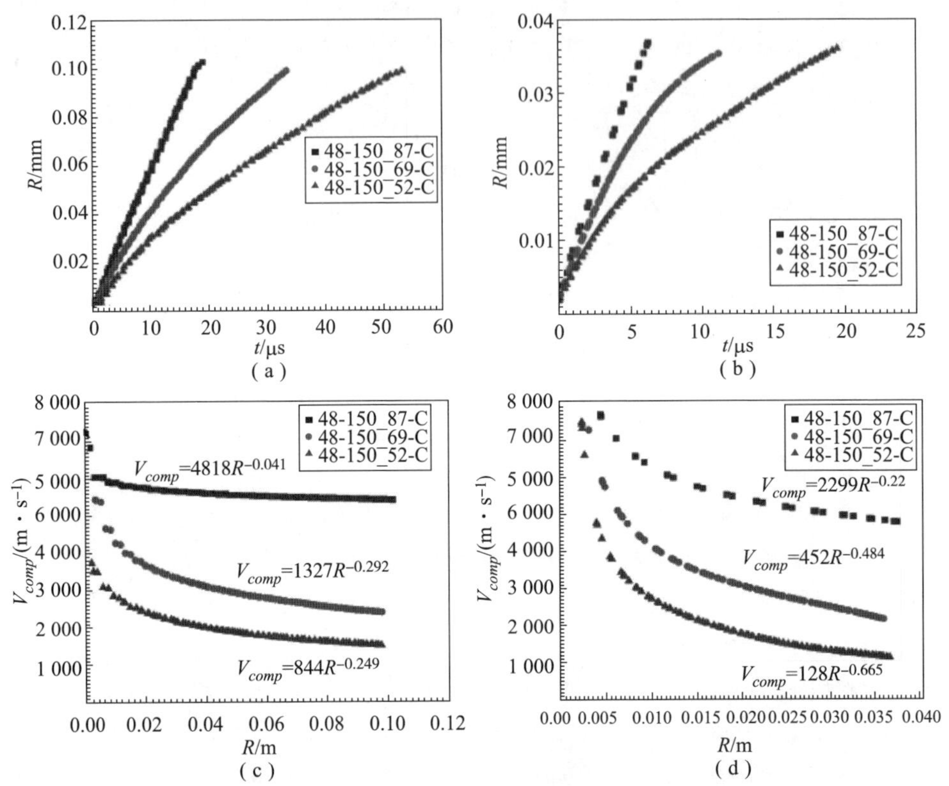

图 4.49　中心药起爆驱动下不同初始堆积密度的颗粒环中压实波运动轨迹 R_{RW} (t) 和传播速度 V_{RW} (r) 随传播距离的变化

(a)、(c) $R_{exp}=48$ mm；(b)、(d) $R_{exp}=12$ mm

与压实波（3）相比，压实波后的入射稀疏波波头 $(2)'_h$ 和压实波到达颗粒环外界面后向内反射的稀疏波波头 $(6)_h$ 的传播规律除了与力链网络结构密切相关外，还需要考虑膨胀颗粒壳自身的速度。图 4.50 显示了相同中心药量（$R_{exp}=12$ mm）的柱装药中压实波（(3)，CF）、入射稀疏波波头（$(2)'_h$，IRW_h）、稀疏波波头（$(6)_h$，RRW_h）和波尾（$(6)_t$，RRW_t）在不同颗粒相堆积密度的颗粒环壳中的演化过程。如图 4.51 所示，V_{IRW} 和 V_{RRW} 均随 ϕ 的减小而下降，中心药量（R_{exp}）的影响并不明显。需要指出的是，V_{IRW} 随 ϕ 的减小而下降，似乎与图 4.43 中显示的松散堆积颗粒环中力链网络卸载更快相矛盾。实际上当黎曼稀疏波波头 $(2)_h$ 到达颗粒环的内界面时，颗粒环内部的力链网络已经发生了相当程度的卸载。特别是在松散堆积颗粒环中，由于黎曼稀疏波波头 $(2)_h$ 与爆轰波（1）到达颗粒环内界面的时间间隔 $\Delta t_{(1)-(2)_h}=t^{in}_{(2)_h}-t^{in}_{(1)}$ 更大，颗粒环内部的力链网络卸载更为充分，压实颗粒层的堆积密度下降更为

明显。如图4.52（c）所示，入射稀疏波波头$(2)'_h$进入初始堆积密度$\phi=0.52$的压实颗粒环时，压实颗粒层的堆积密度仅为$\phi\sim0.85$，而初始堆积密度$\phi=0.69$和0.87的颗粒环在入射稀疏波波头$(2)'_h$到达前的局部堆积密度分别为$\phi\sim0.88$［图4.52（b）］和0.93［图4.52（a）］。颗粒体系中稀疏波的传播速度取决于稀疏波强度，而后者体现为接触颗粒之间挤压应变弹性能的释放率，即局部堆积密度在稀疏波经过后的变化$|\Delta\phi|$。入射稀疏波波头$(2)'_h$过后颗粒相堆积密度的下降$|\Delta\phi|$体现了$(2)'_h$的强度。如图4.53（a）所示，48－150－0.52－C工况中入射稀疏波波头$(2)'_h$在传播时引起的$|\Delta\phi|$非常微弱，远小于48－150－0.69－C和48－150－0.87－C的工况。因此，入射稀疏波波头$(2)'_h$相对于颗粒相的传播速度$V_{IRW,p}$随着初始颗粒相堆积密度ϕ的下降而减小。图4.54（a）给出了不同中心药量的柱装药中$V_{IRW,p}$在不同堆积密度的颗粒环中随传播半径的变化。尽管初始松散堆积的颗粒环膨胀速度更快［图4.55（c）］，由于此时$V_{IRW,p}$远小于初始密实堆积的颗粒环，入射稀疏波波头$(2)'_h$的绝对传播速度V_{IRW}仍落后于后者。

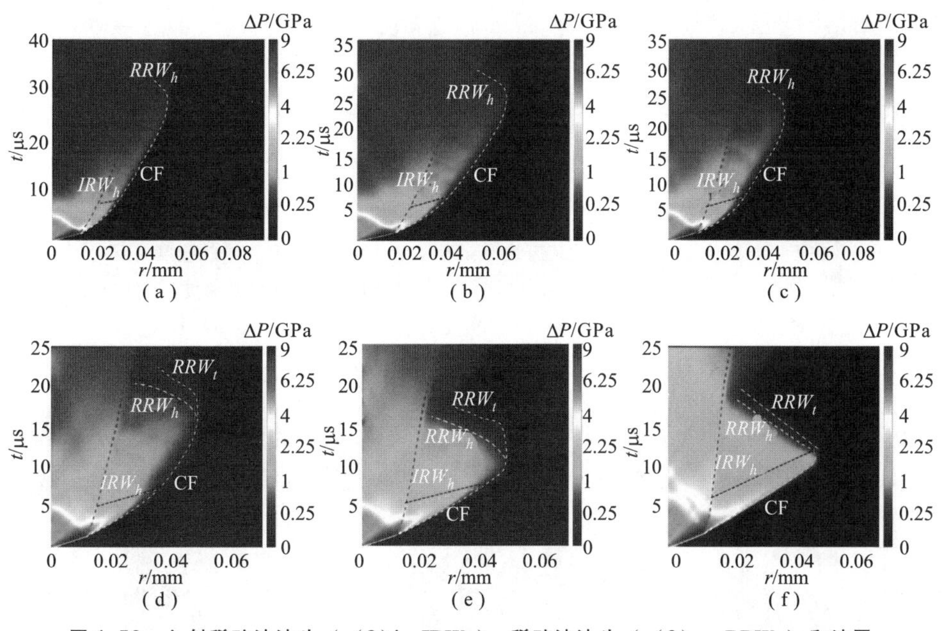

图4.50　入射稀疏波波头（$(2)'_h$，IRW_h）、稀疏波波头（$(6)_h$，RRW_h）和波尾（$(6)_h$，RRW_t）在不同颗粒相堆积密度的柱装药结构颗粒环壳中的变化过程

（a）12－50－0.4－C；（b）12－50－0.52－C；（c）12－50－0.6－C；（d）12－50－0.69－C；（e）12－50－0.76－C；（f）12－50－0.84－C

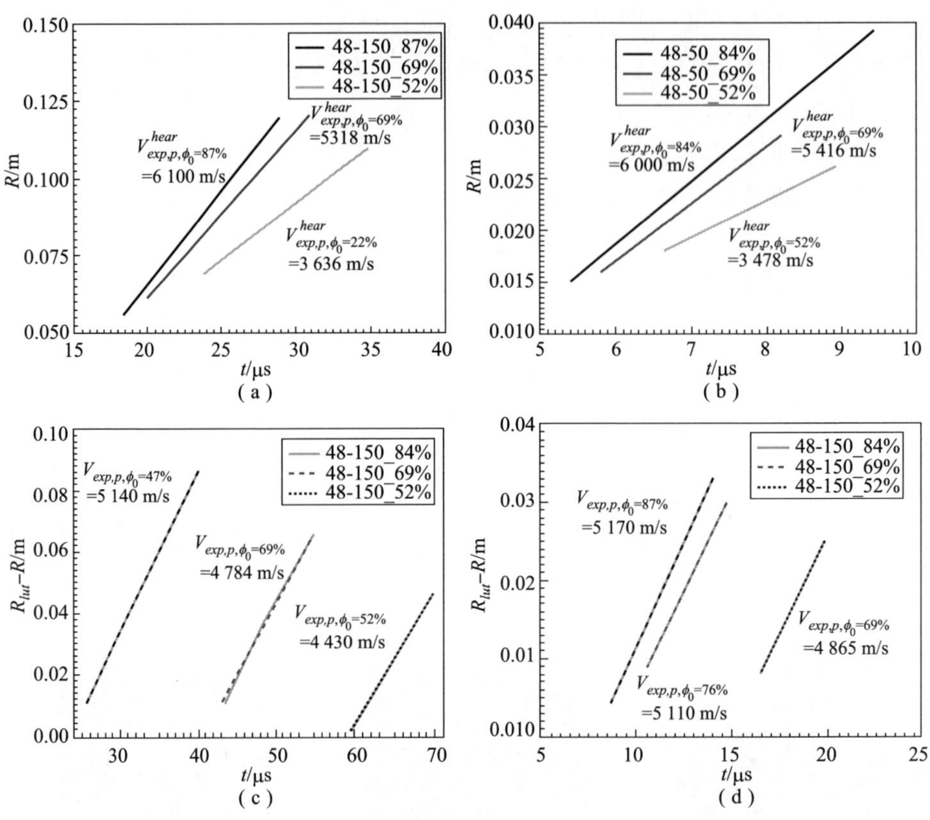

图 4.51　入射稀疏波波头（$(2)'_h$，IRW_h）和稀疏波波头（$(6)_h$，RRW_h）在不同颗粒相堆积密度的柱装药结构、不同装构型的颗粒环壳中的速度关系

(a) 和 (c) 48－150－(0.52/0.69/0.87) 不同堆积密度的入射稀疏波 IRW 和稀疏波 RRW 的时程曲线图；(b) 和 (d) 12－50－(0.52/0.69/0.84) 不同堆积密度的入射稀疏波 IRW 和稀疏波 RRW 的时程曲线图

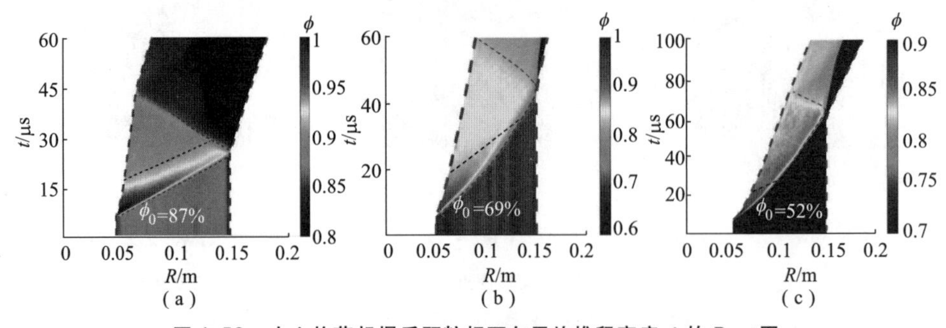

图 4.52　中心炸药起爆后颗粒相环向平均堆积密度 ϕ 的 R—t 图

(a) 48－150－0.87－C；(b) 48－150－0.69－C；(c) 48－150－0.52－C

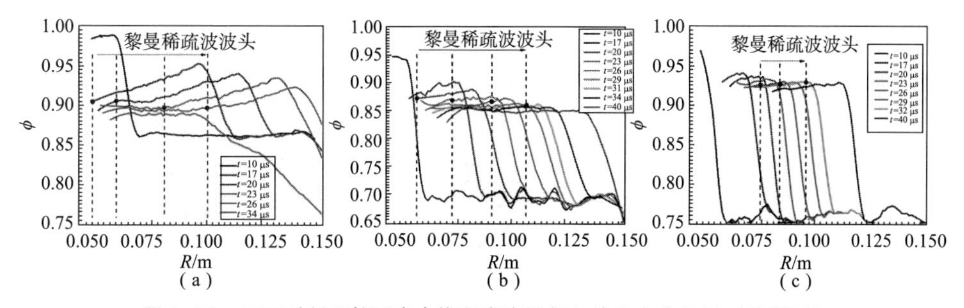

图 4.53　不同时刻颗粒环壳内堆积密度沿径向的分布曲线图（见彩插）

(a) 48－150－0.87－C；(b) 48－150－0.69－C；(c) 48－150－0.52－C

反射稀疏波波头 $(6)_h$ 的相对传播速度 $V_{RRW,p}$ 同样与颗粒相堆积密度在 $(6)_h$ 经过后下降的幅度 $|\Delta\phi|$ 密切相关。与 $V_{IRW,p}$ 类似，初始松散堆积（ϕ = 0.52）的颗粒环在反射稀疏波波头 $(6)_h$ 到达之前的堆积密度明显小于更密实堆积的颗粒环（ϕ = 0.69，0.87），$(6)_h$ 经过后 $|\Delta\phi|$ 更小［图 4.53（b）］，因此相对传播速度 $V_{IRW,p}$ 也更慢［图 4.54（b）］。反射稀疏波波头 $(6)_h$ 传播的绝对速度 V_{IRW} 是相对速度 $V_{IRW,p}$ 减去当地颗粒速度 u_p，初始松散堆积（ϕ = 0.52）的颗粒环膨胀速度更快，V_{IRW} 进一步落后于初始更密实堆积的颗粒环。对于极为松散的颗粒环（R_{exp} = 12 mm，$\phi \leqslant 0.6$），V_{IRW} 有可能与当地颗粒速度 u_p 相抵消，导致反射稀疏波波头 $(6)_h$ 无法到达颗粒环内界面，如图 4.55（a）~（c）所示。

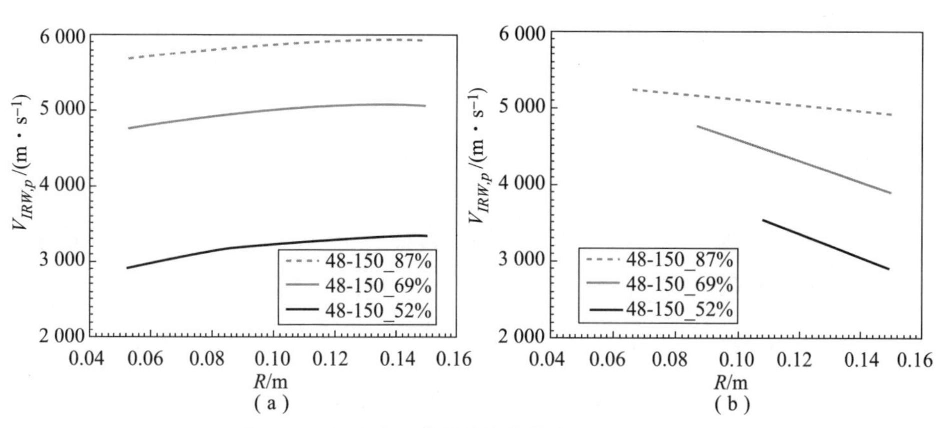

图 4.54　不同中心药量的柱装药中 $V_{IRW,p}$ 和 $V_{RRW,p}$ 在不同堆积密度的颗粒环中随传播半径的变化

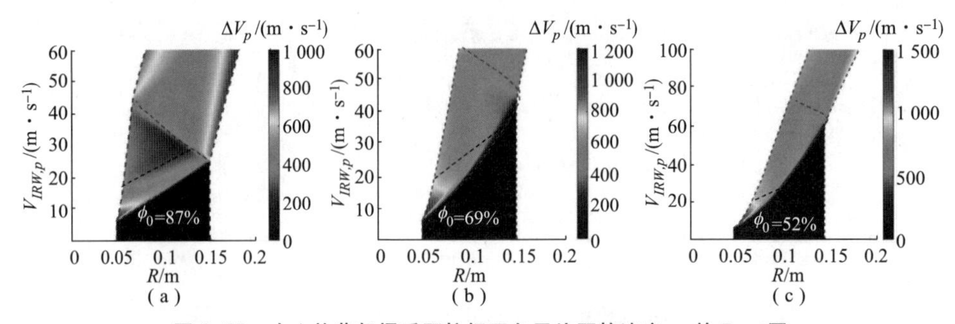

图 4.55 中心炸药起爆后颗粒相环向平均颗粒速度 u_p 的 R—t 图

(a) 48－150－0.87－C；(b) 48－150－0.69－C；(c) 48－150－0.52－C

假设入射稀疏波波头 $(2)'_h$ 进入颗粒环壳内界面之前压实波面（3）后的颗粒层保持最密实堆积 $\phi=\phi_{comp}$，忽略压实波面的厚度，由柱构型中压实波面处的 Rankine－Hugoniot 条件可得

$$u_{in}(t)=\frac{V_{CF}(t)R_{CF}(t)}{R_{in}(t)}\left(1-\frac{\phi_0}{\phi_{comp}}\right),t_{(1)}^{in}<t<t_{(3)}^{out} \tag{4.76}$$

式中：$u_{in}(t)$ 和 $R_{in}(t)$ 分别为颗粒环壳内界面的瞬时速度和半径，可表示为

$$R_{in}(t)=R_{in,0}+\int_{t_{(1)}^{in}}^{t}u_{in}(t)\mathrm{d}t=R_{exp}+\int_{t_{(1)}^{in}}^{t}u_{in}(t)\mathrm{d}t,t>t_{(1)}^{in} \tag{4.77}$$

将式（4.63）和式（4.66）代入式（4.76），可得

$$u_{in}(t)=\frac{C_1c_1(R_{exp}+C_1t^{c_1})t^{c_1-1}}{R_{in}(t)}\left(1-\frac{\phi_0}{\phi_{comp}}\right),t_{(1)}^{in}<t<t_{(3)}^{out} \tag{4.78}$$

对式（4.77）和式（4.78）数值求解可以得到颗粒环壳爆炸压实波传播过程的内径 $R_{in}(t)$。当炸药爆轰产物气体中的黎曼稀疏波波头 $(2)_h$ 的传播半径

$$R_{(2)_h}(t)=\int_0^t V_{(2)_h}\mathrm{d}t,t<t_{(2)_h}^{in} \tag{4.79}$$

等于 $R_{in}(t)$ 时，黎曼稀疏波波头 $(2)_h$ 到达颗粒环壳内界面，从而可以确定 $\hat{t}_{(2)_h}^{in}$ 和对应的 $\hat{R}_{in}(\hat{t}_{(2)_h}^{in})$。将 $t_{(1)}^{in}$、$\hat{t}_{(2)_h}^{in}$、$\hat{R}_{in}(t_{(2)_h}^{in})$、压实波（3）和入射稀疏波波头 $(2)'_h$ 的传播速度 V_{CF}［式（4.66）］和 V_{IRW}（表 4.4）代入式（4.47），通过数值迭代求解可以得到入射稀疏波波头 $(2)'_h$ 追上压实波（3）的半径 $\hat{R}_{\mathrm{I}}$，即该装药结构下的临界颗粒环厚度 $\hat{R}_{\mathrm{I},cr}=\hat{R}_{\mathrm{I}}$。

对于 $R_{out,0}\geqslant\hat{R}_{\mathrm{I},cr}$ 的颗粒环，在 $r<\hat{R}_{\mathrm{I}}$ 的内部环壳，颗粒相压力时程曲线 $P_p(r)$ 为模式 A。将 $t_{(1)}^{in}$，$t_{(2)_h}^{in}$，$R_{in}(t_{(2)_h}^{in})$，V_{CF} 和 V_{IRW} 代入式（4.55）和式

(4.56)，得到 $t_{(3)}$ (r) 和 $t_{(2)'_h}(r)$，再代入式 (4.52)，可得到某个半径 r 处的 P_p (r) 第一阶段特征载荷的持续时间 $\Delta\hat{t}_I(r)$。通过式 (4.58) 可以迭代计算压实波 (3) 到达颗粒环外界面的时间 $t_{(3)}^{out}$。将 $t_{(3)}^{out}$ 和反射稀疏波波头 $(6)_h$ 的传播速度 V_{RRW} (表4.4) 代入式 (4.59)，可以迭代计算反射稀疏波波头 $(6)_h$ 传播到半径 r 处的时间 $t_{(6)_h}(r)$，将 $t_{(2)'_h}(r)$ 和 $t_{(6)_h}(r)$ 代入式 (4.57) 可得到半径 r 处的 P_p (r) 第二阶段特征载荷的持续时间 $\Delta\hat{t}_{II}(r)$。在 $r>\hat{R}_I$ 的外部环壳，压力时程曲线 P_p (r) 为模式 B，$\Delta\hat{t}_I=0$，$\Delta\hat{t}_{II}(r)=t_{(6)_h}(r)-t_{(3)}$ (r)。

对于 $R_{out,0}<\hat{R}_{I,cr}$ 的颗粒环，通过入射稀疏波波头 $(2)'_h$ 的运动轨迹 [式 (4.50)] 和反射稀疏波波头 $(6)_h$ 的运动轨迹 [式 (4.51)] 的交点可以确定 $\hat{R}_{II}$。$r<\hat{R}_{II}$ 的内部环壳内 P_p (r) 仍为模式 A，$\Delta\hat{t}_I(r)$ 和 $\Delta\hat{t}_{II}(r)$ 的计算流程与 $R_{out,0}\geqslant\hat{R}_{I,cr}$ 的颗粒环相同。在 $r>\hat{R}_{II}$ 的外部环壳内 P_p (r) 转变为模式 C，此时的特征时间 $\Delta\hat{t}'_I(r)=t_{(6)_h}(r)-t_{(3)}$ (r)。

4.4.2.4　动载荷时程曲线的演化规律

4.4.2.2 节和 4.4.2.3 节中讨论的颗粒相中爆炸载荷的传播规律 P_p (r, t) 是由颗粒之间接触挤压贡献的静压。对于存在强烈对流的颗粒散体介质，颗粒流量通量引起的动压也是爆炸载荷的重要组成部分。本节中采用 $P_p{}^d$ 表示与颗粒速度相关的动压，区分于式 (4.44) ~ 式 (4.46) 定义的静压 P_p。半径为 r，厚度为 Δr 的环带或球壳 Ω 中，环向平均的动压为

$$P_p^d(r)=\frac{\sum\limits_{i\in\Omega}m_i v_i^2}{V_\Omega}=\begin{cases}\dfrac{\sum\limits_{i\in\Omega}\rho_{p,i}d_{p,i}^2v_i^2}{8r\Delta r}, & \text{二维柱壳}\\[2ex] \dfrac{\sum\limits_{i\in\Omega}\rho_{p,i}d_{p,i}^3v_i^2}{6r^2\Delta r}, & \text{三维球壳}\end{cases}\tag{4.80}$$

式中：$\rho_{p,i}$、$d_{p,i}$ 和 v_i 分别是环带或球壳 Ω 中第 i 个颗粒的密度、直径和速度。

在颗粒散体的密度和粒径分布不变的情况下，动压 P_p^d 由颗粒速度决定。本节中将从连续介质环壳的爆炸压实模型出发讨论动压 P_p^d 在颗粒介质中的传播规律，以及受到装药结构参数的影响。

5.8.1 节将详细介绍了中心爆源释放后颗粒环壳的冲击压实模型，本节中不再赘述，仅给出该模型的近似条件、变量符号的含义和主要结论。该模型不考虑压实波的厚度，CF 后方的颗粒从初始堆积密度 ϕ_0 跳升到压实颗粒层堆积密度 ϕ_{comp}，且保持在 ϕ_{comp}，即忽略了入射稀疏波的影响。压实颗粒环内部的颗粒径向膨胀速度为 u_{comp} (r)，进入 CF 的颗粒获得的速度和加速度分别为 u_{comp} (R_{comp}) 和 $\dot{u}_{comp}(R_{comp})$；内界面的速度 V_{in} 为构成内界面的颗粒速度，$V_{in}=u_{comp}$

(R_{in})，其中 R_{comp} (t) 和 R_{in} (t) 分别为 t 时刻的 CF 和内界面半径。CF 的传播速度为 $V_{comp}=\dot{R}_{comp}$。5.8.1 节中爆源为中心高压气体，冲击压实模型考虑了中心气腔内部高压气体的等熵膨胀过程与颗粒环膨胀的耦合。本节中考虑的爆源为凝聚态炸药，起爆后爆轰产物气体受到黎曼稀疏波的强烈影响，内部压力非均匀，无法近似为等熵膨胀过程。因此，本节中将炸药产物气体内部的压力演化与颗粒环壳膨胀解耦，将数值模拟得到的颗粒环壳内界面压力历史 P_{exp} (t) [图 4.44 (a) 和 (b)] 作为颗粒环壳内界面的压力边界条件。在 P_{exp} (t) 的驱动作用下，颗粒环壳膨胀满足以下控制方程：

$$\dot{V}_{in}(R_{comp}-R_{in})+V_{in}^2\left[\frac{R_{comp}}{R_{in}}+\frac{\phi_{comp}}{\phi_{comp}-\phi_0}\frac{R_{in}}{R_{comp}}-2\right]=\frac{P_{exp}}{\phi_{comp}\rho_p}\frac{1}{2}\left(\frac{R_{comp}}{R_{in}}+1\right) \tag{4.81}$$

将爆轰波到达颗粒环内界面的时刻作为初始时刻 $t=0$，此时 $\dot{u}_{in}=0$，$R_{comp}=R_{in,0}$，$P_{exp,0}$为炸药爆压，则

$$V_{in,0}=\sqrt{\frac{P_{exp,0}}{\varphi_{comp}\rho_p}\frac{(\phi_{comp}-\phi_0)}{\varphi_0}} \tag{4.82}$$

$$V_{comp,0}=\sqrt{\frac{P_{exp,0}}{\rho_p}\frac{\varphi_{comp}}{\varphi_0(\phi_{comp}-\phi_0)}} \tag{4.83}$$

对式 (4.81) 数值迭代求解可以得到颗粒环内界面和压实波面的速度 V_{in} (t)、V_{comp} (t) 和运动轨迹 R_{in} (t)、R_{comp} (t)，以及 CF 波后颗粒的膨胀速度 u_{comp} (r)。假设 t 时刻 CF 所在的半径为 R_{comp} (t)，$t+\Delta t$ 时间内 CF 前方厚度为 V_{comp} (t) · Δt 的环带内颗粒速度从 0 跳升到 u_{comp} (R_{comp})。半径为 R_{comp} (t)、厚度为 V_{comp} (t) · Δt 的环带内颗粒相的动量方程为

$$P_{p,CF}^d\cdot 2\pi R_{comp}=\rho_p\varphi_0\cdot 2\pi R_{comp}\cdot V_{comp}u_{comp} \tag{4.84}$$

因此，动压 $P_{p,CF}^d$ 是压实波面上的动压，也是 R_{comp} (t) 处动压载荷时程曲线 $P_p^d(R_{comp})$ 上的峰值动压，$P_{p,CF}^d$ 依赖于压实波面的速度 V_{comp}和压实波面上的颗粒速度 u_{comp}，则

$$P_p^d=\rho_p\phi_0\cdot V_{comp}u_{comp} \tag{4.85}$$

图 4.56 在数值模拟得到的颗粒环内外界面轨迹（IS 和 ES）及波系结构（(1)、$(2)_h$、(3)、$(2)'_h$和 $(6)_h$）图中给出了模型预测得到的内界面和压实波面运动轨迹 $R_{in,pre}$和 $R_{comp,pre}$（图 4.56 中的黑色虚线）。$R_{in,pre}$和 $R_{comp,pre}$与数值模拟得到的轨迹线非常吻合，特别是在初始阶段。压实波传播后期模型预测与数值模拟之间的偏差很可能是由于实际压实波传播过程开始偏离模型假设，即在后期压实波从爆炸波退化为压缩波，波面厚度不可忽略，入射稀疏波的影响也更为明显。

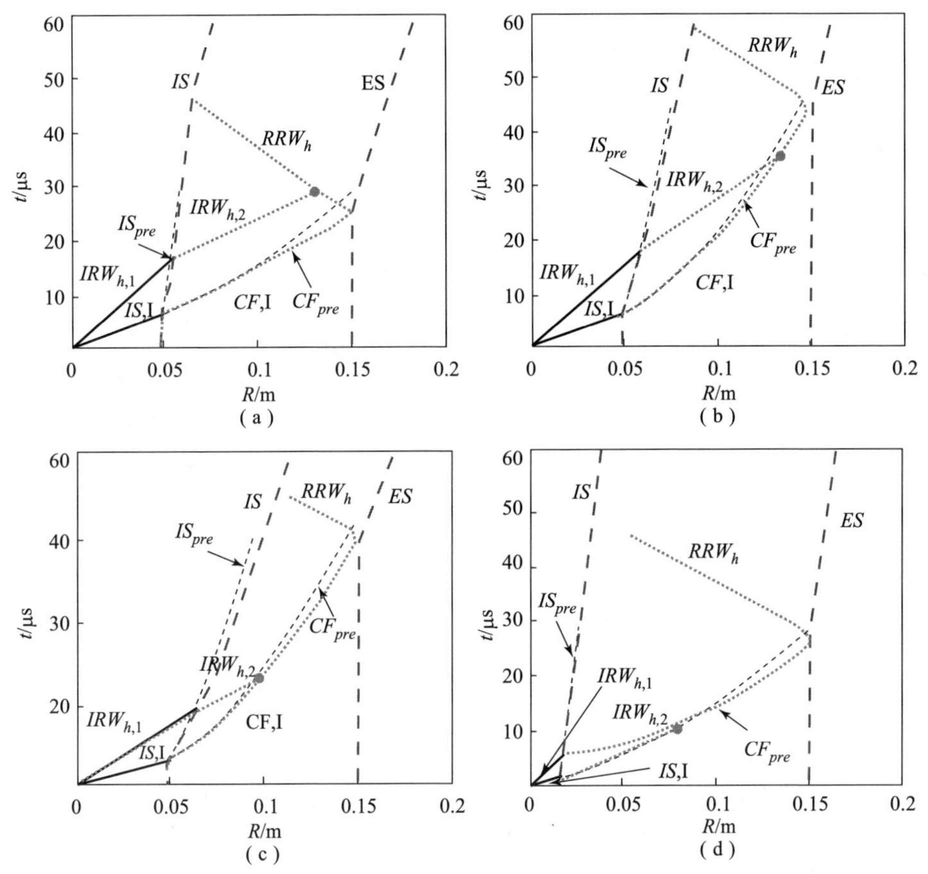

图 4.56　柱装药颗粒环内外界面轨迹（IS 和 ES）及波系结构（(1)，$(2)_h$，(3)，$(2)'_h$，$(6)_h$）的演化（IS_{pre}和 ES_{pre}是冲击压实模型预测的颗粒环内界面及压实波面运动轨迹）

(a) 48 - 150 - 0.87 - C；(b) 48 - 150 - 0.69 - C；

(c) 48 - 150 - 0.52 - C；(d) 12 - 120 - 0.84 - C

图 4.57 (a) ~ (d) 给出了对应图 4.56 (a) ~ (d) 工况中压实波面上的颗粒速度 u_{comp}随压实波传播半径的变化。显然，模型预测曲线 $u_{comp,pre}$ (r) 在量级和随压实波传播半径的变化规律上与数值模拟结果 $u_{comp,num}$ (r) 一致。但在压实波传播后期的速度明显高于数值模拟结果，这是由于 $u_{comp,num}$是压实波面厚度内所有颗粒的平均值，随着压实波面厚度 Δh_{CF}的增加，压实波面环带内部速度较低的颗粒比例增大，导致平均速度 $u_{comp,num}$比理论预测更低。

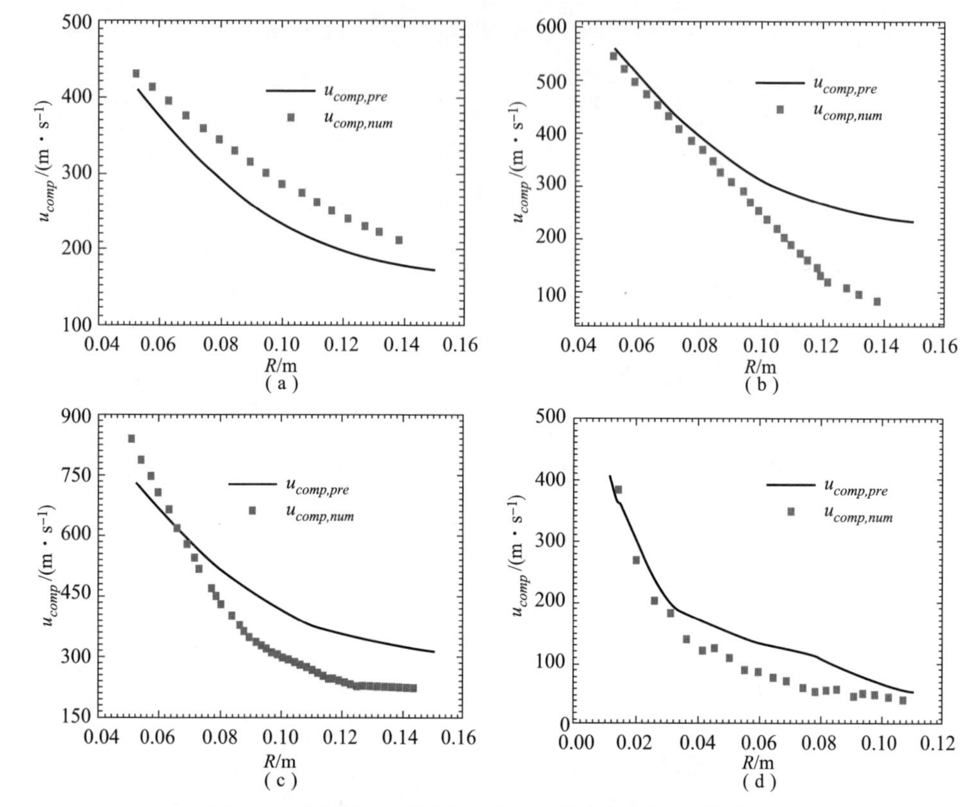

图 4.57　压实波面上的颗粒速度 u_{comp} 随压实波传播半径的变化

（$u_{comp,pre}$ 和 $u_{comp,num}$ 分别为模型预测和数值模拟的结果）

（a）48 - 150 - 0.87 - C；（b）48 - 150 - 0.69 - C；

（c）48 - 150 - 0.52 - C；（d）12 - 120 - 0.84 - C

图 4.58（a）~（d）给出了对应图 4.56（a）~（d）工况中压实波面上动压 $P_{p,CF}^{d}$ 随压实波传播半径的变化。模型预测得到的 $P_{p,CF}^{d,pre}$ 通过式（4.85）得到，而数值模拟得到的 $P_{p,CF}^{d,num}$ 对压实波面厚度 Δh_{CF}（图 4.46 和图 4.47）内的颗粒动量加总得到［见式（4.80）］。与 $u_{comp,pre}$ 和 $u_{comp,num}$ 之间的一致性类似，$P_{p,CF}^{d,pre}(r)$ 曲线在压实波传播早期基本与 $P_{p,CF}^{d,num}(r)$ 重合，但在压实波传播晚期，特别是在堆积相对松散的颗粒环中开始出现偏差。

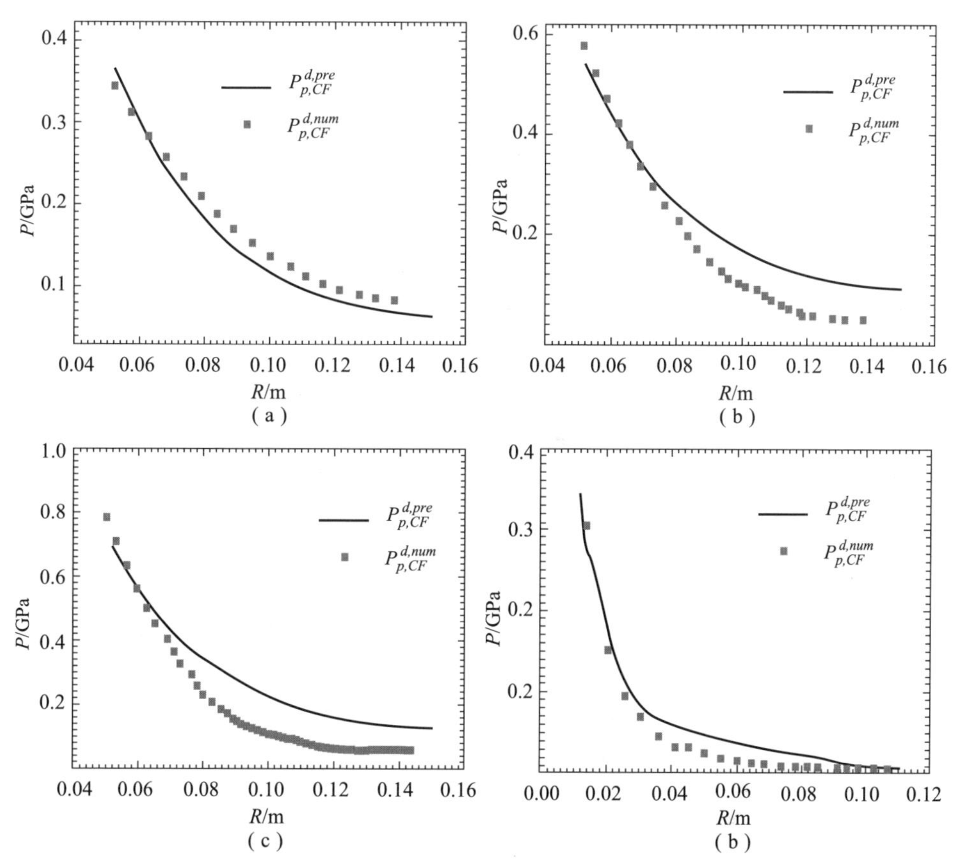

图4.58　实波面上动压 $P_{p,CF}^{d}$ 随压实波传播半径的变化

（$P_{p,CF}^{d,pre}$ 和 $P_{p,CF}^{d,num}$ 分别为模型预测和数值模拟的结果）

（a）48－150－0.87－C；（b）48－150－0.69－C；

（c）48－150－0.52－C；（d）12－120－0.84－C

第5章

中心爆炸分散过程的模式分类

5.1 引　　言

目前，对中心爆炸分散过程的试验研究集中在燃料云雾外缘的膨胀过程和轮廓演化中，如通过高速纹影和闪光 X 射线技术追踪燃料云图外缘的轨迹，对外缘的指状射流结构的数量和特征时间尺度进行定性研究（见第 7 章）。这些试验研究成果为了我们了解中心爆炸分散过程的特征时间和空间分布特征奠定了基础，但是由于诊断手段的限制无法提供定量的试验数据。此外，由于爆炸分散体系结构参数之间的相互依赖性，如当量比与体系的几何尺寸、燃料装填密度/各组分体积分数等密切相关，很难在试验中进行独立参数研究；而且由于试验操作的复杂性、诊断难度和时间成本，仅能对结构参数空间中很窄的区间内开展研究，如目前试验报道的爆炸分散体系的当量比在 $O\ (10^1)$ ~ $O\ (10^2)$ 范围内，极大限制了我们对结构参数在这一区间之外的爆炸分散体系的分散过程的理解。

由于可压缩多相流数值模拟方法的巨大进展（见第 3 章），使得我们可以借助数值模拟的方法在更广泛的参数空间内对各种爆炸分散体系的爆炸分散过程进行参数研究。很早以来，研究者就发现燃料壳体的中心爆炸分散行为与中心装药特征结构参数具有密切关联，如目前已广泛采用的 Gurney 公式，给出了液体、固液混合和粉体燃料在近场结束时的外缘速度与装药几何结构、当量比（燃料与中心炸药的质量比）、燃料孔隙度的依赖关系。此外，加拿大

Mcgill 大学的 Frost 课题组开展了大量粉体燃料材料的爆炸分散研究，发现高强度高硬度颗粒（如碳化硅、不锈钢和钨等）、脆性（如玻璃珠）和延性（如铝）颗粒构成的粉体柱壳呈现出迥然不同的分散行为（详见第7章）。但是，由于瞬态爆炸试验的开展难度以及诊断手段的限制，很难采用试验方法在中心装药特征结构参数的高维空间内对爆炸分散过程进行参数研究。在本章中，我们采用3.4节中介绍的 CMP－PIC 方法探讨近场过程的中心爆炸分散行为与众多中心装药特征结构参数，包括中心高压气初始状态、粉体燃料柱壳的厚度和孔隙率等的依赖关系，并尝试对于不同的爆炸分散过程进行合理的表征和分类。此外，由于 CMP－PIC 方法可以提供颗粒尺度的流场和燃料体系的演化信息，为揭示不同爆炸分散模式的驱动机制提供了多尺度的信息。

5.2　爆炸分散近场过程的数值模拟验证

在采用 CMP－PIC 方法对爆炸分散过程的近场阶段进行数值模拟研究之前，需要对其模拟爆炸分散过程的可靠性进行验证，即数值模拟得到的云雾区膨胀规律需要与试验观测一致，同时可以再现试验中观察到的云雾区外缘的射流特征结构。图5.1所示为用以验证数值模拟可靠性的准二维中心爆炸分散试验系统布置的示意图，由短圆柱装药结构、支架、光幕和高速摄影系统构成。30 mm 厚度的短圆柱装药结构，如图5.1中的底部插图所示，采用厚度仅为0.009 7 mm 的打印纸环绕而成的外壳将粉体材料（球形玻璃珠或非球形玻璃砂）封装在内部，粉体中心轴向贯穿直径为7 mm 的电雷管（内含黑索金（1.02±0.06）g，D.S 共沉淀起爆药（0.15±0.02）g，总 TNT 当量为1.63 g）。圆柱装药结构通过厚度43 mm、直径120 mm 的钢制上下底板约束在 L 形支架的端头，距离地面高度1.5 m。在装药结构后方2 m 处垂直圆柱装药结构轴线放置一块2 m×2 m 的光幕，内部安装30组400 W LED 灯，可以提供均匀照明的背景光。在装药结构前方10 m 处沿轴向放置高速相机 Potron SA5，设置与雷管起爆装置同步，采用帧率25 000 fr/s 拍摄起爆后的粉体分散过程。

试验中采用了球形度较好的玻璃珠和球形度较差的玻璃砂作为模型粉体材料。图5.2（a）和（b）所示为通过动态图像粒径分析仪 CAMSIZER^{R} 获得的玻璃珠和玻璃砂的粒径和球形度分布。如图5.2（a）所示，玻璃珠具有非常窄粒径分布区间，在100 mm（1±10%），同时有接近95%（体积）的玻璃珠的球形度在0.9以上。与此相反，玻璃砂的粒径分布要宽的多，粒径分布区间

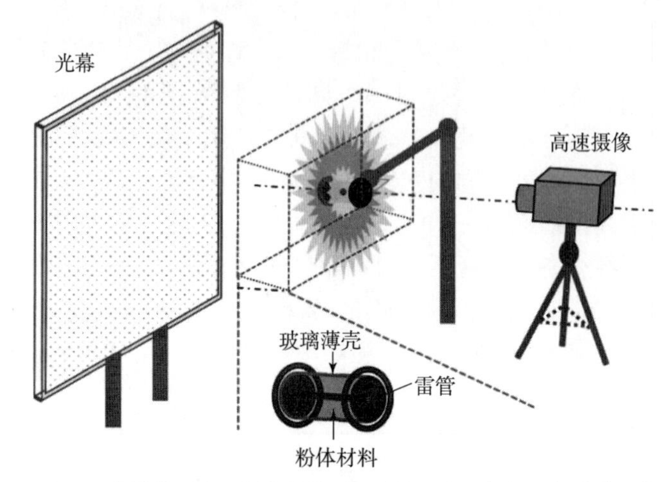

图 5.1　圆柱构型中心爆炸分散过程试验平台（包括圆柱装药结构（底部放大插图）、支架、光屏和高速摄影系统）

为 175 mm（1 ± 10%），球形度大于 0.9 的颗粒体积分数仅为 22%，有体积分数超过 20% 的颗粒球形度小于 0.7。因此，通过玻璃珠和玻璃砂的爆炸分散试验可以考察颗粒粒径和形貌对于分散过程的影响。通过改变装药结构的外壳半径，可以装填不同质量的粉体材料，当装药结构直径从 25 mm 变化为 65 mm 时，装填的玻璃珠质量从 14.8 g（1 ± 10%）增加到 156.49 g（1 ± 10%），进而可以考察当量比对分散行为的影响。

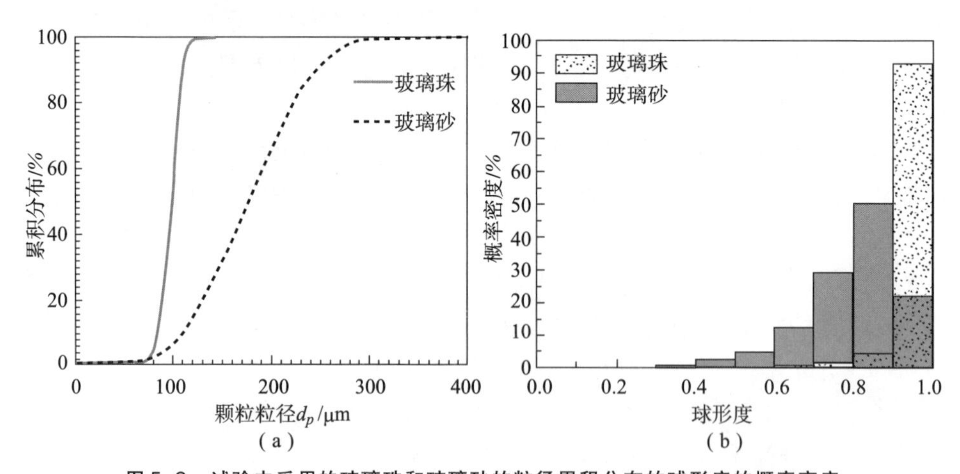

图 5.2　试验中采用的玻璃珠和玻璃砂的粒径累积分布的球形度的概率密度

图 5.3 和图 5.4 分别为装药结构直径 D_{out} = 65 mm 时，雷管起爆后玻璃珠

[图5.3（a）]和玻璃砂[图5.3（b）]柱壳分散过程的高速摄影图片。图像的分辨率均为1 024 pixel×1 024 pixel（1 pixel≈0.7 mm）。如图5.3所示，不断膨胀的玻璃珠环带中有少量相互分离的尖锐针状突起从环带外界面喷射出去，其头部与环带外界面的距离不断增大。而中心爆炸驱动形成的玻璃砂环带云雾则没有清晰的外界面，如图5.4所示，整个环带云雾由大量根部相连的指状射流构成，这些粗细长短不一的多簇状射流具有相对清晰的头部轮廓，形成了参差不齐的云雾区外缘，而杆径和底部则迅速膨胀弥散，形成云雾区的主体。图5.4（e）显示了一个局部玻璃砂射流的形貌演化过程。8 ms时的指状射流在20 ms时已经拉伸成了一个头部尖锐，上半部分明显横向膨胀，而下半部分明显稀疏的结构。侧向界面呈现出类似流体界面剪切KH不稳定性导致的褶皱结构，这种褶皱结构从射流根部向上扩展，是促进射流横向膨胀、粉体与流场混合的主要过程。

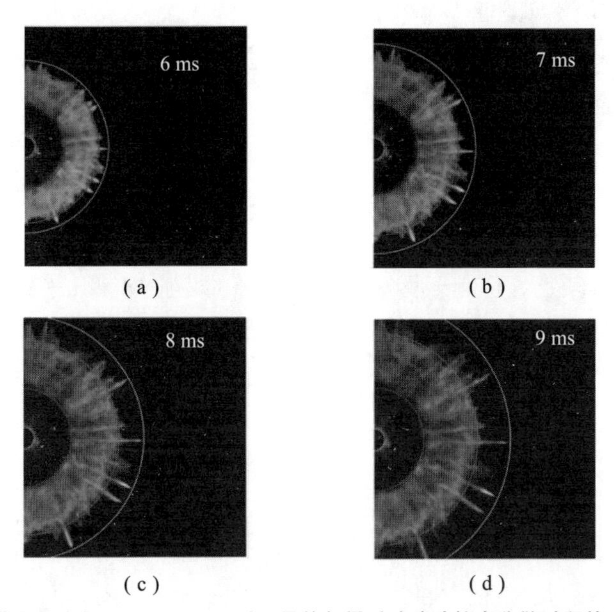

图5.3 装药结构直径 D_{out}=65 mm时，雷管起爆后玻璃珠柱壳分散过程的高速摄影图像

对于高速摄影图像的环向平均灰度随距离起爆中心的半径变化规律进行分析，可以确定云雾区的内外界面半径 R_{in} 和 R_{out}。如图5.5的插图所示，玻璃珠和玻璃砂云雾的外径由针状或指状射流的头部位置确定，对于玻璃珠云雾，还可以分辨出连续的环带云雾的外界面，即 R_{mid}。图5.5的插图显示了 R_{in}、R_{mid} 和 R_{out} 对应的圆形边缘，与云雾区的内外界面相当吻合。图5.5给出了玻璃珠和玻璃砂云雾区的 R_{in}、R_{mid} 和 R_{out} 随时间的变化。尽管两种粉体材料形成的云

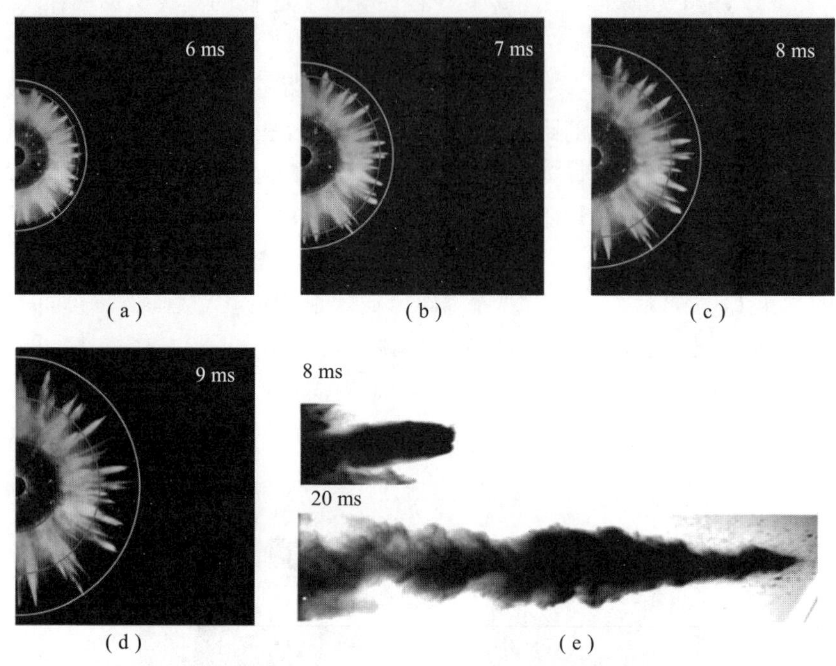

图 5.4　装药结构直径 D_{out} =65 mm 时，雷管起爆后玻璃砂柱壳分散过程的高速摄影图片与局部玻璃砂射流的形貌变化

雾形貌具有显著差别，但其云雾区的内外半径的膨胀规律几乎重合，说明当量比是决定云雾膨胀速度最关键的结构参数。尽管云雾区内径在拍摄的时间范围内很快就开始减速膨胀，云雾区外径则在相当长的时间内（8 ms）保持近似匀速的膨胀，而在 8 ~ 12 ms 内迅速减速，在 30 ms 之后云雾区的内外径几乎保持不变，即云雾区趋向稳定。由于云雾区的内外径分别对于颗粒射流的根部和头部的位置，由图 5.4（e）可知，射流根部首先发生流动失稳，颗粒与周围流场发生强烈的动量和质量混合，最先减速甚至滞留在流场中；而射流头部最后发生失稳分解，因此减速发生的时刻远远迟于云雾区的内界面。

图 5.6（a）和（b）分别为玻璃珠和玻璃砂云雾的环向平均灰度 φ 的 r—t 图。尽管无法通过高速摄影技术提取云雾内部粉体的浓度分布，高速摄影图像的灰度分布也可以反映粉体的空间分布，对于我们了解云雾区内的浓度分布提供相关信息。对于玻璃珠云雾，仅有少量尖锐的针状突起存在于 R_{mid} 和 R_{out} 对应的环之间，绝大部分粉体仍存留在内外半径分别为 R_{in} 和 R_{mid} 的环带之间，如图 5.6（a）所示。值得注意的是，环向平均灰度的径向分布 φ（r）具有两个明显的峰，分别靠近 R_{in} 和 R_{mid}，后者的幅值明显更强。这种趋势在后期，特别

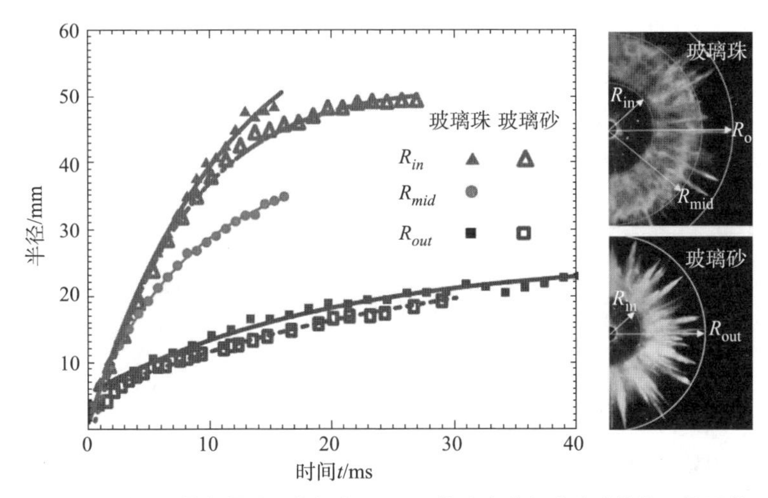

图 5.5　中心雷管起爆后，直径为 65 mm 的玻璃珠和玻璃砂柱状云雾区的 R_{in}、R_{mid} 和 R_{out} 随时间的变化（右边的插图：通过灰度径向变化分辨出来的玻璃珠和玻璃砂云雾区的内外界面在高速摄影图片上的位置）

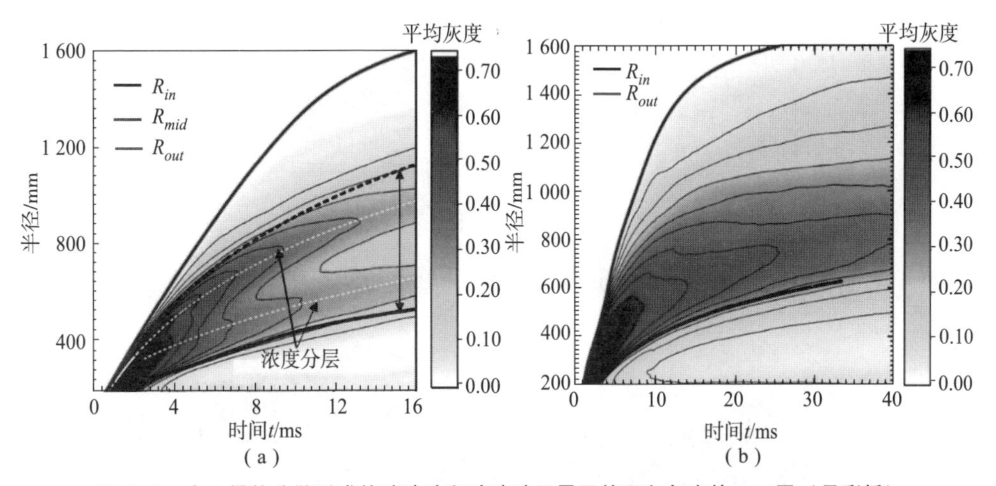

图 5.6　中心爆炸分散形成的玻璃珠和玻璃砂云雾区的环向灰度的 r—t 图（见彩插）

（a）玻璃珠；（b）玻璃砂

是环带云雾的外界面（半径为 R_{mid} 的环）开始减速后更为明显。这说明玻璃珠云雾区的减速并非从内界面向外界面逐步发展，外界面和外界面附近的减速机制并不相同，云雾区发生了某种分层现象。与之相对照的是玻璃砂云雾区内部的浓度径向分布的演化，如图 5.6（b）所示，环向平均的浓度在内外半径分别为 R_{in} 和 R_{out} 的云雾环带内部靠近 R_{in} 处出现一个单一的峰值，而非发生浓度分层。这是由于玻璃砂云雾区是由大量根部重叠但上端分离的射线状指状射流构成的，不存在具有清晰外界面地弥散环带，随着指状射流的拉伸，相邻射流之间的间隙增大，环向平均浓度迅速减小。而射流根部在很早的时候就发生减速分解，粉体滞留在流场中，形成了一个缓慢膨胀甚至趋于稳定的浓度相对较高的环带。结合图5.3、图5.4和图5.6，我们发现颗粒形貌对于爆炸分散后形成的云雾区内粉体浓度的空间分布具有强烈影响，球形颗粒形成的颗粒射流数量较少，大部分粉体相对均匀地弥散在较窄的膨胀环带中，但膨胀环带中存在明显的浓度分层；而非球形颗粒更容易形成大量指状射流，射流根部很快分解弥散，质量在靠近中心的区域，与此同时射流头部则不断拉伸，携带粉体进入外部流场。因此，非球形颗粒形成的粉尘云雾区范围更大，浓度在靠近内界面处最大，沿径向向外迅速衰减。

目前，CMP－PIC方法中颗粒计算模块仍基于球形颗粒假设，颗粒之间的接触模型采用球形软球碰撞模型，流场与颗粒相之间的拖曳力采用适用于球形颗粒的Di Felic模型。因此本章中采用CMP－PIC方法模拟中心爆炸驱动下球形玻璃珠形成的云雾过程，与试验观测结果进行对比。图5.7（a）为二维颗粒环爆炸分散的1/4数值模型的示意图。中心高压气团的半径$R_{g,0}=3.5$ mm，颗粒环的内外径均与试验中装药的几何结构保持一致，$R_{in,0}=R_{g,0}=3.5$ mm，$R_{out,0}=32.5$ mm。颗粒粒径$d_p=100$ μm，密度$\rho_p=2\ 500$ kg/m^3。根据第4章介绍的能量等价原则，中心高压气团的压力P_0应满足

$$P_0=\frac{(\gamma-1)(m_{\mathrm{TNT}}q_{\mathrm{TNT}})}{\pi R_{g,0}^2}\tag{5.1}$$

式中：m_{TNT}为雷管中单位高度的炸药TNT当量，$m_{\mathrm{TNT}}=0.054$ g/mm；q_{TNT}为单位质量的TNT爆热，$q_{\mathrm{TNT}}=4\ 667$ kJ/kg。

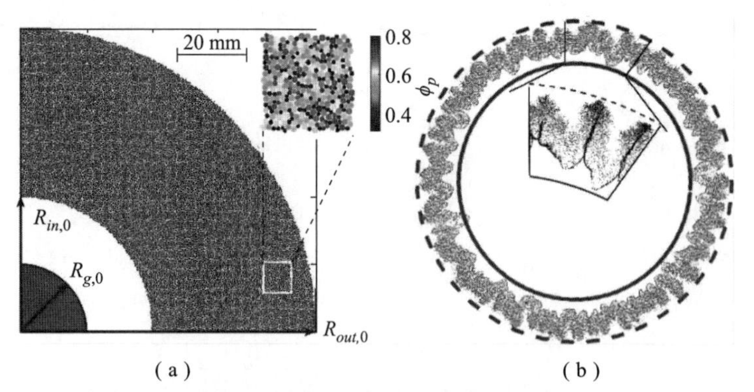

图5.7　高压气团驱动颗粒环分数的二维数值模型和数值模拟得到的颗粒环构型

（a）高压气团驱动颗粒环分散的二维数值模型（图中仅显示了1/4的模型）；

（b）数值模拟得到的分散颗粒环构型

高压气团的温度采用爆轰产物气体的温度 $T_0 = T_{det} = 3143\ K$，基于高压气团的爆炸分散体系的当量比 $(M/C)_{gas}$ 与基于炸药起爆的体系当量比 $(M/C)_{exp}$ 之间的转换关系为

$$(M/C)_{gas} = (M/C)_{exp} \frac{RT_{den}}{q_{TNT}(\gamma - 1)} \tag{5.2}$$

式中，$(M/C)_{exp} = 121.4$ 的炸药驱动爆炸分散体系在能量等价原则下对应的高压气团驱动的爆炸分散体系的当量比 $(M/C)_{gas} = 65.8$。

图5.7（b）显示了褶皱状的分散颗粒环带，由局部放大图可以观察到射流状的局部突起。将内（外）界面的半径定为该半径的圆之内（外）的颗粒体积分数仅为5%，可以确定云雾区的内（外）边界，进而得到内（外）边界半径随时间变化的规律。与图5.5类似，云雾区外界面在相对长的时间内保持相对匀速的膨胀，通过 R_{out}（t）的斜率可以获得云雾区外缘的早期膨胀速度 V_{out}。图5.8比较了试验观测获得和数值模拟得到的能量相当分散体系中云雾区外缘膨胀速度，在试验研究的当量比范围内，$(M/C)_{exp} \sim O(10^1) \sim O(10^2)$（对应的高压气团分散体系的当量比范围为 $(M/C)_{exp} \sim O(10^0) \sim O(10^1)$），试验和数值模拟结果非常吻合，充分验证了CMP－PIC在模拟中心爆炸分散近场过程的可靠性。图5.8中还给出了Milne提出的考虑空隙率的Gurney公式预测的柱装药下多孔介质在中心爆炸驱动作用下速度随当量比的变化，可以提供试验/数值模拟结果的下限。

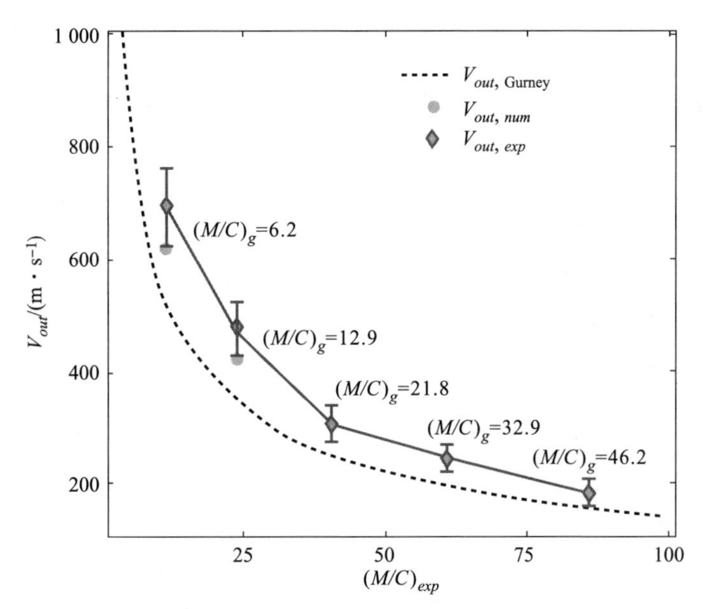

图5.8 不同当量比的爆炸分散体系中粉体云雾区外缘早期膨胀速度的试验和数值模拟值

5.3 爆炸分散体系数值模型的结构参数

本节采用图 5.7（a）所示的高压气团驱动颗粒环的二维数值模型探讨结构参数对于粉体分散行为的影响。图 5.7（a）所示的二维中心爆炸分散体系的结构参数可以分为三类：①几何结构参数，包括高压气团的半径 $R_{g,0}$、颗粒环的内外半径 $R_{in,0}$和 $R_{out,0}$；②高压气团的热力学参数，包括高压气体的初始压力 P_0、温度和密度 T_0和 ρ_0，三者满足相应的状态方程；③颗粒环的结构和材料参数，包括颗粒粒径 d_p、粒径分布、球形度和堆积密度 ϕ_0、材料密度 ρ_p、接触刚度 k_n、折合系数 ε 和摩擦系数 μ，等。第 4 章详细讨论了高压气团的外缘与颗粒环内界面存在间隙时对颗粒环内界面载荷的影响。无间隙时，$R_{g,0}=R_{in,0}$，高压气团中仅存在往复的压缩波而非激波；作用在颗粒环内界面的反射压力峰值随间隙的增大而迅速下降。为了消除不同间隙 $\delta=R_{in,0}-R_{g,0}$对颗粒环受到的爆炸载荷的影响，本节中高压气团的半径和气团与颗粒环内界面之间的间隙保持不变，$R_{g,0}=20$ mm，$R_{in,0}=40$ mm，$\delta=20$ mm，通过改变颗粒环的外径 $R_{out,0}$来调整颗粒环的厚度（$h=R_{out,0}-R_{in,0}$）和质量（m_{ring}）。高压气团的初始压力的变化范围为 $P_0=20\sim200$ bar，初始温度保持室温 $T_0=298$ K，密度 ρ_0 通过理想气体状态方程 $\rho_0=P_0/(RT_0)$ 由 P_0和 T_0确定。颗粒环的结构和材料参数众多，有些并非相互独立，如堆积密度受到粒径分布和球形度的影响。在本章研究中，保持颗粒的粒径分布、密度和接触模型参数均不变，$d_p=100$ mm（1 ± 10%），$\rho_p=2\,500$ kg/m^3，$k_n=10^7$ N/m，$\varepsilon=0.7$，$\mu=0$；仅考虑堆积密度的影响，ϕ_0为 0.5，0.6 和 0.65。此时，爆炸分散体系的当量比为

$$M/C=\frac{\pi(R_{out,0}^2-R_{in,0}^2)\phi_0\rho_p}{\pi R_{g,0}^2\rho_{gas}}=\frac{(R_{out,0}^2-R_{in,0}^2)\phi_0\rho_p RT_0}{R_{g,0}^2 P_0} \tag{5.3}$$

通过调整 P_0、$R_{out,0}$和 ϕ_0，我们可以实现当量比 M/C 在 $O(10^0)$（$M/C=5.7$）到 $O(10^3)$（$M/C=6\,800$）之间变化，跨越 4 个量级，远大于目前文献中报道的当量比范围（$M/C\sim O(10^1)\sim O(10^2)$）。图 5.9 给出了 70 个不同的爆炸分散体系在 P_0、h 和 M/C 参数空间内的分布，每个当量比对应三个以上的分散体系，用于考虑相同当量比下不同结构参数的影响，因此 70 个爆炸分散体系一共有 20 个不同的当量比。本章中不同的爆炸分散体系采用四个变量的数值来标识，即 $M/C-P_0$（bar）$-h$（mm）$-\phi_0$。

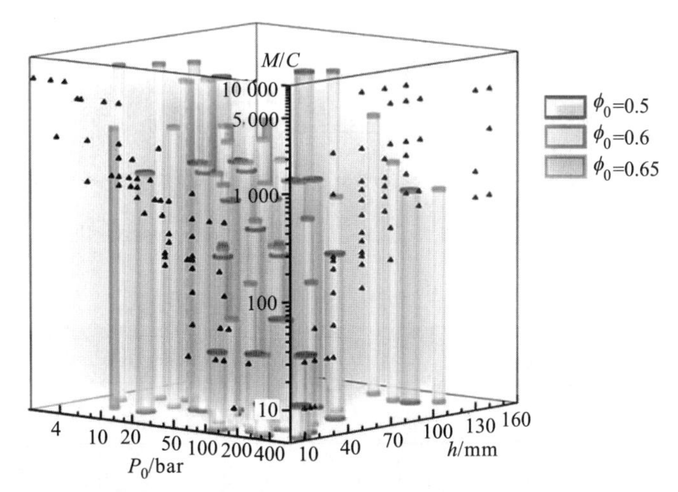

图 5.9　不同的爆炸分散体系在 P_0、h 和 M/C 参数空间内的分布（见彩插）

5.4　爆炸分散行为随当量比的变化

图 5.10 所示为不同当量比的爆炸分散过程中颗粒相环向平均体积分数 ϕ_p 的 r—t 图，显示了颗粒环从受到高压气团突然释放发射的入射波作用，到膨胀分解整个近场过程的构型演化过程。随着当量比从 O（10^0）［M/C = 9.7，图 5.10（a）］增到 O（10^3）［M/C = 4875，图 5.10（i）］，尽管颗粒环经历相似的冲击压缩过程，此后的膨胀分散行为则迥异。当量比在 O（10^0）~ O（10^1）范围内时，颗粒环持续膨胀。与此同时，颗粒环从内界面开始迅速分散，如图 5.10（a）所示。M/C 增加到 O（10^2）量级后，颗粒环的内界面在膨胀晚期出现向内收缩的趋势，如图 5.10（b）~（e）所示。这种颗粒环内界面颗粒向内部卷吸的趋势随着 M/C 的增加愈发明显，最终会导致大量颗粒聚集在中心区域而无法分散到外部流场中，如图 5.10（f）所示。当 M/C 增加到 O（10^3）量级后，颗粒环开始出现多次膨胀 - 收缩的循环，循环次数随 M/C 的上升而增加，如图 5.10（g）~（i）所示。振荡幅值随着振荡次数而衰减，最终停驻在流场中的初始质心半径附近的某个位置处，如图 5.10（h）所示。对于 M/C ~ O（10^3）的体系，颗粒环在相当长的时间内无法有效分散，甚至有相当一部分颗粒最终会滞留在初始位置附近的环带里。

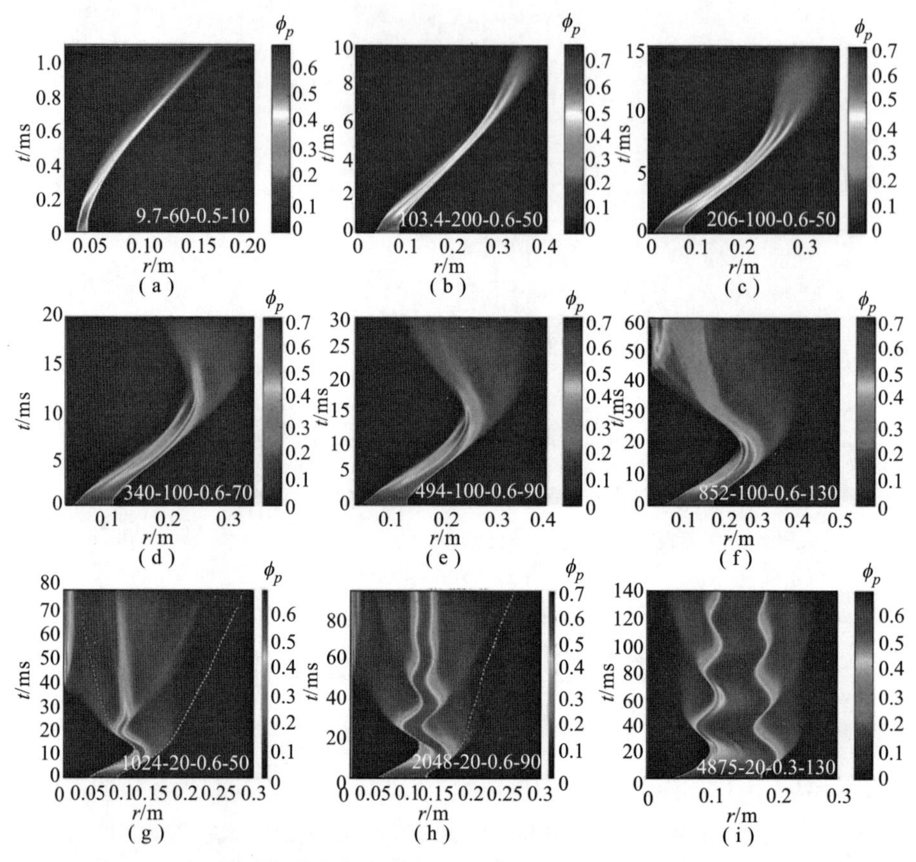

图 5.10　不同当量比的爆炸分散过程中颗粒相环向平均体积分数 ϕ_p 的 r—t 图

通过颗粒相环向平均体积分数的 r—t 图来定义颗粒云雾的内（外）界面，即在内（外）界面之内（外）的颗粒相体积分数仅为 5%。图 5.11 给出了四种典型分散体系（当量比 M/C 在 O（10^0）~ O（10^3））量级的颗粒云雾的内外界面和质心的无量纲半径 R'_{in}、R'_{cen}和 R'_{out}随时间的变化。图 5.12（a）给出了 6 种典型的分散体系（当量比 M/C 在 O（10^0）~ O（10^3））量级在中心高压气团突然释放后粉体云雾区的平均浓度 ϕ_p（内外径 R_{in}和 R_{out}的环形云雾内部的颗粒相平均体积分数）随时间的变化。分散体系 9.7 – 245 – 10 – 0.5 中的颗粒云雾环带的内外界面在冲击压实后迅速膨胀，与此同时，云雾环带的平均颗粒浓度迅速下降。而分散体系 103.7 – 200 – 50 – 0.6 和 494 – 200 – 140 – 0.6 中的颗粒云雾环带的外界面在膨胀后期出现了明显的减速，内界面则在更早的时候发生了内缩。由于内界面的强烈内缩，分散体系 494 – 20 – 140 – 0.6 中的颗粒云雾区的质心轨迹也发生了向内偏转。内界面从膨胀向内缩的转变会导致环带云雾区的体积加速增大，内部的颗粒浓度 ϕ_p 的下降出现加速折点，如图 5.12（a）中的分散体系 215－55－30－0.65、340－100－70－0.6 和 852－26－50－0.6。而对于当量比 $M/C \sim O(10^3)$ 的分散体系，如 4875－20－140－0.6，内、外界面经历近似同相位的膨胀－内缩振荡，如图 5.11 所示。因此颗粒云雾区内部的颗粒浓度 ϕ_p 在相当长的时间内稳定在 0.5～0.4，当内、外界面运动反相位时，即内界面向外膨胀而外界面仍内缩时，颗粒浓度 ϕ_p 甚至会出现小幅上升，如图 5.12（a）所示。如果用颗粒云雾区内部的颗粒浓度 ϕ_p 下降到 0.1 作为颗粒环爆炸分散的特征时间尺度 t_{dis}，显然 t_{dis} 随当量比的增大而上升，对于 $M/C \sim O(10^3)$ 的分散体系，t_{dis} 甚至超出了模拟的时间（$O(10^2)$ ms）。t_{dis} 可以作为衡量一个分散体系分散效率的时间指标，但 t_{dis} 显然依赖于体系规模。规模越大（m_{ring} 越大）的分散体系 t_{dis} 越大，因此有必要用一个无量纲的指标来衡量不同规模的分散体系的分散效率。

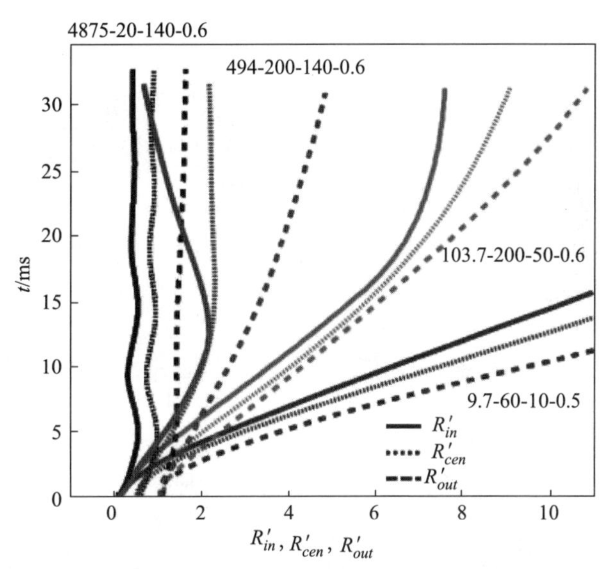

图 5.11　四种典型分散体系的颗粒云雾的内外界面和质心的无量纲半径 R'_{in}、R'_{cen} 和 R'_{out} 随时间的变化 $R'_{in}=(R_{in}-R_{in,0})/h$，$R'_{cen}=(R_{cen}-R_{cen,0})/h$，$R'_{out}=(R_{out}-R_{out,0})/h$

当量比在不同量级的分散体系中颗粒环的分散方式也存在显著的差异。图 5.13（a）～（b）显示了分散体系 9.7－60－10－0.5 的颗粒环在不同时刻的构型。在 0.61 ms 时，尽管外界面仍保持连续的小幅扰动界面，内界面已经发生了强烈的分散，由弥散颗粒构成中内界面环带中存在大量指向中心的高浓度突起。在后期这些突起演化为指向中心的丝线结构，而连接这些结构的颗粒环短

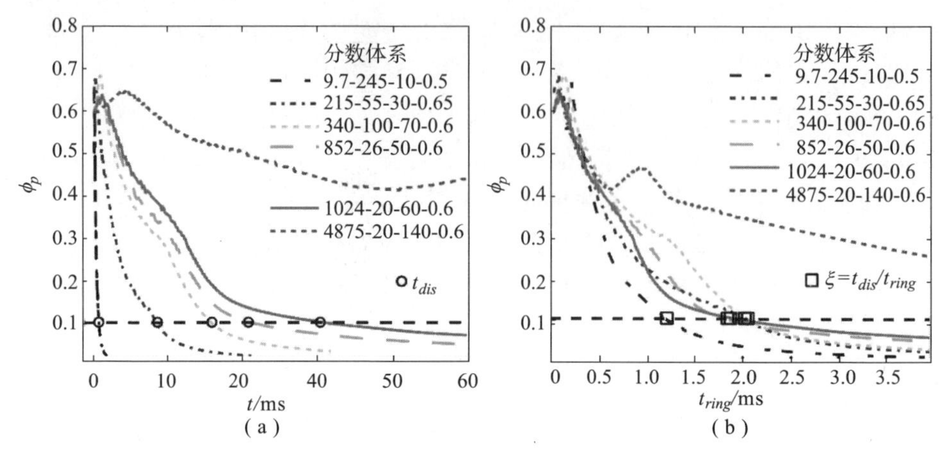

图 5.12　6 种典型爆炸分散体系的颗粒云雾区内部的平均颗粒浓度 ϕ_p 随时间 t 和无量纲时间 t/t_{ring} 的变化（见彩插）

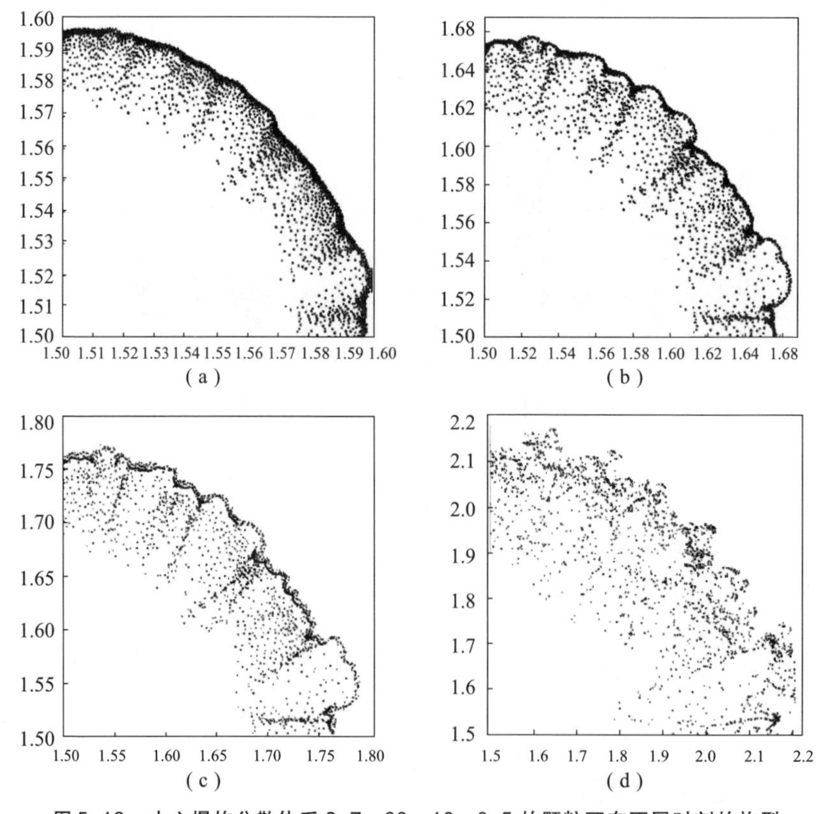

图 5.13　中心爆炸分散体系 9.7－60－10－0.5 的颗粒环在不同时刻的构型

(a) 0.61 ms；(b) 1.048 ms；(c) 1.876 ms；(d) 6.038 ms

弧向外突出［图 5.13（b）和（c）］，并在晚期形成向外喷出的指状结构，如图 5.13（d）所示。对于 M/C 在 $O(10^0) \sim O(10^1)$ 区间的分散体系，这种颗粒环内界面首先分散，并迅速向外界面扩展的分散模式是颗粒分散的主导模式。在分散结束（$\phi_p = 0.1$）时，颗粒环云雾中的颗粒相浓度沿径向增加，在趋近外界面时达到最大值。

分散体系 103.7 − 200 − 50 − 0.6 中的颗粒环则呈现出迥异的分散行为。如图 5.14（a）所示，分散体系 103.7 − 200 − 50 − 0.6 中的颗粒环在冲击压实刚结束的时刻（$t = 1.54$ ms）发生了分层，呈现出内外两个高堆积密度环带，而在内界面处同样出现了分散颗粒分布不均匀导致浓度环向振荡的环带。在 $t =$ 5.23 ms［图 5.14（b）］时，颗粒环云雾环带的内外界面仍向外膨胀，内界面处弥散颗粒形成的扰动结构明显消弭，仅残留少量指向中心的颗粒丝线结构。而初始分离的内外层高密度环带厚度明显减小，外层环外界面出现大量毛刺。在 $t = 7.67$ ms［图 5.14（c）］时，颗粒环云雾环带的外界面明显减速，内界面已经开始内缩，此时外界面的毛刺结构成长成尖钉结构，如图 5.14（c）所

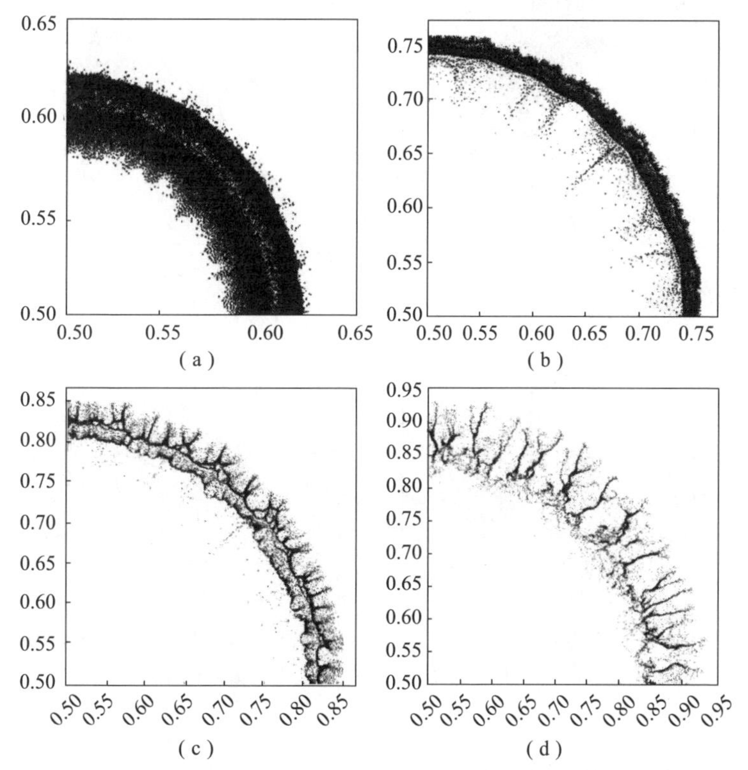

图 5.14　中心爆炸分散体系 103.7 − 200 − 50 − 0.6 的颗粒环在不同时刻的构型

（a）1.54 ms；（b）5.23 ms；（c）7.67 ms；（d）10.06 ms

示。$t=10.06$ ms 时，连续的颗粒环带消失，外界面的尖钉结构扩展到内界面，整个颗粒环云雾由大量蜿蜒偏折的尖钉结构构成。

图 5.14 显示的外界面扰动向内部扩展最终导致颗粒环分散的模式为 $M/C \sim O(10^2)$ 的体系的主导分散模式。图 5.15 所示为中心爆炸分散体系 340 - 100 - 70 - 0.6 的颗粒环分散过程中的构型，与分散体系 103.7 - 200 - 50 - 0.6 的颗粒环类似，此时颗粒环同样发生内外分层，出现外界面的毛刺结构，如图 5.15（a）和（b）所示。此时，由于颗粒环的厚度增加，高密度内外环壳之间的区域在膨胀过程中出现胞格结构，如图 5.15（b）所示。当外界面的尖钉结构拓展到内界面时，相较分散体系 103.7 - 200 - 50 - 0.6 的颗粒环的尖钉结构，此时的尖钉更为平直。

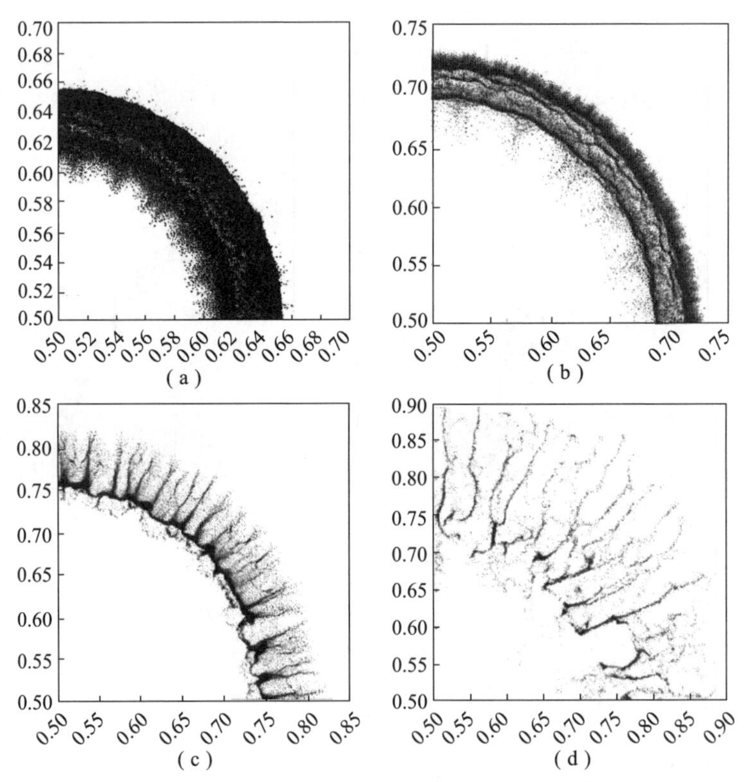

图 5.15　中心爆炸分散体系 340 - 100 - 70 - 0.6 的颗粒环在不同时刻的构型

（a）3.53 ms；（b）6.92 ms；（c）12.35 ms；（d）20.07 ms

图 5.15 中显示的膨胀颗粒环中的胞格结构在更厚的颗粒环中更为明显。如图 5.16（a）所示，分散体系 852 - 100 - 130 - 0.6 中的颗粒环在 8.66 ms 时并没有出现分层结构，而是呈现出内界面附近充满孔隙的胞格结构和外部密

实环带的双重结构。这种双重结构在颗粒环整体内缩的过程中仍然存在，但是内界面附近的胞格结构环带被压缩，而外部密实环带的外界面毛刺结构迅速长大，且密实环带也开始出现胞格结构，如图 5.16（b）和（c）所示。当外界面的尖钉穿透充满空隙的颗粒环内部时变得蜿蜒曲折，形成了枝蔓相连的网络结构，如图 5.16（d）和（e）所示。

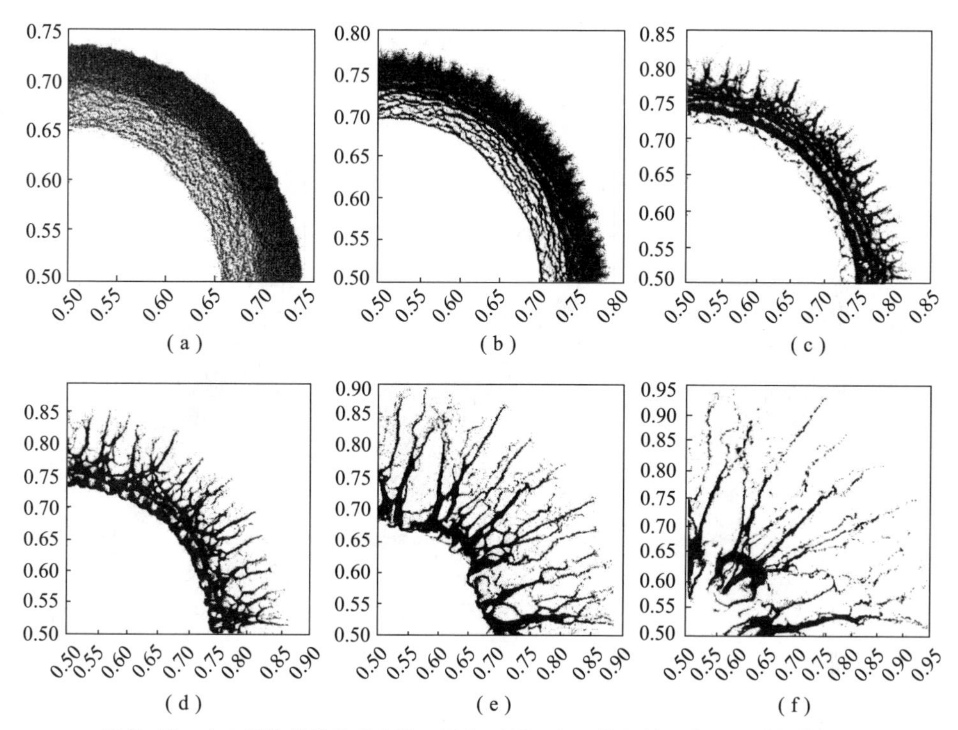

图 5.16　中心爆炸分散体系 852 - 100 - 130 - 0.6 的颗粒环在不同时刻的构型

（a）8.66 ms；（b）13.12 ms；（c）17.4 ms；（d）21.64 ms；（e）27.96；（f）36.4 ms

值得注意的是，分散体系 852 - 100 - 130 - 0.6 中的颗粒环 15 ms 时已经发生了整体内缩，因此放射状网络结构的内部向内飞散，而外部向外飞散，相当比例的颗粒最终停驻在中心区域。对于当量比 $M/C \sim O\ (10^3)$ 的分散体系，颗粒环云雾整体会经历不止一个膨胀 - 内缩循环，如图 5.10（g）~（i）所示。此时，颗粒环外界面的尖钉状射流结构并不能贯穿颗粒环导致其完全分散，内（外）界面会向内（向外）发射更多的钉状射流。如图 5.17 所示，分散体系 1024 - 20 - 50 - 0.6 在颗粒环带云雾整体内缩的过程中［5 ~ 19 ms，图 5.17（a）~（c）］，颗粒环外层密实环带压缩内部具有胞格结构的区域，同时从外界面萌生的毛刺迅速拉伸成尖钉结构。由于该体系中的颗粒环厚度较薄

($h=50$ mm)，密实颗粒环带在向外膨胀和内缩的过程中均没有出现孔隙弥散的胞格结构，向内延伸的尖钉结构较为平直光滑，如图 5.17（c）和（d）所示，明显区别于颗粒环较厚时形成的枝蔓牵连的放射状网络，如图 5.16（c）~（e）中显示的分散体系 852 - 100 - 130 - 0.6 中的蜿蜒交错的射线网络。在颗粒环带云雾整体内缩的后期，内界面清晰无弥散颗粒［图 5.17（c）］，但在内界面开始第二次向外膨胀时，内界面突然出现了大量弥散颗粒，同时有少量钉状凸起指向中心［图 5.17（d）］，这些凸起在后期滞留在流场中，拉伸成丝线结构［图 5.17（e）］。当外界面开始第二次向外膨胀时，外界面向外放射更多的钝头指状射流，如图 5.17（e）所示。这些指状射流膨大的头部明显区别于外界面早期萌生的尖钉状射流尖锐的头部，值得注意的是，这些指状射流与早期尖钉射流交错出现。

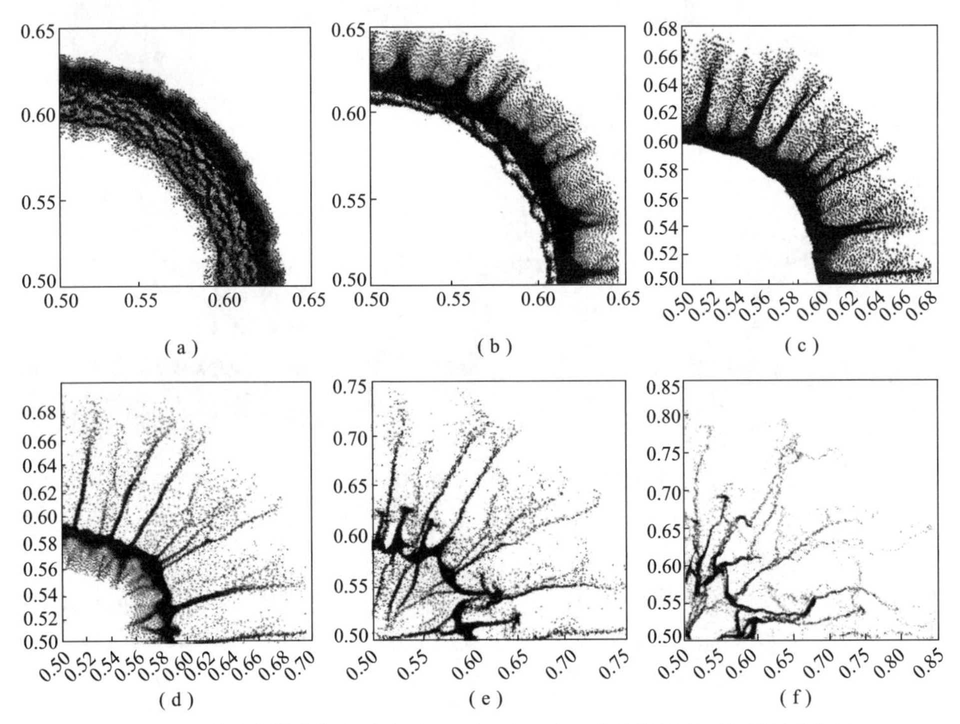

图 5.17　中心爆炸分散体系 1024 - 20 - 50 - 0.6 的颗粒环在不同时刻的构型

(a) 7.31 ms；(b) 11 ms；(c) 14.42 ms；(d) 20.85 ms；(e) 31.04 ms；(f) 56.48 ms

伴随颗粒云雾环带的膨胀 - 内缩循环的内外界面多次颗粒喷射现象随着当量比 M/C 的增大而更为明显。图 5.18 显示了爆炸分散体系 4875 - 20 - 140 - 0.6 的颗粒环分散过程中的构型演化。如图 5.10（i）和图 5.11 所示，该分散体系中的颗粒环带云雾经历了三次膨胀－内缩循环，内（外）界面各次从膨胀转变为内缩的时刻分别为＝20.2 ms（＝16.2 ms）、＝60.2 ms（＝59 ms）、＝99.8 ms（＝101.5 ms）；从内缩转变为膨胀的时刻分别为39.1 ms（＝38.2 ms）、80.4 ms（＝80 ms）和121.4 ms（＝119 ms）。膨胀－内缩循环周期接近40 ms，外界面第一次发生膨胀－内缩转变时刻明显早于内界面，因此颗粒环外层出现短暂的密实环带，如图5.18（a）所示。与此同时，外界面出现环向密度稀疏－稠密相间的毛刺结构。在颗粒环带云雾整体发生内缩后，内层区域的过膨胀形成孔隙弥散的胞格结构，如图5.18（b）所示；这些胞格结构在颗粒环带持续内缩过程中坍塌消失，如图5.18（c）所示。与此同时，外界面的毛刺向内界面延伸形成轮廓清晰平直的尖钉。在颗粒环带从内缩转为膨胀后，内界面开始出现弥散颗粒，同时形成指向中心的颗粒丝状结构，如图5.18（c）和（d）所示。当外界面开始第二次从膨胀转变为内缩时，颗粒环外界面初始尖钉结构的间隙处出现鼓包并逐渐向外突起，如图5.18（d）所示。随着颗粒环带云雾的整体内缩，外界面初始尖钉结构变得细长稀薄，真正脱离外界面，而第二次从外界面向外的膨突演化为头部扁平的杆状射流，如图5.18（e）和（f）所示。同样，在内界面发生第二次从内缩向膨胀的转变时，内界面也开始出现与外界面类似的指向中心的局部鼓胀，如图5.18（e）所示。这些鼓包随着内界面的膨胀迅速拉伸成长为头部扁平的杆状射流，如图5.18（f）和（g）所示。外界面和内界面的向外（向内）物质喷射发生在每次外界面膨胀－内缩转变以及内界面内缩－膨胀转变时刻。图5.18（g）和（h）所示分别为外界面和内界面发生第三次物质喷射的构型。每次从内外界面喷射到外部（内部）流场中的物质会永久离开颗粒环云雾主体，使得颗粒环云雾主体的质量缓慢下降。值得注意的是，图5.18中显示了多种具有不同特征结构的颗粒环（云雾）内外界面的失稳射流现象。包括图5.13、5.14（a）~（b）和5.15（a）~（b）中显示的内界面在冲击压实后的膨胀过程中出现的由弥散颗粒构成的指向中心的局部突起，如图5.14～图5.18所示的在当量比$M/C > O(10^0)$的分散体系中普遍存在的颗粒环（云雾）外界面在第一次发生膨胀－内缩转变时形成的尖锐钉状射流结构，以及图5.17（d）~（f）和5.18（d）~（i）中显示的在当量比$M/C \sim O(10^3)$的分散体系中伴随着颗粒环（云雾）的膨胀－内缩循环在内、外界面出现的多次头部扁平的杆状射流。显然这三种界面失稳现象出现的特征时间和特征结构迥异，意味着它们具有不同的主导机制。为了予以区别，我们将以上三种界面失稳现象分别称内界面失稳、外界面射流以及内外界面多重物质喷射。5.8节将详细解释这三种失稳现象的驱动机制。

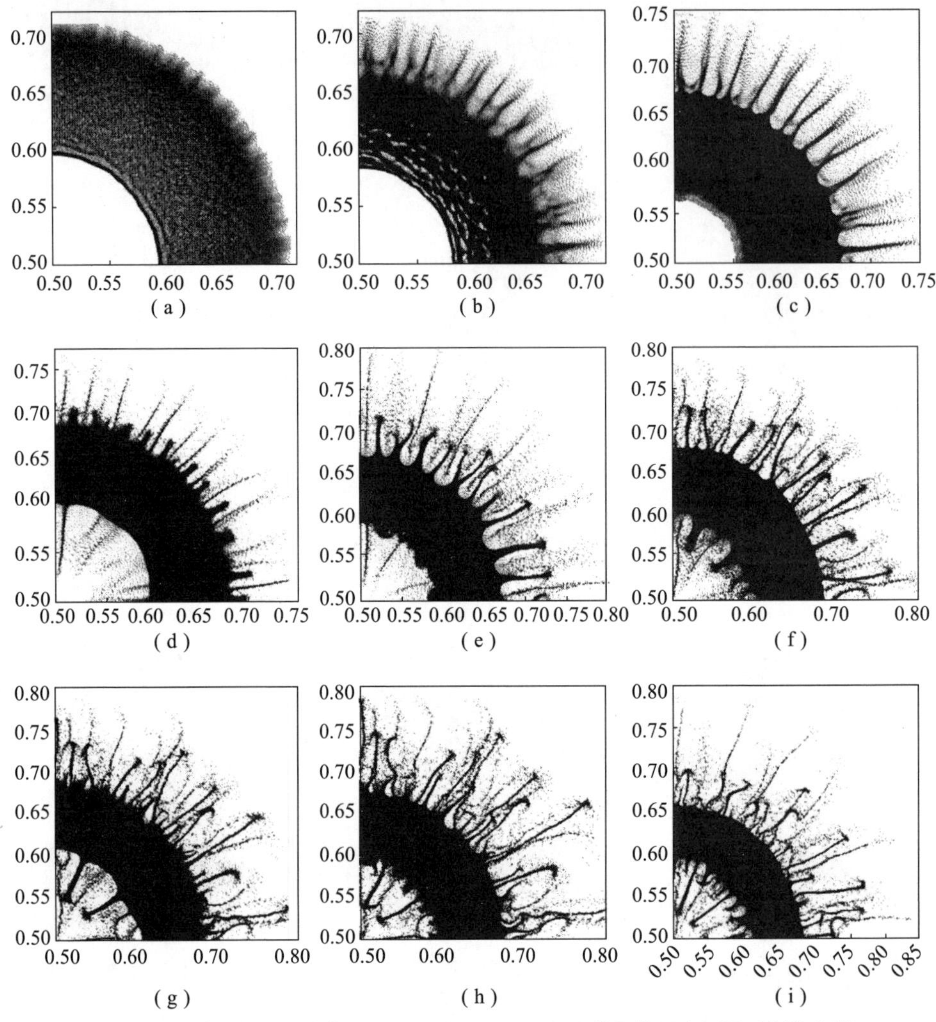

图 5.18 中心爆炸分散体系 4875 - 20 - 140 - 0.6 的颗粒环在不同时刻的构型

(a) 17.2 ms; (b) 28.4 ms; (c) 38.8 ms; (d) 59.5 ms; (e) 79.7 ms; (f) 86.1 ms; (g) 102.9 ms; (h) 119.6 ms; (i) 134.5 ms

5.5 中心爆炸分散模式的分类

图 5.10 给出了当量比 $M/C \sim O\ (10^0) \sim O\ (10^3)$、具有不同结构参数的分散体系的宏观分散行为，呈现出不同的行为特点，如小当量比时的持续膨胀分散［图 5.10 (a)］。当量比增加到 $O\ (10^2)$ 后颗粒环带云雾内缩导致相当比

例的颗粒被卷吸到中心［图 5.10（d）~（g）］；当量比增加到 O（10^3）后颗粒环带云雾整体持续的膨胀－内缩循环［图 5.10（h）~（i）］。如何定量表征不同的爆炸分散行为，进而对其进行合理的分类是本节需要回答的问题。从实际工程应用出发，对爆炸分散效果的评价指标主要包括分散效率、空间均匀性和分散完成度，分别涉及物质分散的特征时间、分散物质在空间的分布以及是否所有物质均分散到外部流场中。5.5 节中定义了颗粒分散过程的特征时间 t_{dis}，即在 $t = t_{dis}$时内外半径分别为 R_{in}和 R_{out}的颗粒环带云雾内部的平均颗粒体积分数下降到 0.1。由于 t_{dis}与分散体系规模 m_{ring}正相关，为了消除体系规模的影响，我们采用颗粒环膨胀到 2 倍初始外径的时间 t_{ring}对 t 进行无量纲化。图 5.12（b）给出了随无量纲时间 t/t_{ring}的变化，除了分散体系 4875－20－140－0.6 外，其他 5 个分散体系的颗粒环带云雾内部的均在无量纲时间 $\xi = t_{dis}/t_{ring}$从 2.5 下降到 0.1，且 4 个具有不同 t_{dis}的分散体系 215－55－30－0.65（t_{dis} = 9 ms）、340－100－70－0.6（t_{dis} = 16 ms）、852－26－50－0.6（t_{dis} = 21 ms）和 1024－20－60－0.6（t_{dis} = 40.5 ms）的无量纲分散特征时间非常接近。因此，如果采用无量纲分散时间 ξ 作为评价爆炸分散体系的分散效率，以上 4 个分散体系具有相同的分散效率相当。图 5.19（a）和（b）分别给出了 t_{dis}和 t_{ring}随当量比的变化，在当量比 M/C 达到 O（10^3）的量级后，缓慢上升的 t_{dis}（M/C）和 t_{dense}（M/C）曲线突然上扬。无量纲分散时间 ξ 随当量比 M/C 的变化如图 5.20 所示。与 t_{dis}（M/C）和 t_{dense}（M/C）曲线的变化趋势类似，ξ（M/C）曲线在 M/C 达到 O（10^3）之前在 2 ~ 4 波动，此后迅速增加。对于一个高效的爆炸分散过程，颗粒分散的特征时间应当与颗粒环膨胀特征时间在同一量级。因此，爆炸分散过程高效的判别标准为

$$\xi < 10 \tag{5.4}$$

图 5.12（a）给出了内、外半径分别为 R_{in}和 R_{out}的颗粒环带云雾内部的平均颗粒体积分数随时间的变化，虽然除 4875－20－140－0.6 分散体系外，其他分散体系的均随时间单调下降，但是，远远不能完全代表该分散体系中颗粒环的分散行为。图 5.21 给出了分散体系 1024－20－50－0.6 的环向平均颗粒相体积分数的 r—t 图。在颗粒环带云雾（内外半径分别为 R_{in}和 R_{out}）存在一个颗粒相稠密堆积（$\phi_p > 0.3$）的核心环带，其内、外界面的半径分别为 $R_{in,dense}$和 $R_{out,dense}$，存在的特征时间为 t_{dense} ~ 48 ms。在 7 ms < t < t_{dense}的时间内，颗粒环带云雾内外界面迅速偏离内部稠密颗粒核心环带的内外界面，尽管在这段时间内颗粒环带云雾内部的从 0.45 下降到不到 0.1，但相当比例的颗粒集中在稠密颗粒核心环带，使得颗粒在云雾区内部的分布极为不均匀。如果认为物质分散在 t_{dis}时间内完成，评价颗粒分散的空间分散均匀度时必须考虑 t_{dis}时间内稠

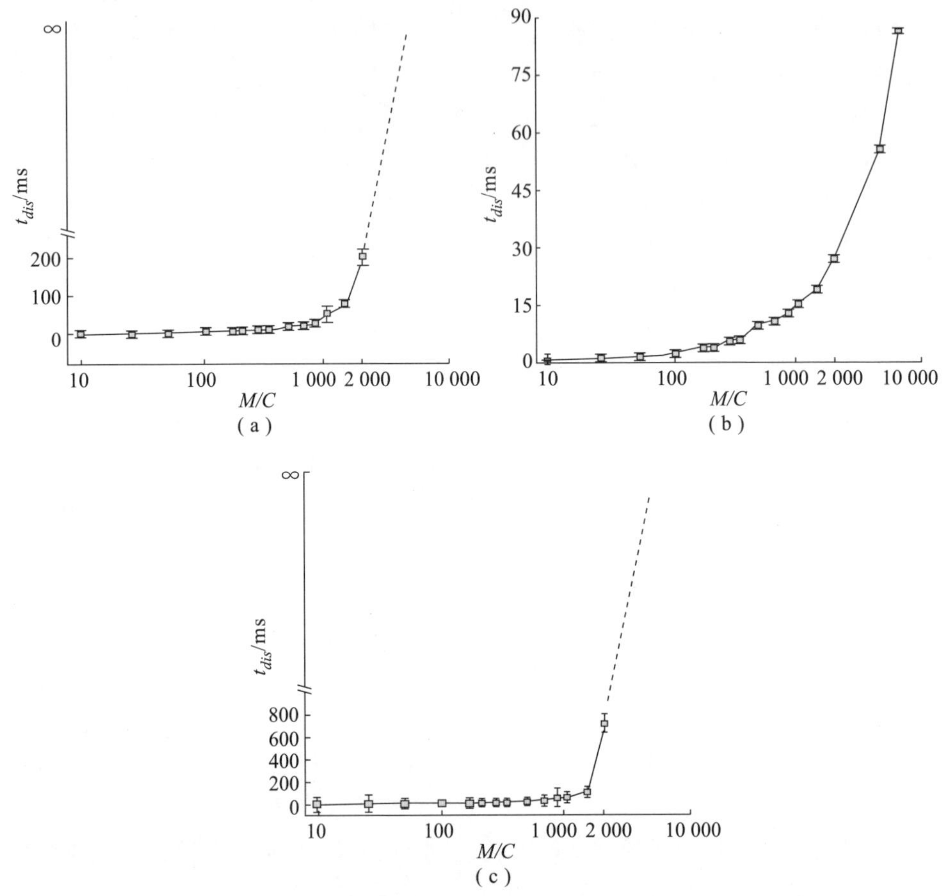

图 5.19　t_{dis}、t_{ring}和 t_{dense}随当量比 M/C 的变化（误差（%）代表相同当量比不同结构参数的分散体系相应特征时间的均方差，图中的虚线代表对应当量比的分散体系的特征时间超过了计算时长）

密颗粒核心环带的存留时间 t_{dense}。图 5.19（c）给出了 t_{dense}随当量比 M/C 的变化，与 t_{dis}（M/C）和 t_{dense}（M/C）曲线的变化趋势类似，t_{dense}（M/C）曲线在当量比 M/C 达到 O（10^3）的量级后突然跳升。图 5.19 给出了采用颗粒环分散特征时间 t_{dis}对 t_{dense}无量纲化后得到的无量纲稠密颗粒核心环带的生存时间 $\kappa = t_{dense}/t_{dis}$随当量比 M/C 的变化规律。与 ξ（M/C）的变化规律类似，κ（M/C）在当量比 M/C 达到 O（10^3）的量级后急剧上升，$\kappa > 1$，意味着在整个分散过程结束后仍有相当比例的颗粒聚集在一个很窄的核心环带区域，而非均匀分散在云雾区内。κ 越大，稠密核心环带存在的相对时间越长，分散过程结束（$t/t_{ring} = \xi$）后更大比例的颗粒聚集在一个局部环带内，整个云雾环带空间内

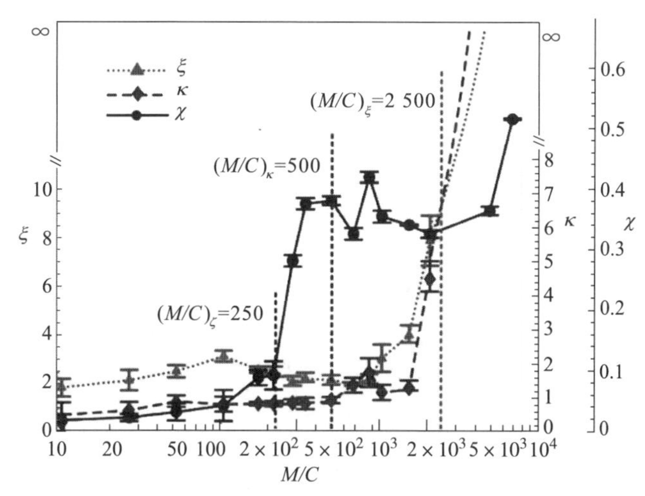

图 5.20 无量纲的分散特征时间 ξ、稠密颗粒核心环带的生存时间 κ 和内吸颗粒相体积分数 χ 随当量比 M/C 的变化（见彩插）

颗粒的分布越不均匀。因此，无量纲稠密颗粒核心环带的生存时间 κ 可以作为评价分散过程结束后物质分布均匀度的一个定量指标。对于一个均匀分散的分散过程，分散结束时云雾环带空间内不允许存在颗粒稠密核心环，因此一个均匀分散过程需要满足

$$\kappa < 1 \tag{5.5}$$

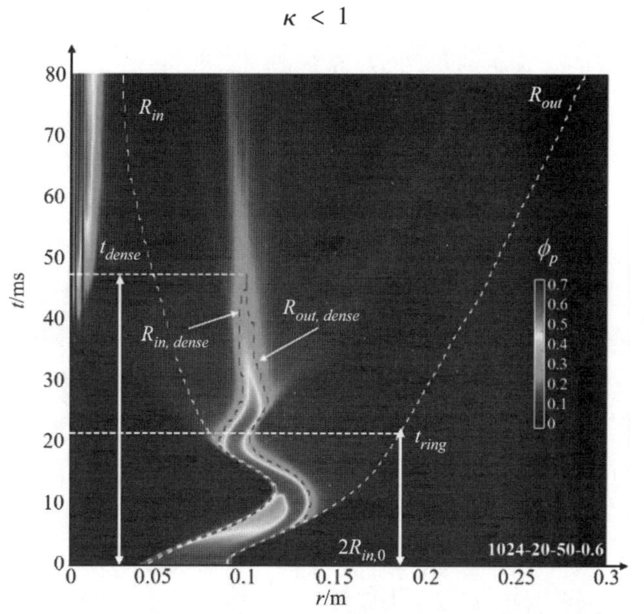

图 5.21 分散体系 1024 - 20 - 50 - 0.6 的环向平均颗粒相体积分数的 r—t 图

（图中标注了颗粒环膨胀的特征时间 t_{ring} 和稠密颗粒核心环带存留特征时间 t_{dense}）

图5.10（d）~（g）显示的分散体系中有相当比例的颗粒在分散过程结束时被卷吸到中心，这些颗粒无法与外部流场进行有效的混合，没能实现分散目标。因此，分散过程结束后卷吸到中心的颗粒体积分数χ是表征分散过程完成度的重要指标。我们通过统计分散过程结束（$\xi = t_{dis}/t_{ring}$）时径向速度指向内部的颗粒体积分数来计算χ。图5.20给出了χ随当量比M/C的变化规律。在$M/C < O(10^2)$时，仅有体积分数不到5%的颗粒最终停驻在流场中心。此后χ迅速增大，在$M/C \sim 200$的分散体系中，有体积分数超过10%的颗粒被卷吸到流场中心，并继续随着M/C的增大而急剧上升。当M/C在400～1 000时，χ在50%～80%振荡，意味着对于当量比在这一范围内的爆炸分散体系，绝大部分的颗粒最终都无法分散到外部流场中，爆炸分散的完成度很差，设计爆炸分散体系必须避免这一当量比范围。通过下文的分析可知，在这一当量比范围内，稠密颗粒核心环带的消失恰好发生在颗粒云雾整体内缩的过程中，此后颗粒云雾无法发生从内缩向膨胀的转变，绝大部分颗粒随着颗粒云雾整体内缩向中心飞散，造成超过50%的颗粒最终停驻在流场中心。当M/C增加到$O(10^3)$量级时，颗粒环云雾内部的颗粒稠密核心环带会经历不止一次膨胀－内缩循环，被卷吸进入流场中心的颗粒为每次内界面发生内缩向膨胀转变时向中心喷射的颗粒，而大部分颗粒从外界面喷射进入外部流场，或者弥散在颗粒稠密核心环最终均衡的区域。因此，在$M/C \sim O(10^3)$范围内，χ反而有可能小幅下降。对于一个完全的爆炸分散过程，我们希望绝大部分颗粒能被分散到外部流场中，因此完全分散过程需要满足的条件为

$$\chi < 0.1 \tag{5.6}$$

即爆炸分散过程结束时停驻在流场中心的颗粒相体积分散不超过10%。

根据以上对于爆炸分散过程效率［式（5.4）］、均匀度［式（5.5）］和完全性［式（5.6）］的判别标准，可以把不同的分散行为分成以下四种分散模式：①理想分散，满足高效、均匀和完全三个评价指标的临界条件；②部分分散，仅满足高效和均匀的判别标准，不满足完全分散的临界条件；③延迟分散，仅满足高效分散的临界条件；④无效分散，高效、均匀和完全三个评价指标的临界条件均不满足。图5.20给出了对应于高效、均匀和完全三个评价指标的临界当量比$(M/C)_\chi$，$(M/C)_\kappa$和$(M/C)_\xi$，且有$(M/C)_\chi < (M/C)_\kappa < (M/C)_\xi$。因此，随着的当量比$M/C$的增大，分散过程从理想分散（$M/C < (M/C)_\chi$）依次转变为部分分散（$(M/C)_\chi < M/C < (M/C)_\kappa$）、延迟分散（$(M/C)_\kappa < M/C < (M/C)_\xi$）和无效分散（$M/C > (M/C)_\xi$）。

图5.22所示为不同分散体系在$\chi - \xi - \kappa$相空间内的分布，并给出了四种模式对应的区域。式（5.4）~式（5.6）使得我们可以在$\chi - \xi - \kappa$相空间内对

不同分散体系的分散行为进行合理的评价、分类和比较。值得注意的是，四种模式转变的临界当量比取决于爆源种类（高压气团突然释放、凝聚态炸药起爆、可燃气体爆炸等）和颗粒材料特性（颗粒密度、粒径/粒径分布等）。图 5.20 给出的临界当量比 $(M/C)_{\chi}=250$、$(M/C)_{\kappa}=500$ 和 $(M/C)_{\xi}=2\ 500$ 对应于本章中研究的高压气团爆源和颗粒特性（$\rho_p=2\ 500\ \mathrm{kg/m^3}$，$d_p=100\ \mu\mathrm{m}$）。对于其他的爆源和不同材料属性的颗粒，模态转变的临界当量比很可能不同。图 5.23（a）~（c）显示了当量比相同（$M/C=283$）而颗粒密度不同的分散体系中颗粒环的分散行为。对于 $\rho_p=2\ 500\ \mathrm{kg/m^3}$ 的颗粒环，$M/C=283$ 对应部分分散模式，如图 5.23（b）所示。但是，相同当量比 $\rho_p=1\ 503\ \mathrm{kg/m^3}$ 的颗粒环在分散过程中存在一个持续膨胀 - 内缩循环的稠密颗粒核心环带，这是延迟分散甚至无效分散的典型特征；而相同当量比 $\rho_p=4\ 167\ \mathrm{kg/m^3}$ 的颗粒环在分散过程中外界面和质心持续膨胀，内界面的内缩并不明显，很显然处于理想分散模式。因此，在其他结构参数不变的情况下，减小颗粒密度会有效减小四种分散模式转变的临界当量比，反之亦然。但是，不同模式在 $\chi-\xi-\kappa$ 相空间内的区域则是不变的。因此 $\chi-\xi-\kappa$ 相空间内不同分散模式对应的区域分割提供了一个普适的分散模式评价框架，使得爆源和结构参数迥异的爆炸分散体系的分散行为可以进行相互比较。但是，在 $\xi-\chi-\kappa$ 相空间对分散行为进行模式分类，需要先确定其特征时间 t_{ring}、t_{dense}、t_{dis} 和 ξ，这些参量往往很难通过实际分散试验确定，在设计分散体系时更不可知。因此，5.7 节中将尝试通过体系的结构参数来确定特征时间，进而预测该分散体系的分散模式。

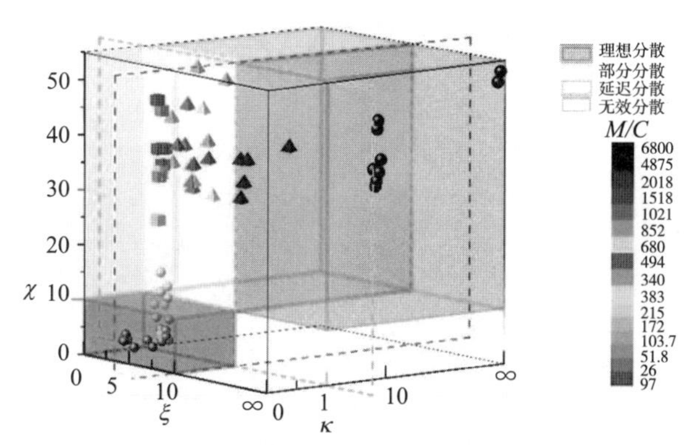

图 5.22　不同分散体系在 $\chi-\xi-\kappa$ 相空间内的分布，不同的空间区域代表不同的分散模式（见彩插）

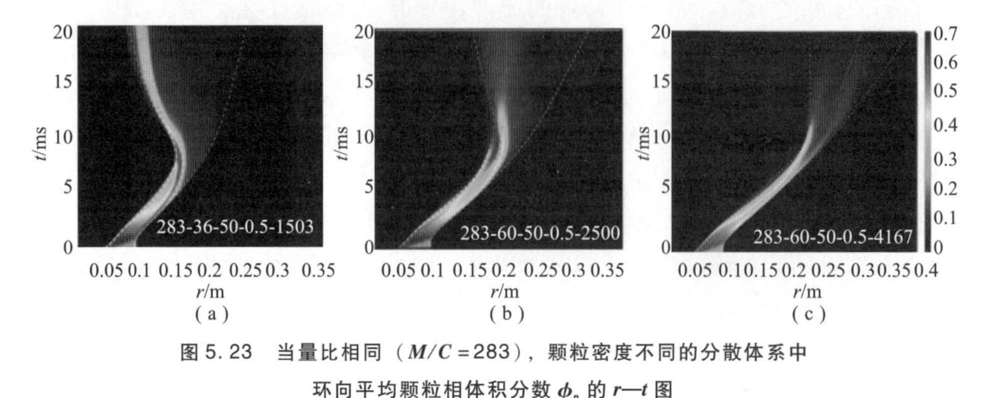

图 5.23 当量比相同（$M/C=283$），颗粒密度不同的分散体系中环向平均颗粒相体积分数 ϕ_p 的 r—t 图

（a）$\rho_p=1\ 503\ \mathrm{kg/m^3}$；（b）$\rho_p=2\ 500\ \mathrm{kg/m^3}$；（c）$\rho_p=4\ 167\ \mathrm{kg/m^3}$

5.6 流场演化与颗粒环分散的宏观耦合

5.4 节介绍了随分散体系当量比显著变化的颗粒环宏观分散行为和纷繁复杂的分散构型，这些都与颗粒环与中心流场之间在宏观尺度及介观尺度的耦合演化密切相关。图 5.24 所示为典型的分散体系（当量比 $M/C\sim O(10^0)\sim O(10^3)$）中高压气团释放后流场环向平均压力 P_f 的 r—t 图。在分散体系 9.7-60-10-0.5 的 P_f—r—t 图中，可以清晰地看到高压气团释放后入射激波在颗粒环内界面上反射形成的反射激波在内界面和流场中心之间的往复运动，但波系运动随着颗粒环内界面的膨胀而迅速消弭，中心气腔内部的压力显著下降，在 1.1 ms 以后甚至下降到 1 atm 以下。在其他分散体系的 P_f—r—t 图中，由于显示的时间尺度较长，早期的波系运动并不明显，但中心气腔内部整体压力的正负压交替变化则随着分散体系当量比 M/C 的增大而愈发明显和持久，这里的正负压指的是高于或低于 1 atm。实际上，中心气腔压力的正负压交替变化与颗粒环的膨胀-收缩循环互为因果。颗粒环内界面的膨胀导致中心气腔压力急剧下降，甚至低于 1 atm。此后，颗粒环在指向中心的压力梯度力的作用下减速膨胀直至发生内缩，使得中心气腔压力逐步恢复成正压，颗粒环再次受到指向外部的压力梯度力影响，开始从内缩向膨胀转变。图 5.25（a）给出了分散体系 4875-20-140-0.6 中的颗粒稠密核心环带质心半径 R_{DB} 和流场中心压力 $P_{g,R=0}$ 随时间的变化，$R_{DB}(t)$ 和 $P_{g,R=0}(t)$ 曲线具有相同的振荡周

期但是反相位。值得注意的是，尽管 R_{DB}（t）和 $P_{g,R=0}$（t）的振荡周期在早期保持不变，但由于核心环带厚度的缩减和气体渗流作用，R_{DB}（t）和 $P_{g,R=0}$（t）的振荡幅值迅速衰减。

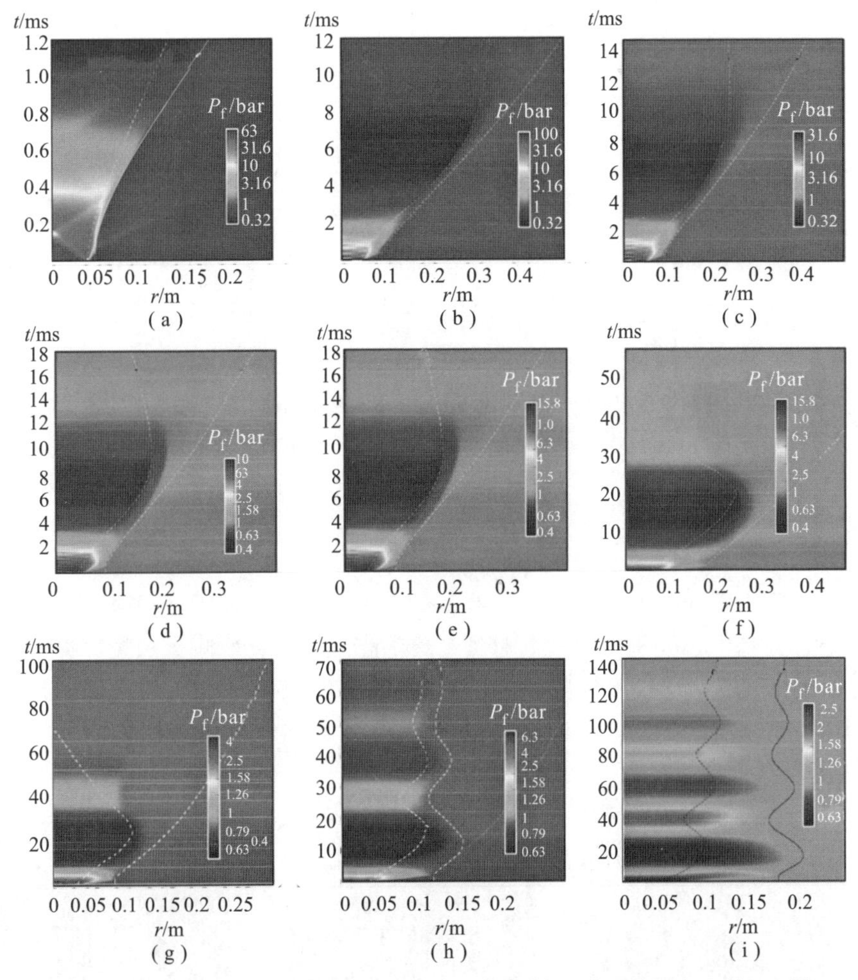

图 5.24　不同当量比的爆炸分散过程中中心发散流场环向平均压力 P_f 的 r—t 图

在中心气腔正负压交替作用下的颗粒环膨胀－内缩循环与水中爆炸产生的气泡胀缩振荡具有相同的机制，但是与气泡胀缩振荡不同，中心流场与颗粒环的耦合更为复杂。对于小当量比的分散体系，颗粒环膨胀速度更大，会很快远离中心流场。这种情况下即使中心气腔压力低于 1 atm，指向中心的压力梯度力对于惯性很大的膨胀颗粒环的影响也很微弱。图 5.26 显示了分散体系 6.8－3037－50－0.6 在高压气团突然释放后流场压力 P_f、环向平均颗粒相体积分数

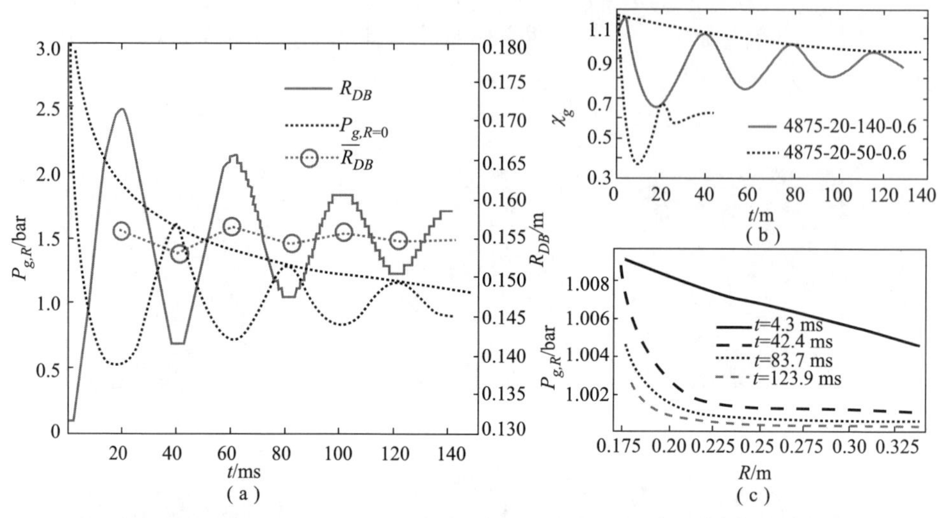

图 5.25　分散体系 4875－20－140－0.6 中的颗粒稠密核心环带质心半径 R_{DB} 和流场中心压力 $P_{g,R=0}$ 随时间的变化（$\overline{R}_{DB}$ 为每个循环内核心环带质心的平均半径）

ϕ_p 和环向平均颗粒速度 u_p 的 r—t 图。对于当量比仅为 $M/C=6.8$ 的分散体系，颗粒环在冲击压实后获得的膨胀速度高达 200 m/s，如图 5.26（c）所示，当内部气腔压力下降到 1 atm 时（$t\sim2.2$ ms），颗粒环已经膨胀到了初始外径的 4 倍以上，指向中心的压力梯度力对颗粒环的膨胀几乎无影响，颗粒环近似恒速膨胀。值得注意的是，此时颗粒的分散并不明显，颗粒环带云雾内的平均颗粒相体积分数接近 0.3，如图 5.26（b）所示。

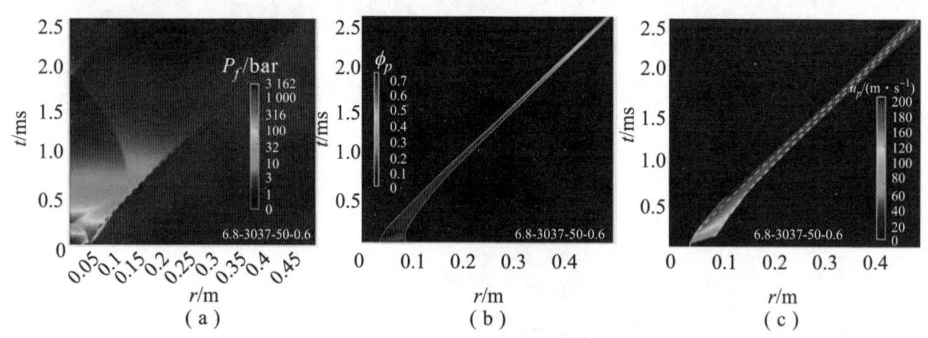

图 5.26　分散体系 6.8－3037－50－0.6 在高压气团突然释放后流场压力 P_f（a），环向平均颗粒相体积分数 ϕ_p 和环向平均颗粒速度 u_p 的 r—t 图

与连续介质膨胀环壳不同，由颗粒散体构成的颗粒环壳在膨胀－内缩过程

中不可避免地会发生颗粒分散，即颗粒相体积分数的下降，当 ϕ_p 下降到某个临界值以后（$\phi_p < 0.3$），颗粒环很难对内部气体进行有效约束，中心气腔和颗粒环外部流场之间迅速达到压力均衡，中心气腔内部压力的正负压交替循环中止。对于分散体系 9.7 - 60 - 10 - 0.5，如图 5.24（a）所示，即使中心气腔内压力降低到 1 atm 以下，由于此时颗粒环已充分分散，特别是颗粒环内层，颗粒环带云雾内的平均颗粒体积分数 <0.1［图 5.11（a)］，在稀疏的颗粒环带云雾区内无法建立有效的压力梯度，因此颗粒环带云雾不会在指向中心的压力梯度力作用下发生内缩。对于分散体系 103.4 - 200 - 50 - 0.6 和 206 - 100 - 50 - 0.6，中心气腔内压力下降到 1 atm 的时刻分别为 t_{pr} 为 2.5 ms 和 3.2 ms，如图 5.24（b）和（c）所示。此时，颗粒环云雾中仍然存在颗粒稠密核心环带，如图 5.10（b）和（c）所示。稠密核心环带在指向中心的压力梯度力作用下发生膨胀减速，内层颗粒甚至发生内缩。由于稠密核心环带的过早分散消失，中心流场的负压效应仅对内层颗粒产生明显影响，导致内层少量颗粒被卷吸进入流场中心。如图 5.19（c）所示，稠密核心环带生存时间随着分散体系当量比 M/C 的增加而上升，当稠密核心环带发生整体内缩时，中心气腔压力会再次从负压恢复成正压。

以上分析充分说明了中心流场演化与颗粒云雾区整体运动之间的耦合强烈依赖于两个关键因素：①中心气腔压力降低到 1 atm 时颗粒环是否在中心流场的影响范围内；②当中心气腔压力发生正负压交替时颗粒稠密核心环带是否依然存在。如果我们采用中心气腔压力第一次降低到 1 atm 的时间 t_{pr} 作为中心流场演化的特征时间，以上两个关键因素可以通过两个特征时间的比值进行定量表征。颗粒环膨胀的特征时间与中心流场演化的特征时间之间的比值 $\Pi = t_{ring}/t_{pr}$，可以表征颗粒环膨胀与流场演化之间的相对快慢；颗粒稠密核心环带存在的时间与中心流场演化特征时间的比值 $\Omega = t_{dense}/t_{pr}$，可以表征稠密颗粒核心区在演化流场中存在的相对时长。为了区分颗粒环仅发生一次膨胀 - 内缩就分散的分散行为与经历持续膨胀 - 内缩循环的分散行为，我们采用颗粒环质心发生第一次膨胀 - 内缩转变的时刻 $t_{ring,exp-con}$ 作为表征颗粒环宏观膨胀的第二个特征时间。$t_{ring,exp-con}$ 与 t_{pr} 随当量比的变化如图 5.27（a）和（b）所示，$t_{ring,exp-con}$ 与 t_{pr} 的比值 $\Psi = t_{ring,exp-con}/t_{pr}$ 表征了颗粒环能够发生整体内缩的可能性。较大的 Ψ 表明颗粒环在膨胀过程中体积分数强烈下降，在颗粒云雾区内部的径向压力梯度较弱，即使内部气压为负，颗粒云雾环带也很难发生整体内缩。采用以上引入的三个无量纲时间比值 Π、Ψ 和 Ω，可以将中心流场演化与颗粒云雾环带整体运动之间的耦合分为解耦、弱耦合、中度耦合和强耦合四种类型。

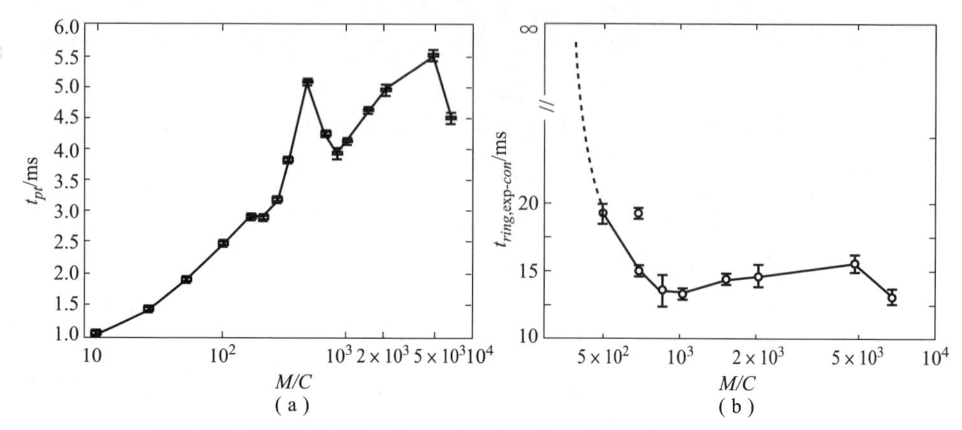

图 5.27　流场演化特征时间 t_{pr} 和颗粒环带云雾质心发生第一次膨胀－内缩转变时刻 $t_{ring,exp-con}$ 随当量比 M/C 的变化

图 5.28 为中心流场演化与颗粒云雾环带整体运动解耦时颗粒环膨胀的示意图，即颗粒环在初始的冲击压实后迅速膨胀，远离中心流场，不受中心气腔压力正、负交替的影响。因此，中心流场与颗粒环运动解耦要求为

$$\Pi < 1 \tag{5.7}$$

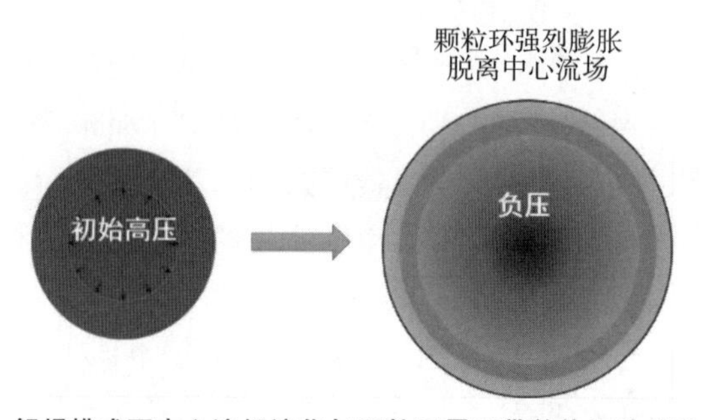

图 5.28　解耦模式下中心流场演化与颗粒云雾环带整体运动关系的示意图

图 5.29 所示为弱耦合模式中心流场演化与颗粒云雾环带整体运动关系的示意图，颗粒环云雾内层颗粒在指向中心的压力梯度力作用下内缩，而外层颗粒仍向外膨胀，颗粒发生强烈分散，最终仅有最内层少量颗粒被卷吸到流场中心。因此，颗粒环质心发生膨胀－内缩转变的时间 $t_{ring,exp-con}$ 至少比流场演化特征时间 t_{pr} 高一个数量级，弱耦合模式需要满足的条件为

$$\Pi > 1, \Psi > 10 \tag{5.8}$$

中等耦合模式下颗粒环带云雾的第一次膨胀－内缩转变与流场的正负压交替的时间尺度一致，但是在内缩过程中颗粒稠密核心环带迅速分散，无法完成

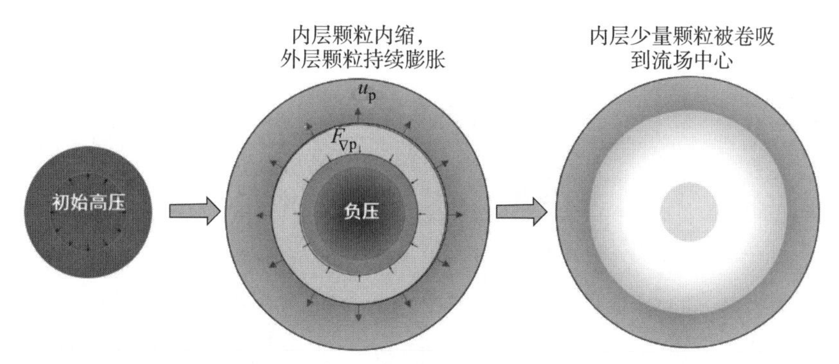

图 5.29　弱耦合模式下中心流场演化与颗粒云雾环带整体运动关系的示意图

从内缩向膨胀的转变，大部分颗粒向内飞散，最终停驻在流场中心，如图5.30 所示。因此，中等耦合模式要求为

$$\Psi \sim O(10^{0}),\Omega \sim O(10^{0}) \tag{5.9}$$

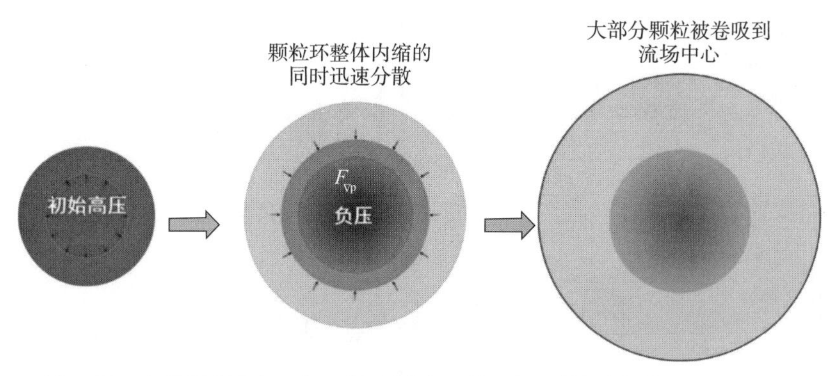

图 5.30　中等耦合模式下中心流场演化与颗粒云雾环带整体运动关系的示意图

如果颗粒稠密核心环带长期存在，颗粒环带云雾的膨胀 - 内缩循环与中心流场压力的正负压交替持续发生，此时中心流场演化与颗粒云雾环带整体运动处于强耦合模式，如图 5.31 所示。因此，强耦合模式要求稠密核心环带生存时间至少比流场演化特征时间大一个量级，即

$$\Omega > 10 \tag{5.10}$$

图 5.32 所示为无量纲时间比值 Π、Ψ 和 Ω，随当量比 M/C 的变化，Ω（M/C）和 Π（M/C）分别在当量比 M/C 超过 500 和 2000 之后迅速起跳。与此相反，Ψ（M/C）在 $M/C<500$ 的分散体系中趋向无穷大，此后随 M/C 的增大而迅速下降。根据式（5.7）~式（5.10），流场演化与颗粒环运动的耦合模式从解耦到弱耦合、弱耦合到中等耦合、中等耦合到强耦合转变的临界当量

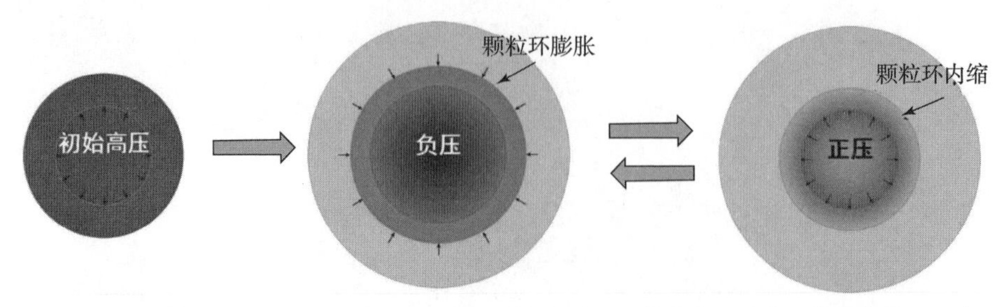

图 5.31 强耦合模式下中心流场演化与颗粒云雾环带整体运动关系的示意图

比分布为：$(M/C)_{\Pi}=100$，$(M/C)_{\Psi}=350$，$(M/C)_{\Omega}=800$。与颗粒环宏观分散模式转变对应的临界当量比 $(M/C)_{\chi}$、$(M/C)_{\kappa}$ 和 $(M/C)_{\xi}$ 类似，以上 $(M/C)_{\Pi}$、$(M/C)_{\Psi}$ 和 $(M/C)_{\Omega}$ 具体数值仅针对本章中研究的高压气团爆源和颗粒特性（$\rho_p=2\ 500\ \mathrm{kg/m^3}$，$d_p=100\ \mu\mathrm{m}$）。

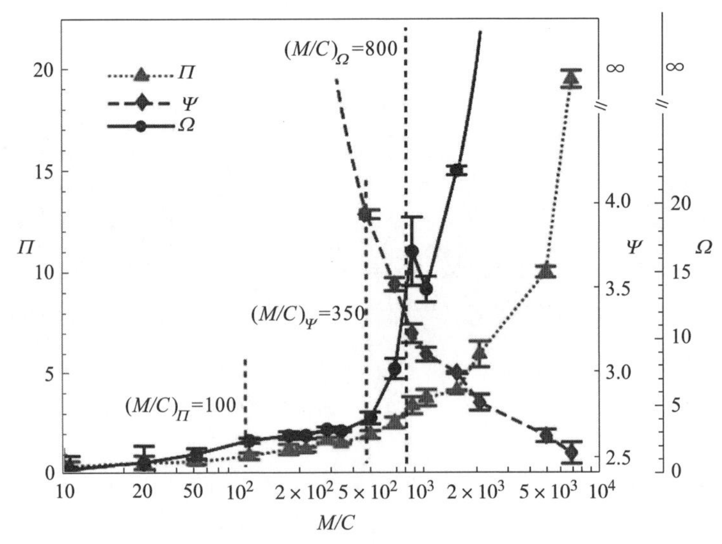

图 5.32 无量纲时间比值 Π、Ψ 和 Ω，随当量比 M/C 的变化（见彩插）

各种分散体系在 $\Pi-\Psi$ 和 Ω 参数空间内的分布如图 5.33 所示，随着当量比的增加，中心流场与颗粒环运动耦合模式从解耦（$M/C<(M/C)_{\Pi}$）依次转变为弱耦合（$(M/C)_{\Pi}<M/C<(M/C)_{\Psi}$）、中等耦合（$(M/C)_{\Psi}<M/C<(M/C)_{\Omega}$）、强耦合（$M/C>(M/C)_{\Omega}$）。图 5.34 给出了分散体系的宏观分散模式与流场演化/颗粒环运动耦合关系之间的强相关性。流场演化与颗粒环运动解耦时颗粒环的分散为理想分散，弱耦合时颗粒环分散为理想分散或部分分散，中等耦合模式时颗粒环分散为部分分散或延迟分散，强耦合时颗粒环分散为延迟或无效分散。而分散模式为无效分散的分散体系的流场演化与颗粒环运动之间为强耦合。

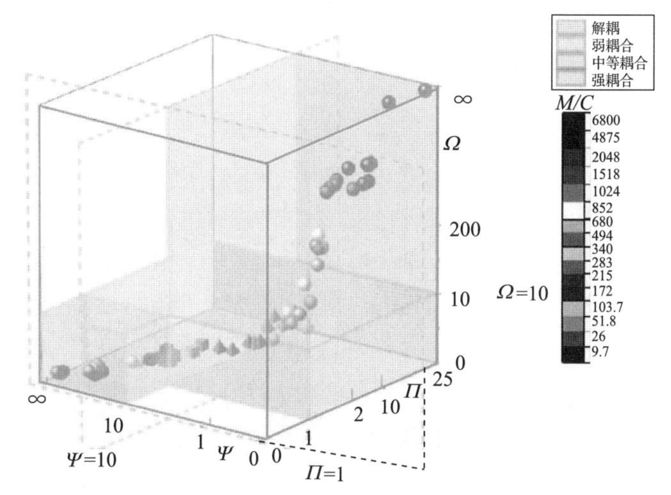

图 5.33　不同分散体系在 $\Pi-\Psi-\Omega$ 参数空间内的分布（不同颜色的区域对应不同的中心流场与颗粒环运动耦合模式所在的参数空间区间）（见彩插）

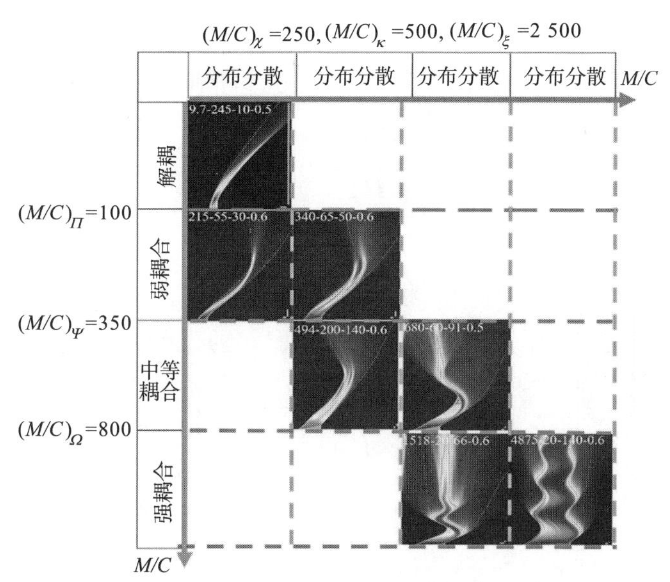

图 5.34　爆炸分散体系的宏观分散模式与流场/颗粒环运动耦合关系之间的相互对应关系

5.7 颗粒环壳分散模式的理论预测

5.5 节中的式（5.4）~式（5.6）通过无量纲数 ξ、κ、χ 给出了不同爆炸分散模式应当满足的条件，但是很难建立 ξ、κ、χ 与分散体系的结构参数之间的依赖关系，因此无法在进行分散体系的结构设计时预测其颗粒环的分散模式。5.6 节中给出了中心流场－颗粒环运动耦合模式和颗粒环分散模式之间的强相关性，如果可以合理判断特定分散体系的流场－颗粒环耦合模式，则可以大致预测其分散模式。本节将颗粒环视为质量不变的可压缩连续介质环，即不考虑颗粒环内外界面的失稳导致的质量喷射和颗粒脱落，建立颗粒环在中心气腔高压驱动下的冲击压实过程及此后颗粒环膨胀－内缩循环的理论模型，进而对具有特定结构参数集合的分散体系计算其无量纲数 Π 和 Ψ。由此可以判断流场－颗粒环耦合模式是否属于解耦或者弱耦合，如果流场与颗粒环之间解耦，该分散体系中的颗粒环会发生理想分散。

考虑膨胀过程中始终处于密压实状态的颗粒环（$\phi_p > 0.5$），此时颗粒受到的驱动力为压力梯度力 $F_{\nabla P}$和拖曳力 F_{drag}。由于稠密颗粒层中的渗流流场速度分布取决于扩散压力场，流速与压力梯度之间满足 Darcy 或 Forchheimer 模型，因此拖曳力 F_{drag}正比于压力梯度力 $F_{\nabla P}$，即

$$F_{drag} = \frac{1-\phi_p}{\phi_p}F_{\nabla P} = -\frac{1-\phi_p}{\phi_p}\frac{\nabla P_g}{\rho_g} \tag{5.11}$$

压力梯度力 $F_{\nabla P}$的方向与压力梯度∇P_g方向相反。颗粒环内界面约束的中心气腔中的气体通过渗流作用从高压气腔流入颗粒环和外部流场，如果中心气腔压力低于 1atm，外部流场中的气体同样可以通过渗流效应进入颗粒环和中心气腔。忽略非线性效应，则

$$\dot{m}_g = \pi\rho_g R_{in}^2 \frac{k}{\mu}\nabla P_g \tag{5.12}$$

式中：ρ_g和 μ 分别为中心气腔内部气体的密度和动力黏度；k 为颗粒层的渗透率。

Ergun 公式给出了等径球形颗粒层中 k 与颗粒相体积分数 ϕ_p 以及颗粒粒径 d_p 的关系渗流作用下中心气腔内部气体的流出或流入的通量为

$$k = \frac{1}{150}\frac{(1-\phi_p)^3}{\phi_p^2}d_p^2 \tag{5.13}$$

中心气腔内部气体的密度 ρ_g 随着气腔体积的变化和质量的净流出（流入）而变化，即

$$\rho_g = \rho_{g,0}\frac{R_{in,0}^2}{R_{in}^2} - \int_0^t \rho_g \frac{k}{\mu}\nabla P_g \mathrm{d}t \tag{5.14}$$

忽略中心气腔内部的波系运动，假设气腔内部气体经历等熵过程，即

$$\frac{P_g}{\rho_g^\gamma} = \frac{P_{g,0}}{\rho_{g,0}^\gamma} \tag{5.15}$$

通过式（5.14）可以计算中心气腔内部的瞬时气体密度，进而可以通过式（5.15）得到此时的气腔压力。通过理想气体状态方式确定此时的温度，在通过 Sutherlands 模型更新此时的气体黏性。

5.7.1　冲击压实模型

冲击压实过程的理论模型将颗粒环在往复入射波作用下的压实过程（见 4.4 节）简化成在高压气团作用的压实过程，预测压实过程结束后颗粒环获得的动量，即颗粒环在压实过程结束后的膨胀速度。高压气团与颗粒环之间通过渗流作用相互耦合，考虑由于渗流作用导致的气团质量的流入流出，气腔内的气体经历等熵过程。

图 5.35（a）显示了颗粒环在冲击压实过程中发生的关键物理事件，即 CF 从内界面向外界面扩展，传播速度为 V_{comp}，当 CF 到达颗粒环的外界面后，压实过程结束。如图 5.35（a）所示，不考虑 CF 的厚度，CF 后方的颗粒从初始堆积密度 ϕ_0 跳升到压实颗粒层堆积密度 ϕ_{comp}（$\phi_{comp} \sim 0.68$）。压实颗粒环内部的颗粒径向膨胀速度为 u_{comp}（R），进入 CF 的颗粒获得的速度和加速度分别为 u_{comp}（R_{comp}）和 $\dot{u}_{p,comp}$（R_{comp}）；内界面的速度 V_{in} 为构成内界面的颗粒速度，$V_{in} = u_{comp}$（R_{in}）。其中，R_{comp}（t）和 R_{in}（t）分别为 t 时刻的 CF 和内界面半径。在柱坐标系下，压实颗粒环壳的质量守恒要求为

$$u_{p,comp}(R) = \frac{V_{in}R_{in}}{R} \tag{5.16}$$

对式（5.16）左右两边求微分，得

$$\dot{u}_{p,comp}(R) = \frac{\dot{V}_{in}R_{in}}{R} + \frac{V_{in}^2}{R} - \frac{(V_{in}R_{in})^2}{R^3} \tag{5.17}$$

因此，CF 上的颗粒速度（加速度）与颗粒环内界面速度（加速度）之间的关系为

$$u_{p,comp}(R_{comp}) = \frac{V_{in}R_{in}}{R_{comp}} \tag{5.18}$$

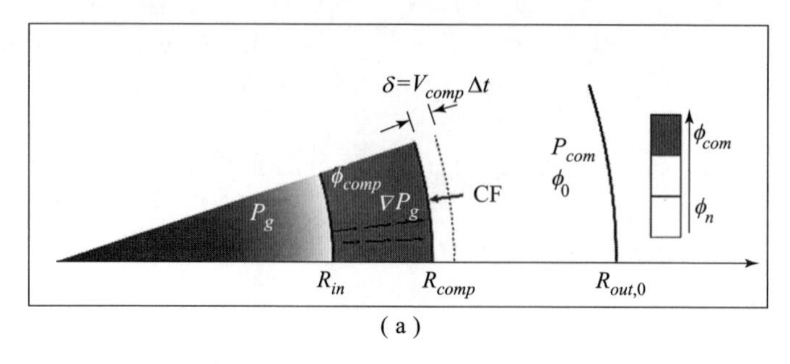

(a)

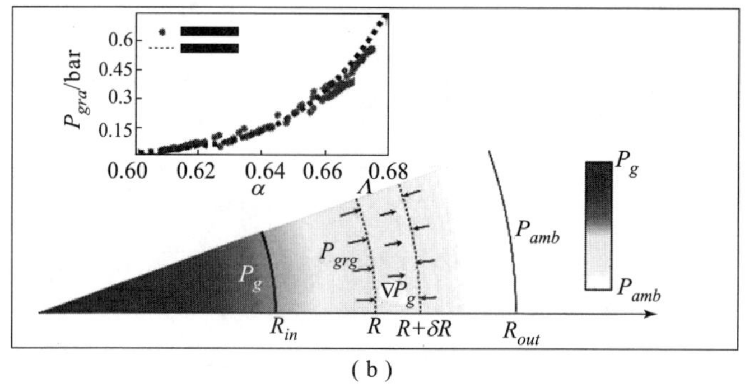

(b)

图 5.35 压实及膨胀模型受力示意图

(a) 冲击压实过程中 CF 在颗粒层中传播的示意图；(b) 压实冲击过程结束后颗粒环整体膨胀（内缩）过程中厚度为 ΔR 的颗粒环单元 Λ 在扩散压力场中的受力示意图

$$\dot{u}_{p,comp}(R_{comp}) = \frac{\dot{V}_{in}R_{in}}{R_{comp}} + \frac{V_{in}^2}{R_{comp}} - \frac{V_{in}^2 R_{in}^2}{R_{comp}^3} \tag{5.19}$$

CF 和颗粒环内界面的膨胀速度 V_{comp} 和 V_{in} 之间满足 Rankine - Hugoniot 关系，即

$$V_{in} = \frac{V_{comp}R_{comp}}{R_{in}}\left(1 - \frac{\phi_0}{\phi_{comp}}\right) \tag{5.20}$$

图 5.35（a）中所示的压实颗粒环的动量守恒方程为

$$\rho_p\phi_{comp}\int_{R_{in}(t)}^{R_{comp}(t)} \dot{u}_{p,comp}(R)R\mathrm{d}R = -\rho_p\phi_0 u_{p,comp}(R_{comp})V_{comp}R_{comp} + \rho_p\phi_{comp}\int_{R_{in}(t)}^{R_{comp}(t)} F_{\nabla P}(R)\cdot R\mathrm{d}R + \rho_p\phi_{comp}\int_{R_{in}(t)}^{R_{comp}(t)} F_{drag}(R)\cdot R\mathrm{d}R \tag{5.21}$$

式（5.21）中的等号左边是以弧度为单位的压实颗粒环（内外、径分别为 R_{in}（t）和 R_{comp}（t））的动量变化率，等号右边的第一项是单位时间内进入 CF 的颗粒获得的动量，第二项和第三项分别为作用在以弧度为单位的压实颗粒环的压力梯度力和拖曳力。作为一阶近似，假设压实颗粒环壳内部的孔隙压

力沿径向线性变化，单位质量的压力梯度力为

$$F_{\nabla P} = -\frac{\nabla P}{\rho_p} = \frac{P_g - P_{amb}}{\rho_p(R_{comp} - R_{in})} \tag{5.22}$$

将式（5.16）~式（5.20）和式（5.22）代入式（5.21），可得

$$\dot{V}_{in}(R_{comp} - R_{in}) + V_{in}^2\left[\frac{R_{comp}}{R_{in}} + \frac{\phi_{comp}}{\phi_{comp} - \phi_0}\frac{R_{in}}{R_{comp}} - 2\right] = \frac{P_g - P_0}{\phi_{comp}\rho_p}\frac{1}{2}\left(\frac{R_{comp}}{R_{in}} + 1\right) \tag{5.23}$$

式（5.23）中的 P_g 为高压气腔内的压力，需要采用式（5.12）~式（5.14）进行实时更新。式（5.23）给出满足初始条件（$t=0$ 时，$V_{in}=0$，$R_{in}=R_{comp}$）的内界面加速度（t）的演化方程。对式（5.23）的一次积分和二次分别颗粒得到内界面（和压实波面）的速度和半径的演化方程。式（5.12）~式（5.23）构成了冲击压实模型的方程组，数值求解后可以得到不同分散体系中颗粒环在冲击压实过程中内界面、压实波面的运动轨迹。R_{in}（t）和 R_{comp}（t），以及冲击压实过程结束后颗粒环的膨胀速度。图 5.36（a）比较了分散体系 4875 - 20 - 140 - 0.6 中数值模拟和理论模型得到的颗粒环的 R_{in}（t）和 R_{comp}（t），两种方法得到的内界面和压实波面的运动轨迹非常吻合。图 5.36（b）比较了当量比从 O（10^0）变化到 O（10^3）的不同分散体系中冲击压实过程结束时颗粒环外界面速度 V_{out} 的数值模拟值和理论预测值，同样呈现出非常好的一致性，充分验证了冲压压实理论模型的可靠性。通过 V_{out} 的理论预测值可以得到具有特定结构参数组合的分散体系中颗粒环膨胀的特征时间 $t_{ring} = R_{out,0}/V_{out}$。

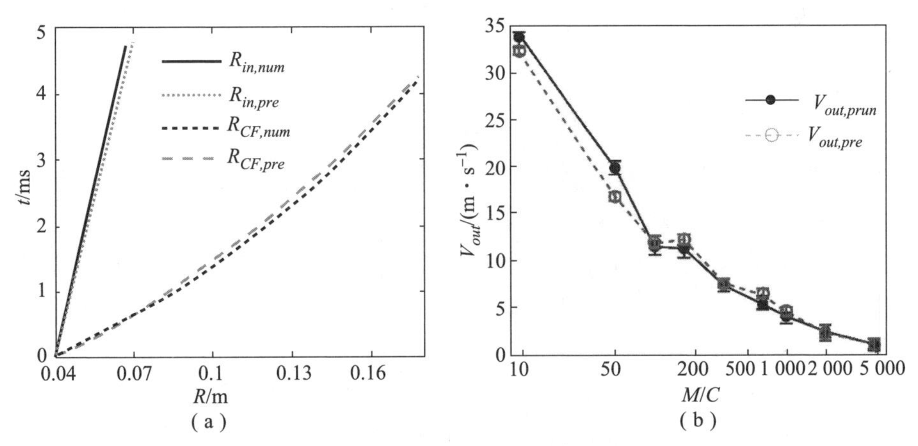

图 5.36　数值模拟和理论模型预测结果对比

（a）分散体系 4875 - 20 - 140 - 0.6 中数值模拟和理论模型得到的颗粒环内界面和压实波面在冲击压实过程中的运动轨迹；（b）冲击压实过程结束时颗粒环外界面速度的数值模拟值和理论预测值随当量比的变化

以上的冲击压实理论模型考虑了冲击压实过程中压实波面的传播过程，高压气团和颗粒环通过渗流作用相互耦合，且允许高压气腔中的气体等熵演化，与基于经验模型需要经过参数拟合的多孔介质 Gurney 公式相比，该模型内含明确的物理机制。Gurney 公式中的关键变量，如当量比和单位质量的爆源能量隐式地包含在冲击压实模型中，由颗粒环和高压气腔的几何尺寸、颗粒环初始堆积密度、颗粒密度、高压气团初始压力等变量体现。颗粒粒径（粒径分布）、材料参数等参量并没有包含在冲击压实模型中，说明颗粒尺度的结构特征参量并不影响冲击压实过程中的动量/能量从高压气团传递到颗粒层中。

最后我们有必要探讨一下建立冲击压实模型时采用的假设对模型可靠性和准确性的影响，模型主要采用的假设包括：①压实波面后方的压实颗粒环壳始终保持压实颗粒堆积密度 ϕ_{comp}；②颗粒压实环内的孔隙压力从 P_g（颗粒环内界面处）线性衰减到 1 atm（压实波面处）；③高压气腔中的气体经历等熵膨胀过程。其中假设①最为关键，决定了颗粒压实环中的质量守恒方程和 Rankine - Hugoniot 关系是否成立。假设①是否成立取决于颗粒环内界面的膨胀速度是否过快以至于产生明显的稀疏波。对于爆源为凝聚态炸药的颗粒环，内界面在超压高达吉帕量级的爆炸波作用下的瞬时膨胀速度会高达 O（10^3） m/s，此时中心气腔体积的过快增长会导致内部气压的迅速衰减，膨胀波从内界面进入压实颗粒层，压实颗粒层内的堆积密度无法保持在 ϕ_{comp}。图 5.37（a）~（c）为中心炸药 TNT 起爆后不同初始堆积密度的颗粒环在冲击压实过程中环向平均堆积密度的 r—t 图，可以清晰地看到稀疏波进入压实颗粒层后压实堆积密度的下降。此外，由图 5.37（a）~（c）可知，压实颗粒堆积密度 ϕ_{comp} 与初始堆积密度成正比。由于本节中研究的分散体系的爆源为初始压力在 O（10^1）~ O（10^2） bar 的高压气团，颗粒环内界面的膨胀速度在 O（10^1） m/s 的量级上，颗粒环内界面膨胀引起的稀疏波效应并不明显。因此，假设①在高压气团为爆源的分散体系中是成立的。

假设②成立的前提条件是渗流压力场的扩散速度小于压实波面的传播速度。如图 5.38（a）和（b）所示，在高压（$P_0 = 200$ bar）气团驱动下初始密堆积（$\phi_0 = 0.6$）的颗粒环中压实波面的运动轨迹与渗流压力场的外缘轨迹，即 P_f 的 r—t 图中 1 atm 的等压线完全重合，说明压实波面外颗粒层中的孔隙压力保持在 1 atm。然而，当高压气团的初始压力相对较低时，如图 5.38（d）所示，$P_0 = 20$ bar，初始堆积密度较低（$\phi_0 = 0.5$）的颗粒层中的压实波面明显落后于渗流压力场的外缘轨迹，即压实波面外颗粒层中的孔隙压力大于 1 atm，此时压实颗粒层受到的压力梯度力（拖曳力）低于式（5.22）给出的预测值。假设③忽略了高压气腔中如图 5.38 所示的复杂波系结构，无法考虑多重波系作用颗粒环内界面导致的多重压实波现象，后者将在 5.8.4 节中详细讨论，但

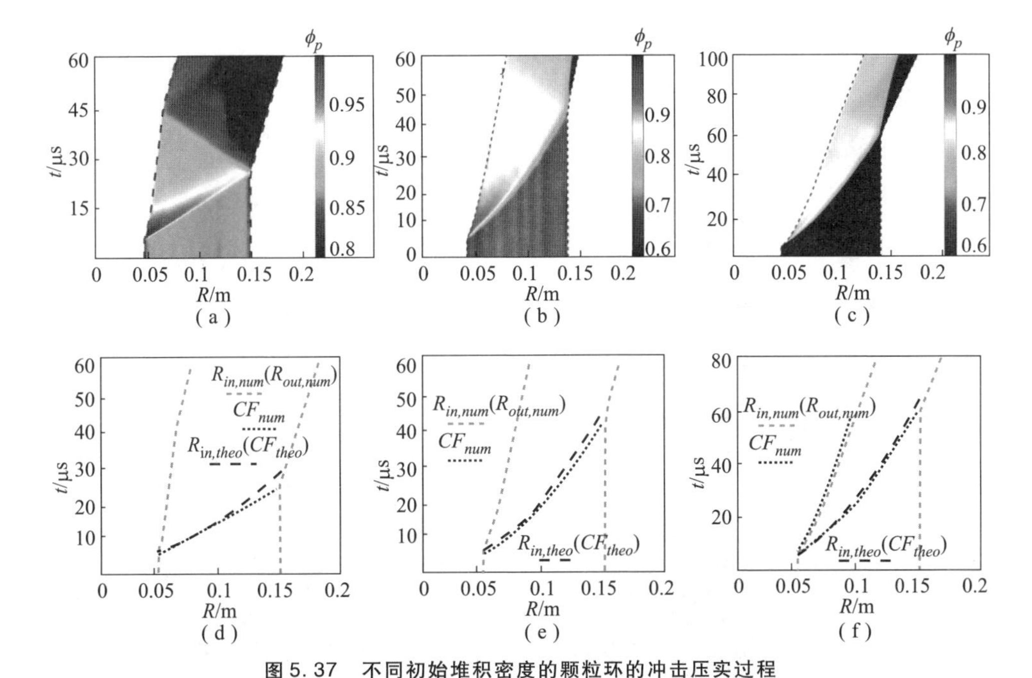

图 5.37　不同初始堆积密度的颗粒环的冲击压实过程

(a) ~ (c) 中心炸药 (TNT) 起爆后不同初始堆积密度的颗粒环在冲击压实过程中环向平均堆积密度的 r—t 图；(d) ~ (f) 数值模拟和理论模型得到的不同初始堆积密度的颗粒环在冲击压实过程中内界面和压实波面的运动轨迹，$R_{in,num}$ (t) 和 $R_{in,theo}$ (t) 分别为数值模拟和理论模型得到的颗粒环内界面半径随时间的变化；$R_{comp,num}$ (t) 和 $R_{comp,theo}$ (t) 分别为数值模拟和理论模型得到的颗粒环内压实波面半径随时间的变化

是并不影响对于第一道（主）压实波面运动的描述。此外，气腔内等熵膨胀的近似是否合理需要进一步的研究。

5.7.2　颗粒环膨胀 - 内缩往复运动模型

本节将在 5.7.1 节介绍的冲击压实模型基础上建立此后颗粒环膨胀 - 内缩往复运动的理论模型，进而预测中心气腔内部压力演化的特征时间 t_{pr}和颗粒环膨胀 - 内缩往复运动的特征时间 $t_{ring,exp-con}$。此时不考虑颗粒从内外界面脱落、与颗粒环主体剥离的情况，因此颗粒环带云雾区内的质量都集中在颗粒稠密核心环带内部，后者的质量保持不变，但是允许颗粒堆积密度发生变化（$\phi_p < \phi_{comp}$）。在颗粒环实际的膨胀分散过程中，在发生第一个膨胀 - 内缩转变之前，颗粒环主体（稠密颗粒核心环带）质量的减少是由于内界面的失稳导致的颗粒弥散，越来越多的颗粒从内界面脱落，滞留在内部流场中，如图 5.13 和图 5.14 所示。这种情况在理想和部分分散模式下较为普遍，此时颗粒环的膨胀

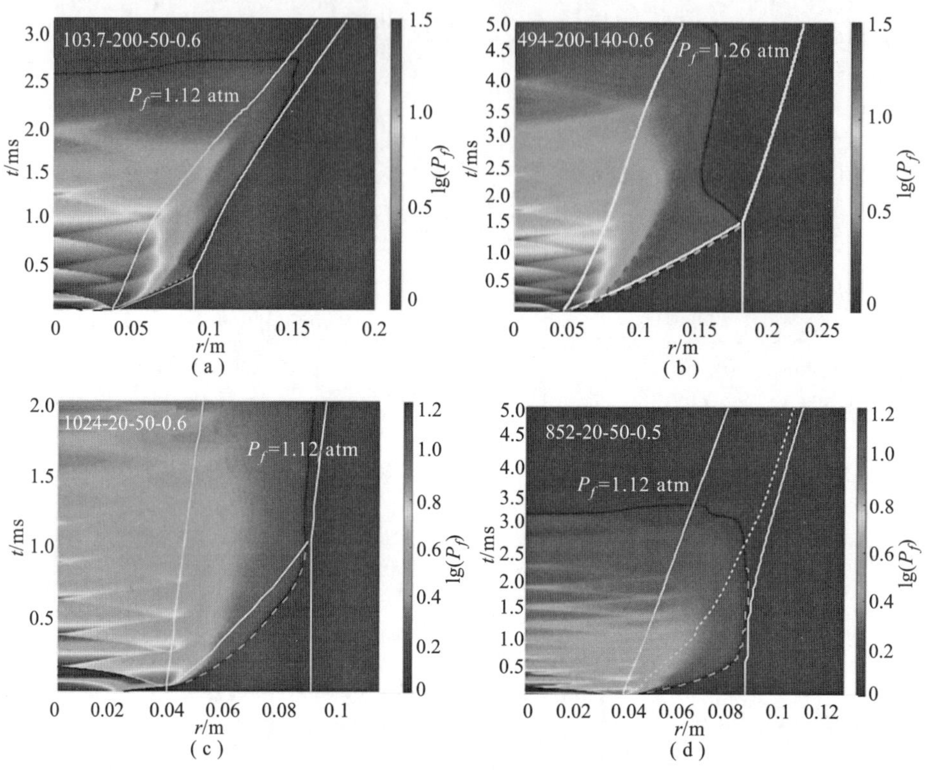

图 5.38 不同分散体系中在冲击压实阶段流场环向平均压力 P_f 的 r—t 图

（其中，白色虚线为压实波面轨迹，黑色实线为 1 atm 的等压线）

远快于质量保持不变的颗粒环，中心气腔内部的压力更快衰减到 1 atm，即实际 t_{pr}小于基于颗粒环质量不变的理论模型预测值。随着内界面颗粒的大量脱落，指向中心的压力梯度力对质量减小的膨胀颗粒环的减速效应被明显削弱，此时颗粒环主体发生膨胀－内缩转变的时刻显然迟于颗粒环质量不变的情况。对于理想分散模式，实际 $t_{ring,exp-con}$会趋向于无穷大，而基于颗粒环质量不变的理论模型预测的 $t_{ring,exp-con}$始终为有限值。

综上所述，本节建立的颗粒环膨胀－内缩往复运动理论模型会高估 t_{pr}而低估 $t_{ring,exp-con}$，特别是在小当量比的分散体系中，此时分散模式为理想或部分分散分散，颗粒环主体在第一个膨胀－内缩之前的质量脱落更为明显，理论模型得到的 $t_{ring,exp-con}$有可能明显低于数值模拟结果。无量纲的时间比值 Π 和 Ψ（$\Pi = t_{ring}/t_{pr}$，$\Psi = t_{ring,exp-con}/t_{pr}$）均会低于实际结果。考虑到中心流场与颗粒环解耦及弱耦合需要满足的条件［式（5.7）和式（5.8）］，理论模型可以给出解耦及弱耦合的保守预测，进而可以判断该分散体系的颗粒环分散模式是否为理想分散或部分分散。

图5.35（b）所示为颗粒环整体膨胀（内缩）过程中厚度为δR的颗粒环体积单元Λ在扩散压力场中的受力示意图。颗粒环体积单元Λ的动量方程为

$$\rho_p\phi_p R\delta R\dot{V}_\Lambda = \rho_p\phi_p F_{\nabla P}R\delta R + \rho_p\phi_p F_{drag}R\delta R + P_{gra}R - P_{gra}(R+\delta R) \tag{5.24}$$

式中，$\dot{V}_\Lambda$为体积单元Λ的加速度。

将式（5.11）代入式（5.24）可得

$$\dot{V}_\Lambda = -\frac{\nabla P_g}{\rho_p\phi_p} - \frac{P_{gra}}{\rho_p\phi_p R} \tag{5.25}$$

颗粒环的质量守恒要求为

$$\phi_p = \frac{(R_{out,0}^2 - R_{in,0}^2)\phi_0}{(R_{out}^2 - R_{in}^2)} \tag{5.26}$$

加速颗粒环内部的渗流压力场达到稳态，此时内外界面的压力梯度为

$$\nabla P_g(R_{in}) = \frac{p_{amb}^2 - P_g^2}{2P_g(R_{out} - R_{in})} \tag{5.27}$$

$$\nabla P_g(R_{out}) = \frac{p_{amb}^2 - P_g^2}{2P_{amb}(R_{out} - R_{in})} \tag{5.28}$$

将式（5.26）~式（5.28）代入式（5.25），可以得到颗粒环最内层和最外层体积单位Λ_{in}和Λ_{out}的加速度$\dot{V}_{\Lambda_{in}}$和$\dot{V}_{\Lambda_{out}}$可表示为

$$\dot{V}_{\Lambda_{in}} = \frac{(R_{out}+R_{in})}{\rho_p(R_{out,0}^2 - R_{in,0}^2)\phi_0}\left[\frac{P_g^2 - P_{amb}^2}{2P_g} - \left(\frac{R_{out}}{R_{in}} - 1\right)P_{gra}\right] \tag{5.29}$$

$$\dot{V}_{\Lambda_{out}} = \frac{(R_{out}+R_{in})}{\rho_p(R_{out,0}^2 - R_{in,0}^2)\phi_0}\left[\frac{P_g^2 - P_{amb}^2}{2P_{amb}} - \left(1 - \frac{R_{in}}{R_{out}}\right)P_{gra}\right] \tag{5.30}$$

颗粒相压力P_{gra}反映了离散颗粒接触区域发生弹塑性变形所存储的能量，P_{gra}可以通过颗粒材料的构型能B（α）的微分得到

$$B(\alpha) = \begin{cases} a\left[\begin{matrix}(1-\alpha)\lg(1-\alpha) + (1+\lg(1-\alpha_0))(\alpha-\alpha_0) \\ -(1-\alpha_0)\lg(1-\alpha_0)\end{matrix}\right]^n, & \alpha_0 < \alpha \\ 0, & \text{其他} \end{cases} \tag{5.31}$$

$$P_{gra} = \begin{cases} \alpha\rho_p\dfrac{\mathrm{d}B(\alpha)}{\mathrm{d}\alpha} = -an\alpha\rho_p(\lg(1-\alpha)+1)\left(\dfrac{B(\alpha)}{a}\right)^{(n-1)/n}, & \alpha_0 < \alpha \\ 0, & \text{其他} \end{cases} \tag{5.32}$$

式中：α为固相体积分数，$\alpha=$（$\phi_p\rho_p$）/$\rho_{p,0}$，$\rho_{p,0}$和ρ_p分别为颗粒材料的始密度和压缩后的密度，对于载荷强度远低于材料屈服强度时的情况，$\rho_p \sim \rho_{p,0}$和$\alpha \sim \phi f_p$。

式（5.31）和式（5.32）中的α_0对应于颗粒相压力为零时的颗粒相体积

分数，a 和 n 是具有特定堆积结构的颗粒材料在准静态压缩加载下响应的特征参数。图5.35（b）中的插图为本章中采用的窄粒径分布（d_p =（100 ± 10%）μm）的球形玻璃珠的准静态压实的 $P_{gra}-\alpha$ 曲线，采用式（5.32）拟合该曲线，可以得到拟合参数 $\alpha_0=0.61$、$a=500$ 和 $n=1.004$。

式（5.13）~式（5.15）、式（5.29）~式（5.32）构成了颗粒环膨胀－内缩模型的控制方程，初始条件为冲击压实过程结束时刻颗粒环的位置、速度分布和中心气腔压力。对式（5.13）~式（5.15）和式（5.29）~式（5.32）的方程组数值求解后可以对颗粒环的膨胀－内缩循环以及中心气腔内部的压力演化进行理论预测。图5.39（a）比较了数值模拟和理论模型得到的分散体系

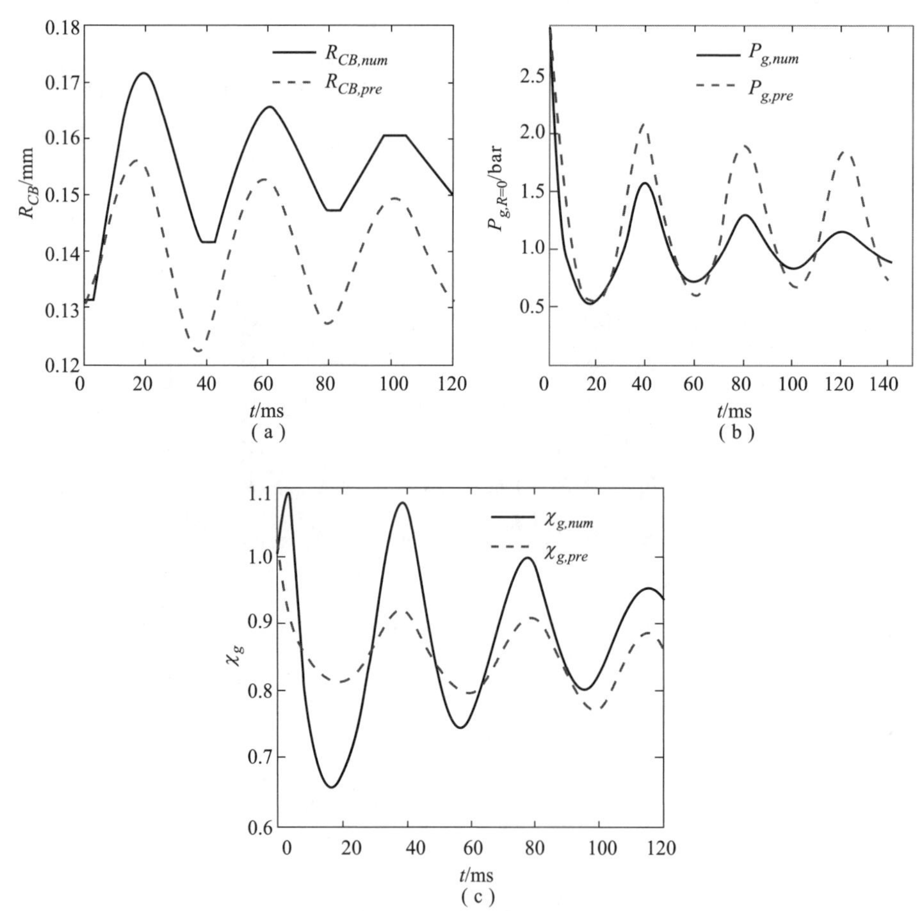

图5.39　颗粒环膨胀－内缩循环过程中，分散体系4875－20－140－0.6中颗粒环质心半径 R_{CH}、中心气腔压力 P_g 和气腔内部的气体质量与初始气体质量的比值 χ_g 随时间的变化（实线为数值模拟的结果 $R_{CB,num}$、$P_{g,num}$ 和 $\chi_{g,num}$；虚线为理论模型预测的结果 $R_{CB,pre}$、$P_{g,pre}$ 和 $\chi_{g,pre}$）

4875 - 20 - 140 - 0.6 中颗粒环质心的运动轨迹 $R_{CB,num}(t)$ 和 $R_{CB,pre}(t)$，两者的振荡周期非常一致，但理论模型预测的颗粒环质心在膨胀 - 内缩（内缩 - 膨胀）转变时刻的半径明显小于数值模拟得到的值，且胀缩振荡幅值随循环次数增加而衰减的速率远小于数值模拟得到的衰减速率，主要原因包括：①颗粒环在每次膨胀 - 内缩（内缩 - 膨胀）转变时外界面（内界面）都会有质量向外部（内部）流场喷射，因此并不满足颗粒环质量保持不变的加速；②颗粒环在胀缩循环过程中颗粒相体积分数 ϕ_p 在厚度方向上并非一致，如图 5.40（a）所示，在颗粒环发生两次内缩 - 膨胀转变之间，内界面明显发生过膨胀，ϕ_p 沿径向增加。理论模型得到的颗粒环内缩程度更强烈，进而导致中心气腔压力的颗粒环内缩过程中的压力恢复更为明显，气腔内部的气体质量与初始气体质量的比值 χ_g 振荡也更为强烈，如图 5.39（b）和（c）所示。

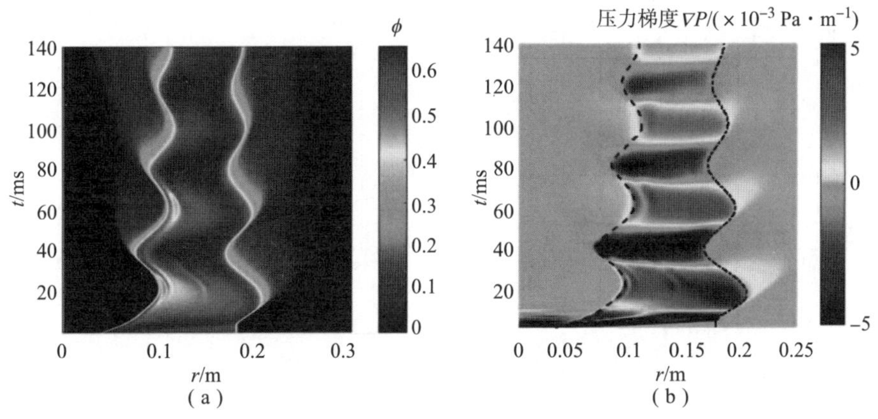

图 5.40　分散体系 4875 - 20 - 140 - 0.6 的环向平均颗粒相体积分数 ϕ 和流场压力梯度 ∇P 的 r—t 图

除了颗粒环的质量保持不变，以及颗粒环内部 ϕ_p 沿径向不变的假设外，扩散压力场保持稳态的假设也会影响模型对颗粒环胀缩循环的预测。在稳态扩散压力场近似下，内外界面压力梯度［式（5.27）和式（5.28）］的比值为外部流场和中心气腔内部压力的比值，$\nabla P_{in}/\nabla P_{out} = P_{amb}/P_g$。然而，由于中心气腔内部压力的演化，以及颗粒堆积密度的径向非均匀性，颗粒环内部无法建立起稳态的压力场，内外界面压力梯度之间的比值无法与 P_{amb}/P_g 保持一致。如图 5.40（b）所示，当外界面压力梯度为负时，内界面已经开始卸载（压力梯度为正）。在颗粒环两次内缩 - 膨胀转变之间，中心气腔压力小于 1 atm，$P_g < P_{amb}$，外界面压力梯度小于内界面，但这个阶段 $|\nabla P_{out}|$ 明显大于 $|\nabla P_{in}|$，

如图5.40（b）所示。在颗粒环两次膨胀－内缩转变之间，中心气腔压力大于1 atm，$P_g > P_{amb}$，外界面压力梯度大于内界面，但这个阶段$|\nabla P_{out}|$明显小于$|\nabla P_{in}|$，如图5.40（b）所示。这些观察均与与稳态扩散压力场的推论不符。以上讨论说明，在颗粒环膨胀－内缩循环运动阶段，将颗粒环近似为质量保持不变、颗粒相体积分数均匀的多孔介质连续环无法准确描述这一阶段颗粒环的力学行为。但是，其可以提供较为准确的膨胀－内缩循环周期，即可以较为合理的预测颗粒环膨胀－内缩特征时间$t_{ring,exp-con}$。

图5.41（a）~（c）分别显示了颗粒环冲击压实和胀缩循环理论模型预测的颗粒环膨胀特征时间、中心气腔流场演化特征时间和颗粒环胀缩特征时间与数值模拟结果的差值（$i = t_{ring}$，t_{pr}和$t_{ring,exp-con}$）随分散体系当量比的变化。如

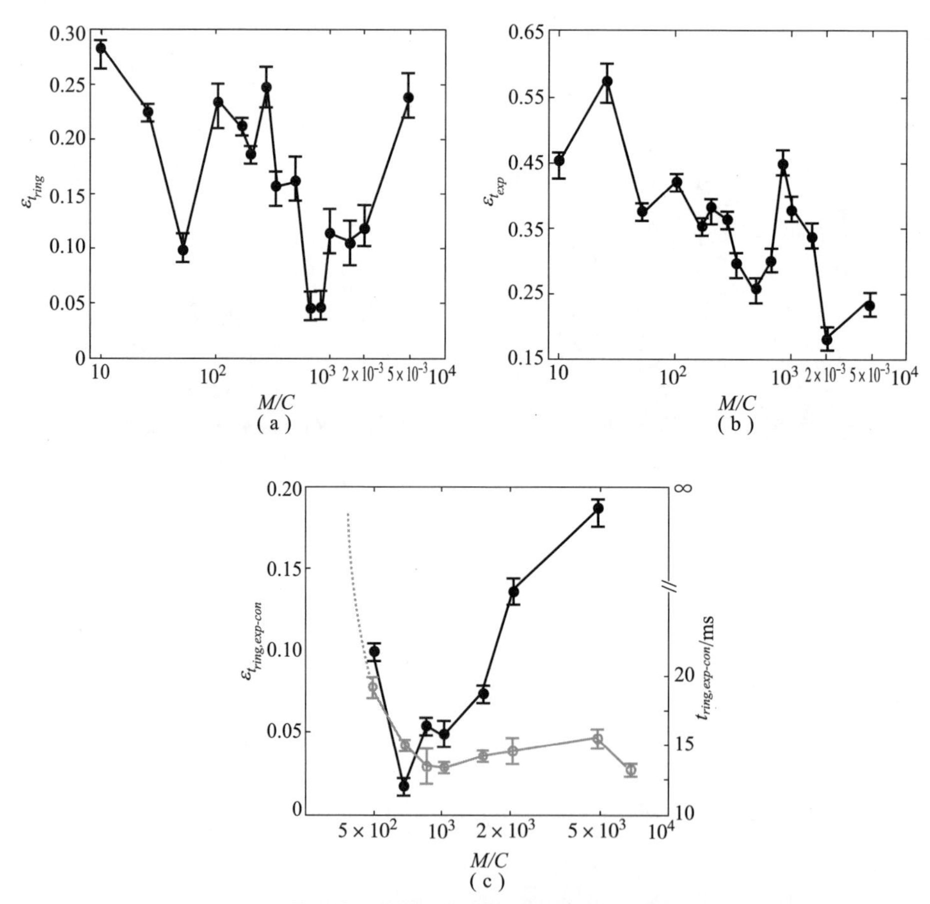

图5.41　不同当量比的分散体系中颗粒环冲击压实和胀缩循环理论模型预测的颗粒环膨胀特征时间、中心气腔流场演化特征时间和颗粒环胀缩特征时间与数值模拟结果（$i = t_{ring}$，t_{pr}和$t_{ring,exp-con}$）

图5.41（a）所示，t_{ring}的预测误差在30%，而t_{pr}的预测误差随着当量比从$O(10^1)$增加到$O(10^3)$，从超过40%降低到低于20%。然而，当M/C大于$(M/C)_\psi$时，$t_{ring,exp-con}$的预测误差在20%以内。

图5.42给出了采用理论预测的t_{ring}、t_{pr}和$t_{ring,exp-con}$计算得到的无量纲时间比值和随当量比的变化。尽管理论模型会低估t_{pr}，但理论预测得到的颗粒环膨胀特征时间与中心气腔流场演化特征时间的比值$\Pi = t_{ring}/t_{pr}$，与数值模拟结果非常吻合，如图5.42（a）所示。根据中心流场与颗粒环解耦需要满足的条件[式（5.7）]，理论预测得到的解耦向弱耦合转变的临界当量比$(M/C)_{P,pre}$（280）略高于数值模拟结果$(M/C)_{P,num}$（100）。由于流场－颗粒环解耦和极弱耦合（M/C趋近弱耦合当量比区间内的低极限点）时，颗粒环分散行为均处于理想分散模式，因此如果理论预测判断某一分散体系中流场与颗粒环解耦，颗粒环的分散行为极有可能为理想分散。尽管理论模型预测的颗粒环膨胀－内缩特征时间与中心气腔流场演化特征时间的比值$\Psi = t_{ring,con-exp}/t_{pr}$随当量比$M/C$增加的变化趋势与数值模拟结果相同。但是，由于理论模型中的颗粒环质量守恒，对于任意当量比的分散体系均可以得到一个有限数值的颗粒环膨胀－内缩特征时间$t_{ring,con-exp}$。在实际情况中，由于颗粒环的胀缩运动始终伴随着颗粒相堆积密度的持续减小以及内外界面的质量剥离脱落，$t_{ring,con-exp}$随着颗粒环主体（稠密颗粒环环带）质量的减小而迅速增加。如果颗粒环主体在发

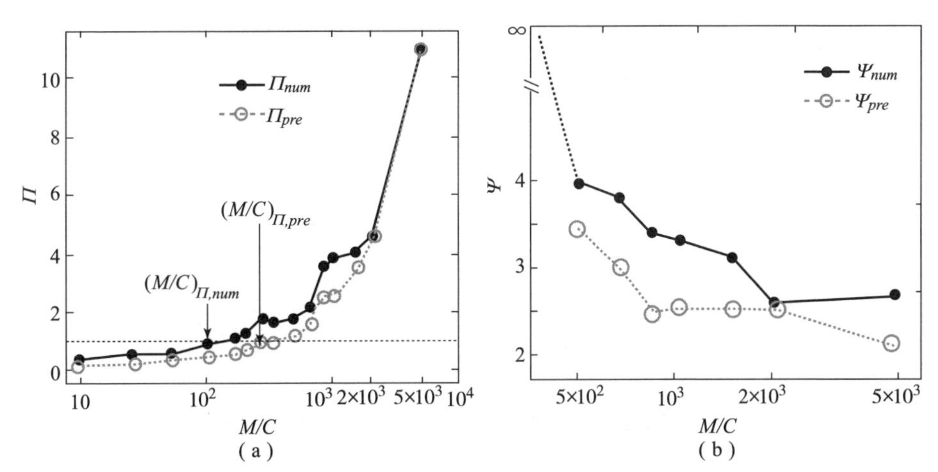

图5.42　理论模型和数值模拟得到两个特征时间的比值，*P*和*Y*，随当量比M/C的变化对比

（a）理论模型和数值模拟得到的颗粒环膨胀特征时间与中心气腔流场演化特征时间的比值Π_{pre}和Π_{num}，以及颗粒环膨胀－内缩特征时间与中心气腔流场演化特征时间的比值，Ψ_{pre}和Ψ_{num}，随当量比M/C的变化；（b）Ψ_{num}（M/C）曲线在$M/C<350$时随着M/C减小而趋于无穷大的虚线，表示在$M/C<350$的分散体系中，$\Psi_{num}\to\infty$

生第一次膨胀－内缩转变之前稠密颗粒环环带已不存在，$t_{ring,con-exp}$趋于无穷大，Ψ也趋于无穷大，如图5.42（b）中$M/C<400$的分散体系。对于$M/C>400$的分散体系，$\Psi<10$，因此弱耦合与中等耦合相互转变的临界当量比$(M/C)_{\Psi,num}$为350。理论模型无法预测Ψ趋于无穷大的现象，也无法给出$(M/C)_{\Psi,pre}$。

5.7.3 理论模型的局限

5.7.1节和5.7.2节介绍的颗粒环冲击压实和胀缩循环模型在颗粒环连续介质近似的基础上建立了中心流场与颗粒环双向耦合下流场演化与颗粒环运动的数学物理描述，尽管存在诸多近似和假设（见5.7.1节和5.7.2节），颗粒环冲击压实模型可以较为准确地描述密堆积颗粒环的冲击压实过程，两个理论模型结合在能够较为合理地预测颗粒环膨胀特征时间与中心气腔流场演化特征时间的比值Π，进而判断某一具有特定结构参数组合的分散体系中颗粒环分散行为是否为理想分散模式。但是，对颗粒环分散行为非理想分散的分散体系，由于颗粒环胀缩循环模型无法合理预测颗粒环的胀缩循环特征时间$t_{ring,con-exp}$，以及稠密颗粒环带的存留时间$t_{ring,dense}$，进而无法合理预测Ψ和Ω。因此，很难区分中心流场与颗粒环之间的弱耦合、中等耦合和强耦合关系，也就很难确定颗粒环分散模式。模型局限的核心在于颗粒环胀缩循环过程中颗粒环并非堆积密度均匀、质量保持不变的连续介质环，均匀连续介质的假设与实际存在明显偏差。5.8节将详细分析颗粒环在胀－缩循环过程中内外界面在不同机制驱动下的界面失稳和质量喷射现象，以及颗粒环内部的分层、胞格结构等构型演化，充分体现由颗粒离散个体构成的环壳与连续介质环壳在动力学行为上的显著差异，即前者具有独特的颗粒尺度结构，这种结构起源于颗粒体系本征的堆积密度空间非均匀性，以及应力传播的非均匀性。颗粒环壳在中心发散流场中的宏观行为与微观构型演化同样重要，特别是在胀－缩循环中，微结构的演化与颗粒环主体的宏观运动强耦合，此时要准确预测颗粒环的特征时间$t_{ring,con-exp}$和$t_{ring,dense}$，要对这种耦合关系有深入的理解和合理描述。

5.8 颗粒环分散过程的微结构演化

5.4节中在介绍不同分散体系中颗粒环的分散行为时区分了三种典型的颗粒环微结构演化特征，即内界面失稳、外界面射流，以及内、外界面多重物质喷射，同时图5.16（a）~（b），图5.17（a）和图5.18（a）~（b）还显示了在颗粒环发生第一次膨胀－内缩转变之前颗粒环内部充满孔隙的胞格结构。本节将着重讨论这些微结构特征的起源和演化驱动机制，并给出这些微结构形成的临界条件。

5.8.1 内界面失稳

如图 5.13 所示的内界面失稳是理想分散模式下的主导分散形式，也存在于部分分散模式中内界面发生内缩之前，如图 5.15（a）~（b）所示。此时，大量颗粒从内界面脱落，游离在中心流场中，在内界面形成一个厚度不断增加的弥散颗粒环带，其内界面为颗粒环带云雾的 IS，外界面为稠密颗粒核心环带的内界面 IS_{CB}，如图 5.43（a）中右下角的插图所示。IS 处弥散颗粒环带的厚度为 $l_{shedding} = R_{IS} - R_{IS,CB}$，$R_{IS}$和 $R_{IS,CB}$分别为 IS 和 IS_{CB}的半径。分散体系 103.7 - 200 - 50 - 0.6 中弥散颗粒环带的厚度 $l_{shedding}$及所包含的颗粒体积分数 $\phi_{shedding}$随时间的演化如图 5.43（a）所示。在冲击压实过程中（$t < t_{comp} \sim 0.8$ ms），$l_{shedding}$和 $\phi_{shedding}$的值几乎可以忽略，但在冲击压实后 $l_{shedding}$和 $\phi_{shedding}$突然快速增加，$l_{shedding}$（t）和 $\phi_{shedding}$（t）曲线起跳的时刻 t_{imp}恰好与冲击压实后第一道从中心反射的激波作用在颗粒环 IS 的时刻吻合，如图 5.43（a）左上角插图所示。值得注意的是，这里的冲击压实结束时刻 t_{comp}并非指压 CF 到达颗粒环外界面的时刻，而是 CF 到达颗粒环外界面后 RW 到达颗粒环内界面的时刻，此时颗粒环的整体堆积密度显著下降。

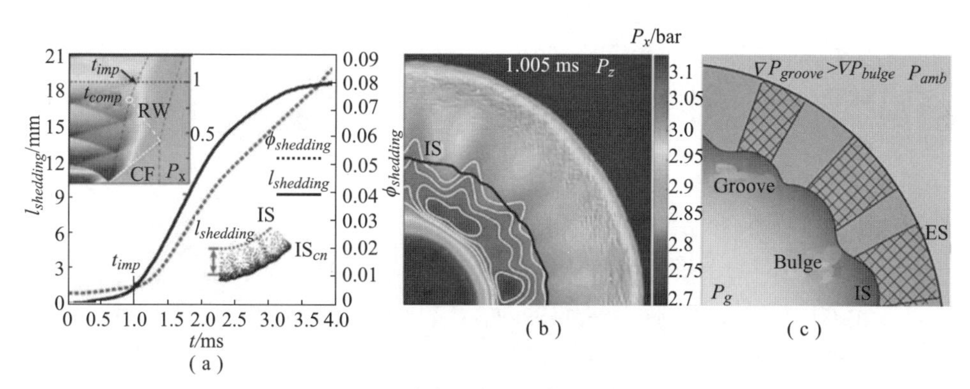

图 5.43　内界面失稳启动及形成机制

（a）分散体系 103.7 - 200 - 50 - 0.6 中颗粒环内界面弥散颗粒环带的厚度 $l_{shedding}$及所包含的颗粒体积分数 $\phi_{shedding}$随时间的演化；（b）冲击压实结束后第一道从中心反射的激波作用在颗粒环 IS 时的流场压力分布；（c）对应（b）时刻的颗粒环内界面凹陷处（groove）径向压力梯度大于向内凸出的区域（bulge）（$\nabla P_{groove} > \nabla P_{bulge}$）

颗粒环内界面颗粒脱落的启动和颗粒持续剥落与内界面的失稳、形成大量指向中心的指状突起密切相关，如图 5. 14（a）~（b）和 5. 15（a）~（b）所示。图 5. 43（b）所示为 $t = 1.005\text{ms} \sim t_{imp}$ 分散体系 103. 7 – 200 – 50 – 0. 6 流场压力云图，此时从颗粒环内界面反射的激波向中心汇聚。由于颗粒环内界面并非完全光滑的圆，而是具有颗粒尺度的小扰动，激波在扰动界面反射后会在凹陷处形成局部高压，如图 5. 43（b）中的等压线所示。此外，凹陷处较之向内凸起区域对应的颗粒环厚度更薄，因此径向压力梯度更大，如图 5. 43（c）所示，$\nabla P_{groove} > \nabla P_{bulge}$。界面凹陷处颗粒获得更大的径向速度，内界面的扰动幅值增长。内界面内凸起逐渐拉长，形成不断膨胀的指状射流，大量颗粒从指状射流的边缘脱落，弥散在指状射流之间的区域，而射流本身不断拉长变细，演化成指向中心的射线状丝线结构。

我们采用平面激波作用单模扰动颗粒柱界面的一维模型来详细描述以上介绍的颗粒环内界面失稳成长过程，揭示其驱动机制。图 5. 44（a）为密堆积（$\phi_0 \geqslant 0.5$）颗粒柱在激波作用下界面失稳成长的数值模型，通过改变高压段压力（P_4 为 1. 5 bar、3 bar、6 bar、10 bar）获得不同马赫数的激波，用于考察颗粒环冲击压实过程结束后第一道入射波强度对于内界面失稳成长的影响；改变颗粒层的初始堆积密度（ϕ_0 为 0. 5、0. 55、0. 6、0. 65）和无量纲初始扰动幅值 $\Delta A/D$，可以研究冲击压实后的稀疏波卸载以及内界面在冲击压实后的粗糙度的影响。图 5. 44（b）和（c）所示为 $\Delta A/D = 0.25$ 颗粒柱界面的激波作用（$P_4 = 6$ bar）时的流向（x 轴方向）和横向（y 轴方向）的压力梯度，界面凹陷处的流向和横向的压力梯度绝对值远大于外突的尖端区域，且压力梯度垂直界面指向中心轴线。界面凹陷处的颗粒在指向中心的压力梯度力［图 5. 44（c）］和拖曳力［图 5. 44（d）］分量作用下向中心流动。如图 5. 44（e）所示，使得穿过界面外凸起尖端的轴线处质量净流入，而界面凹陷处质量净流出。如图 5. 45 所示，与界面外突和凹陷处对齐的两个代表性体积元 Ω_s 和 Ω_b 的流向方向的动量守恒方程分别为

$$m\Omega_s(x)\dot{u}_{px,s}(x) = -2\dot{m}_{in}(x)u_{px,s}(x) - F_{px,\Omega_s}(x) + F_{fx,\Omega_s}(x) \tag{5.33}$$

$$m\Omega_b(x)\dot{u}_{px,b}(x) = -2\dot{m}_{out}(x)u_{px,b}(x) - F_{px,\Omega_b}(x) + F_{fx,\Omega_b}(\mathrm{x}) \tag{5.34}$$

式中：$m_{\Omega s}$，$u_{px,s}$（$u_{px,b}$）分别为体积单位 Ω_s（Ω_b）的质量和 x 方向的速度分量；$F_{px,\Omega s}$（$F_{px,\Omega \mathrm{b}}$）、$F_{fx,\Omega s}$（$F\Omega_{fx,b}$）分别为体积单位 Ω_s（Ω_b）受到的周围颗粒作用在其表面上的压力以及流场施加的体积力（包括压力梯度力 $\boldsymbol{F}_{\nabla P}$ 和拖曳力 $\boldsymbol{F}_{drag}$）；$\dot{m}_{in}$ 和 $\dot{m}_{out}$ 分别为通过体积单位 Ω_s（Ω_b）的质量净流入（净流出）通量。

施加在 Ω_b（Ω_s）的上、下游界面的颗粒相压力相互抵消，因此 u_b、u_s 和界面凹陷和尖端处的速度差，即 $\Delta u_{b-s} = u_b - u_s$，主要依赖于式（5. 33）和式（5. 34）等号右边的第一项和第三项，在不同的界面扰动成长阶段两项的相对

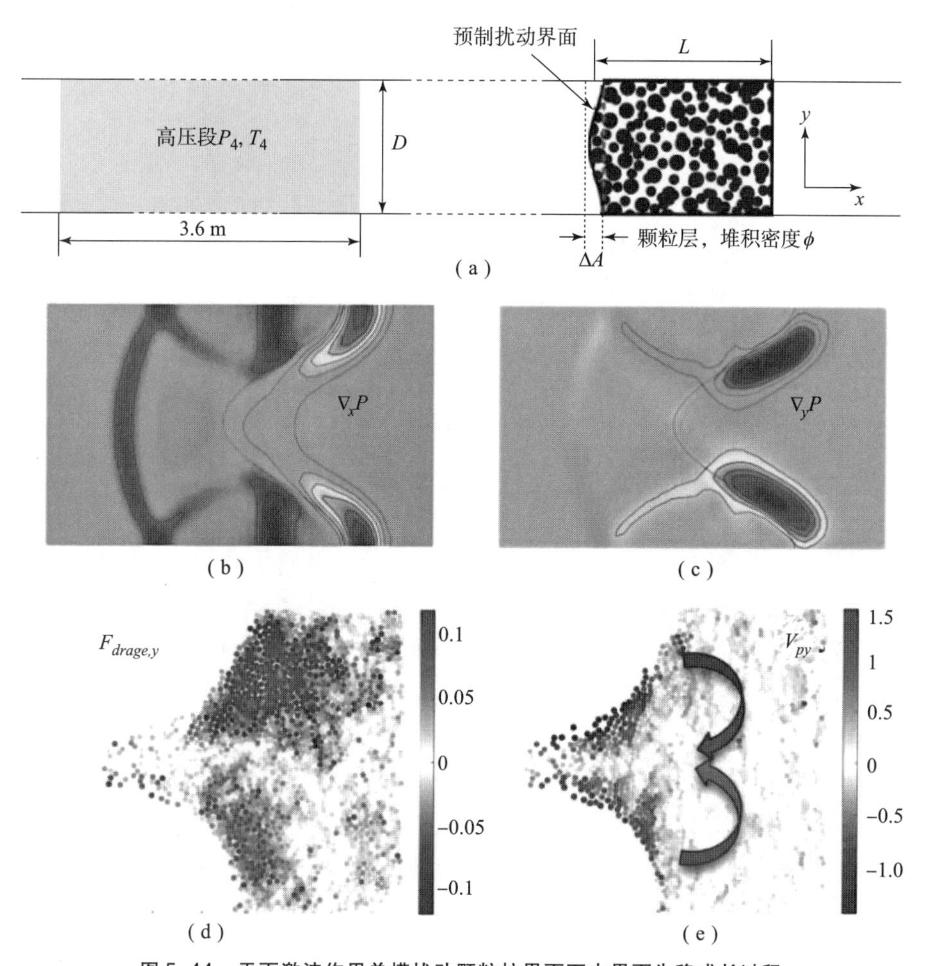

图 5.44　平面激波作用单模扰动颗粒柱界面下内界面失稳成长过程

(a) 平面激波作用单模扰动颗粒柱界面的数值模型示意图；(b) 和 (c) $\Delta A/D=0.25$ 颗粒柱界面的激波作用（$P_4=6$ bar）时的压力梯度的流向（x 方向）和横向（y 方向）分量的空间分布；(d) 和 (e) 颗粒构型散点图，颗粒分别用拖曳力和颗粒速度 y 方向分量染色

重要性不同。

图 5.46 给出了不同参数对照组中的激波作用界面上尖端与凹陷处的速度 u_s 和 u_b 随时间的变化。在激波作用在颗粒柱界面的瞬时，几乎所有工况中的 u_s 和 u_b 曲线都会突然起跳，u_s 跳升幅值明显大于 u_b，此后 u_s 和 u_b 都会经历一个平台期，在从颗粒柱后界面反射的稀疏波到达前界面后，u_s 和 u_b 曲线重新开始上升。对于中心分散体系，冲击压实阶段结束后中心气腔中的入射波明显

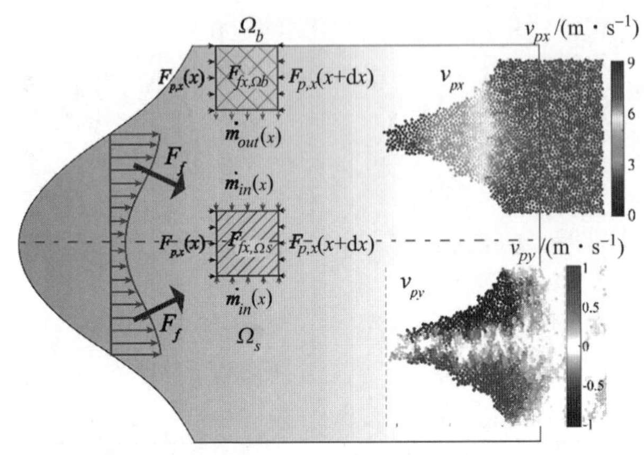

图 5.45 颗粒层内与界面尖端及凹陷处齐平的体积单元 Ω_s 和 Ω_b 受力示意图
（上、下插图分别为用颗粒速度的 x 轴方向和 y 轴方向分量染色的散点图）

衰减，颗粒环在稀疏波作用下堆积密度明显下降，此时入射波很难对颗粒环再次压实，也无法产生第二道稀疏波。因此，颗粒环的内界面失稳仅经历初始的激波作用启动阶段和此后的稳定增长平台阶段，而不存在再次加速增长阶段。对于相同初始扰动幅值的颗粒柱，u_s 和 u_b 在激波作用时刻的跳升幅值随激波强度的增加而增加，如图 5.46（a）~（b）所示，但是两者的差值 Δu_{b-s} 在最大堆积密度 $\phi_0=0.65$ 的颗粒柱工况中几乎为零［图 5.46（b）和（e）］，表明颗粒最密堆积时激波无法诱发颗粒界面扰动失稳的成长。这也解释了冲击压实过程中，即使颗粒环内界面受到多重入射波的反复作用仍然保持稳定的原因。相同界面初始扰动幅值、堆积密度（$\phi_0 \geqslant 0.5$）不同的颗粒柱在激波作用时流场压力分布类似。但是，堆积密度更小的颗粒柱界面附近颗粒的横向流动更强烈，从界面凹陷处向中心轴线流入的累积质量 $m_y=\int_0^{t_{jump}}\dot{m}_y\,\mathrm{d}t$ 更大。对式（5.33）和式（5.34）积分可知，激波作用过程中横向质量流 m_y 更大的颗粒界面的尖端－凹陷处速度差 Δu_{b-s} 更大。图 5.47 给出了不同工况中激波作用结束后颗粒界面的尖端－凹陷处速度差 Δu_{b-s} 与累积横向质量流 m_y 的关系，显示了强相关性。值得注意的是，所有 $\phi_0=0.65$ 的颗粒柱界面在激波作用过程中 $\Delta u_{b-s}=0$，界面保持稳定。此外，弱激波诱发的扰动幅值增加更弱。因此，当入射波强度低到某一个临界值以下时，即使颗粒堆积密度较低，激波作用后的颗粒界面仍可以保持稳定。

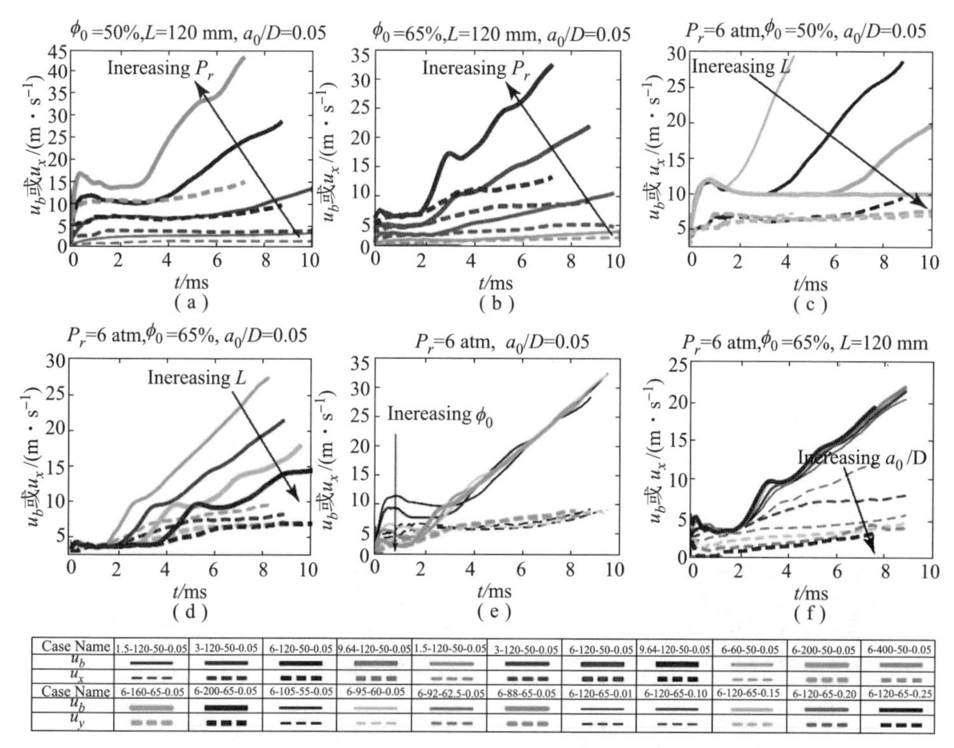

图5.46　不同参数对照组中的激波作用界面上尖端与凹陷处的速度 u_s 和 u_b 随时间的变化（见彩插）

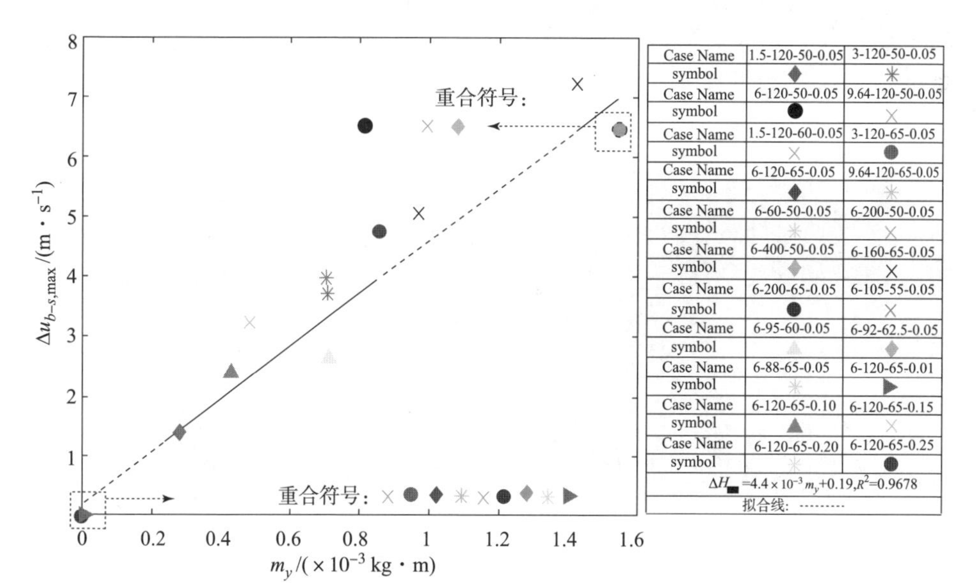

图5.47　不同工况中激波作用结束后颗粒界面的尖端－凹陷处速度差 Δu_{b-s} 与累积横向质量流 m_y 之间的关系（见彩插）

通过平面激波作用单模颗粒层界面的研究可以发现，激波作用下颗粒材料界面是否保持稳定存在一个与激波强度 P_r 和颗粒堆积密度 ϕ_p 相关的临界条件 ϑ (P_r，ϕ_p)。如图 5.48（a）和（b）所示，冲击压实阶段颗粒环的堆积密度保持在最密实堆积水平 $\phi_p = 0.65$。因此，尽管冲击压实阶段颗粒环内界面受到多次入射波作用［图 5.48（c）和（d）］，仍然可以保证稳定。然而，CF 到达颗粒环外界面后，反射稀疏波 RW 使得颗粒相卸载膨胀，堆积密度下降到 $\phi_p = 0.6$，冲击压实结束后的第一道入射波很有可能激发内界面的失稳。图 5.49 显示了不同爆炸分散体系中冲击压实阶段经历的入射波数目 N_{comp}，以及冲击压实结束后第一道入射波作用颗粒层的反射压力 $P_{Ncomp+1}$。随着当量比 M/C 从 O（10^1）增加到 O（10^3），N_{comp} 迅速增加，与此同时显著降低。内界面失稳是否发生的临界在 5 bar 附近。对应的临界当量比 $M/C = 500$，恰好与部分分散和延迟分散模式转变的临界当量比 $(M/C)_\kappa$ 重合。因此，内界面失稳

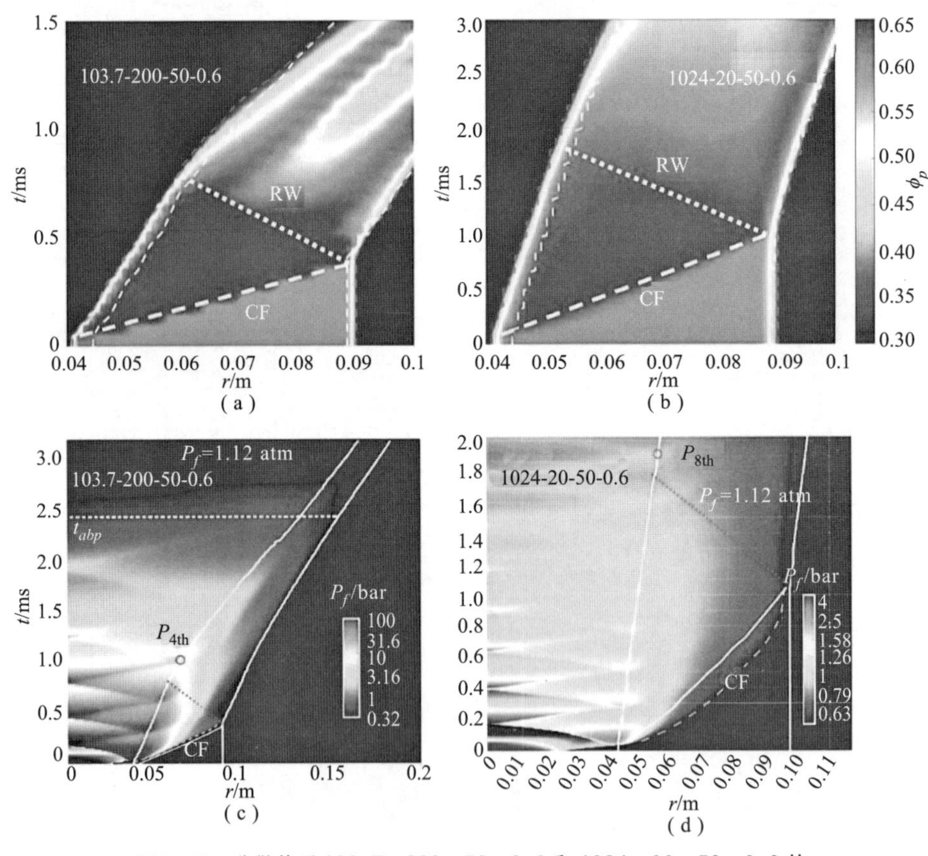

图 5.48　分散体系 103.7－200－50－0.6 和 1024－20－50－0.6 的颗粒相体积分数和流场压力在冲击压实阶段的 $r—t$ 图

会发生在理想分散和部分分散模式中，而内界面在延迟分散和无效分散中的第一次膨胀阶段保持稳定。需要指出的是，在部分分散模式中由于内界面附近的颗粒最终会在逆压梯度的影响下向中心汇聚，因此膨胀阶段内界面失稳导致的颗粒非均匀弥散仅仅是暂时存在的现象。对于理想分散，颗粒环始终处于膨胀运动状态，本节中讨论的内界面失稳是颗粒弥散，最终与流场混合的主导模式。

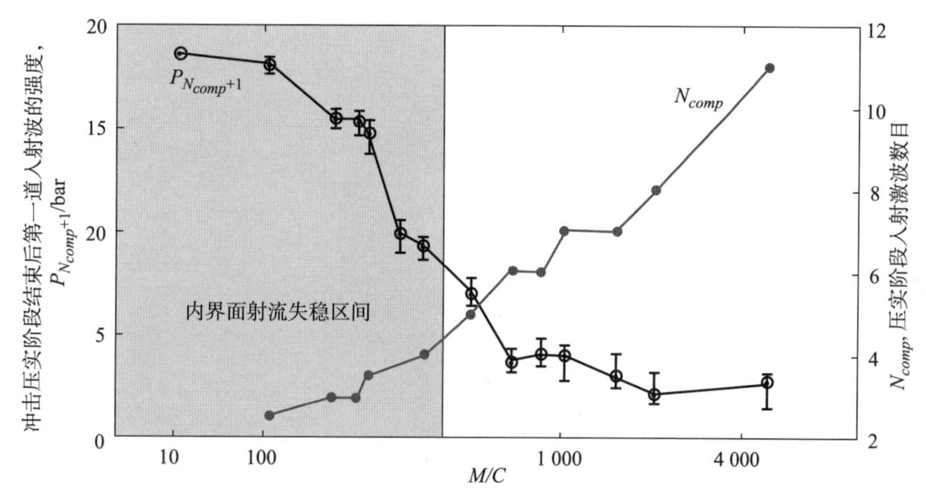

图 5.49 不同当量比的分散体系中压实阶段的入射波数目（N_{comp}）和压实结束后第一道入射波作用在颗粒环内界面的反射强度 $P_{(n+1)\text{th},shock}$ 随当量比 M/C 的变化

5.8.2 外界面失稳

在颗粒环带云雾发生第一次膨胀 - 内缩转变之前发生的外界面射流失稳普遍存在于除理想分散模式之外的分散体系中，如图 5.14 ~ 图 5.18 所示。图 5.50 所示为分散体系 1024 - 20 - 50 - 0.6 中稠密颗粒核心环带（$\phi_p \geqslant 0.3$）的外界面（external surface of core band，ES_{CB}）的轮廓随时间的变化，可以清晰地看到 ES_{CB} 从近似光滑的圆转变为轻微无规则褶皱的圆，最终演化为有放射状尖锐毛刺构成的环形轮廓。在 $0 < t < 6.4$ ms 时，ES_{CB} 基本保持稳定的圆构型，仅在末期时出现微弱的扰动，把这一阶段称为颗粒环外界面稳定阶段。此后，ES_{CB} 的扰动迅速成长成尖锐的毛刺，外界面演化进入失稳阶段。对照图 5.51 中环向平均颗粒相体积分数 ϕ_p 的 $r—t$ 图可以发现，外界面从稳定到失稳转变的时刻 $t_{onset,jet}$（$t_{onset,jet} = 6.4$ ms）对应于稠密颗粒核心环带的 ES_{CB} 与颗粒环带云雾 ES 轨迹开始分离的时刻。同时图 5.51（a）显示了 ES_{CB} 的扰动幅值，即外界面射流长度 $l_{jet,ex}$，以及 ES_{CB} 的径向速度随时间的变化。显然 ES_{CB} 失稳，$l_{jet,ex}$

开始增加的时刻 $t_{onset,jet}$ 与 ES_{CB} 开始减速的时刻吻合。实际上，ES_{CB} 和 ES 分别对应于 ES_{CB} 轮廓上毛刺根部和尖端包络圆，ES_{CB} 从 $t = t_{onset,jet}$ 开始减速逐渐落后于 ES，并在 10.4 ms 开始内缩，而 ES 持续膨胀。与此相对应 ES_{CB} 轮廓上毛刺，即外界面射流长度 $l_{jet,ex}$ 不断增加。

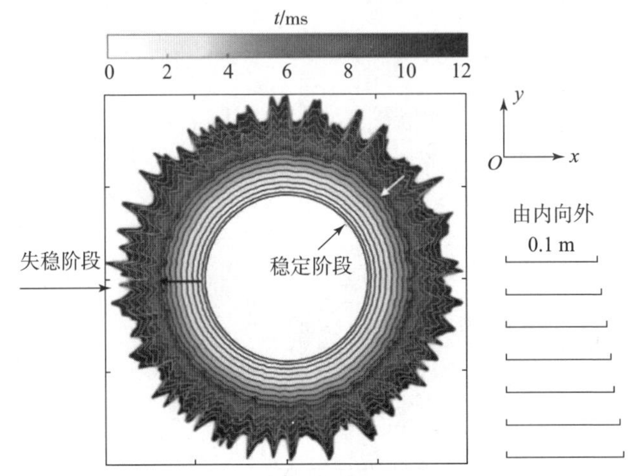

图 5.50　分散体系 1024 - 20 - 50 - 0.6 中稠密颗粒核心环带（$\phi_p \geqslant 0.3$）的 ES_{CB} 的轮廓随时间的变化

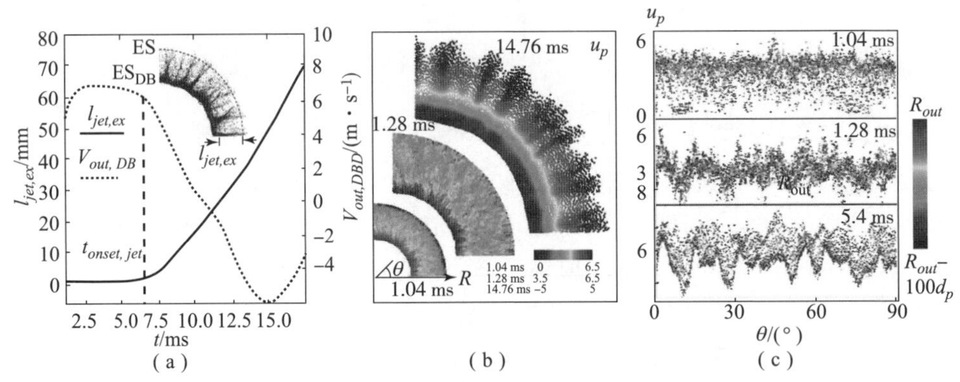

图 5.51　ES_{CB} 的扰动幅值，即外界面射流长度 $l_{jet,ex}$，以及 ES_{CB} 的径向速度 V 随时间的变化

中心爆炸载荷驱动下颗粒环外界面发生射流失稳的起源一直是众多研究的焦点问题，目前比较主流的包括瑞利 - 泰勒失稳（RTI）和类似于 Richtmyer - Meshkov 失稳（RMI）的激波驱动多相失稳（shock - driven multiphase instability，SDMI）。SDMI 起源于拖曳力矢量与密度梯度方向非一致导致的矢量矩，颗粒环界面处的密度梯度最大，因此流场涡量会首先沉积在颗粒环的内外界面，进而诱发内外界面的失稳（见 3.7 节）。但是，这一机制无法解释为何外界面的失稳发端于界面减速时刻。实际上，颗粒界面的涡量沉积不一定对扰动成长起到促进作用。图 5.52 所示为平面激波作用不同初始扰动幅值的单模密堆积颗粒柱界面时，在激波作用的瞬时和激波反射后界面附近流场的涡量分布。不

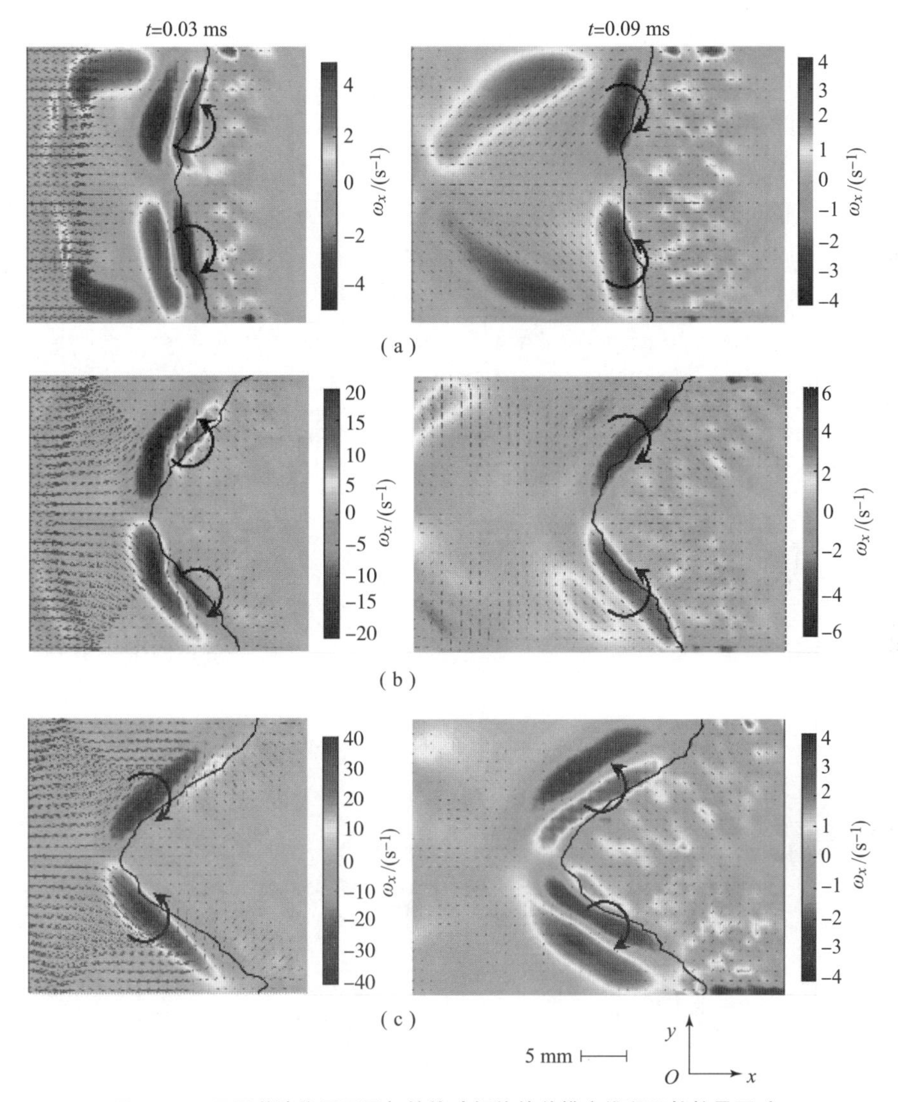

图 5.52　平面激波作用不同初始扰动幅值的单模密堆积颗粒柱界面时，在激波作用的瞬时（左列）和激波反射后（右列）界面附近流场的涡量分布

(a) 6 - 120 - 65 - 0.05；(b) 6 - 120 - 65 - 0.15；(c) 6 - 120 - 65 - 0.25

同的初始扰动幅值下，流场涡量有可能促进或抑制扰动成长，且这种促进或抑制并不持久。同样，对于膨胀颗粒环外界面，其压力梯度力和拖曳力方向反复反转，因此流场涡量的方向和对界面扰动的促进或抑制效应并不稳定，很难认为是诱导界面失稳形成射流结构的主导机制。SDMI 更有可能在射流结构充分发展后，对射流进一步拉长起到促进作用。

RTI 发生在轻流体加速进入重流体或者重流体减速进入轻流体的介质界面上。膨胀颗粒环外界面失稳发端于外界面减速时刻的观察确实符合 RTI 的要求。但是颗粒散体构成的颗粒介质能否近似成连续介质有待考虑。我们的试验和数值模拟研究表明，颗粒环外界面射流失稳与颗粒材料微观特性，如颗粒形貌、粒径分布和密度等密切相关。图 5.5 显示了光滑玻璃珠和非规则玻璃砂构成的颗粒环外界面失稳形成了构型和模态迥异的射流结构。图 5.53 所示为相同当量比（$M/C=283$）的分散体系中相同内外径，不同颗粒密度的颗粒环在发生外界面失稳时形成的射流结构。尽管颗粒环几何构型一致，膨胀速度相近，不同颗粒密度的颗粒环形成的外界面射流构型存在明显差异。低密度颗粒（$\rho_p=1\ 503\ \mathrm{kg/m^3}$）构成的颗粒环外界面失稳形成数量较少但是轮廓清晰的细长尖钉状射流［图 5.53（a）］，随着颗粒密度的增加，外界面喷射处的射流数目明显增多，变得更加蜿蜒曲折，形成了树杈状或多头结构，如图 5.53（b）和（c）所示。这种颗粒环外界面失稳形成的射流结构随颗粒材料微结构参数的变化很难用两种不同流体界面的 RTI 来解释。在 RTI 中，影响扰动增长速度和主导失稳模态的参数主要包括 Atwood 数 $A=\rho_{heavy}-\rho_{light}/\rho_{heavy}+\rho_{light}$，介质属性如黏性、可压缩性等，界面的加速或减速历史，以及界面构型等。对于颗粒介质与气体界面，由于两种介质的密度相差三个数量级（$A=1$），Atwood 数

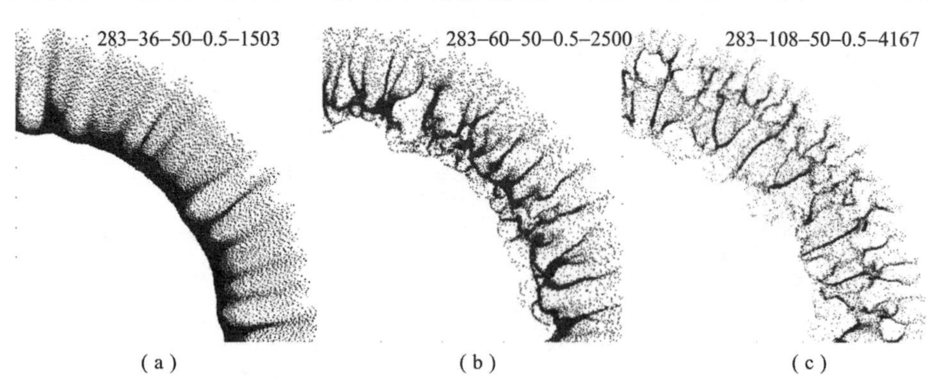

图 5.53　相同当量比（$M/C=283$）的分散体系中相同内外径，不同颗粒密度的颗粒环在发生外界面失稳时形成的射流结构

（a）$\rho_p=1\ 503\ \mathrm{kg/m^3}$；（b）$\rho_p=2\ 500\ \mathrm{kg/m^3}$；（c）$\rho_p=4\ 167\ \mathrm{kg/m^3}$

无法用来区别不同的颗粒介质。实际上，颗粒介质由于本征的堆积密度非均匀性和力链网络的存在，会出现有别于均匀流体的局部流动行为，这使得颗粒介质具有其独特的力学行为。

图 5.51（b）显示了分散体系 1024 - 20 - 50 - 0.6 中三个典型时刻，即压实波面即将达到颗粒环外界面（$t=1.04$ms），从颗粒环外界面向内反射的稀疏波传播过程中（$t=1.28$ ms）和颗粒环带云雾已经开始内缩运动（$t=14.76$ ms）时颗粒环的构型，颗粒通过瞬时速度进行染色。在压实过程中颗粒环中已存在大量高速度颗粒团簇，形成放射性的网络结构；这种速度的空间分布非均匀性在稀疏卸载过程中变得更为明显，高速度颗粒团簇的数量减小但尺寸明显增大，即速度非均匀性呈现出粗化趋势；颗粒环带内缩过程中受到指向中心的压力梯度力作用，外界面的射流结构已充分发展，射流尖端的速度最大，趋向根部时速度下降，因此沿射流轴线的速度梯度是射流拉长的主要原因。图 5.51（c）显示了对应三个时刻的颗粒环外界面附近颗粒层（厚度为 $100d_p$）的速度随环向角度的变化，$u_p(\theta)$。在冲击压实刚刚结束的时刻（$t=1.04$ ms），$u_p(\theta)$ 呈现出随机高频振荡，这种振荡越靠近外界面越强烈；而在稀疏卸载过程中，$t=1.28$ ms，$u_p(\theta)$ 演化成较为规则的多模态波动，主导波动周期明显延长；$u_p(\theta)$ 的类周期性波动在外界面射流充分发展时（$t=14.76$ ms）更为明显，波动的主导周期和相位与 $t=1.28$ ms 时非常类似，但大部分高频波动成分消失，速度峰值对应的环向角度与图 5.41（b）中该时刻的外界面射流环向角度吻合。从图 5.51（c）可知，外界面射流起源于颗粒环外界面的速度非均匀性。尽管这种非均匀性在压实阶段已经存在，但是在稀疏卸载阶段，速度环向分布的模态频谱发生了明显整合，大量高频模态消失，出现了主导模态。此外，距离外界面不同距离的颗粒层中 $u_p(\theta)$ 的波动模态和相位逐渐趋向一致。这种同相位的趋势随着颗粒环外界面的内缩更为明显，这也是该分散体系外界面失稳可以形成平直细长尖钉射流，而非枝蔓相邻的放射网络状射流。

由以上分析可知，外界面失稳形成射流的数目与颗粒环在稀疏卸载过程中外界面颗粒层颗粒速度的环向分布密切相关。外界面开始减速时，外界面颗粒层中高速颗粒团簇会向外部流场喷射，形成拉长的颗粒射流。因此稀疏卸载后外界面颗粒层中高速颗粒团簇的尺寸和分布对于预测外界面射流的数目极为关键。相同材料参数的颗粒环越厚，射流数目越多。通过目前的试验和数值模拟研究可以推测，颗粒形貌规则，颗粒密度减小，都会使得膨胀颗粒环外界面形成数量更少的高速颗粒团簇，因此形成的射流数目减少。

5.8.3　内外界面多重物质喷射

如图 5.17 和图 5.18 所示，颗粒环在第一次发生内缩后，在每次膨胀 - 内缩（内缩 - 膨胀）的转变时刻都会从外界面（内界面）喷射出大量钉状射流。与 5. 8. 1 节和 5. 8. 2 节中介绍的颗粒环内界面和外界面失稳形成的尖锐杆状或细丝状的射流不同，后期的内外界面射流呈现为钝头钉状结构。图 5. 54（a）和（b）所示分别为分散体系 1024 - 20 - 50 - 0. 6 在颗粒环第二次发生膨胀 - 内缩转变之前（t = 22. 42 ms）和之后（t = 28. 6 ms）由离散颗粒构成的构型。在第二次膨胀 - 内缩转变之前，颗粒环外界面外部清晰的放射状丝线射流是第一次颗粒环外界面失稳后向外界喷射的物质形成的，此时射流的根部仍与颗粒环外界面相连，但是尖端已发生明显的弥散，此时第二次外界面的射流喷射还没有发生；在发生第二次膨胀 - 内缩转变后，第一次射流形成的丝状结构之间的外界面喷射出头部圆盾的指状射流，这些第二次喷射的射流与第一次射流位置间错，直径明显粗很多，某些射流的轴线并非沿当地的射线方向，而是出现了明显的偏转。

图 5. 54（c）和（d）显示了对应于图 5. 54（a）和（b）的颗粒环构型中各个颗粒的速度，可以清晰地观察到速度分布的径向和环向非均匀性。第一次射流形成的丝线状颗粒条带中的颗粒速度明显随径向距离的增大而增加，靠近颗粒环外界面的根部速度甚至有可能为负，如图 5. 54（c）所示，这种速度的径向梯度是射流长度增长的直接原因。比较图 5. 54（c）和（d）可以发现，丝线状颗粒射流尖端和上部的颗粒速度几乎保存不变，这是由于丝线状颗粒射流的体积分数非常低，几乎处于均匀流场中，受到的压差力和拖曳力远小于稠密颗粒核心带中的颗粒，因此流场影响非常小。值得注意的是，在发生第二次膨胀 - 内缩转变之前，颗粒环外界面沿环向出现了明显速度集中区域，如图 5. 54（c）所示，这些高速颗粒团簇形成于第一次射流形成的相邻颗粒细丝之间。在颗粒环发生第二次膨胀 - 内缩转变后，这些高速颗粒团簇整体被抛掷出去，形成头部平钝的指状射流，如图 5. 54（d）所示。因此，在外界面发生第二次射流之前外界面环向速度分布的局域化是第二次射流形成的原因。

图 5. 55 显示了分散体系 1024 - 20 - 50 - 0. 6 在颗粒环第二次发生膨胀 - 内缩转变之前（t = 18. 1 ms）的流场压力云图，稠密颗粒环的内界面（黑色实线）和第一次外界面射流形成的颗粒细丝轮廓（黑色虚线）叠加在云图上。此时中心气腔内的压力大于外部流场，颗粒环受到指向外部的压力梯度力作用，显然颗粒环带云雾区的颗粒相稀疏区域流场压力均匀，只有稠密颗粒核心环带内部存在压力梯度。由于第一次射流形成的射线状颗粒细丝，稠密颗粒核心环带外界面存在明显起伏，与颗粒细丝根部相连的外界面向外膨出，相邻颗粒细丝之间的外界面向内凹陷，此处的稠密颗粒核心环带更薄，图 5. 55 中虚线椭圆表示的区域压力梯度更大，此处的颗粒受到更大的压力梯度力和拖曳力

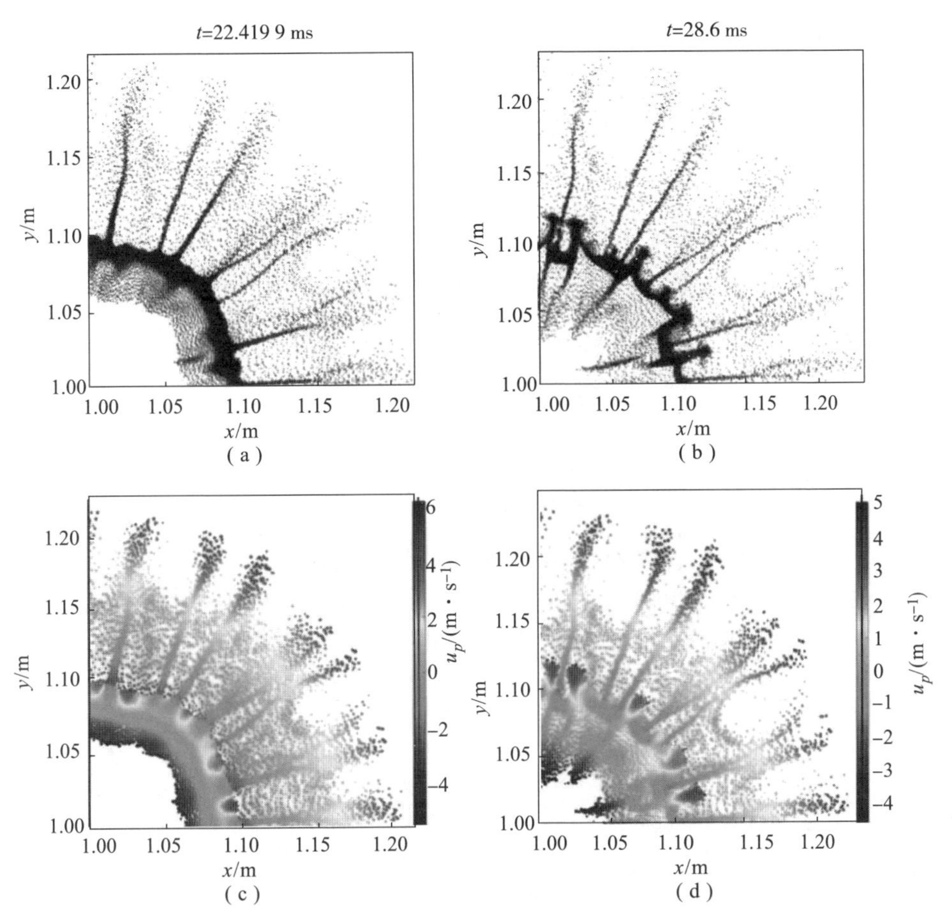

图 5.54　分散体系 1024-20-50-0.6 在颗粒环第二次发生膨胀-内缩转变之前（$t=22.42$ ms）和之后（$t=28.6$ ms）由离散颗粒构成的构型（图中的颗粒根据瞬时颗粒速度渲染）

作用，形成了高速运动颗粒团簇。在中心气腔压力下降到低于外部流场时，压力梯度力反向，指向中心，稠密颗粒核心环带开始减速。由于外界面环向速度的非均匀性，外界面高速运动颗粒团簇会脱离外界面，形成向外分散的指状射流。图 5.56 给出了颗粒环外界面在第二次膨胀-内缩转变过程中发生第二次射流的原理示意图。在颗粒环第一次内缩过程中，第一次外界面射流根部对周围颗粒的卷吸使得相邻射流之间的外界面凹陷，凹陷（groove）处颗粒环更薄，压力梯度更大，$\nabla P_{groove} > \nabla P_{jet}$，凹陷程度加剧。当气腔压力恢复正压，压力梯度力重新指向外部后，外界面凹陷处受到更大的压力梯度，凹陷处颗粒获得更大的动量，高速颗粒团簇逐渐脱离外界面，喷射进入外部流场，形成第二次射流。此后，由于第一次射流从稠密颗粒环带外界面脱落，外界面的起伏轮廓的外凸位置与第二次射流的位置相对应，第三次外界面射流将出现在外界面的内凹处，即相邻第二次射流之间的区域。同样，以上过程可以用来解释在颗粒环发生内缩－膨胀转变时从内界面喷射的钝头钉状颗粒射流。

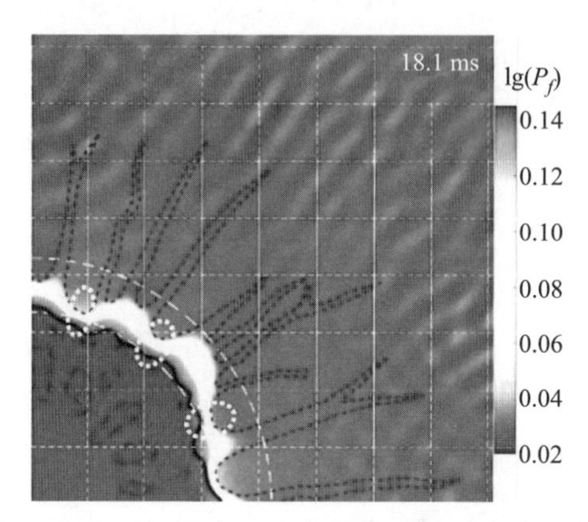

图 5.55　分散体系 1024－20－50－0.6 在颗粒环第二次发生膨胀－内缩转变之前（t=18.1 ms）的流场压力云图（稠密颗粒环的内界面（实线）和第一次外界面射流形成的颗粒细丝轮廓（虚线）叠加在云图上）

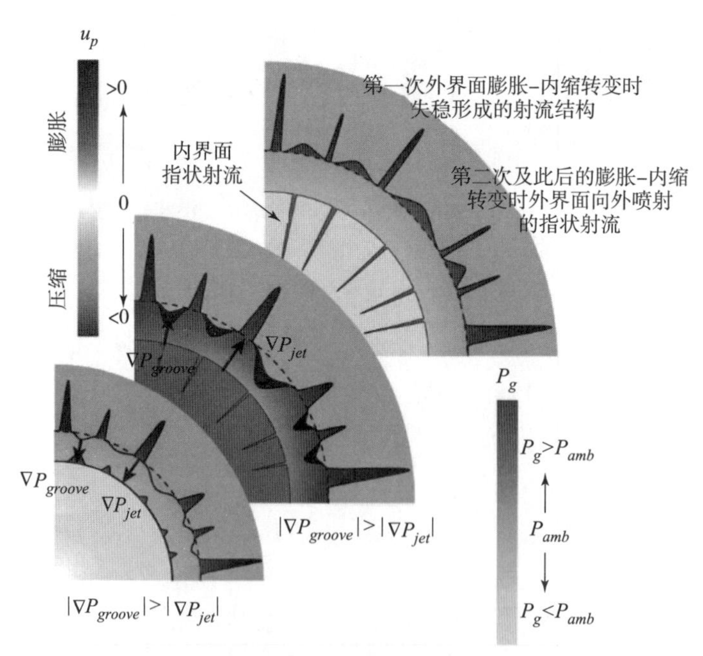

图 5.56　无效分散模式下颗粒环在发生第二次及此后的膨胀－内缩转变时外界面发生质量喷射的过程示意图

5.8.4　颗粒环的分层

图5.14（a）和图5.15（a）中所示的颗粒环分层现象也是一种重要的介尺度分散结构，当颗粒环发生分层后，其动力学响应很可能远离环壳完整连续假设下的预测。此外，分层颗粒环具有多重界面，5.8.2节中讨论的界面质量喷射行为，特别是外界面在经历第一次膨胀-内缩转变时发生的失稳射流现象，会发生在每一层环壳的外界面上。如图5.57所示，分散体系340-60-50-0.6［图5.57（a）-（c）］和206-100-50-0.6［图5.47（d）~（f）］中的颗粒环均会发生部分分散，在膨胀过程中颗粒环发生明显的分层，分别分成两个［图5.57（a）］和三个［图5.57（d）］环带。当颗粒环带整体经历膨胀减速甚至膨胀-内缩转变时，每个颗粒环带的外界面都会发生失稳形成毛刺状的射流结构，如图5.57（b）和（e）所示。最终，各层毛刺结构相互贯穿融合，形成如图5.57（c）和（f）所示的蜿蜒曲折的放射状网络结构。

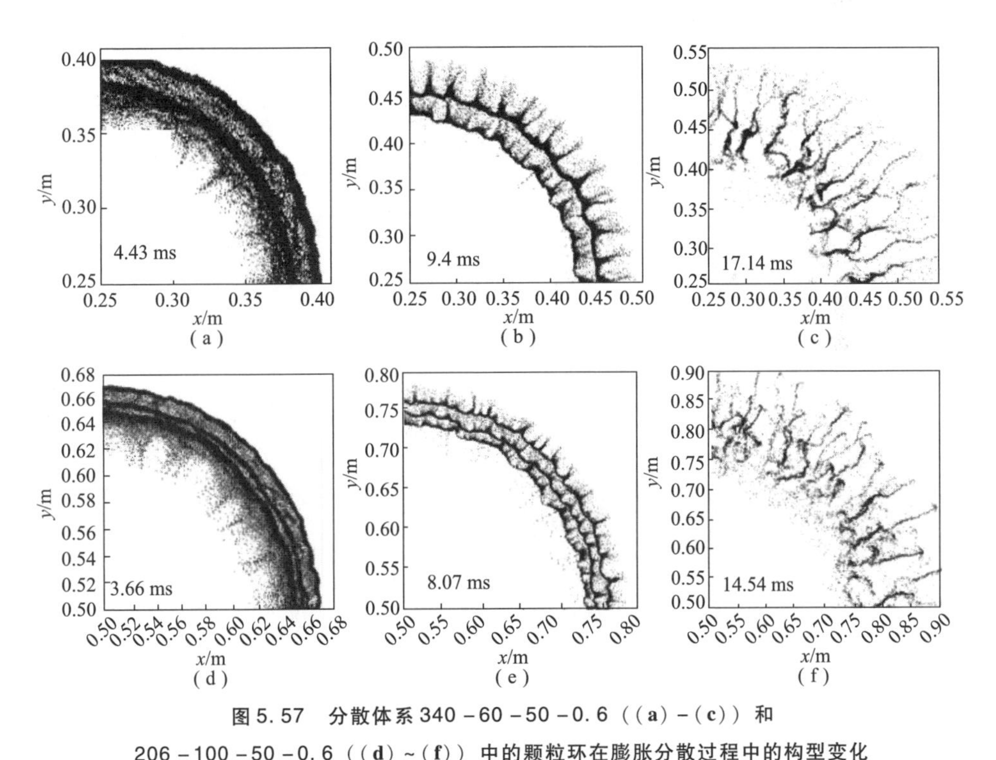

图5.57　分散体系340-60-50-0.6（(a)-(c)）和206-100-50-0.6（(d)~(f)）中的颗粒环在膨胀分散过程中的构型变化

4.4.1节分析了颗粒环壳与爆源强耦合时的动力学响应过程，指出颗粒环是否发生分层取决于压实过程中多道压实波能否汇聚成一个主压实波，并给出了发生分层的临界条件，即第二道压实波在第一道压实波到达颗粒环外界面时追上第一道压实波。对于发生理想分散的颗粒环，由于冲击压实只有一道入射波作用颗粒环内界面，只能激发一道压实波，因此当量比 $M/C \sim O\ (10^0)$ 的分散体系中颗粒环不会发生分层。图 5.58 给出了冲击压实过程中存在多道入射波作用颗粒环内界面的分散体系中前两道压实波到达颗粒环外界面的时间比 $t_{2\mathrm{nd},comp}/t_{1\mathrm{st},comp}$，其中，$t_{1\mathrm{st},comp}$和 $t_{2\mathrm{nd},comp}$分别为第一道和第二道压实波到达颗粒环外界面的时间。当 $t_{2\mathrm{nd},comp}/t_{1\mathrm{st},comp}>1$ 时，颗粒环会发生分层，此时对应的临界当量比 $M/C=500$，与部分分散和延迟分散之间模式转变对应的当量比一致。因此，发生部分分散的分散体系中的颗粒层极有可能发生分层现象。

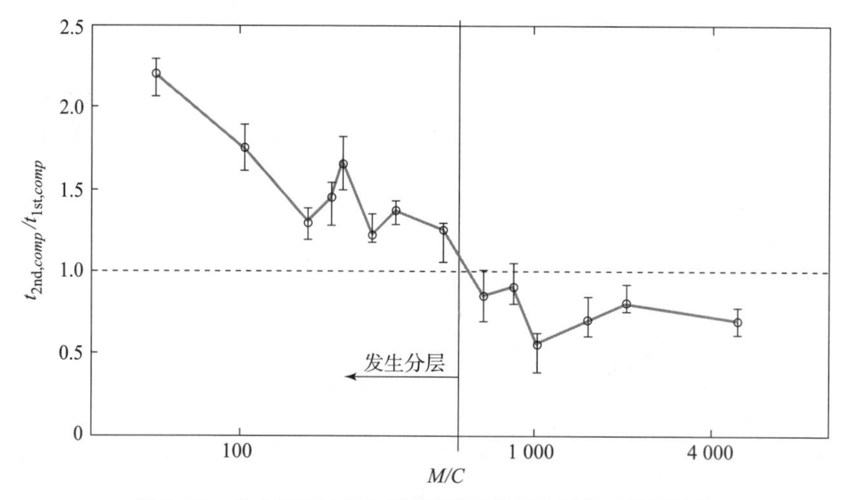

图 5.58 冲击压实过程中前两道压实波到达颗粒环外界面的时间比 $t_{2\mathrm{nd},comp}/t_{1\mathrm{st},comp}$ 随分散体系当量比 M/C 的变化

第6章

云爆燃料分散过程全时空域的数值模拟

6.1 引 言

第 2 章综述了中心爆炸驱动云爆液体或固液混合燃料分散的近场和远场的特点，以及发生的关键物理过程和特征空间时间尺度，并介绍了某些关键物理事件的数学物理模型，如液体或固液混合燃料柱壳的界面失稳破碎模型，以及高速运动的燃料液滴/微团的气动破碎和蒸发等。第 3 章详述了目前适用于可压缩多相流场的数值模拟方法，包括欧拉 - 欧拉框架下的双流体模型，如 BN 类，SA 类计算模型等，以及欧拉 - 拉格朗日混合框架下的颗粒解析或非解析的计算方法，如 CMP - PIC，颗粒解析的直接数值模拟等。本章将基于第 2 章和第 3 章介绍的云爆燃料分散过程特点和适用的数值模拟技术，提出一套可以将近场过程与远场过程纳入一个统一数值框架下的计算策略，详细介绍其核心计算模块的基本数学物理模型、算法、功能，以及各模块之间的信息交换和传递，并通过一个完整的云爆战斗部中心起爆分散过程阐述云爆燃料爆炸分散的数值模拟模型、参数设置和结果分析。

6.2 爆炸分散过程全场计算策略

如第 2 章所述，云爆燃料的爆炸分散过程可以分解为近场和远场两个过程。如图6.1所示，近场过程主要包括燃料柱壳在中心爆炸载荷和爆轰产物流场驱动下的加速膨胀和破碎分解成燃料微团的过程，特征空间尺度在O（10^1）个战斗部口径范围内，特征时间尺度在O（10^0）ms。然而，在远场过程中已经分解成燃料微团的燃料云雾区脱离了中心爆轰产物和激波流场的影响，大量在空间非均匀分布的高速燃料微团在近似静止流场中迅速分散的同时，发生气动破碎，质量不断剥落，低饱和蒸汽压的液相组分，如乙醚也很可能发生显著的蒸发，从液相转变为气相。图6.2（a）所示为粉体燃料在远场过程中，从指状稠密射流演化成稀疏含尘云团过程的高速射流图片。可以清晰地观察到，在近场过程结束时粉体燃料柱壳分解成离散的指状射流，这些指状射流在迅速飞散拉长的同时侧向膨胀，边缘处出现明显的类似与KH失稳的剪切扰动结构，此外指状射流的根部最先发生稀疏，大量粉体从射流根部从射流主体脱落，留下粉末尾迹，而此时指状射流的头部仍可以保持尖锐，边缘清晰。实际上，液体或固液混合燃料在近场阶段形成的燃料射流在远场阶段会经历类似的演化过程。如何在远场数值模拟中再现试验中观察到的如图6.2（a）中燃料射流飞散膨胀规律，以及从射流根部开始向射流头部扩展的稀疏过程，是建立远场数值模拟模型时必须考虑的问题。

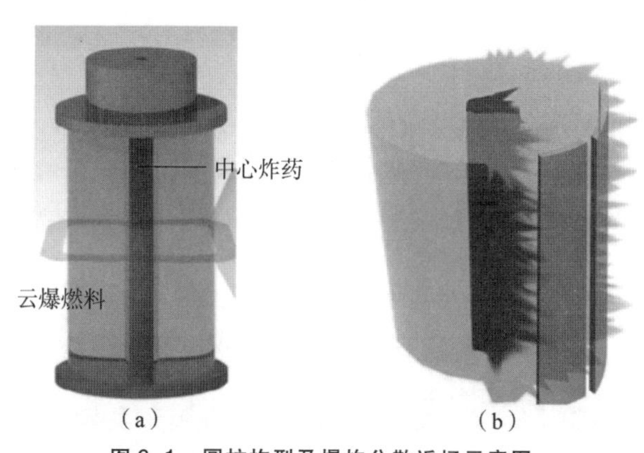

图6.1 圆柱构型及爆炸分散近场示意图

（a）圆柱构型中心爆炸分散体系几何构型示意图；（b）燃料柱壳在中心爆炸分散的近场阶段发生强烈的界面扰动，形成大量的指状射流结构

图6.2（b）显示了在远场过程中发生的关键物理过程，包括燃料液滴/微团在跨马赫数飞散过程中与流场之间的动量和能量交换，通过尾迹、尾涡等对流场的扰动对周围燃料液滴/微团的影响，燃料液滴/微团的气动破碎和蒸发等。表6.1总结了这些远场物理过程的相关数学物理模型、关键参数和特征时间尺度，为构建包含物理机制的远场数值模型提供了依据。

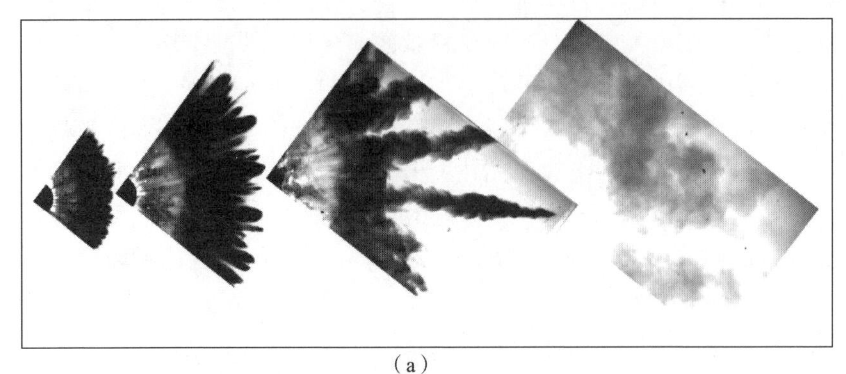

（a）

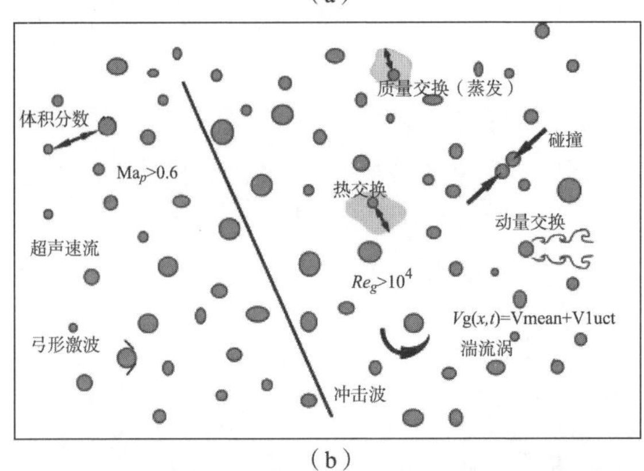

（b）

图 6.2　燃料分散过程

（a）粉体燃料在远场过程中，从指状稠密射流演化成稀疏含尘云团过程的高速射流图片；（b）高速运动的燃料微团/液滴在远场过程中发生的关键物理过程

表 6.1　燃料微团在远场过程中发生的关键物理过程

关键物理过程	数学物理模型	关键参数	特征时间
燃料微团/液滴在静止流场中的跨马赫数减速运动	基于气动阻力系数的运动方程	燃料微团/液滴尺寸、密度和速度	O（10^1 ~ 10^2）ms
燃料微团/液滴的气动破碎	破碎模式的 $We-Oh$ 相图；不同破碎模式下的碎片分布模型；马赫数效应	We、Oh、Ma	O（10^{-1} ~ 10^0）ms
低沸点液相组分的蒸发	考虑对流和扩散的蒸发模型	燃料微团/液滴与环境的温度差，燃料微团/液滴尺寸，液相组分的蒸发潜热等	$>O$（10^2）ms

6.2.1　近场和远场过程统一的计算框架

要准确描述近场过程必须合理考虑爆炸流场与燃料柱壳的双向耦合，以及燃料柱壳从连续到分散的过程。而后者又会强烈影响前者，因为连续燃料柱壳未破碎分解时，爆轰产物气体被约束在燃料柱壳内界面封闭的区域内；一旦燃料柱壳破碎，爆轰产物气体从大块的燃料碎片中喷射出去，对燃料碎片持续加速的同时通过剪切作用将燃料碎片破碎成毫米尺寸的燃料微团/液滴。因此，中心爆炸分散的近场模拟既要准确捕捉迅速演化的可压缩流场与连续，以及离散体系的相互耦合，同时还要准确描述连续体破碎成离散体系的过程。这对于数值框架的构建、数值模型的建立都提出了极大的挑战。

远场过程中数目在亿万量级，尺寸在 O（$10^0 \sim 10^3$）mm 的燃料微团/液滴在 O（$10^2 \sim 10^3$）m 的空间范围内飞散。燃料微团/液滴与流场之间的相互作用、燃料微团/液滴的气动破碎和液相组分的蒸发均发生在颗粒尺寸，即 O（$10^0 \sim 10^3$）mm 的尺度范围内，而我们关心的远场过程在 O（$10^2 \sim 10^3$）m 的空间尺度，且不同物理过程具有迥异的特征时间尺度。对于包含多尺度物理过程，体系（燃料云雾）跨尺度演化的爆炸分散远场阶段，数值方法需要建立在最为核心的物理过程，即燃料微团/液滴在近似静止流场中的跨马赫数减速飞散上。将燃料微团/液滴与流场之间的相互作用、燃料微团/液滴的气动破碎和液相组分的蒸发进行合理的模块化，嵌入到大量燃料微团/液滴在跨尺度空间中的飞散数值模拟中。离散体在气动阻力作用下的弹道飞行［图 6.3（a）］通常采用离散单元法（DEM）进行计算，图 6.3（b）所示为 3 000 枚初始速度大于 2 000 m/s 的破片群的飞行轨迹。6.2.4 节将详细介绍基于 DEM 的燃料微团/液滴群的远场演化计算方法。

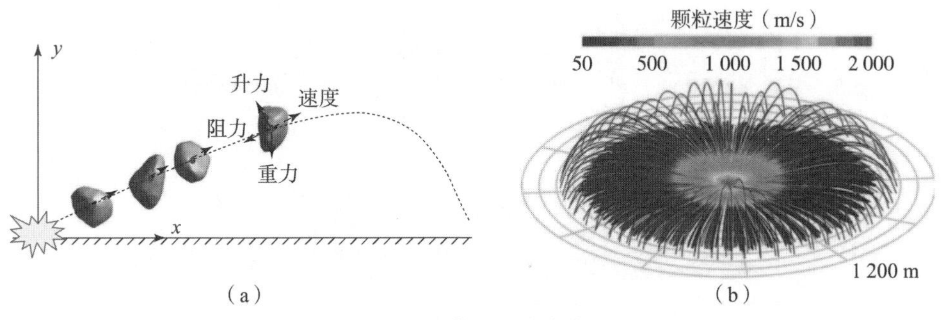

（a）　　（b）

图 6.3　颗粒远场分散过程

（a）高速运动的离散体在气动阻力作用下的飞行轨迹示意图；
（b）采用 DEM 方法计算得到的 3 000 枚初始速度大于 2 000 m/s 的破片群的飞行轨迹

近场计算方法在考虑流场与燃料体系（连续状态和离散状态）耦合的同时，要描述燃料柱壳从连续到分散的过程，可以从连续介质框架下基于材料弹塑性本构和强度模型的计算方法出发，如非线性有限元（FEM）、拉格朗日有限差分法（FDM）、边界元方法（BEM）和光滑粒子动力学（SPH）等。其中，SPH 作为一种拉格朗日无网格法，既具备欧拉方法的优势，适宜处理大变形问题，又具备拉格朗日方法准确描述界面的优势，同时方便处理流固界面耦合问题。但是，SPH 只能处理小尺度的材料破碎问题，对于燃料柱壳离散成上亿量级规模燃料微团的爆炸分散近场过程，SPH 很难适用。另一种描述燃料柱壳从连续到分散过程的数值方法基于离散单元法（DEM），将宏观连续材料处理为大量离散材料单元的集合体，离散单元之间可以采用复杂的接触模型来描述相互作用。通过调整离散单元形状、选择合适的接触模型和参数，可以使得大量离散单元集合体的宏观材料行为和宏观材料模量与宏观连续材料相近。宏观连续材料的局部失效，如裂纹的萌生和扩展、局部剪切失稳、孔隙萌生融合等，都可以通过离散单元之间某种接触模型失效来实现，如离散单元之间黏结键的断裂可以代表新的断裂面的形成。离散单元可以允许有限的位移和转动，同时随着体系的运动、变形和分解，离散单元之间有可能产生新的接触。DEM 最初用来模拟具有预裂纹/间断的固体材料，此时间断面的间距与材料的宏观尺度相当，如块体岩石材料、开裂的冰层、砖石结构和颗粒材料等。但是，目前 DEM 已经扩展到更广泛的体系中，此时体系的宏观力学响应由体系变形所导致的非连续性决定，如脆性材料的破碎。图 6.4 所示为采用黏结键 DEM 模拟砂岩［图 6.4（a）］和水泥［图 6.4（b）］在岩石开凿过程中的裂纹扩展

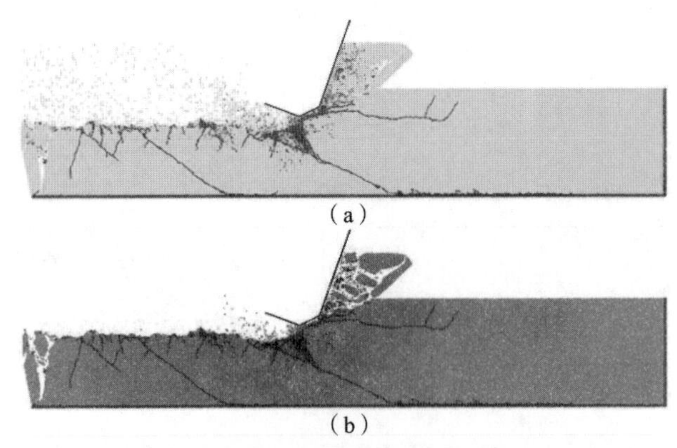

图 6.4　采用黏结键 DEM 模拟砂岩和水泥在岩石开凿过程中的裂纹扩展和碎裂过程
（灰黑色区域为黏结键断裂代表的裂纹；对于砂岩，岩石开凿过程中伴随着裂纹扩展产生大量细小的砂岩碎片）

和碎裂过程，砂岩中的裂纹宽度和砂岩碎片的尺寸均在50 mm以下。黏结键断裂代表的裂纹相互贯穿连接，形成纵横交错的断面，将材料分解成离散的碎片。连续燃料柱壳分散成燃料微团的过程伴随大量空隙的萌生和成长，形成新的表面，同样是在燃料柱壳膨胀过程中的不连续性导致的材料分解问题。因此，也可以采用DEM来模拟固液多相混合云雾燃料柱壳的膨胀破碎问题，将连续的云雾燃料近似为大量虚拟燃料包（离散单位）的集合体。考虑到远场过程计算采用DEM，近场过程采用CFD与具有黏合键DEM耦合的计算方法，可以将近场和远场的模拟纳入一个统一的数值框架下。

6.2.2　爆炸分散近场过程的数值模型

基于6.2.1节的分析，本节介绍适用于近场过程的CFD与具有黏结键DEM耦合方法，这一方法与第3章中介绍的欧拉－拉格朗日混合框架下颗粒非解析的CMP－PIC方法的区别在于：代表虚拟燃料包的计算颗粒之间的接触力模型包含黏结键模型。因此，本节不再介绍近场过程中的流场求解模型，以及流场与燃料包的耦合模型，而重点介绍DEM模块。

需要指出的是，云爆燃料，特别是固液混合的多相多组分云爆燃料具有复杂的微结构。图6.5（a）所示为某种典型的固液混合云爆燃料微结构示意图，是以固体颗粒（如微米级的片状铝粉）形成渗逾网络结构。在颗粒之间充填液体，由于制造工艺水平的限制，固液混合物中不可避免地会混入大量气泡，最终形成一种含有固—液—气的多相特殊结构，这种微观固液混合态的多相燃料在宏观呈现固态。在勤务处理的振动和发射过载作用时，固体骨架结构及间隙组分共同承担外部载荷，能够避免出现颗粒沉降、固液分层的现象，使云爆燃料具有良好的物化稳定性。然而，我们的数值模拟则忽略了云爆燃料复杂的多相组成和有固相骨架、间隙液体、气泡构成的微结构，将燃料近似为连续均匀的黏塑性介质，密度为混合物密度$\rho_{fuel}=\chi_{solid}\cdot\rho_{solid}+\chi_{liquid}\cdot\rho_{liquid}$，其中$\rho_{solid}$和$\rho_{liquid}$分别为固相和液相燃料的密度，$\chi_{solid}$和$\chi_{liquid}$分别为固相和液相燃料的体积分数。如果液相燃料具有多组分，则ρ_{liquid}为各组分密度ρ_i的体积平均$\rho_{liquid}=\sum_i\chi_i\rho_i$，其中$\chi_i$为组分$i$在液相中的体积分数。燃料的其他材料参数，如体积模量、剪切模量、黏性和聚合强度，以及冲击状态方程都需要通过试验或者颗粒解析的数值模拟来获得。图6.5（b）中为球形虚拟燃料包填充结构，虚拟燃料包内为燃料混合物。为了避免单一粒径球填充时的晶化结构，可以采用图6.5（b）所示的双粒径燃料包进行填充。由于球形虚拟燃料包的三维空间填充率几乎无法达到100%，对于内部孔隙可以忽略的云爆燃料，可以通过对球形虚拟燃料包进行小幅值膨胀，即允许接触虚拟燃料包之间存在重叠，来保证燃料区域的填充率满足100%。此时，虚拟燃料包之间的接触力需要通过增量形式进行计算更新。此外，由于真实固液混合云爆燃料中往往采用表面粗糙的片状金属粉作为固相燃料，使其可以形成相互强自锁的网络骨架，显著增强混合物的内摩擦（黏性）。此时采用球形虚拟燃料包往往会低估固液混合燃料的剪切模量和黏性，可以采用球形虚拟燃料包团簇的方法来近似固相粉末之间的互锁和强摩擦。如图6.6所示，多个虚拟颗粒包之间通过更强的接触键相互约束，形成更大尺度的颗粒团簇，团簇内部的虚拟燃料包不允许发生彼此相对位置的变化。具有复杂外形和不同凸、凹度的颗粒团簇之间很容易形成互锁，形成稳定的网络结构，如图6.6（a）所示，大大增加燃料的剪切模量和黏性。根据是否允许团簇内部的虚拟燃料包发生独立的旋转，可以将团簇区分为弱聚集和强黏合团簇，如图6.6（b）所示。

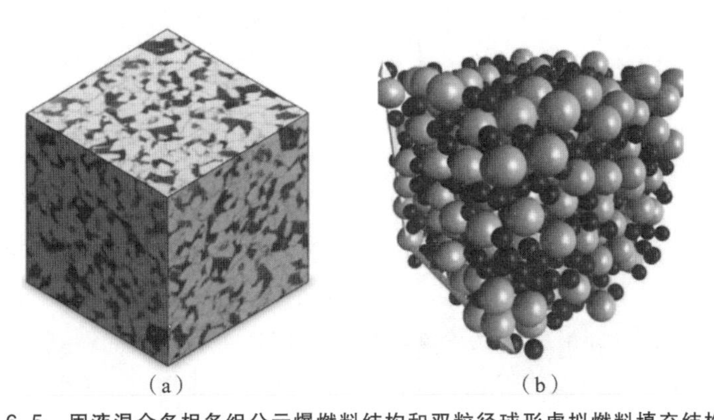

图6.5 固液混合多相多组分云爆燃料结构和双粒径球形虚拟燃料填充结构

（a）固液混合多相多组分云爆燃料的微结构示意图；（b）双粒径球形虚拟燃料包密填充结构

下面主要介绍采用DEM对多相多组分云爆燃料爆炸分散过程模拟的主要数值模型。基于以上描述，云爆燃料柱壳区域分解为大量允许相互重叠的虚拟球形燃料包，燃料的宏观力学属性，如聚合力、黏性、屈服、拉伸强度和剪胀特性等都由虚拟燃料包之间接触力和力矩，包括接触黏结力和摩擦力来决定。如何通过虚拟燃料包之间接触模型的构建和接触特性的调整使得大量虚拟燃料包的集合行为与真实燃料的宏观力学响应一致，是DEM模拟宏观连续材料最大的挑战之一。

燃料柱壳在中心爆炸载荷驱动的压缩、膨胀和分散分别对应于燃料包堆积体的压实、空隙率增加和燃料包之间黏结键的断裂，是大量离散虚拟燃料包独立运动的结果。虚拟燃料包，即DEM中的离散颗粒的平动和转动方程分别为

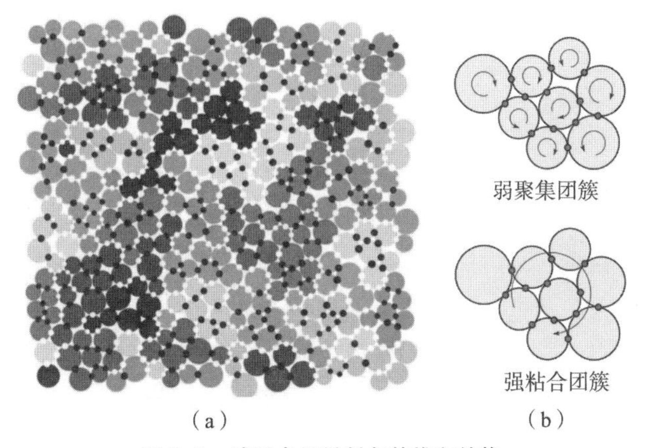

图 6.6　球形虚拟燃料包的堆积结构

(a) 球形虚拟燃料包构成的团簇的密堆积结构，黑色和白色点分别代表团簇内部的接触虚拟燃料包之间以及不同团簇的接触虚拟燃料包之间的接触模型；

(b) 允许团簇内部的虚拟燃料包发生独立转动和不允许发生转动的弱聚集和强黏结团簇

$$m_i \frac{\mathrm{d}^2 \boldsymbol{r}_i}{\mathrm{d}t^2} = \boldsymbol{f}_i + m_i \boldsymbol{g} \tag{6.1}$$

$$I_i \frac{\mathrm{d}}{\mathrm{d}t} \boldsymbol{\omega}_i = \boldsymbol{q}_i \tag{6.2}$$

式中：f_i为作用在质量为 $\boldsymbol{m}_i$、位置在 $\boldsymbol{r}_i$上的颗粒 i 上的接触力$\boldsymbol{f}_i^c$的矢量和，$\boldsymbol{f}_i = \sum_c \boldsymbol{f}_i^c$，$\boldsymbol{f}_i^c$可以分解为法向和切向接触力 f^n和 f^t，$\boldsymbol{f}^c = \boldsymbol{f}^n \boldsymbol{n} + f^t \boldsymbol{t}$，$\boldsymbol{n} \cdot \boldsymbol{t} = 0$；$I_i$和 $\boldsymbol{\omega}_i$分别为颗粒 i 的惯性矩和角速度；$\boldsymbol{q}_i$为合力矩，包括摩擦力矩 $\boldsymbol{q}_i^{friction}$、滚动力矩 $\boldsymbol{q}_i^{rolling}$ 和扭力矩 $\boldsymbol{q}_i^{torsion}$，可表示为

$$\boldsymbol{q}_i = \boldsymbol{q}_i^{friction} + \boldsymbol{q}_i^{rolling} + \boldsymbol{q}_i^{torsion} \tag{6.3}$$

下面介绍一种常用的包含黏结键的颗粒接触模型。如图 6.7 所示，两个相邻颗粒之间包含两种类型的键，即接触键和平行键。接触键模型由作用在两颗粒接触点上的法向接触和切向接触构成，接触刚度分别为 k_n和 k_t。在平行键模型中，一系列弹簧均匀分布在接触平面上，提供阻止颗粒旋转的力矩，单位面积的键刚度分别为 $\bar{k}_n$和 $\bar{k}_t$，这种平行键可以近似填充相邻颗粒间隙的类水泥胶结物质对颗粒的约束作用。此外，研究者们还广泛采用岩石材料颗粒之间的平行键来研究脆性岩石和断裂和破碎过程，本节重点介绍包含黏结键的颗粒法向接触模型。

颗粒法向接触模型给出了法向接触力 f^n与接触颗粒之间的法向重叠量 δ 之间的关系为

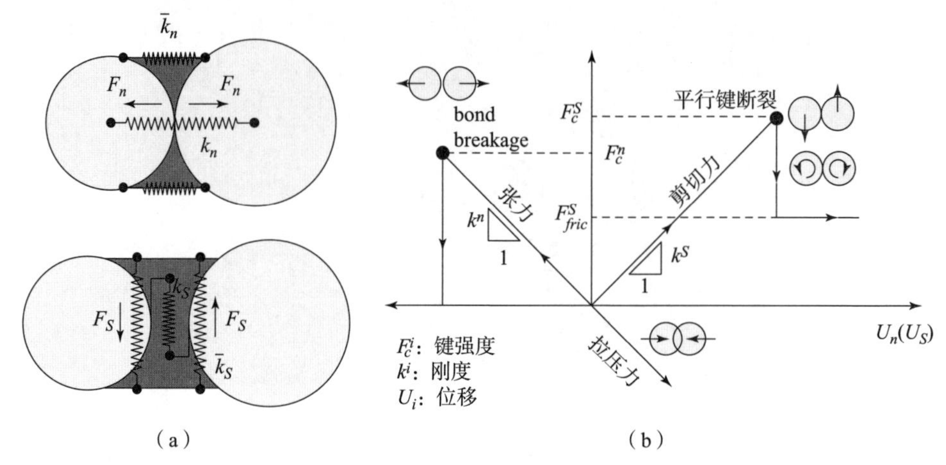

图 6.7　颗粒接触模型

(a) 在商用软件 PFC 中的颗粒之间的接触键和平行键模型，即使平行键断裂，只要两颗粒相互接触，法向和切向接触键都被激活。而平行键断裂后即使两颗粒相互接触也会永久失效；(b) 两颗粒之间的拉压和剪切本构曲线

$$\delta = (a_i + a_j) - (\boldsymbol{r}_i - \boldsymbol{r}_j) \cdot \boldsymbol{n} \tag{6.4}$$

式中：a_i和 a_j分别接触颗粒 i 和 j 的半径。

法向接触模型一般采用弹簧和黏性阻尼串联模型，即

$$f^n = k\delta^{\xi} + \gamma_n \nu_n \tag{6.5}$$

式中：k 为弹簧刚度系数；γ_n为黏性阻尼系数；v_n为接触颗粒 i 和 j 在接触法向上的速度差，可表示为

$$\boldsymbol{\nu}_n = -\boldsymbol{\nu}_{ij} \cdot \boldsymbol{n} = -(\boldsymbol{\nu}_i - \boldsymbol{\nu}_j) \cdot \boldsymbol{n} = \dot{\delta} \tag{6.6}$$

当 $\xi = 1$ 时，式 (6.5) 为适用于描述两个光滑圆柱侧面线接触的线弹簧－阻尼模型；$\xi = 3/2$ 时，式 (6.5) 为适用于描述两个光滑球接触的 Hertz 模型；$\xi = 2$ 时，式 (6.5) 为适用于描述锥体尖端与平面垂直接触的模型。对于线弹簧－阻尼法向接触模型，颗粒之间的接触满足阻尼正谐振荡模型，接触的特征频率为 ω，接触的特征时间为

$$t_c = \frac{\pi}{\omega}, \omega = \sqrt{(k/m_{12}) - \eta_0^2} \tag{6.7}$$

式中：η_0为无量纲的阻尼系数，可表示为

$$\eta_0 = \frac{\gamma_0}{2m_{ij}}, m_{ij} = \frac{m_i m_j}{(m_i + m_j)} \tag{6.8}$$

对于颗粒运动方程积分的时间步长 Δt_{MD} 必须远小于 t_c，积分才是稳定的。由接触颗粒 i 的最终速度和初始速度比值定义的折合系数 r 与接触的特征频率

ω，无量纲的阻尼系数 η_0 和接触特征时间 t_c 的关系为

$$r = \nu_n'/\nu_n = \exp(-\pi\eta_0/\omega) = \exp(-\eta_0 t_c) \tag{6.9}$$

由式（6.9）可知，t_c 取决于接触过程中的能量耗散程度。对于过阻尼弹簧，$r\to 0$，$t_c\to\infty$，此时会导致非物理的接触过程。一般 r 在 0.4 ~ 0.8 时认为接触强耗散。

基于线弹簧 - 阻尼模型的分段线性黏结接触模型的示意图如图 6.8 所示，黏结迟滞力可以表示为

$$f^{hys} = \begin{cases} k_1\delta, & k_2(\delta-\delta_0) \geqslant k_1\delta \\ k_2(\delta-\delta_0), & k_1\delta > k_2(\delta-\delta_0) > -k_c\delta \\ -k_c\delta, & -k_c\delta \geqslant k_2(\delta-\delta_0) \end{cases} \tag{6.10}$$

式中：$k_1 \leqslant k_2 \leqslant k_c$。

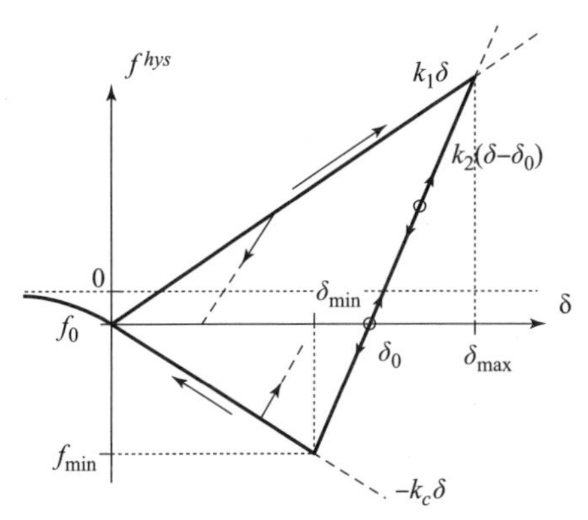

图 6.8　分段线性黏结接触模型中颗粒脱离和靠近过程中结合力 f^{hys} 随颗粒间重叠量 δ 的变化

$f^{hys}(\delta)$ 中斜率为 k_1 和 $-k_c$ 的线段给出了可能的法向接触力 f^{hys} 的范围，在这两条线段之间，颗粒之间的脱离和靠近，即卸载和加载曲线沿斜率为 k_2 的线段。初始加载阶段颗粒之间的排斥接触力 $f^{hys}(\delta)$ 沿斜率 k_1 的线段上升，直到颗粒间重叠量达到最大值 δ_{max}；在卸载阶段，$f^{hys}(\delta)$ 沿斜率 k_2 的线段下降，在 δ 减小到 $\delta_0 = (1-k_1/k_2)\delta_{max}$ 时，颗粒之间接触力为 0，δ_0 类似塑性接触变形；再次加载过程中 $f^{hys}(\delta)$ 沿斜率 k_2 的线段上升直到 δ 达到 δ_{max}；从 δ_0 继续卸载会导致颗粒之间出现相互吸引的黏结力，$f^{hys}(\delta)$ 的幅值线性增长直到 δ 达到 δ_{min}，$\delta_{min} = (k_2-k_1)\delta_{max}/(k_2+k_c)$。此后，继续卸载导致相互吸引的黏结力幅值下降，$f^{hys} = -k_c\delta$。幅值最大的黏结吸引力 f_{min} 出现在 $k_c\to\infty$，因此 $f_{min} \geqslant -(k_2-k_1)\delta_{max}$。对于接触硬化模型，$k_2$ 是初始加载过程中颗粒之间最大重叠量 δ_{max} 的函数，$k_2 = k_2(\delta_{max})$，此时颗粒接触发生塑性流动的最大重叠

量为

$$\delta_{\max}^{*}=\frac{\widehat{k}_2}{\widehat{k}_2-k_1}\phi_{\mathrm{f}}\frac{2a_1a_2}{a_1+a_2} \tag{6.11}$$

式中：ϕ_f 为相对于等效颗粒半径的无量纲塑性深度。

如果无量纲接触深度超过 ϕ_f，k_2 采用最大刚度系数 $\widehat{k}_2$。当加载过程中的颗粒重叠量小于 $\delta_{\max}^{*}$ 时，函数 k_2（$\delta_{\max}$）是 k_1 和 $\widehat{k}_2$ 之间的线性插值

$$k_2:=k_2(\delta_{\max})=\begin{cases}\widehat{k}_2, & \delta_{\max}\geqslant\delta_{\max}^{*}\\ k_1+(\widehat{k}_2-k_1)\delta_{\max}/\delta_{\max}^{*}, & \delta_{\max}<\delta_{\max}^{*}\end{cases} \tag{6.12}$$

对于相对速度较大，即接触变形较大的情况，由于接触力模型的迟滞性，即使在小变形时也会发生很大的能量耗散，因此需要在黏结力式（6.10）中加上与速度相关的耗散力，$f^{n}=f^{hys}+\gamma_0\nu_n$。

以上给出了允许接触塑性变形、具有迟滞特性、包含黏结力（吸引力）的颗粒法向接触力模型，包含5个模型参数：初次加载的刚性系数 k_1，再次加载的最大刚性系数 $\widehat{k}_2$，黏结强度 k_c，接触塑性变形极值 ϕ_f，黏性耗散系数 γ_0。

6.2.3 爆炸分散近场阶段的结束

爆炸分散近场阶段涉及连续燃料柱壳在膨胀过中的破碎、中心流场与燃料柱壳以及破碎后的燃料微团之间的耦合。近场阶段结束时大量高速飞散的燃料微团离开中心流场，脱离中心流场影响，近似在静止流场中运动。近场阶段结束时燃料云雾膨胀半径大致在 O（10^1）初始燃料柱壳半径的范围内，时间尺度在 O（$10^0\sim10^1$）ms，但是近场阶段与初始中心爆炸分散体系的结构参数，如当量比、中心炸药的种类、质量，以及中心炸药与燃料柱壳之间是否有间隙等密切相关。因此，无法采用相同的空间或时间判据来判断近场过程是否结束，而是要根据流场和燃料云雾区的演化来判断两者是否完全解耦，进而决定爆炸分散的近场阶段是否已经结束。

图6.9（a）和（b）所示分别为半径 $R_{exp}=60$ mm 的中心炸药（TNT药柱，采用中心高压 $P_0=7.45$ GPa，温度 $T_0=3\ 143$ K，半径 $R_{gas}=60$ mm 的高压气团近似）驱动外径 $R_{out,0}=228.4$ mm 的燃料环（装填密度 $\rho_{fuel}=1.271$ g/cm^3）的二维中心分散体系（当量比 $M/C=10.8$）在初始时刻（$t<4$ms）的流场压力和速度演化的 r—t 图。从图6.9（a）和（b）的插图中可以清晰地看到中心气腔内仅存在两道反射激波，即从燃料环内界面向中心反射的激波 RS_{I}，以及 RS_{I}在中心汇聚后向外反射的激波 RS_{II}。此后由于燃料环内界面（图6.9（a）和（b）中标记IPF的白色虚线）的迅速膨胀和燃料环壳的分散，气腔内的压力迅速下降，在中心和燃料环壳内界面之间往复运动的激波已不可辨。值得注

意的是，燃料环内部（IPF 以内）中心流场的压力在 2 ms 时已降到 1 atm 以下，但燃料环壳外部仍存在一个压力在 O（10^1）bar 范围内不断扩大的高压环带，这一环带将整个燃料环区域覆盖，其内部边缘与燃料环区域内界面基本重合，而外部前沿则在燃料环外界面（图 6.9（a）和（b）中标记 OPF 的白色虚线）外部。实际上，燃料环壳外部高压环形区域的外部前沿为沿径向发散的柱面波（图 6.9（a）和（b）中标记 TS），但是这个柱面激波 TS 并非高压气团突然释放后，进入燃料环的激波从燃料环后界面透射到外部流场的透射波，而是燃料环外界面突然加速膨胀在外部流场中激发的柱面波。由于中心流场压力和柱面波 TS 后方高压环带区域之间的压力场，燃料环区域受到较强的压差力作用，特别是在燃料环区域内界面附近，因此此处燃料减速明显，如图 6.10（b）所示。最终导致燃料环带区域内燃料速度沿径向呈现正速度梯度，也是燃料区膨胀的主要原因。在近场阶段的早期，压差力是燃料环壳加速和减速的主要驱动力，而拖曳力的影响则比较次要。这是由于柱面波 TS 后方的流场速度维持在 700 ~ 800 m/s 范围内，略低于燃料的飞散速度，后者的飞散速度在 800 ~ 900 m/s 的范围内，如图 6.10（b）所示，燃料环区域受到较弱的拖曳力影响。因此，在近场阶段的后期，除了燃料环带内界面（IPO）在指向内部的压力梯度影响下有明显的减速外，燃料环带主体区域的燃料几乎保持匀速膨胀，如图 6.10（b）所示。随着膨胀柱面波 TS 的迅速衰减，燃料环带区域内已破碎的燃料碎片分散，燃料环带内外部的压差迅速收窄，燃料碎片形成的燃料环带会穿出膨胀柱面波 TS，进入到外部静止流场中，彻底脱离爆炸流场的影响，近场过程结束。

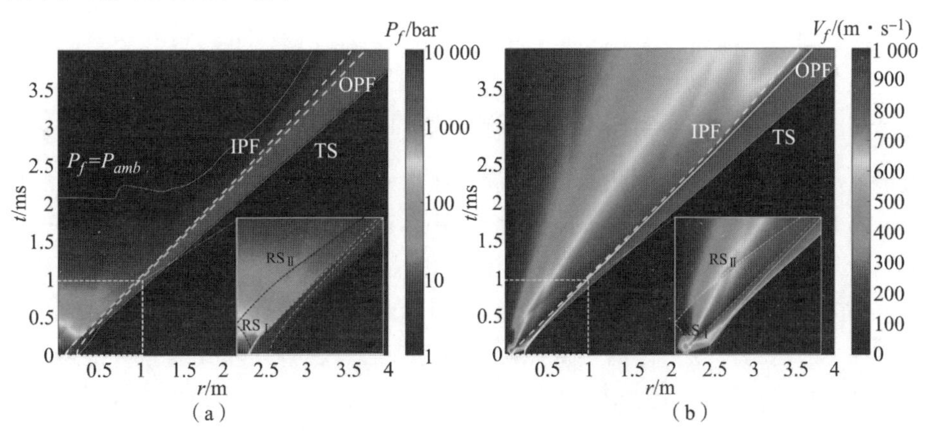

图 6.9　当量比 M/C = 10.8 的二维中心分散体系的流场压力和速度演化的 r—t 图（此时爆源为半径 R_{gas} = 60 mm，初始 P_0 = 7.45 GPa，温度 T_0 = 3 143 K 的高压气团，在能量等价原则下等同于相同半径的 TNT 药柱。燃料环的外径为 $R_{out,0}$ = 228.4 mm，装填密度 r_{fuel} = 1.271 g/cm^3）

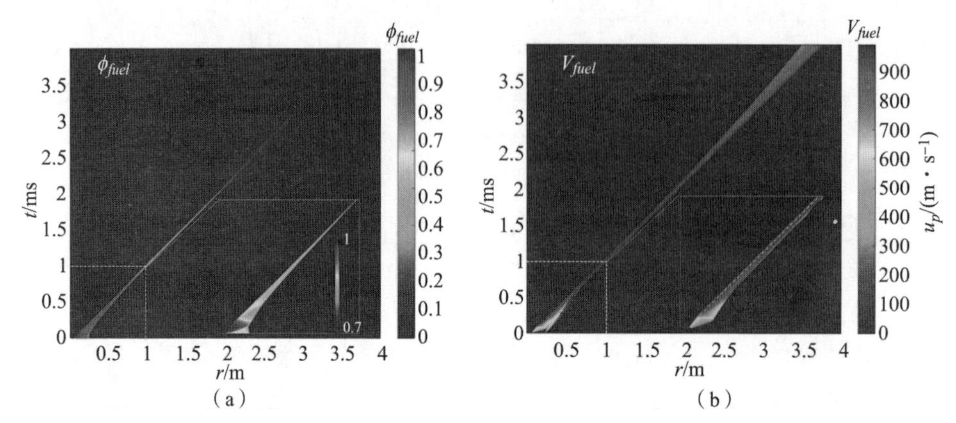

图 6.10　当量比 $M/C=10.8$ 的二维中心分散体系的燃料体积分数 ϕ_{fuel} 和燃料速度 V_{fuel} 演化的 r—t 图（此时爆源为半径 $R_{gas}=60$ mm，初始压力 $P_0=7.45$ GPa，温度 $T_0=3\ 143$ K 的高压气团，在能量等价原则下等同于相同半径的 TNT 药柱。燃料环的外径为 $R_{out,0}=228.4$ mm，装填密度 $\rho_{fuel}=1.271$ g/cm^3）

近场阶段中另一个重要的物理过程是连续燃料环壳的破碎，而后者也强烈影响流场与燃料之间的耦合。图 6.10 是对应图 6.9 显示的工况中燃料体积分数 ϕ_{fuel}（图 6.10（a））和燃料速度 V_{fuel}（图 6.10（b））演化的 r—t 图。由图 6.10（a）中的插图可知，燃料环区域内燃料的体积分数在高压气团驱动形成的压实波作用下迅速上升，ϕ_{fuel}从 0.9 上升到 1，所有空隙都几乎坍缩。当压实波达到燃料环的外界面后，会向内界面反射一道稀疏波，稀疏波波后的燃料加速膨胀（图 6.10（b）中插图），迅速卸载并受到拉伸作用。当虚拟燃料包之间的拉伸黏结力超过燃料的临界聚合力时，燃料破碎分解成离散的虚拟燃料包，自由飞散的燃料包导致流场内燃料体积分数 f_{fuel}迅速下降，如图 6.10（a）中插图所示。当稀疏波达到燃料环内界面时，整个燃料环分解成毫米量级的燃料碎片，燃料环区域的燃料体积分数下降到 $\phi_{fuel}=0.8$。此后，当从中心反射的激波 RS_{II}到达燃料环内界面时，一道弱压实波从燃料环区域的内界面向外界面扩展，燃料体积分数小幅上升。但是，很快由于中心压力的迅速衰减，流场沿径向的压力梯度从负值转变为正值，燃料环带区域靠近内界面的燃料碎片在指向中心的压力梯度力作用下减速，越靠近中心，燃料碎片减速越明显，燃料区域沿径向速度增加。因此，燃料环持续膨胀，燃料体积分数迅速下降，如图 6.11 所示。在 2 ms 时，燃料体积分数下降到 $\phi_{fuel}=0.3\sim0.4$ 附近，而在 4 ms 时，燃料体积分数已经下降到 0.1 以下，不再处于稠密气固（燃料微团）两相流状态。需要指出的是，尽管颗粒非解析的 CMP－PIC 方法无法描述燃料环壳界面的扰动成长，但燃料环壳破碎的特征时间与试验结果（2.2.5节）及理论分析（2.2.3节）一致，且虚拟燃料包设置的尺寸与理论分析和试验观测得到的燃料碎片尺寸一致，均在毫米量级。因此本节采用CMP－PIC方法对炸药驱动连续燃料环壳近场阶段的模拟可以在时间和空间量级上合理描述燃料环壳的破碎过程，以及流场与燃料的耦合，从而可以得到合理的近场结束时燃料云雾场。

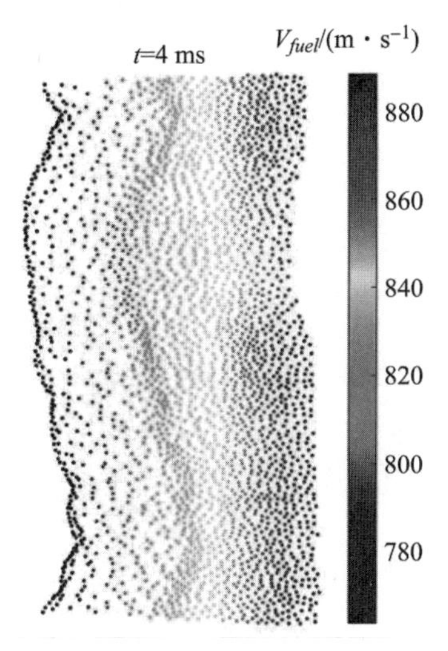

图6.11　对应于图6.9和图6.10的工况中燃料环在近场阶段晚期（$t=4$ ms）分解成的燃料碎片（虚拟燃料包）在空间中的分布（采用瞬时速度对燃料碎片进行染色，为了更清楚地显示燃料碎片的空间分布，图中仅显示了10°的锥角内燃料环区域中的燃料碎片）

以上对于近场过程结束判断的分析基于二维中心爆炸分散体系，其核心思想，即由燃料碎片构成的燃料环带区域脱离爆炸流场的影响，对于复杂的三维分散体系同样适用。但是，对于三维装药结构，沿径向喷射的产物气体在轴向的偏转会使得中心流场的压力更快下降，燃料柱壳分散的近场过程比相同当量比下的燃料环结束更早。此外，对于变截面直径的三维柱壳装药结构，如图6.12（a）所示，不同截面上的燃料与中心流场的耦合作用不同，直径最小的截面上燃料碎片飞散速度最快，近场过程很可能会远早于整个三维体系的近场过程，后者需要所有截面上的燃料碎片都脱离了中心流场的影响。

我们采用CMP－PIC对如图6.12（a）所示的变截面直径三维柱壳装药的纵剖面二维结构进行分散近场过程的数值模拟，数值模型如图6.12（b）所示。装药结构放置在计算域中心，计算域在柱结构的轴向高度为4.8 m，接近装药结构高度（2.36 m）的2倍，径向长度为8.4 m是装药结构直径

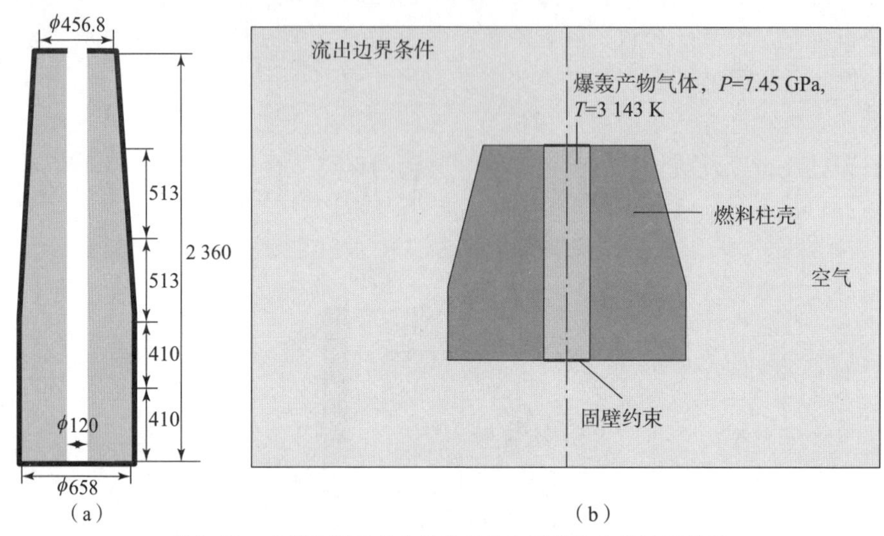

图 6.12　变截面燃料柱壳装药结构和装药结构的计算模型

(a) 变截面燃料柱壳装药结构几何示意图；(b) 三维装药结构纵剖面的计算模型

(计算域为 8.4 m×4.8 m 的长方形区域，流体网格尺寸为 4 mm，虚拟燃料包粒径为 2 mm)

(0.658 m) 的 12.7 倍。半径为 0.06 m 的中心 TNT 药柱区域填充初始压力 $P_0=7.45$ GPa、温度 $T_0=3\ 143$ K 的高压气团，其余流场区域填充空气。流场网格尺寸为 4 mm，虚拟燃料包粒径为 2 mm，整体装填密度为 1.271 g/cm^3。图 6.13 所示为近场阶段纵剖面（中心对称轴线右侧区域）上流场压力分布的演化。由于装药结构的上、下端面仅在中心炸药端面上设置允许少量气体泄漏（对应装药结构顶板的底板破裂）固壁边界条件，爆轰产物气体在径向膨胀的同时在中心炸药上、下端面处发生过膨胀，横向稀疏波从上、下端面向中心传播，在端面边缘形成强烈的膨胀锥，并迅速向中心扩张，高压气腔内部的压力在 2.6 ms 时下降到 30 ~ 40 bar，而装药上下端面边缘的压力仅为 10 ~ 20 bar。在 0.2 ~ 1.3 ms 的压力场云图中可以清晰地看到变形的膨胀燃料壳区域，即对流场压力场径向截断的条带区域。图 6.14 所示为对应于图 6.13 各个时刻的燃料柱壳的构型演化，其中对燃料包按照瞬时速度进行染色。由于装药上半部分截面直径逐渐减小，燃料壳上部的膨胀速度更快，最大速度出现在与装药上端面齐平的燃料壳截面上。同时，由于分解后的燃料碎片在轴向上的分散，导致上、下端面处燃料条带更薄，燃料区域条带整体轮廓呈现出马鞍状形态。不同高度处截面上的燃料（碎片）不仅膨胀速度相差显著，燃料浓度也具有明显差别，图 6.15 所示为 $t=2.643$ ms 时不同高度的水平截面上燃料体积分数 ϕ_{fuel}

随径向的变化。所有截面上燃料体积分数的沿径向的分布 $\phi_{fuel}(r)$ 都呈现出近似偏正态分布的形态，最大值出现在中心偏向外界面的位置，且速度最快、膨胀半径最大的上端面燃料浓度最为稀疏。燃料条带区域中部偏下的截面（图 6.15 的 z_1 截面）上燃料体积分数的峰值为 $\phi_{fuel,max}=0.14$，而与装药上端面齐平的截面（图 6.15 的 z_5 截面）上燃料体积分数的峰值仅为 $\phi_{fuel,max}=0.03$。由此可见，燃料条带的上半部分会更早的完成近场分散阶段。

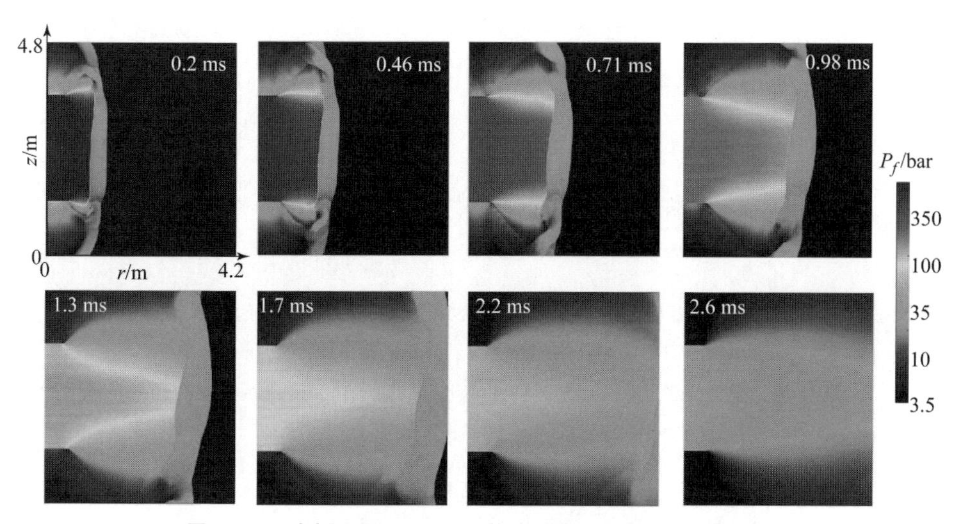

图 6.13　对应于图 6.12（b）的二维柱壳装药纵剖面构型中分散近场阶段的流场压力分布的演化

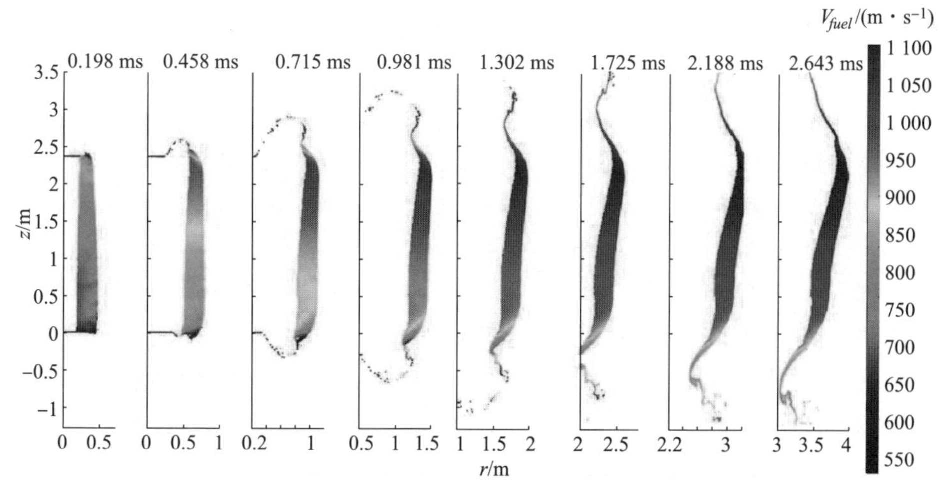

图 6.14　对应于图 6.12（b）的二维柱壳装药纵剖面构型中燃料条带的构型变化（各个燃料包根据瞬时速度染色）

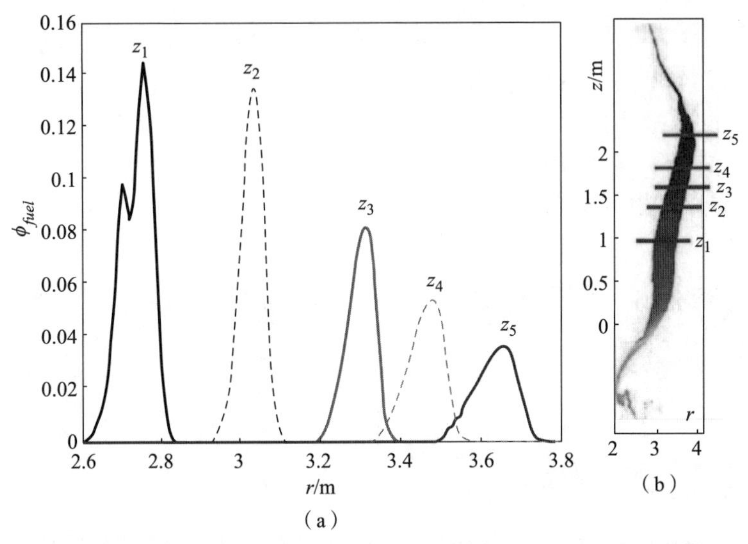

图 6. 15　$t=2.643$ ms 时由燃料碎片（虚拟燃料包）构成的燃料条带区域内不同高度的水平截面上燃料体积分数 f_{fuel} 随径向的变化

（a）燃料体积分数 ϕ_{fuel} 随时间的变化；（b）不同高度截面的位置。

6. 2. 4　爆炸分散远场阶段的计算策略

6. 2. 3 节介绍了基于 CMP – PIC 的爆炸分散近场阶段的计算方法，重点阐述了如何通过修正 CMP – PIC 中的 DEM 模块，使其能够模拟连续材料的破碎过程，进而使得基于可压缩气固两相流的 CMP – PIC 方法能够模拟在中心爆炸流场中连续燃料柱壳的膨胀破碎，同时考虑流场与燃料柱壳和燃料碎片的双向耦合。6. 2. 5 节讨论了近场过程结束的判别标准。在近场过程结束后，我们将通过 CMP – PIC 得到的燃料云雾区内部的燃料碎片（虚拟燃料包）的三维空间位置和矢量速度信息导入远场分散过程计算模块中，计算流场与燃料碎片单向耦合下燃料云雾场的演化过程。此时不考虑燃料云雾对于流场的影响，流场对高速飞散的燃料碎片的影响进行模块化，体现在气动阻力模型和气动破碎模型上。图 6. 16 所示为爆炸分散远场阶段计算模块的构成和计算流程的示意图，主要分为四个子模块：近场到远场的燃料云雾区信息转换模块，包含气动破碎的燃料微团飞散模块，远场过程中三维云雾区重构模块和燃料云雾状态场统计分析模块。下面分别详细介绍每个子模块的设计原理和主要模型。

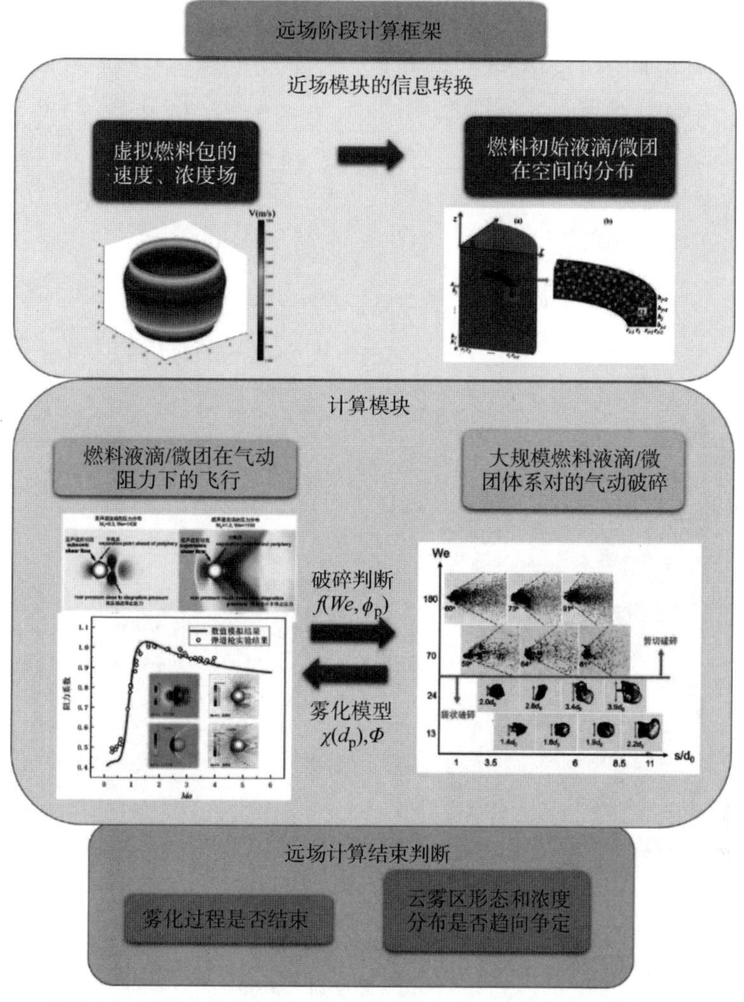

图 6.16　爆炸分散远场阶段的计算模块的构成和计算流程的示意图

6.2.4.1　近场到远场的燃料云雾区信息转换模块

近场阶段结束时我们可以获得燃料云雾区内燃料碎片（虚拟燃料包）的三维空间位置和矢量速度，每个虚拟燃料包包含 O（$10^1 \sim 10^3$）个初始破碎的物理燃料微团。在远场分散计算模块中我们对燃料微团而非虚拟燃料包的运动轨迹进行迭代计算。对于 O（$10^2 \sim 10^4$）kg 装药量的云爆装药结构，燃料柱壳破碎后形成的粒径在毫米量级的燃料微团数量规模在 O（$10^7 \sim 10^9$）范围内，在目前的计算资源限制下是无法跟踪每个燃料微团的运动轨迹的。因此，有必要对真实的燃料微团体系进行合理的粗化过滤。由于燃料柱壳的轴对称性，相较于燃料的浓度和速度沿径向及轴向的变化，环向的非均匀性可以忽略，所以我们先将三维空间内的燃料浓度场 χ（r, z, θ）在一系列同心柱面（半径为 r_1，r_2，…，r_n），水平面（高度为 h_1，h_2，…，h_m），$\theta=0°$ 和 $\theta=\theta_0$ 的竖直面构成的短柱壳体积单元 $\Omega_{i,j}$（$i=1$，2，…，n；$j=1$，2，…，m）中积分。如图 6.17 所示，χ（r, z, θ）在内外径分别为 r_i 和 r_{i+1}，上、下端面高度分别为 h_j 和 h_{j+1} 的体积单元 $\Omega_{i,j}$ 中的积分可以得到 $\Omega_{i,j}$ 中的燃料质量，即

$$m_{i,j}=\int_{r_i}^{r_{i+1}}\int_{h_j}^{h_{j+1}}\int_0^{\theta_0}\chi(r,z,\theta)\,\mathrm{d}\theta\mathrm{d}z\mathrm{d}r=\sum_K m_{fuel,p}^K \tag{6.13}$$

式中，$m_{\mathrm{fuel,p}}^K$ 为质心在体积单元 $\Omega_{i,j}$ 内部的第 k 个虚拟燃料包的质量。

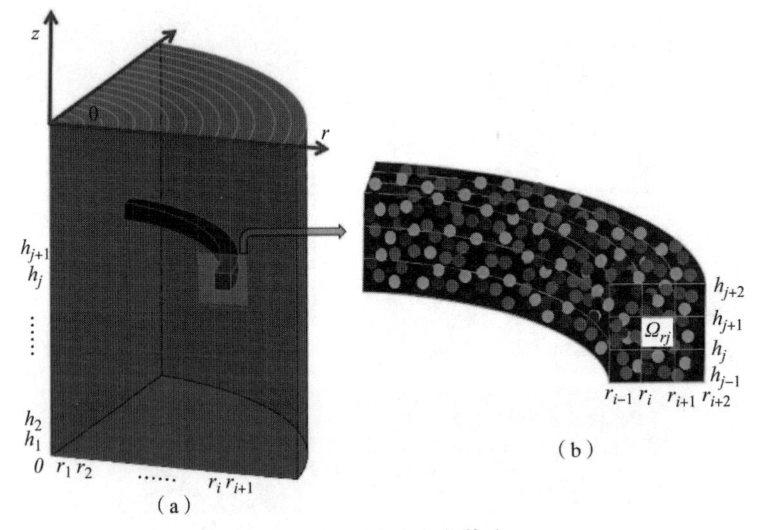

图 6.17 燃料包粗化策略

（a）由同心柱面（半径为 r_1，r_2，…，r_n），水平面（高度为 h_1，h_2，…，h_m），$\theta=0°$ 和 $\theta=\theta_0$ 的竖直面构成的短柱壳体积单元 $\Omega_{i,j}$（$i=1$，2，…，n，$j=1$，2，…，m）示意图；（b）燃料包在体积单元 $\Omega_{i,j}$ 中分布的示意图

式（6.13）的第二个等号右边为体积单元 $\Omega_{i,j}$ 内所有燃料包质量的和，体积单元 $\Omega_{i,j}$ 内的燃料浓度为

$$\chi_{i,j}=\frac{2Hm_{i,j}}{\theta_0(r_{i+1}^2-r_i^2)(h_{j+1}-h_j)} \tag{6.14}$$

式中：H 为燃料云雾区高度。

体积单元 $\Omega_{i,j}$ 内的包含 $N_{i,j}$ 个粒径为 d_0，质量 $m_0=1/6\pi\cdot(d_0)^3\cdot\rho_{fuel}$ 的燃料微团 Θ，则

$$N_{i,j} = \left\lceil \frac{m_{i,j}}{m_0} \right\rceil \tag{6.15}$$

体积单元 $\boldsymbol{\Omega}_{i,j}$内燃料微团 $\boldsymbol{\Theta}$ 的速度矢量的径向和轴向分量分别为

$$\begin{cases} V_{ij,r} = \dfrac{\sum\limits_K \hat{V}^K_{fuel,p} V^K_{fuel,r}}{\sum\limits_K \hat{V}^K_{fuel,p}} \\ V_{ij,z} = \dfrac{\sum\limits_K \hat{V}^K_{fuel,p} V^K_{fuel,z}}{\sum\limits_K \hat{V}^K_{fuel,p}} \end{cases} \tag{6.16}$$

式中：$V^K_{fuel,r}$（$V^K_{fuel,z}$）和 $\hat{V}^K_{fuel,p}$ 分别为质心在体积单元 $\boldsymbol{\Omega}_{i,j}$内部的第 k 个虚拟燃料包的径向（轴向）速度和体积。

6.2.4.2　气动破碎的燃料微团飞散模块

由于体积单元 $\boldsymbol{\Omega}_{i,j}$中 $N_{i,j}$个燃料微团 $\boldsymbol{\Theta}$ 具有相同的粒径 d_0，体积 $\hat{V}_{drop} = \pi d_0^3/6$，质量 m_0和速度 $\boldsymbol{V}_{ij}$ = （$V_{ij,r}$，$V_{ij,z}$），我们仅需计算体积单元 $\boldsymbol{\Omega}_{i,j}$中一个代表性燃料微团 $\boldsymbol{\Theta}_{i,j}$在远场阶段的飞行轨迹。在拉格朗日框架下，燃料微团平动的牛顿运动方程为

$$m(t)\frac{\mathrm{d}\boldsymbol{V}_p}{\mathrm{d}t} = \boldsymbol{F}_D + \hat{V}_{drop}(t)(\rho_{fuel} - \rho_{air})\boldsymbol{g} + \boldsymbol{F}_{PG} + \boldsymbol{F}_{VM} + \boldsymbol{F}_L \tag{6.17}$$

式中：等号右边的 $\boldsymbol{F}_D$、$\hat{V}_{drop}(t)(\rho_{fuel} - \rho_{air})\boldsymbol{g}$、$\boldsymbol{F}_{PG}$、$\boldsymbol{F}_{VM}$和 $\boldsymbol{F}_L$分别为拖曳力、浮力、压力梯度力、虚拟质量力和升力。

由于燃料微团在飞散过程中同时发生气动破碎，因此其质量和体积均是时间的函数，即 m（t）和 $\hat{V}_{drop}(t)$。对于在静止流场中飞行，密度在 O（10^3）$\mathrm{kg/m^3}$的近球形燃料微团，浮力被重力替代，压力梯度力、虚拟质量力和升力均可以忽略。式（6.17）变为

$$m(t)\frac{\mathrm{d}\boldsymbol{V}_p}{\mathrm{d}t} = \boldsymbol{F}_D + \hat{V}_{drop}(t)\rho_{fuel}\boldsymbol{g} \tag{6.18}$$

施加在燃料微团上的拖曳力 $\boldsymbol{F}_D$与其瞬时速度 $\boldsymbol{V}_p$ 方向相反，其绝对值通过拖曳力系数 C_D可以表示为

$$F_D = \frac{1}{2}C_D\rho_{fuel}V_p^2(t)A_p(t) \tag{6.19}$$

式中：A_p 为球形燃料微团的截面积，A_p（t）$= \pi d_p^2/4$。

拖曳力系数 C_D是燃料微团的速度和形状的函数，图 6.18 给出了球形颗粒的拖曳力系数 C_D随 Ma 的变化，C_D在跨马赫数区间内迅速变化，当颗粒速度从亚声速逼近声速时，C_D迅速上升，在 Ma = 1.1 ~ 1.2 附近达到极值，此后缓慢

衰减，在 $Ma>4$ 后，C_D趋向一个稳定值。

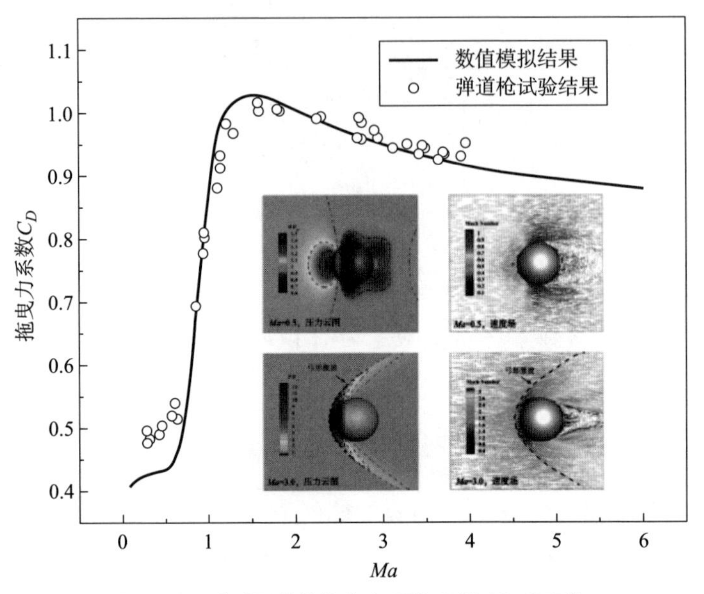

图 6.18　球形颗粒的拖曳力系数 C_D 随 Ma 的变化

（插图为不同马赫数流场中球体周围的压力场和速度场分布）

与粉体材料不同，液体燃料或固液混合燃料形成的液滴和微团在高速飞散过程中会发生气动破碎，形成大量小液滴/微团。虽然从母液滴/微团中剥离出来的子液滴/微团继承了剥离时刻母液滴/微团的速度，但是由于气动阻力和重力分别依赖于液滴/微团的面积和体积，脱落的子液滴/微团具有独立的运动轨迹，质量减小的母液滴/微团的运动轨迹也发生了改变。因此，预测液滴/微团破碎临界条件和碎片尺寸的气动破碎模型极为重要。

第 2 章中详细介绍了 *We* – *Oh* 相空间内液滴不同破碎模式的转变相图（图 2.41）。然而，目前的研究大多集中于亚声速液滴的气动破碎，极少涉及超声速液滴的气动破碎，而爆炸分散形成的燃料液滴/微团的速度往往在超声速范畴，马赫数甚至可以达到 2 ~ 3。超声速燃料液滴/微团周围流场的流动状态与亚声速时具有显著区别。图 6.19（a）和（b）分别为亚声速和超声速球体周围的流场压力分布，可以清晰地看到在超声速流场中在球体迎风面前方出现了脱体弓形激波［图 6.19（b）］，边界层的分离点从亚声速流动时球体垂直来流方向截面顶点的左方（偏向上游）移动到右方（偏向下游），同时球体背风面尾端的压力远远低于亚声速流动时接近滞止压力的尾压。更为重要的是，高马赫数时流场的可压缩性会显著抑制液滴表面的不稳定性，特别是主导剪切破碎模式的液滴表面 KH 不稳定性。图 6.20（a）给出了不同马赫数的激波后方流场作用静止球形液滴时的流场扰动演化、液滴变形、破碎结构和破碎后碎片云的形貌。随着波后流场马赫数从0.3增加到1.2，尽管液滴破碎仍处于剪切破碎的范畴，但液滴初始变形是在边缘形成的扁平液片与来流方向的夹角显著减小，向下游方向偏转，形成大量液丝。形成的碎片在空间的分布更为集中，也包含很多更大的碎片。图6.20（b）比较了韦伯数相同时不同马赫数下液滴破碎形成的碎片云的轮廓，超声速（$Ma=1.2$）流场中液滴破碎形成的拖尾碎片云垂直来流方向的宽度明显收窄，沿来流方向的轴向长度更短，即液滴碎片在空间更为集中，体积分数更高。然而，雷诺数的影响则相反，韦伯数保持不变时，高雷诺数流场中液滴破碎形成的拖尾碎片云更宽更长，碎片更为分散。

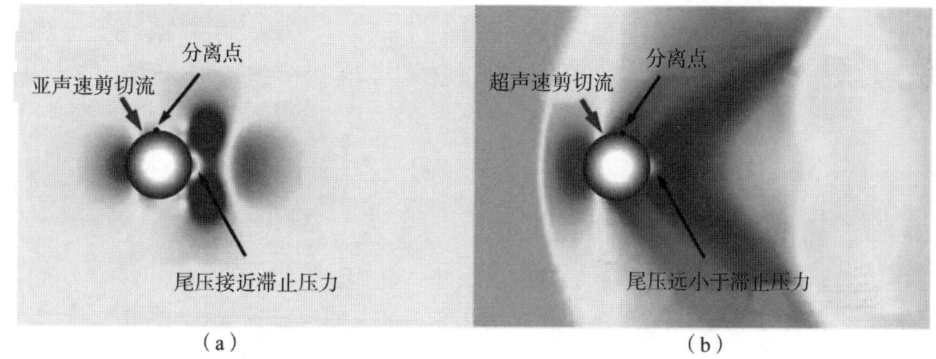

图6.19　亚声速和超声速球体周围的流场压力分布

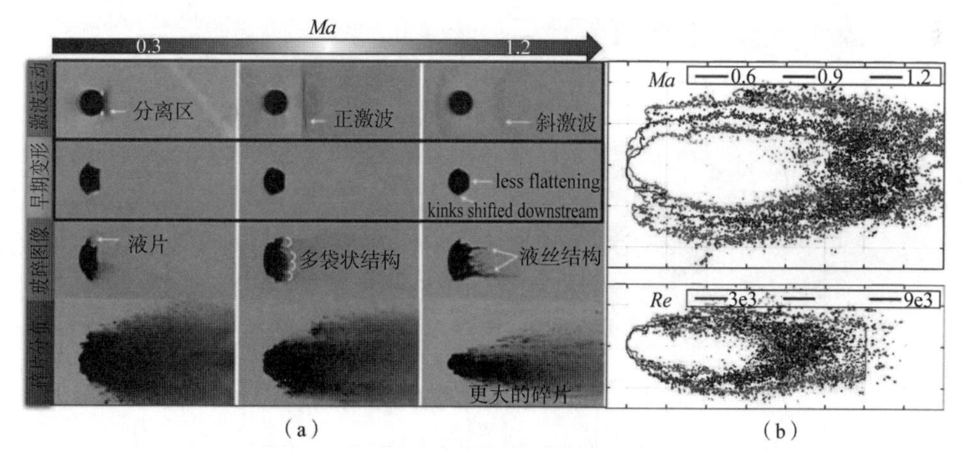

图6.20　马赫数及雷诺数对颗粒破碎的影响

（a）随着激波后流场马赫数的增大，激波作用球形液滴后的流场波系、液滴变形、液滴破碎图像和破碎后碎片云的形貌比较；（b）保持韦伯数不变，不同的马赫数（上图）和不同雷诺数（下图）流场中液滴破碎形成的拖尾碎片云的轮廓比较目前，关于液滴气动破碎的研究绝大部分都局限于单一液滴的气动破碎，而爆炸分散近场过程结束时的燃料云雾包含数目千万甚至上亿量级的燃料微团，而且此时燃料云雾内燃料的体积分数在1% ~10%范围内，如图6.15所示，这意味着颗粒之间会通过流场扰动而相互影响，因此液滴破碎也很有可能受到周围液滴的影响。图6.21（a）给出了不同间距的球形液滴，以及球形液滴在来流作用下变形为圆盘后周围流场的速度和压力分布。当液滴之间的间距很小时，下游液滴的滞止点、边界层分离点和尾涡都与上流液滴明显不同；随着液滴之间的间距增大，未变形前相邻液滴周围的流场变得相近。但是，随着上游液滴的变形，其更大的尾涡会对周围相当大范围内的液滴产生影响。图6.21（b）给出了不同间距的球形液滴（间距与液滴直径的比值 s/d_0 为2.1和1.2）袋状破碎过程的高速摄影图片。当 $s/d_0 = 2.1$，上游液滴在袋状变形的同时与下游液滴融合，此后下游液滴穿过上游液滴，几乎不发生破碎，而上游液滴分散成的碎片云包含大量大碎片。当 $s/d_0 = 1.2$ 时，这种相邻液滴之间的融

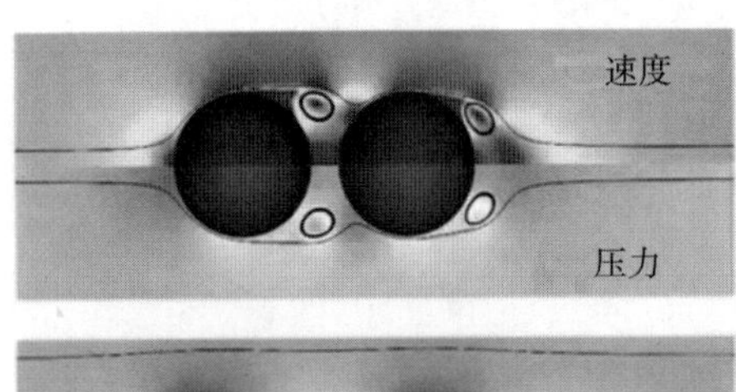

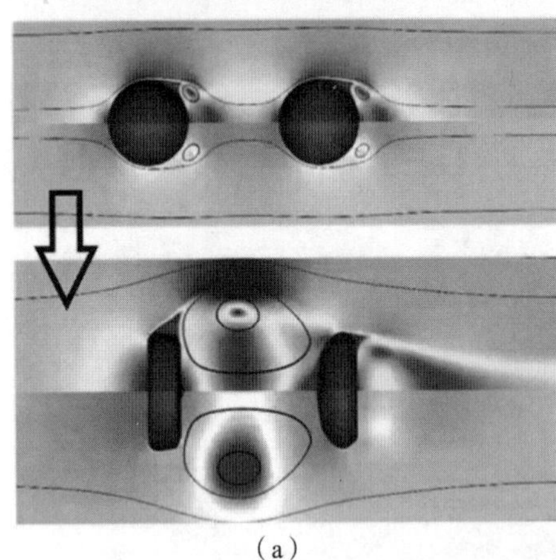

（a）

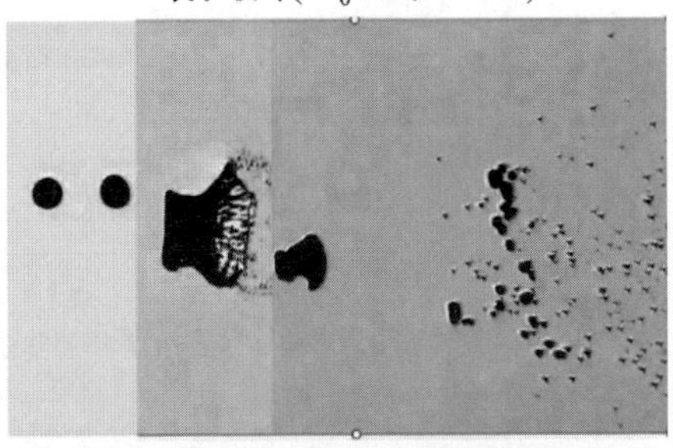

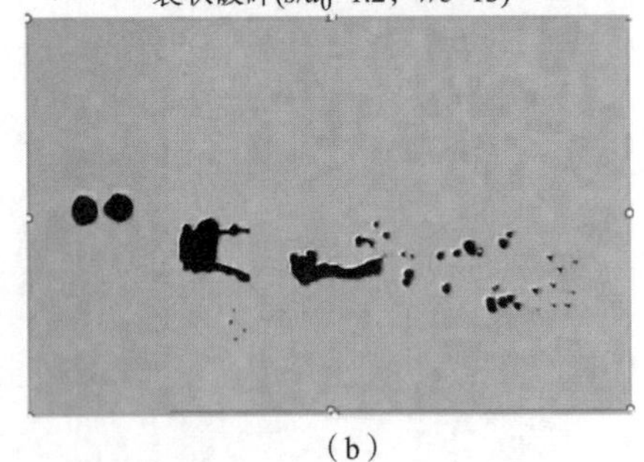

（b）

图6.21　双液滴间距对颗粒破碎的影响

（a）中心连线与来流方向平行的两球形液滴在无量纲间距 s/d_0 分别为1.2（左上）和2.1（左中）时的流场速度和压力分布，以及球形液滴（$s/d_0 = 2.1$）在来流作用下变形成为圆盘后周围流场的速度和压力分布（左下）；（b）中心连线与来流方向平行的两球形液滴在间距比 s/d_0 分别为2.1（右上）和1.2（右下）时发生袋状破碎过程的高速摄影图像

合效应几乎抑制了下游液滴的刺穿效应，仅有少量大尺寸碎片从汇聚形成的大液滴的尾部脱落。这种上游液滴对下游液滴强屏蔽效应会导致下游液滴很难破碎，而上游液滴的破碎推迟，形成的少量大碎片的尺寸比独立液滴破碎形成的碎片大1~2个数量级。

上游液滴对于下游液滴破碎的屏蔽效应随着液滴之间间距的增加而迅速衰减，但在这种屏蔽效应完全消失（$s/d_0=10$）之前，上、下游液滴的破碎仍然会相互影响。图6.22（a）和（b）分别为无量纲间距 $s/d_0=5.8$ 的上、下游液滴发生袋状破碎（$We=13$）和剪切破碎（$We=13$）时的高速摄影图片。此时，尽管下游液滴也会发生破碎，但破碎形态和形成的碎片云尺寸、分布显著区别于独立液滴破碎的情形。在发生袋状破碎时，下游液滴被上游液滴的碎片云覆盖，其破碎强度明显削弱。同样，在发生剪切破碎时，下游液滴的主体部分几乎不发生破碎，形成的尾部碎片云更为集中，明显区别于上游液滴破碎形成的碗状形态的碎片云。图6.22所示为上、下游液滴破碎耦合效应随无量纲间距 s/d_0 和韦伯数的变化。随着无量纲间距 s/d_0 的减小，在袋状破碎模式区间内，液滴变形形成的袋状结构半径更小；而在剪切破碎模式区间内，液滴破碎形成的锥形碎片云的锥角明显减小，碎片更为集中。在两种破碎模式下，下落液滴的破碎都会被明显推迟，且形成的碎片中大碎片的比例明显增大。

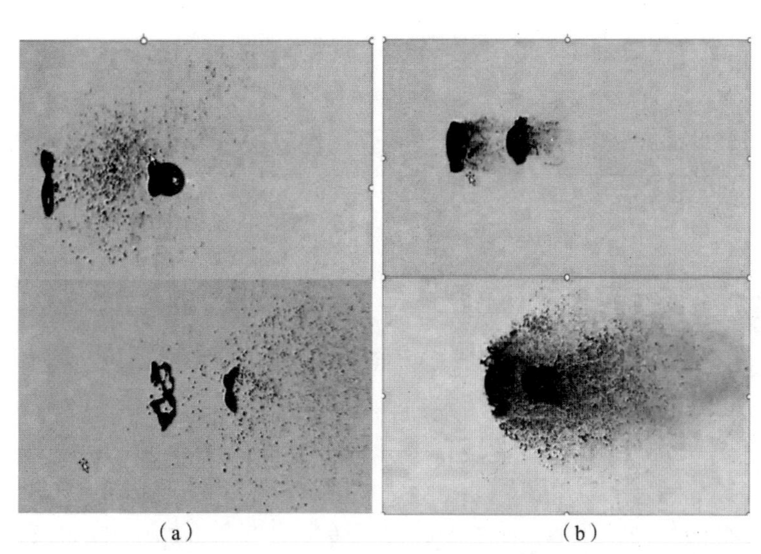

(a)　　　　　　(b)

图6.22　无量纲间距 $s/d_0=5.8$ 的上下游液滴发生袋状破碎（$We=13$）和剪切破碎（$We=13$）时的高速摄影图片

(a) 袋状破碎（$s/d_0=5.8$，$We=13$）；(b) 剪切破碎（$s/d_0=5.8$，$We=13$）

图 6. 23 所示为下游液滴破碎形态随两液滴之间无量纲间距 s/d_0 和韦伯数的变化。

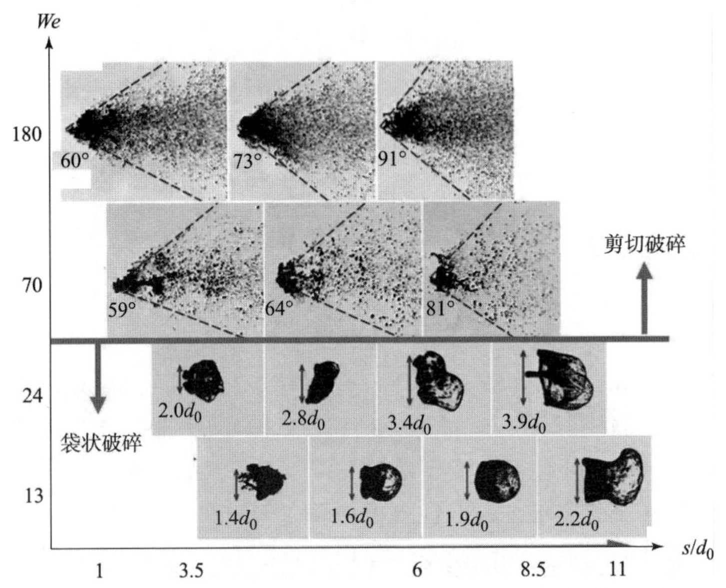

图 6. 23　下游液滴破碎形态随两液滴之间无量纲间距 s/d_0 和韦伯数的变化

图 6. 24 给出了不同韦伯数下下游液滴破碎模式随两液滴之间无量纲间距 s/d_0 的变化，随着 s/d_0 的增大，下游液滴的破碎模式从融合刺穿，转变为强度削弱，最终到无影响自由破碎。三种破碎模式之间的分界线 We_{cr}（s/d_0）呈现出负斜率，即随着韦伯数的增加，三种模式之间转变的临界无量纲间距（s/d_0）$_{cr}$ 减小。假设液滴在空间按照立方体网格规则分布，液滴的体积分数 ϕ_{drop} 与相邻液滴之间无量纲间距 s/d_0 的关系为 $\phi_{drop} \sim \pi/6 \cdot (s/d_0)^{-3}$，图 6. 24 的顶部横坐标将 s/d_0 轴转变成了 ϕ_{drop} 轴。对于发生剪切破碎的高速燃料液滴/微团，相邻液滴/微团之间破碎耦合效应在燃料体积分数 ϕ_{drop} 大于 0. 01 之前都不可忽略。值得注意的是，图 6. 24 给出表征相邻液滴破碎耦合效应转变的 We_{cr}（s/d_0）线仅针对中心连线与来流方向一致的两个液滴的情形。对于液滴群，液滴不仅受到上游液滴，还会受到侧面液滴的影响，可以预测此时液滴之间的屏蔽效应更强，即标志液滴破碎模式转变的 We_{cr}（s/d_0）线会左移，屏蔽效应在更稀疏的液滴群中也不可忽略。

由 6. 2. 3 节可知，近场分散过程结束时燃料云雾区内的整体燃料体积分数 ϕ_{fuel} 为 0. 01 ~ 0. 1，局部体积分数可以在 0. 1 以上。因此，燃料云雾区内部的燃料微团受到周围微团的屏蔽效应不可忽略，其气动破碎会显著推迟，破碎后

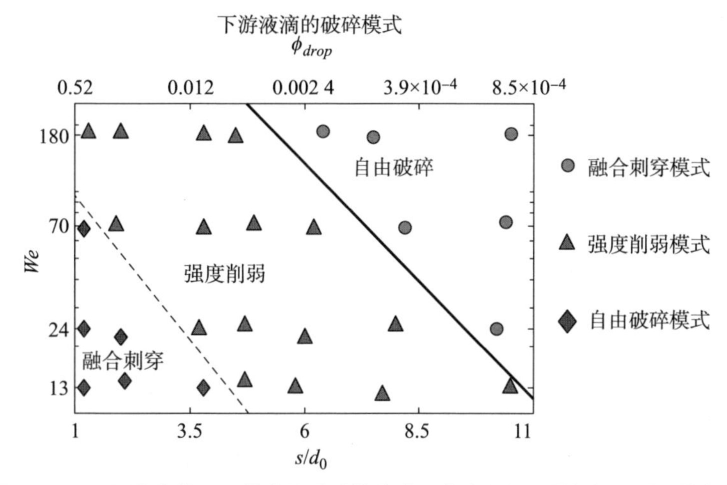

图 6.24　不同韦伯数下下游液滴破碎模式随两液滴之间无量纲间距 s/d_0 的变化

的碎片尺寸也较之独立微团破碎的碎片大 1 ~ 2 个数量级。这种燃料云雾区内燃料微团气动破碎的空间和时间非均匀性很难数值模拟再现，主要困难包括：①缺乏稠密液滴云（$\phi_{drop}>0.01$）内部超声速液滴气动破碎模型，无法对受屏蔽效应的液滴延迟破碎时间、破碎强度削弱后的碎片尺寸分布和空间分布进行合理的属性物理建模；②燃料云雾内部浓度的时空非均匀使得液滴之间屏蔽效应具有同样的空间非均匀性，6.2.4.1 节中介绍的对 r—z 二维空间网格中代表性燃料液滴进行飞散追踪，进而反演云雾区浓度的方法显然不可行；③燃料云雾的迅速膨胀演化导致液滴的空间分布迅速变化，更多的内部液滴暴露在云雾区边缘，不再受到液滴之间的屏蔽效应。要合理描述这一过程必须实时判断液滴在云雾区内的位置，目前的计算能力无法负担。为了在目前的远场阶段计算策略中体现燃料云雾内部由于液滴屏蔽效应导致的燃料微团破碎延迟现象，我们将燃料云雾中各个微团破碎时间的差异转变为燃料微团质量的持续剥离，如图 6.25（a）和（b）所示，使得两个模型中燃料云雾整体完全破碎时间 $t_{cloud,b}$ 一致。由于缺乏相关的机理研究，目前采用线性模型描述燃料微团质量的持续脱落，则

$$
\begin{cases}
m(t) = m_0 - (m_0 - m_{\min}) \cdot \dfrac{t}{t_b}, & t \leqslant t_b \\
m(t) = m_{\min}, & t > t_b
\end{cases}
\tag{6.20}
$$

式中：m_0 和 $m_{\min}$ 分别为初始燃料微团和脱落的燃料碎片的质量；t_b 为初始燃料微团质量减小到时的时间，此后燃料微团不再发生破碎。

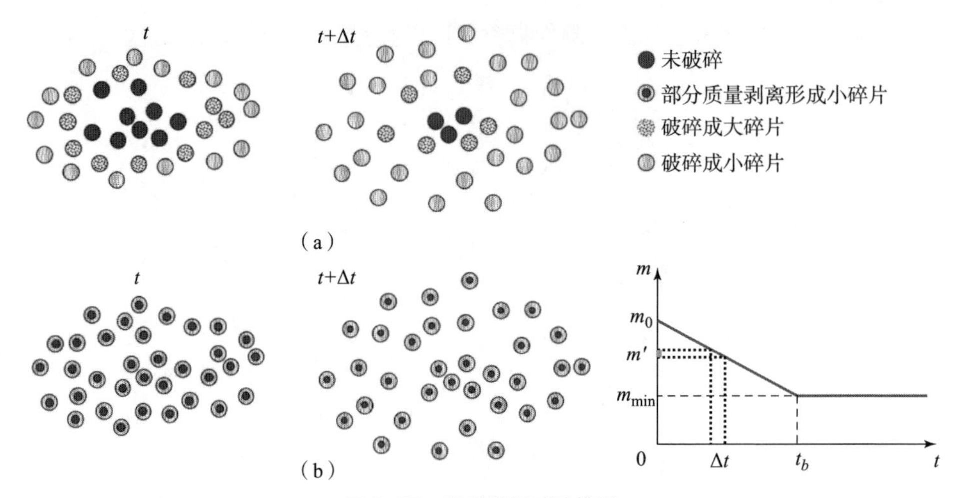

图 6.25　燃料微团破碎模型

(a) 燃料云雾区内燃料微团破碎过程示意图；(b) 远场分散计算模块中燃料微团质量持续脱落的示意图（右下为燃料微团质量随线性下降的模型）

式（6.20）中的待定参数包括 m_0、$m_{\min}$和 t_b。由 2.2.3 节和 2.4.1 节的分析可知，燃料柱壳破碎形成的初始燃料微团尺寸在毫米量级，而当燃料微团的尺寸缩小到 O（10^{-5} ~ 10^{-4}）m 的量级后，燃料微团不再发生破碎。

在本章中，初始燃料微团的粒径设为 $d_0=2$ mm（对应的初始燃料微团质量 $m_0=7.75$ mg），$m_{\min}$和 t_b 为待定参数。图 6.26（a）~（f）中的黑色曲线给出了爆炸分散试验中远场阶段云雾区外径和高度随时间的变化，云雾区外缘的初始径向和轴向速度分别为 $v_{r,p}\approx 270$ m/s 和 $v_{z,p}\approx 40$ m/s。在燃料微团质量持续脱落的微团破碎模型中，云雾区外缘的径向和轴向长度演化代表了初始速度 $V_0=[v_{r,p},\ v_{z,p}]$，质量 m_0的燃料微团在质量不断剥离过程中主体微团的径向和轴向距离的变化。图 6.26（a）~（f）所示分别为：（a）$d_{\min}=0.2$ mm，$t_b=50$ ms；（b）$d_{\min}=0.2$ mm，$t_b=75$ ms；（c）$d_{\min}=0.2$ mm，$t_b=100$ ms；（d）$d_{\min}=0.2$ mm，$t_b=125$ ms；（e）$d_{\min}=0.2$ mm，$t_b=150$ ms；（f）$d_{\min}=0.02$ mm，$t_b=100$ ms 6 种组合下的初始燃料微团的运动轨迹。显然，$d_{\min}=0.2$ mm（对应的最小燃料微团质量 $m_{\min}=0.00775$ mg），$t_b=100$ ms 的参数组合得到的微团运动轨迹与试验观测结果吻合最好。显然，燃料微团的破碎模型与爆炸分散体系的结构参数（当量比，燃料总质量等）密切相关，因此破碎模型中的参数需要通过相关试验进行标定。

将式（6.20）给出的燃料微团主体随时间变化的质量代入式（6.18），通过迭代计算可以得到燃料微团主体的运动轨迹。而不断脱落的燃料碎片（粒

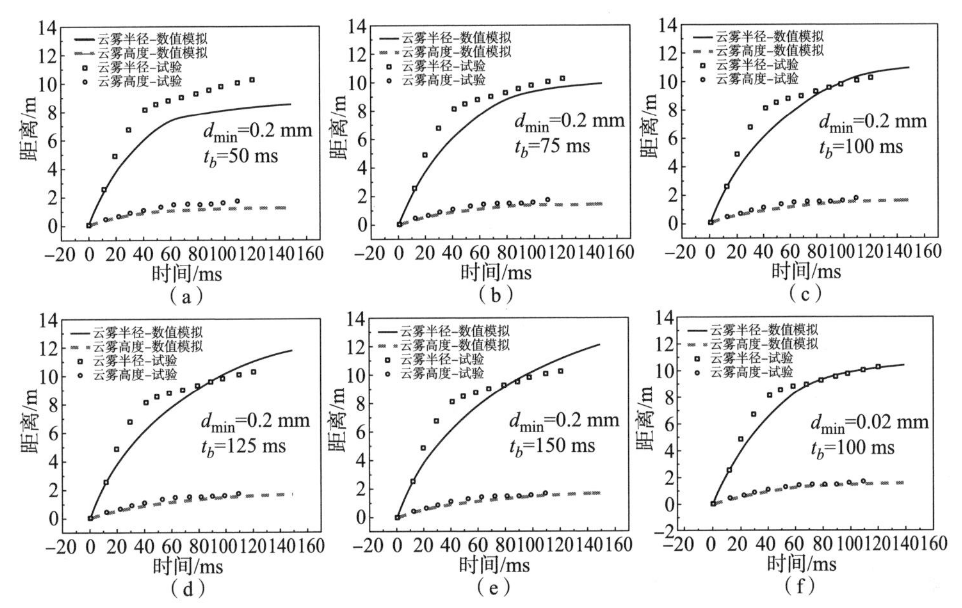

图 6.26　实线：初始径向和轴向速度分别为 $v_{r,p} \approx 270$ m/s 和 $v_{z,p} \approx 40$ m/s 的云雾区外缘的半径和高度随时间的变化。圆圈：与云雾区外缘初始速度一致的初始燃料微团在不同的破碎模型参数下的径向和轴向距离随时间的变化

(a) $d_{min}=0.2$ mm，$t_b=50$ ms；(b) $d_{min}=0.2$ mm，$t_b=75$ ms；

(c) $d_{min}=0.2$ mm，$t_b=100$ ms；(d) $d_{min}=0.2$ mm，$t_b=125$ ms；

(e) $d_{min}=0.2$ mm，$t_b=150$ ms；(f) $d_{min}=0.02$ mm，$t_b=100$ ms

径 d_{min}，质量 m_{min}）的运动轨迹则可以通过初始速度 V_0 的燃料碎片的运动轨迹得到。对于燃料微团碎片，我们将其径向和轴向的运动解耦，其径向和轴向的运动方程为

$$\begin{cases} m_{min}\dfrac{d^2 r}{dt^2} = -\dfrac{A_{min}\rho_{fuel}C_d}{2}v_{min,r}\dfrac{dr}{dt} \\ m_{min}\dfrac{d^2 z}{dt^2} = -\dfrac{A_{min}\rho_{fuel}C_d}{2}v_{min,z}\dfrac{dz}{dt} - m_{min}g \end{cases} \tag{6.21}$$

式中：$A_{min}=\pi/4 \cdot (d_{min})^2$ 为燃料碎片的截面积；$\boldsymbol{v}_{min,r}$ 和 $\boldsymbol{v}_{min,z}$ 分别为燃料碎片的瞬时径向和轴向速度。

图 6.27（a）和（b）所示为初始速度 $\boldsymbol{V}_0$ = [1 000 m/s $\boldsymbol{r}$，100 m/s $\boldsymbol{n}$] 的燃料碎片在拖曳力和重力作用下的径向和轴向速度 $v_{min,r}$ 和 $v_{min,z}$，以及径向和轴向距离 r 和 h 随时间的变化。对于某个时刻从燃料微团主体脱落的燃料碎片 $\boldsymbol{\Theta}$，其速度继承燃料微团主体速度 v_r，对应于图 6.27（a）中初始速度 $\boldsymbol{V}_0$ 的燃料碎片飞行了 t_1 时间，到达 [r（t_1），h（t_1）] 位置的速度。在此后的 t 时刻，

初始速度 $\boldsymbol{V}_0$的燃料碎片飞行到了位置［r（t），h（t）］，而此时燃料碎片 $\boldsymbol{\Theta}$ 从脱落点起始飞行的径向和轴向距离分别为 $\Delta r = r(t) - r(t_1)$ 和 $\Delta h = h(t) - h(t_1)$。通过这种方法，不需要对脱落的燃料碎片的运动轨迹进行迭代计算，只需要以初始速度 $\boldsymbol{V}_0$的燃料碎片的速度演化和运动轨迹为模板，通过以上过程确定任意时刻从脱落燃料碎片的运动轨迹。

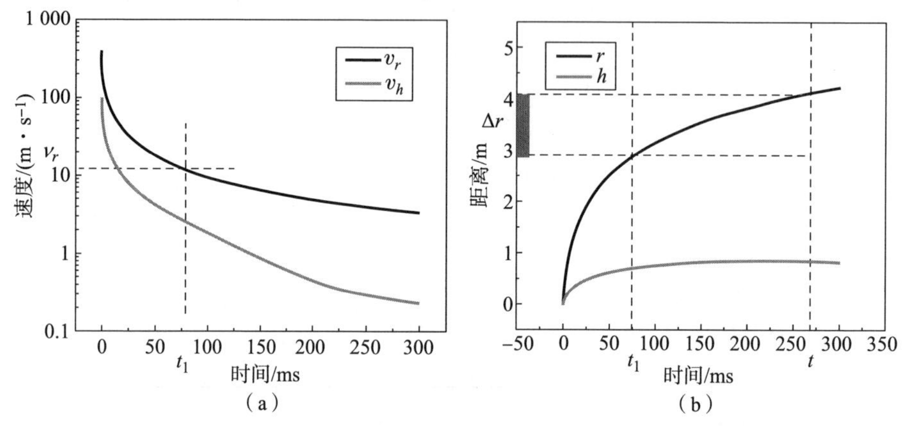

图 6.27　初始速度 V_0 =［1 000 m/s r，100 m/s n］的燃料碎片在拖曳力和重力作用下的演化过程

（a）径向和轴向速度，$v_{\min,r}$和 $v_{\min,z}$；（b）径向和轴向距离 r 和 h

以上计算脱落燃料碎片运动轨迹的方法实际上将燃料微团质量的连续剥离离散化，每隔 Δt 时间质量 $m' = n \cdot m_{\min}$（n 为大于等于 1 的整数）剥离。根据式（6.20），单位时间里燃料微团主体损失的质量为 $\mathrm{d}m = (m_0 - m_{\min}) / t_b$，两次碎片脱落的间隔时间为 $\Delta t = m'/\mathrm{d}m = n \cdot m_{\min} \cdot t_b / (m_0 - m_{\min})$。图6.28 给出了初始燃料微团 $\boldsymbol{\Theta}_{i,j}$在质量剥离同时的运动轨迹，以及每隔 Δt 时间脱离的燃料碎片 $\boldsymbol{\Theta}'$（对应质量 m'）的运动轨迹。

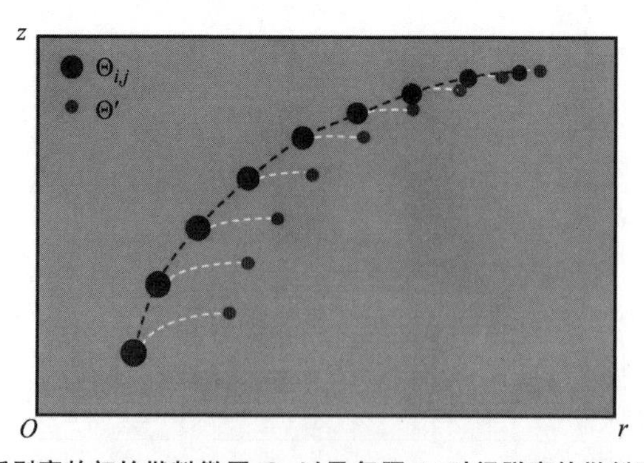

图 6.28　质量不断剥离的初始燃料微团 $\boldsymbol{\Theta}_{i,j}$以及每隔 Δt 时间脱离的燃料碎片 $\boldsymbol{\Theta}'$的运动轨迹

6.2.4.3 三维云雾区重构模块

燃料云雾区内的燃料微团在 t_b 时刻后完全破碎成小燃料碎片，此后可以通过对云雾区所有燃料碎片的位置来重构三维云雾区的浓度场。图 6.29 所示为近场阶段结束时云雾区内体积单元 $\Omega_{i,j}$ 内代表性燃料微团 $\Theta_{i,j}$ 在 t 时刻的燃料微团主体以及脱落的燃料碎片的位置，分散在不同的体积单元内。在 t 时刻 $r-z$ 坐标系中体积单元 $\Omega_{k,l}$ 中的燃料质量为

$$m_{k,l} = \sum_{i,j} N_{i,j} m_{i,j}(t) + \sum_{i,j} m'_{i,j} \tag{6.22}$$

式中：$m_{i,j}$ 为落入体积单元 $\Omega_{k,l}$ 中的初始体积单位 $\Omega_{i,j}$ 内代表性燃料微团 $\Theta_{i,j}$ 的剩余质量；$m'_{i,j}$ 为落入体积单元 $\Omega_{k,l}$ 中的初始体积单位 $\Omega_{i,j}$ 内代表性燃料微团 $\Theta_{i,j}$ 的剥离质量，对所有初始体积单位 $\Omega_{i,j}$ 内代表性燃料微团进行位置判断后求和。

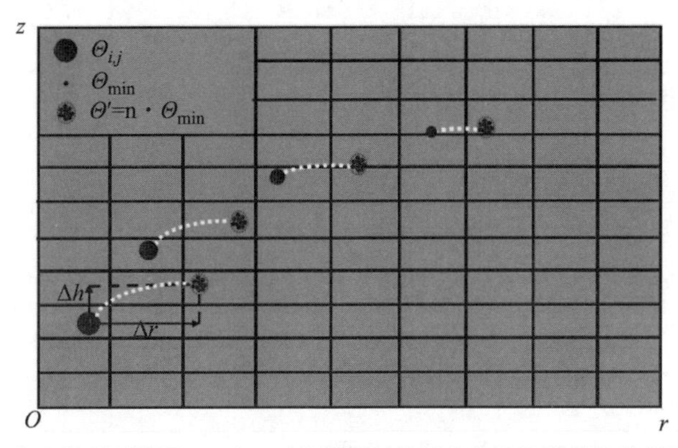

图 6.29 代表性燃料微团 $\Theta_{i,j}$ 在 t 时刻的燃料微团主体以及脱落的燃料碎片的位置

体积单元 $\Omega_{k,l}$ 的燃料浓度为

$$\chi_{k,l} = \frac{m_{k,l}}{V_{\Omega_{k,l}}} = \frac{2Hm_{k,l}}{\theta_0(r_{k+1}^2 - r_k^2)(h_{l+1} - h_l)} \tag{6.23}$$

式中：$V_{\Omega_{i,j}}$ 为体积单元 $\Omega_{k,l}$ 的体积；r_k、r_{k+1} 和 h_l、h_{l+1} 分别为体积单元 $\Omega_{k,l}$ 的内外柱面半径以及上、下端面的高度。

图 6.30 所示为某个时刻云雾区内的浓度在 r—z 二维平面上的分布。给定浓度的临界值可以通过云雾区的浓度分布绘制每个时刻云雾区边缘，进而得到云雾的体积、外径、高度和中心空洞半径等特征尺度随时间的变化。当这些特征尺度收敛的时候标志云雾区已趋于稳定，此时可以统计稳定燃料云雾的特征几何尺寸、宏观浓度和浓度分布等状态参数。6.3 节通过对一个云爆战斗部装药实例的模拟结果诠释如何通过分析燃料云雾区浓度场的演化来判断云雾是否已达到稳定。

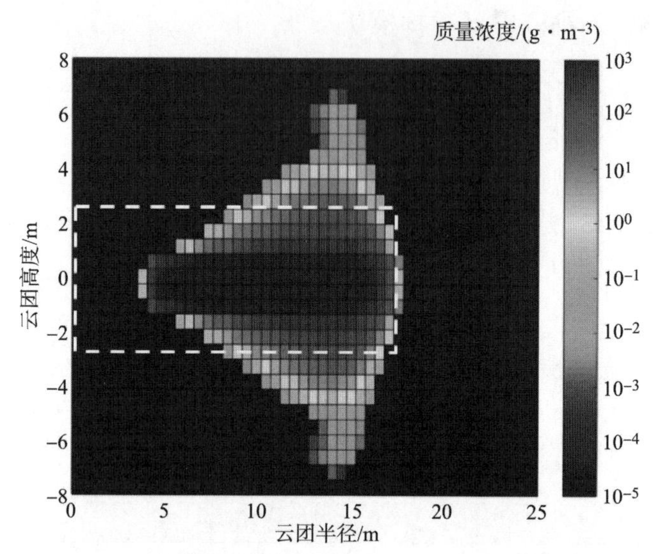

图 6.30 某时刻云雾区内的浓度在 r—z 二维平面上的分布

6.3 云爆战斗部爆炸分散形成云雾场的计算实例分析

6.3.1 近场分散过程的计算模型

云爆战斗部的三维几何结构如图 6.31（a）所示，几何尺寸标注在图 6.31（b）所示的纵剖面结构图中。外壳为内径 590 mm 的圆柱壳体，中心分散药（8 701，6 kg，密度 1.62 g/cm^3）装填在内径 130 mm 贯穿整个战斗部高度的中心圆柱管道内，固液云爆燃料（装填密度 1.13 g/cm^3）装填在外壳和中心管之间的区域内，即图 6.31（b）中的灰色区域，云爆燃料的总质量为 574 kg。采用 6.2.2 节介绍的包含黏结键模型的 CMP－PIC 方法对该战斗部爆炸分散近场阶段进行二维和三维数值模拟，二维模拟的构型包括战斗部纵剖面［图 6.31（b）］和横截面结构；而在三维模拟中，由于战斗部的旋转轴对称性，仅对图 6.31（a）中被 xOy，yOz 和 zOx 平面分割的空间内的 1/8 构型［图 6.31（a）中深灰色的部分］进行数值模拟。通过横截面结构对二维模拟，可以清晰地追踪加速膨胀的燃料柱壳与内部迅速演化流场的耦合作用；而纵剖面的数值模拟可以显示产物气体轴向膨胀对中心流场压力衰减和流动的影响。横截面和纵剖面的二维模拟分别忽略了轴向和环向的流场演化和柱壳变形，特别是纵剖面的二维模拟采用的是类似三明治结构的层状构型，而非实际的柱壳发散构型，无法考虑流场及柱壳径向膨胀的效应。然而，战斗部结构的三维数值模拟可以同时考虑径向、轴向和环向流场与燃料柱壳的耦合，提供三维空间内流场和燃料云雾区的演化过程，为后续远场分散阶段的计算提供必要的近场过程结束时刻的燃料云雾区三维空间分布信息。

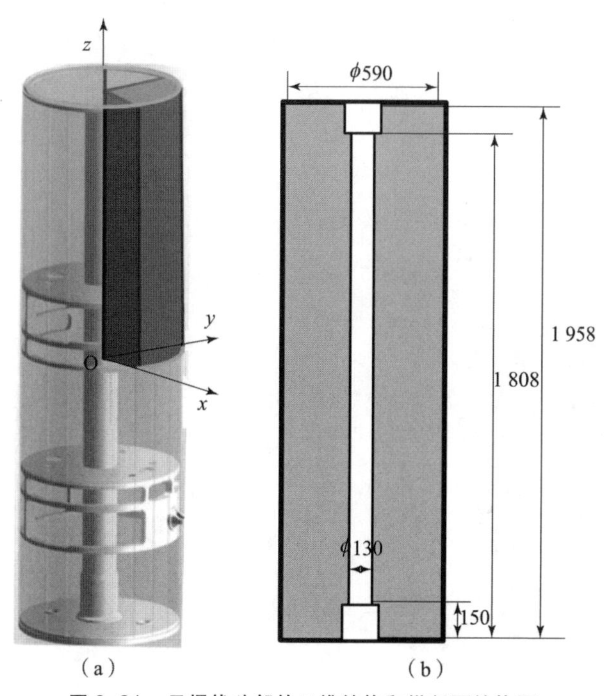

图 6. 31　云爆战斗部的三维结构和纵剖面结构图

图 6. 32 所示为二维数值模拟中的战斗部纵剖面 [图 6. 32 (a)] 和横截面 [图 6. 32 (b)] 计算模型的几何构型。纵剖面和横截面的二维数值模型的计算域分别为边长 4 m（相当于 6. 8 倍的战斗部口径和 2 倍战斗部高度）和 8 m（相当于 13. 6 倍的战斗部口径）的正方形区域，纵剖面构型中的燃料柱壳为约束在 $y = 1.5$ m 和 2. 5 m 的固壁之间 $x =$ [1. 705 m, 1. 935 m] 和 $x =$ [2. 065 m, 2. 295 m] 的两个长方形区域，约束在 $y = 1.5$ m 和 2. 5 m 的固壁之间的中心药柱区域（$x =$ [1. 935 m, 2. 065 m]）仅有中心宽度为 R_{exp} 条形区域填充有压力为 P_0，温度为 T_0 的高压气体，替代中心分散药。下面在能量等价原则下推导与装药为 6 kg 的 8701 爆炸能相当的高压气体的 R_{gas}、初始压力 P_0 和温度 T_0。值得注意的是，为了体现中心分散药上下端板并非强约束，而

是会发生破裂导致气体泄漏的现象，中心分散药区域的上下端面约束采用固定颗粒墙约束，允许少量气体的泄漏。整个计算域除了中心高压气体和燃料包占据的区域外均填充常温常压的气体。横截面构型中燃料环为中心与计算域中心重合，内径 $R_{in,0}=0.065$ m，外径 $R_{out,0}=0.295$ m 的环向区域，中心分散药由半径为 R_{exp}、初始压力 P_0，温度 T_0的中心气团代替。整个计算域除了中心高压气体和燃料包占据的区域外均填充常温常压的气体。二维数值模拟中虚拟燃料包的粒径为 2 mm，在纵剖面和横截面构型中燃料包数目分别为 130 788 和 75 671。燃料包密度设置为 $\rho_{parcel}=1.85\ \mathrm{g/cm^3}$，填充体积分数为 $\phi_{parcel}=0.65$，填充密度为 $\rho_{fuel}=1.15\ \mathrm{g/cm^3}$。流体网格尺寸为 4mm，在纵剖面和横截面构型中流体网络的数目分别为 10^6和 4×10^6。

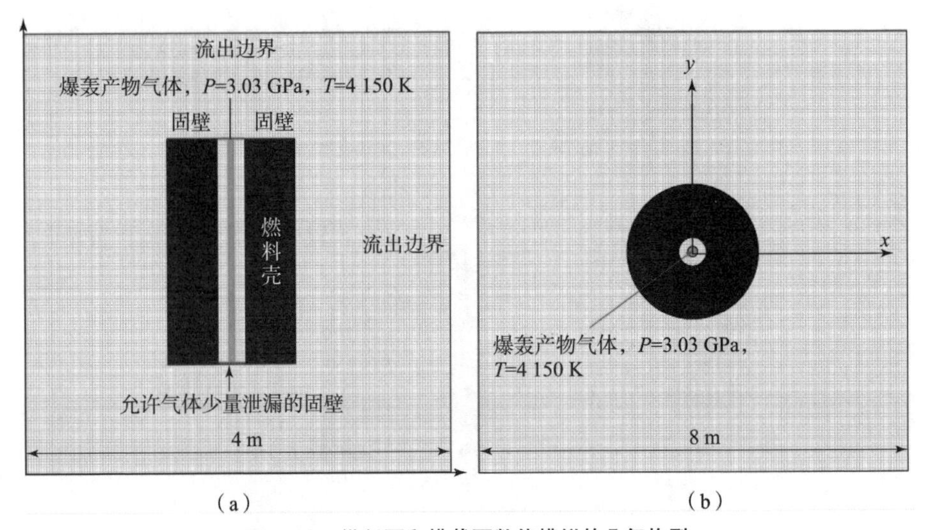

图 6.32　纵剖面和横截面数值模拟的几何构型

图 6.33（a）所示为 1/8 战斗部三维构型的计算模型示意图。计算域为边长 1.6 m 的立方体区域，燃料柱壳的内径 $R_{in,0}=65$ mm，外径 $R_{in,0}=295$ mm，分别与图 6.31（b）中所示的内管外径和外壳内径一致，高度 $h_0=979$ mm。燃料区采用粒径为 8 mm 的虚拟燃料包进行密填充，总数目为 149 312。填充后的构型如图 6.33（b）所示，密填充的燃料包体积分数为 $\phi_{parcel}\sim0.6$，燃料包密度设置为 $\rho_{parcel}=1.85\ \mathrm{g/cm^3}$，填充后的燃料密度为 $\rho_{fuel}=1.15\ \mathrm{g/cm^3}$，略小于二维构型中填充后的燃料密度，战斗部整体的填充的燃料质量为 574 kg，与实际装药量一致。如 6.2.2 节所述，此时的虚拟燃料包并不代表燃料区分散后的燃料微团，而是对连续燃料的虚拟离散。虚拟燃料包的尺寸应当与燃料微团

的尺寸相当，或比燃料微团的尺寸大一个量级。如果是后者，虚拟燃料包包含的燃料微团数目 χ 可以用来衡量体系的粗化率，三维情况下粗化率指标为 $\chi^{1/3}$。在中心分散药区域内部半径 R_{exp}、高度 h_0 的 1/8 柱形区域内填充初始压力 P_0、温度 T_0 的理想气体。整个计算域除了中心高压气体和燃料包占据的区域外均填充常温常压的气体。模型中忽略了战斗部的外壳，炸药和燃料柱形区域的顶部分别采用固定颗粒墙和固壁约束。计算域的边界 xOy、xOz 与 yOz 面设置为反射边界（实体墙壁），其他三个面设置为开放边界，允许气体和颗粒流出。

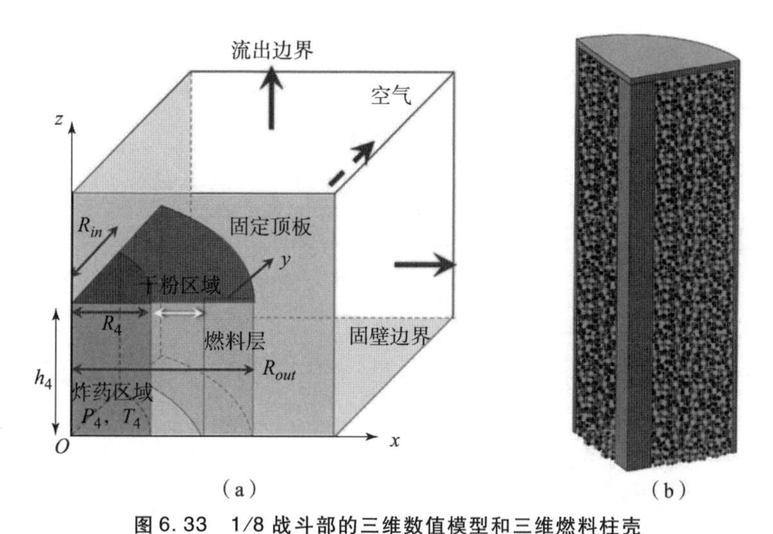

图 6.33　1/8 战斗部的三维数值模型和三维燃料柱壳

（a）1/8 战斗部结构的三维数值模型示意图；（b）虚拟燃料包填充三维燃料柱壳

二维和三维数值模拟中燃料包的材料参数的设置相同。燃料包的恢复系数 ε_p 考虑了其内部存在的能量耗散，经测试设置为 0.6。燃料包、燃料包与壁面接触的法向刚度系数 $k_{n,p}$ 设置为 2.2×10^9 N/m。由于 CMP 模块的时间步长由 CFL 数确定，为确保数值稳定性，CFL 数设置为 0.01，对应的流体相步长为 0.05～0.08 ms。对于高马赫数的流动，这一特征时间比颗粒间碰撞的特征时间（O（10^0）ms）更小，因此 PIC 模块的时间步长可以设置为与 CMP 模块相同。

中心分散药为 6 kg 的 8 701，炸药体积为 3 700 cm^3，而中心管道的体积为 18 700 cm^3，分散药仅能填充中心管道的 20% 体积。因此，中心管道内以高压气体为爆源的区域设置为半径为中心管道内径 1/5，$R_{exp}=26.8$ mm，高度与中心管道相同，$h_{exp}=979$ mm 的圆柱区域。高压气柱的爆炸能与装药 6 kg 的 8 701 总爆热相当，对于 1/8 战斗部构型中的高压气柱，有

$$\frac{m_{8\,701}q_{8\,701}}{8}=\frac{(P_0-P_{amb})V_{gas}}{\gamma-1}=\frac{(P_0-P_{amb})\pi R_{exp}^2h_{exp}}{\gamma-1}\tag{6.24}$$

式中：$q_{8\,701}$为单位质量的8 701的爆热，$q_{8\,701}=4\ 667$ kJ/kg；P_0为高压区的初始压力；P_{amb}为大气压力；γ为理想气体的比热比$\gamma=1.4$。

将$R_{exp}=26.8$ mm，$h_{exp}=979$ mm代入式（6.24），可得$P_0=3.03$ GPa。高压区的气体温度设置为8 701的爆轰产物气体温度，$T_0=4\ 150$ K。根据式（6.24）得到的能量相当的气团初始参数，可以计算得到体系的当量比M/C，即燃料柱壳总质量（二维构型中为单位高度的燃料质量）与中心气团（二维构型中为单位高度的气柱质量）的当量比$M/C=m_{fuel}/m_{gas}$。横截面和纵剖面构型的当量比分别为$(M/C)_{ring,2D}=53$和$(M/C)_{layer,2D}=$，三维构型的当量比$(M/C)_{shell,3D}=50.4$。

6.3.2 近场分散过程的数值模拟结果

图6.34（a）和（b）所示分别为横截面构型二维数值模拟得到的流场压力P_f和速度V_f的r—t图。由于燃料环的迅速膨胀，中心流场的压力在$t=4$ ms时已经衰减到了1 atm。但在燃料环外部，由于燃料环的加速膨胀激发的$Ma=1.27$的发散柱面波（TS）后方存在一个高压高速环形流动区域，环形流动区域的内界面在燃料云雾环内部，与后者内界面（图6.34（a）和（b）中的虚线IPF）接近，外界面与发散柱面波TS波面重合。随着发散柱面波TS的衰减和内部流场压力趋向负压（小于1 atm），高压环形流动区域的压力从$t=2$ ms时的8 bar下降到$t=12$ ms时的5 bar范围内，流场速度从300 m/s下降到100 m/s。中心高压气团释放后中心流场与燃料环的耦合作用在4 ms基本结束，但覆盖燃料云雾环的高压环形流动区域则持续影响燃料云雾环的膨胀和分散。在高压环形流动区域内界面附近存在较强的径向正压力梯度，即该处的燃

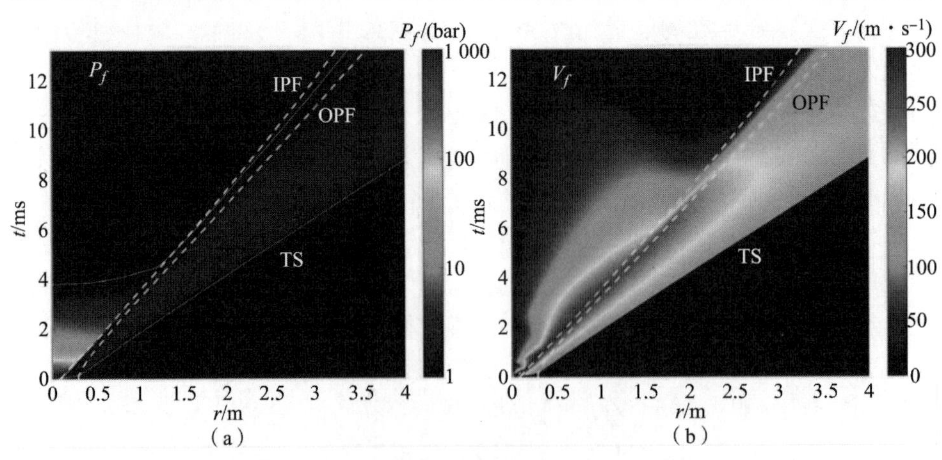

图6.34　横截面构型二维数值模拟得到的流场压力P_f和速度V_f的r—t图

料微团受到指向中心的压力梯度力的影响而减速。然而，燃料云雾环内部和外界面则持续受到流场拖曳力的影响，拖曳力对燃料微团的作用是加速还是减速则取决于燃料微团与当地流场之间的相对速度。

图6.35（a）和（b）分别为二维横截面构型数值模拟得到的燃料速度 V_{fuel} 和体积分数 ϕ_{fuel} 的 $r-t$ 图。燃料环在 $t=4$ ms 之前持续加速膨胀，最大速度可达250～300 m/s，此后在燃料环外部透射波后方高压环形流动区域的影响下，燃料环区域内界面附近的燃料微团减速，速度下降到150～200 m/s。然而，燃料环区域外界面附近的燃料微团仍可维持250 m/s的飞散速度，燃料环区域内燃料速度沿径向增大，燃料环明显变宽。燃料体积分数 ϕ_{fuel} 的 r—t 图则显示出燃料环区域燃料浓度的持续下降，在 $t=4$ ms时，$\phi_{fuel}=0.3$，而在 $t=12$ ms时，$\phi_{fuel}<0.1$。值得注意的是，尽管在 $t=12$ ms时燃料环区域燃料浓度已非常低，且燃料环云雾已脱离了内部流场的影响，但燃料环云雾还未穿出不断膨胀的高压环形流动区域。此时，燃料环区域内界面附近的燃料微团仍受到指向中心的压力梯度力的作用而持续减速，而外界面附近的燃料微团由于燃料与流场之间较小的速度差受到的拖曳力远小于在静止流场中的拖曳力。因此，可以继续维持高速飞散，直到穿出高压环形流动区域进入静止流场，才会在拖曳力发生明显减速。因此在目前的二维横截面构型数值模拟中，燃料环膨胀到初始直径的14时近场过程仍未完全结束。

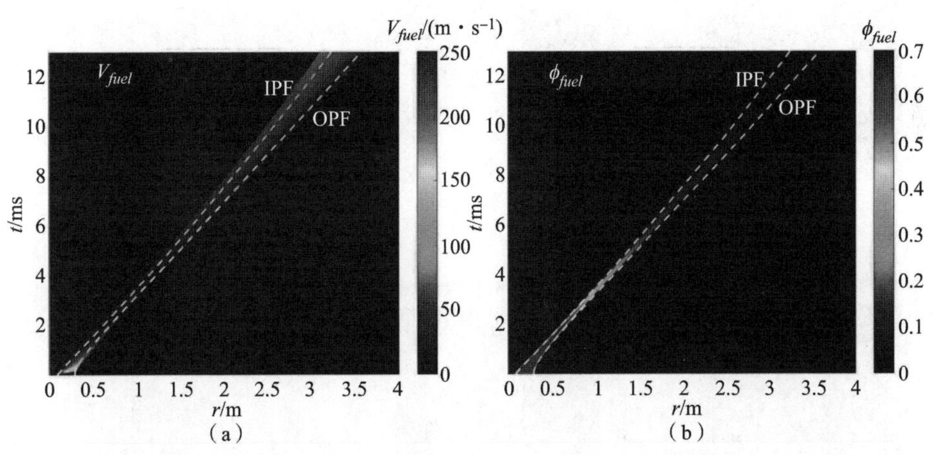

图6.35　横截面构型二维数值模拟得到的燃料速度 V_{fuel}（a）和体积分数 ϕ_{fuel}（b）的 r—t 图

二维横截面构型的数值模拟无法考虑流场在轴向的流动，特别是高压气体在战斗部顶板和底板边缘处的侧向膨胀效应。图6.36所示为二维纵剖面构型的数值模拟得到的不同时刻的流场压力［图6.36（a）～(d)］、径向流场速度［图6.36（e）～(h)］和轴向流场速度［图6.36（i）～(l)］的空间分布。由

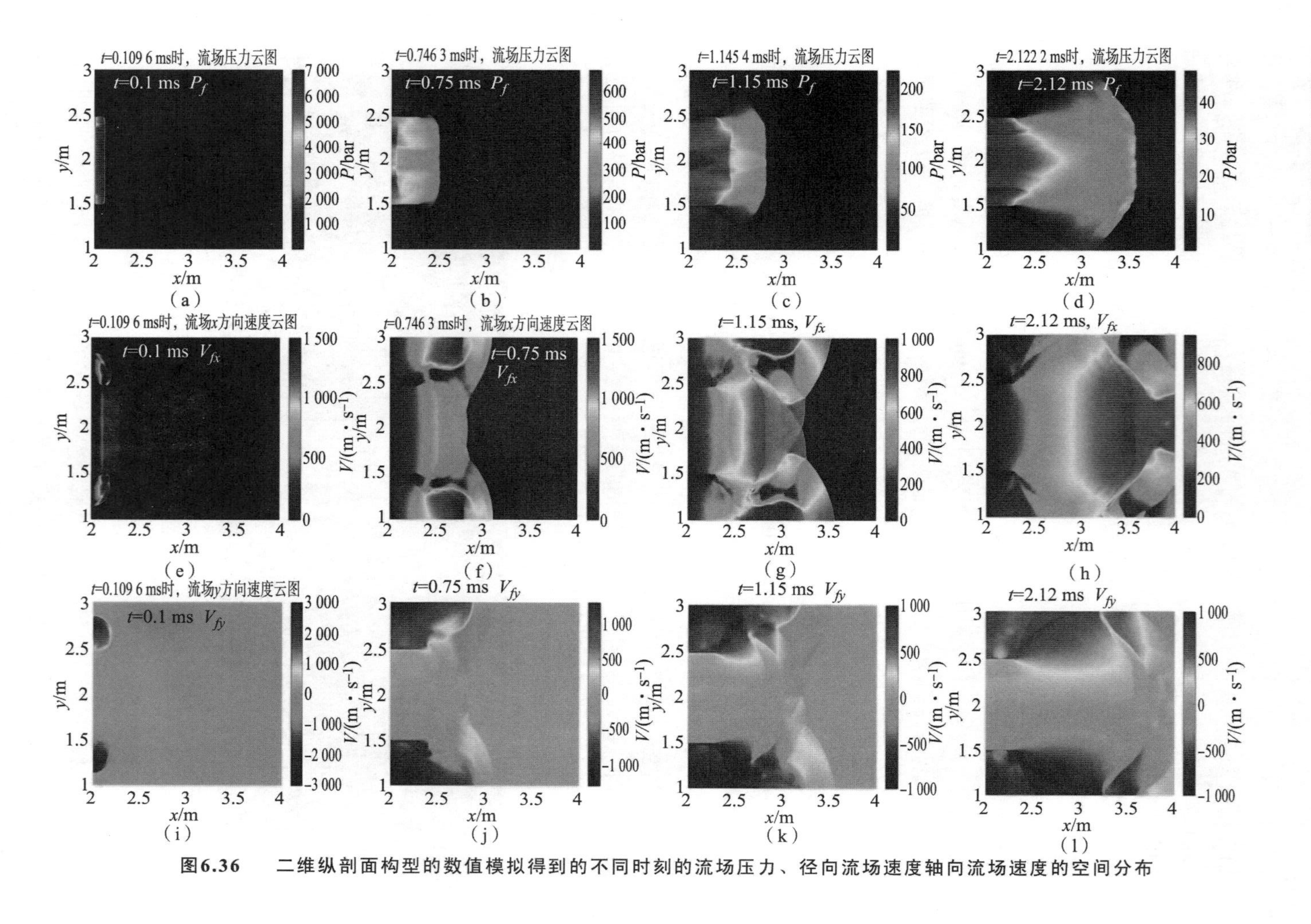

图6.36　二维纵剖面构型的数值模拟得到的不同时刻的流场压力、径向流场速度轴向流场速度的空间分布

于在纵剖面构型的高压气柱上、下端面上设置了允许少量气体泄漏的固定颗粒墙，在 $t=0.1$ ms 时可以看到高压气体突然释放后从上、下端板向外部流场透射的激波导致明显的流动。此后，径向传播的平面激波上下端板边缘处向上下流场绕射，侧向膨胀波向中心汇聚交汇，同时入射波在燃料壳内源和中心轴之间发生往复运动，这些往复激波与侧向传播的稀疏波相互作用，形成复杂的波系结构，如图 6.36 所示。

图 6.37（a）~（d）显示了二维纵剖面构型的数值模拟得到的燃料壳在不同时刻的构型演化，时刻与图 6.36 中的时刻相互对应。构成燃料壳的燃料包散点根据瞬时径向速度染色。由于装药上、下端面向内部传播的稀疏波的影响，燃料壳在上、下端面处受到的压力明显弱于壳体中部，因此燃料壳上、下端膨胀速度更小，整体呈现出中心外凸的鼓状形貌。

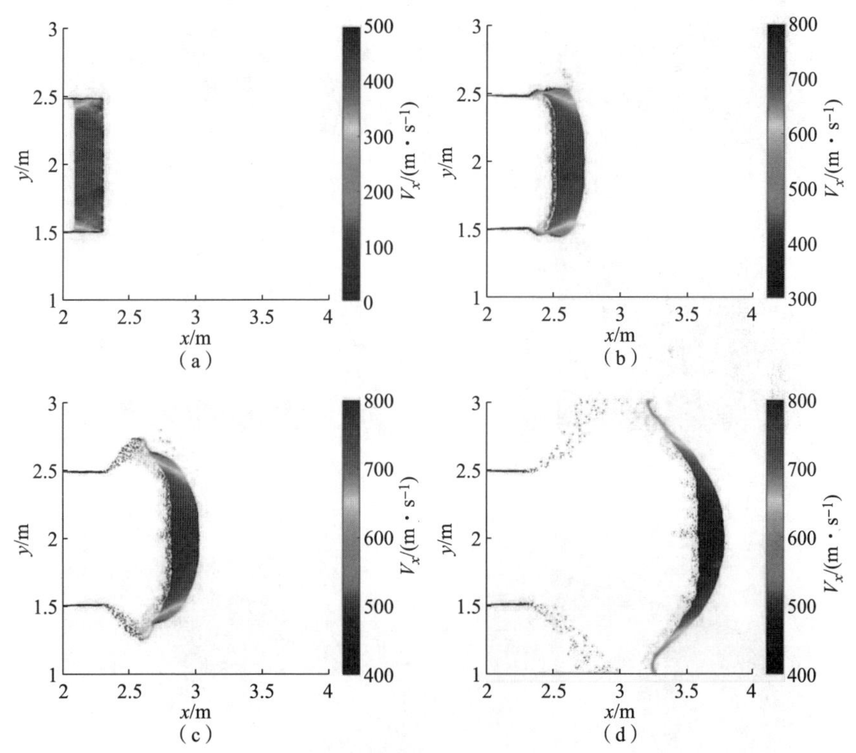

图 6.37　二维纵剖面构型的数值模拟得到的燃料壳在不同时刻的构型变化

（a）$t=0.1$ ms；（b）$t=0.75$ ms；（c）$t=1.15$ ms；（d）$t=2.12$ ms

二维横截面和纵剖面构型的数值模拟显示了近场阶段流场和燃料柱壳的基本特征，这些特征在 1/8 战斗部构型的三维数值模拟中也同样存在。图 6.38 所示为 $\theta=45°$ 的纵切面上不同时刻的流场压力［图 6.38（a）~（d）］和速度

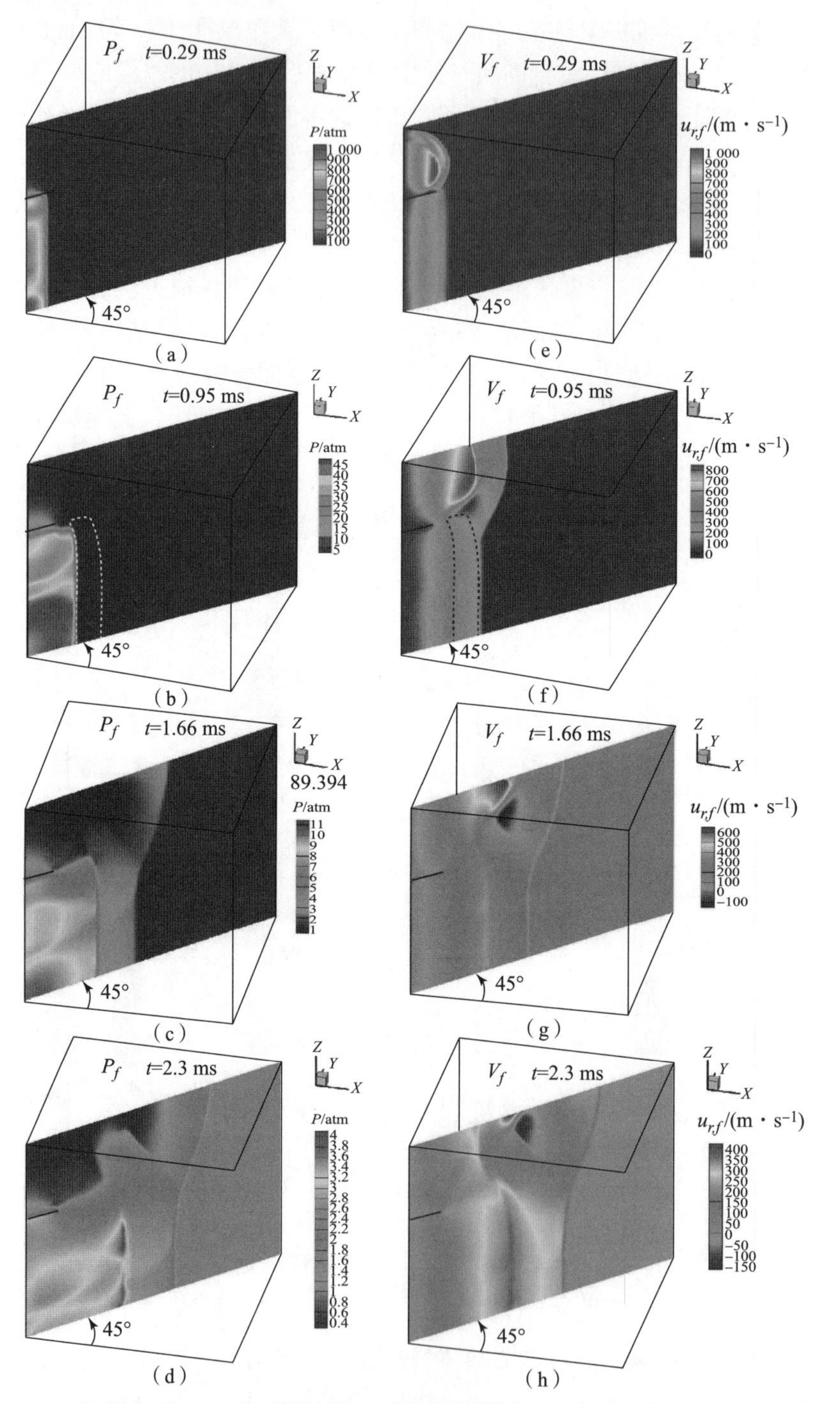

图 6.38 $\theta=45°$的纵切面上不同时刻的流场压力和速度的分布

[图6.38 (e) ~ (h)] 的分布。在 t 为0.29 ms和0.95 ms，可以看到从上端面固定颗粒墙（$z = 0.979$ m）透射进入高压区的稀疏波沿轴向向下的运动，同时高压气柱释放形成的柱面波在上端面固定颗粒墙边缘处向外绕射，膨胀稀疏波开始向中心传播。在 $t = 2.3$ ms 时，压力的最大值出现在燃料壳内界面处，对应于在燃料壳内界面和中心往复运动的柱面激波刚刚从燃料壳内界面反射。尽管在上端面（$z = 0.979$ m）下方区域流场的扰动前缘大致仍为柱面，上端面上方流场的压力和速度场受到绕射激波和曲面膨胀波的影响，压力波前缘为外凸弧面、法向方向 $z = 0$ 的中心面偏转。值得注意的是，端面上方流场（$z > 0.979$ m）出现了若干负压区域（小于 1 atm）。图 6.39 显示了与上端面齐平（$z = 1$m）和接近中心水平面（$z = 0.2$m）的流场水平切片上不同时刻的流场压力和速度分布。与 $\theta = 45°$ 的纵切片上观察到的流场演化规律一致；在 $t = 0.95$ ms 时，$z = 1$ m 的水平切片上显示出透射激波和弱绕射波在 $z = 1$ m 平面上的边缘。$z = 0.2$ m 的水平切片上的压力分布很难分辨处向内部传播的柱面稀疏波和向外扩展的柱面入射波，但在 $z = 0.2$ m 的水平切片的流场速度分布图 [图6.39 (b)] 中可以显示入射波在燃料环内界面反射导致的高速流动环带，以及由于中心反射稀疏波导致的中心流动静止区域。在 $t = 2.3$ ms，燃料环区域内的压力梯度明显下降，特别是在 $z = 1$ m 的水平面上。$z = 0.2$ m 的水平面上最大压力的速度仍出现在燃料环内界面附近，在燃料环内部的径向压力和速度梯度仍保持正值。但是，在燃料环内界面内部，$z = 1$ m 和 $z = 0.2$ m 的水平面上均出现沿径向为负的压力和速度梯度，意味着游离在燃料环内界面内部的燃料微团受到负压力梯度力和拖曳力作用而向中心汇聚。在中心区域，从中心反射的激波开始向外传播。

图6.40和图6.41显示了燃料云雾区内的燃料包在不同时刻的空间分布，图6.40和图6.41 (a)、(b)，以及图6.40和图6.41 (c)、(d) 中的燃料包分布通过瞬时径向速度和轴向速度染色。与二维纵剖面构型的数值模拟结构类似，环壳燃料云雾区的上缘径向速度更小，整体向中心偏转，但轴向速度沿轴向增加，环壳燃料云雾区的上缘轴向速度最大。在远场分散过程中，燃料云雾区高度的增长主要来源于近场过程中环壳燃料云雾区上端和下端获得的轴向速度。图6.42中燃料云雾区内的燃料包根据局部体积分数染色，染色环壳燃料云雾区上端的燃料体积分数更低。

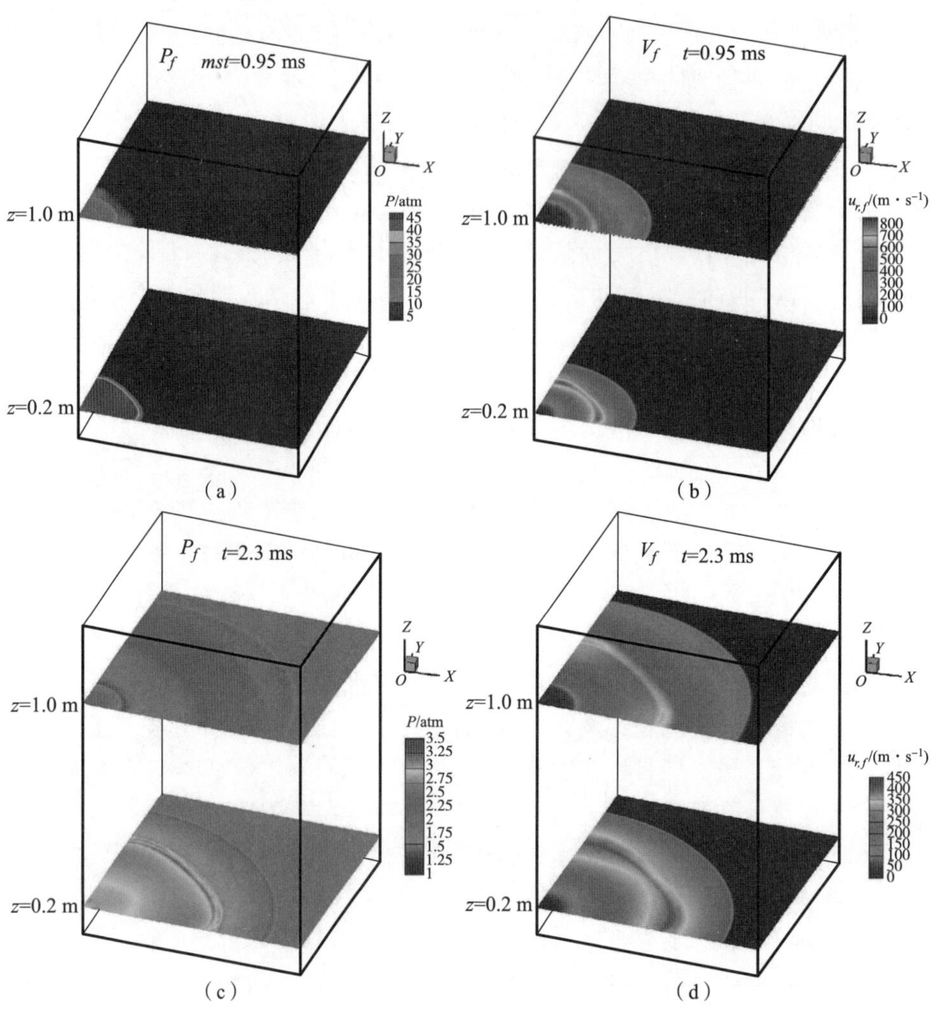

图 6.39　与上端面齐平（$z=1$ m）和接近中心水平面（$z=0.2$ m）的流场水平切片上不同时刻的流场压力和速度的分布

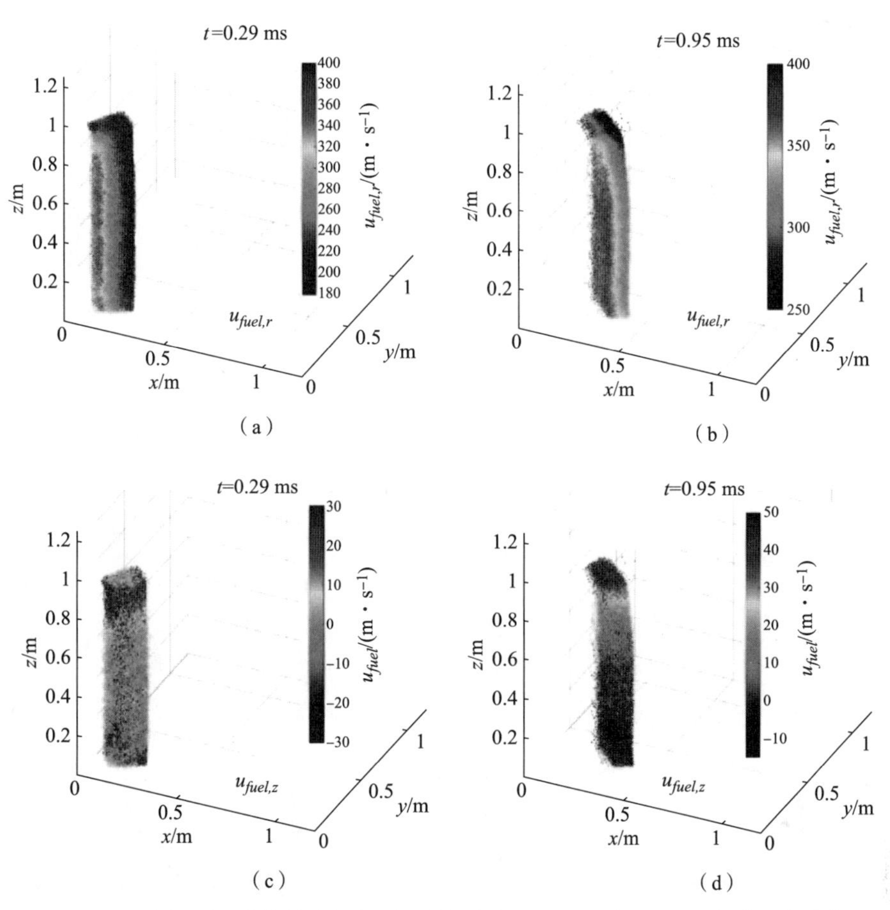

（a）　（b）　（c）　（d）

图 6.40　燃料云雾区内的燃料包在不同时刻（t 为 0.29 ms 和 0.95 ms）的空间分布

（a）（b）燃料包分布根据径向速度染色；（c）（d）燃料包分布根据轴向速度染色

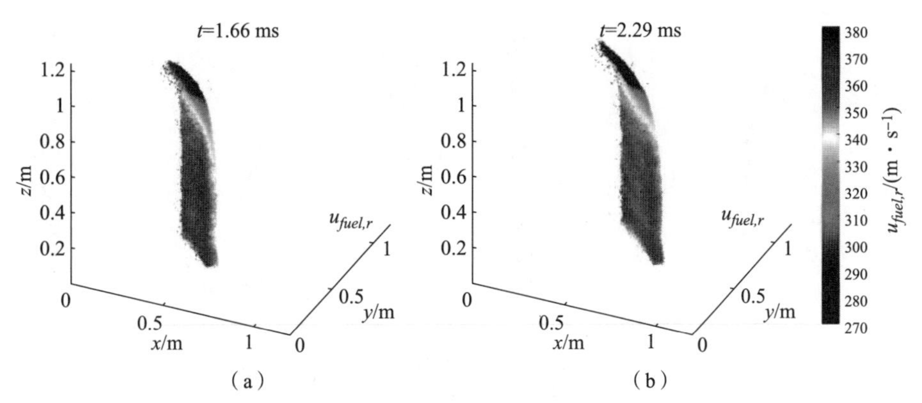

（a）　（b）

图 6.41　燃料云雾区内的燃料包在不同时刻（t = 1.66 和 2.29 ms）的空间分布

（a）（b）燃料包分布根据径向速度染色

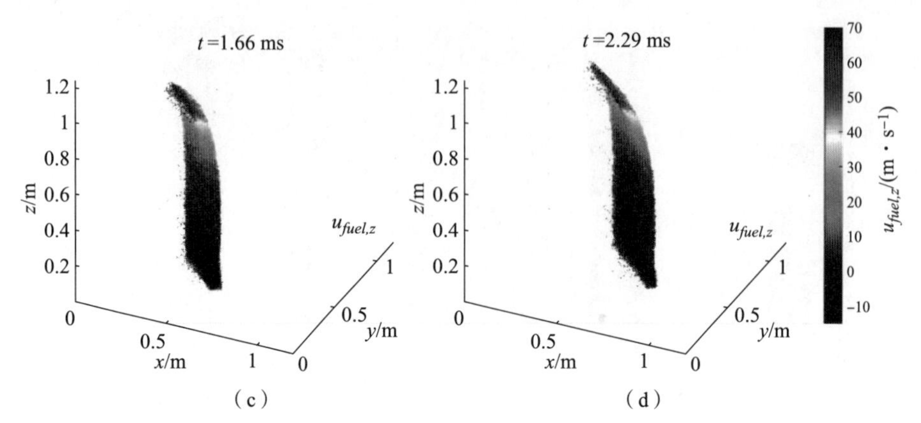

图 6.41　燃料云雾区内的燃料包在不同时刻（t=1.66 和 2.29 ms）的空间分布（续）
（c）（d）燃料包分布根据轴向速度染色

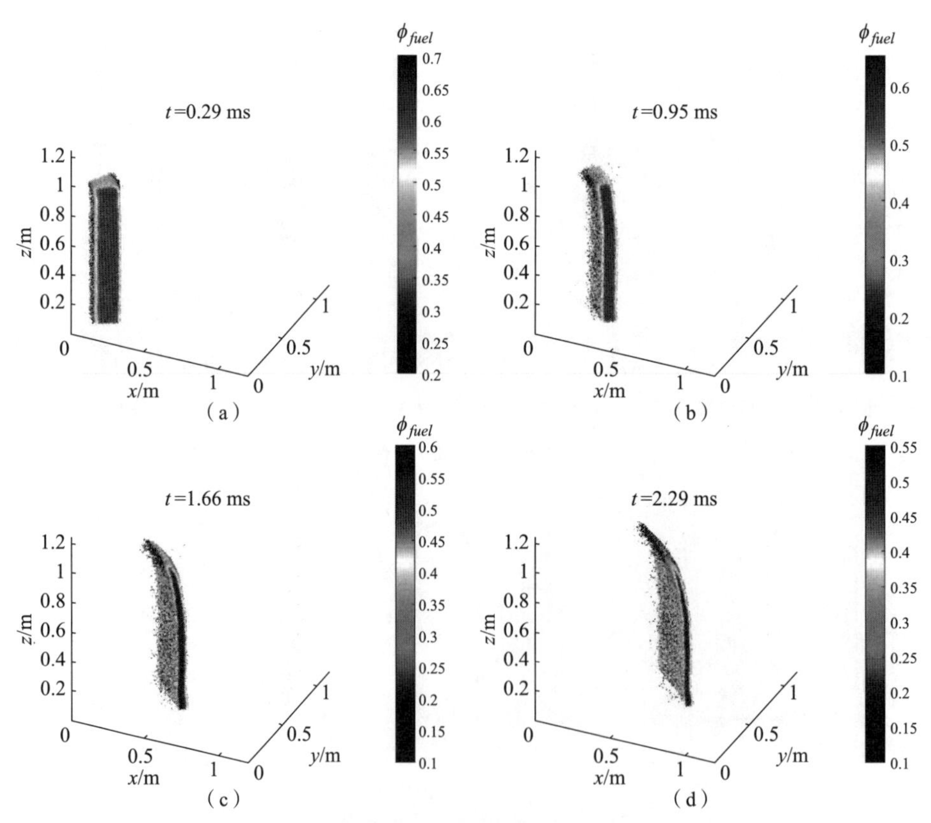

图 6.42　燃料云雾区内的燃料包在不同时刻的空间分布
（燃料包分布根据局部体积分数染色）

对燃料环壳区域内的燃料包信息进行环向平均，可以得到 r—z 二维空间内燃料浓度分布，如图6.43所示，燃料浓度最高的区域出现在燃料环壳区域的中心区域。进一步对 r—z 二维空间内燃料浓度分布在 z 方向平均，可以得到如图6.44（a）所示的燃料体积分数 ϕ_{fuel} 的 r—t 图，四个典型时刻 t 为0.29 ms、0.95 ms、1.66 ms和2.29 ms的整体燃料体积分数分别 $\phi_{fuel,ave}$ 为0.6、0.5、0.35和0.25，对应的燃料环壳区域的纵剖面轮廓如图6.44（b）所示。图6.45（a）

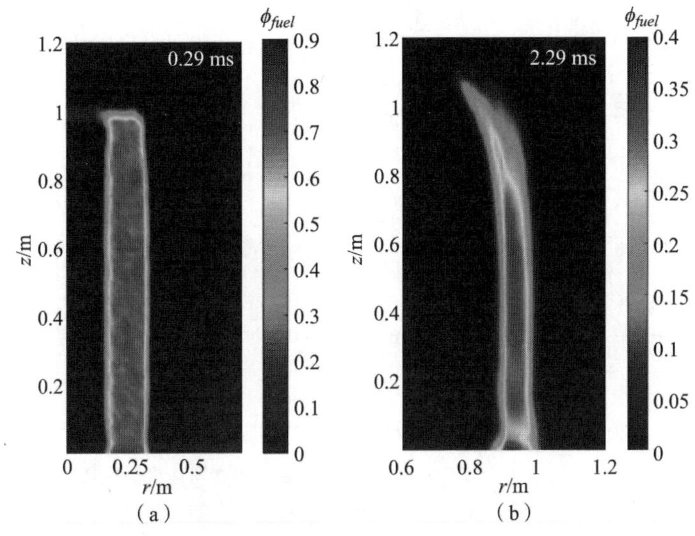

图6.43　0.29 ms和2.29 ms时刻燃料云雾区内燃料浓度在 r—z 二维空间内的分布

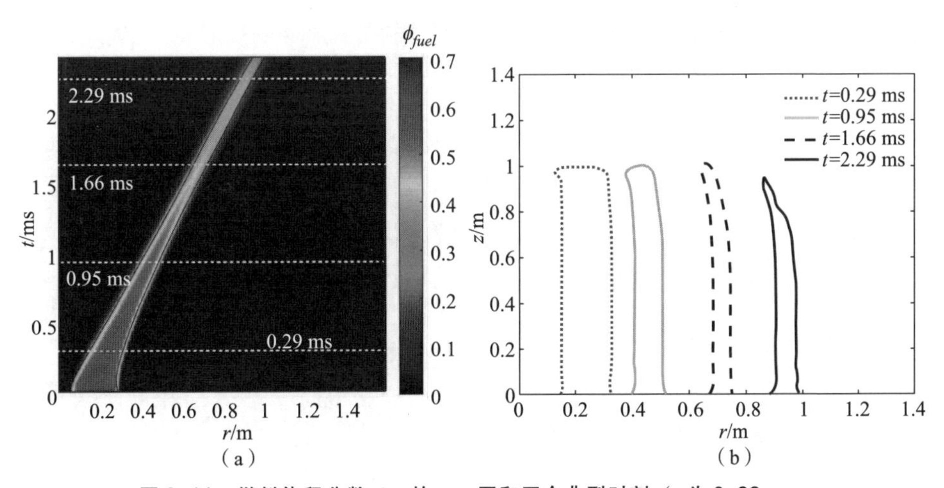

图6.44　燃料体积分数 ϕ_{fuel} 的 r—t 图和四个典型时刻（t 为0.29 ms、0.95 ms、1.66 ms、2.29 ms）燃料环壳区域的纵剖面轮廓

（a）燃料体积分数的 r—t 图；（b）燃料云雾区纵剖面轮廓随云雾膨胀的演化

显示了燃料径向速度 $u_{fuel,r}$的 r—t 图；图 6.45（b）显示了近场阶段后期燃料速度沿径向的变化 $u_{fuel,r}$（r），从 1.66 ms 到 2.29 ms，燃料速度沿径向呈现出双线性增长的特性，从燃料环壳区域内界面到 2/3 厚度处的速度梯度 $\mathrm{d}u_{fuel,r}/\mathrm{d}r$ 远大于从该处到燃料环壳区域外界面的速度梯度。这是由于在第一个速度线性增长阶段对应区域的压力梯度远大于第二个速度线性增长阶段对应的区域。

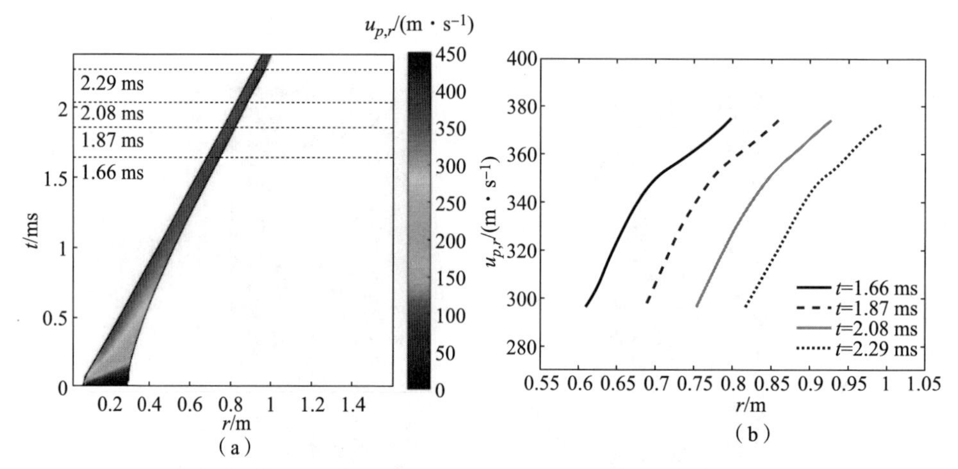

图 6.45　燃料径向速度 $u_{fuel,r}$的 r—t 图和近场阶段后期四个时刻（t 为 1.66 ms、1.87 ms、2.08 ms、2.29 ms）燃料环壳区域内燃料速度随径向的变化

（a）燃料径向速度的 $r-t$ 图；（b）燃料环壳区域内燃料速度随径向的变化

6.3.3　远场分散阶段的数值模拟结果

按照 6.2.4.2 节中介绍远场分散阶段燃料微团飞散计算流程，将破碎模型中的初始燃料直径，最小燃料碎片和质量剥离时间分别设置为 $d_0 = 2$ mm、$d_{min} = 0.2$ mm 和 $t_b = 100$ ms，计算 1 000 × 1 000 的柱壳体积单元阵列中代表性燃料微团 $Q_{i,j}$（i，j = 1，2，3，…，1 000）考虑质量脱落的飞散过程，并通过 6.2.4.3 节中介绍的三维燃料云雾状态场的重构方法构建不同时刻的云雾区。图 6.46 展示了不同时刻燃料云雾区浓度 c_{fuel}在 $r-h$ 二维空间的分布，云雾区从初始浓度较为均匀分布，纵剖面为月牙形的环带（20 ms）分散成蘑菇状，燃料集中在头部，尾部较为稀疏的环带（40 ~ 80 ms），最终演化成纵剖面为杆状，燃料更多集中在内外两端的环带（200 ~ 300 ms）。为了更好地显示云雾区主体外部的低燃料密度区域，我们对燃料浓度 c_{fuel}进行对数变换后渲染，如图 6.47 所示。此时，可以清晰地看到燃料云雾区纵剖面呈现出扇形轮廓，外界面呈伞状，中心对称轴区域的浓度最大。在 300 ms 时，中心对称轴区域

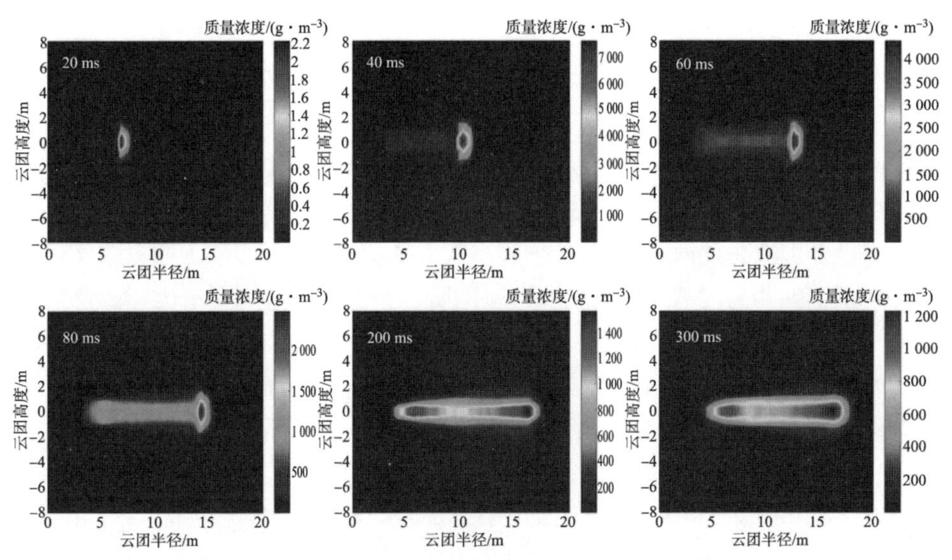

图 6.46　不同时刻燃料云雾区浓度 c_{fuel} 在 $r-h$ 二维空间的分布，

$d_0=2$ mm，$d_{\min}=0.2$ mm，$t_b=100$ ms

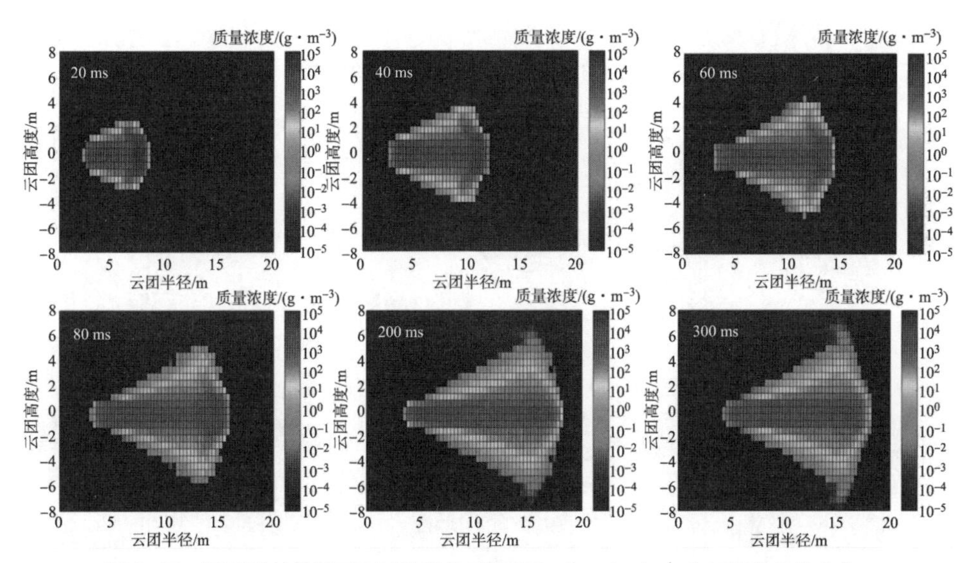

图 6.47　不同时刻燃料云雾区浓度的对数值 lg（c_{fuel}）在 $r-h$ 二维空间的分布，

$d_0=2$ mm，$d_{\min}=0.2$ mm，$t_b=100$ ms

的浓度 c_{fuel}（$z=0$）~ O（10^3 ~ 10^4）g/m^3，而边缘区域的浓度 c_{fuel}（$z=\pm 6$ m）~ O（10^{-1} ~ 10^0）g/m^3，相差 3 ~ 5 个数量级，因此在靠近燃料云雾区外界面处的轴向浓度梯度可高达 O（10^3 ~ 10^5）g/m^4。此外 200 ms 和 300 ms 时的云雾

区整体形貌和浓度分布均相差不大，可以认为云雾区已趋向稳定。以下用 300 ms 时的云雾区状态场来统计得到稳定云雾区的特征参数。在图 6.46 和图 6.47 中显示的燃料云雾区浓度 c_{fuel}在 $r-h$ 二维空间的分布图上绘制等值线，如图6.48 所示。采用 $c_{fuel,cr}=10$ **g/m³**作为区分燃料云雾区边界的临界浓度，该等值线给出了此时燃料区域区纵剖面边界。将构成云雾区边界上点的最小半径和最大半径分别作为此时云雾区的内外半径 R_{in}和 R_{out}，竖直方向上的最大宽度作为此时云雾区的高度 H，如图 6.49（a）所示，图 6.49（b）给出了云雾区的内外半径 R_{in}和 R_{out}，以及高度 H 随时间的变化。云雾区的内径 R_{in} 增长缓慢，从初始的 4 **m** 增长到 5 **m**，而云雾区的内径 R_{out}在 100 **ms** 时间迅速增长，此后趋向稳定，300 **ms** 时的稳定云雾区外径达到 17 **m**。然而，云雾区的高度则呈现出三阶段的增长特性，在最初的 20 **ms** 内高度增长 2 倍，此后增长速度放缓，在 200 **ms** 增长到 3 **m**，此后趋向稳定，在 300 **ms** 时稳定在 3.2 **m**。由于云雾区几何形态具有中心旋转轴对称特性，因此将 $r-z$ 平面上的云雾区轮廓沿 z 轴旋转 $2pc_{\mathrm{fuel}}$，可以得到如图 6.49（c）中插图所示的环状回旋体，进而可以计算环状回旋体云雾区内部的平均浓度 $c_{fuel,ave}$。考虑内部空腔和不考虑内部空腔的云雾区内燃料浓度 $c_{fuel,ave}$和$\chi^*_{fuel,ave}$ 随时间的变化如图 6.49（**c**）所示。$c_{\mathrm{fuel,ave}}$（t）和 $\chi^*_{fuel,ave}(t)$ 曲线几乎重合，在 0 ~ 50 ms 内迅速下降后趋向稳定，在 300 ms 的浓度

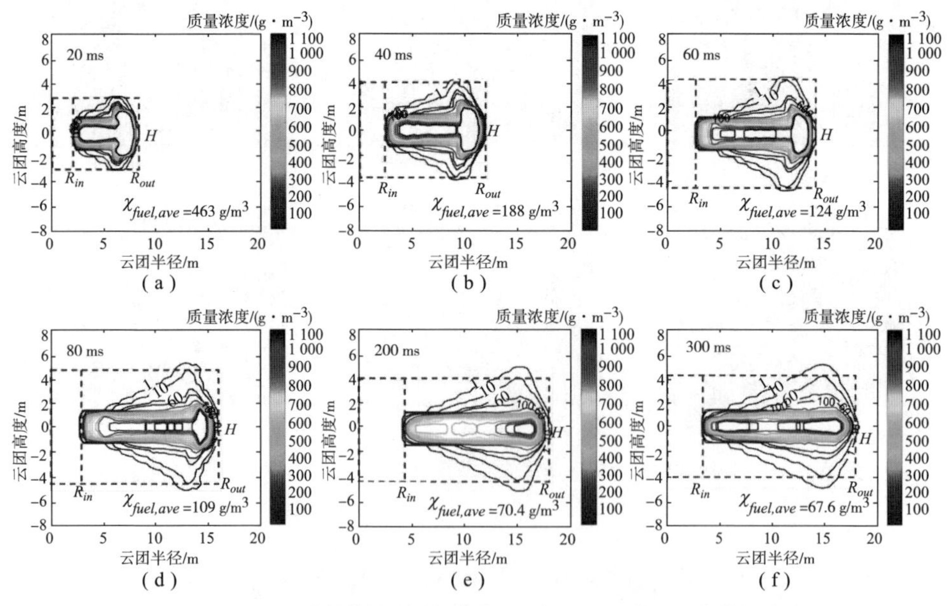

图 6.48 不同时刻燃料云雾区浓度 c_{fuel}在 $r-h$ 二维空间的等值线，

$d_0=2$ mm，$d_{\min}=0.2$ mm，$t_b=100$ ms

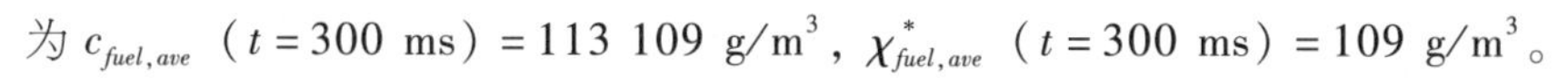

为 $c_{fuel,ave}$（$t=300$ ms）$=113\ 109$ g/m^3，$\chi^*_{fuel,ave}$（$t=300$ ms）$=109$ g/m^3。

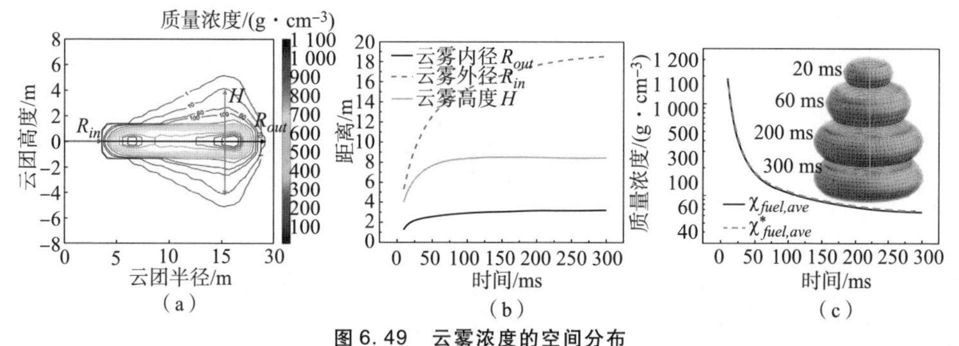

图6.49　云雾浓度的空间分布

（a）图6.46（f）和6..47（f）中燃料云雾区 $r-z$ 面上的浓度分布的等值线，通过临界浓度等值线 $c_{fuel,cr}=10$ **g/m^3** 确定云雾区的内外半径，R_{in} 和 R_{out}，和高度 H；（b）云雾区的内外半径，R_{in} 和 R_{out}，和高度 H 随时间的变化，（c）考虑内部空腔和不考虑内部空腔的云雾区内燃料浓度，$c_{fuel,ave}$ 和 $\chi^*_{fuel,ave}$ 随时间的变化；（**c**）中的插图为不同时刻的云雾区三维形貌

图6.50比较了不同的破碎模型参数设置下燃料云雾区趋向稳定（$t=300$ ms）时的浓度在 $r-z$ 空间内的分布。当 $d_{min}=0.2$ mm 保持不变时，云雾区内径基本不变，而外径随 t_b 的增大而变大，t_b 为75 ms、100 ms、125 ms和150 ms时，云雾区外径分别为17 m、17.5 m、19.7 m和21.4 m。浓度分布逐渐从两端集中转变成头部浓度明显大于尾端。在 $d_{min}=0.02$ mm，$t_b=100$ ms时，整体云雾区的长度明显缩短，且浓度在尾端的集中程度超过在头部的集中程度。我们同样对图6.50显示的浓度分布进行对数渲染，用于清晰地显示低浓度区域，如图6.51所示。可以看到所有破碎模型参数的组合下稳态云雾区的纵剖面均呈现出类似的扇形结构，但伞状外缘的曲率半径随的 t_b 增大而增大，即云雾区外界面更趋近于平整的柱面，且外界面附近的沿轴向的浓度梯度减小。图6.50中显示的燃料云雾区浓度 c_{fuel} 在 $r-h$ 二维空间的分布图上绘制等值线，如图6.52所示。采用 $c_{fuel,cr}=10$ g/m^3 作为区分燃料云雾区边界的临界浓度，该等值线给出了此时燃料区域区纵剖面边界。表6.2给出了不同破碎参数组合下稳定燃料云雾区的特征几何参数和整体浓度，包括云雾区的内外半径 R_{in} 和 R_{out}、高度 H，不包含中心空洞和包含中心空洞的云雾区体积 V_{cloud} 和 V^*_{cloud}，以及相对应的云雾区整体浓度 $c_{fuel,ave}$ 和 $\chi^*_{fuel,ave}$。当 t_b 从50 ms增加到100 ms时，云雾区整体浓度 $c_{fuel,ave}$ 和 $\chi^*_{fuel,ave}$ 下降了1/2，而当 t_b 增加到150 ms时，云雾区整体浓度 $c_{fuel,ave}$ 和 $\chi^*_{fuel,ave}$ 较之 $t_b=100$ ms时又下降了1/2。而 d_{min} 从0.2 mm减小到0.02 mm时，云雾区整体浓度 $c_{fuel,ave}$ 和 $\chi^*_{fuel,ave}$ 上升了约30%。

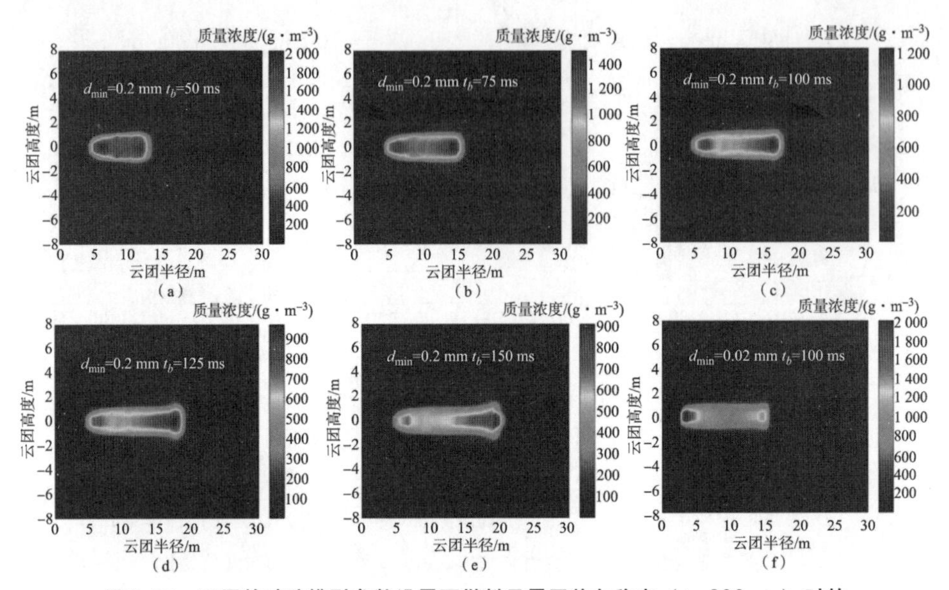

图 6.50　不同的破碎模型参数设置下燃料云雾区趋向稳定（t=300 **ms**）时的浓度在 $r-z$ 空间内的分布

（a）d_{min} = 0.2 mm t_b = 50 ms；（b）d_{min} = 0.2 mm t_b = 75 ms；（c）d_{min} = 0.2 mm t_b = 100 ms；（d）d_{min} = 0.2 mm t_b = 125 ms；（e）d_{min} = 0.2 mm t_b = 150 ms；（f）d_{min} = 0.2 mm t_b = 100 ms

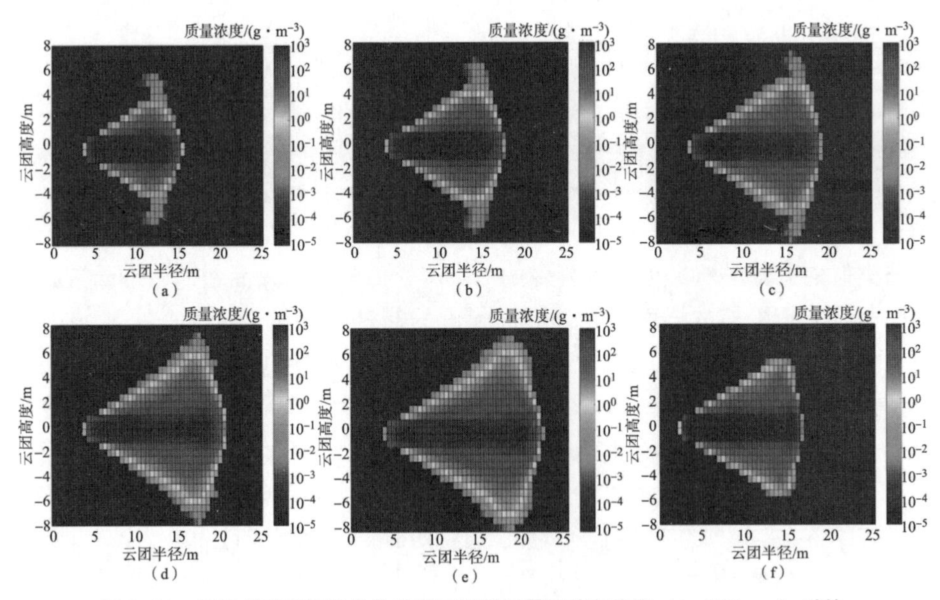

图 6.51　不同的破碎模型参数设置下燃料云雾区趋向稳定（t=300 **ms**）时的对数浓度在 $r-z$ 空间内的分布

（a）d_{min} = 0.2 mm t_b = 50 ms；（b）d_{min} = 0.2 mm t_b = 75 ms；（c）d_{min} = 0.2 mm t_b = 100 ms；（d）d_{min} = 0.2 mm t_b = 125 ms；（e）d_{min} = 0.2 mm t_b = 150 ms；（f）d_{min} = 0.2 mm t_b = 100 ms

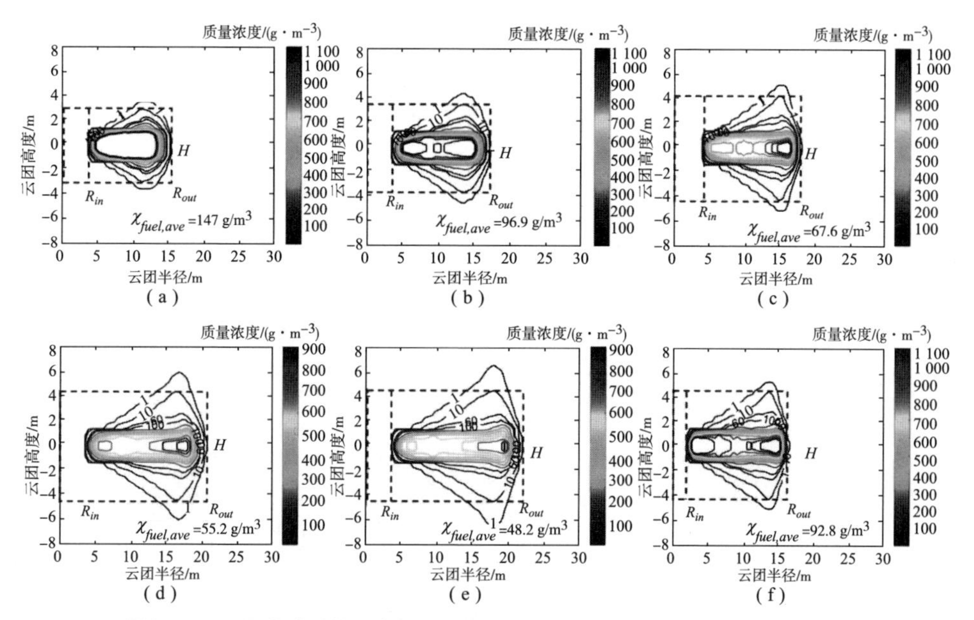

图 6.52　不同的破碎模型参数设置下燃料云雾区趋向稳定（t=300 ms）时在 $r-z$ 空间内的浓度等值线

(a) d_{min} = 0.2 mm t_b = 50 ms；(b) d_{min} = 0.2 mm t_b = 75 ms；(c) d_{min} = 0.2 mm t_b = 100 ms；(d) d_{min} = 0.2 mm t_b = 125 ms；(e) d_{min} = 0.2 mm t_b = 150 ms；(f) d_{min} = 0.2 mm t_b = 100 ms

表 6.2　不同的破碎模型参数设置下稳定燃料云雾区特征几何参数和整体浓度。
*** 该工况中 d_{min} = 0.02 mm，其他工况中 d_{min} = 0.2 mm**

t_b (ms)	R_{in} (m)	R_{out} (m)	H (m)	V_{cloud} (m^3)	V_{cloud}^* (m^3)	$c_{fuel,ave}$ (g/m^3)	$\chi_{fuel,ave}^*$ (g/m^3)
5 050	3.2	14.8	6	4 295.7	4 102.8	146.7	153.6
7 575	3.2	17	7	6 502.6	6 277.5	96.9	100.4
100	3.2	17.5	8.2	9 322.3	9 052.2	67.6	69.6
125	3.2	19.7	8.2	11 411.3	11 141.2	55.2	56.6
150	3.2	21.4	8.6	13 069.9	12 793.4	48.2	49.3
100 *	2.5	16.2	8.5	6 922.1	6 794.5	91.0	92.8

第7章

云爆分散过程试验研究

7.1 引　　言

燃料空气炸药（FAE）是一种区别于传统凝聚相炸药的高威力非均相爆源。云爆内部填充的是高能燃料，燃料本身不含氧或者仅含有少量的氧，爆炸所需要的氧由特定的条件下燃料云雾中空气中的氧提供，达到爆炸条件后，形成云雾爆轰。

云雾爆轰装置通过一次引信引爆中心装药，产生高温、高压的气体，迅速使得战斗部壳体解体并将装填在其内部的高能燃料抛撒到空气中。在燃料分散过程中，燃料液体在冲击波的作用下发生破碎、雾化并与固态燃料颗粒、空气充分混合形成可爆云雾。燃料在中心药爆炸载荷作用下，首先是加速阶段，当燃料的抛速大于爆炸空腔中爆炸气体流速时，燃料与空腔内爆炸气体分离，燃料抛速达到最大，加速阶段结束。此时燃料抛掷速度是抛散的最大速度，经过数十至数百毫秒后，云雾形貌达到稳定。

在二次延时引信作用下，可爆云雾被引爆，达到爆轰条件后，形成云雾爆轰。云雾爆轰过程中的云雾爆轰波和云雾外的空气冲击波、热辐射、窒息作用等会对目标产生毁伤作用。与凝聚态爆轰相比，云爆燃料在中心炸药的爆轰驱动下发生瞬态流动，与周围空气混合，爆轰产生超压、热辐射、缺氧等作用，爆轰反应持续时间长，毁伤面积大，与常规炸药相比具有更明显的优势。燃料炸药可以制作航空炸弹、单兵榴弹、火箭弹、导弹战斗部燃料，应用范围广，对于掩体内的目标也具有很好的杀伤效果，作战性能优越，是一种低成本、多效能、面毁伤的新概念武器。

随着研究的深入，人们发现云雾爆轰云雾的覆盖范围对其破坏能力有很大影响。因此燃料的抛撒与云雾的形成是燃料空气炸药爆轰的前提条件，也是提高云爆武器作战效果的关键一步。燃料抛撒和云雾状态控制涉及云雾爆轰能转化率的提高和爆炸作用的有效利用，是云爆武器研制过程中的关键技术，是提高云雾爆轰威力的重要途径，其研究有着重要的实际应用背景和学术价值。

关于云雾爆轰燃料抛撒及云雾形成的规律研究一直是国内外云雾爆轰的研究热点。研究控制云雾状态的因素主要有中心炸药的比药量、弹体结构、燃料组成、起爆延迟时间等，分析多依据抛撒图像。在分析结果的基础上综合评估云雾的最终形成的半径、高度、云雾浓度等，得出能得到最佳抛撒的参数。

本章节将介绍试验原理方法、试验分析过程，以及综合文献的研究，评估影响云爆燃料分散的多种因素。

7.2　试验原理和方法

7.2.1　试验装置参数

试验中采用高速运动分析系统记录云雾形状随时间的变化。运动系统的分辨率多高于 1 000 f/s。录像机的画面中需要包含标度尺，用于后续图片比例换算。在拍摄得到图片后，将图片输入到计算机，通过图像处理软件进行后续处理，提取分散结果中关键参数（包括分散速度变化、分散半径、分散高度等）。目前试验研究中关注的初始参数如表 7.1 所示。

表 7.1　试验装置的主要参数

名称	符号	单位
云爆燃料质量	M	kg
中心药质量	C	kg
比药量[①]	C/M	
装置壳体直径[②]	D	mm
装置高度	H	mm

续表

名称	符号	单位
弹体长径比③	H/D	
壳体材质④	Material	
加强杆数⑤	N	
刻槽深度⑥	a_0	mm
刻槽数	a_1	
起爆位置⑦	S_0	
壳体形状⑧		
云雾体积	V^*	m^3
云雾直径	D^*	m
云雾半径	R^*	m
云雾高度	H^*	m

注：

①比药量是指中心装药质量与燃料质量之比。比药量是表征爆炸抛撒强度的量，是云爆装置的一个重要参数。

②装置壳体直径，目前对于云爆装置的研究对象多为圆柱体，这种较为规则的结构外形便于加工制造，并且由于几何外形具有良好的对称性，气动力稳定，在云雾分散末期能够形成相对更为均匀的燃料分布。本章中无特殊说明，装置壳体直径均为圆柱形壳体直径，装置高度为圆柱形壳体装置两端面之间的距离。

③弹体长径比为上述壳体高度与壳体直径的比值。

④壳体材质通常为钢制或者铝制壳体，在试验中为了研究其他变量时，也会采用塑料制壳体（PPR，PVC）等来简化装置制作。

⑤加强杆在云爆装置内部，分布在燃料柱体内，其上、下两端连接在装置的两端盖上，能够限制中心起爆药起爆后，在轴向的泄压，一定程度上有助于获得更好的径向抛撒效果。

⑥刻槽深度在云爆装置的外壳体上刻槽，能够帮助壳体形成薄弱环节，为控制云雾的形貌提供可能。刻槽数量，指的是在同一个云爆装置壳体上均匀刻槽的数量。

⑦起爆位置在圆柱形云爆装置中，中心抛撒药柱的放置不总是一样的，其可能是在装置低端、中部、上下两端、贯穿等方式，研究起爆位置有利于帮助确定最有利于起爆的装药方式。

⑧为满足更多的实际应用空间，壳体形状为不规则外形，即与传统圆界面不同的扇形、三角形界面等装药结构应运而生。受工程需求上的影响，其研究也在快速发展。

试验中的云爆装置爆轰有圆柱形、梯形和扇形，其内部的结构示意图如图7.1所示，实际中的云爆作战装置如图7.2所示。

7.2.2 试验场布置

对于云爆试验不仅要设置关注的试验变量，更要能够提取足够多的试验数据结果。由于云爆试验的危险性，更需要关注到过程中的安全防护。试验中高度摄影录像机放置在安全范围内，试验多根据爆源燃料质量量级的大小，将其

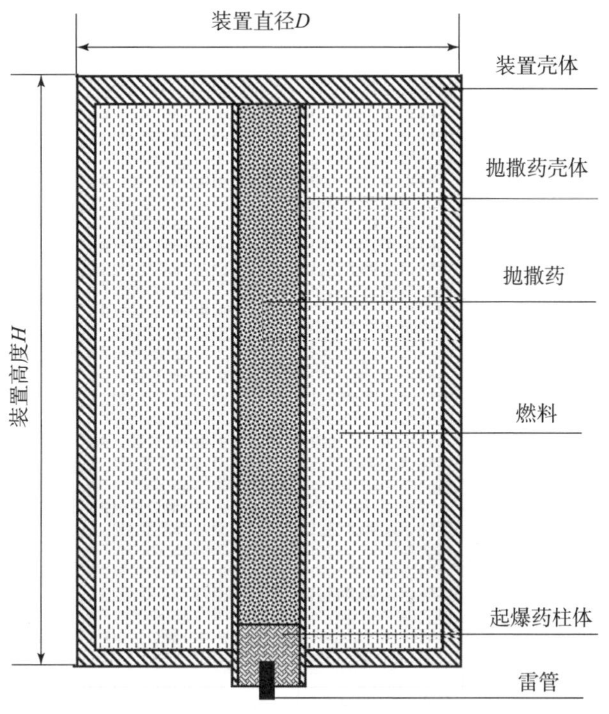

图 7.1 云爆抛撒装置

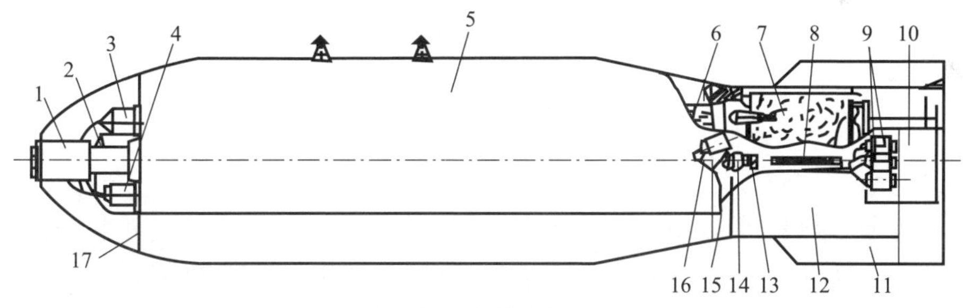

图 7.2 云爆弹结构简图

1—提前器；2—一次引信本体；3—电源组件；4—电路转换结构；5—弹体；6—燃料装药；7—减速伞；8—开伞机构；9—二次引信本体；10—二次炸药；11—稳定器；12—减速伞舱；13—抛射药筒；14—电爆管；15—电缆；16—传感器；17—隔板

布置在距离爆源不同的位置处，观察的高速录像机可为一台，也可为多台，如郭学永采用如图 7.3 所示的布置方式：为了观测不同角度云雾的成长过程，布置了两架高速录像机，它们的爆源连线垂直，并与爆点在同一水平高度，直接对爆炸抛撒过程进行拍摄。对照不同角度获得的图像进行分析，就可以对云雾的爆炸抛撒及云雾成长过程中各个方向上的云雾分散半径成长过程有清晰的记录，同时可以更好地还原云爆燃料空间形貌，对其变化有一个较为全面的认识。

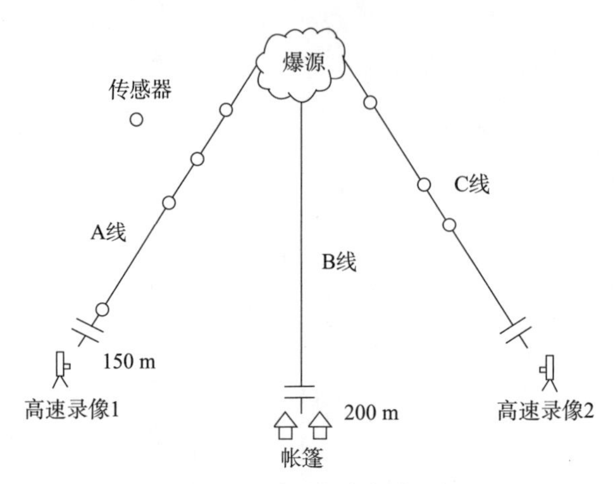

图 7.3 现场高速录像布置示意图

燃料云雾成长的过程时间很短，大多在百余毫秒。为了确定云雾抛撒范围，要拍摄“标准镜头”。其具体操作如下：首先固定录像机的位置（安全区），通过爆心相对于录像机与爆心连线垂直的方向上立两根标杆，每根标杆距爆心距离相等，两根标杆之间的距离根据装置所装填燃料量、估算的云团直径给出，把标杆收入画面内拍下一个镜头，此镜头就作为度量云雾范围的“基准”，如图 7.4 所示。拍摄标准镜头时的录像机位置、变焦镜头、爆心在试验过程中均应固定不动，以保证比例关系一致。试验后对所录图像进行测量时，应首先放出标准镜头，在屏幕上定出比例尺。

例如，现场两标杆之间的距离是 18 m，回放录像在显示器上测量得两标杆距离为 18 cm，则比例关系为 1∶100。对于高速录像所测的图像分析，其现场采集的图像是以数据的形式存储的，分析时采用数据图像处理，由于彩色录像的分辨率很高，抛撒出的云雾边缘是比较清晰的，所以测量准确，精度很高。

随着无人机的应用，目前也出现了较多的采用空中拍摄的俯视角度，该拍摄角度能够很好地观察云雾在水平方向上的扩散范围，并且能够更好地观测到云雾中空洞的位置和大小，如图 7.5 所示。但是，由于无人机所难以携带帧率较高的摄像机，因此对于云雾半径的增长过程，多以地面上的高速摄像机为主，由于质量较大的燃料的扩散时间更长，无人机所带摄像机能够在一定程度

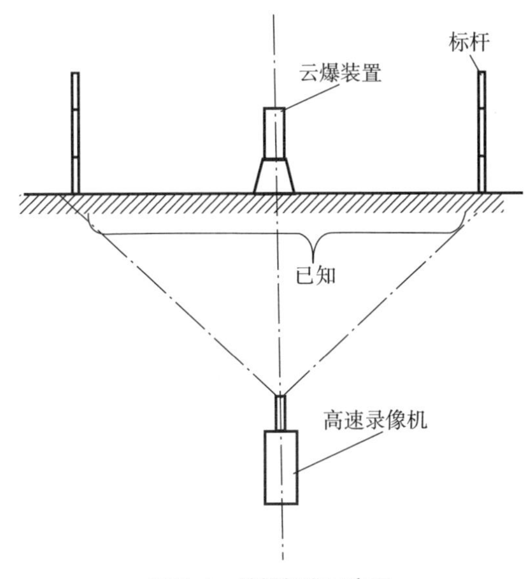

图7.4　拍摄标准示意图

上作为增长过程的辅助，而主要反映扩散终止态的云雾形貌。图7.5所示为赵星宇拍摄的梯形壳体抛撒的云雾俯视图。

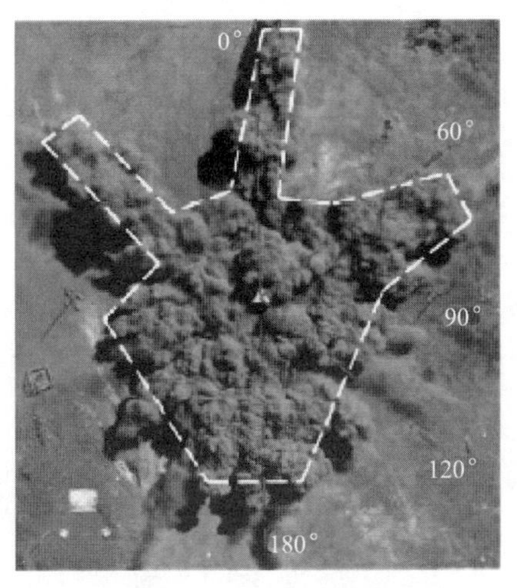

图7.5　无人机航拍图

7.2.3　图像处理结果分析方法

根据上述的试验设置，通过颗粒抛撒的试验可以获得不同视角的云雾分布图，用以作为后续分析，图片处理的软件有 Motion Analysis、Video Maker、MATLAB、Image Pro 等，均可对高速录像的图片进行读取，可以准确地观察到云爆云雾的形成和爆轰发展的全过程。具有明显现象的有：云雾直径随着时间的变化、云雾高度随着时间的变化、弹片和端盖的初始运动状态等。分析不同的云爆装置变量所得到的试验数据，有助于为提高云爆燃料的抛撒效果研究提供方向。

图 7.6 所示为某次试验中对云雾形貌的判读示意图，在试验过程中，记录到每一时刻燃料云雾的分散云团，按图将每一时刻燃料云团图像的最大宽度作为这一时刻的云雾直径。利用标志杆间距作为参考，由图像处理软件得到不同时刻的燃料云雾半径拍摄结果。

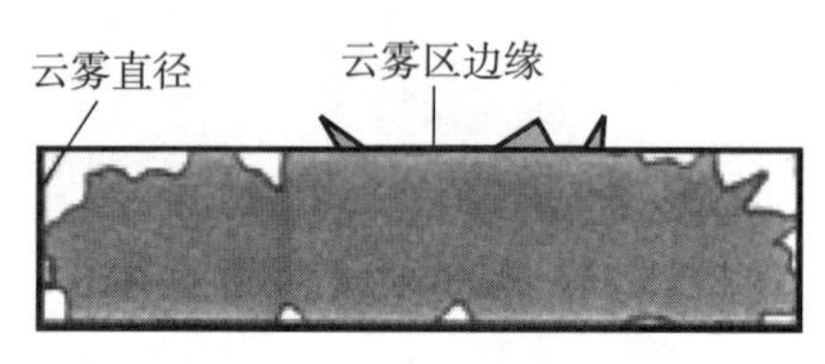

图 7.6　云雾形貌判读

7.3　装置参数对云爆分散的影响

7.3.1　比药量

目前，国内外学者对于比药量的研究内容较多。对比药量的研究集中于关注比药量的大小，记录云雾数据，得到不同比药量下云雾半径、径向速度、轴向速度、云雾高度、云雾平均浓度等随时间的变化。表 7.2 显示了部分学者在研究中采用的比药量值，试验中出现的比药量多位于 1% ~ 3%。本小节将对这些学者的研究进行介绍。

表 7.2　学者在试验中出现的比药量值

数据来源	比药量
王晔	0.008
	0.008 6
	0.009 2
	0.009 8
	0.010 5

续表

数据来源	比药量
张奇	0.012 TNT
	0.012 870 1
	0.018 TNT
	0.018 870 1
郭学永	0.006 3
	0.008 1
	0.009 5
	0.009 5
	0.009 5
方伟	0.009 3
	0.01
	0.010 9
	0.012
	0.013
	0.017
李席	0.018 5
	0.025
	0.028
陈嘉琛	0.02

王晔研究了中心抛洒药量对气－液－固三相云雾静态形成参数的影响。采用135 kg的燃料，设置5种比药量（0.85%、0.86%、0.92%、0.98%和1.05%）的对比试验。在相同装置结构条件下，研究中心药量对云雾半径、云雾平均高度、云雾体积以及平均质量浓度的影响，如图7.7所示，稳定时刻（240 ms）对比结果如表7.3所示。

表7.3　不同中心抛洒药量的云雾形成特性参数（$t=240$ ms）

比药量/%	0.85	0.86	0.92	0.98	1.05
R^*/m	12.09	12.15	12.28	12.38	12.63
H^*/m	3.49	3.51	3.58	3.65	3.76
V^*/m^3	1 439.87	1 464.31	1 525.64	1 580.91	1 694.99
$\rho^*/(\mathrm{g}\cdot\mathrm{m}^{-3})$	86.81	85.37	81.93	79.07	73.75

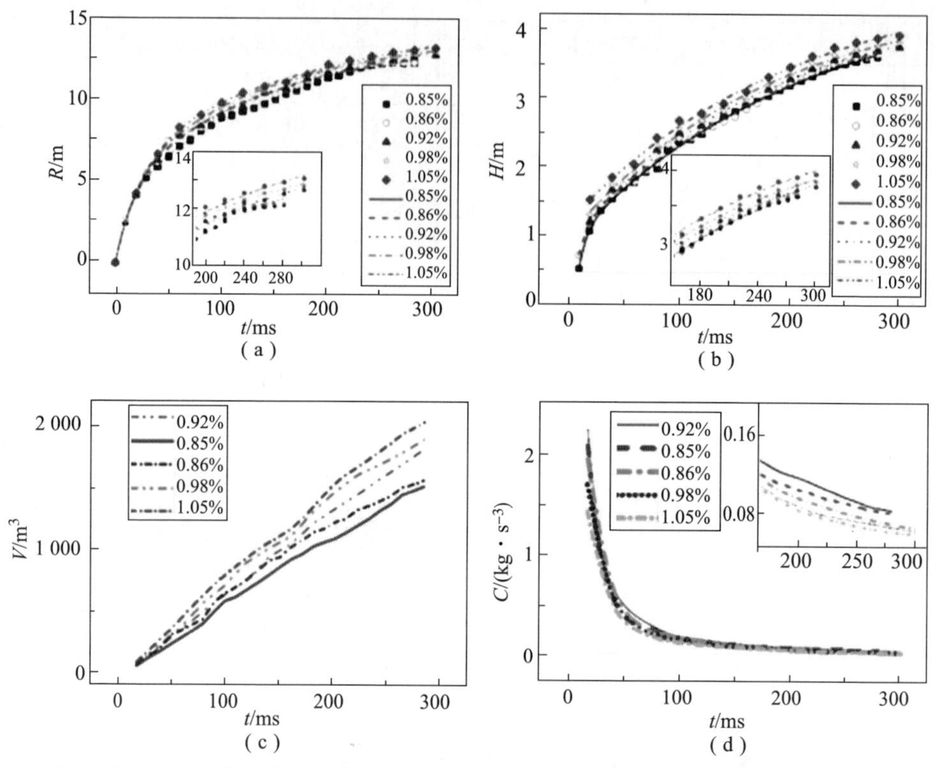

图 7.7　静态云雾半径、平均高度、云雾体积和云雾质量平均浓度随时间变化规律（见彩插）

（a）静态云雾半径随时间演变规律；（b）静态云雾平均高度随时间演变规律；

（c）静态云雾体积随时间演变规律；（d）静态云雾质量平均浓度随时间演变规律

从表 7.3 中的 5 种比药量的云爆装置分散形成的云雾特性参数发现，其云雾半径、云雾平均高度以及云雾体积变化趋势相同。随着中心药量的增加，云雾半径、云雾平均高度以及体积增加，而平均质量浓度变小。中心药量越大越有利于燃料获得更大的初始分散速度，从而获得更大的云团体积。

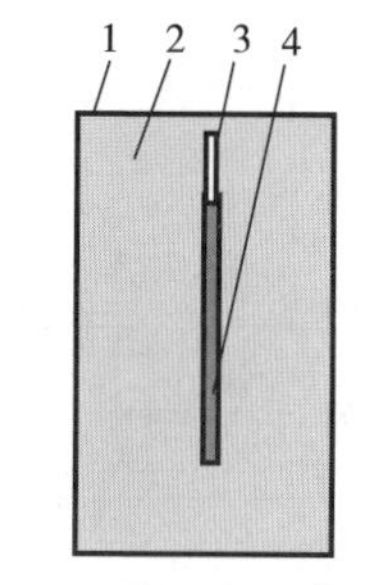

图 7.8　试验装置剖面图

1—端盖；2—燃料；3—雷管；4—中心装药

张奇等研究了中心装药对燃料云雾体积的影响规律。其对比药量分别为 1.2%、1.8% 的 TNT 和 8701 的中心起爆药进行试验。其采用试验方法，对云爆燃料分散特性进行考察和探索，研究了中心装药能量对云爆燃料分散特性的影响。其采用云爆结构如图 7.8 所示，壳体采用硬质 PVC 塑料构成，内径 90 mm，壁厚 2 mm，壳体内装填燃料 2.2 kg，试验装置高287 mm，PVC塑料中心管内径18 mm，壁厚2 mm，中心管内装高能炸药。

试验分四组进行，参数设置方案见表7.4。通过试验，可以得到各组试验条件下燃料云雾分散前沿的发展过程中燃料云雾前沿运动距离（云雾区半径随时间的变化情况）。其试验结果中，在燃料开始分散后的115 ms，第1组、第2组、第3组、第4组试验的云雾直径依次由大到小。第4组试验中，中心药总能量最大但其燃料分散的最终云雾范围反而较小。

表7.4　试验参数设置

编号	起爆药	D/mm	M/g	C/M/%
1	TNT	10	24	1.2
2	8 701	10	24	1.2
3	TNT	15	40	1.8
4	8701	15	40	1.8

云雾区半径随时间单调增加，大约在60 ms以后云雾半径逐渐趋于常值，试验中每1 ms拍摄一幅云雾状态图，由这些云雾状态图中的云雾前沿随时间变化曲线微分，可以得到云雾分散前沿速度随时间的变化曲线。在数据处理过程中，选取的图幅越多，数据的处理结果就越精确。云雾前沿的平均运动速度为

$$\bar{v} = \Delta \bar{r} / \Delta t \tag{7.1}$$

式中：$\Delta \bar{r}$ 是云雾前沿在记录时间内的运动距离。

表7.5是根据上式得到的试验结果，对每组试验仅取四幅云雾图像进行数据处理。

表7.5　云雾扩散前沿速度随时间变化的试验结果

t/ms	编号	0	1	10	40	115
$v/(\mathrm{m \cdot s^{-1}})$	1	0	111.4	112.4	56.6	5.7
	2	0	197.1	138.0	40.2	7.3
	3	0	276.2	151.1	28.7	6.7
	4	0	466.3	156.2	24.8	5.6

由表7.5可以得出：第1组、第2组、第3组、第4组的爆炸抛散云雾前沿运动的初始速度依次由小变大（在0～1 ms时间内的平均速度作为初始速度）。中心装药的总能量越大，云雾运动的初始速度就越高。燃料抛散云雾运动的中期速度与前期的运动情况相反，第1组、第2组、第3组、第4组试验

爆炸抛散云雾的中期运动速度（在 10 ~ 40 ms 时间内的平均速度作为中期速度）依次由大到小。这些规律可能与燃料中期运动的阻力特性有关。由于云雾后期的运动速度很小，相对测量误差增大，其运动规律暂不作论述，但根据初始速度和中期运动速度的测量至少可以得到这样的结论：在一定的中心装药范围内，较大的中心装药能量能够使云雾获得较大的初始运动速度，而较小的中心装药能量能够使云雾获得较大的中期运动速度，通过无限制地增大中心装药能量得到较大的云雾范围的技术途径是错误的。

在云爆装置（尺寸和燃料）为一定时，如果中心装药总能量较小，则燃料分散的最终半径随总能量的增加而增大。当中心装药总能量增加到某一临界值后，中心装药能量再增加，燃料云雾的最终半径不再增大。因此在云爆装置中通过增加中心装药能量以提高云雾范围是有条件的。在云爆装置和燃料一定的情况下，中心高能炸药装药品种、尺寸需要优化。燃料云团的爆轰效果在很大程度上取决于云团体积、云团的对称性和规则性，因此如果将燃料最终云团的体积和云团的对称性、规则性作为判别标准，那么 TNT 作为云爆装置的中心分散装药，其燃料抛散效果优于爆速更高的炸药 8 701。

张奇等对两种情况下，壳体、燃料均相同，中心装药的品种也相同，但中心药量不同的云爆装置进行了试验研究。中心装药采用 8 号电雷管起爆（4 ms 后，中心装药才开始动作）得到抛撒试验结果如表 7.6 和表 7.7 所示。

表 7.6　云爆装置 1（中心药量较小）燃料分散结果

时间 t/ms	4	6	8	10	14	20	26
半径 R/m	0	0.805	1.495	1.955	2.645	2.990	3.015
速度 v/(m · s^{-1})	0	402.5	345	230	173	58	19

表 7.7　云爆装置 2（中心药量较大）燃料分散结果

时间 t/ms	4	6	8	10	14	20	26
半径 R/m	0	0.23	0.805	1.265	2.07	2.76	3.22
速度 v/(m · s^{-1})	0	115	288	230	201	115	76

燃料抛散径向运动的加速阶段和减速阶段可以从表 7.6 和表 7.7 的结果中看出。由表 7.6 和表 7.7 可知，燃料抛散首先是加速阶段，然后是减速阶段。表 7.7 所对应的云爆装置中心药量较大（120 g），而表 7.6 所对应的云爆装置中心药量较小（80 g）。燃料抛散中心药较大者，加速阶段的时间短，加速阶段结束时的燃料抛散速度大，减速阶段的抛散速度衰减快。而云爆装置中心药量较小者（80 g）的燃料抛散结果则刚好与之相反。两者燃料抛散云雾的最终

半径基本相等，但所对应的时间不同。由这些试验结果可以推论，燃料抛散径向范围有一极限值，通过增加中心药量，不可能得到更大的燃料抛散云雾半径。燃料抛散过程与中心药量有关，但在一定范围内，燃料抛散最终云雾半径与云爆中心药量无关。

为了深入研究中心药量对燃料抛散过程的影响，在其他条件都不变的情况下，进一步降低中心药量，用60 g中心药重复上述燃料抛散试验，用高速运动分析系统记录了燃料抛散过程。其结果与上述试验结果相同，抛散的最终云雾半径与120 g和80 g中心药的最终抛散半径基本相同。比较三种中心药量的抛散结果，第一种情况（中心药为120 g）燃料抛散前26 ms基本是径向运动阶段；第二种情况（中心药为80 g）燃料抛散前32 ms基本是径向运动阶段；第三种情况（中心药为60 g）燃料抛散前40 ms基本是径向运动阶段。

在其他条件一定时，燃料抛散云雾半径在很大程度上与云爆装置的中心药量无关，在相当大的范围内，即使增大中心药量，也不可能得到更大的云雾半径，燃料抛散过程中易发生“窜火”，而“窜火”现象与中心药量有关，中心药量越大越容易“窜火”。因此，在一定条件下应尽量减少云爆装置的中心药量，同样可以得到理想燃料抛散半径和爆轰效果，并有利于克服“窜火”。

在其他条件一定时，燃料的抛散过程与中心药量密切相关，燃料抛散不同时刻的云雾状态与云爆装置中心药量有关，云雾浓度对爆轰有重要影响。因此云爆装置的中心药量不同，云雾起爆的延期时间应不同。中心药量不同的云爆装置采用相同的云雾起爆延期时间，就不可能得到理想的爆轰效果。

郭学永对比药量对于云雾状态变化的影响也进行了研究，得到同种量级云爆装置不同比药量的云雾扩张初速度和爆轰前的云雾体积。其云爆装置弹体为钢壳圆柱形结构，侧壁刻有沿母线均匀分布的预制凹槽，上下端板的厚度和强度远大于侧壁，以限制燃料的轴向飞散，尽可能地扩大云雾的覆盖面积。弹体直径为180 mm，弹体高度270 mm，长径比1.5，壳体刻槽数30，装填燃料质量5 kg。不同比药量时的云雾参数如表7.8所示。

表7.8　不同比药量时的云雾参数

$D\times H$/mm×mm	M/g	比药量/%	延时/ms	5 ms时云雾速度/(m·s^{-1})	V^*/m^3
25×269	195	0.95	150	280	370.3
23×270	167	0.81	178	240	361.6
20×269	130	0.63	177	200	301.6

并用另一种相同弹体和燃料装药而中心管径直径不同，即中心装药不同

时，测得的不同时刻云雾直径的变化情况。

从表 7.8 中可以看出，随着比药量的增加（0.79、0.95、1.19、1.4、1.65），云雾初速度明显增大，这是由于较大中心装药量爆炸所释放的能量在单位面积燃料上产生的压力较大，因此推动燃料从弹体射流飞散的初速度要大于中心装药量小的装置。

中心装药参数和云雾参数如表 7.9 所示。

表 7.9 中心装药参数和云雾参数

序号	中心装药直径/mm	不同时刻（ms）云雾直径/m					
		40	60	80	100	120	140
1	22.5	5.4	7.6	9.1	9.9	10.1	10.3
2	27	7.5	8.6	9.5	10.3	10.6	10.8
3	34	8.2	9.6	10.3	11.0	11.3	11.5
4	40	10.1	11.2	12.3	12.6	12.9	13.2
5	47	10.6	11.7	12.5	13.1	13.4	13.5

从表 7.9 中可以看出，在云雾抛撒的远场阶段，当比药量增至序号 4 时，云雾速度的增幅减少，分析其原因认为，在较大中心装药产生的强冲击波作用下，液体燃料液滴剥离破碎，形成细小的液滴，细小液滴所具有的动量减少，而气动阻力增大，使云雾的增幅减小。由其试验结果得到（中心装药管的长度不变，装药量随管径的变化，以表 7.9 中序号 1 中心装药为基准）当比药量变化不大时（序号 1 和 2），云爆云雾的直径变化也不大，而当比药量变化较大时（序号 1 和 5），云雾直径的增长将产生较大的差异。

爆炸抛撒形成的云雾团浓度是不均匀的，存在一个环形的浓度分布场，一般在云雾的外边缘和内边缘，浓度要低于起爆下限，大的比药量会使云雾边缘的浓度加大，达到爆炸极限，从而提高燃料的利用率。但液体燃料在较大的中心抛撒装药爆炸产生的冲击波作用下，容易引起云雾的窜火，在云雾没有形成并和二次引信作用前就发生了爆燃，试验结果表明，比药量宜选择在燃料量的 1% ~3%。

郭学永对于比药量在 0.63% ~0.95% 的云爆装置进行抛撒试验，发现随着比药量的增大，云雾初速度明显增大。这是由于较大中心装药量爆炸释放的能量在单位面积燃料上产生的压力要大，因此推动液体燃料从弹体射流飞散的初速度要大于中心装药量小的装置，但是最终云雾稳定时，比药量对于云雾状态的影响较小。郭学永在另一装置下，中心药量的装药直径由 22.5 mm 逐步提升至 47 mm 的云爆试验中发现，比药量变化较大时，会对云雾状态产生一定的影响，适当的比药量变化可以调整云雾内部的浓度分布；而比较大的比药量会引起“窜火”，使云雾未形成前就燃烧，降低了爆轰率。

惠君明等研究了比药量对液态云爆燃料的抛撒作用，并指出 15 kg 量级的试验装置，比药量取 3% 左右最佳。

图 7.9　云爆装置

李席等通过研究液固复合燃料不同比药量的对比试验，给出不同时刻云雾外形尺寸变化曲线和 50 ms 时云雾图。其野外静爆试验云爆装置（图 7.9）由中心高能炸药、上下端盖（5 mm 厚碳素钢板）、中心管（30 mm 碳素钢）和塑料壳体组成。试验装置为薄壁圆筒结构，侧壁无预制凹槽。弹体长径比为 2.45，装药容积 10 L。试验时，将弹体直立放置于钢质弹架上，弹体质心距地面 1.3 m，地面平整，硬度适中，采用 8 号军用电雷管起爆。

图 7.10 所示为比药量不同时云雾直径、高度和体积随时间的变化曲线，以及不同比药量 5 ms 时的云雾图。

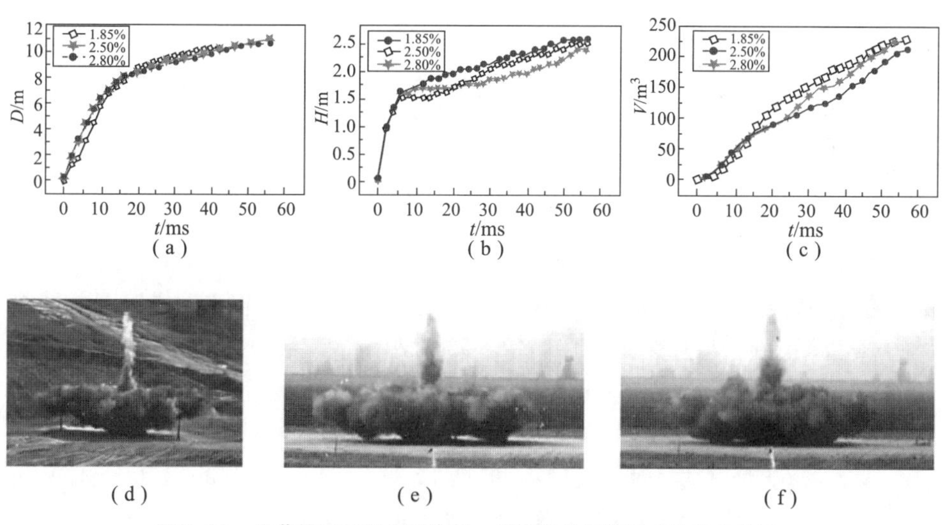

图 7.10　比药量不同时云雾直径、高度和体积随时间的变化曲线；以及不同比药量 50ms 时的云雾图

（a）比药量不同时云雾直径随时间变化曲线；（b）比药量不同时云雾高度随时间变化曲线；（c）比药量不同时云雾体积随时间变化曲线；（d）比药量为 1.85%；（e）比药量为 2.50%；（f）比药量为 2.80%

在试验范围内，相同量级、不同比药量云爆装置形成的最终云团外形尺寸参数差别不大，均可获得较大体积的可爆轰云团。在燃料抛撒初期，随着比药量的增加，云雾抛撒初速度显著增大，但燃料抛撒最终云雾直径基本相等。此外，从高速摄影图像［图 7.10（d）~（f）］可以看出，比药量主要影响燃料轴向分散，从而使燃料抛撒云雾均匀化。适当增加中心装药量，可提高燃料在垂直方向上的湍流程度，从而使燃料分散更均匀，但燃料抛撒的径向范围不再明显增大。在一定范围内，比药量只影响云雾的径向分散，适当增加比药量可获得较好的云雾状态。在其试验条件下得出的比药量的较优值为 2.5%。

2018 年，Loiseau 等对不同粉体的云爆装置进行了抛撒试验，发现液态燃料的抛撒的初速度能够很好地符合 Gurney 公式，对于固态粉体的抛撒要低于 Gurney 公式的计算值，但与 Gurney 公式计算值的 45% 吻合良好，由此推断对于固液混合的云爆燃料，其初速度应介于两者之间。

Loiseau 通过使用薄壁（1 mm 厚）商用玻璃灯泡和灯丝形成了球形电荷几何结构。在试验中，Loiseau 使用了两种灯泡：G40（标称直径为 12.7 cm）及 G25（标称直径为 9.5 cm）灯泡。薄玻璃外壳能够在很大程度上消除外壳质量和外壳碎片对填充材料喷射和分散的影响。在试验中，大型 5L 圆底试验室烧瓶用于容纳大量的颗粒填料。测试前，将一个手工形成的球形 C－4（中心分散药）球（28 ~ 100 g 装药质量）放在玻璃灯泡的中间，用塑料管将插入式电雷管连接到炸药中。首先使用空心聚乙烯球（质量 12 g）将其与液体隔离，球体被切成两半，在钻有雷管的端口填充 C－4；然后用环氧树脂将切开的两部分重新组装；最后将雷管管用环氧树脂固定在端口上，并使用一个十字件（聚氯乙烯条或木块）通过固定雷管管将炸药集中在灯泡中。在固体颗粒的情况下，使用裸露的 C－4 炸药。装料方式是首先将灯泡装满一半的粉末；然后将 C－4 球和连接的管子放在灯泡的中心；最后倒入剩余的粉末，从而将装料保持在原位。游标卡尺用于将起爆器装药置于灯泡中心，胶带、快速固化环氧树脂或热熔胶用于将起爆器组件固定在玻璃外壳使。装料放在连接在木条末端的一段塑料管上，炸高为 1.5 m。装有 C－4 爆裂装置的半填充干装料如图 7.11（a）所示。装配好的干粉和纯液体装料如图 7.11（b）~（d）所示。总共收集了 63 个终端速度的装料，包括 12 种不同的固体粉末、6 个湿粉末床或颗粒悬浮液和 5 种液体。通过改变 C－4 装料的质量并结合使用不同的灯泡尺寸和不同密度的填充材料，填充质量与装料质量之比从 0.3% 变化到 25%。

试验研究了由各种干颗粒材料、液体和湿颗粒材料组成的球壳的爆炸散布。试验中分散形成的云雾特征是形成数量不等的喷射状结构，该结构特征受

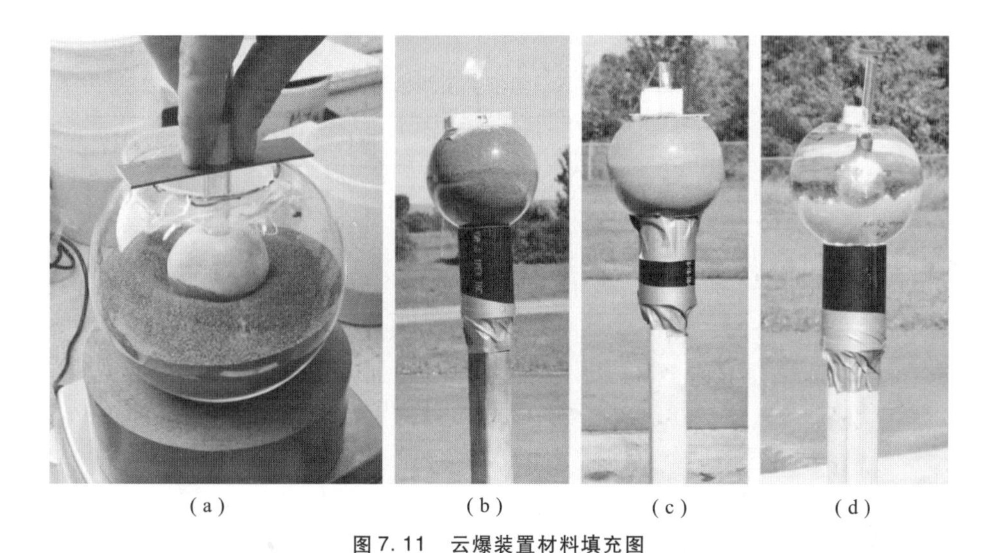

(a)　(b)　(c)　(d)

图7.11　云爆装置材料填充图

(a) 填充过程；(b) 填充材料为钢金属颗粒；(c) 填充材料为黄铜颗粒；(d) 液体填充

爆炸装药的材料和比药量的影响。坚硬的钢铁颗粒能够抑制形成这样的喷射状结构，而对于液体壳体，喷射尖端的终端速度与球形几何中标准 Gurney 模型的预测非常接近。这意味着液体燃料分散时的加速度是不耗散的，因此类似于均匀固体壳体的加速度。对于干粉，射流末端速度大大低于标准 Gurney 模型预测的速度，射流速度随壳体质量与装药质量的比例关系不符合 Gurney 规定的平方根反比关系。这些偏离归因于干颗粒材料冲击加载过程中空隙塌陷导致的能量的高耗散性。爆炸载荷颗粒壳中的能量通过颗粒的塑性变形和孔隙坍塌期间床层中截留的空气的巨大加热（温度为 3 000 ~ 6 000 K）导致的熵增而消散。对于与液体饱和混合的粒状材料，由于间隙流体的承压能力，空隙塌陷和颗粒间的损伤和固结被抑制。因此，湿颗粒系统遵循液体试验中观察到的经典 Gurney 标度。为了解释多孔颗粒的耗散性质，在米尔恩提出的 Gurney 模型修正的基础上，提出了一个经验修正，用一组拟合参数获得了完整数据集令人满意的工程模型一致性。

研究比药量对于云爆抛撒的影响一直是研究云爆云雾的热点，对于凝聚态炸药，燃料的初速度可以根据 Gurney 公式进行较好的预测，进而推断其飞散距离。但是对于云爆燃料，对于其真实颗粒与易蒸发液态物质形成的环状混合物的预测，目前依然以试验为基础，所采用的比药量也是介于 1% ~ 3%，张奇、李席等发现比药量增大明显影响燃料抛撒的初速度，并得出针对其装置的适合比药量 2.5% 和 3%，郭学永认为在小范围内变化的比药量虽然影响燃料抛撒的初速度，但是对于最终所形成的云雾尺寸，影响不明显。

总结上述研究的试验结果，得到比药量对云雾分散初速度的影响，如图7.12所示。

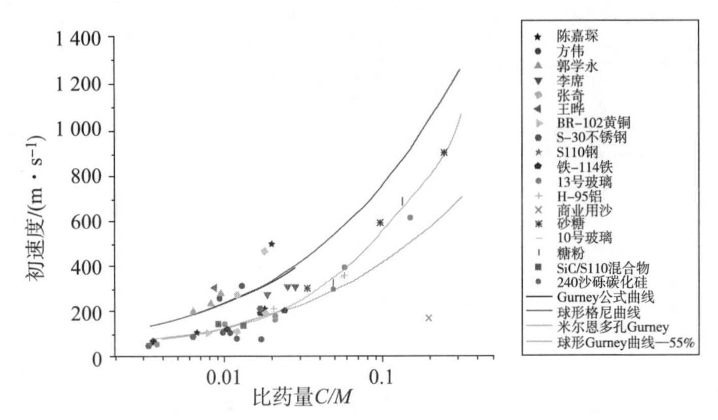

图7.12　不同比药量对云雾分散初速度的影响

圆柱体Gurney公式为

$$\nu_0 = \sqrt{2E}\sqrt{\frac{\beta}{1+0.5\beta}} \tag{7.2}$$

球体Gurney公式为

$$\nu_0 = \sqrt{2E}\sqrt{\frac{\beta}{1+0.6\beta}} \tag{7.3}$$

图7.12中，在云爆装置比药量为1%～50%，壳体是球形的还是圆柱形的，对于计算出的云雾抛洒初速度影响不大。其中张奇在比药量为1.2%与1.8%的试验数据显示，8701起爆的Gurney公式计算值要比TNT计算值高。粉体分散的初速度与比药量有明显的关系，纯液体的分散能够很好地符合Gurney公式，而纯固体颗粒的分散要低于Gurney公式的计算值，其原因可能为固体颗粒间的缝隙起到泄压作用，导致中心装药的起爆能量只有一部分作用在颗粒上。而固液混的和试验中，得到的Gurney试验结果与Gurney公式符合也较好。

7.3.2　长径比

长径比是指弹体长度与直径之比，它是发展低阻型航弹的一个重要参数，研究不同长径比对云雾状态的影响是有一定意义的。郭学永在其他装置参数（弹壁厚度、刻槽条数和深度、端盖厚度和焊接强度以及中心管参数）相同的情况下，通过试验研究了长径比对两次引爆型云爆云雾状态的影响。其开展了三类不同长径比装置的试验：①15 kg、20 kg、50 kg 三种燃料装药量级，相同直径、但不同高度的三种装置（表 7.10）；②相同装药量（16 kg），相似结构参数，但长径比分别为 1.35、2.14 和 3.03 的三种试验装置（表 7.11）；③相同装药量（50 kg），相似结构参数，长径比分别为 1.7 和 4.85 的两种试验装置（表 7.12）。对高速录像所记录的云雾参数相关试验数据进行分析。

表 7.10　三种不同长径比的参数

燃料质量 M/kg	装置参数			云雾参数				
	D/mm	H/mm	D/H	D^*	D^*/D	H^*	H^*/H	V^*/V
5	265	157	0.59	6.96	26.26	1.85	11.78	0.86×10^4
20	265	605	2.28	11.79	44.49	3.06	5.06	1.12×10^4
50	265	1 360	5.13	15.96	60.23	3.84	2.82	1.06×10^4

表 7.11　16 kg 装置不同长径比装置参数

弹型	$D\times H$/mm	H/D
D	283 × 381	1.35
E	242 × 518	2.14
F	215 × 652	3.03

表 7.12　50 kg 装置不同长径比装置参数

弹型	$D\times H$/mm	H/D
D	365 × 620	1.70
E	260 × 1260	4.85

对于第一类弹体的试验研究，由表 7.10 ~ 表 7.12 可以发现，不同装药量，相同直径，不同长径比对云雾的最终体积没有太大影响，云雾体积与装置容积的比值在 1×10^4 左右，所形成的云雾直径比为 15.96/6.96 = 2.29 和 15.96/11.79 = 1.35，与装药量的立方根之比 $\frac{\sqrt[3]{50}}{\sqrt[3]{5}}=2.15$ 和 $\frac{\sqrt[3]{50}}{\sqrt[3]{20}}=1.36$ 大体相同。

对于第二类长径比在 1.35 ~ 3.03 的 16 kg 三种装置，其结构参数列于表 7.11 中。所得的云雾直径、云雾高度随时间的变化图如图 7.13（a）~（c）所示。可以看出，在长径比 1.35 ~ 3.03 范围的情况下，不同装置的云雾直径和高度没有太大的变化。取每种弹体的 4 发装置平均值，选择不同时刻的云雾参数与装置参数的无量纲量来进行分析，无量纲直径、无量纲高度和无量纲体积分别如图7.14（a）~（c）所示。而对于长径比在1.35~3.03范围内的16 kg级三种装置，从图7.14（a）~（c）可以看出，直径无量纲量和高度无量纲量三种装置的对比是相反的，致使体积无量纲量大致相当。试验中两种装置的长径比差异很大（分别为1.70和4.85）的云爆试验，其临爆前的云雾尺寸差异不大。试验还表明，长径比较大装置形成的液滴细碎程度较强，有利于燃料的雾化和汽化，使燃料的混合能够更均匀。

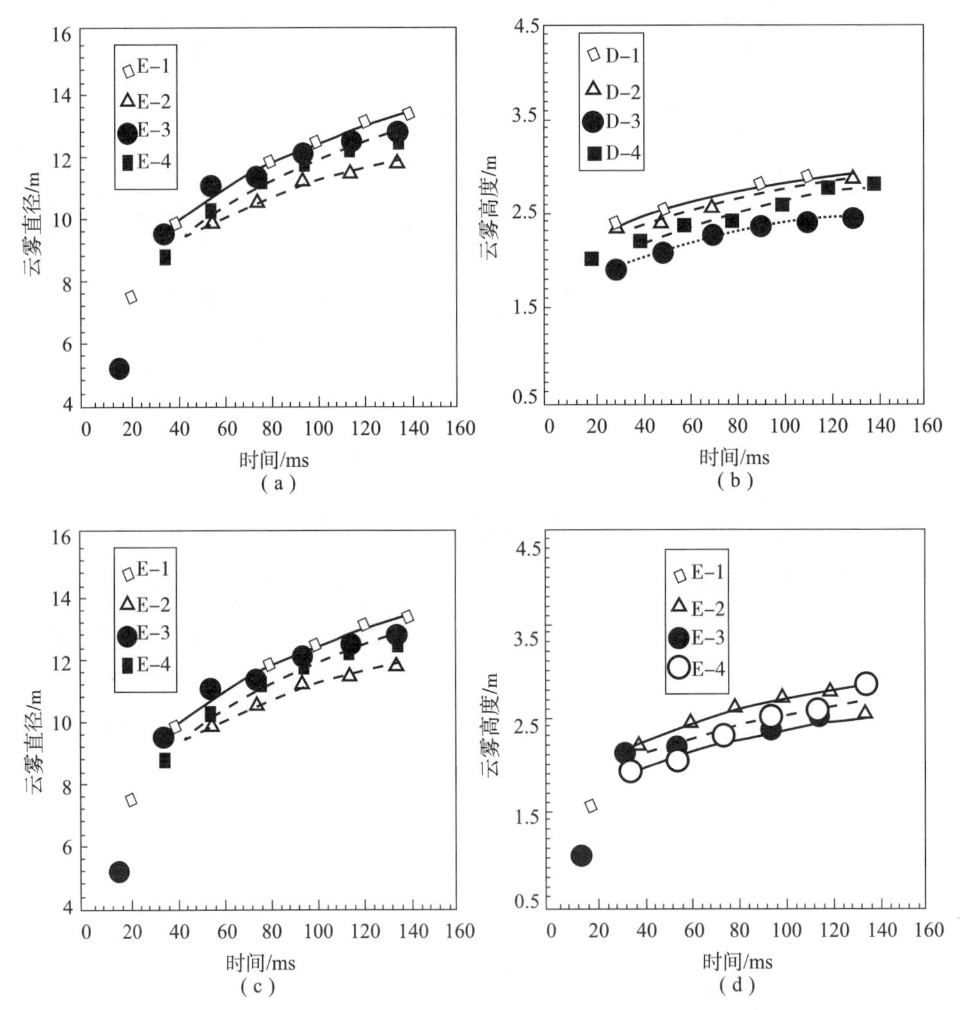

图7.13　D/E/F型弹云雾直径随时间的变化以及D/E/F型弹云雾高度随时间的变化

（a）D型弹云雾直径随时间变化；（b）D型弹云雾高度随时间变化；

（c）E型弹云雾直径随时间变化；（d）E型弹云雾高度随时间变化

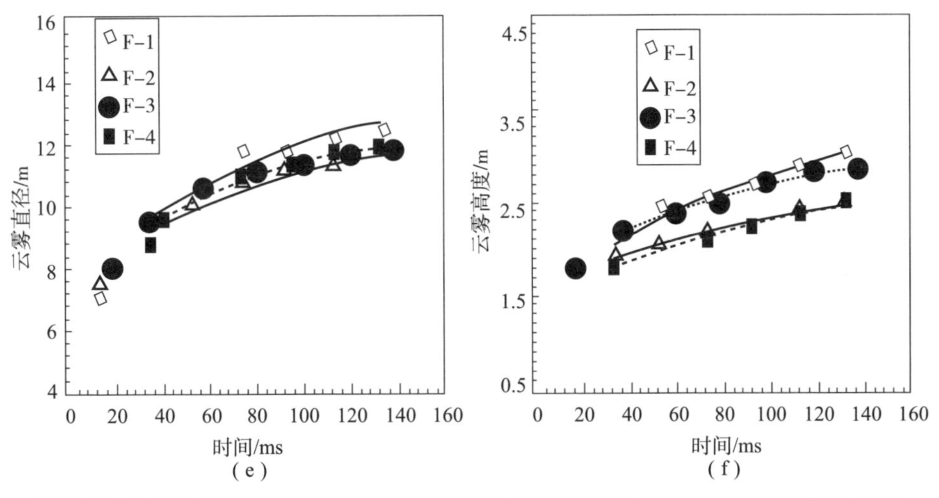

图7.13 D/E/F型弹云雾直径随时间的变化以及D/E/F型弹云雾高度随时间的变化（续）

(e) F型弹云雾直径随时间的变化；(f) F型弹云雾高度随时间的变化

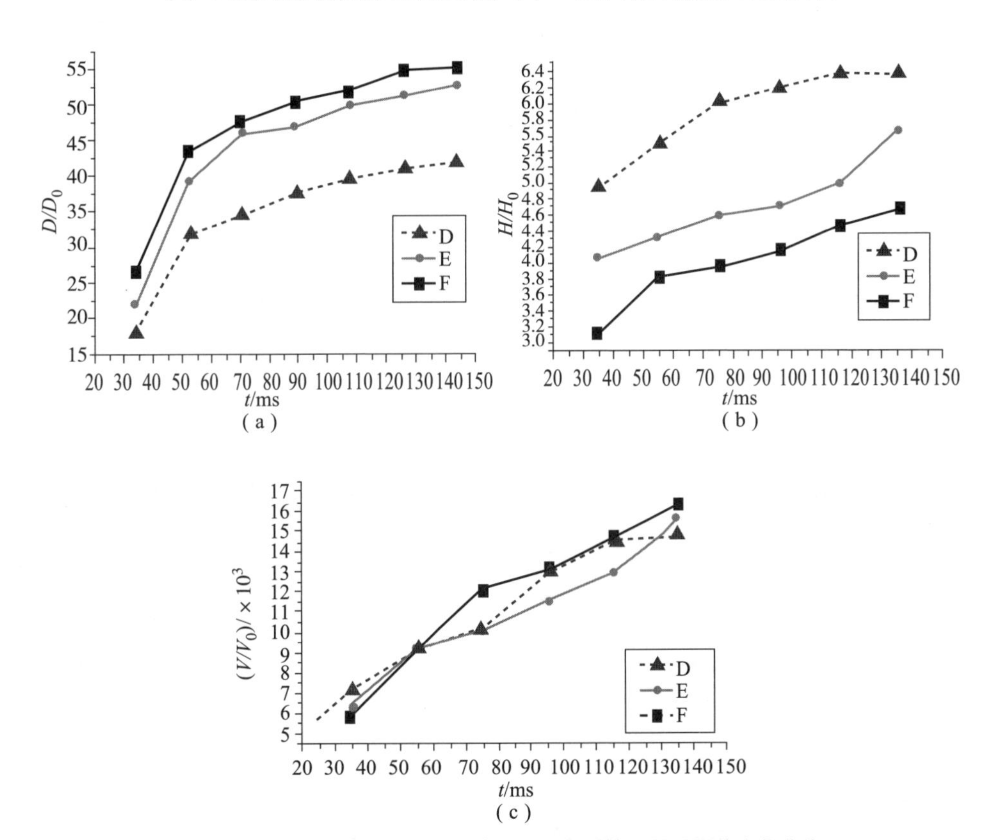

图7.14 无量纲直径、无量纲高度和无量纲体积随时间的变化曲线

(a) 无量纲直径随时间变化；(b) 无量纲高度随时间变化；(c) 无量纲体积随时间变化

由于长径比在上述1.35～3.03范围内，云雾尺寸基本一致，为了探究装置长径比对云雾的影响，郭学永进一步通过试验研究了长径比为4.85与长径比为1.70的弹体的燃料抛撒结果，发现较大长径比其云雾径向膨胀速度在燃料抛撒的近场阶段远大于长径比小的弹体。其原因为长径比大的弹体在单位长度上的燃料质量小于长径比小的，在同样的压力作用下，获得的初速度大；另一个原因是弹体的解体时间较长，产生射流的时间也长于长径比小的弹体。其对比了长径比差异较大的云爆装置，发现长径比大（4.85）的弹体，其云雾径向膨胀速度在燃料抛撒的近场阶段远大于长径比小（1.70）的弹体，其原因为长径比大的弹体在单位长度上的燃料质量小于长径比小的，在同样的压力作用下，获得的初速度大；另一个原因是弹体的解体时间较长，产生射流的时间也长于长径比小的弹体，其理论分析如下。

在中心炸药爆炸作用下外壁出现裂缝，由于在弹外壳处均匀地刻槽，因此外壁变为两端受约束力的一组板条，板条受到外侧燃料给予的压力产生变形（图7.15），板条的变形量相对于弹体高度是小量。

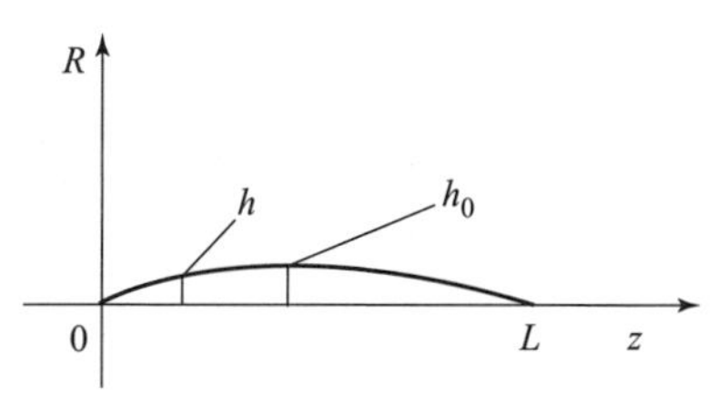

图7.15　板条基本变形图

我们假设变形形状为

$$h = h_0 \sin \frac{\pi z}{L} \tag{7.4}$$

式中：h为变形量，z为沿高度方向上的坐标（零点（0）定在板条中间）；h_0为最大变形，L为弹体长度。

变形较小的延伸应变近似于$\left(\frac{1}{2}\right)\left(\frac{\mathrm{d}h}{\mathrm{d}z}\right)^2$，对式（7.4）微分，并代入$\left(\frac{1}{2}\right)\left(\frac{\mathrm{d}h}{\mathrm{d}z}\right)^2$可得

$$\varepsilon = \frac{\pi^2 {h_0}^2}{2L^2}\cos^2\left(\frac{\pi z}{L}\right) \tag{7.5}$$

式中：ε为拉伸应变。

对于弹性变形，板条内应力为

$$\sigma = \frac{\pi^2 E h_0^2}{2L^2}\cos^2\left(\frac{\pi z}{L}\right) \tag{7.6}$$

式中：E为弹性模量。

从式（7.6）可以看出板条内应力最大点在板条的两端，也就是说板条的两端最先达到断裂极限，此时板条内的最大应力为

$$\sigma_{\max} = \frac{\pi^2 E h_0^2}{2L^2} \tag{7.7}$$

当达到断裂极限 σ_F 时，最大变形为

$$h_{0\max} = \sqrt{\frac{2L^2\sigma_F}{\pi^2 E}} \tag{7.8}$$

下面分析变形时间，在板条中间取微元，由于对称性该微元在 x 方向无位移，根据受力分析，可得

$$\rho_s WD \frac{\mathrm{d}^2 h}{\mathrm{d}t^2} = pWd \tag{7.9}$$

式中：W 为板条宽度；D 为厚度；d 为微元高度；变形量 h 可以表示为

$$h = \frac{1}{2}\frac{p}{\rho_s D}t^2 \tag{7.10}$$

式中，ρ_s 为壳体密度。

初始条件：$t=0$ 时，$\frac{\mathrm{d}h}{\mathrm{d}t}=0$，$h=0$。

将式（7.10）代入式（7.8）即可得解体时间为

$$T = \sqrt{\frac{2\rho_s DL}{p\pi}\sqrt{\frac{2\sigma_F}{E}}} \tag{7.11}$$

式（7.11）计算出的时间比实际情况要小，因为在计算中认为变形是弹性变形，而实际情况是塑性变形。另外，在计算中忽略了两端的变形及轴向的位移，也是使得计算结果小的原因。总的来讲，仍能体现长径比长的弹体其解体时间要长于长径比小的弹体，从高速录像的分幅图像中可得弹体1比弹体2的解体时间要长1 ms左右。

这时壳体壁总裂缝宽度为

$$D_c = 2\pi h_{0\max} = \sqrt{\frac{8L^2\sigma_F}{E}} \tag{7.12}$$

Zebelka曾给出射流的初速度公式为

$$V_s = C_d\sqrt{\frac{2p}{\rho_F}} \tag{7.13}$$

式中：C_d 为经验系数；p 为压力差；ρ_F 为液体燃料密度。

燃料射流量定义为

$$M_{jet} = \frac{1}{2}D_c \cdot L \cdot T \cdot V_S \cdot \rho_F = \sqrt{\frac{32\sqrt{2}}{\pi}} \cdot C_d \cdot L^{2.5} \cdot \left(\frac{\sigma_F}{E}\right)^{0.75} (\rho_s\rho_F)^{0.5} D^{0.5} \tag{7.14}$$

从式（7.14）可以看出燃料射流量与弹体的高度、弹壁厚度、材料的性质、燃料的密度有关，当材料确定后如果我们要调节射流量最有效的方法就是改变弹体高度，当不方便改变弹的几何尺寸时，增加两端的焊接强度和弹壳厚度也是可行的，通过该公式可以有目的地调节射流以改变最终云团的燃料分布。

由式（7.14）可知长径比长的弹体产生的射流量较大，有利于燃料的抛撒。同种量级长径比大的弹体最终云雾直径要稍小于长径比小的弹体，其原因是长径比较大的弹体射流速度较大，燃料液滴细碎程度较强，细小液滴受到的气动阻力增大，使云雾的膨胀速度减小；试验中发现长径比小的弹体其云雾轴向增长速度大于长径比大的弹体，这也说明了长径比大的弹体其轴向约束力较大，更有利于燃料的径向抛撒。

表7.13给出了三种结构相似的不同量级装置在爆炸抛撒的不同阶段结束时刻云雾直径和装置直径的比值。

表7.13　结束时刻云雾直径和装置直径对比

装置	D/mm	喷出阶段结束时刻云雾直径 D_1/m	D_1/D	过渡阶段结束时刻云雾直径 D_2/m	D_2/D	临爆前云雾直径 D_3/m	D_3/D
A	180	0.89	4.94	5.63	31.28	7.71	42.83
B	260	1.50	6.11	8.80	33.85	12.73	48.96
C	365	2.03	5.56	10.72	29.36	16.94	46.41

由表7.13中数据可知，喷出阶段结束时，云雾直径约为装置直径的5.5倍，过渡阶段结束时刻的云雾直径约为装置直径30倍，而云雾的最终尺寸约为装置直径的45倍，从表7.13的数据中可以看出一定的趋势：随着装置长径比的增加，不同阶段结束时刻的云雾直径与装置直径的比值相应地增长。这为数值模拟和理论计算提供了必要的试验依据。

7.3.3　壳体材质

郭学永和惠君明对于5 kg级两种不同材质弹体云雾的状态参数（云雾直径 D^*，云雾高度 H^*）随时间变化进行了研究，发现对于两种材质的弹体，同种量级钢质云爆装置所形成云雾半径大于铝质云爆装置，钢质弹片的飞行距离和杀伤效应也优于铝质的。

针对不同材质弹体对云雾参数的影响，其试验记录了5 kg级两种不同材质弹体云雾的状态参数随时间的变化，所得云雾直径和时间的关系（$D^{*}-t$ 曲线）、云雾高度和时间的关系（$H^{*}-t$）曲线分别如图 7.16 所示。

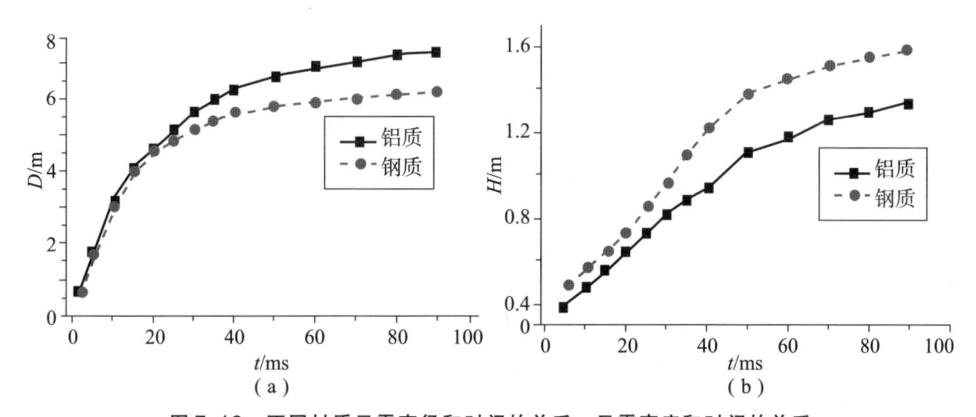

图 7.16　不同材质云雾直径和时间的关系、云雾高度和时间的关系

(a) 不同材质云雾直径和时间曲线；(b) 不同材质云雾高度和时间曲线

中心炸药产生的高温高压爆炸产物通过液体燃料作用于弹壁，壳体预制凹槽处应力较弱首先破裂，由于钢的断裂极限大于铝的断裂极限，因此铝质弹体先于钢质弹体开裂，形成射流。因此，在燃料抛撒的初始阶段，铝质弹体形成的云雾直径稍大一些；但钢质弹体端盖的焊接强度远大于铝质弹体，弹体的解体时间要长，射流时间增长使得射流量增大；轴向约束力钢质弹体大于铝质弹体也促使云雾径向运动的趋势大于铝质的。因此，云雾直径要大于铝质弹体所形成的云雾直径，钢质端盖的质量和焊接强度均大于铝质的，使得燃料在轴向的约束力钢质弹体大于铝质弹体，因此形成的云雾高度铝质弹体较大，图 7.16 的关系曲线可明显说明这一点。

7.3.4　刻槽

为了使液体燃料均匀地向四周抛撒，装置壳体上预先刻制沿轴向方向均匀分布的凹槽，以使在冲击波压力的作用下，凹槽处应力集中，首先开裂，形成射流有利于燃料的均匀抛撒。分析试验结果得出，装置壳体的刻槽数对云雾状态有定影响。图 7.17（a）和（b）所示为长径比为 1.7，刻槽条数目分别为 24 和 30 的 5 kg 级钢质云爆装置在不同时刻下云雾的外形图。

从图 7.17 中可以看出，刻槽数目多的装置，形成最终云雾的直径较小。主要原因是，抛撒初期，刻槽数目多的装置射流生成速率较大，形成的射流质量也较大，因此该装置云雾初始运动速度比刻槽数目少的情况稍大些。在随后的液体燃料运动中，由于受到气动阻力的作用，液体发生首次和二次破碎效

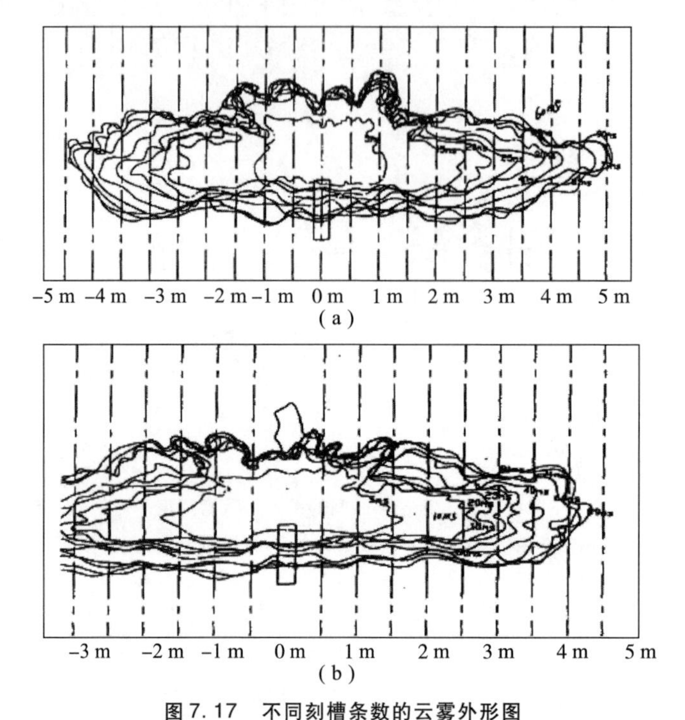

图 7.17　不同刻槽条数的云雾外形图

(a) 刻槽条数为 24 的云雾外形图；(b) 刻槽条数为 30 的云雾外形图

应，初始运动速度较大的云雾，液相雾化程度强，同时受到的气动阻力也较大，使最终的云雾尺寸相对于刻槽数少的云雾尺寸小。因此，在所研究的刻槽数范围内，刻槽数目多的装置，形成最终云雾的径向尺寸较小。但是，刻槽数多的云爆装置，形成的燃料分布均匀，雾化程度高，易于二次引信的可靠起爆。

7.3.5　起爆方式

起爆方式包括动态起爆和静态起爆。另外，起爆点也是研究起爆方式的一部分，起爆点可能是在装置低端、中部、上下两端、贯穿等方式，研究起爆位置有利于帮助确定最有利于起爆的装药方式。

对于动态起爆，王晔进行了相关研究。王晔进行了无轴向加强杆装置结构气－液－固三相云雾动态与静态形成试验对比，其动态试验采用高空释放达到动态效果。试验中，燃料空气混合物动态爆轰方法由高空释放分系统、带伞燃料装置分系统和性能测试分系统组成，可实现带伞燃料装置分系统运动特征、燃料空气混合物动态形成特性和燃料空气混合物动态爆轰特性的研究。总体方案布局如图 7.18 所示。进行试验时：首先，高空释放分系统将带伞燃料装置分系统带至指定高度后，进行投放；然后，利用带伞燃料装置分系统中的定高装置起爆中心抛撒药，从而使燃料与空气形成混合物；最后，采用带伞燃料装置分系统中的起爆装置起爆混合物产生爆轰。根据不同的研究目的，进行相关测试分系统布置。

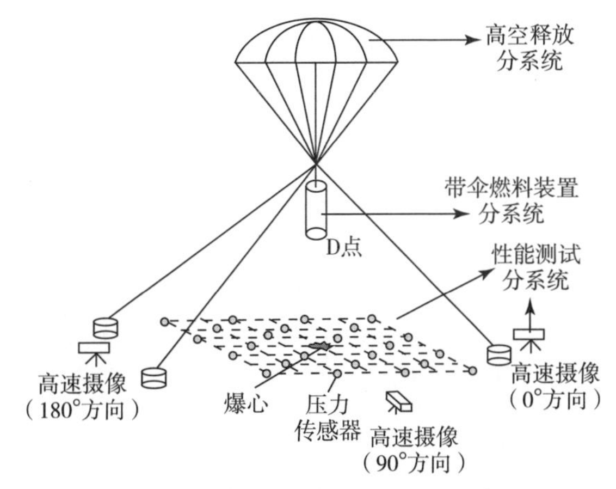

图 7.18　动态试验试验现场布置示意图

选取相同装置结构、相同比药量（0.86%）的试验方案进行对比。图 7.19（a）所示为无加强杆动态和静态试验中云雾半径随时间的变化，其中 S_W 为静态试验结果，D_W 为动态试验结果。图中显示动态云雾半径与静态云雾半径进行对比呈现逐渐小于静态云雾半径的变化趋势。在稳定阶段 240 ms 时，动态云雾半径为 10.14 m，静态云雾半径为 12.08 m，二者相差 16.06%。

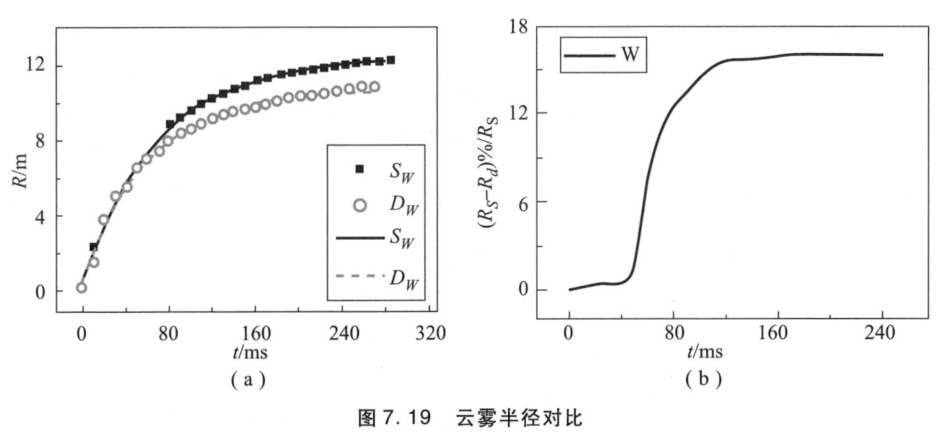

图 7.19　云雾半径对比

（a）半径；（b）半径减小率

为了得到动态与静态半径之间的差异规律，以静态半径 R_s 为分母，以动态半径 R_d 与静态半径 R_s 的差值为分子，计算不同时刻静态与动态的半径减小率 $(R_s-R_d)\%/R_s$，如图 7.19（b）所示。从减小率曲线的发展趋势上看，减小率出现先稳定后增加最后又稳定的变化情况。初始阶段之所以差异较小是由于二者都处于燃料加速阶段，动态与静态的最大初始分散速度分别为 304.8 m/s 和 305.3 m/s，均远远大于初始速度（40 m/s），因此初始速度的影响不明显；随着时间的推移，由于空气阻力，液体破碎、剥离，固体大颗粒群分化成小颗粒群，同时初始速度影响作用逐渐明显，使得动态分散速度在减速阶段迅速减小，导致减小率逐渐增加至最大值；之后，二者均进入稳定阶段，使得减小率保持在一定值。

对于无轴向加强杆的云爆装置，将中心抛撒药量均为 0.86% 的静态与动态云雾形成试验结果进行对比，云雾平均高度对比结果如图 7.20 所示。由图 7.20 可知，动态云雾平均高度小于静态云雾高度。在稳定阶段（240 ms）时，动态云雾平均高度为 3.36 m，静态云雾平均高度为 3.75 m。

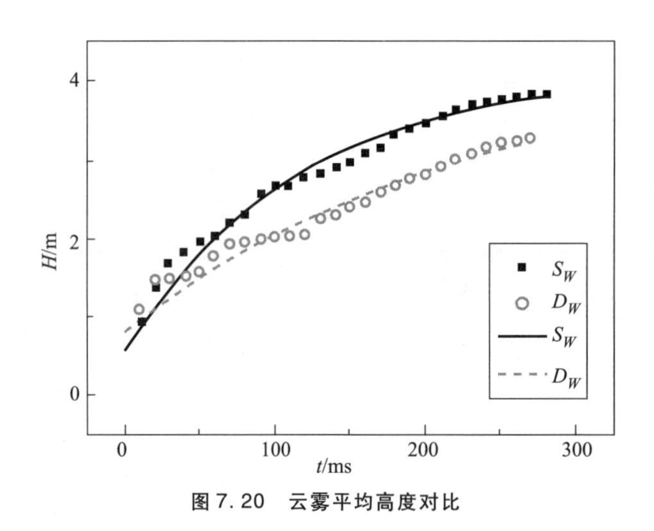

图 7.20　云雾平均高度对比

将相同中心抛撒药量为 0.86% 条件下的静态与动态云雾形成试验结果进行对比，云雾体积和平均质量浓度对比结果分别如图 7.21 所示。由图 7.21 可知，静态云雾体积大于动态云雾体积，而静态平均质量浓度小于动态平均质量浓度。当 240 ms 时，静态云雾体积为 1 546.46 m^3，动态云雾体积为 976.31 m^3；静态平均质量浓度为 80.83 g/m^3，动态平均质量浓度为 128.03 g/m^3。

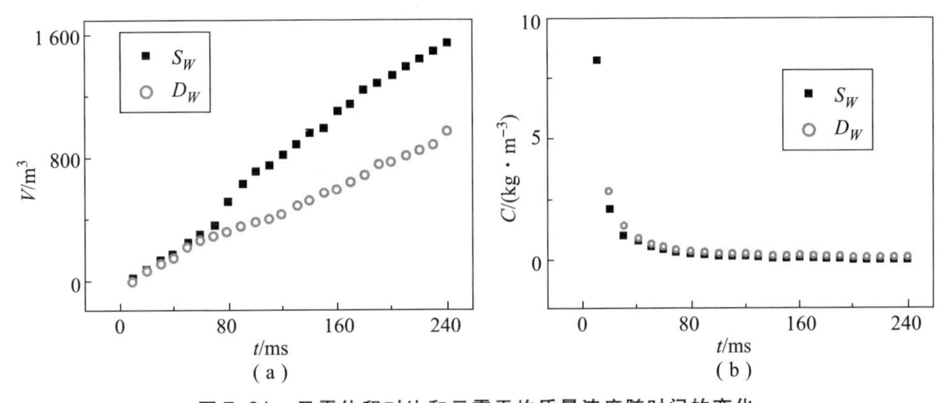

图7.21　云雾体积对比和云雾平均质量浓度随时间的变化

(a) 云雾体积对比；(b) 云雾平均质量浓度对比

之后王晔对于有轴向加强杆装置结构气－液－固三相云雾动态与静态形成试验对比云雾半径对比将相同中心抛撒药量为0.86%条件下的静态与动态燃料形成试验结果进行对比，云雾半径结果对比如图7.22（a）可知，动态云雾半径对比静态云雾半径，呈现逐渐小于静态云雾半径的趋势。在稳定阶段（240 ms）时，动态云雾半径为10.69 m，静态云雾半径为12.15 m，二者相差12.02%。

为了对比动态与静态云雾半径的差异，以静态半径 R_s 为分母，以动态半径 R_d 与静态半径 R_s 的差值为分子，计算不同时刻静态与动态半径减小率，如图7.22（b）所示。从减小率曲线的发展趋势上看，出现先稳定后迅速增加至最大值的变化情况。减小率初始范围小于1%，随后迅速增加到12.02%并逐渐稳定。这表明，初始阶段之所以无差异是由于二者都处于燃料加速阶段，动态与静态的最大初始分散速度分别为316.9 m/s和315.8 m/s（分散速度对比如表7.14所示），外界加载速度（40 m/s）影响不明显；随着时间的推移，由于空气阻力，液体破碎、剥离，固体大颗粒群分化成小颗粒群，同时初始速度影响作用逐渐明显，使得动态燃料分散速度在减速阶段迅速减小，导致减小率逐渐增加至最大值；之后，二者均进入稳定阶段，使得减小率保持在一定值。

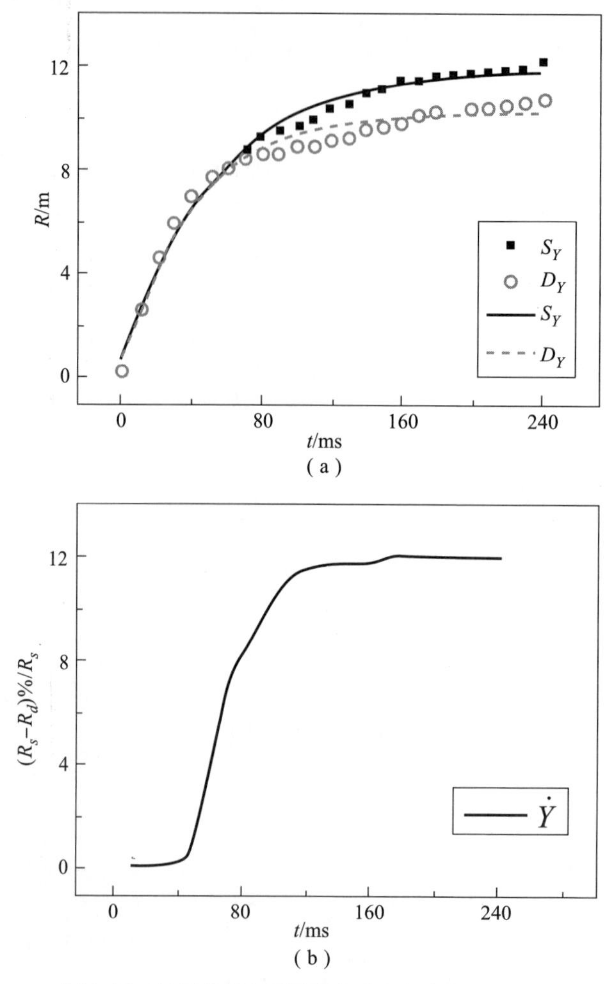

图 7.22 云雾半径和云雾半径减小率随随时间变化

(a) 云雾半径随时间变化；(b) 云雾半径减小率随时间变化

表 7.14 动态与静态初始分散速度对比

时间/ms	静态燃料初始分散速度/$(m\cdot s^{-1})$	动态燃料初始分散速度/$(m\cdot s^{-1})$
1	316.9	315.85
2	303.3	287.2

将相同中心抛撒药量为 0.86% 条件下的静态与动态云雾形成试验结果进行对比，云雾平均高度对比结果如图 7.23 (a) 所示。由图 7.23 (a) 可知，动态云雾平均高度小于静态云雾高度。在 240 ms 时，动态云雾平均高度为 3.2 m，静态云雾平均高度为 3.51 m，二者相差 8.8% 。

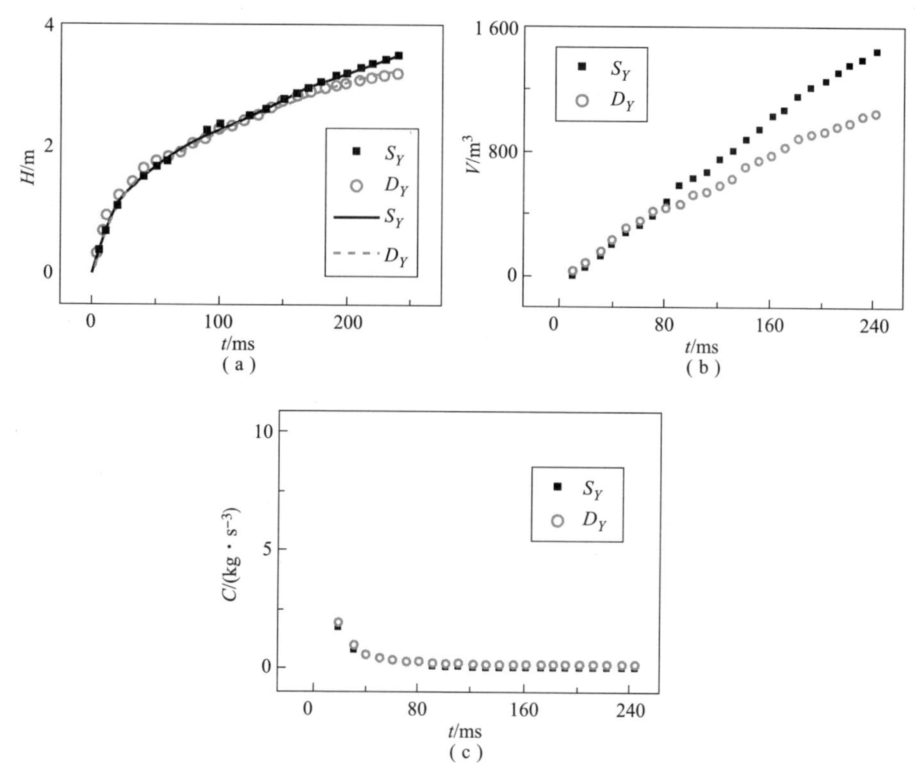

图 7.23　云雾高度、云雾体积和云雾平均燃料质量浓度随时间变化

(a) 云雾平均高度对比；(b) 云雾平均体积对比；(c) 云雾平均燃料质量浓度对比

云雾体积与平均质量浓度计算对比结果如图 7.23 所示，根据记录结果可知，在 240 ms 时，静态云雾体积为 1 464.31 m^3，动态云雾体积为 1 036.93 m^3；静态平均质量浓度为 85.37 g/m^3，动态平均质量浓度为 120.55 g/m^3。云雾动态的特征参数与静态特征参数略有差异，有轴向加强杆的云爆装置动态半径较静态半径差值逐渐增大。这说明，在近场阶段动态云雾半径的燃料分散速度与静态燃料分散速度几乎相同，此时装置下落运动速度（动态条件）影响不明显；随着燃料进入远场阶段，液滴继续剥离，固体进一步破碎，中心抛撒药的驱动抛撒作用减弱，装置下落运动速度影响趋于明显，使得湍流动能增加。在能量守恒的前提下，动态结果较静态结果多消耗了一部分动能，最终形成动态云雾半径逐渐小于静态结果。

湍流动能公式为

$$k = (uI)^2/2 \tag{7.15}$$

式中：k 为湍流动能（J）；I 为湍流强度（$m^2 \cdot s^{-2}$）；u 为燃料分散速度（$m \cdot s^{-1}$）。

由于

$$I = 0.16Re^{-1/8} \tag{7.16}$$

则

$$Re = \rho uh/\mu \tag{7.17}$$

式中：Re 为雷诺数；h 为云雾平均高度（m）；ρ 为密度（kg/m³）；μ 为黏度。

将式（7.16）和式（7.17）代入式（7.15），得到

$$k = \frac{0.16u^{3/4}\rho^{-1/4}d^{-1/4}}{2\mu^2} \tag{7.18}$$

由式（7.18）可见，动态条件具有的装置下落运动速度能够增加燃料分散速度，使得湍流动能增加。

7.3.6 加强杆

王晔为研究装置结构对云雾形成特性的影响，选取在比药量为 0.86% 条件下的有轴向加强杆装置结构和无轴向加强杆装置结构进行云雾静态形成试验，装置结构对云雾半径、云雾平均高度、云雾体积以及平均质量浓度的影响分别如图 7.24（a）~（d）所示。

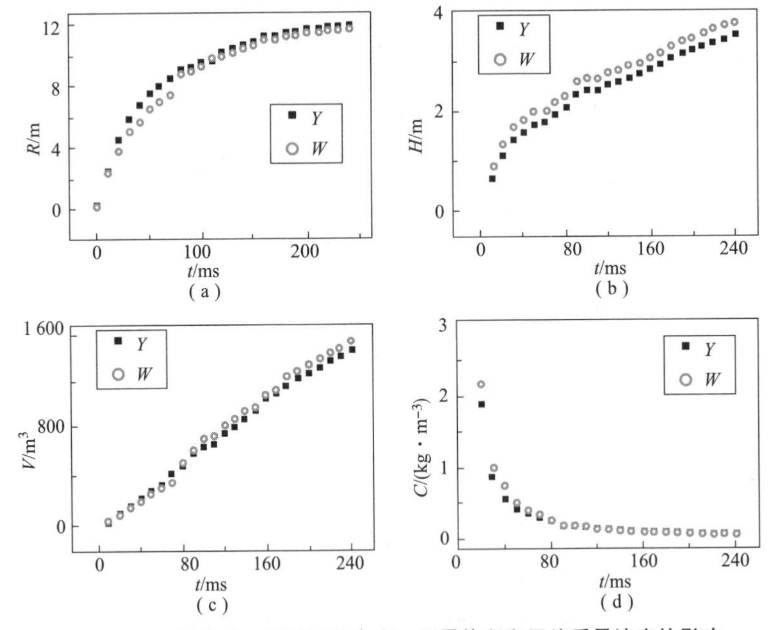

图 7.24 云雾半径、云雾平均高度、云雾体积和平均质量浓度的影响

（a）有加强杆和无加强杆静态云雾半径随时间演变规律；（b）有加强杆和无加强杆云雾平均高度随时间演变规律；（c）有加强杆和无加强杆云雾体积随时间演变规律；（d）有加强杆和无加强杆云雾平均质量浓度随时间演变规律

在云雾径向方向，对于云爆装置有轴向加强杆Y和无轴向加强杆W，云雾形成的初期，云雾半径均随着时间的推移快速增长，随后，云雾半径的增长速率渐缓，仍不断缓慢增长；在240 ms后，云雾半径扩展趋势渐趋于稳定。由于装置结构的差异，有轴向加强杆装置结构的云雾半径始终大于无轴向加强杆装置结构的云雾半径。在240 ms时，有轴向加强杆结构的云雾半径为12.15 m，无轴向加强杆结构的云雾半径为12.08 m，较无轴向加强杆结构提高0.6%。

在云雾轴向方向，二者的云雾平均高度均随着时间的推移不断增长，然而无轴向加强杆结构的云雾平均高度始终大于有轴向加强杆结构的云雾平均高度。在240 ms时，有轴向加强杆装置结构的云雾平均高度为3.51 m，无轴向加强杆结构的云雾平均高度为3.75 m，较无轴向加强杆减少6.4%。

不同装置结构的云雾体积和平均质量浓度变化趋势相同，云雾体积不断增大，而平均质量浓度不断减小至趋于稳定。在240 ms时，有轴向加强杆结构的云雾体积为1 464.31 m^3，平均质量浓度为85.37 g/m^3；无轴向加强杆装置结构的云雾体积为1 546.46 m^3，平均质量浓度为80.83 g/m^3。

试验研究发现，有无加强杆对于云雾半径的影响较小，有加强杆较无加强杆结构云雾半径提高仅0.6%，而云雾高度降低了6.4%，最终云雾的平均质量浓度增加了5.6%。加强杆主要限制了云雾的轴向扩散，使得更多的燃料分布在更小的云雾高度内，从而提高了云雾的平均质量浓度，能够使云雾具有更好的爆轰结果，在水平面上产生更好的杀伤效果。

7.3.7 壳体形状

王永旭等对比药量为1%的扇形抛撒装置进行了云雾抛撒研究。其装置高度为2 m，壳体材质为铝板，厚度为3 mm。此次试验中，抛撒的燃料为以乙醚和铝粉为主体的液固复合燃料，燃料装填质量为300 kg，密度为1.2 g/cm^3。燃料爆炸抛撒的中心管药总长2 m，直径120 mm，装药量为3 kg。

图7.25所示为云爆装置结构示意图，图7.26所示为扇形结构方向示意图。

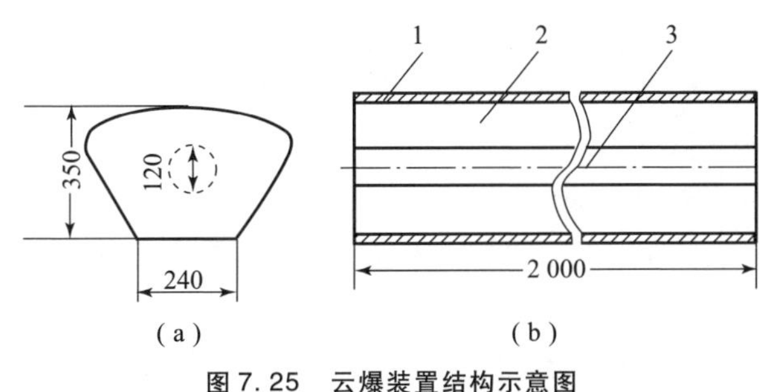

图7.25 云爆装置结构示意图

1—壳体；2—燃料；3—中心抛撒药

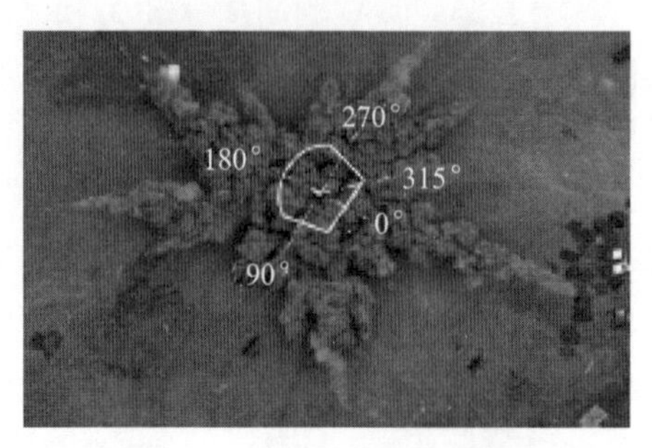

图 7.26　扇形结构方向示意图

试验发现，相比于圆形壳体，扇形壳体结构形成的云雾形状是不规则的，云雾主要以横向运动为主，最终形成类似于五角星形状，同时云雾边缘有许多条状突出。

7.3.8　装药量

表 7.15 给出了长径比相近（1.5，1.7，2.3）的三种量级装置在爆炸抛撒的不同阶段结束时刻云雾直径和装置直径的比值。

表 7.15　云爆装置的云雾参数

装置	喷出阶段结束时刻/ms	过渡阶段结束时刻/ms	最佳延迟时间/ms	云雾临爆前直径/m
A	2	15	80	7.71
B	3	27	120	12.75
C	4	33	160	16.94
C/A	2	2.2	2	2.2
C/B	1.33	1.22	1.33	1.33

装填燃料量的立方根之比为：$\sqrt[3]{50}/\sqrt[3]{5}=2.15$，$\sqrt[3]{50}/\sqrt[3]{20}=1.36$。由表 7.15 中两者的比值可见，与装填燃料量的立方根大体相当，可认为爆炸抛撒的不同阶段及云雾参数与装填燃料量的立方根成正比。这说明，就云雾的一些参数而言，小型云爆装置是可以模拟大型云爆装置的。

薛社生对 16 kg 云爆装置，高度为 38 cm，直径 26 cm，上、下盖板厚 0.8 cm，筒壁厚 0.2 cm，中心装填塑性炸药 280 g，装填燃料约 16 kg，进行了试验研究，发现在初次中心起爆后 60 ms，即基本上接近形成一个以装置为中心，半径 6 m，厚度 2 m 的扁平状云团。

刘庆明等采用 8 kg 的锑黑高能炸药引爆 100 kg 燃料的试验，云雾分散过程中，燃料云团的初始运动速度较大。随着云雾半径的增加，燃料云团运动速度迅速减小，当云雾运动到某一尺度时，云雾边界运动速度趋于稳定。对于 100 kg 装置，初始云雾运动速度大约为 160 m/s，云雾分散 150 ms 后，云雾半径约为 8. 5 m，云雾边界运动速度减小为 12. 5 m/s，并且下降速度趋缓。

图 7. 27 所示为云雾半径、云雾径向速度随时间的变化曲线。

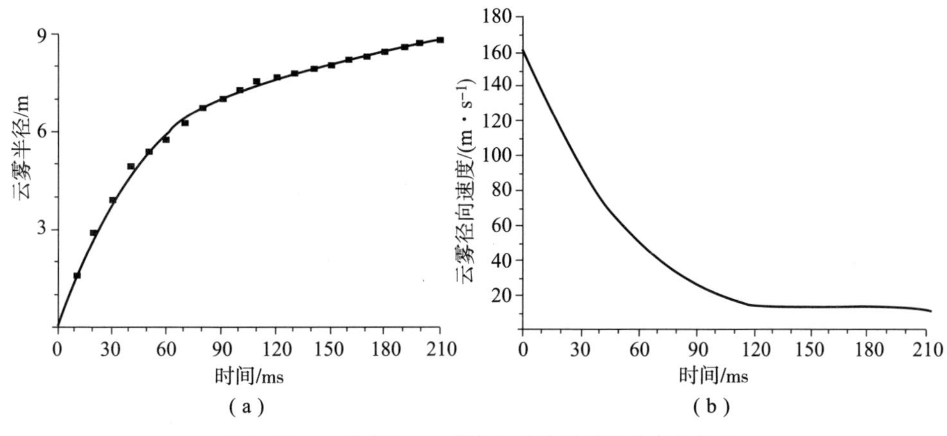

图 7. 27　云雾半径、云雾径向速度随时间的变化曲线

(a) 云雾平径—时间曲线；(b) 云雾边界运动速度—时间曲线

2000 年，张奇等采用理论公式推导，说明加速阶段结束时燃料分散半径符合几何相似律，当云爆装置的尺寸增大时，加速阶段结束时的燃料分散半径也随之等比例增大。在云爆装置几何相似条件下，加速阶段结束时燃料分散速度与尺寸无关，而取决于中心装药的爆速。因此，在云爆装置满足各种相似条件下，燃料分散阶段结束时的分散速度取决于中心装药品种（与装药爆速有关）；燃料分散的最终半径符合几何相似律。

采用两个云爆装置壳体结构、燃料满足相似条件时，中心装药也按照相似条件设计，两者几何比例为 120/90 = 1. 33，试验发现两者加速阶段结束时的燃料分散半径比为 1. 65/1. 26 = 1. 31；两者燃料分散的最大半径比为 3. 31/2. 425 = 1. 36；两者加速阶段结束时的径向速度相近，即 259/235 (m/s)，试验结果与其提出的相似律相符。上述数据点的比药量在 0. 7% ~2%，可以看到云雾形貌基本符合云雾半径与燃料质量的三次方根成正比的关系，与郭学永结论相符。

图 7. 28 所示为燃料质量与爆轰前云雾状态的关系。

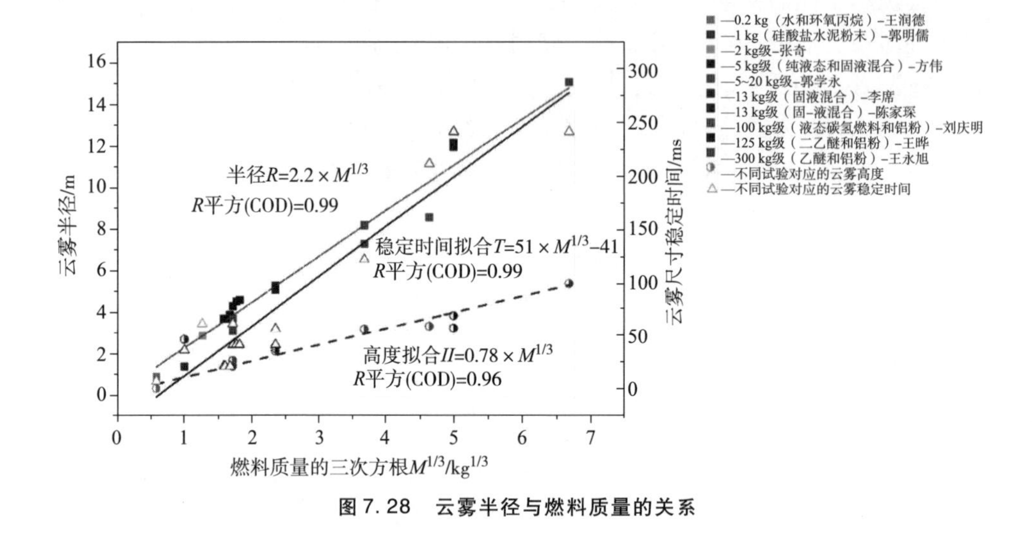

图 7.28　云雾半径与燃料质量的关系

7.4　燃料参数对云爆燃料分散的影响

燃料参数包括云爆燃料的燃料成分、固液比例等。方伟等采用同种体系的燃料，主要组分包括烃、硝酸酯、铝粉以及添加剂。通过改变液体组分比例和添加铝粉来调节云爆燃料的密度，试验对象分为液体型和液固复合型两类。试验发现，在爆炸抛撒形成云雾之前，燃料的运动形式主要以射流为主，其最高运动速度的计算结果为 377 m/s。射流云雾持续 10 ms 左右，并且射流运动时间随燃料密度增大而变化；射流受界面不稳定性影响破碎成燃料颗粒，在空气中扩散运动而形成燃料空气云雾。密度大的燃料其射流受到气动阻力的影响较小，射流云雾持续时间更长，形成燃料空气云雾后，在相同时刻具有更大的云雾直径。

云爆燃料的抛撒试验在野外靶场进行，抛撒装置结构示意图如图 7.29 所示。中心抛撒装置壳体为圆柱形，圆柱尺寸为 195 mm × 205 mm；圆柱中心轴向设置中心管用于固定中心抛撒药柱，中心管直径为 26 mm；中心管与圆柱壳体之间的空间用于装填云爆燃料，壳体采用聚氯乙烯（PVC）材料制成。选用 TNT 作为中心抛撒药，药柱尺寸为 25 mm × 175 mm，密度为 1.56 g/cm^3，比药量为 3.5% 左右。

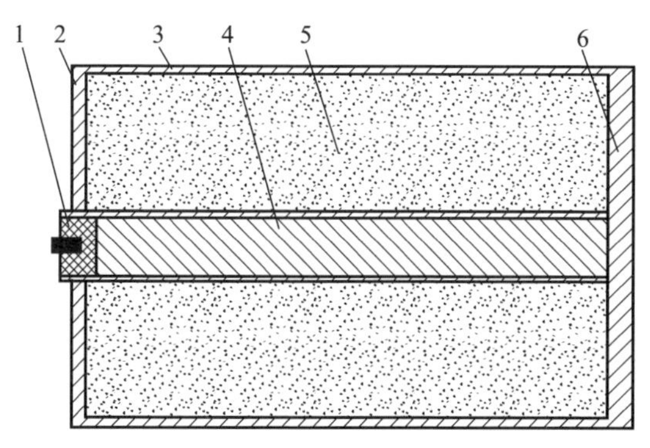

图7.29 云爆装置

1—雷管；2—起爆药柱；3—壳体；4—中心抛撒药；5—燃料；6—壳底

为了尽量减少影响因素，试验采用同种体系的燃料，主要组分包括烃、硝酸酯、铝粉以及添加剂。通过变化液体组分比例和添加铝粉来调节云爆燃料的密度，试验对象分为液体型和液固复合型两类，对应的装药密度和装药质量见表7.16（每发装药体积基本保持一致）。

表7.16 燃料密度和装药质量

燃料类型	编号	密度/(g·cm⁻³)	质量/g
液体型	1	0.86	3 933
	2	0.89	4 070
	3	1.02	4 665
液固复合型	4	1.10	5 026
	5	1.20	5 480
	6	1.30	5 935

对抛撒过程的高速摄影照片进行处理，得到不同燃料云雾直径随时间的变化曲线，如图7.30所示。从图7.30中可以看出，各燃料云雾直径在前40 ms增长较快，随着时间的延长，云雾直径的增长速率逐渐减小。燃料抛撒时先受到爆炸驱动力的作用，随着云雾的扩展，爆炸驱动力逐渐减弱，气动阻力的影响相对增强，燃料云雾的直径增长速率出现由快到慢的变化过程。从图7.30还可以看出，1、2号燃料云雾直径变化曲线基本重合，这是由于1、2号燃料密度（0.86 g/cm^3和0.89 g/cm^3）相差较小，物理性能也基本相同，相同抛撒条件下的云雾尺寸差别很小。对比3~6直径变化曲线可以看出相同时刻，燃料密度越大，抛撒云雾直径也越大。

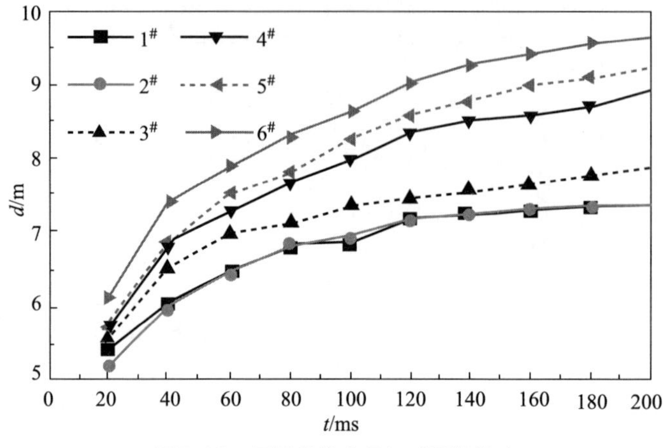

图 7. 30　云雾扩散直径与时间的关系

为了进一步分析液体和液固复合型燃料抛撒运动的差异，将 2 号和 6 号燃料抛撒结果进行比较。从图 7. 31 看出，抛撒后 10 ms 左右的时间内，2 号燃料的直径大于 6 号燃料，之后，6 号燃料的直径超过 2 号，通过比较燃料运动速度能更直观地解释这两种燃料抛撒尺寸变化的差异，因此对图 7. 30 中的曲线求导，得到 2 号和 6 号燃料边界运动速度变化曲线，如图 7. 31 所示。从图 7. 31 中看出，在测量时间范围内，2 号和 6 号燃料边界的运动速度均持续降低，10 ms 之前，两种燃料均大致处于匀减速状态，其中 2 号燃料速度降低更快，10 ~ 20 ms，燃料的减速运动状态发生了扰动，20 ms 以后，燃料边界速度渐趋平稳。

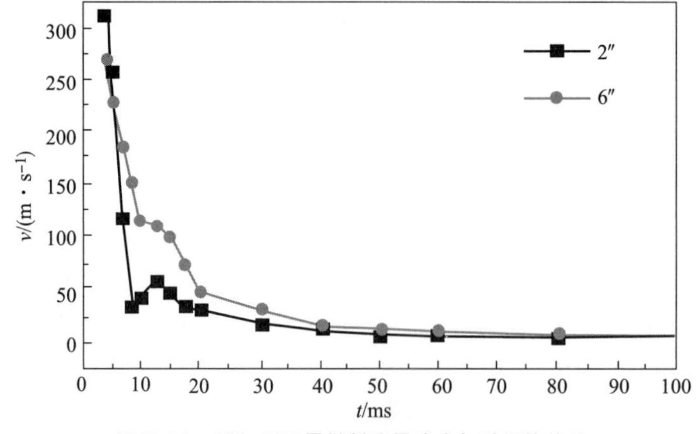

图 7. 31　2″和 6″云雾燃料边界速度与时间的关系

分析认为，燃料受抛撒装药爆轰产物驱动速度很快达到最大值，然后在气动阻力作用下，燃料射流作为整体速度不断降低，抛撒后 10 ms 左右，燃料射流在界面不稳定性影响下开始破碎成大小不一的颗粒，燃料整体性遭到破坏，由于大小不同的燃料颗粒受到的阻力不同，界面处燃料颗粒的运动速度变化出现差异（图 7.31 中燃料速度的扰动就发生在该阶段），随着时间的推移，燃料射流完全破碎成颗粒并形成缓慢扩散的燃料云雾。通过上述分析可得到的结论是：燃料射流破碎速度越慢，持续时间越长，越有利于抛撒云雾直径的扩展。基于该结论，密度较大的燃料受到气动阻力的影响较小，导致破碎成燃料颗粒的速度更慢，射流持续时间更长，所以具有更大的抛撒云雾直径。

王德润等用高速摄影机记录了不同情形下的液体燃料爆炸抛撒及云雾成长过程。将液体燃料爆炸抛撒过程分为加速、减速、扩散三个运动阶段；发现选择低黏度、低表面张力且具有一定挥发性的液体燃料可获得较好的分散及雾化效果，并且加入适量的表明活性剂能够使得分散更为均匀，有利于爆轰的传播。

试验采用如图 7.32 所示的装置，云爆装置采用薄壁圆筒结构，尺寸：$\phi=60$ m，$L=100$ m。上、下盖板为 5 mm 厚塑料板，侧壁为聚酯塑料薄膜外壳，侧壁的强度和厚度显著小于上、下两盖板；中心 PVC 管直径 25 mm，中心管中段为中心装药、两端为阻火泡沫。试验时云爆装置静止悬吊在距离地面上方 1.3 m 处、呈直立状：首先利用 8 号电雷管先引爆中心装药；然后由中心装药的爆炸作用实现液体燃料的抛撒雾化。

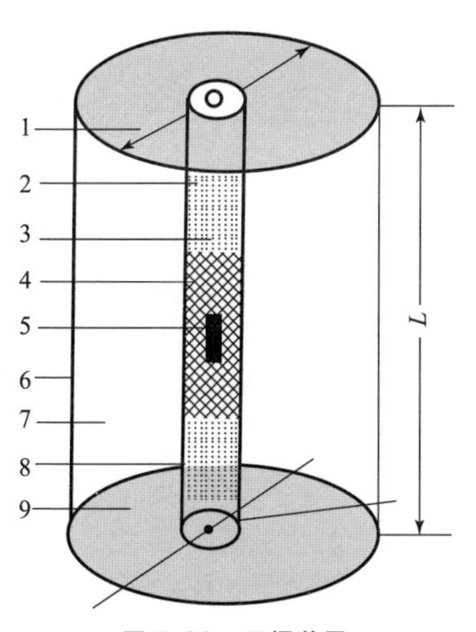

图 7.32　云爆装置

1—上盖板；2—PVC 内管；3—阻火泡沫；4—中心装药；
5—8#电雷管；6—塑料薄膜；7—液体燃料；8—空气；9—下盖板

为了分析表面张力、黏度等物理化学性质对爆炸抛撒及云雾形成过程的影响，分别对环氧丙烷和水的爆炸抛撒及云雾形成过程进行了对比试验研究，两种液体的物理化学性质见表 7.17。试验时，环氧丙烷和水的总质量均为 192 g，比药量（中心装药质量与液体燃料质量之比）均为 1.56%。

表 7.17　不同液体的物理化学性质

项目	符号	单位	环氧丙烷	水
分子式			C_3H_6O	H_2O
摩尔质量	M_r		58.08	18
密度	ρ	$g \cdot cm^{-3}$	0.859	1
表面张力	σ	$mN \cdot m^{-1}$（20℃）	23.5	72.7
黏度	μ	mPa·s	0.33	1.005
比定压热容	c_p	$kJ \cdot kg^{-1} \cdot K^{-1}$（20℃）	2.09	4.183
膨胀系数	a_v	K^{-1}（55℃）	0.001 5	0.000 45
沸点	θ_b	℃	34.3	100

将液体燃料爆炸抛撒过程分为三个阶段：加速运动阶段、减速运动阶段、扩散运动阶段。在爆炸抛撒过程中，无论是径向还是轴向，首先是加速阶段，然后是减速阶段，且径向扩展速度变化远大于轴向扩展速度。①加速运动阶段：中心高能炸药的爆炸作用使液体由初始状态开始运动，速度由零开始不断增大。这一阶段的液体抛撒运动主要发生在径向，抛撒速度变化较大，但扩展范围较小，液体由整体分解为分散微团。②减速运动阶段：加速运动阶段结束时，中心装药爆生气体的膨胀速度将小于液体的抛撒速度，它将与液体相分离，液体开始作减速运动。减速运动过程中由于液体受惯性和空气阻力作用，这一阶段的液体主要还是径向运动。惯性与质量有关，质量越大，惯性越大；阻力大小取决于运动速度，速度越大，阻力越大。③扩散运动阶段：液体抛撒经过径向的加速和减速运动阶段以后，径向运动结束，云雾径向范围不再扩大，开始作扩散运动。在此阶段，云雾径向半径基本不变，轴向高度稍有增加；随着液滴的进一步碎解雾化，液体分散更均匀。

从高速摄影的结果可知［图 7.24（a）和（b）］，12 ms 后液体云雾区相对稳定，液体云雾的径向半径不再发生明显变化，轴向高度稍有增加。二次点火延迟时间（中心装药起爆至云雾引信起爆之间的间隔时间）必须满足定值，才能使液滴充分碎解和雾化。但从高速摄影分幅照片可以看出，该时间过长将使云雾团明显分散，难以满足浓度要求。因此，在本试验条件下，二次点火延迟时间最好小于 28 ms。此外，由于环氧丙烷沸点较低且易挥发，在抛撒时伴随有汽化作用，燃料实际是以气—液两相存在于云雾之中的。液体燃料的汽化有利于云雾的均匀、有益于爆轰效能的发挥，但液体燃料沸点过低，将使其装填和抛撒产生困难。高速摄影分幅照片显示，在相同的时间内，水的碎解雾化程度以及分散均匀性不及环氧丙烷。从图7.33可以看出，当比药量为1.56%时，两种液体的云雾扩展半径与时间关系曲线、云雾扩展速度与时间关系曲线基本重合，水最终的径向半径稍大于环氧丙烷在液体抛撒阶段，抛撒初速度和运动状态与中心装药的爆轰能、爆压以及云爆装置结构有关。液滴的破碎，主要是流动中的泰勒不稳定性和亥姆霍兹不稳定性的作用。根据不稳定性影响因素的分析，液体的表面张力、黏度都抑制不稳定性的发展。

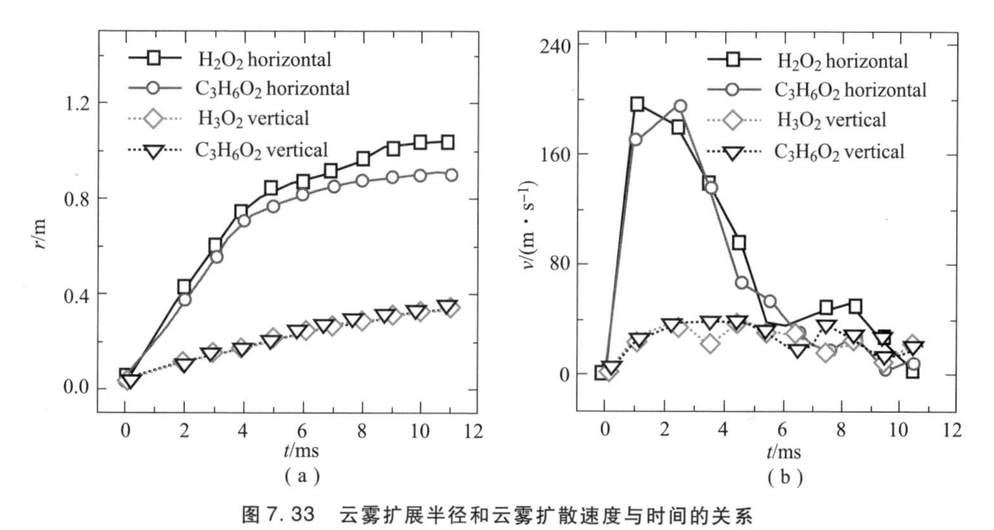

图7.33 云雾扩展半径和云雾扩散速度与时间的关系

(a) 云雾扩展半径与时间的关系；(b) 云雾扩散速度与时间的关系

综上所述，要取得较好的爆炸抛撒及雾化效果，应该选取低黏度、低表面张力、具有一定挥发性的液体燃料，另外还应有适宜的抛撒速度和二次点火延迟时间。

7.5 小　结

由众多学者的试验研究结果可以发现，对于云爆抛撒的影响因素包括了比药量、长径比、壳体材质、刻槽、起爆方式、加强杆、壳体形状、装药量等，其中比较重要的影响参数是比药量和装药量。比药量决定了中心炸药起爆时所释放的能量，用于推动中心炸药周围的燃料的能量，因此直接影响燃料分散的初速度。装药量即燃料质量，在相同比药量下，大的装药量会形成更大的云雾半径。对于液态的燃料分散的初速度能够很好地符合 Gureny 公式的计算值；对于固态颗粒，其分散初速度要略低于 Gureny 公式的计算值。根据郭学永等的试验数据，在相同的试验装置和近似的比药量下，云雾半径与燃料的三次方根近似成正比例。

参考文献

[1] Zhang F, Ripley R C, Yoshinaka A, et al. Large - scale spray detonation and related particle jetting instability phenomenon [J]. Shock Waves, 2015, 25 (3): 239 - 254.

[2] 赵瑞成，王克印，魏茂洲，等. 固体灭火剂在中心抛撒炸药作用下的试验研究. [J]. 科学技术与工程，2008 (02).

[3] 岳中文. 爆炸作用下水抛撒成雾的研究 [D]. 淮南：安徽理工大学，2006.

[4] 施惠明. 多点抛撒云雾爆炸特性研究 [D]. 南京：南京理工大学，2008.

[5] Higgs D G, Jones P N, Markham J A, et al. A Review of Explosives Sabotage and its Investigation in Civil Aircraft [J]. Journal of the Forensic Science Society, 1978, 18 (3 - 4): 137 - 160.

[6] 李传家. 新型 FAE 燃料的选取及其性能研究 [D]. 南京：南京理工大学，2012.

[7] 陈朗，张寿齐，赵玉华. 不同铝粉尺寸含铝炸药加速金属能力的研究 [J]. 爆炸与冲击，1999，19 (3): 250 - 255.

[8] 刘云. 爆炸抛洒云雾形貌特征及威力场研究 [D]. 北京：北京理工大学，2016.

[9] 任晓冰，李磊，严晓芳. 液体的爆炸抛撒特征 [J]. 爆炸与冲击，2010 (5).

[10] 田宙，郭光辉，郝保田. 气液爆轰波及冲击波传播的数值研究 [J]. 计

算物理，2000，17（1－2）：131－136.
[11] 郭光辉，田宙，郝保田．TVD 格式在气液两相爆轰数值模拟中的应用［J］．应用数学和力学，2000，21（6）：655－660.
[12] 范宝春，姚海霞，李鸿志．气云爆轰的一维模型［J］．爆炸与冲击，1995，15（4）：307－314.
[13] 罗艾民，张奇，李建平．爆炸驱动作用下固体燃料分散过程的计算分析［J］．北京理工大学学报，2005（02）：12－16.
[14] 解立峰，郭学永，果宏，等．燃料．空气云雾爆轰的直接引爆试验研究［J］．爆炸与冲击，2003，21，78－80.
[15] 张景林，肖林，寇丽平，等．气体爆炸抑制技术研究［J］．兵工学报，2000，21（3）：261－263.
[16] 丁珏，翁培奋，刘家骢．液体爆炸抛撒初期液环运动、破碎的数值研究［J］．水动力学研究与进展：A 辑，2004，19（2）：219－224.
[17] 丁珏，刘家骢．液体燃料云团形成过程的数值仿真［J］．兵工学报，2001，22（4）：481－484.
[18] 丁珏，刘家骢．液体燃料爆炸抛撒和云雾形成全过程的数值研究［J］．火炸药学报，2001，24（1）：20－23.
[19] 丁珏，刘家骢．液体燃料炸抛撒近场阶段的数值研究［J］．爆炸与冲击，2000，20（3）：215－220.
[20] 王仲琦．面向对象的爆炸力学 Euler 型多物质数值方法及其应用研究［D］．北京：北京理工大学，2000.
[21] 张奇，白春华，刘庆明，等．不耦合装药爆炸作用下燃料空气炸药的近区抛散［J］．弹道学报，2000（02）：26－29.
[22] Li Y H，Song Z D，Li Y Z，et al. Theoretical analysis and numerical simulation for the spill procedure of liquid fuel of fuel air explosive with shell［J］. Int. J. Non－Linear Mech.，2010，45（7）：699－703.
[23] Bai C H，Wang Y，Li J P，et al. Influences of the cloud shape of fuel－air mixtures on overpressure field.［J］. Shock and Vibration，2016（1）：1－7.
[24] 王晔，白春华，李建平．非对称云雾爆炸超压场数值模拟［J］．兵工学报，2017，38（5）：911－914.
[25] Crepeau J，Hikida S，et al. Second Order Hydro－dynamic Automatic Mesh Refinement Code（SHAMRC），volume I，methodology. Technica l Report，Applied Research Associates，Inc.，2001，
[26] Crepeau J，Happ H，et al. Second Order Hydrodynamic Automatic Mesh Re-

fifinement Code (SHAMRC): volume II, user's manual. Technical Report, Applied Research Associates, Inc. 2001,

[27] Vorobieff P, Anderson, M, et al. Vortex Deposition in Shock - accelerated Gas with Particle/Droplet Seeding. AIP Conference. American Institute of Physics, 2012.

[28] Anderson M, Vorobieff P, et al. An Experimental and Numerical Study of Shock Interaction with a Gas Column Seeded with Droplets [J]. Shock Waves, 2015, 25. 107 - 125.

[29] Kedrinskii, Valery K. Hydrodynamics of Explosion: Experiments and Models [M]. Springer Berlin Heidelberg, 2005.

[30] Kedrinskii V K. Shock waves in a liquid containing gas bubbles [J]. Combustion Explosion & Shock Waves, 1980.

[31] Bang B H, Ahn C S, Kim D Y, et al. Breakup process of cylindrical viscous liquid specimens after a strong explosion in the core [J]. Physics of fluids, 2017 (4): 29.

[32] Vartdal M, Osnes A N. Using particle - resolved LES to improve Eulerian - Lagrangian modeling of shock wave particle - cloud interaction [M]. 2018.

[33] Hughes K T, Diggs A, Park C, et al. Simulation - Driven Experiments of Macroscale Explosive Dispersal of Particles [C]//2018 AIAA Aerospace Sciences Meeting, 2018.

[34] Xue K, Sun L. Numerical Simulation of the Formation of Shock Induced Particle Jets Using the Discrete Element Method [C]//International Symposium on Safety Science & Technology, 2016.

[35] Osnes A N, Vartdal M, Omang M G, et al. Computational analysis of shock - induced flow through stationary particle clouds [J]. International Journal of Multiphase Flow, 2019, 114: 268 - 286.

[36] Osnes A N, Vartdal M, Omang M G, et al. Numerical investigation of shock wave particle cloud interaction in cylindrical geometries [J]. 2019.

[37] FE Marble. Dynamics of Dusty Gases [J]. Annual Review of Fluid Mechanics, 1970. 2 (2).

[38] 刘吉平，常非 贵大勇液体燃料中铝粉活性的试验研究 [J]. 含能材料，199J9, 7 (3), 124 - 126.

[39] 刘庆明，白春华，李建平. 多相燃料空气炸药爆炸压力场研究 [J]. 试验力学，2008, 23 (4): 360 - 370. 166.

[40] 刘庆明，白春华，张奇．多相云雾爆炸计算机仿真［J］．兵工学报，2002，23（1）：19－22.

[41] 蒲加顺，白春华，梁慧敏．多元混合燃料分散爆轰研究［J］．火炸药学报，1998，21（1）：21－24.

[42] Bai C，Gong G，Liu Q，et al. The explosion overpressure field and flame propagation of methane/air and methane/coal dust/air mixtures［J］. Safety Science，2011，49（10）：1349－1354.

[43] Garon K D，Faminu O. Aeroballistic range tests of missile configurations with non－circular crosssections and aeroprediction comparison results［R］. AIAA03－1243，2003.

[44] 李建平，刘思琪．方形爆炸抛撒装置结构优化［J］．高压物理学报，2020，34（2）.

[45] 刘思琪．爆炸抛撒装置结构及燃料分散特性研究［D］．北京：北京理工大学，2000.

[46] 雷娟棉，吴甲生．机载布撒器绕流场数值模拟［J］．弹道学报，2004（04）：33－37.

[47] 孙瑞胜，薛晓中，孙传杰，等．三角形截面弹芯的飞行稳定特性［J］．南京理工大学学报（自然科学版），2007，31（1）：6－9.

[48] 孙瑞胜，薛晓中，孙传杰．异形弹芯飞行稳定性判据［J］．弹箭与制导学报，2005，25（002）：559－560.

[49] http://www. globalsecurity. org/military/systems/munitions/fae. htm

[50] 恽寿榕，高凤霞．炸药瞬时爆轰参数及定常爆轰波峰值压力计算［C］//中国空气动力学学会物理气体动力学专业委员会第十一届学术交流会会议论文集，2003.

[51] Taylor G I，Batchelor G K.（Ed.）Scientific Papers，III：Aerodynamics and the Mechanics of Projectiles and Explosions［M］. Cambridge University Press，1963.

[52] 张守中．爆炸与冲击动力学［M］．北京：兵器工业出版社，1993.

[53] Engel O G. Fragmentation of Water Drops in the Zone Behind and Air Shock［J］. Res. Matn. Bur. Stand，1958，69，245.

[54] Corrsin S，Lumley J L. On The Equation of Motion for a Particle in a Turbulent Fluid［J］. Appl. Sci. Res. 1956，6，114－116.

[55] Maxey M R，Riley J J，Equation of Motion for a Small Riqid Sphere in a Nonuniform Flow［J］. Phys. Fluids，1983，26，883－889.

[56] 岑可法，樊建人．煤粉颗粒在气流中的受力分析及其运动轨迹的研究[J]．浙江大学学报（自然科学版），1987（06）：6－16.
[57] 王晔，白春华，李建平．动态云雾形成及爆轰场特性［J］．含能材料，2017，06（25）：36－41.
[58] 高崧山．高速运动液体抛撒云雾场的试验研究［D］．北京：北京理工大学，2018.
[59] 武伟伟．高速云雾场特性试验研究［D］．北京：北京理工大学，2018.
[60] 陈明生．大体积燃料空气混合物爆轰基础问题研究［D］．北京：北京理工大学，2015.
[61] 王晔．大体积燃料空气混合物动态爆轰问题研究［D］．北京：北京理工大学，2017.
[62] 朱聪，梁增友，邓德志，等．无人机用森林灭火弹爆炸抛撒特性研究，2020 40（01），125－128（2020）.
[63] 李晓坤，郭香华，张庆明．浅埋地雷爆炸载荷分布的数值仿真分析［J］．兵器装备工程学报，2020，41（01）：188－192.
[64] Aglitskiy Y，Velikovich A L，Karasik M，et al. Basic hydrodynamics of Richtmyer－Meshkov－type growth and oscillations in the inertial confinement fusion－relevant conditions [J]. Philosophical Transactions of the Royal Society A：Mathematical，Physical and Engineering Sciences，2010，1916，1739－1768 .
[65] 王裴，何安民，等．强冲击作用下金属界面物质喷射与混合问题数值模拟和理论研究［J］．中国科学：物理学 力学 天文学，2018，48（09）：106－116 .
[66] 姚文进，王晓鸣，等．高密度金属弹药组成比例对杀伤半径的影响［J］．弹道学报，2010，22（2）：94－97 .
[67] Eckhoff R K. Dust Explosion Prevention and Mitigation，Status and Developments in Basic Knowledge and in Practical Application [J]. International Journal of Chemical Engineering，2009 .
[68] 尉存娟，谭迎新，等．瓦斯爆炸诱导瓦斯－煤尘二次爆炸的试验研究［J］．中国安全科学学报，2014，24（12）：29－32.
[69] 薛田，徐更光，等．爆炸抛撒过程的研究进展［J］．科学技术与工程，2015，15（21）：60－67.
[70] Pontalier Q，Loiseau J，Goroshin. Frost S. Experimental investigation of blast mitigation and particle－blast interaction during the explosive dispersal of parti-

cles and liquids [J]. Shock Waves, 2018, 28 (3): 489 - 511 .

[71] Sundaresan S, Ozel A. Toward Constitutive Models for Momentum, Species, and Energy Transport in Gas - Particle Flows [J], Annual Review of Chemical and Biomolecular Engineering, 2018, 9 (1): 61 - 81 .

[72] Vorobieff P, Anderson M, Conroy J, et al. Vortex Formation in a Shock - Accelerated Gas Induced by Particle Seeding [J]. Physical Review Letters, 2011, 106 (18): 184503.

[73] Schulz J C, Gottiparthi K C, Menon S. Richtmyer - Meshkov instability in dilute gas - particle mixtures with reshock [J]. Phys. Fluids, 2013, 25 (11): 114105 .

[74] Balakrishnan K. Explosion - driven Rayleigh - Taylor instability in gas - particle mixtures [J]. Phys. Fluids, 2014, 26 (4): 043303 .

[75] McFarland J A, Black W J. Computational study of the shock driven instability of a multiphase particle - gas system [J]. Phys. Fluids, 2016, 28 (2): 024105.

[76] Duke - Walker V, Maxon W C, et al, Evaporation and breakup effects in the shock - driven multiphase instability [J]. Journal of Fluid Mechanics, 2021, 908, A13.

[77] Xu T, Lien F - S, et al. Formation of particle jetting in a cylindrical shock tube [J]. Shock Waves, 2013, 23: 619 - 634.

[78] 章利特，黄保乾，等. 激波与单/双球模型相互作用有效阻力的试验研究 [J]. 工程热物理学报，2015，36 (02)：342 - 346.

[79] Mo H, Lien F S, Zhang F, et al. A mesoscale study on explosively dispersed granular material using direct simulation [J]. J App Phys 125, 2019, (21): 214302.

[80] DeMauro E P, Wagner J L, et al, Improved scaling laws for the shock - induced dispersal of a dense particle curtain [J]. Journal of Fluid Mechanics, 2019, 876: 881 - 895.

[81] Koneru R B, Rollin B, Durant B, et al, A numerical study of particle jetting in a dense particle bed driven by an air - blast [J]. Phys Fluids, 2020, 32 (9): 093301.

[82] Fernández - Godino M G, Ouellet F, Haftka R T, et al, Early Time Evolution of Circumferential Perturbation of Initial Particle Volume Fraction in Explosive Cylindrical Multiphase Dispersion [J]. Journal of Fluids Engineering,

2019, 141 (9).

[83] David L F, Yann G, Oren P, et al. Particle jet formation during explosive dispersal of solid particles [J]. Phys Fluids, 2012, 24 (9): 091109.

[84] Gregoire Y, Frost D, Petel O. Development of instabilities in explosively dispersed particles [J]. AIP Conf Proc, 2012, 1426 (1): 1623 - 1626.

[85] Rodriguez V, Saurel R, Jourdan G, et al. Solid - particle jet formation under shock - wave acceleration [J]. Phys Rev E, 2013, 88 (6): 063011.

[86] Xue K, Li F, Bai C. Explosively driven fragmentation of granular materials [J]. Eur Phys J E, 2013, 36 (8): 1 - 16.

[87] Frost D L. Heterogeneous/particle - laden blast waves [J]. Shock Waves, 2018, 28 (3): 439 - 449.

[88] Osnes A N, Vartdal M, Pettersson Reif B A. Numerical simulation of particle jet formation induced by shock wave acceleration in a Hele - Shaw cell [J]. Shock Waves, 2018, 28 (3): 451 - 461.

[89] Xue K, Du K, Shi X, et al, Dual hierarchical particle jetting of a particle ring undergoing radial explosion [J]. Soft Matter, 2018.

[90] Milne A M, Floyd E, Longbottom A W, et al, Dynamic fragmentation of powders in spherical geometry [J]. Shock Waves, 2014, 24 (5): 501 - 513.

[91] Zhou Y, Williams R J R, Ramaprabhu P, et al, Rayleigh - Taylor and Richtmyer - Meshkov instabilities: A journey through scales [J]. Physica D: Nonlinear Phenomena, 2021.

[92] Luo X, Li M, Ding J, et al, Nonlinear behaviour of convergent Richtmyer - Meshkov instability [J]. Journal of Fluid Mechanics, 2019, 877: 130 - 141.

[93] 罗喜胜，翟志刚，等，激波诱导下的气体界面不稳定性试验研究 [J]，力学进展，2014，44 (00): 260 - 290.

索　引

0～9

A～Z，δ、θ

E

F

G ~ H

J

K

L

M ~ N

O ~ P

Q

R

S

Z

彩　　插

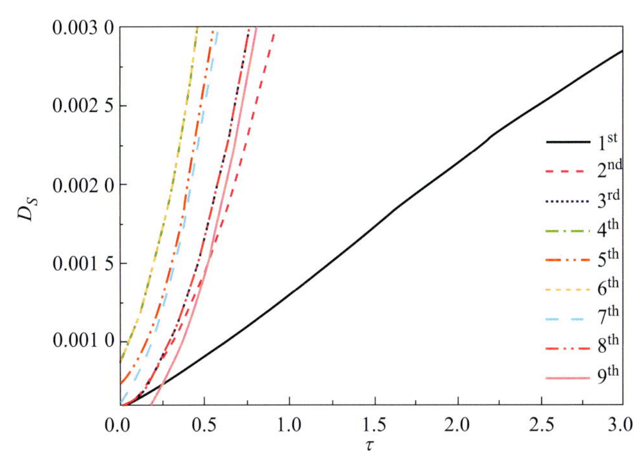

图 2.7　9 种不同模态（s 为 2、12、21、31、41、50、60、70 和 80）的扰动无量纲径向幅值随时间的变化（此时 $Re = We = 1\ 000$，$\gamma = 1.4$，$P_1 = 0$（外界真空），$Q = 0.1$）

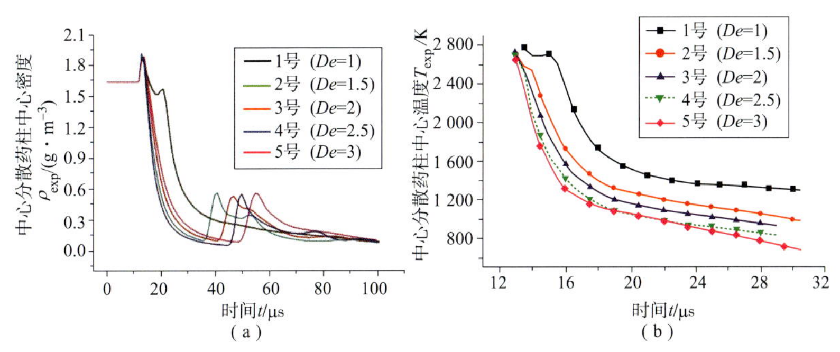

图 2.35　不同 FAE 装药结构下中心分散药柱中心的密度 ρ_{exp} 和 T_{exp} 随时间的变化

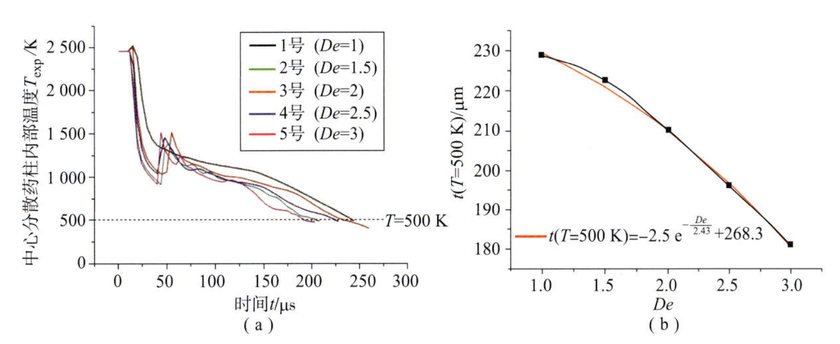

图 2.36　不同中心装药爆轰内部温度随时间的变化和持续时间随 De 的变化

（a）不同中心装药情况下爆轰产物内部的温度 T_{exp} 在整个燃料柱壳加速过程中随时间的变化；

（b）爆炸空腔中心气体温度高于 500 K 持续的时间随装药不耦合度 De 的变化

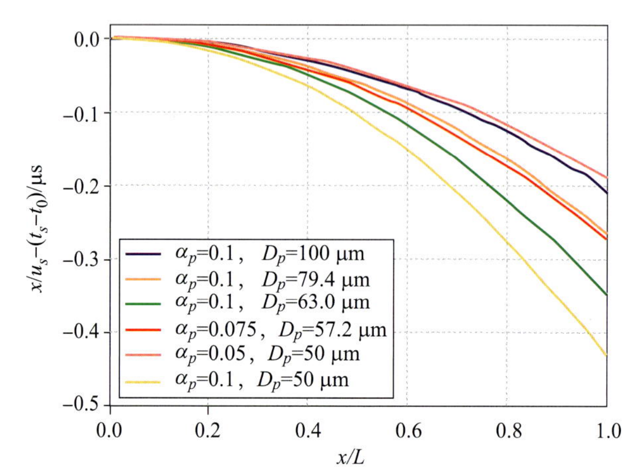

图 3.11　***Ma*** =2.6 的入射波在通过不同颗粒层时的运动轨迹（纵坐标为入射波到达 x 的时间（x/u_s，u_s 为入射波传播速度）与透射波到达时间（t_s-t_0，t_0 为入射波作用颗粒层前界面的时刻）的差值）

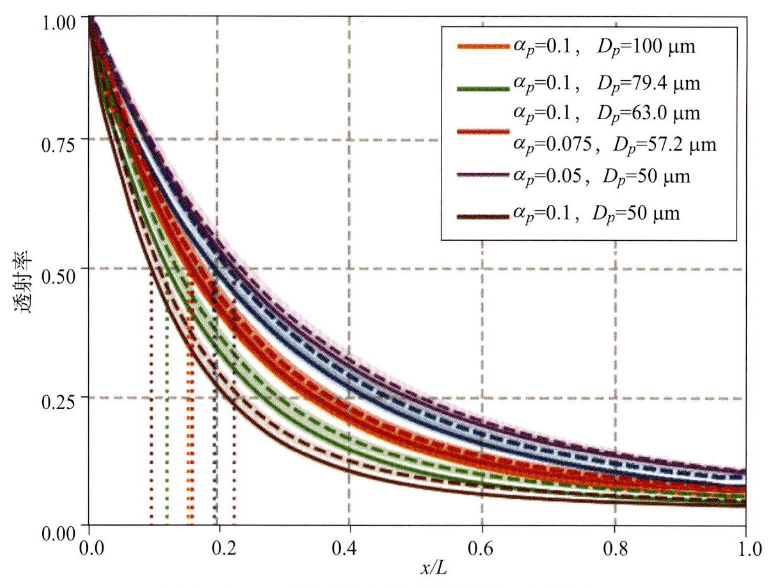

图 3.12　不同颗粒层的累积透射率随 x/L 的变化

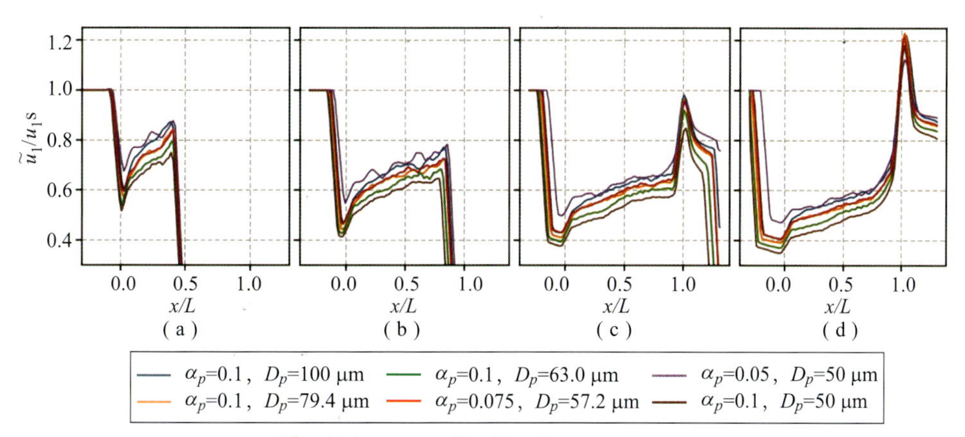

图 3.14　***Ma*** =2.6 的入射波作用不同的颗粒层前界面后不同时刻沿流向的速度分布

(a) $(t-t_0)/\tau_L=0.5$；(b) $(t-t_0)/\tau_L=1$；(c) $(t-t_0)/\tau_L=1.5$；(d) $(t-t_0)/\tau_L=2$

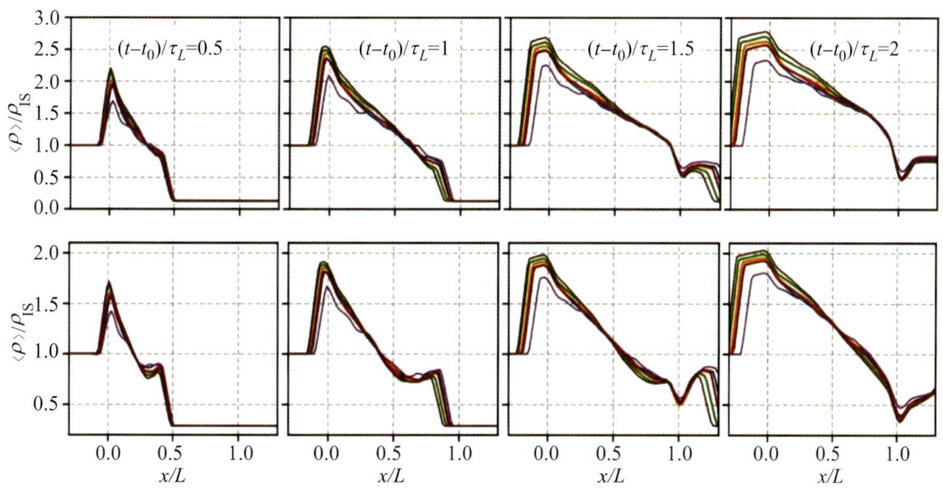

图 3.15　***Ma*** =2.6 的入射波作用不同的颗粒层前界面后不同时刻沿流向的压力和密度沿流向的分布

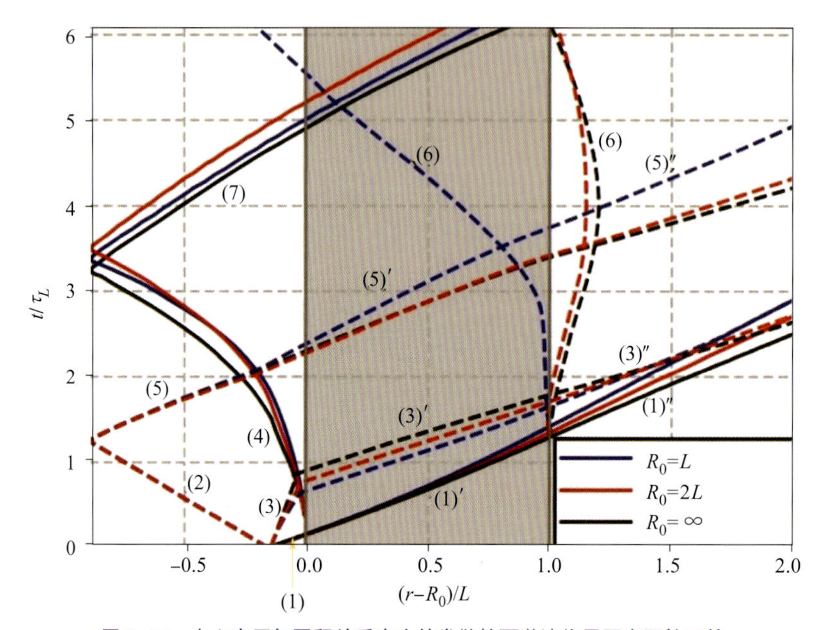

图 3.18　中心高压气团释放后产生的发散柱面激波作用固定颗粒环的波系结构变化

(1)—入射波；(1)′—颗粒层内的透射波；(1)″—下游的透射波；(2)—上游汇聚膨胀波波头；(3)—上游汇聚膨胀波波尾；(3)′—进入颗粒层的膨胀波波尾；(3)″—进入下游流场的稀疏波波尾；(4)—从颗粒前界面反射的激波；(5)—反射稀疏波波头；(5)′—进入颗粒层的反射稀疏波波头；(5)″—进入下游流场的稀疏波波头；(6)—颗粒层后界面的声速线；(7)—从中心反射的激波

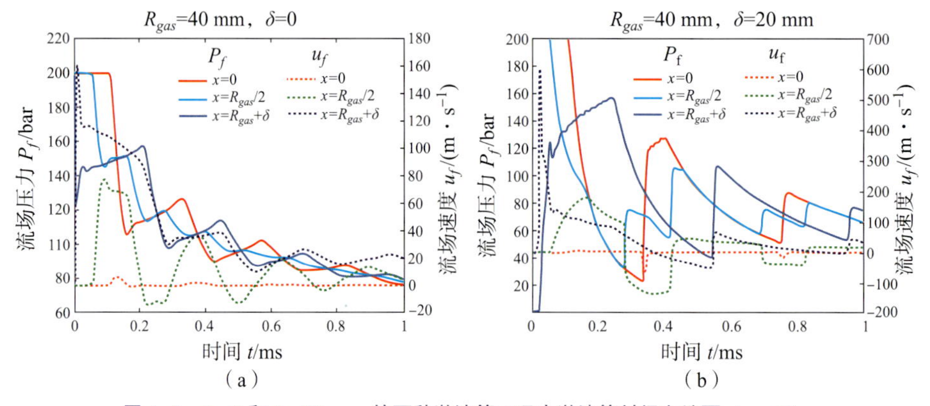

图 4.4　δ=0 和 δ=20 mm 的两种激波管工况中激波管封闭左端面（x=0），高压气体段中部（$x=R_{gas}/2$=20 mm）和颗粒层上游界面（$x=R_{gas}+\delta$）处的流场压力和速度随时间的变化

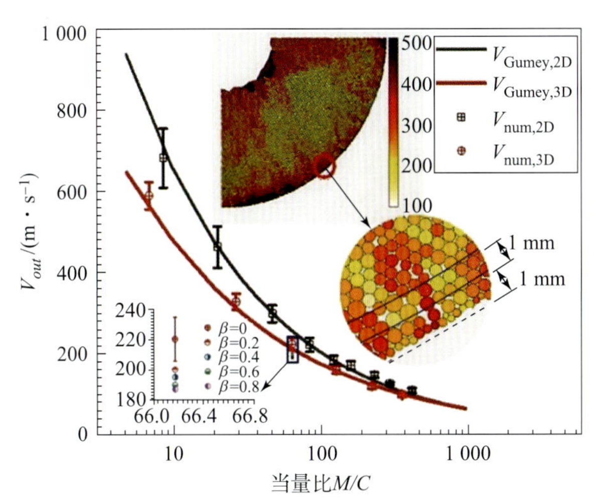

图 4.25 二维颗粒环和三维颗粒球壳的外界面速度的模拟值与多孔介质 **Gurney** 公式预测曲线的比较（上方插图中显示了压实波达到颗粒环内界面时二维颗粒环内部的速度分布，并放大显示了颗粒环外界面附近的颗粒速度，可以明显看到速度的非均匀性和力链结构。下方插图显示了 $M/C=86$ 的三维球装药体系中不同接触阻尼下的外界面速度）

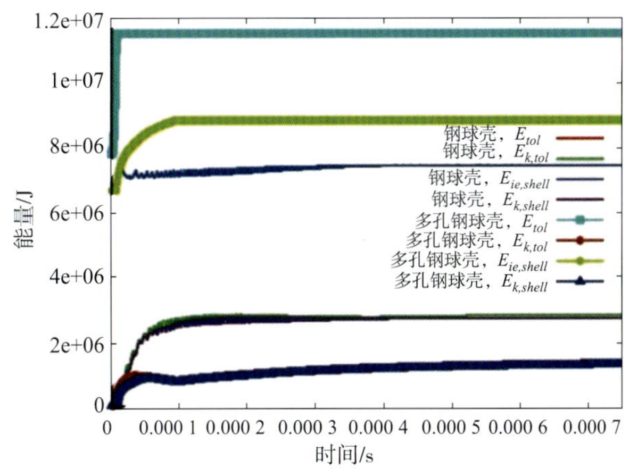

图 4.27 钢球壳和多孔钢球壳（$\phi=0.5$）在中心 1 **kg** 球形炸药 **A4** 的爆炸驱动过程的总能量、内能和动能随时间的变化

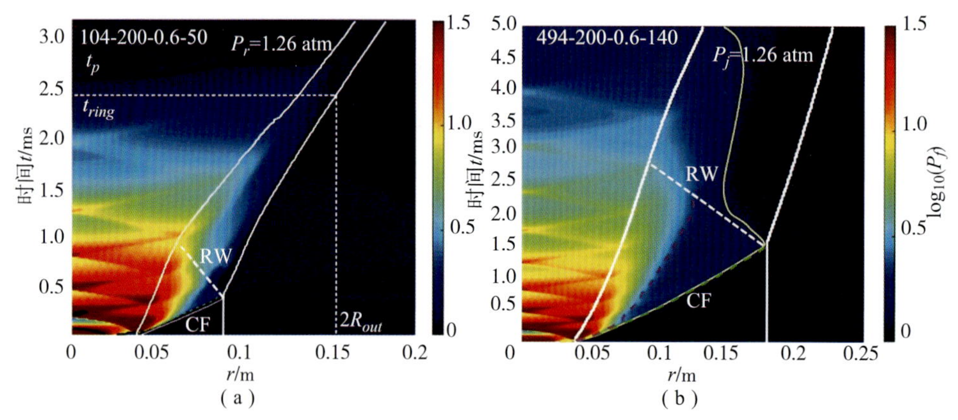

图 4.31　以高压气团为爆源的中心爆炸分散体系 104－200－0.6－50 和 494－200－0.6－140 的流场压力 P_f 的 $r—t$ 图（白色实线为颗粒环内外界面半径 R_{in} 和 R_{out} 的轨迹，R_{in} 和 R_{out} 之间的黄色实线和白色虚线分别表示 CF 和从颗粒环外界面向内界面运动的 RW）

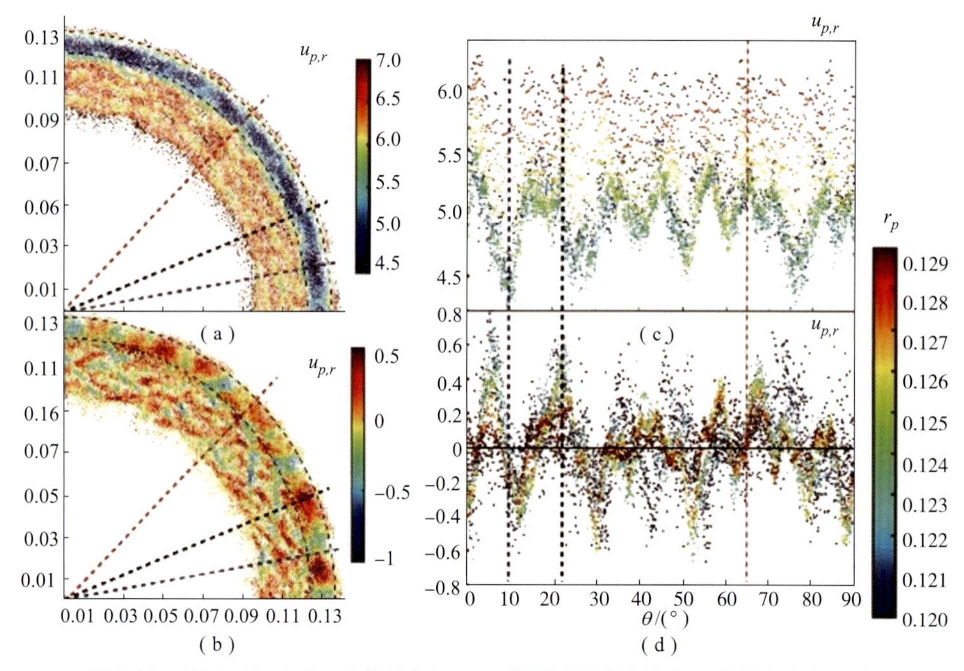

图 4.35　1024－20－0.6－50 体系中 6.3 ms 时颗粒环的径向速度 $u_{p,r}$ 和环向速度 $u_{p,\theta}$ 场

（a）径向速度 $u_{p,r}$；（b）环向速度 $u_{p,\theta}$；（c）和（d）颗粒环外界面附近的颗粒（$r\sim127$ mm，约 10 层颗粒）的径向速度 $u_{p,r}$（θ）和环向速度 $u_{p,\theta}$（θ）随环向角度 θ 的变化

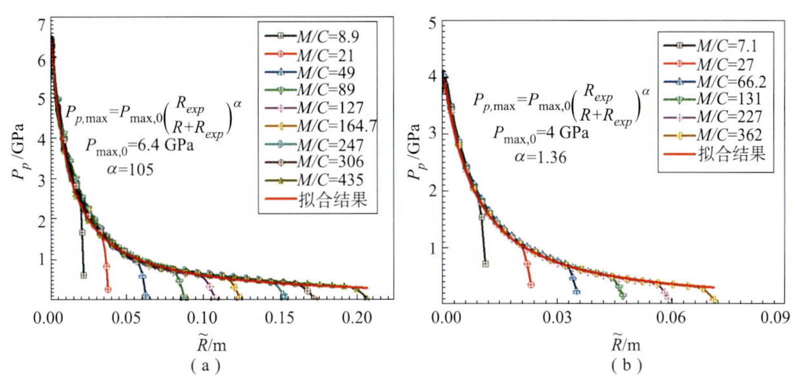

图 4.40　中心炸药半径（R_{exp} = 12 mm）相同的柱装药和球装药体系中密实堆积颗粒环壳压力时程曲线 P_p（r）的峰值压力 $P_{p,\max}$ 随传播距离 $\tilde{R} = r - R_{exp}$ 的衰减规律

（a）柱装药；（b）球装药

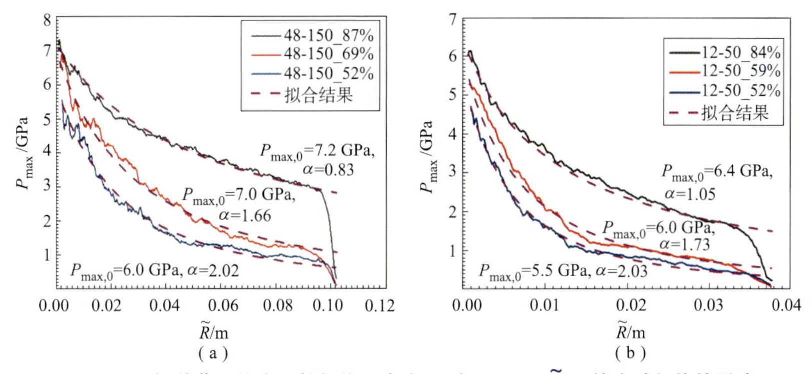

图 4.41　柱装药结构中颗粒相堆积密度 ϕ 对 $P_{p,\max}$（$\tilde{R}$）的衰减规律的影响

（a）工况 48－150－0.87－C，48－150－0.69－C 和 48－150－0.52－C；

（b）工况 12－50－0.84－C，12－50－0.69－C，12－50－0.52－C

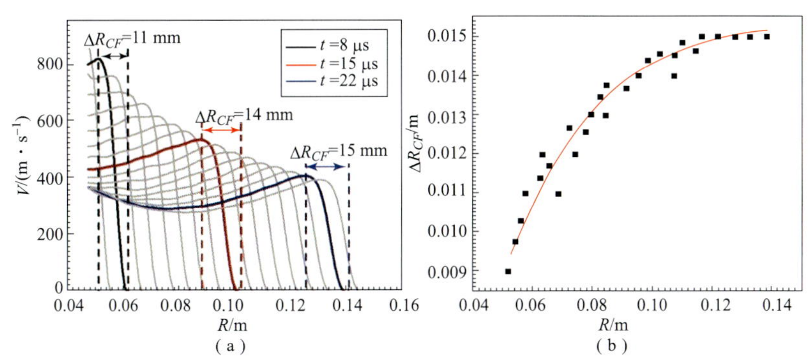

图 4.46　压实波波面的确定及波面厚度的演化

（a）48－150－0.87－C 工况中颗粒相环向平均速度沿径向分布 u_p（r）的变化；

（b）从（a）中确定的压实波波面厚度 Δh_{CF} 随压实波传播半径的增长曲线

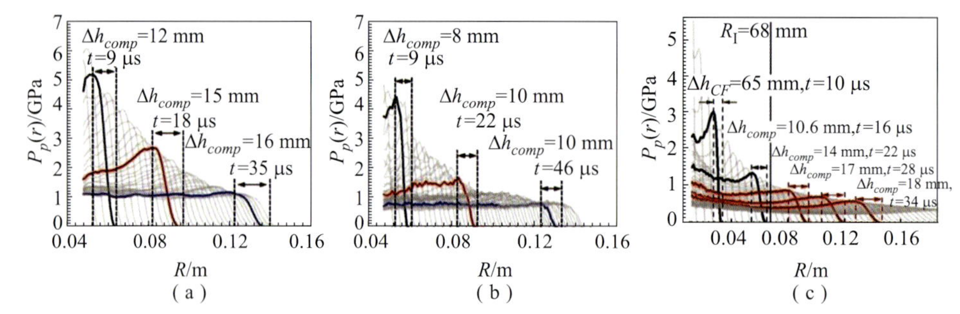

图 4.47 爆炸压实过程中颗粒相压力径向分布

P_p（r）在不同工况的颗粒环壳中变化过程

（a）48－150－0.69－C；（b）48－150－0.52－C；（c）12－220－0.84－C

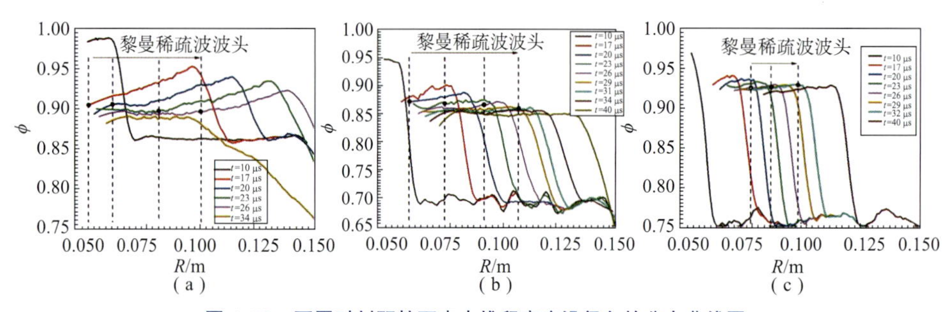

图 4.53 不同时刻颗粒环壳内堆积密度沿径向的分布曲线图

（a）48－150－0.87－C；（b）48－150－0.69－C；（c）48－150－0.52－C

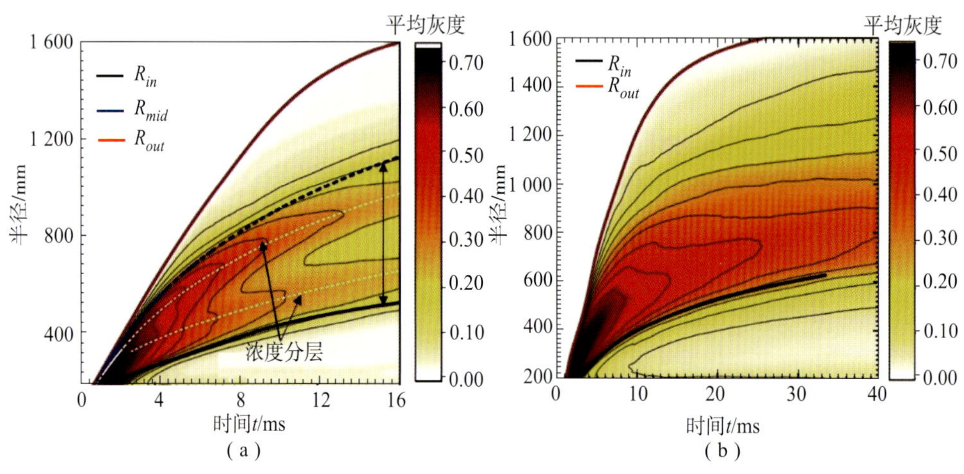

图 5.6 中心爆炸分散形成的玻璃珠和玻璃砂云雾区的环向灰度的 r—t 图

（a）玻璃珠；（b）玻璃砂

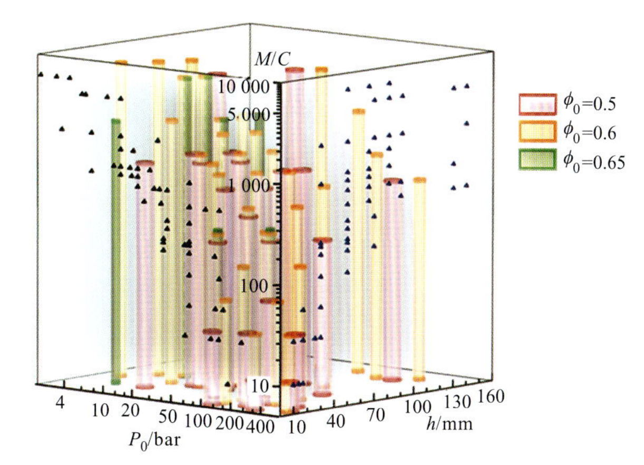

图 5.9　不同的爆炸分散体系在 P_0、h 和 M/C 参数空间内的分布

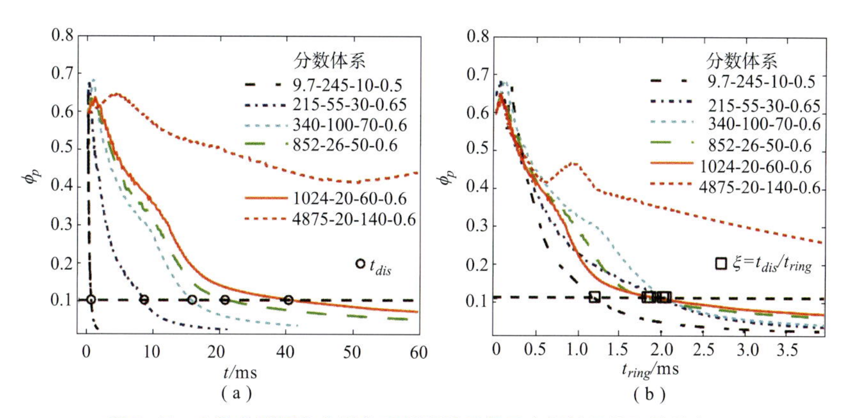

图 5.12　6 种典型爆炸分散体系的颗粒云雾区内部的平均颗粒浓度 ϕ_p 随时间 t 和无量纲时间 t/t_{ring} 的变化

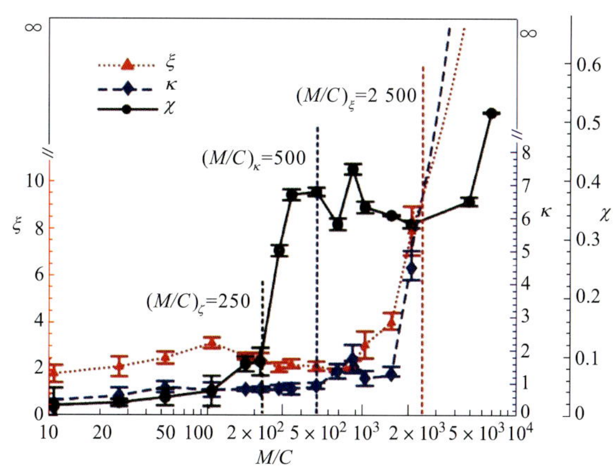

图 5.20　无量纲的分散特征时间 ξ、稠密颗粒核心环带的生存时间 κ 和内吸颗粒相体积分数 χ 随当量比 M/C 的变化

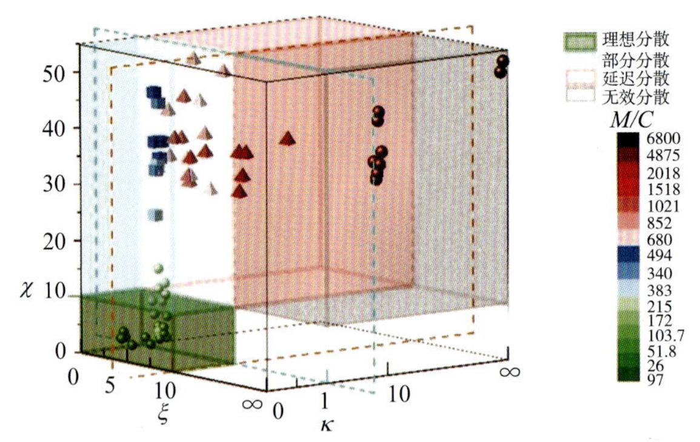

图 5.22　不同分散体系在 $\chi-\xi-\kappa$ 相空间内的分布，不同的空间区域代表不同的分散模式

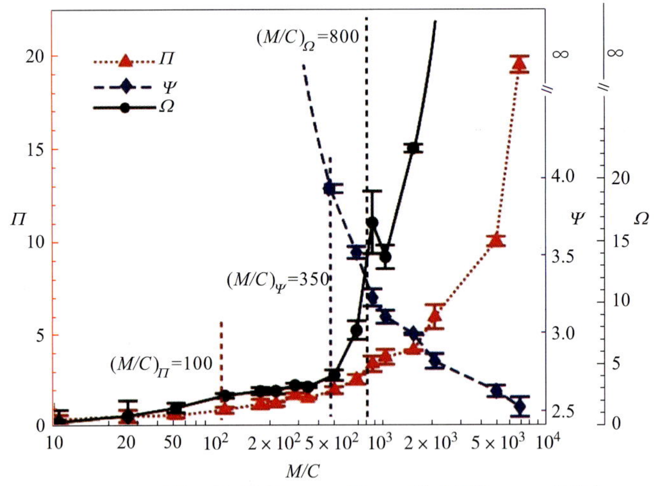

图 5.32　无量纲时间比值 Π、Ψ 和 Ω，随当量比 M/C 的变化

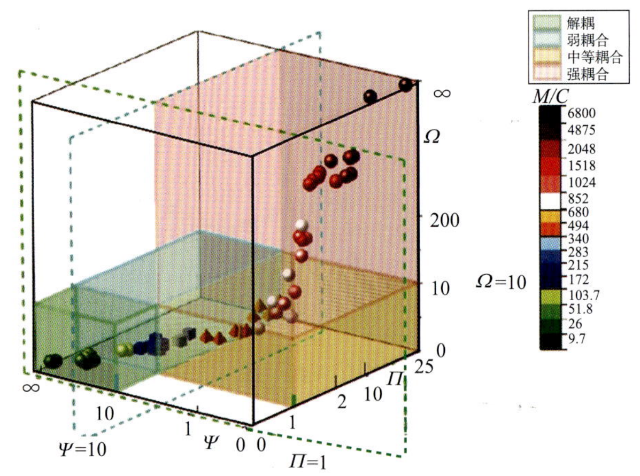

图 5.33　不同分散体系在 $\Pi-\Psi-\Omega$ 参数空间内的分布（不同颜色的区域对应不同的中心流场与颗粒环运动耦合模式所在的参数空间区间）

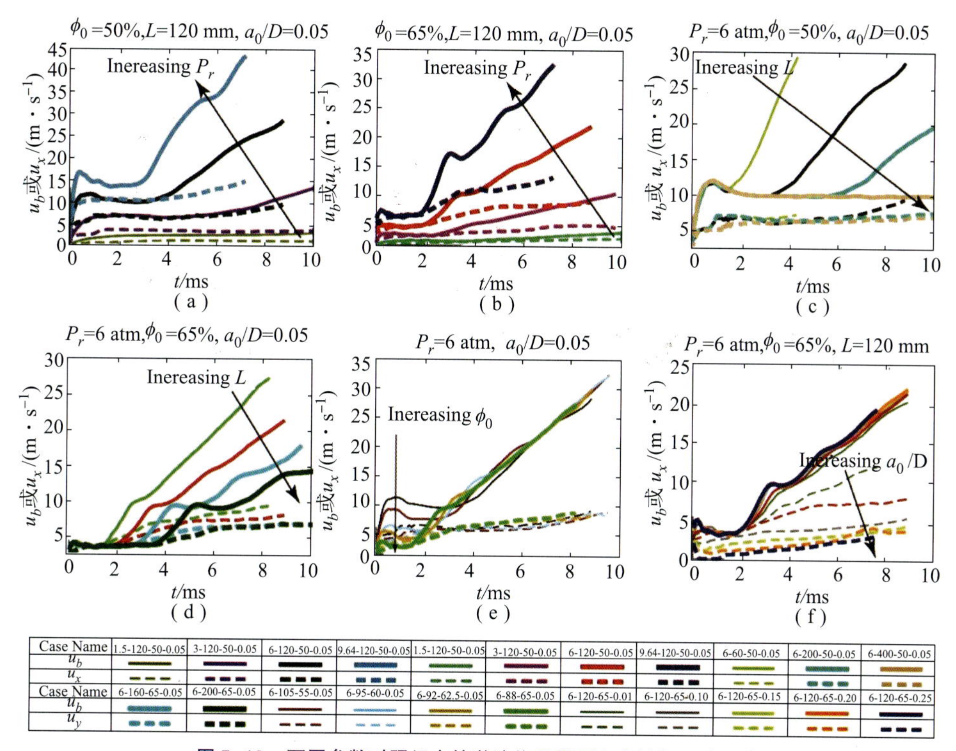

图 5.46　不同参数对照组中的激波作用界面上尖端与凹陷处的速度 u_s 和 u_b 随时间的变化

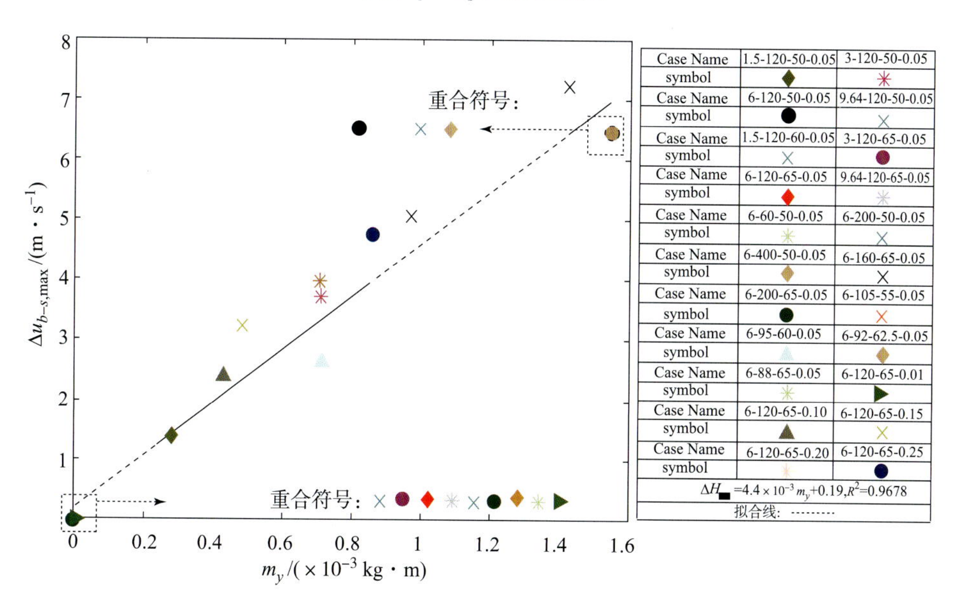

图 5.47　不同工况中激波作用结束后颗粒界面的尖端－凹陷处速度差 Δu_{b-s} 与累积横向质量流 m_y 之间的关系

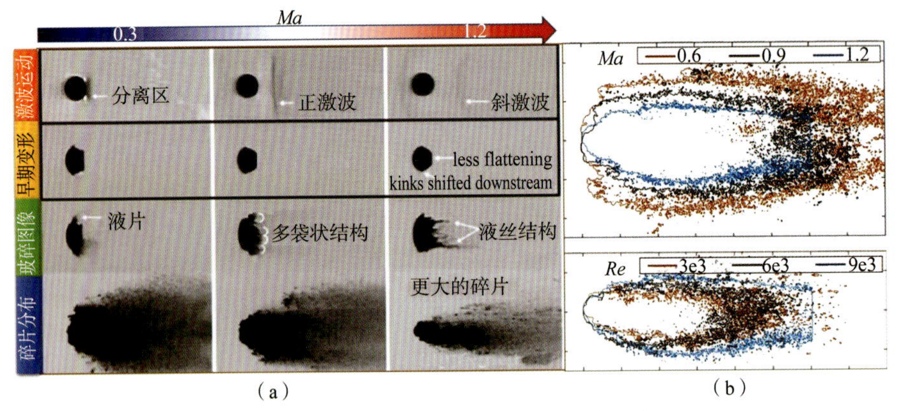

图 6.20　马赫数及雷诺数对颗粒破碎的影响

(a) 随着激波后流场马赫数的增大，激波作用球形液滴后的流场波系、液滴变形、液滴破碎图像和破碎后碎片云的形貌比较；(b) 保持韦伯数不变，不同的马赫数（上图）和不同雷诺数（下图）流场中液滴破碎形成的拖尾碎片云的轮廓比较

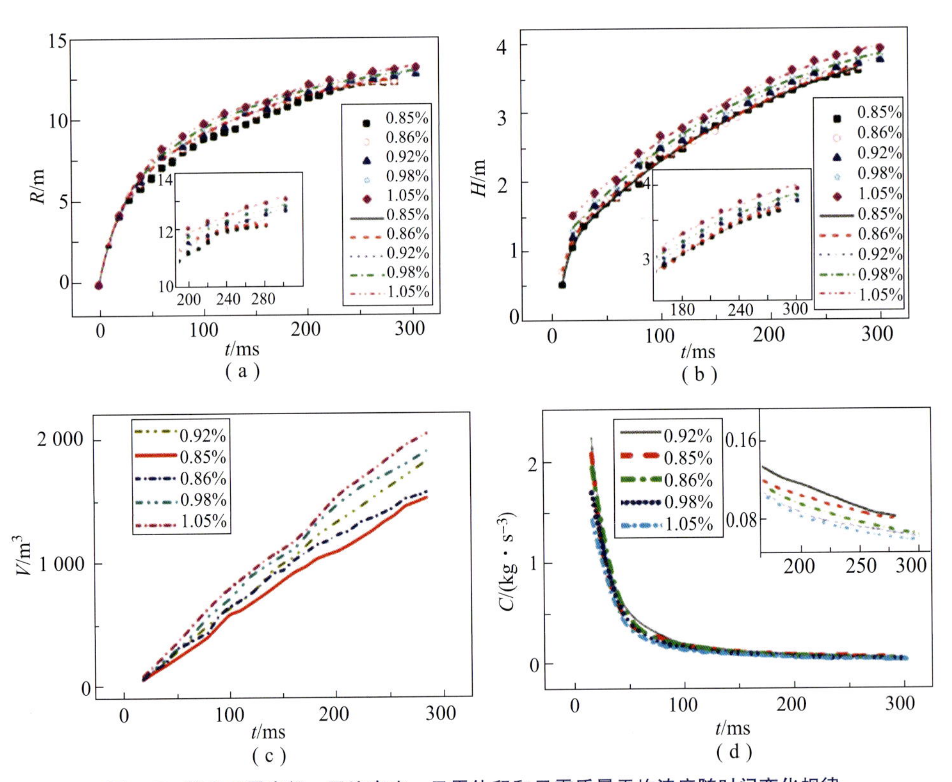

图 7.7　静态云雾半径、平均高度、云雾体积和云雾质量平均浓度随时间变化规律

(a) 静态云雾半径随时间演变规律；(b) 静态云雾平均高度随时间演变规律；(c) 静态云雾体积随时间演变规律；(d) 静态云雾质量平均浓度随时间演变规律